Georg Heinrich von Boguslawski, Otto Krümmel

Handbuch der Ozeanographie

Band 2: Die Bewegungsformen des Meeres

Georg Heinrich von Boguslawski, Otto Krümmel

Handbuch der Ozeanographie

Band 2: Die Bewegungsformen des Meeres

ISBN/EAN: 9783954272044
Erscheinungsjahr: 2012
Erscheinungsort: Bremen, Deutschland

www.maritimepress.de | office@maritimepress.de

Bei diesem Titel handelt es sich um den Nachdruck eines historischen, lange vergriffenen Buches. Da elektronische Druckvorlagen für diese Titel nicht existieren, musste auf alte Vorlagen zurückgegriffen werden. Hieraus zwangsläufig resultierende Qualitätsverluste bitten wir zu entschuldigen.

HANDBUCH

DER

OZEANOGRAPHIE

VON

Prof. Dr. G. von BOGUSLAWSKI, und Dr. OTTO KRÜMMEL,

ehem. Sektionsvorstand im Hydrographischen
Amt der Kaiserl. Admiralität in Berlin.

Professor der Geographie an der Universität
und Lehrer an der Marine-Akademie in Kiel.

BAND II.

DIE BEWEGUNGSFORMEN DES MEERES

VON

Dr. OTTO KRÜMMEL.

MIT EINEM BEITRAGE VON PROF. DR. K. ZÖPPRITZ.

MIT 60 ABBILDUNGEN UND
EINER ÜBERSICHTSKARTE DER MEERESSTRÖMUNGEN.

STUTTGART.

VERLAG VON J. ENGELHORN.

1887.

Herrn Geheimen Admiralitätsrat

Dr. Georg Neumayer,

Direktor der Deutschen Seewarte,

als ein Zeichen tief gefühlter Dankbarkeit

zugeeignet

vom Verfasser.

Vorwort.

Beklagenswerte Ereignisse haben es zur Folge gehabt, daß der zweite Band dieses Handbuches drei Jahre später, und noch dazu von anderer Hand verfaßt, erscheint, als der erste. Am 4. Mai 1884 starb Georg von Boguslawski, nach längerer Zeit schmerzvoller Leiden, über deren Auftreten er schon in der Vorrede zum ersten Bande der Ozeanographie zu klagen hatte. Er starb viel zu früh für die Wissenschaft, in deren aufopferndem Dienst er seine Gesundheit untergraben hatte; aus dem vom Geiste wahrhafter Freundschaft durchwehten Nachruf Güßfeldts (in den Verhandlungen der Gesellschaft für Erdkunde zu Berlin, 1885, S. 175) ist diese doppelt schmerzliche Thatsache auch weiteren Kreisen bekannt geworden. Seine Krankheit hat ihm nicht mehr gestattet, das Manuskript zum zweiten Bande der Ozeanographie in Angriff zu nehmen; in seinem Nachlasse fand sich nichts vor, was zur Drucklegung zu verwenden gewesen wäre. Der Herausgeber dieser „Bibliothek" wandte sich nun schon im Sommer 1884 an den Unterzeichneten mit der Anfrage, ob er die Fortführung des Werkes übernehmen wolle. Mit anderen Arbeiten überlastet, mußte ich vorläufig ablehnen: aber indem ich das that, wies ich darauf hin, daß sich in Professor Zöppritz eine ungleich bedeutendere und besser vorbereitete Kraft für die große Aufgabe darzubieten scheine. Ich muß bekennen, daß es mich persönlich mit der größten Genugthuung erfüllte, zu erfahren, daß Professor Zöppritz mit großer Bereitwilligkeit der Aufforderung Friedrich Ratzels folgte und alsbald die Bearbeitung des zweiten Bandes begann. Bestand doch so die Hoffnung, von dem unzweifelhaft bedeutendsten deutschen Geophysiker eine Darstellung der Bewegungsformen des Meeres zu erhalten, die bahnbrechend für die Entwickelung der Ozeanographie werden würde.

Ein tragisches Schicksal zerstörte auch diese Hoffnungen; eben im Begriff, nach Hamburg zu mehrwöchentlichem Aufenthalt an der Seewarte abzureisen, erkrankte Zöppritz; wenige Tage darauf, am 21. März 1885, war auch er dahin.

Als einige Wochen später bei Gelegenheit des deutschen Geographentages zu Hamburg mein verehrter Freund Ratzel, unterstützt von einigen der anwesenden Fachgenossen, sich von neuem an mich wandte, sagte ich zu, obzwar mit schwerem Bedenken im Herzen. Es war und bleibt für mich kein Zweifel, daß weder die staunenswerte Fülle des Wissens mir zur Verfügung steht, durch welche Boguslawski alle Mitforscher auf meereskundlichem Gebiete weit überragte, noch gar die volle und durchgereifte Kenntnis der Lehren und Methoden der Physik, welche des unvergeßlichen Zöppritz' Arbeiten zu mustergiltigen stempelte. Doch der Gedanke: unvollendet dürfe ein Werk wie Boguslawskis Ozeanographie nun und nimmer bleiben, gab den Ausschlag, und, andere Pläne beiseite legend, ging ich alsbald an die Arbeit.

Im handschriftlichen Nachlaß von Zöppritz fanden sich Teile des begonnenen Manuskripts vor; sie behandelten die „Vertikalzirkulation" und die ersten Abschnitte der Lehre von den Gezeiten. Von einer Disposition oder anderen Notizen für das Uebrige aber war nichts vorhanden. Ich war darum auf die Inhaltsübersicht, welche Boguslawski in der Einleitung zum ersten Band S. 9 gegeben hatte, als meine einzige Richtschnur angewiesen, und diese ließ mir in allen Einzelheiten völlig freie Bahn. Dem Inhalt des zweiten Bandes hatte Boguslawski überwiesen: als VII. Kapitel „Die ozeanische Zirkulation"; als VIII. bis X. Kapitel „Die Bewegungserscheinungen der Meeresgewässer, Wellen, Strömungen, Gezeiten"; als XI. Kapitel „Das Tier- und Pflanzenleben im Meere" in allerdings nur kurzen Zügen; als XII. Kapitel einige Andeutungen über den Einfluß, welchen die ozeanischen Forschungen der Neuzeit auf das Kulturleben der Menschheit ausgeübt haben; es sollten ferner die ozeanographischen Institute darin beschrieben werden.

Ein jeder Autor soll sich seinen Stoff nach Umfang und Inhalt selbständig gestalten, sowie es ihm nach seiner eigenen, individuellen Kenntnis angemessen und zweckentsprechend erscheint. Darum hielt ich mich für befugt, den im zweiten Bande von mir zu behandelnden Stoff hier zu verkürzen, dort zu erweitern, und die Reihenfolge der Kapitel zu verändern. Ganz ausgeschieden habe ich aus dem Programm die Kapitel XI und XII. Einige oberflächliche Bemerkungen über die Verbreitung der Organismen im Meer auszusprechen, wo eine weitschichtige Litteratur auch einem hierin voll Sachkundigen, zu denen ich mich nicht rechnen darf, Schwierigkeiten genug bereitet, hielt ich für bedenklich. Außerdem gewährt sowohl die bevorstehende Bearbeitung der Pflanzengeographie durch

O. Drude, der Tiergeographie durch B. Vetter den geeignetsten Ersatz. Das letzte Kapitel erschien mir, soweit es kulturgeographischen Inhalts ist, völlig überflüssig neben den Darlegungen Friedrich Ratzels in seinem Handbuch der Anthropogeographie; zu einer Beschreibung der nautischen Institute fehlte mir doch ausreichende Erfahrung, namentlich in den Geschäftsbetrieb der hydrographischen Aemter besitze ich einen so tiefgehenden Einblick nicht, wie er wohl G. von Boguslawski eigen sein konnte.

Die somit übrig bleibenden Kapitel behandeln sämtlich die verschiedenen Bewegungsformen des Meeres, wozu die Vertikalzirkulation ohne Frage zu rechnen ist. Da aber mit der letzteren zugleich Probleme der Meeresströmungen zu behandeln sind, hielt ich es für gut, dieses Kapitel vor das die eigentlichen Strömungen behandelnde zu setzen. Damit war ich aber genötigt, die Zählung der Kapitel abzuändern, die nunmehr in der Folge aneinander gereiht sind, wie das Inhaltsverzeichnis sie angibt.

Die Beiträge von Zöppritz sind ohne Aenderung, im Wortlaute des Manuskripts aufgenommen, nur die Zitate mußten hier und da umgeformt werden. Ich habe selbst da, wo mir sachliche Versehen wahrscheinlich waren, den Text ungeändert beibehalten, nur durch Fragezeichen in eckigen Klammern meine Bedenken angedeutet. (Vgl. auch die unten folgenden Berichtigungen.) —

In meinen Bemühungen, die Litteratur möglichst vollständig zu erlangen, wurde ich mehrfach durch die Freundlichkeit verehrter Kollegen unterstützt; außerdem verdanke ich Herrn Schiffbau-Oberingenieur van Hüllen zahlreiche Winke, welche sich auf die Wellentheorie bezogen, und meinem verehrten Freunde, Herrn Professor H. Hertz in Karlsruhe, einige Daten zur Geschichte der Gezeitentheorien. Einige neuere Publikationen, wie das Werk von Hatt, *Notions sur le phénomène des marées, Paris 1885*, und einige Abhandlungen von S. Fritz über Meeresströmungen, gelangten leider zu spät in meine Hände, als daß ich sie ihrer Bedeutung entsprechend noch gehörig hätte benutzen können.

Wie der erste Band der Ozeanographie dem damaligen Leiter des hydrographischen Amtes der Admiralität gewidmet wurde, so habe ich diesen zweiten Band Herrn Geheimerat Dr. Neumayer zugeeignet. Nicht nur bin ich überzeugt, damit die ursprünglichen Intentionen seiner beiden verstorbenen Freunde G. von Boguslawski und Zöppritz getroffen zu haben; es war mir selbst seit lange ein Herzensbedürfnis, den Gefühlen meiner Dankbarkeit gegenüber meinem väterlichen Freunde und ehemaligen Chef während meiner kurzen, aber für meine ganze Zukunft maßgebenden Thätigkeit an der Seewarte einen entsprechenden Ausdruck geben zu können. Auf Schritt und Tritt wird man in diesem Buche den Anregungen begegnen, die mir auch bei seitdem öfter wiederholtem Aufenthalt an der Seewarte von allen Seiten, vor allem von dem Direktor dieses Instituts zugeflossen sind. Ohne die Liberalität, mit der mir Bibliothek und Archiv der Seewarte allezeit zur Verfügung gestellt wurden, wäre es mir kaum möglich gewesen, ein Werk wie das vorliegende in verhältnismäßig so kurzer Zeit zu vollenden.

Insbesondere dankbar bin ich Herrn Geheimerat Neumayer für die Erlaubnis, diesem Werke die Uebersichtskarte der Meeresströmungen beizugeben, welche ich in seinem Auftrage im Sommer vorigen Jahres für die neue Auflage seiner „Anleitung zu wissenschaftlichen Beobachtungen auf Reisen" gezeichnet hatte, also zu einer Zeit, wo zwar das Material zu der Darstellung der Meeresströmungen mir ungefähr vollständig vorlag, ohne daß ich es indes damals schon bis ins einzelne kritisch hatte sichten können. Darum wird der Leser hier und da, namentlich im Pazifischen Ozean, Abweichungen zwischen Text und Karte bemerken, die ich selbst sehr bedauere, leider aber nicht mehr ändern konnte. In Zweifelfällen mag also der Text den Ausschlag geben. Dieser selbst wird freilich auch nicht von Versehen und Lücken frei zu sprechen sein (einiges ist mir während der Drucklegung selbst schon als der Verbesserung bedürftig aufgefallen), so daß ich in dieser Beziehung auf die Nachsicht sachkundiger Leser rechne. Insbesondere mag dies von der Darstellung der Gezeiten gelten, die ja in der That den sprödesten Stoff der gesamten Meereskunde ausmachen. Aber auch sonst werde ich für alle Berichtigungen und Mitteilungen, namentlich aus praktisch-seemännischen Kreisen, dankbar sein.

Das alphabetische Namen- und Sachregister ist von Herrn Kand. K. Friese, einem meiner Zuhörer, aufs fleißigste hergestellt worden und wird, wie ich hoffe, die Benutzung der somit zu Ende geführten „Ozeanographie" erheblich erleichtern.

Kiel, im Juni 1887.

Otto Krümmel.

Inhalt des zweiten Bandes.

		Seite
Vorwort		VII
Inhalt des zweiten Bandes		XIII
Berichtigungen		XVI

Erstes Kapitel.

Die Wellen . . . . 1—153

I. Einleitung 1
II. Die Theorie der Wellen in tiefem Wasser 6
III. Theorie der Wellen in flachem Wasser 13
Experimente 23
IV. Die Dimensionen der Meereswellen 35
V. Die Entstehung der Wellen und ihre Abhängigkeit vom Winde 53
VI. Brecher. Roller. Brandung. Abrasion 82
VII. Seebeben- oder Stoßwellen 114
VIII. Stehende Wellen 137

Zweites Kapitel.

Die Gezeiten . . . . 154—280

I. Ueberblick über die Erscheinungen 154
II. Wasserstandsmessung. Pegel 162
III. Theorie der Gezeiten . . . . 166—224
    1. Elementare Ableitung der Gleichgewichtstheorie . 167
    2. Die Theorien von Laplace, Young und Whewell . 184
    3. Die Kanaltheorie von Airy 191
    4. Die Schwankungstheorie von Ferrel 196
    5. Untersuchungen von Börgen 205
    6. Untersuchungen von Sir William Thomson . . . 213
    7. Ungelöste Probleme 219

Seite

IV. Die Gezeitenströmungen, besonders im britischen Kanal
und in der Nordsee 224
V. Die Flußgeschwelle 256

Drittes Kapitel.

Die Vertikalzirkulation der Ozeane . . . **281—824**
I. Die polare Herkunft des Tiefenwassers 281
II. Versetzung von Wassermassen durch Unterschiede des
Salzgehalts 294
III. Vertikaler Ausgleich des Windstaus . . . . . 300—324
   1. Das kalte Auftriebwasser der tropischen Luvküsten 307
   2. Das warme Wasser der tropischen Leeküsten . . 311
      Verhältnisse im Indischen Ozean 314
   3. Die Windstau- und Auftriebzonen höherer Breiten 318

Viertes Kapitel.

Die Meeresströmungen . . . . **824—516**
I. Einleitung 324
II. Entwickelung der Kenntnis von dem Wesen der Meeresströmungen 327
III. Die Theorie der Meeresströmungen . . . . . 342—372
   1. Die Windtheorie nach Zöppritz 342
   2. Stromteilung. Kompensationsströme 352
   3. Ablenkung der Strömungen durch die Erdrotation 362
   4. Rückblick. Konstruktion von Stromsystemen . . 367
IV. Methoden der Strombeobachtung 372
V. Die Strömungen in den einzelnen Ozeanen 384

   1. Die atlantischen Strömungen zwischen 30° N. und
      30° S. Br. 384

      1) Der nördliche Aequatorialstrom S. 384. 2) Der südliche
      Aequatorialstrom S. 386. 3) Die karibische Strömung
      S. 389. 4) Die Antillenströmung S. 391. 5) Der Brasilien-
      strom S. 392. 6) Theorie dieser Strömungen S. 393. 7) Der
      nordafrikanische oder Kanarienstrom S. 398. 8) Der süd-
      afrikanische oder Benguelastrom S. 400. 9) Die Guinea-
      strömung S. 401. 10) Die Strömungen im Golf von Mexiko
      S. 415.

   2. Die atlantischen Strömungen nördlich von 30°N. Br. 417
      11) Der Floridastrom S. 417. 12) Die nordatlantische
      Ostströmung S. 425. 13) Der nordöstliche Zweig des-
      selben S. 429. 14) Der Irmingerstrom, die Strömungen
      bei Grönland und der Labradorstrom S. 433.

   3. Die atlantischen Strömungen südlich von 30° S. Br. 438
      15) Der Brasilien- und der Falklandstrom S. 438. 16) Der
      südatlantische Verbindungsstrom S. 445.

Seite

4. Die Strömungen der atlantischen Nebenmeere . 447

1) Das europäische Nordmeer S. 447. 2) Das sibirische und amerikanische Nordmeer S. 458. 3) Die Strömungen der Nordsee und Ostsee S. 462. 4) Die Strömungen im Mittelmeer S. 466.

5. Die Strömungen des Indischen Ozeans 468

1) Die Monsunströmungen nördlich vom Aequator S. 468. 2) Die Aequatorialströmung S. 469. 3) Der Aequatorialgegenstrom S. 470. 4) Der Agulhasstrom S. 471. 5) Die westaustralische Strömung S. 474. 6) Die Westwindtrift südlich 30° S. Br. S. 474. 7) Die Strömungen des australasiatischen Mittelmeeres S. 480.

6. Die Strömungen des Pazifischen Ozeans 483

1) Die nördliche Aequatorialströmung S. 484. 2) Die südliche Aequatorialströmung S. 485. 3) Der Aequatorialgegenstrom S. 489. 4) Der japanische Strom S. 493. 5) Die nordpazifische Westwindtrift S. 495. 6) Der kalifornische Strom S. 496. 7) Die Strömungen der Beringsee S. 497, des Ochotskischen Meeres S. 499, des Japanischen Meeres S. 500. 8) Der ostaustralische Strom S. 501. 9) Die südpazifische Westwindtrift S. 503. 10) Der Kap-Horn-Strom S. 507. 11) Der peruanische Strom S. 509.

VI. Einwirkung der Meeresströmungen auf die Küstengestalt 511

Alphabetisches Namen- und Sachregister 517

Berichtigungen.

S. 161, Z. 2 hat Zöppritz offenbar schreiben wollen: „Wie diese
Erscheinung, so tritt auch die Bore bei Springzeiten" u. s. w.
ibid. Z. 12 statt 27 m lese man 2,7 m.
S. 241, Z. 11 statt Hardanger lese man Stavanger.
S. 433, Z. 4 v. u. tilge man die 15.

Erstes Kapitel.

Die Wellen.

I. Einleitung.

Nur sehr selten, auch bei völliger Windstille, bietet sich auf hoher See der Anblick einer vollkommen ebenen, spiegelglatten Meeresoberfläche dar; nur in den kleineren und abgeschlosseneren Nebenmeeren dürfte diese Erscheinung häufiger gefunden werden. Der Regel nach aber zeigen diese, wie der offene Ozean eine von Wellen durchfurchte oder gekräuselte Oberfläche. Die Vorgänge, welche den Wellenschlag ausmachen, zeigt schon eine flüchtige Beobachtung der Wellen, welche bei kräftigerem Winde auf einem kleinen See oder einem Kanal sich bilden. Man bemerkt, daß beim Vorübergange einer Welle die Oberfläche sich erst hebt, dann wieder senkt. Die Wasserteilchen der Oberfläche erleiden also vertikale Verschiebungen, sie pendeln rhythmisch auf- und abwärts. Ferner sieht man aber auch die darauf schwimmenden Körper keineswegs den Wellen folgen, sondern ziemlich unverändert an derselben Stelle bleiben, wenn sie nicht etwa so weit hervorragen, daß der Wind sie fassen kann. Genauere Beobachtung zeigt aber doch eine gewisse horizontale Verschiebung: kleine Holzstückchen oder Schaummassen werden nämlich, so oft der Kamm einer Welle sie erreicht, sehr merklich, wenn auch nicht gerade sehr schnell, mit der Welle fortgetrieben, um alsbald, wenn sie in dem Thal zwischen zwei Wellen sich befinden,

ebenso schnell wieder zurück zu schwimmen. Namentlich
dieses Zurückgehen, dem kommenden Wellenberg entgegen, beweist klar, daß die Wasserteilchen, welche den
schwimmenden Körper umgeben, nicht nur sich heben
und senken, sondern auch in horizontaler Richtung hin
und her pendeln.

„Viel deutlicher überzeugt man sich hiervon," sagt Hagen,
„wenn man bei mäßigem Wellenschlage auf einem vor Anker
liegenden größeren Schiffe sich befindet, welches selbst gar nicht
oder nur wenig bewegt wird, und unverändert an derselben Stelle
bleibt. Ein solches bietet die Gelegenheit, das Verhalten der im
Wasser schwebenden Körper in unmittelbarer Nähe und zwar von
oben zu verfolgen, wobei die horizontalen Bewegungen deutlich
hervortreten. Man nehme einen Bogen Papier oder ein leinenes
Tuch und bilde daraus durch Zusammendrücken und Rollen einen
lockeren kugelförmigen Ballen. Ehe man ihn über Bord wirft,
tauche man ihn in Wasser, damit er beim Herabfallen sogleich
unter die Oberfläche tritt und dadurch sich der Einwirkung des
Windes entzieht. Indem er wegen seines etwas größeren spezifischen Gewichts langsam versinkt, so kann man ihn bei klarem
Wasser etwa eine Minute hindurch verfolgen und deutlich wahrnehmen, wie er beim Vorübergange jeder Welle hin- und her-
schwankt. Unter dem oberen Scheitel (dem Kamme) der Welle
folgt er schnell der Richtung derselben, und unter dem unteren
Scheitel oder dem Wellenthale treibt er wieder zurück. So lange
man ihn aber unterscheiden kann, bewegt er sich nur hin und
her, ohne die Stelle zu verlassen, wo er zuerst ins Wasser fiel.
Dieselbe Bewegung, welche die Wasserteilchen der Oberfläche
haben, erfolgt daher gleichzeitig auch in den darunter befindlichen
Schichten."

Hieraus ergibt sich, daß die Wasserteilchen unter
der Welle sowohl senkrecht wie wagrecht hin und her
pendeln und nach dem Vorübergange jeder Welle wieder
an ihren früheren Ort zurückkehren. Sie durchlaufen also
gewisse geschlossene Bahnen, und zwar jedesmal in
einer Vertikalebene, die in der Richtung des Fortschreitens
der Welle liegt. Dabei geht die vertikale in die horizontale Bewegung sehr sanft über. Dieses rhythmische
Kreisen, welches wir als Orbitalbewegung bezeichnen,
gibt den Wasserteilchen aber nicht die gleiche Geschwindigkeit, mit welcher die Welle über das Wasser hinschreitet,
vielmehr ist diese letztere, wie wir sehen werden, viele
Mal größer als die andere.

„Der Seereisende, der an diese Erscheinung nicht gewöhnt ist und die anrollende Welle für einen Wasserberg hält, dessen Masse die gleiche Geschwindigkeit wie die Welle hat, kann sich des beängstigenden Gefühls nicht erwehren, daß das Schiff beim Zusammenstoße zertrümmern müsse. Dieses geschieht aber nicht, das Schiff schwankt und hebt sich, der eigentliche Stoß bleibt nur sehr mäßig und ist oft gar nicht zu fühlen." (Hagen.)

Es sind also zwei Bewegungen zu unterscheiden: einmal die oszillierende oder Orbitalbewegung der Wasserteilchen und zweitens die fortschreitende der Wellenform.

Selbstverständlich kann die oszillierende Bewegung nicht so erfolgen, daß größere Wassermassen (-Cylinder) gleichzeitig um eine gemeinsame Achse rotieren. Dabei wären Kollisionen oder scharfe Uebergänge unvermeidlich, welche eine starke Reibung und damit bald ein völliges

Fig. 1.

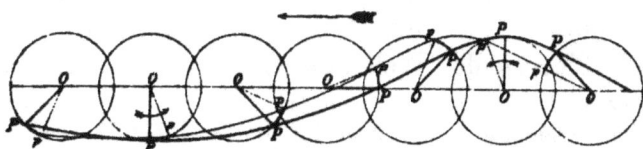

Aufhören der Bewegung zur Folge hätten. Vielmehr zeigt die Erfahrung, daß auf einigermaßen tiefem Wasser auch nach dem Aufhören des Sturmes die Wellenbewegung noch einige Zeit, im offenen Meer über 24 Stunden hindurch, sich konserviert und nur sehr langsam zur Ruhe kommt. Darin liegt ein Beweis für die sehr geringe Reibung, welche diese Art der Bewegung begleitet, so daß also die Wasserteilchen, welche in der Ruhelage nebeneinander sich befinden, auch im Bereiche einer Wellenbewegung in Berührung miteinander bleiben.

Ein bekanntes Instrument, die „Wellenmaschine", verdeutlicht die Kombination der beiden Vorgänge, welche sich hier abspielen. An einer Platte sind in einer geraden Linie die gleichlangen Stäbe OP so befestigt, daß sie sich um die Punkte O gleichzeitig in Drehung versetzen lassen, was sich leicht durch eine um alle Achsen in gleichem Sinne geschlungene Schnur bewirken läßt. Stellt man die Stäbe so ein, daß jeder im Vergleich zu seinem rechten Nachbar um $^1/_8$ der vollen Umdrehung (diese links herum gerechnet, cf. die kleinen Pfeile der Figur 1) zurück ist, so wird die Linie P, P, P etc. das Wellenprofil sein. Werden nun die Stäbe oder Radien um $^1/_8$ der Umdrehung fortbewegt, so sind die Punkte P nach p gelangt, hingegen ist der Wellenkamm um ein ungleich größeres Stück nach links fortgerückt. So zeigt sich, wie durch langsame Drehung der einzelnen Wasserteilchen um ein Rotationszentrum O die Wellenform sehr schnell fortschreiten kann, und zwar veranschaulicht das Instrument dasselbe, was die oben gegebene Beobachtung ergab: im Wellenkamm laufen die Teilchen in gleicher Richtung wie die Welle, im Wellenthal laufen sie ihr entgegen.

Die Kurve PPP nennt man in der Geometrie eine „gestreckte Cykloide" oder kürzer eine „Trochoide", daher diese Theorie der Wellenbewegung die „Trochoidentheorie".

Die Beziehungen zwischen Trochoide und Cykloide mögen durch folgendes erläutert werden. Es sei (in Fig. 2) QR eine

Fig. 2.

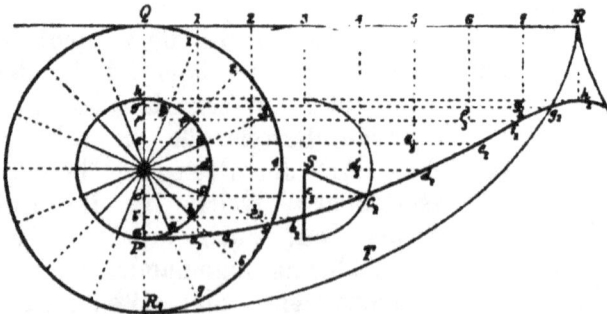

gerade Linie, unter welcher entlang man einen großen Kreis von dem Radius OQ rollen läßt. Die Strecke QR sei gleich dem halben Umfang dieses Kreises, so daß nach einer halben Umdrehung der Punkt R_1 in R angekommen ist. Ließe man den Kreis noch weiter nach rechts rollen, so würde die Bahn des Punktes R_1 von der erreichten Spitze K wieder abwärts führen. Diese Bahn ist die „Cykloide". Teilt man nun den Kreisumfang QR_1 in 16 gleiche Teile ein, so werden diese in gleichen Strecken auch auf der Linie QR sich abdrücken, also bei der halben Drehung die Linie QR in 8 gleiche Stücke abteilen. Auf dem Radius OR_1 befindet sich ein Punkt P; und dessen Bahn bei dem gleichzeitigen Fortrollen des großen Kreises wird durch die Linie Ph_2 gegeben sein. Diese letztgenannte Kurve ist eine „Trochoide". Die Trochoide kann also auch definiert werden als die Kurve, welche von einem Punkte einer Radspeiche beschrieben wird, während das Rad entlang einer horizontalen Ebene in gerader Richtung fortrollt. Einen Punkt dieser Trochoide zu bestimmen ist, wie die Zeichnung zeigt, sehr einfach. Setzen wir z. B. Q als Anfangspunkt des Koordinatensystems und QR als Abscissenachse, ferner

$$OQ = r,$$
$$OP = \rho,$$
$$\text{Winkel } QO3 = \theta,$$

so sind die Koordinaten des Punkts c_2 der Trochoide:

$$x = c_1\,c_2 = c_1\,c_3 + c_2\,c_3 = r\theta + \rho \sin\theta,$$
$$y = c_1\,Q = OQ + Oc_1 = r \;+ \rho \cos\theta.$$

Denn wenn der Punkt 3 in QR von Punkt 3 des Rollkreises berührt wird, ist der Mittelpunkt des letzteren von O nach S gekommen, und $Sc_2 = OP = \rho$. Graphisch sind die einzelnen Punkte der Trochoide Ph_2, also wieder z. B. c_2, so zu finden, daß man auf der Bahn des Rollkreiszentrums, also OS, die der entsprechenden Phase der Drehung zukommenden Lagen dieses Zentrums (also S) aufsucht, und den Winkel $POc = QO3 = \theta$ an die über S verlängerte Gerade $S3$ anlegt (oder was dasselbe ist, Sc_2 parallel Oc zieht) und $Sc_2 = Oc = \rho$ macht. Oder anders und noch bequemer: man zieht die Horizontale cc_3, sucht ihren Schnittpunkt c_3 mit der Senkrechten $S3$ und macht $c_2\,c_3 = cc_1$. (Vgl. W. H. White, *A Manual of Naval Architecture*, London 1877, p. 143). Eine eingehende Darstellung der sogen. Trochoidentheorie der Wellenbewegung kann an dieser Stelle schon darum nicht gegeben werden, weil sie Kenntnis der Infinitesimalrechnung voraussetzt. Man findet die Ableitung der im folgenden aufgezählten Formeln in zahlreichen Abhandlungen der französischen Schiffbauingenieure Bertin in den *Mémoires de la Société Nationale des Sciences Naturelles de Cherbourg*, tomes XV, XVI, XVII, XVIII, XXII; und Duhil de Benazé in *Revue maritime et coloniale*, t. 42, 1874, p. 618 ff.; ferner bei Hagen, „Wellen auf Gewässern von gleichmäßiger Tiefe" in den mathem. Abhandl. d. Kgl. Akademie d. W. zu Berlin a. d. Jahre 1861, Berlin 1863; und in Hagen, Handbuch der Wasserbaukunst, 3. Teil, Seeufer und Hafenbau, Bd. 1, Berlin 1863, S. 3—104. Die Abhandlung Airys, *On tides and waves*, in der *Encyclopaedia metropolitana*, vol. V, p. 282 ff. ist schwer zugänglich. Einen vollkommen genügenden Auszug aus der Abhandlung Airys gab Guieysse in Liouvilles *Journal des Mathématiques* 3me Série, vol. 1, Paris 1875, p. 399—450. Vgl. auch Lamb, Einleitung in die Hydrodynamik, übersetzt von Reiff, Tübingen 1884, S. 251—275. — Die Wellenbewegung behandelt streng mathematisch Boussinesq, *sur les ondes liquides périodiques* in den *Mémoires prés. par divers Savants à l'Acad. des Sciences* vol. XX, Paris 1872, p. 509—615. Aeltere Versuche rühren her von: Stokes in *Cambridge and Dublin Math. Journal* IV, 1849; von Earnshaw in *Philos. Transactions* 1860; von Froude in den *Transactions of the Institution of Naval Architects for 1862;* Rankine in den *Philosophical Transactions* 1862; Lord Rayleigh im *Philos. Mag.* 1872. — Wir schließen uns im folgenden vorzugsweise an Hagen und Bertin an, welche ihrerseits an die Untersuchungen von Gerstner (vgl. Weber, Wellenlehre, Leipzig 1825, § 219) anknüpfen.

II. Die Theorie der Wellen in tiefem Wasser.

Die Trochoidentheorie kommt für Wellen auf Wasser von unendlicher Tiefe zu den im folgenden der Reihe nach erläuterten Formeln.

Es bedeutet in denselben:

r den Radius des Rollkreises (s. Fig. 2);

h den Radius der Kreisbahnen der Wasserteilchen an der Oberfläche, also die halbe Wellenhöhe;

v die Geschwindigkeit (Meter pro Sekunde), mit welcher die Wasserteilchen ihre Kreisbahn durchmessen („Orbitalgeschwindigkeit");

z die Wassertiefe (in Meter), vom mittleren Niveau der Oberfläche ab nach unten gerechnet;

λ die Wellenlänge, d. i. der Abstand vom Wellenkamm zu Wellenkamm (in Meter);

c die Geschwindigkeit (Meter pro Sekunde), mit der sich die Welle über die Wasseroberfläche fortbewegt („Fortpflanzungsgeschwindigkeit").

τ die Periode der Welle, d. h. die Zeit, welche ein Wasserteilchen der Oberfläche braucht, um seinen Umlauf zu vollenden, oder, was dasselbe, die Zeit, welche die Welle braucht, um eine Strecke, gleich der Wellenlänge λ zu durchlaufen (in Sekunden).

Ferner bedeutet π die bekannte Ludolfsche Zahl, e die Basis der natürlichen Logarithmen (die Zahl 2,718), M den Modulus der gemeinen Logarithmen und g den Weg eines frei fallenden Körpers in der ersten Sekunde (4,9 m).

Die von den einzelnen Wasserteilchen beim Vorübergang einer Welle beschriebenen Kreisbahnen haben an der Oberfläche den Radius h, d. i. die halbe Wellenhöhe. Aber auch alle unter der Oberfläche liegenden Teilchen beschreiben solche Kreisbahnen, nur werden die Radien (ρ) dieser letzteren um so kleiner, je tiefer die Teilchen unter der Oberfläche liegen, und zwar gilt nach Bertin dafür die Formel:

$$\rho = h e^{-2\pi \frac{z}{\lambda}} \quad \ldots \ldots I$$

oder in einer für die Rechnung bequemeren Form:

$$log \frac{\rho}{h} = -2\pi M \frac{z}{\lambda}.$$

Hagen hat dafür die Formel:

$$\rho = r e^{-\frac{z}{r}}.$$

Die Radien werden also in einer geometrischen Progression kleiner, und kann man dieses Verhältnis nach Rankine für alle praktischen Rechnungen genau genug wiedergeben durch den Satz: „Drücken wir die Tiefe in Neunteln der Wellenlänge aus, so nehmen die Durchmesser (2ρ) der Kreisbahnen für jedes zukommende Neuntel der Tiefe um die Hälfte ab"; ist also

die Tiefe, in Bruchteilen von $\lambda = 0$, $^1/_9$, $^2/_9$, $^3/_9$, $^5/_9$, $^8/_9$ etc. dann ist 2ρ in Bruchteilen der
ganzen Wellenhöhe ($2h$) = 1, $^1/_2$, $^1/_4$, $^1/_8$, $^1/_{32}$, $^1/_{256}$ etc.

Wellen von 90 m Länge und 3 m Höhe sind im offenen Ozean ganz gewöhnlich; hier ist also an der Oberfläche $2\rho = 2h = 3$ m. Dagegen werden sich die Wasserteilchen in 10 m Tiefe nur noch um 1,5 m verschieben, in 20 m Tiefe um 0,75 m, in 50 m Tiefe nur noch 9 cm, in 100 m Tiefe aber noch nicht ganz 3 mm [1]),

---

[1]) Die aus der Formel I sich ergebenden genauen Werte für 2ρ sind resp.: 1,486, 0,743, 0,914, 0,00279 m.

also in dieser Tiefe kaum mehr merklich. Aus der Formel
indes ergibt sich, daß diese Bewegung erst in unendlicher
Tiefe völlig gleich Null wird.

Am deutlichsten werden diese Vorgänge unter der
Welle durch folgende Betrachtung werden. Man denke
sich die ganze Wassermasse im Ruhezustande zerlegt in
eine große Zahl von sehr dünnen Wasserfäden, deren
Achsen alsdann als gerade Linien senkrecht zur Oberfläche in die Tiefe führen würden. Tritt nun Wellenbewegung ein, so werden diese Wasserfäden zunächst
unter dem Wellenkamm sich verlängern, unter dem Wellenthal sich verkürzen, dabei haben dieselben aber nur im
Momente, wo sie die tiefste Stelle des Wellenthals oder
die höchste des Wellenkamms einnehmen, ihre senkrechte

Fig. 3.

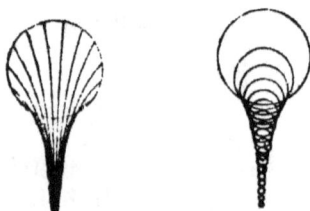

Lage; sonst neigen sie sich mit ihren oberen Enden bald
nach der einen, bald nach der anderen Seite. Fig. 3 zeigt
links die verschiedenen Stellungen, welche ein und derselbe Faden beim Vorübergang einer Welle nach und
nach einnimmt; die rechts daneben stehende Figur gibt
die kreisenden Bahnen der einzelnen Punkte, welche übereinander liegend den Faden bilden. Die Zeichnung verlängert den Faden so weit nach oben, daß die Bahn seiner
Spitze ein Wellenprofil in Gestalt der gemeinen Cykloide
ergeben würde; die Profile, welche die nächst darunter
liegenden Teilchen durch ihre Bahnen ergeben und welche
Trochoiden sind, ersieht man aus der nächsten Fig. 4.
Endlich soll Fig. 5 dazu dienen, sämtliche Wasserfäden
darzustellen, wie sie in demselben Zeitmomente in der
ganzen Ausdehnung einer Welle sich gestalten, und wenn

man davon absieht, daß diese Fäden eine unendlich kleine
Dicke haben, so ist jeder Faden durch die Fläche zwischen
je zwei Linien angedeutet. Man bemerkt hier, daß die

Fig. 4.

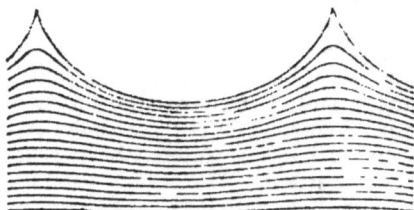

Fäden im Wellenkamm schmaler sind als im Bereiche
des Wellenthals, und zwar ist dieser Unterschied um so

Fig. 5.

größer, je näher der Oberfläche wir messen. Diese Oberfläche selbst mußte sogar darum als Trochoide gezeichnet
werden, weil für eine Cykloide die Fäden sich im Wellenkamm völlig zugespitzt hätten und ihre Trennungslinien
zusammengefallen wären.

„Die hier dargestellten verschiedenen Fäden bezeichnen aber
auch die verschiedenen Formen und Stellungen, welche derselbe
Faden nach und nach einnimmt. Man denke eine Wellenlänge λ
in soviele Teile geteilt, als die Periode der Welle τ Zeitelemente
Δt enthält. Und vor dem Beginn der Wellenbewegung, also zur
Zeit wo alle Fäden senkrecht standen und gleich lang, folglich
auch gleich breit waren, seien sie durch lotrechte Scheidungslinien
voneinander getrennt worden. Tritt alsdann die Wellenbewegung
ein, so bleiben diese Fäden noch immer voneinander getrennt und
jeder einzelne behält sein ursprüngliches Volum, während er an
die beiden benachbarten sich überall anschließt. Wie er sich
verlängert oder verkürzt, muß seine Breite in entsprechender
Weise ab- oder zunehmen. Letzteres geschieht aber nicht gleich-

mäßig in der ganzen Höhe, vielmehr tritt diese Veränderung vorzugsweise in der Nähe der Oberfläche ein. Die Breite jedes Fadens vor dem Eintritt der Wellenbewegung war gleich $c.\Delta t$. Nimmt man nun an, daß diese in Fig. 6 dargestellte Ebene, der Richtung der Wellenbewegung entgegen mit der Geschwindigkeit c fortgeschoben wird, so daß sie also in jedem Zeitelemente Δt um die ursprüngliche Breite eines Fadens, also um $c.\Delta t$ zurückgeht, so rückt derselbe Faden jedesmal an die Stelle, welche die Figur für den nächst folgenden zeigt; und die verschiedenen Stellungen und Verbreitungen oder Verengungen, die derselbe Faden nach und nach annimmt, kann man daher in dieser Figur erkennen. Diese umfaßt indes keineswegs alle Veränderungen vollständig, vielmehr setzen sie sich noch weiter abwärts fort, obwohl sie hier immer geringer werden. Wie gesagt befindet sich die Mittellinie des Fadens beim Vorübergange des obersten Wellenkamms oder untersten Wellenthals an ihrer ursprünglichen Stelle und steht senkrecht. An allen zwischenliegenden Punkten rückt indes der Fuß des Fadens, wie die Figur zeigt, nach der einen oder der andern Seite und neigt sich zugleich vor- und rückwärts wie in Fig. 3." (Hagen.)

„Man hat die Bewegung dieser Wasserfäden häufig verglichen derjenigen der Halme eines Kornfeldes, wenn der Wind sie hin und her schwanken und über die Aehren hin eine Welle verlaufen lässt. Aber obschon gewisse Aehnlichkeiten vorhanden sind, so ist doch der Hauptunterschied nicht zu übersehen: dass nämlich die Halme von konstanter Länge bleiben, während die Wasserfäden sich bald verlängern bald verkürzen." (White; vgl. schon Ilias II, 145 ff.)

Diese Betrachtungen werden besonders den Umstand ins Licht treten lassen, daß in einem Medium von so geringer Elasticität, wie das Wasser ist, und unter der Bedingung der Kontinuität, wie sie für jede Flüssigkeit gilt, doch durch kleine Verschiebungen der Wasserteilchen es möglich wird, daß die ganze Wassermasse in Schwingungen gerät, die an der Oberfläche in Wellenform auftreten und, wenn einmal eingeleitet, bei der geringen inneren Reibung des Wassers sich noch lange erhalten können, auch nachdem die erregende Ursache selbst nicht mehr wirksam ist.

Ferner läßt sich aus dem obigen schon unmittelbar folgern, daß eine und dieselbe Wassermasse von mehreren Wellensystemen gleichzeitig durchlaufen werden kann. Da die einzelnen Wasserteilchen sich nicht zwischen einander hindurch bewegen (was eine starke Reibung erzeugen würde), sondern immer von ihren alten Nachbarteilchen umgeben bleiben, können die Wasserfäden jedesmal die Gestalt annehmen, welche ihre Stellung zu den verschiedenen Wellensystemen verlangt. Wäre das Wasser eine vollkommene Flüssigkeit (d. h. ohne alle innere Reibung), so würden auch diese sich durchkreuzenden Wellenbewegungen bis in Ewigkeit fortdauern, so lange die Voraussetzung der Theorie: „unendlich große Tiefe" und „nach allen Seiten unbegrenzte Ausdehnung des Wassers" zutrifft, was in der Natur ja nicht der Fall sein kann.

Die nachstehenden Formeln bedürfen nur kurzer Erläuterung.

Die Periode der Welle wird gegeben durch die Formel

$$\tau = \sqrt{\frac{\pi}{g}\lambda} \quad \ldots \ldots \quad \text{II}$$

die Periode ist also proportional der Quadratwurzel aus der Wellenlänge. Lange Wellen haben also immer auch eine längere Periode als kürzere Wellen.

Die Periode ist aber ferner direkt proportional der Geschwindigkeit, mit welcher die Welle fortschreitet:

$$\tau = \frac{\pi}{g} c \quad \ldots \ldots \quad \text{III}$$

Diese Geschwindigkeit ist demnach auch wieder proportional der Wurzel aus der Wellenlänge:

$$c = \sqrt{\frac{g}{\pi}\lambda} \quad \ldots \ldots \quad \text{IV}$$

Da nun die Wellenlänge gleich dem Umfange des die Cykloide erzeugenden Rollkreises ist, also

$$\lambda = 2r\pi,$$

so ist auch c durch r ausgedrückt:

$$c = \sqrt{2gr} \quad \ldots \ldots \quad \text{V}$$

d. h. die Geschwindigkeit ist dieselbe, welche ein frei fallender Körper besitzt, der die Strecke r herabgefallen ist.

Durch r kann man auch die Periode ausdrücken, nämlich:

$$\tau = \sqrt{\frac{2\pi}{g}} \, r \quad \ldots \ldots \text{VI}$$

was bedeutet, daß ein Pendel von der Länge r in derselben Zeit τ eine vollkommene Schwingung macht, d. h. seine Bahn erst nach der einen und dann nach der anderen Seite zurück durchmißt.

Die Geschwindigkeit, ausgedrückt durch die Periode, ist

$$c = \frac{g}{\pi} \, \tau \quad \ldots \ldots \text{VII}$$

Die Wellenlänge λ lässt sich danach setzen:

$$\lambda = \frac{\pi}{g} \, c^2 = \frac{g}{\pi} \, \tau^2 \quad \ldots \ldots \text{VIII}$$

Nachstehende Tabelle zeigt die für verschiedene Werte von τ nach Formel VII, VIII und I berechneten Daten für die Wellenlänge, die Geschwindigkeit, und den Radius ρ der Orbitalbahnen in verschiedenen Tiefen, wenn die halbe Wellenhöhe h gegeben ist (nach Bertin).

τ	λ	c	Verhältnis $\frac{\rho}{h}$ in den verschiedenen Tiefen $z =$				
(Sek.)	(m)	(m. p. Sek.)	2 m	10 m	20 m	50 m	100 m
2	6,2	3,12	0,134	0,000	0,000	0,000	0,000
3	14,1	4,70	0,410	0,012	0,000	0,000	0,000
4	25	6,20	0,605	0,080	0,007	0,000	0,000
5	39	7,81	0,725	0,200	0,040	0,000	0,000
6	56	9,37	0,800	0,327	0,107	0,004	0,000
7	77	10,93	0,848	0,440	0,193	0,016	0,000
8	100	12,49	0,882	0,533	0,283	0,043	0,002
9	126	14,05	0,905	0,608	0,370	0,083	0,007
10	156	15,61	0,923	0,668	0,447	0,134	0,018
11	189	17,17	0,936	0,717	0,514	0,190	0,036
12	225	18,73	0,946	0,756	0,572	0,247	0,061
14	306	21,85	0,960	0,814	0,664	0,358	0,128
16	396	24,98	0,969	0,863	0,728	0,452	0,205
18	506	28,10	0,975	0,883	0,780	0,537	0,289
20	624	31,22	0,980	0,904	0,818	0,605	0,366
22	762	34,34	0,984	0,921	0,848	0,662	0,438
24	899	37,46	0,986	0,932	0,870	0,705	0,497

Von der Geschwindigkeit, mit der die Welle über das Wasser hinschreitet, ist verschieden diejenige, welche die Wasserteilchen in ihrem Kreislauf an der Oberfläche haben. Nennen wir diese Orbitalgeschwindigkeit v, so ist sie

$$v = c\,\frac{h}{r} \quad \ldots \ldots \quad \text{IX}$$

und ihr Verhältnis zu c, indem wir r durch λ ausdrücken,

$$\frac{v}{c} = 2\pi\,\frac{h}{\lambda} \quad \ldots \ldots \quad \text{X}$$

dieses ist also gegeben durch das Verhältnis der Wellenhöhe zur Wellenlänge. Der Quotient $h : \lambda$ ist immer ein echter Bruch, dessen Wert nach der Theorie abnehmen kann von seinem Maximum $1 : \pi$ (bei der Cykloide) bis zu unendlich kleinen Größen. Die Theorie gibt also kein festes Verhältnis zwischen Wellenhöhe und Wellenlänge, damit also dann auch kein solches der Orbitalgeschwindigkeit zur Fortpflanzungsgeschwindigkeit der Welle. Nach den unten zu gebenden thatsächlichen Beobachtungen liegt der Wert von $2h : \lambda$ zwischen $^{1}/_{12}$ und $^{1}/_{40}$, woraus sich für v eine Geschwindigkeit zwischen $0{,}262\,c$ und $0{,}077\,c$ ergibt, so daß also c 4 bis 15mal größer ist als v.

Die Orbitalgeschwindigkeit nimmt natürlich ebenfalls mit der Tiefe ab, und zwar nach der Exponentialformel:

$$v = c\,e^{-\frac{z}{r}} \quad \ldots \ldots \quad \text{XI}$$

also auch in geometrischer Progression im gleichen Sinne wie ρ nach Formel I.

III. Theorie der Wellen in flachem Wasser.
Experimente.

Während diese Formeln für die Wellen in unendlich tiefem und seitlich unbegrenztem Wasser als unbestrittene Errungenschaften der Analysis gelten dürfen, sind die Vorgänge in den Wellen auf flachem Wasser keineswegs bei den verschiedenen Autoritäten durch identische Formeln charakterisiert. Hagen tritt sogar in seinen Unter-

suchungen über Wellen auf Wasserflächen von geringer,
aber konstanter Tiefe den Behauptungen Airys schroff
gegenüber. Dieser führt nämlich die Voraussetzung ein,
daß die Wellen nur eine unendlich kleine Höhe haben,
wodurch er vielfach genau zu denselben Resultaten gelangt, als wenn er die Wassertiefe als unendlich groß,
die Wellenhöhe aber als endlich angenommen hätte. Ferner
wird durch Airys Annahme die Bedingung der Kontinuität,
die bei allen diesen Untersuchungen obenan steht, ganz
untergeordnet. Die von Airy selbst behauptete Uebereinstimmung seiner theoretischen Ableitungen mit den Experimenten Scott Russells wird von letzterem bestritten,
indem dieser Airy vorwirft, daß er die ihm vorliegenden
Beobachtungen willkürlich abgeändert habe. Kurz, die
Analysis und das Experiment sind nicht in erwünschter
Eintracht.

Es wird darum gut sein, hier gleich die Resultate
experimenteller Beobachtungen einzuschalten, soweit sie
von Wilhelm und Heinrich Weber, von Scott Russell
und Hagen übereinstimmend gegeben werden.

Zu diesen Experimenten dienten jedesmal sogenannte
„Wellenrinnen", lange Kästen von gleichem rechteckigem
Querschnitt, meist mit durchsichtigen Wänden (s. unten
Fig. 21), durch welche man die Vorgänge im Innern des
Wassers beobachten konnte. Die Brüder Weber erregten die Wellen in der Weise, daß sie mit einem dünnen
Röhrchen eine kleine Wassersäule aufsaugten und dann
ins Wasser zurückfallen ließen. Scott Russell sperrte
mittels eines Schützes am Ende seiner mehr als 6 m langen
Rinne eine Quantität Wasser ab und gab dieser ein höheres
Niveau als dem Hauptbassin. Sobald er nun dieses Schütz
entfernte, erhielt die Wassermasse des Hauptbassins den
wellenerzeugenden Stoß. Hagen ließ durch ein Uhrwerk eine Scheibe im Bassin in regelmäßig sich wiederholende Schwingungen versetzen und erzeugte so eine
ganze Reihe von Impulsen, welche in gleichen Intervallen
aufeinander folgten. Lediglich durch Erzeugung von Windwellen im kleinen auf der Oberfläche des Wasserbeckens
ist keiner der vorliegenden Versuche angestellt.

Uebereinstimmend ergibt sich aus diesen Experimenten folgendes. Die Wasserfäden schieben sich in seichtem Wasser am Boden hin und her, während nach der für unendliche Tiefen gegebenen Theorie sie mit ihrem unteren Ende als fest wurzelnd angesehen werden können. Dagegen zeigen die oberen Enden der Wasserfäden neben ihrer Verlängerung und Verkürzung auch ein Ueberneigen bald nach vorn, bald nach hinten, die Wasserteilchen beschreiben also auch hier geschlossene Bahnen, die an der Oberfläche nach Hagen wie nach Weber von Kreisbahnen gar nicht oder nur wenig verschieden sind. Dabei bleibt bei Hagen der horizontale Durchmesser dieser Bahnen sich durch die ganze Wassersäule fast gleich, bei Weber ist die horizontale Verschiebung der Teilchen an der Oberfläche am größten, nimmt dann erst langsam ab, näher dem Boden aber wieder ein wenig zu (Wellenlehre § 104). Dagegen nimmt die vertikale Verschiebung der Teilchen je näher diese dem Boden liegen, um so mehr ab und verschwindet am Boden selbst vollständig. Alle Teilchen eines Wasserfadens befinden sich in der gleichen Phase ihrer Bewegung. Es schreitet also, wie im unendlich tiefen Wasser, eine und dieselbe Welle in jeder beliebigen Tiefenschicht mit der gleichen Geschwindigkeit durch das Wasser hin (Weber § 116, S. 141). Sehr wichtig ist jedenfalls, daß in den oberflächennahen Schichten, wo die reibende Wirkung des Bodens aufhört, die Teilchen sich in ähnlicher Weise bewegen, wie in unendlich tiefem Wasser: und zwar sind nach Hagen wie nach Weber die Orbitalbahnen um so ähnlicher dem vollen Kreise, je tiefer das Wasser in der Wellenrinne steht.

Nach Airys Theorie haben die Orbitalbahnen der Wasserteilchen die Gestalt von Ellipsen, welche in den einzelnen untereinander liegenden Elementen desselben Wasserfadens sämtlich gleiche absolute Excentricität (ε) haben, in denen also die beiden Brennpunkte jedesmal gleichweit voneinander entfernt sind, wobei die horizontale halbe Achse α am Boden des Bassins gleich ε wird, während die vertikale halbe Achse β hier verschwindet. Die Rechnung zeigt, daß alsdann zwei untereinander liegende Bahnen

nicht in derselben Zeit durchlaufen werden, was in der
That gegen die Kontinuitätsbedingung streiten würde.
Ebenso wie diese Orbitalgeschwindigkeit variabel ist, so
ist auch die Fortpflanzungsgeschwindigkeit und die Periode
der Welle in den verschiedenen untereinander liegenden
Schichten bei Airy von dem variablen Verhältnis von β
zu α abhängig, nämlich

$$c = \sqrt{2g\frac{\beta}{\alpha}}\, r = \sqrt{\frac{g}{\pi}\cdot\frac{\beta}{\alpha}\cdot\lambda} \quad\ldots\quad \text{XII}$$

$$\tau = \sqrt{\frac{\pi}{g}\cdot\frac{\alpha}{\beta}\cdot\lambda} \quad\ldots\ldots\quad \text{XIII}$$

also in den verschiedenen Tiefen ungleich! Das alles würde
zur Folge haben, daß in Wasser von endlicher Tiefe die
Wellenbewegung sich selbst jedesmal zerstörte, was den
Beobachtungen im Experiment wie in der Natur wider-
streitet, wo die Wellen auch in flachem Wasser sich ganz
regelmäßig ausbilden.

Aus Airys Rechnung ergibt sich für das Verhältnis
der beiden Halbachsen die Formel:

$$\frac{\beta}{\alpha} = \frac{e^{\frac{2\pi(p-z)}{\lambda}} - e^{-\frac{2\pi(p-z)}{\lambda}}}{e^{\frac{2\pi(p-z)}{\lambda}} + e^{-\frac{2\pi(p-z)}{\lambda}}} = \frac{e^{\frac{4\pi(p-z)}{\lambda}} - 1}{e^{\frac{4\pi(p-z)}{\lambda}} + 1},$$

worin p die ganze Wassertiefe bedeutet, z den Abstand
der betreffenden Wasserschicht von der Oberfläche. An
dieser letzteren selbst ist $z = 0$, alsdann wird obige
Formel

$$\frac{\beta_0}{\alpha_0} = \frac{h}{\alpha_0} = \frac{e^{\frac{2\pi p}{\lambda}} - e^{-\frac{2\pi p}{\lambda}}}{e^{\frac{2\pi p}{\lambda}} + e^{-\frac{2\pi p}{\lambda}}} = \frac{e^{\frac{4\pi p}{\lambda}} - 1}{e^{\frac{4\pi p}{\lambda}} + 1}. \quad \text{XIV}$$

Airy hat jene Schwierigkeiten seiner Formeln zwar selbst
auch erkannt (was bei einem so ausgezeichneten Analytiker

selbstverständlich ist), doch erachtete er trotzdem seine
Resultate in der doppelten Einschränkung noch für
brauchbar, daß er einmal die Wellen als unendlich klein
annahm und zweitens die Geschwindigkeit der Welle nur
nach den Vorgängen in der Oberflächenschicht bestimmte,
daher der Quotient β : α in XII und XIII den Wert hat,
wie er aus XIV sich ergibt (vgl. darüber auch Bertin in
den *Mém. Soc. Cherbourg*, XVII, 1873, S. 292 f.).

Obige Exponentialformeln gewinnen unter diesen
Voraussetzungen allerdings eine gewisse Brauchbarkeit,
und praktisch sind sie meist nur in folgenden zwei Grenz-
fällen zu verwenden: 1) bei den gewöhnlichen Wellen, wo
der Quotient $p : \lambda$ im Exponenten eine ganze Zahl ergibt,
sobald die Wassertiefe größer ist als die Wellenlänge,
was im offenen Meer ja immer der Fall ist. Dann werden
die Potenzen von *e* so große Zahlen, daß es nichts ver-
schlägt, ob wir sie um *1* vergrößern oder verkleinern.
Mit anderen Worten wird alsdann α fast genau gleich β,
und die Fortpflanzungsgeschwindigkeit folgt demselben
Gesetz, wie für Wasser von unendlicher Tiefe (vgl. oben IV):

$$c^2 = \frac{g}{\pi} \lambda.$$

Selbst wenn die Wassertiefe sich bis auf $\frac{1}{2} \lambda$ verringert,
so wird der Quotient β : α noch nicht kleiner als 0,996;
setzt man ihn gleich *1*, so wird der Fehler dadurch kaum
ein halbes Prozent.

2) Der zweite Grenzfall tritt bei den Flutwellen und
den durch Erdbeben erzeugten Stoßwellen ein: hier ist
die Wassertiefe immer sehr klein gegenüber der Wellenlänge, der Quotient $p : \lambda$ also ein sehr kleiner Bruch, der
jedenfalls aber kleiner sein muß als 0,001, d. h. die
Wellenlänge muß mindestens tausendmal größer sein als
die ganze Wassertiefe (Airy § 171). Um alsdann die
Formel handlicher zu gestalten, entwickelt man die Ex-
ponentialgrößen im Zähler und Nenner in Reihen, welche
nach ausgeführter Division und Vernachlässigung aller
höherer Potenzen von $p : \lambda$ in erster, aber genügender
Annäherung ergeben, daß

$$\frac{\beta}{\alpha} = 2\pi\,\frac{p}{\lambda},$$

also

$$c^2 = 2\,g\,p \quad . \quad . \quad . \quad . \quad . \quad \text{XV}$$

$$p = \frac{c^2}{2g} \quad . \quad . \quad . \quad . \quad . \quad . \quad \text{XVI}$$

Wir werden später auf die Verwendung und Prüfung dieser beiden Formeln zurückkommen, welche übrigens bereits 1788 von Lagrange auf einem anderen Wege der Analysis gefunden worden sind. Formel XV, welche in der Litteratur meist die Airysche, bisweilen auch die Scott Russellsche genannt wird, sollte daher eigentlich nur den Namen Lagranges tragen.

In den Fällen aber, wo eine genauere Rechnung nötig wird und die eben erwähnten Grenzfälle nicht vorliegen, kann man nach Stokes die Exponentialformel durch Einführung eines Hilfswinkels sich für die logarithmische Rechnung bequemer machen. Setzt man nämlich

$$e^{\frac{2\pi p}{\lambda}} = \cos\psi,$$

so erhält man nach einer elementaren Rechnung

$$c^2 = \frac{g}{\pi}\,\lambda\cdot\cos 2\,\psi \quad . \quad . \quad . \quad . \quad \text{XVII}$$

und daraus:

$$\lambda = \frac{\pi\,c^2}{g\,\cos 2\,\psi} \quad . \quad . \quad . \quad . \quad . \quad \text{XVIII}$$

Für die meisten Fälle dürfte auch folgende von Bertin berechnete Tabelle ausreichend sein, welche für das Verhältnis von $p : \lambda$ zwischen 0,025 und 0,5 die entsprechenden Werte von $\beta : \alpha$ an der Oberfläche gibt *(Mém. de la Soc. des Sciences Natur. de Cherbourg*, XVII, 1873, p. 296).

$\frac{p}{\lambda} =$	0,025	0,050	0,075	0,100	0,125	0,150	0,175	0,200	0,225	0,250
$\frac{\beta}{\alpha} =$	0,156	0,304	0,439	0,551	0,656	0,736	0,800	0,850	0,888	0,917

$\frac{p}{\lambda} =$	0,275	0,300	0,325	0,350	0,375	0,400	0,425	0,450	0,475	0,500
$\frac{\beta}{\alpha} =$	0,939	0,955	0,968	0,976	0,980	0,987	0,990	0,993	0,995	0,996

Die gleiche Annahme der elliptischen Gestalt der Orbitalbahnen finden wir auch in den umsichtigen Untersuchungen von Boussinesq „über periodische Wellen in einer Flüssigkeit von gleicher, begrenzter Tiefe". Diese mögen darum, obwohl der Zeit nach viel jünger als die Hagens, schon hier folgen. Für die Beziehungen zwischen der Geschwindigkeit und der Wassertiefe gibt er folgende grundlegende Gleichung:

$$\frac{2\pi}{\tau c}\left(e^{-\frac{2\pi p}{\tau c}} - e^{\frac{2\pi p}{\tau c}}\right)$$

$$+ \frac{2\pi^2}{g\tau^2}\left(e^{-\frac{2\pi p}{\tau c}} + e^{\frac{2\pi p}{\tau c}}\right) = 0 . \quad \text{XIX a}$$

Hieraus wird angenähert abgeleitet:

$$c^2 = 2gp\left(1 - \frac{\pi^2}{3g}\cdot\frac{p}{\tau^2}\right) \quad \ldots \quad \text{XIX b}$$

Hierdurch haben wir also eine Formel, welche die Geschwindigkeit außer von der Wassertiefe nur noch von der Periode τ abhängen läßt, also den in den einzelnen übereinanderliegenden Schichten variabeln Quotienten $\beta : \alpha$ vermeidet. Führt man die Bedingung ein, daß $p : \tau c$ ein sehr kleiner Bruch sei, was also sowohl bei großer Wellenlänge ($\tau c = \lambda$), wie bei großer Wellenperiode τ der Fall ist, so wird der in der Formel XIX b eingeklammerte Faktor nahezu gleich 1, und wir erhalten Airys Formel XV. Besteht hingegen die Bedingung, daß τ eine kleine Größe (also etwa der Bruchteil einer Sekunde) ist, so daß also

der Quotient $p : \tau^2 \doteq 1$ oder < 1 wird, so ergibt sich
aus XIX a für c die Formel VII:

$$c = \frac{g}{\pi}\, \tau,$$

also ein Abhängigkeitsverhältnis zwischen c und τ wie bei
unendlicher Wassertiefe. Nirgends erscheint bei Boussinesq
die Annahme, daß die Wellen hierbei unendlich klein
sein müssen, wie bei Airy, und so ergibt sich denn auch
weiterhin, daß die Geschwindigkeit c in allen Wasserschichten dieselbe ist: die Wellen schreiten vertikal stehend
durch das Wasser. Die Orbitalgeschwindigkeiten hat
Boussinesq nicht besonders untersucht; über die elliptischen Bahnen selbst sagt er, daß die vertikalen Halbachsen immer kleiner sind als die horizontalen, dabei alle
Ellipsen (wie bei Airy) die gleiche absolute Exzentrizität
haben. Am Boden ist die vertikale Halbachse $\beta = 0$;
sie wird größer, je mehr man vom Boden sich erhebt,
und wird an der Oberfläche nahezu $= \alpha$, sobald der
Quotient $\beta : \tau^2$ klein bleibt, also kleiner als 1 (oder höchstens gleich 1) wird.

Die horizontale Halbachse ist ebenfalls wie bei Airy
am Boden gleich dem Abstand der beiden Brennpunkte
der Ellipsen, und wächst gleichfalls mit der Annäherung
an die Oberfläche. Das Verhältnis $\beta : \alpha$ in verschiedenen
Tiefenschichten wird bei Boussinesq durch folgende einfache Tabelle charakterisiert, deren Argument das Verhältnis $p : \tau c$ ($= p : \lambda$) ist.

Für $p : \tau c =$	1	$^1/_2$	$^1/_4$	$^1/_8$
	$\beta : \alpha =$	$\beta : \alpha =$	$\beta : \alpha =$	$\beta : \alpha =$
an der Oberfläche . . .	0,9999	0,9960	0,9174	0,8502
in der Tiefe $^1/_4\, p$ . . .	0,9997	0,9860	0,8268	0,7358
„ „ „ $^1/_2\, p$ . . .	0,9970	0,9171	0,6558	0,6109
am Boden	0	0	0	0

Hagen war der Ueberzeugung, daß wenn die Annahme Airys zu Grunde gelegt wird, daß die Wasser-

teilchen an der Oberfläche in elliptischen Bahnen kreisen, man immer wieder zu der weiteren Annahme geführt würde, daß die Wellenhöhen unendlich klein seien. Er schlug nun nicht, wie Boussinesq, einen anderen Gang der Untersuchung ein, sondern veränderte die Gleichung der Ellipse so, dass die vertikalen Halbachsen sowohl nach oben wie nach unten hin etwas größer werden:

$$x = a \; sin \; \varphi$$
$$y = \beta \; cos \; \varphi + \gamma \; cos \; \varphi^2.$$

Damit erhielt er zwar eine Kurve, die der von ihm experimentell beobachteten Bahn der Wasserteilchen sehr nahe kam, geriet aber schließlich dennoch in dieselben Schwierigkeiten, die er an Airy tadelt. Nennt man der Kürze wegen das Verhältnis $\gamma : \beta = \sigma$, wo σ einen sehr kleinen Bruch bedeutet, so ergibt sich nach Hagen folgendes: Die Wellenlänge ist

$$\lambda = \frac{2 a p \pi}{\beta \sqrt{1 - \sigma^2}} = 2 \pi p \, \frac{a}{\beta} \left(1 + \frac{1}{2} \sigma^2 + \frac{3}{8} \sigma^4 + \ldots \right).$$

Den in der Klammer eingeschlossenen Faktor kann man indes seines von *1* nur wenig abweichenden Wertes wegen ganz vernachlässigen, erhält also genähert:

$$\lambda = 2 \pi p \, \frac{a}{\beta} \quad . \quad . \quad . \quad . \quad . \quad . \quad \text{XX}$$

Die Fortpflanzungsgeschwindigkeit ist:

$$c^2 = \frac{2 g p}{1 - \frac{1}{3} \cdot \frac{\beta^2}{a^2} (1 + 2 \sigma^2)}$$

oder genähert

$$= \frac{2 g p}{1 - \frac{1}{3} \cdot \frac{\beta^2}{a^2}} \quad . \quad . \quad . \quad . \quad . \quad . \quad \text{XXI a}$$

wenn man auch hier wieder die höheren Potenzen von σ vernachlässigt. Setzt man in dieser Gleichung, Airys Annahme unendlich kleiner Wellen folgend, $\beta : a = 0$, so erhält man die Lagrangesche Formel XV:

$$c^2 = 2 g p.$$

Andrerseits aber ergaben die Beobachtungen Hagens, daß α an Größe so wenig verschieden von β war, daß ohne großen Fehler meist $\beta : \alpha = 1$ gesetzt werden darf; dann wird aus XXIa die neue Formel:

$$c^2 = 3\,g\,p \quad . \quad . \quad . \quad . \quad . \quad \text{XXI}$$

Versucht man c in der Formel XX auszudrücken durch λ nach Gleichung XIX, so wird

$$c^2 = \frac{g\,\lambda}{\pi} \cdot \frac{\dfrac{\beta}{\alpha}}{1 - \dfrac{1}{3}\dfrac{\beta^2}{\alpha^2}}$$

und bei der Bedingung $\alpha = \beta$:

$$c^2 = \frac{3\,g}{2\,\pi}\,\lambda \quad . \quad . \quad . \quad . \quad . \quad \text{XXII}$$

Unter der gleichen Bedingung erhält Gleichung XIX die einfache Form:

$$\lambda = 2\,\pi\,p \quad . \quad . \quad . \quad . \quad . \quad \text{XXIII}$$

und aus XII und XXIII ergibt sich dann die Periode

$$\tau = 2\,\pi\,\sqrt{\frac{p}{3\,g}} \quad . \quad . \quad . \quad . \quad \text{XXIV}$$

Die Orbitalgeschwindigkeit der Wasserteilchen wird bei Hagen in den einzelnen Phasen der Bahn nicht gleich, sondern folgt dem Gesetze:

$$v = \frac{\beta}{p}\,(1 - 2\,\sigma\,\cos\,\varphi^3).$$

Die geringste Geschwindigkeit tritt daher im oberen Scheitel oder Wellenkamm ein, wo sie

$$v\,min. = \frac{\beta}{p}\,c\,(1 - 2\,\sigma),$$

die größte im Wellenthal, wo sie wird

$$v\,max. = \frac{\beta}{p}\,c\,(1 + 2\,\sigma).$$

Setzt man σ, nach einer Beobachtung z. B. = 0,033, so verhalten sich die beiden Extreme wie 88 : 100. Der mittlere Wert von v aber ist:

$$v = \frac{\beta}{p} c \quad \ldots \ldots \text{XXV}$$

Eine ganz elementare Ableitung dieses Ausdruckes wird bei einer späteren Gelegenheit gegeben werden. Der Wert von v ist um so geringeren Schwankungen ausgesetzt, je größer die Wassertiefe vergleichsweise zur Wellenhöhe (2β) ist oder je kleiner σ wird.

Vergleichen wir nunmehr die Resultate der Experimente in der Wellenrinne mit den Formeln von Airy und Hagen, so ergibt sich folgendes.

Die Messung der Geschwindigkeit, mit der die Welle über das Wasser fortschreitet, ist eine schwierige, und die Beobachtungsfehler werden dabei sehr beträchtlich, so daß sie nur in langen Reihen sich einigermaßen ausgleichen.

Was die Beobachtungen von Ernst Heinrich und Wilhelm Weber betrifft, so sind dieselben zwar an sich mit großer Zuverlässigkeit ausgeführt, leider aber aus anderen Gründen unbenutzbar (vgl. Wellenlehre § 132 bis 137). Die Weber benutzten nämlich zwei Wellenrinnen, von denen die kleinere (im Lichten) maß: Länge 1,733 m, Höhe 0,22 m, Breite nur 15,1 mm. Die größere war doppelt so lang und breit, aber 0,63 m hoch. Folgende Tabelle bezieht sich in den ersten fünf Rubriken auf Messungen in der kleineren Wellenrinne. Die an sechster Stelle aufgeführten Resultate, aus der größeren Wellenrinne gewonnen, sind streng genommen den vorigen nicht vergleichbar, weil der die Welle hier erzeugende Impuls etwas anders bemessen war. Zum Vergleich sind auch die Werte von c aufgenommen, wie sie sich nach Airys Formel XV ergeben würden. Die Zahlen bedeuten sämtlich Millimeter.

Wassertiefe $p = $	27,1	54,1	81,2	108,3	162,4	(622,6)
Beob. Geschwindigkeit	550	763	850	900	941	(1721)
$c = \sqrt{2gp}$	516	728	893	1031	1262	(2471)

Man sieht, dass die beobachteten Geschwindigkeiten bei
den größeren Tiefen sehr erheblich hinter den aus Formel XV abgeleiteten zurückbleiben. Die Ursache dieser
Erscheinung ist zum Teil in den ungünstigen Dimensionen
der Wellenrinne zu suchen. Bewegungen in einer Wassermasse von nur 15 mm Breite unterliegen einer sehr wirksamen seitlichen Adhäsion, wodurch denn in jener Beobachtungsreihe nur das allgemeine Gesetz erkennbar bleibt:
in tieferem Wasser ist die Geschwindigkeit der Wellen
größer als in flacherem.

Unter günstigeren Verhältnissen sind die Messungen
von Scott Russell angestellt (Report of the 14th meeting
of the British Association for the advancement of science etc.
London 1845, p. 311—392). Leider hat er sich vorzugsweise mit einer Art von Wellen beschäftigt, welche anderer
Entstehung sind als die Windwellen des Meeres, nämlich
mit sogen. „Uebertragungswellen" (waves of translation).
Solche Welle bildet eine isolierte Erhebung ohne voran-
gehendes oder nachfolgendes Wellenthal, welche einsam
(nicht in Scharen wie die Windwellen) über die sonst
ebene Wasserfläche dahin eilt (daher auch „Einzelwelle",
solitary wave, genannt), und die er, mehrfach reflektiert,
viele Male die über 6 m lange und 0,3 m breite Wellenrinne durchmessen ließ. Diese Welle zeigte sich stets
in ihrer Geschwindigkeit abhängig von der Wassertiefe
nach der empirischen Formel

$$c = \sqrt{2g\,(p + h)},$$

wo h die Erhebung der Welle über das mittlere Niveau
bedeutet[1]. Wie man hieraus sieht, liegt der Wert von
c immer zwischen den beiden aus Formel XV und XXI
$\sqrt{2gp}$ und $\sqrt{3gp}$ folgenden. Danach bewegen sich also
seine „Uebertragungswellen" mit derselben Geschwindigkeit, wie im allgemeinen die Wellen auf flachem Wasser.

---

[1] Vgl. namentlich Tabelle IX bei Russell u. a. O. S. 339.
Ueber die analytische Ableitung dieser Formel vgl. Boussinesq
in Comptes rendus vol. 72, 1871, p. 755 und vol. 73, 1871, p. 257 ff.
und 1211; Journal des mathématiques (de Liouville) 1872, XVII,
p. 55; 1873, XVIII, p. 47.

Die „Uebertragungswellen" sind für die Vorgänge im Meer nicht von Bedeutung, wohl aber im Mündungsgebiete der Flüsse, wo die Gezeitenwelle als solche aufzutreten scheint. Der französische Ingenieur Caligny hat übrigens nachgewiesen, daß es zwei Arten von Uebertragungswellen gibt, die er als *onde solitaire* und *onde de translation* im engeren Sinne bezeichnet. Die „Einzelwelle" wird erzeugt, indem man eine Wassermasse plötzlich auf eine vorher ruhende Wasserfläche, etwa in einen schmalen und langen Kanal, verpflanzt; alsdann entsteht eine Aufwulstung von breiter Basis und relativ geringer Erhebung über dem alten Niveau, welche sich durch die ganze Länge des Kanals hin fortbewegt, ohne daß ihr andere Wellen folgten oder vorangingen. Die „Uebertragungswelle" im engeren Sinne wird durch seitlichen Stoß gegen das Wasser erzeugt, beispielsweise von jedem in Fahrt befindlichen Fahrzeug. So entdeckte sie Scott Russell, als er auf einem von Pferden gezogenen Kanalboote reiste: das Boot hielt plötzlich an, und trotzdem setzte die vor dem Bug aufgeworfene Welle ihren Weg noch mehrere hundert Meter fort mit einer konstanten, von der Wassertiefe abhängigen Geschwindigkeit. In beiden Wellen findet thatsächlich ein Transport von Wasser über die Oberfläche des Kanals hin statt, es wird also ein Quantum Wasser von der einen Stelle nach der anderen „übertragen", während doch bei den Windwellen nur die Form der Welle durch das Wasser hinschreitet. Caligny's Untersuchungen ergaben, daß seine eigentliche *onde de translation* abhängig war von der Stärke des Impulses. Seine Wellenrinne nämlich hatte eine Länge von 24 m, eine Breite von 0,73, eine Tiefe von 0,42 m, die Impulse erregte er durch Einführen von schweren Cylindern in regelmäßigen Intervallen; je größer der Cylinder im Verhältnis zum Querschnitt des Kanals war und je tiefer er eingetaucht wurde, desto größer war die Geschwindigkeit der Uebertragungswelle, bei übrigens gleicher und konstanter Wassertiefe. Seine *ondes solitaires* zeigten diese Variabilität nicht: diese hatten bei gleicher Wassertiefe und gleicher Wellenhöhe aber dieselbe Geschwindigkeit, wie die gewöhnlichen Wellen (*ondes courantes*). In den beiden Arten von Uebertragungswellen beobachtete Caligny, daß die Wasserteilchen geschlossene Bahnen zurücklegten, welche am Boden in einem Hin- und Herschieben bestanden, während sie je näher nach der Oberfläche desto mehr eine elliptische Gestalt annahmen; dabei war regelmäßig die vertikale Achse dieser Bahnen größer als die horizontale, was schon Emy 1831 behauptet hatte, während nach den Beobachtungen der Brüder Weber und Hagens allemal die horizontalen Achsen die größeren waren, wie solches auch in den Theorieen von Airy und Boussinesq angenommen wurde. Boussinesq ist der Ansicht, dass diese Verlängerung der Vertikalachsen auf die Reibung zurückzuführen sei. Ueber einen von Caligny und Bertin gemeinsam angestellten Versuch über die absoluten Werte von 2α und 2β in verschiedenen Tiefen berichtet der letztere (*Mém. Soc. Cherbourg*, XXII, 1879. p. 179). Die

Wassertiefe in der Rinne betrug 0,36 m, die Wellenperiode 1 Sek., die Wellenlänge 1,30 m, die Wellenhöhe 0,06 m.

Tiefenschicht	Horizontale Achse $2\alpha =$ (m)	Vertikale Achse $2\beta =$ (m)
An der Oberfläche $(z = 0)$.	0,055	0,060
In 0,09 m Tiefe $(z = \frac{1}{4}p)$.	0,040	0,029
„ 0,18 „ „ $(z = \frac{1}{2}p)$.	0,032	0,018
„ 0,27 „ „ $(z = \frac{3}{4}p)$.	0,027	0,009
Am Boden der Rinne $(z = p)$	0,020	0,000

Wenn ferner Caligny an dem Boden der Rinne liegende Sandkörnchen sich unter der (echten) Uebertragungswelle zwar erst vorwärts (im Sinne des Fortgangs der Welle), dann aber um eine erheblichere Strecke rückwärts sich verschieben sah, so beruhte das wohl auf der Art, wie er die Wellen erzeugte (*Comptes rendus* LII, 1861, p. 1309 [auch Cialdi, *Sul moto ondoso del mare*, p. 601—632]; XVI, 1843, p. 381; XIX, 1844, p. 978; *Journal des mathém.* [de Liouville] XIII, 1844, p. 93; 2me série XI, 1866, p. 235).

Eine den Windwellen vielleicht ähnlichere Erscheinung erzeugte Russell, indem er einen schweren Körper durch seine 4 Zoll = 101,6 mm tief mit Wasser gefüllte Wellenrinne schleifte und alsdann die im Rücken des Körpers sich bildenden Wellen nach Länge und Geschwindigkeit beobachtete. Diese Werte nahmen je weiter nach rückwärts desto mehr ab, und wenn wir die von ihm jedesmal verzeichneten längsten und schnellsten Wellen als die frischsten ansehen dürfen, so kam deren Geschwindigkeit mit 1408 mm ziemlich genau dem aus der Formel XV sich ergebenden Wert von 1412 mm gleich. Doch muß ich bekennen, daß mir seine auf diese Experimente bezügliche Darlegung (Russell a. a. O. S. 367) an vielen Unklarheiten zu leiden scheint, während er offenbar den von ihm entdeckten „Uebertragungswellen" den besten Teil seiner Sorgfalt wie seines Scharfsinnes zugewandt hat.

Hagen, dessen Apparat eine exakte Bestimmung der fortschreitenden Geschwindigkeit der Wellen nicht begünstigte, stellt die Resultate seiner Experimente in folgender Tabelle zusammen; jede Zahl für c ist das Mittel aus je 10 Einzelmessungen. Die Zahlen sind aus dem rheinländischen Maß in Millimeter umgerechnet (Hagen, Wasserbau III, 1, S. 67).

Wassertiefe mm	c beobachtet mm	c' $= \sqrt{2gp}$ mm	c'' $= \sqrt{3gp}$ mm	$c : c''$ $= 1:$
26,2	505	351	620	1,23
39,2	651	431	758	1,17
52,3	727	479	876	1,21
65,4	868	557	980	1,13
78,5	986	609	1075	1,09

„Man bemerkt," sagt Hagen, „daß die beobachteten Geschwindigkeiten jedesmal zwischen die beiden berechneten fallen, daß sie aber namentlich bei den größeren Wassertiefen sich den letzteren Werten (c'') nähern. Die Differenz $c'' - c$ wird also immer geringer, wie der Einfluß der Reibung sich vermindert, und sonach darf man wohl annehmen, daß dieser Ausdruck c'' an sich richtig ist, jedoch die Resultate der Messung nicht scharf wiedergeben kann, weil er die Reibung nicht berücksichtigt."

Wellenmessungen in See, aber auf flachem Wasser, wobei außer den Größen λ, τ, c, h auch jedesmal die Wassertiefe p genau angegeben wäre, sind in der Litteratur sehr spärlich zu finden. Bertin berichtet *(Mém. soc. Cherbourg,* XVII, 1873, p. 298) von zwei Messungen des Schiffsbauingenieurs Duhil de Benazé, die sich auf Dünungen von erheblicher Länge beziehen, wo also die Bedingung bei Airy und Boussinesq, daß $p : \lambda$ ein kleiner Bruch sei, zutrifft. Er beobachtete nämlich:

p m	c m p. Sek.	λ m	τ m	h m	α m	$\sqrt{2gp}$ m	$\sqrt{3gp}$ m
9	11,4	160	14	0,4	1,00	9,4	11,5
9	11,0	190	14,5	0,7	1,65		

Man hat hier, besonders im zweiten Falle, Orbitalbahnen von großer Exzentrizität vor sich (a bedeutet die
horizontale, h die vertikale. Halbachse der elliptischen
Bahn); in diesem Falle ergibt sich abermals, was die
Geschwindigkeit betrifft, eine entschieden größere Annäherung an Hagens Formel XXI wie an die Formel XV
Airys oder XIX Boussinesqs.

Keiner dieser beiden Formeln günstig ist dagegen
eine zweite Beobachtungsreihe, welche Hagen publiziert
hat und bei der das Verhältnis von $p:\lambda$ nur wenig kleiner
als 1 ist.

Nachstehende Tabelle enthält Daten über Geschwindigkeit und Länge von Wellen, welche Kapitän Knoop in
der Ostsee (I, II) und im Oderhaff (III) bei Swinemünde
auf ziemlich kleiner, aber gleichmäßiger Tiefe auf Hagens
Veranlassung gemessen hat.

Nr. der Beob.	Wasser-tiefe m	Geschwindigkeit m per Sek.			Länge m			
		beob.	$=\sqrt{2gp}$	$=\sqrt{3gp}$	beob.	$=2\pi p$	$=\dfrac{2\pi}{3g}c^2$	$=\dfrac{\pi}{g}c^2$
I	5,65	3,24	7,5	9,1	—	—	—	—
II	8,48	3,80	9,1	11,2	9,44	53,3	6,17	9,25
III	4,39	3,49	6,6	8,0	7,85	27,6	5,20	7,80

Die Zahlen zeigen, daß für diese Wellen die aus der
Wassertiefe (nach XV, XXI, XXII und XXIII) berechnete
Geschwindigkeit und Länge viele Male größer ist als die
beobachtete. Dagegen bewährt sich die für unendliche
Tiefe geltende Beziehung zwischen λ und c vollkommen
(vgl. die letzte Rubrik der Tabelle), wie übrigens nach
den Erörterungen Boussinesqs zu erwarten war, welcher
Formel XV nur dann für anwendbar erklärt, wenn der
Quotient p/λ oder $\pi/\tau c$ ein sehr kleiner Bruch ist. In der
That werden wir im nächsten, die Gezeiten behandelnden
Kapitel eine große Anzahl von Beispielen finden, in denen
sich die Lagrangesche Formel unter der von Boussinesq
und Airy gegebenen Bedingung völlig bewährt.

Hagen kommt nun auf Grund dieser Beobachtungen zu der Ueberzeugung, daß bei mäßiger Wassertiefe ein doppeltes System der Wellenbewegung sich ausbilde: ein unteres, unmittelbar über dem wagrechten Meeresboden, wo die Wasserfäden in senkrechter Stellung sich hin und her schieben, was (nach einer hier nicht näher interessierenden Ableitung) bis zu einer Höhe vom Boden $r = \lambda : 2\pi = 0{,}1592\,\lambda$ oder rund $^1/_6$ der Wellenlänge, der Fall wäre; zweitens ein oberes, wo die Wasserfäden und Orbitalbahnen sich verhalten würden wie im Wasser von unendlicher Tiefe, während in der Uebergangsschicht sich die abgeflachten Orbitalbahnen des unteren Systems in Kreise vom Radius β verwandeln. Nur wofern die Wassertiefe überhaupt nicht $^1/_6$ der Wellenlänge erreicht, würden ausschließlich die Regeln für das Flachwassersystem (XV ff.) zur Anwendung gelangen. Dabei ergibt sich indes allerdings die Schwierigkeit, daß nach Hagens Formeln die Fortpflanzungsgeschwindigkeit der Welle an der Oberfläche und in der Bodenschicht nicht gleich wird, sondern, wie Hagen selbst hervorhebt, gemäß XXII und IV sich verhält wie $\sqrt{3}$ zu $\sqrt{2}$, oder angenähert 9 zu 11. Ob ein solcher Unterschied überhaupt nur ein scheinbarer, speziell Hagens Formeln anhaftender ist, oder in der Natur bei der starken Reibung am Boden sich erhalten kann, muß dahingestellt bleiben; in den Wellenrinnen war die Geschwindigkeit oben und unten gleich.

Hagen hat alsdann unter der Voraussetzung, daß die dem Wasser mitgeteilte Bewegung sich so gestaltet, daß die Reibung vergleichungsweise zur lebendigen Kraft ein Minimum wird, einige Formeln entwickelt, aus denen bei bekannter Wellenlänge (also Tiefe der Uebergangsschicht über dem Boden) man den Ausschlag der Wasserfäden (α') über dem letzteren berechnen kann (Mathemat. Abh. Berl. Akademie a. d. Jahr 1861, S. 67 ff.), nämlich:

$$\rho = \frac{3r}{\sqrt{2}} \sqrt{\frac{n}{2\,(1-n^3)}} \quad \cdots \cdots \quad \text{XXVI}$$

worin

$$n = \frac{\alpha'}{\rho} = e^{1-\frac{P}{r}} \quad \cdots \cdots \quad \text{XXVII}$$

wo ρ die halbe Wellenhöhe, P die ganze Wassertiefe bedeutet. Die Formeln sind bei Hagen zur Berechnung von Tabellen verwendet; sobald P, ρ und r (aus der Wellenlänge) bekannt sind, ist α' unmittelbar zu finden aus der zweiten der obigen Formeln. Bei den oben angeführten Beobachtungen des Kapitäns Knoop waren die mittleren Wellenhöhen im I. Fall 0,53 m, im II. Fall 0,63 m. Aus Hagens Formeln berechnen sich die Wellenhöhen zu resp. 0,529 und 0,602 m, also sehr gut übereinstimmend. Und α' hatte danach die Werte resp. 3,73 und 2,73 mm, wobei die Zeit, in der im ersten Falle $2\alpha'$ durchmessen ward, zu nur 1,036

Sekunden sich ergab. — Es mag indes dahingestellt bleiben,
ob diesen Formeln wirklich diejenige Brauchbarkeit zukommt,
die Hagen ihnen beilegt.

Ueber das Verhalten der Orbitalbahnen in den verschiedenen Tiefenschichten liegen aus dem Meere irgend-
welche Messungen nicht vor; auch über die Maximaltiefe,
bis zu welcher überhaupt die Wasserteilchen eine merkliche Bewegung unter der Welle ausführen, können wir
nur nach Indizien urteilen. Wir werden in einem der
folgenden Abschnitte sehen, daß lange und hohe Wellen
aus der Tiefsee über die Küstenbänke tretend hier und
da schon bei 200 m Tiefe branden; ferner könnte man
aus den Verletzungen, welche Telegraphenkabel auf stei-
nigem Grunde noch in 1200—1800 m erfahren, noch auf
eine entsprechende Wirkung großer Sturmwellen bis in
diese Tiefe hinab schließen (s. Annalen der Hydrographie
1883, S. 6). Das einzige Sichere beschränkt sich auf das,
was Aimé durch Experimente konstatiert hat, nämlich
daß bei starkem Seegang auf der Reede von Algier noch
in 40 m Tiefe erhebliche Verschiebungen der Wasserteilchen stattfinden. Ebenso ist aus dem Auftreten von
„Wellenfurchen“ im Sande des Meeresbodens geschlossen
worden, daß solche Verschiebungen noch in 180 m Tiefe
vorhanden seien, während die experimentellen Untersuchungen der Brüder Weber (Wellenlehre § 106) ergeben hatten, daß Bewegungen der Wasserteilchen am
Boden ihrer Wellenrinne durch Vergrößerungsgläser und
sogar mit bloßen Augen wahrnehmbar blieben in einer
Tiefe, welche der 350maligen Höhe der Wellen entsprach.

Aimé berichtet über seine Beobachtungen in den *Annales
de chimie et de physique* (3me sér.), tome V, 1842, p. 417 ff. (vgl.
Poggendorffs Annalen 1842, Bd. 57, S. 584). Die von ihm an-
gewandten Methoden müssen sehr originell genannt werden. Er
versenkte eine Bleiplatte von 60 cm Durchmesser, in deren Mitte
eine Art Kreisel von Holz an einer kurzen Schnur befestigt war.
In ruhigem Wasser nahm dieser Kreisel durch seine Schwimmkraft
gehalten eine Stellung senkrecht zur Platte ein; bei einem rhyth-
mischen Hin- und Herschieben der Wasserteilchen am Boden dagegen, wie die Theorie erwarten ließ, mußte der Kreisel bald
auf die eine, bald auf die andere Seite gebeugt werden. Energische Bewegungen konnten ihn daher bis zur Platte selbst nieder-

beugeu, und an dem Holzkörper des Kreisels angebrachte Eisenspitzen mußten alsdann auf der Bleiplatte ihre Spuren eindrücken. Sowohl am Boden in 11, 18, wie in 28 m Tiefe waren die Verschiebungen der Wasserteilchen stets kräftig genug, um die Bleiplatte mit symmetrisch einander gegenüber liegenden Eindrücken der Kreiseldornen zu versehen. Einmal ging sogar der Kreisel ganz verloren. Die Höhe der von Norden in die Reede von Algier einlaufenden Dünung überstieg dabei nicht 3 m. Als Aimés Apparate in eine Tiefe von 40 m (bei 1000 m Abstand vom Strande) versenkt wurden, ergab sich zwar, daß die Platte trotz hoher See während eines vollen Monats nur ganz schwache Narben seitens der Kreiselspitzen empfangen hatte; ein wiederholter, allerdings nur auf 14 Tage ausgedehnter Versuch ließ trotz gleich hoher See die Bleiplatte völlig intakt. Indes die ganze Konstruktion des Apparates garantirte eine unbegrenzte Nachgiebigkeit des Kreisels keineswegs, vielmehr war derselbe doch nur geeignet, auf Bewegungen zu reagiren, die einen bestimmten Widerstand zu überwinden bereits stark genug waren. Außerdem ist zu bedenken, daß der Kreisel eine Höhe von 25 cm, die Schnur, die ihn mit der Platte verband, etwa 10 cm Länge besaß, die Dornenspitzen also mit einem Radius von ca. 25 cm (nach der Zeichnung Aimés) ihre Bögen beschrieben. Darum ist anzunehmen, daß die Verschiebungen der Wasserteilchen selbst in der oben genannten Tiefe noch Amplituden von 50 cm überschritten haben müssen. Sonst würden die Dornen sich nicht auf der Bleiplatte haben eindrücken können. Da wir von Aimé nicht die Länge der von ihm untersuchten Wellen erfahren, sondern nur ihre Maximalhöhe, so können wir übrigens obiges Resultat auch nicht zu einer Prüfung von Hagens Formel XXVII verwenden.

Um nun die Bewegungen der Wasserteilchen zwischen dem Boden und der Oberfläche zu studiren, wandte Aimé eine Methode an, die nur in geringen Tiefen und in so durchsichtigem Wasser, wie das Mittelmeer es darbietet, Erfolg versprechen kann. Von einem verankerten großen Boot aus versenkte er eine Vorrichtung, die im wesentlichen aus einer kegelförmigen Flasche mit ganz engem Halse bestand, die auf einer schweren Eisenplatte (als Ballast) befestigt war. Die in der Flasche enthaltene Luft entwich nach dem Versenken in einer Reihe kleiner Luftbläschen, die vom Boote, also von oben, beobachtet, in Schlangenlinien an die Oberfläche aufstiegen: und zwar beschrieben sie diese Schlangenlinien in einer Ebene senkrecht zum Wellenkamm. Als er bei 7 m Wassertiefe und schwachem Seegang die Amplituden maß, fand er sie nirgends beträchtlicher als 20 cm; auch in einem anderen Falle, wo er bei 3 m Wassertiefe und einer Wellenhöhe von $^2/_3$ m beobachtete, überstieg die Amplitude 20 cm nicht. Aimé sagt leider nicht, in welchen Tiefen die größere Amplitude vorkam. — Später verwendete er zur Füllung der Flasche statt der Luft gefärbtes Oel, wobei die aufsteigenden Oelkügelchen leichter zu verfolgen waren als die sich stetig zerteilenden Luftbläschen.

Auch versah er die Blechflasche nun mit zwei Oeffnungen, eine
für das austretende Oel, die andere für das eintretende Wasser.
Bei 11 m Tiefe und einer See von 1,5 m Wellenhöhe, fand er dieselben Schlangenlinien wie vorher und als größte Amplitude
(wo?) nahezu 1 m. Bei 14 m Wassertiefe und gleichen Wellendimensionen fand er ein andermal die Amplitude nur 70—80 cm.
— Jedenfalls beweisen diese Versuche, daß in den Meereswellen
die Wasserteilchen ähnliche Bahnen zurücklegen, wie bei den
Experimenten in der Wellenrinne.

Fast gleichzeitig mit Aimés Beobachtungen gelangten die
Wahrnehmungen des französischen Ingenieurs Siau über die
„Wellenfurchen am Meeresboden" bei der Insel Réunion im Indischen Ozean in die Oeffentlichkeit (*Annales de chimie et de physique*, 3me série, tome II, 1841, p. 118 und Poggendorffs Annalen
a. a. O. S. 598). „Die Beobachtungen, über welche berichtet
werden soll," sagt Siau, „geschahen an einem Meeresboden, der
aus weißem Korallensand und schwarzem Basaltsand bestand;
sie fanden statt, als wir das Projekt einer Hafenanlage bei Saint-
Gilles studierten, wo die entlang der ganzen Küste sich erstreckende
Korallenbank eine natürliche Einfahrt besitzt. Wenn die See
ruhig genug ist, um den grobsandigen Grund in jener Einfahrt
zu sehen, so bemerkt man, daß dieser parallele Undulationen
bildet, deren Abstände voneinander in demselben Maße zunehmen,
wie die Dimensionen der Wellen, von denen sie erzeugt wurden.
Wir haben die Distanz je zweier nebeneinander liegender Kämme
zu 30 bis 50 cm geschätzt; und die Tiefe des Thals unter den
Kämmen wurde zu etwa 10 oder 15 cm gefunden. In dem Thal
dieser Undulationen befinden sich die schwersten Teilchen, wie
grober Sand, Grand und kleine Steinchen; am Kamme dagegen
liegt der feinste Sand. Wenn die Undulation aus Material von
derselben Korngröße, aber verschiedenem spezifischen Gewicht
besteht, wie das bei basaltischem und Kalk-Sand der Fall ist,
so gelangen die schwereren Stoffe in den Einmuldungen, die leichteren in den Kämmen zur Ablagerung.

„Diese Undulationen sind leicht als Folge der Wellenbewegung
des Wassers zu erklären. Sobald das Wasser durchsichtig ist
und man den Grund sehen kann, ist das Wasser auch ruhig, so
daß die Wellen keine oder geringe Einwirkung mehr auf den
Boden ausüben. Aber sobald die See stark bewegt ist, werden
auch alle diese Stoffe in Bewegung versetzt. Nimmt dann der
Seegang wieder ab, so kommt schließlich der Augenblick, wo die
Bewegungen nicht stark genug mehr sind, die schwereren Körnchen von der Stelle zu rollen. Dann tritt eine Art Auslese (Sei-
gerung) ein. Die schweren Teilchen lagern sich ab und nur die
leichteren folgen noch den Bewegungen des Wassers; die See
schiebt sie auf die Kämme der Undulationen hinauf und legt die
in den Einmuldungen liegenden schweren Körner bloß.

„Wenn man in jener genannten Einfahrt dem Ausgange zu
sich (seewärts) bewegt, so bemerkt man, daß die Undulationen

immer den gleichen Parallelismus bewahren und daß mehr und mehr ihr Querschnitt sich verkleinert. Dasselbe bemerkt man in See: die Furchungen sind parallel untereinander und fast auch parallel denen in der Einfahrt. Auch dort unterscheidet man immer leicht abwechselnd Zonen von schwereren und leichteren Stoffen. Bei ruhiger See unterscheidet man sie leicht bei 20 m Tiefe. Geht man noch weiter in See und lotet daselbst, indem man vorsorglich die Basis des Bleies mit Talg bestreicht, so wird man nach dem Einholen der Leine die erwähnten Zonen in dem Talg abgedrückt finden; bald wird man als Grundprobe gröbere Stoffe heraufholen, und dann ist die Oberfläche des Talgs convex; bald wird die Probe aus feineren Stoffen bestehen, dann ist die Oberfläche des Talgs concav (also auf dem Furchenkamm gewesen). In großen Tiefen wird man schließlich mit dem Lot die beiden Zonen verschiedener Korngröße auf einmal treffen und bemerken, wie die schwereren eine Protuberanz, die leichteren eine Depression der Talgfläche bedecken.

„Auf Grund dieser Erwägungen sind wir zu der Erkenntnis gelangt, daß in dem genannten Meeresgebiet die Thätigkeit der Wellen noch in einer viel beträchtlicheren Tiefe fühlbar ist, als bei anderen Beobachtungen bei einer weniger genauen Methode sich ergeben hat." „Die tiefste Lotung, welche sehr gewissenhaft geprüft wurde, ergab bei 188 m (im Nordwesten der Reede von St. Paul) eine Grundprobe von Sand und Basaltkies, in welcher die erwähnten Zonen mit der größten Klarheit konstatiert werden konnten. Wir haben auch in größeren Tiefen gelotet, und obwohl sich für uns die größte Wahrscheinlichkeit eines ähnlichen Befundes ergab, so behalten wir uns doch noch vor, die Versuche zu wiederholen, ehe wir näher darauf eingehen."

Diese von Siau gegebene Erklärung der Wellenfurchen kann nicht zutreffend sein, was mit einigen Worten hier noch ausgeführt werden mag.

Bei den Experimenten in der Wellenrinne haben die Wasserteilchen einen festen Boden unter sich, daher sie an diesem entlang nur wagrechte Bahnen zurücklegen können. Anders ist es, wo der Meeresgrund aus beweglichem Material besteht. Dort wird die elliptische Form der Orbitalbahnen, wie die höheren Schichten sie besitzen, auch die Bahnen der tiefst liegenden Teilchen in dem Sinne beeinflussen, daß sie jenen möglichst ähnlich werden. Es muß also jedes Wasserteilchen am Boden auch eine elliptische Bahn zu bilden versuchen und da der Meeresgrund diesem Bestreben Widerstand entgegensetzt, wird derselbe unter jedem Wellenthal, wo die Teilchen ja die untere Strecke ihrer Bahn zurücklegen, aufgewühlt werden. Da die Wellen durch das Wasser hinschreiten, wird keine Stelle des Bodens von dieser Einwirkung ausgeschlossen. Die losgelösten Körper, Sandkörnchen etc. geben nun den Schwingungen der sie umgebenden Wasserteilchen nach und zwar verfolgen sie merkwürdig wirbelnde Bahnen, wie die Beobachtung zeigt. Ist die Geschwindigkeit der

Teilchen sehr groß, wie das bei hohen Sturmwellen in mäßig
tiefem Wasser der Fall ist, dann wird auch grober Kies in Bewegung versetzt werden. Wo der Meeresboden aus einem Gemisch
groben und feinen Materials besteht, wird alsbald, sowie die
Orbitalgeschwindigkeit nachläßt, die Abscheidung der großen
und schweren Körner erfolgen, aber überall am Boden gleichmäßig, als eine zusammenhängende Schicht. Je mehr der Seegang
sich beruhigt, desto weiter schreitet der Saigerungsprozeß vor.
Das Endresultat wird eine ganz regelmäßige Schichtung sein,
unten die schweren, darüber immer die leichteren Teilchen, die
leichtesten zu oberst. Man sieht, auf diesem Wege würde es
niemals zur Ausbildung von „Wellenfurchen" kommen. Uebrigens
werden diese Wellenfurchen uns bei einer späteren Gelegenheit,
wo es sich um die Aeußerungen des Windstaues an den Küsten
und die daraus sich ergebenden Strömungen am Meeresgrunde
handelt, noch einmal begegnen; vgl. auch schon weiter unten den
Abschnitt über die Brandung.

Der Geologe Elie de Beaumont machte zu den Befunden
Siaus die Bemerkung, daß es scheine, als wenn auch die am
Boden des Meeres festgewachsenen Seetiere, welche genötigt
sind, durch die Bewegungen des Wassers selbst ihre Nahrung
sich zuführen zu lassen, gewöhnlich nicht viel tiefer als 200 m
vorzukommen pflegen. Aus dem von Broderip gegebenen, in
de la Bêches „Theoretischer Geologie" abgedruckten Verzeichnis
gehe hervor, dass von allen Schaltieren die Terebrateln am
tiefsten hinab vorkämen, aber doch an Felsen festgewachsen
nicht über 90 Faden oder 165 m aufgefunden seien. Was die
Korallen betrifft, so ergebe für diese nach einem Befunde von
Milne Edwards an der algerischen Küste bei Bona sich das Niveau
von 162 m (100 brasses) als ihr Tiefstes, während die Korallen-
fischer glaubten, dass sie nicht über 250 m (150 brasses) hinab
zu finden seien. Man könne daraus die Schlußfolgerung ziehen,
daß unterhalb eines Niveaus von 250 m die Orbitalbahnen der
unter einer Welle schwingenden Wasserteilchen so klein sind,
daß sie den festgewachsenen Tieren genügende Nahrung nicht
mehr zuzuführen imstande sind. Dabei muß zunächst die Frage
offen bleiben, ob außer diesem Faktor nicht auch andere Umstände (Licht, Temperaturen, Salz- und Gasgehalt) für die Verbreitung jener Tiere in Betracht kommen können. Ueberdies
haben die modernen Tiefseeforschungen ergeben, daß am Meeresboden bis in die größten Tiefen hinein Tiere in großer Zahl
vorkommen, denen die Fähigkeit zur Ortsbewegung fehlt; dadurch
verliert die obige Folgerung Elies überhaupt sehr an Bedeutung.

Semper in den „Natürlichen Existenzbedingungen der Tiere"
(Bd. II, S. 5) erwähnt diese Tiefenwirkung der Wellenbewegungen,
soweit ich sehe, überhaupt nicht; für ihn spielen die sehr viel
langsameren Meeresströmungen in dieser Hinsicht die Hauptrolle.
Aus der Zusammenstellung von Darwin (Korallenriffe, deutsch
von Carus, Stuttgart 1876, S. 84—87) geht hervor, daß die riff-

bauenden Korallen gewöhnlich nicht in Tiefen von mehr als 50 m gedeihen, während in einzelnen Fällen lebende Arten aus viel größeren Tiefen hervorgeholt seien: eine *Gorgonia* bei den (brasilischen) Abrolhos-Inseln aus 290 m, eine kleine *Cellaria* am Keeling-Atoll aus 350 m Tiefe.

Dieser Vergleich der thatsächlichen Vorgänge im Bereiche der Wellen in flachem Wasser mit den Ergebnissen der Theorien hat die letzteren nur in ihren allgemeinen Zügen bestätigen können. Indes fehlt noch viel, ehe man die Beobachtungen als genügend wird anerkennen dürfen. Die Technik derselben ist entschieden weit hinter den gleichzeitigen Fortschritten der Analysis zurückgeblieben; seit Aimés Versuchen, kann man sagen, ist dieser Zweig beobachtender Meereskunde überhaupt nicht gefördert worden. Woran es hauptsächlich mangelt, ist eine systematische Untersuchung der Bewegungen, welche die Wasserteilchen in flachem, nur ein paar Meter tiefem Wasser, und zwar in den verschiedenen Schichten zwischen Boden und Oberfläche unter der Welle befolgen. Ob die Periode und die Länge der Welle in allen Schichten die gleiche ist, haben schon die Brüder Weber als noch problematisch hingestellt (Wellenlehre S. 141). Und so lange man noch nicht durch Beobachtung ganz sicher weiß, ob in solchem flachem Wasser die fortschreitende Geschwindigkeit der Welle durch die ganze Wassersäule wirklich gleich ist oder am Boden anders wird, so lange darf man die praktische Verwendbarkeit der Formeln Hagens so gut wie der Airys und Boussinesqs noch in Zweifel ziehen. Ja, einer strengeren Auffassung gegenüber sind diese nichts als interessante Ergebnisse abstrakter Analysis, noch weit davon entfernt, die sorgfältige und vollständige Beobachtung der thatsächlichen Vorgänge in der Natur überflüssig zu machen!

IV. Die Dimensionen der Meereswellen.

Befriedigender können die Resultate genannt werden, welche der Vergleich zwischen Wellenbeobachtungen auf hoher See mit den theoretischen Werten der Formeln für

unendliche Wassertiefen ergibt; zumal wenn man sich die
nicht immer zu beseitigenden Schwierigkeiten vergegen-
wärtigt, mit denen Wellenstudien an Bord verbunden sind.
Ueberdies tritt in der Natur die Erscheinung nicht immer
in einfacher Form auf, meist durchkreuzen sich verschiedene Wellensysteme von verschiedener Stärke und Abkunft. Namentlich in inselreichen Nebenmeeren werden
durch Umbeugung der Wellenkämme oder gar gelegentlichen Reflex Störungen verursacht, welche das hauptsächlich vom herrschenden Wind erzeugte Wellensystem
arg deformieren.

Das gilt namentlich für die Ostsee, sowie für die ihres unregelmäßigen Seeganges wegen so gefürchteten großen Binnenseen Nordamerikas und das Kaspische Meer. Das Aegäische Meer
trägt nach diesen „hüpfenden“ Wellen vielleicht sogar seinen
Namen, den schon die Alten von αἴξ im Sinne von ἀίσσειν ab-
leiteten. (Vgl. die Zitate in Prellers Griechischer Mythologie (3)
Berlin 1872, Bd. 1, S. 466.) Ueber die Reflektierbarkeit der
Wellen s. unten S. 85. —

Da die Wellen hier wie im offenen Ozean von den
Winden erzeugt werden, die Windrichtungen aber, namentlich außerhalb der Passatzone im Bereich cyklonischer
Luftbewegungen, in ziemlich kurzem Abstande verschieden
sind, so ist daraus leicht zu ersehen, daß ein ganz einfaches ausschließlich weite Flächen dominierendes Wellensystem höchst selten zu beobachten sein wird. Dazu
kommt, daß Stürme der höheren Breiten so große und
so schnelle Wellen erzeugen, daß diese aus ihrem Ur-
sprungsgebiete hinaus weit in den Ozean sich verbreiten.
Diese nicht vom herrschenden Winde erzeugten, sondern in einiger Entfernung entstandenen Wellen nennt
der Seemann „Dünung“ (auch in deutschen Schiffsjournalen nicht selten „Schwell“; cf. englisch *swell*, französisch *houle*). Die Dünung unterscheidet sich schon
äußerlich von den Windwellen, welche der deutsche Seemann die „Seen“ nennt, durch ihr rundlicheres, streng
trochoidisches Profil trotz ihrer bedeutenden Länge
und Höhe, während die „Seen“ unter der unmittelbaren
Einwirkung des Windes sehr leicht überfallende und schäumende Kämme zeigen.

Wenn man mit Scott Russell und Airy solche Wellen, die in jedem Augenblick dem sie erzeugenden Kraftimpulse (also hier dem Winde) unterliegen, „forcierte" oder „gezwungene" Wellen *(forced waves)*, dagegen die dem unmittelbaren Impulse entzogenen Undulationen „freie" Wellen nennt, so würden die „Seen" der ersteren, die „Dünung" der zweiten Klasse zuzurechnen sein.

Typisch ist die hohe und lange Dünung in den Windstillen der Rossbreitenzone beider Hemisphären: auf der nördlichen erzeugt durch die in Böen wehenden Nordwestwinde an der Rückseite barometrischer Depressionen, im Atlantischen Ozean besonders im stürmischen Meer zwischen Neufundland und Island, von dort häufig bis in den Nordostpassat, bisweilen sogar bis in die südliche Hemisphäre hinüber sich fortpflanzend. Nicht minder weit treiben die südwestlichen Orkanböen der hohen südlichen Breiten ihre Dünung nordwärts. Ebenso entsenden die Passate in die äquatoriale Stillenzone von beiden Seiten ihre Dünungen, welche, einander durchkreuzend, den in der Windstille steuerlos liegenden Segelschiffen bisweilen sehr lästig fallen.

Der Beobachter an Bord eines Schiffes hat also zunächst die „See" und etwaige „Dünung" zu unterscheiden, und bei seinen Messungen auseinanderzuhalten. In den meisten Fällen wird freilich ein Wellensystem durch seine Dimensionen die anderen übertreffen. Die Beobachtungen haben sich auf folgende Thatsachen zu richten, wobei es zunächst einen Unterschied macht, ob das Schiff selbst in Fahrt ist oder still liegt.

Nehmen wir der Einfachheit wegen zunächst den letzteren Fall, so kann ein einzelner Beobachter zunächst sehr bequem die Wellenperiode messen, indem er nach einer Sekundenuhr die Zeiten notiert, in welchen die einander folgenden Wellenkämme seinen Standort an Bord passieren. Soll die Wellenlänge gemessen werden, so macht es einen Unterschied, ob das Schiff mit seiner Kiellinie senkrecht oder in irgend einem Winkel zu den Wellenkämmen liegt. Im ersteren Falle ist die Messung einfach: sind die Wellen kürzer als das Schiff selbst, so

läßt sich ihre Länge (am bequemsten durch zwei Beobachter auf gegebenes Signal) am Schiffskörper leicht bezeichnen und dann messen. Sind die Wellen aber länger
als das Schiff, so empfiehlt es sich zuvor die Periode
und die Geschwindigkeit der Welle zu messen und
daraus die Länge zu berechnen (denn $\lambda = \tau c$). Die Geschwindigkeit, mit der die Welle fortschreitet, ist
an der bekannten Schiffslänge oder einer an der Schanzung
zu diesem Zwecke genau markierten und gemessenen (nicht
zu kurzen) Distanz zu ermitteln, indem auch hier, am
besten wieder von zwei Beobachtern an jedem Ende der
abgesteckten Linie nach der Sekundenuhr die Zeiten notiert werden, in welchen die Wellenkämme an der Marke
erscheinen. In diesem Falle erhält man auch gleichzeitig
die Wellenperiode.

  Liegt das Schiff zwar still, aber nicht so, daß es
die Wellen recht von vorn oder von achtern erhält, so
ist der Winkel zwischen Kiellinie und Wellenrichtung zu
messen und die beobachtete Geschwindigkeit mit dem
Cosinus dieses Winkels zu multiplizieren; vorausgesetzt
daß dieser Winkel kleiner als 45 ° ist, sonst wird das
Resultat nicht mehr zuverlässig.

  Befindet sich das Schiff in Fahrt, so ist es notwendig Kursrichtung und Geschwindigkeit des Schiffes zu
kennen. Die vorigen Regeln erleiden dann nur eine einfache Modifikation, wenn Schiff und Wellen in der gleichen
oder entgegengesetzten Richtung laufen. Dann ist die
Schiffsgeschwindigkeit zu der der Wellen algebraisch zu
addieren. Nennen wir die Fahrtgeschwindigkeit des Schiffes
(Meter pro Sekunde) V, die von der Welle zum Passieren
der abgesteckten Distanz l gebrauchte Zeit t (in Sekunden),
so ist alsdann die Wellengeschwindigkeit

$$c = \frac{l}{t} \pm V,$$

ferner
$$\lambda = t\,(c \pm V)$$

$$\tau = \frac{\lambda}{c}.$$

Liegt der Kurs des Schiffs nicht rechtwinklig zu den Wellenkämmen, sondern schräg mit dem Winkel Θ zur Richtung derselben, so muß hier wie oben die scheinbare Wellengeschwindigkeit in die wahre verwandelt werden durch Multiplikation mit *cos* Θ (wieder unter der Bedingung, daß Θ kleiner ist als 45°).

Man kann aber auch die Wellenlänge direkt messen, wenn die Wellen recht von vorn oder von hinten kommen, indem man die (alte) Logge auswirft und die Leine so lang auslaufen läßt, bis jedesmal das Loggebrett und das Hinterteil des Schiffs gleichzeitig auf einem Wellenkamm sich befinden: ein Verfahren, das indes nicht so zuverlässig ist, wie das oben erwähnte, und meist zu große Wellenlängen ergeben dürfte.

Schwieriger ist es exakt die Wellenhöhe zu messen. Sind die Wellen von so beträchtlicher Höhe, daß sie, wenn das Schiff im Wellenthal sich befindet, dem Beobachter den entfernten Horizont verdecken, so kann dieser, mitschiffs auf der Kommandobrücke oder, wenn dieses nicht ausreicht, in den Wanten hinaufsteigend eine Höhe aufsuchen, in der er über die Wellenkämme hinweg visierend diese mit dem Horizont in Linie bringt. Die Höhe seines Auges über der Wasserlinie des Schiffs gibt dem Beobachter alsdann die Wellenhöhe. Freilich ist die Lage der Wasserlinie mitschiffs wohl meist in solchem Falle tiefer anzunehmen als sie in schlichtem Wasser ist, weshalb es sich empfiehlt, über diesen Effekt schon vor der Messung Beobachtungen anzustellen, so gut die Gelegenheit es gestattet.

Segeln zwei Schiffe im Geschwader und in Kiellinie, und kennt man die Dimensionen der Takelung beider genau, so kann man, wie Wilkes zuerst gethan, über die Kämme der zwischenliegenden Wellen hinweg visierend, feststellen, wie weit das Nachbarschiff im Wellenthal durch die Wellen verdeckt wird. Beistehende Fig. 6 (a. f. S.) wird dieses Verfahren hinreichend verdeutlichen (Wilkes, *United States exploring expedition,* vol. I, p. 135).

Die Novaraexpedition maß die Wellenhöhe so. daß sie zunächst die Wellenlänge feststellte und alsdann

den Winkel, unter welchem das Schiff in der Kiellinie
durch den Einfluß der ankommenden Welle sich erhob

Fig. 6.

Messung der Wellenhöhe nach Wilkes.

und wieder senkte. Die Wellenhöhe ist alsdann gleich
der halben Länge multipliziert mit der Tangente dieses
Winkels. Die Resultate werden aber hierbei nicht besonders verläßlich, denn die Böschung der Welle ist im
Wellenthal viel sanfter als am Kamm (Novaraexpedition;
erzählender Teil I, S. 114).

Dr. G. Neumayer versuchte die Wellenhöhen mit
sehr empfindlichen und mit Mikrometerablesung versehenen
Aneroidbarometern zu messen, doch hat er über die Resultate bislang nichts veröffentlicht.

Sind die Wellenhöhen zu niedrig für diese Art der
Beobachtung, so ist ihre Messung von hochbordigen See-
schiffen aus noch umständlicher. Ist es möglich die
äußere Bordwand des Schiffes (aus einer Stückpforte oder
einem Fenster) zu übersehen, so lassen sich an dieser
selbst vielleicht Marken feststellen, mit deren Hülfe man
die Wellenhöhen schätzen kann. Wird auf offener See
einmal ein Boot ausgesetzt, so hat man natürlich am
besten Gelegenheit dazu. Die Messapparate dagegen,
welche Froude und Pâris konstruiert haben, sind so
unhandlich und kostspielig, daß nur wissenschaftliche
Expeditionen sie benutzen dürften.

Der berühmte englische Schiffsbaumeister Froude empfahl
einen Apparat, dessen Prinzip auf Ausnutzung der mit der Tiefe
schnell abnehmenden Schwingungsamplitude der Wasserteilchen
beruht. Eine graduierte und am unteren Ende mit einem Gewicht (G) beschwerte hölzerne Latte (L) würde zwar im Meere
aufrecht schwimmen, aber selbst mit den Oberflächenschichten
sich heben und senken. Befestigte man dagegen an der Latte ein
möglichst weit in die Tiefe reichendes Gewicht, welches Fläche
genug besitzt, um von jenen wenig bewegten Schichten fest-

gehalten zu werden, so würde die Latte nur noch um die kleine
Amplitude der untersten Schicht auf und ab schwanken, mit ihrem

Fig. 8.

Fig. 7.

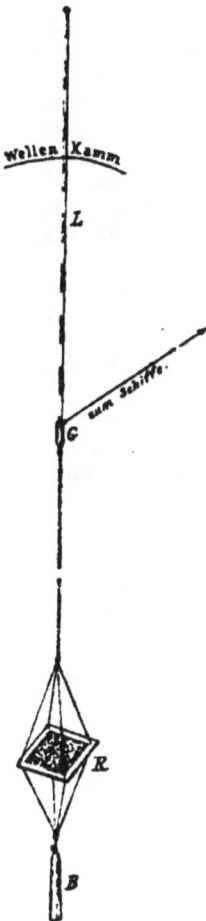

Wellenmesser nach Froude.

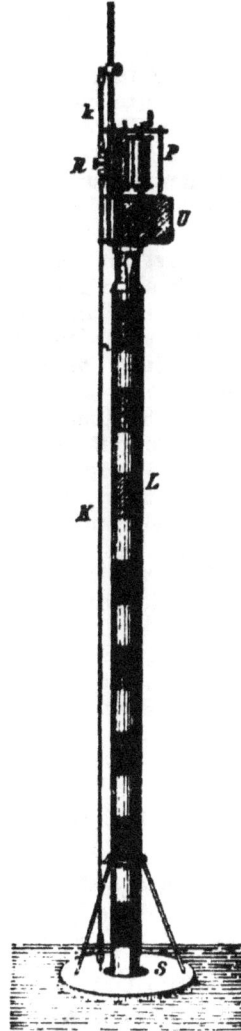

Wellenmesser nach Páris.

oberen Teil also eine angenäherte Messung der Wellenhöhe gestatten. Diesen „Anker" der Meßlatte bildet nach Froude ein

großer, mit Segeltuch überspannter, viereckiger Rahmen von geöltem Eichenholz (*R*), der an seinen vier Ecken so aufgehängt
ist, daß er im ruhigen Wasser eine völlig horizontale Lage annimmt; nach unten hin beschwert ihn ein großes Bleilot (*B*). —
Natürlich müssen die an der Latte abgelesenen Wellenhöhen vergrößert werden um einen aus Formel I zu berechnenden Wert
(vgl. White, *Manual of Naval Architecture*, p. 161 ff.).

Der von Admiral Pâris und Lieutenant Pâris (Vater und
Sohn) konstruierte und *trace-vague* benannte Apparat zeichnet
automatisch die Wellenhöhe auf. Eine graduierte, möglichst lange
und unten beschwerte Latte (*L*) bildet auch hier das eigentliche
Hülfsmittel der Messung, und sie würde noch ruhiger im Wasser
liegen und bessere Resultate ergeben, wenn sie Pâris mit dem
Froudeschen Flächenanker versehen hätte. Der Registrierapparat
besteht zunächst aus einem ringförmigen Schwimmer (*S*) von Kork
(nach Art der überall an Bord befindlichen Rettungsbojen), der
noch durch eine Führung besser an der Latte gehalten wird.
Dieser Schwimmer wird sich auf jedem Wellenkamm an der Latte
hinaufschieben und im Wellenthal wieder heruntersenken. An der
Spitze der Latte ist seitlich erst ein kurzer (*k*) und in seiner Verlängerung ein 8—10mal längerer Guttaperchastreif (*K*) befestigt,
welcher letztere mit seinem unteren Ende den eben erwähnten
Schwimmer (*S*) trägt. Die Bewegungen des letzteren werden
durch die Gummistreifen nicht behindert; ein an der Verbindungs-
stelle des langen mit dem kurzen Gummistreifen angebrachter
Stift (*R*) wird indes die vertikalen Schwankungen des Schwimmers
stark verkleinert wiederholen und kontinuierlich auf eine Papier-
rolle (*P*) aufzeichnen, welche samt einem kleinen Uhrwerk (*U*),
welches zu ihrer Drehung dient, fest an der Spitze der Latte
angebracht ist (*Comptes rendus hebd. etc.* tome 64, 1867, p. 731 ff.).

Beide Apparate sind indes bislang nur selten in Funktion
getreten. Die Resultate des Pârisschen scheinen auch nicht besonders verläßlich.

Aus den Formeln II bis VIII ergibt sich, daß nach
der Theorie enge Beziehungen zwischen der Periode, Geschwindigkeit und Länge der Wellen bestehen, dagegen
gar keine zwischen diesen Elementen und der Wellenhöhe.
Es wird sich also bei einem prüfenden Vergleich zwischen
Beobachtungen und Formeln darum handeln festzustellen,
ob jene engen Beziehungen zwischen τ, λ und c thatsächlich vorhanden sind.

Am besten geeignet erscheinen hierzu die zahlreichen fast täglich auf der Reise nach Ostasien und
zurück angestellten Wellenmessungen des eben erwähnten
Lieutenant Pâris an Bord der französischen Kriegsschiffe

„Dupleix" und „Minerve" in den Jahren 1867 bis 1870 (*Revue maritime et coloniale* vol. XXXI, Paris 1871, p. 111—127). Im ganzen hat er ca. 4000 Wellen an 205 Beobachtungstagen gemessen, an jedem Tage mindestens 10. Er ordnet seine Beobachtungen nach den berührten Windgebieten wie folgt (s. die fettgedruckten Zahlen); zum Vergleich sind die aus den Formeln berechneten Werte daneben gestellt.

Meeresteil	Geschwindigkeit (Met. pro Sek.)			Länge (Meter)			Periode (Sekunden)		
	beobachtet	berechnet aus $\sqrt{\dfrac{g}{\pi}\lambda}$	$\dfrac{\pi}{g}\tau$	beobachtet	berechnet aus $\dfrac{\pi}{g}c^2$	$\dfrac{g}{\pi}\tau^2$	beobachtet	berechnet aus $\sqrt{\dfrac{\pi}{g}\lambda}$	$\dfrac{\pi}{g}c$
Atlant. Passatgebiet	11,2	10,8	10,5	65	70	61	5,8	6,0	6,2
Indisches „	12,6	13,1	13,7	96	88	104	7,6	7,3	6,9
Südatl. Westwinde .	14,0	15,5	17,1	133	109	163	9,5	8,6	7,8
Indische „ .	15,0	15,2	13,7	114	125	104	7,6	8,0	8,3
Ostchinesisches Meer	11,4	11,9	12,4	79	72	86	6,9	6,6	6,3
Westpazifisches „	12,4	13,6	14,7	102	85	121	8,2	7,5	6,9

Beobachtungen in der Nähe von Land oder in abgeschlossenen Golfen und engen Straßen hat Pâris prinzipiell vermieden; so enthält das „Ostchinesische Meer" Beobachtungen aus der sogen. China-See und dem Tung-hai, aber nicht aus dem Japanischen Randmeer. Außer den 205 Beobachtungstagen notierte Pâris noch 29 Tage, an denen die Wellenbewegung so schwach war, daß das Meer als beinahe oder völlig still gelten durfte; ferner war an 109 Tagen der Winkel Θ zwischen Wellenrichtung und Kurs so klein, daß eine sichere Messung der in der obigen Tabelle aufgenommenen Elemente τ, λ und c nicht möglich war. Die Wellenlänge wurde durch Auswerfen der Loggleine gemessen, nach Pâris' Ueberzeugung war jede Einzelmessung bis auf $^1/_{10}$ genau.

Die Daten für die Geschwindigkeit, berechnet nach den Formeln IV und VII, sind innerhalb 1 m in Uebereinstimmung mit den Beobachtungen in 7 Fällen, innerhalb 0,5 m in 3 Fällen; erhebliche Differenzen sind nur in 2 Fällen vorhanden.

Die beobachteten Wellenlängen liegen ausnahmslos zwischen den beiden aus Formel VIIIa und b berechneten;

geben wir den beobachteten Wellen einen Fehlerbereich
von ± 10 Proz., so stimmen die berechneten Werte einigermaßen in 8 von 12 Fällen; die aus c^2 berechneten Längen
sind zu klein in 4 von 6 Fällen, die aus τ^2 berechneten
in 2 Fällen. Erheblich weichen die berechneten Daten
ab für das südatlantische Gebiet (um 30 und 24 m), nächstdem für das westpazifische (um 19 und 17 m). Aber
die Hauptsache bleibt, daß die berechneten Werte ebenso
oft zu groß wie zu klein ausfallen.

Die Periode muß gut übereinstimmend genannt
werden in 8 von 12 Fällen, zu groß ergibt die Rechnung
sie 4mal, zu klein 8mal.

Die nähere Prüfung aller Daten zeigt also, daß die
Gesetze der Trochoidentheorie sehr wohl geeignet sind,
die thatsächlichen Beziehungen zwischen Geschwindigkeit,
Länge und Periode der Wellen auf hoher See zum Ausdruck zu bringen. Wie in diesen Durchschnittswerten,
so tritt diese Uebereinstimmung zwischen Theorie und
Beobachtung auch zutage, wenn wir einzelne Messungen
herausgreifen und die Genauigkeit der letzteren nicht allzu
hoch schätzen.

Die beiden Pâris haben mit ihrem „Wellenmesser",
allerdings in der Nähe der Küste, zweimal Wellen gemessen, deren Abbildung im Maßstabe von 1 : 400 ihrem
Berichte beigegeben ist. Daraus entnehme ich die folgenden Daten:

	Wellenlänge (Meter)		Geschwindigkeit (Meter pro Sek.)	
	beobachtet	$\lambda = \dfrac{\pi}{g} c^2$	beobachtet	$c = \sqrt{\dfrac{g}{\pi}\lambda}$
I	27	30	7.4	6,98
II	33	35.5	8.0	7,72

Die Uebereinstimmung muß auch hier eine befriedigende
genannt werden (*Comptes rendus etc.* LXIV, 1867, p. 738,
Taf. 3, Fig. 6 und 7).

In vielen anderen vorliegenden Beobachtungsreihen
ergeben sich allerdings erheblichere Unterschiede zwischen
den beobachteten und berechneten Daten. Drei Reihen,
die von Walker (*Nautical Magazine for 1846*, p. 123 ff.),
Stanley und Scoresby (*Report Brit. Assoc. for 1850*,
London 1851, p. 26 ff.) herrühren, hat Hagen in Poggendorffs Annalen vol. 107, 1859, S. 296 bereits diskutiert;
es ergab sich, daß die aus der Geschwindigkeit berechnete
Länge der Wellen bei Walker durchschnittlich um 11 Proz.
zu klein, bei Stanley um 27 Proz. zu groß, bei Scoresby
wieder um 19 Proz. zu klein ausfielen. Eine andere
Beobachtungsreihe des Kapitän Stanley, welche sich auf
sehr große Wellen südlich vom Kap der Guten Hoffnung
bezieht (*Nautical Magazine for 1848* p. 228), hat Bertin
mit den theoretischen Daten verglichen (*Mém. soc. Cherbourg*, XV, 1870, p. 333) und gefunden, daß die gemessenen Wellenlängen regelmäßig um $1/7$ größer sind
als die aus der Geschwindigkeit berechneten, was er der
von Kapitän Stanley bei der Messung befolgten Methode
zuschreibt. Dieser schleppte, vor dem Winde segelnd,
eine lange Spiere an der Loggleine hinter dem Schiffe
her und versuchte so die Länge der Wellen direkt zu
messen. Da die Leine aber keineswegs straff gehalten
werden, also auch nicht die gerade Linie zwischen ihren
Aufhängungspunkten geben konnte, sondern einen größeren
Abstand, und da ferner der erhöht stehende Beobachter
mit seiner Augenlinie schon einen jenseits des Wellenkammes liegenden Punkt als den höchsten der Welle vi-
sierte, so ist in der That die Wahrscheinlichkeit sehr
groß, daß die erwähnte Abweichung von durchschnittlich $+$ 14 Proz. auf der Methode der Beobachtung beruht. In der großen Sammlung von Wellenmessungen
an Bord französischer Kriegsschiffe, welche Antoine (in
der *Revue maritime et coloniale 1879*, tome 60, p. 627,
tome 61, p. 104) zusammengestellt hat, ergibt bei weitem
die Mehrzahl nur eine schlechte Uebereinstimmung mit
den aus der Trochoidentheorie zu entnehmenden Daten.
Aber von den 26 Beobachtern sind offenbar nicht alle
mit der gleichen Sorgfalt an ihre Aufgabe gegangen oder

es sind häufig gemischte Wellensysteme (Interferenzen)
für einfache genommen worden. Wenn von 202 vollständigen Messungen nur 59 oder durchschnittlich nur
29 Proz. eine befriedigende Annäherung an die berechneten Werte ergeben, so bringen es doch einzelne Beobachter in längeren Serien bis zu 70 bis 80 Proz. Treffern.
Die längste Reihe (Kapitän de la Jaille an Bord des
„Hamelin") ergibt von 70 Beobachtungen 25 gute Treffer,
allein es hat den Anschein, als wenn vielfach die „Periode"
mißverständlicherweise verdoppelt in die Liste eingetragen
wurde; korrigiert man diese Fälle, so erhöht sich die
Trefferzahl auf 40. Im ganzen darf man indes der
Ueberzeugung bleiben, daß die Beobachtungen von τ, λ
und c an den Wellen des offenen Ozeans sich hinreichend
gut an die Formeln der Trochoidentheorie anschließen,
um die Berechtigung der letzteren darzuthun. In der
That haben dieselben auch für die Untersuchungen der
Schiffsbauingenieure über die Schwankungen der Seeschiffe
im Seegang (das „Rollen" und „Stampfen") und die Gesetze, welche diesen Oscillationen zu Grunde liegen, eine
vortreffliche Basis gegeben.

Wenn wir nunmehr im folgenden einige Daten zusammenstellen über die größten Dimensionen, welche
ozeanische Wellen erreichen können, so sei nochmals betont, daß es sich hierbei immer um einfache, nicht durch
Ueberlagerung verschiedener Systeme erzeugte, Wellen
handelt.

Die längsten Wellen hat der französische Admiral
Mottez im Atlantischen Ozean wenig nördlich vom
Aequator in ca. 30° W. Lg. gemessen: es war eine Dünung von 23 Sekunden Periode und 824 m Länge oder
einer Geschwindigkeit von 35,8 m in der Sekunde, gleich
70 Seemeilen in der Stunde (Bertin, *Mém. Soc. Cher-*
bourg XVII, 1873, p. 265). Nächstdem hat James Clark
Ross unweit des Kap der Guten Hoffnung am 29. Februar
1840 Wellen von 7 m Höhe und 580 m Länge mit einer
Geschwindigkeit von 77 Seemeilen pro Stunde (40 m pro
Sekunde) gemessen. Die Länge dieser Rossschen Riesen-
welle erscheint verglichen mit ihrer Geschwindigkeit, vor-

ausgesetzt, daß diese richtig gemessen ist, zu klein; aus
den Formeln berechnet sich λ zu 870 m; ist aber die
Länge richtig gemessen, so würde danach die Geschwindigkeit nicht 40 m, sondern nur 32,3 m in der
Sekunde (gleich 63 Seemeilen in der Stunde) werden,
was sich nicht soweit von den Daten der Mottezschen
Welle entfernt. Unter dieser Bedingung würde der Rossschen Welle eine Periode von 17,9 Sekunden, nach der
beobachteten Geschwindigkeit aber von 14,5 Sekunden
zukommen. Aus Beobachtungen von französischen Seeoffizieren im Golf von Biskaya ergeben sich als längste
Wellen daselbst solche von 400 m mit 21 m Geschwindigkeit in der Sekunde (gleich 41 Seemeilen stündlich), woraus
eine Periode von 19 Sekunden folgt. Wellen von 300 bis
400 m Länge und 10 bis 11 m Höhe traf Kapitän Chüden,
Kommandant S. M. S. „Nautilus" im Oktober 1879 südwestlich von Australien (33 ½ ° S. Br., 107 ° O. Lg.) bei hartem
Sturm aus WNW; und Lieutenant Pâris maß im Gebiet
der Westwinde des Indischen Ozeans einzelne Wellen von
über 400 m Länge; als höchstes Tagesmittel für die
Länge ergab sich ebendaselbst 235 m, ein ander Mal für
die Periode 17,4 Sekunden. Wie weit sich diese Dimensionen von den durchschnittlichen entfernen, wird ein
Blick auf Pâris' oben (S. 43) wiedergegebene Tabelle
zeigen. Darnach haben die Wellen im offenen Ozean
gewöhnlich eine Länge zwischen 60 und 140 m, durchschnittlich 90 bis 100 m; eine Geschwindigkeit von 11 bis
15 m in der Sekunde oder 20 bis 30 Seemeilen in der
Stunde, und eine Periode von 6 bis 10 Sekunden.

Was nun die größten Wellenhöhen betrifft, so
finden sich in der Litteratur die lebhaftesten Auseinandersetzungen darüber, zumal, seitdem Arago im Jahre 1837
gegen Dumont D'Urville aufgetreten war, welcher
Wellen von mehr als 30 m Höhe (100 *pieds*) beim Kap
der Guten Hoffnung gesehen haben wollte. Dumont
D'Urville hatte mit dieser Behauptung viele Seeleute auf
seiner Seite, welche gleich ihm die Wellenhöhen nicht
gemessen, sondern nur geschätzt hatten. So wird der
Beobachter an Bord des rollenden oder stampfenden Schiffes

nur allzu leicht das Opfer einer optischen Täuschung,
indem er die Ebene des Schiffsdecks, auch in ihrer geneigten Lage, noch für horizontal hält und von dieser aus
die Wellenhöhe abschätzt. Beistehende Zeichnung (Fig. 9)
veranschaulicht diese Situation: *ab* ist die wahre Wellenhöhe, *de* die scheinbare mehr als doppelt zu große.

Fig. 9.

Auf Aragos Veranlassung maßen französische Seeoffiziere des öfteren Sturmwellen; die höchsten (einfachen)
Wellen fand im Februar 1841 bei den Azoren Lieutenant
de Missiessy, nämlich zu 13 bis 15 m (Arago, *Oeuvres*,
tome IX, Paris und Leipzig 1857, p. 550). Sturmwellen
von 13 m Höhe maß Dr. William Scoresby auf der
Ueberfahrt von Boston nach Liverpool mitten zwischen
Neufundland und Irland in 51° N. Br. und 38° W. Lg.
am 5. März 1848; doch nennt er diese Höhe das Mittel
aus den höchsten von ihm gemessenen Wellen (*Reports
British Association*, 20th met., London 1851, p. 28). Die
höchsten Wellen, welche die Novaraexpedition nach ihrer
allerdings nicht ganz einwandfreien Methode gemessen
hat, waren 11 m hoch (in 40° S. Br., 31° O. Lg. im
Indischen Ozean, am 5. November 1857). Im Biskayischen
Golf hat Kommendatore Cialdi am 27. Juni 1858 Wellen
von 10,25 m Höhe gemessen (Cialdi, *sul moto ondoso del
mare*, § 489, p. 136). Die größten Höhen, welche
Lieutenant Pâris (25. Oktober 1867) gemessen hat, betragen 11,5 m; er fand sie im Indischen Ozean, auf der
Fahrt vom Kapland nach St. Paul und Amsterdam, und
zwar hatten 6 aufeinander folgende Wellen diese Höhe;
als Tagesmittel aus 30 Wellen zu verschiedenen Tages-
zeiten erhielt er damals 9 m. Die Challengerexpedition
dagegen hat niemals Wellen von über 7 m Höhe gemessen;
diese höchsten traf sie zwischen den Crozetinseln und
Kerguelen Anfang Januar 1874 (*Challenger Reports*,

Narrative vol. I, p. 330). Auch hier zeigen die Durchschnittsmaße, wie sie Pâris nach seinen Beobachtungen zusammengestellt hat, daß die mittleren Wellenhöhen im offenen Ozean weit unter jenen extremen Maßen zurückbleiben. Wir geben nach Pâris zugleich die absoluten Minimal- und Maximalhöhen, die er in den betreffenden Meeresstrichen notiert hat.

Meeresteil	Mittel (m)	Maximum (m)	Minimum (m)	Verhältnis der Wellenlänge zur Höhe
Atlantisches Passatgeb.	1,9	6	0	35,2
Indisches „ .	2,8	5	1	35,3
Südatlant. Westwinde .	4,3	7	1	31,0
Indische „ .	5,3	11,5	2,8	21,5
Ostchinesisches Meer .	3,2	6,5	0	24,6
Westpazifisches „ .	3,1	7,5	0	33,0

Soweit also die von Lieutenant Pâris während einiger Wochen in den oben genannten Meeresgebieten notierten Daten einen Anhalt für die wirklichen mittleren Verhältnisse geben können, vermöchte man daraus zu folgern, daß die Westwinde höherer Breiten doppelt so hohe Wellen schaffen, wie die Passate. In letzteren haben die Wellen auch eine sanftere Böschung als in den höheren südlichen Breiten, wie die letzte Rubrik der obigen Tabelle besagt. Bezeichnen wir die Maximalböschung, wie sie bei einem trochoidischen Profil der Wellen vorkommt, durch den Winkel φ, so ergibt sich dieser (nach einer genäherten Formel der Schiffsbautechniker) aus:

$$sin\ \varphi = 180^0\ \frac{H}{\lambda},\ \text{oder der Bogen für den Sinus gesetzt:}$$

$$\varphi = 180^0\ \frac{H}{\lambda}\ (H\ \text{bedeutet die ganze Wellenhöhe}).$$

Also ist φ in den Passatgebieten nur 5⁰, im westpazifischen Gebiet 5 ¹/₂⁰, im Gebiete der südatlantischen Westwinde 6⁰, im ostchinesischen Meer 7⁰ und in den höheren

Breiten des Indischen Ozeans $8^1/_3{}^0$. Auch die von Riesen-
wellen durchfurchten hohen südlichen Breiten zeigen also
durchschnittlich keine steileren Böschungen an der Meeresoberfläche als 8—9^0.

Beistehende Skizze (Fig. 10) zeigt die Mittelmaße
der von Lieutenant Pâris gemessenen Wellen, wobei die
Längen und Höhen im gleichen Maßstabe gezeichnet sind.

Fig. 10.

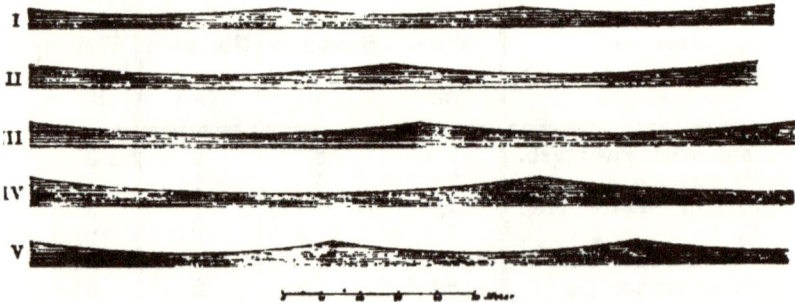

I Wellen im atlantischen, II im indischen Passatgebiet, III im westlichen Pazifischen Ozean, IV im südatlantischen Gebiet der Westwinde, V in der ostchinesischen See.

Um das Bild auch für den von Pâris nicht besuchten
südlichen Pazifischen Ozean zu vervollständigen, sind die
Beobachtungen des Admiral Coupvent des Bois an
Bord der „Astrolabe" einigermaßen geeignet. Dieser erhielt als mittlere Wellenhöhe im Bereich des Südostpassats
zwischen der peruanischen Küste und 110^0 W. Lg. den
Wert von 3,5 m; weiter im Westen zwischen den poly-
nesischen Inseln ergab sie sich nur zu 1,2 m. Dagegen
war die Wellenhöhe südlich von Australien in den Breiten
zwischen 50^0 und 60^0 S. durchschnittlich 4,4 m, d. h.
doppelt so groß als in den äquatorialen Regionen, welche
auf der ganzen Reise von der „Astrolabe" berührt wurden.
Die größten einzelnen Wellen traf daselbst die Expedition
am 6. Juli 1838, nämlich eine Höhe von 8,8 m bei einer
Länge von 500 m: also hier ein Winkel $\varphi = 3^0$, was
eine überraschend sanfte Dossierung bedeutet (*Comptes
Rendus de l'Acad.* Paris 1866, t. 62, p. 82 f.).

In den Nebenmeeren sind die Wellendimensionen im allgemeinen kleiner als in den Ozeanen. Aus dem Mittelmeer liegen nur wenig Messungen vor: am Anfang des vorigen Jahrhunderts bereits maß Graf Marsilli im Golf von Lion als Maximum der Höhe 4,5 m (*Histoire physique de la mer*, Amsterdam 1725, p. 48). Smyth in seinem Werke über das Mittelmeer (p. 243) gibt als Schätzung der höchsten Sturmwellen im Golf von Genua 9 m an, wobei jedoch nicht ausgeschlossen ist, daß er Interferenzen vor sich hatte. Als höchstes Maß für die Wellenhöhe wurden sonst allgemein 5 ½ m angenommen; Luksch und Wolf sind der Ansicht, daß kaum höhere als von 5 m vorkommen.

In der Nordsee sind Beobachtungen noch seltener. Muncke (in Gehlers Wörterbuch, Art. Meer) berichtet, daß er auf der Fahrt zwischen Hull und Helgoland bei stürmischem Wetter die Wellenhöhe „sicher nicht mehr als 4 m" gefunden habe und er überzeugt sei, daß sie bei einer weiteren Steigerung des Sturmes 5 ¼ m nicht überstiegen habe. Den gleichen Wert von 4 m erwähnt Stevenson *(on harbours)* als Maximalhöhe der Wellen bei Sunderland an der Ostküste Englands. — Für die Ostsee liegen Messungen in der Litteratur überhaupt nicht vor; nach vom Verfasser eingezogenen Erkundigungen scheint die Maximalhöhe indes kaum 3 m zu übersteigen.

Der internationale Meteorologenkongreß zu London (1874) empfahl eine Skala zur Abschätzung der Wellenhöhen in den Schiffsjournalen, welche folgende 9 Stufen enthält:

	0	I	II	III	IV
Höhe (m) ..	0	0—1	1—2	2—3	3—4
Bezeichnung.	„glatt"	„ruhig"		„leicht bewegt"	

	V	VI	VII	VIII	IX
Höhe (m) ..	4—5	6—7	8—9	10—15	über 15 m
Bezeichnung.	„bewegt"	„grob"	„hoch"	„sehr hoch"	„wild"

In der Praxis dürfte die Abschätzung dieser Stufen wohl
mehr nach den seemännischen Bezeichnungen, wie nach exakten
Messungen erfolgen, und die hierauf bezüglichen Notirungen in
den Schiffstagebüchern haben darum in den meisten Fällen nur
eine geringe Verläßlichkeit, weil für die Wellenschätzung keine
Kontrolle der Art gegeben ist, wie sie für Abschätzung der Windstärke nach der Beaufort-Skala in der Segelführung und Fahrtgeschwindigkeit vorhanden ist.

Bei verschiedenen Schriftstellern des griechischen Altertums
findet sich die Auffassung, daß bei bewegter See immer Gruppen
von je drei Wellen die höchsten seien; und zwar findet sich dafür
der Ausdruck τριχυμία, was etwa mit „Dreigewell" (nach Art des
„Dreigespann") zu übersetzen wäre. Welche von diesen drei Wellen
als die höchste betrachtet wurde, ist nicht ohne Weiteres festzustellen
(vgl. *Eurip. Hipp.* 1213, *Tro* 88; *Lucian. de merc. cond. c.* 1, *Demosth.
enc.* 33, u. a. m.). Den Fischern von Möltenort bei Kiel ist eine ähnliche Auffassung von dem Triumvirat der hohen Wellen eigen, welche
sie als „Mutter mit den beiden Töchtern" bezeichnen, von denen
dann die mittelste Welle, die Mutter, die höchste ist. — Andere
Schiffsführer der Handelsmarine, sowie auch Seeoffiziere erklärten
dem Verfasser als einen Erfahrungssatz, daß bei stürmisch erregter
See jedesmal die vierte oder fünfte Welle die höchste sei, worauf
eine oder zwei minder hohe und weniger zum Brechen geneigte
Wellen folgten: welcher Zeitmoment für das Wenden des Schiffes
zum Zwecke des Beidrehens als der günstigste abgewartet zu
werden pflege. — Daß an der stetig von Brandung geplagten
Küste Guineas die siebente oder achte Welle jedesmal als die
höchste gelte, verzeichnet schon Kant (Phys. Geogr. bei Rosen-
kranz-Schubert Bd. 6, S. 489); an der ebenfalls von heftiger
Brandung heimgesuchten Westküste Zentralamerikas hörte Karl
von Seebach wieder die vierte oder fünfte Welle unter dem
Namen *la capitana* als die höchste bezeichnen (Wellen des Meeres
S. 20). — Den Römern galt die zehnte Welle als höchste, und
daß *decima unda* und *fluctus decumanus* ganz wörtlich zu nehmen
ist, geht aus Ovids Tristien I, 2, 48 ff. klar hervor:

> *Qui venit hic fluctus, fluctus supereminet omnes:*
> *Posterior nono est undecimoque prior.*

(Vgl. *Metam.* XI, 529 ff.; *Sil. Ital. Punic.* XlV, 122; *Lucani Phars.*
V, 672).
    Wieviel von alledem thatsächlich begründet oder nur auf
Kombination subjektiver Eindrücke beruht, verdiente doch wohl
durch sorgfältige und systematische Untersuchung festgestellt zu
werden. Pâris erwähnt solche Gruppenbildung nicht. — —
    Eine überaus reiche Sammlung von Beobachtungen der
Wellenmaße gibt der päpstliche Kommendatore Cialdi in seinem

Werke *sul moto ondoso del mare e su le correnti di esso*, Roma 1866, S. 115—145. Namentlich ist auch die ältere Litteratur mit staunenswertem Fleiße ausgebeutet. Verf. hat dasselbe wie im vorigen so auch im folgenden häufig als Führer durch die zerstreute Litteratur mit besonderem Vorteil benutzt; doch sind die Originale stets da citiert, wo wir sie selbst eingesehen haben.

V. Die Entstehung der Wellen und ihre Abhängigkeit vom Winde.

Jede Störung des Gleichgewichts versetzt eine Wassermasse in Schwingungen, mag die Störung beispielsweise in einer Erschütterung des ganzen mit Wasser gefüllten Gefäßes bestehen, was ein Hin- und Herschwanken des gesamten Inhalts, also eine „stehende Schwingung" erzeugt, — oder mag nur ein Teil der Wasseroberfläche lokal aus seinem Gleichgewicht gebracht sein, was die „laufenden Wellen" hervorruft. Es ist auch gleichgültig, ob der Gleichgewichtszustand der Flüssigkeit dabei ein vollständiger oder unvollständiger ist, wie z. B. auch in fließendem Wasser sich Wellen erzeugen lassen durch einen in dasselbe geworfenen Stein oder durch einen dem Strom in den Weg gestellten Widerstand.

Die einfache Beobachtung zeigt, daß von dem Punkte der Erschütterung über die Wasserfläche hin nach allen Seiten Wellen ausgehen, deren Kämme konzentrische Kreise sind. Wie kommt es, daß die unter der Einwirkung des Windes auf Wasserflächen entstandenen Wellen nie oder nur unvollkommen eine Kreisgestalt wahrnehmen lassen? Diese Frage läßt sich indes erst beantworten, wenn wir die ungleich wichtigere Vorfrage erledigt haben: wie kann eine kontinuierlich wirkende Kraft, wie der Wind, überhaupt auf einer vorher ruhenden Flüssigkeitsoberfläche eine rhythmisch schwingende Bewegung zur Folge haben? Warum besteht seine Einwirkung nicht einfach in einem horizontalen Fortschieben der oberflächlichen Teilchen in gleicher Richtung, wie er selbst sie innehält, also in Gestalt einer Triftströmung? Wie ist es möglich, daß eine horizontal wirkende Kraft

so erhebliche vertikale Ortsveränderungen hervorrufen
kann, wie die Wasserteilchen in den oben beschriebenen
Orbitalbahnen der Welle sie zeigen?

Betreten wir zunächst den Weg der Beobachtung.
Wer einmal in der Frühe eines ruhigen sonnigen Sommer-
tages an dem hohen Ufer einer größeren Wasserfläche
gestanden hat, wird sich erinnern, wie die ersten Stöße
des aufkommenden Windes die vorher den blauen Himmel
wiederspiegelnde Wasserfläche dunkel gefärbt erscheinen
ließen, wo sie das Wasser trafen. Dieser Effekt beruht,
nahebei betrachtet, auf einer leichten Kräuselung der
Wasserfläche, welche in kleinen, nur wenige Centimeter
langen und wenige Millimeter hohen Wellen besteht, deren
Kämme indes keine bedeutende Länge besitzen und von
oben gesehen, also im Aufriß, sich als Teile von Kreis-
bögen, allerdings von ziemlich großem Radius, herausstellen. Nimmt im Laufe der Vormittagsstunden der Wind
an Stärke und Gleichmäßigkeit zu, so bedeckt sich allmählich die ganze übersehbare Wasserfläche mit kleinen
Wellen, welche die spiegelnde Wirkung derselben überall
aufheben und sie durchweg schön dunkelblau erscheinen
lassen. Begibt man sich an die Luvseite der Wasserfläche, wo der Wind vom Lande auf das Wasser übertritt, so bemerkt man daselbst meist dicht unter Land
noch spiegelglattes Wasser und in einigem Abstande vom
Strande erst jene kleinen Kräuselwellen, die oben erwähnt
sind. Fährt man im Boote vor dem Winde her über die
Wasserfläche, so bemerkt man, wie die Wellen an Größe
zunehmen, je weiter man von der Luvküste sich entfernt;
an der gegenüberliegenden Leeküste sind sie am größten.
Ferner kann man feststellen, daß gleichzeitig die (im Auf-
riss) schwach gebogene Form der Wellenkämme mehr
und mehr eine geradlinige und die Länge dieser Kämme
um so bedeutender wird, je näher man dem Leeufer
kommt. In den Nachmittagsstunden, bei dem alsdann in
höchster Stärke wirkenden Wind, ist der Unterschied
zwischen Lee- und Luvseite des Gewässers nur dann
ebenso groß wie vorher, wenn einmal die Größe der
Wasserfläche eine sehr beträchtliche ist, so daß vom

Gegenstrand zurückgeworfene Wellen die Luvseite nicht erreichen, oder wenn der Luvstrand sehr hoch und steil sich über der Wasserfläche erhebt. Gegen Abend bei abflauendem Winde sind die Erscheinungen denen des Vormittags wieder ähnlicher. Weht der Wind in unregelmäßigen Stößen oder gar in Böen, so beobachtet man leicht, wie auch die dann vorhandenen größeren Wellen an ihren Dossierungen, besonders der Luvseite, sich mit jenen kleinen Kräuselungen überziehen, welche, wie wir sahen, die ersten ursprünglichsten Elemente einer neuen Wellenbildung vorstellen.

Wie entstehen nun diese embryonalen Kräuselungen als ein unmittelbarer Effekt der wagrecht schiebenden Kraft des Windes an der Wasseroberfläche?

Muncke (in seinem Artikel „Meer" in Gehlers physikalischem Wörterbuch) sagt: „Der Wind besteht keineswegs in einer ganz gleichmäßigen, ohne Unterbrechung mit gleichbleibender Geschwindigkeit fortgehenden und über eine unmeßbare Strecke ausgedehnten Bewegung der Luft, wie man aus dem anscheinend ruhigen Zuge der Wolken in den höheren Regionen anzunehmen veranlaßt wird, sondern das Wehen desselben geschieht absatzweise und in Unterbrechungen; die Bewegung des Windes ist eine wellenartige wie die des Wassers, indem allgemein jede bewegte Flüssigkeit, sie sei tropfbar, gasförmig oder ätherisch, sobald sie bei ihrer Bewegung Hindernisse findet, wellenförmig fortschreitet. Man bemerkt dieses um so auffallender, je stärker der Wind ist, indem sich dann die einzelnen Stöße von den wechselnden Perioden der minderen Stärke oder periodischen Ruhe leicht unterscheiden lassen. Ist ferner die Strecke, über welcher ein gewisser Wind herrscht, noch so ausgebreitet, so finden doch darin einzelne Streifen statt, in denen die Luft mit eigentümlicher Geschwindigkeit strömt. Stößt ein solcher einzelner Strom auf die Wasserfläche oder wird irgend eine einzelne Stelle der letzteren von einem Drucke getroffen, so müssen um diesen Punkt gekrümmte Wellen entstehen, und man sieht daher bei schwachem Winde und über großen Wasserflächen kreisbogenförmige

Wellen sich bewegen, deren Enden schwächer werden
und zuletzt sich gänzlich verlaufen" etc.

Dieser Erklärungsversuch zeigt zunächst das Mißverständnis, daß Windstöße und Böen, die auf großen,
meist mehrere Hektaren oder gar Quadratkilometer Areal
messenden Flächen gleichzeitig das Wasser drücken einerseits und die angebliche eigene wellenartige Bewegung
der Luft im Winde andrerseits nicht scharf in ihren
Effekten getrennt werden. Letztere Schwingungen müßten nur eine ganz kleine Periode und Amplitude haben,
wenn sie die besprochene minimale Wellenkräuselung erzeugen sollen; diese Wellen aber sind die allgemeinere
und umfassendere Erscheinung, denn der Windstoß oder
die Böe würde sich nach Munckes Ansicht doch nur als
eine Serie kurz aufeinander folgender Schwingungen der
Luft bezeichnen lassen. Aber diese Wellen der Luft sind
gar nicht vorhanden, wie jeder leicht auf einer großen
Wasserfläche segelnd wahrnehmen kann, wenn er leicht
fliegende Gegenstände dem Winde überläßt. Flaumfedern,
Wattenflocken oder eine kleine Pulverwolke — sie bewegen sich so gleichmäßig schnell und so geradlinig,
wie nur möglich mit dem Winde fort. — Die wellenerzeugende Kraft der Böen und Stoßwinde wird uns
später beschäftigen, denn sie ist die Hauptursache der
„stehenden Wellen" im Wasserbecken.

Plausibler wird die von den Brüdern Weber, mit
Benutzung einer von Benjamin Franklin ausgesprochenen
Idee, gegebene Theorie der Wellenbildung erscheinen
müssen (Wellenlehre § 25). „Die Luftstöße scheinen
meistens unter einem sehr spitzen Winkel auf das Wasser
aufzutreffen und bringen in demselben eine doppelte Wirkung hervor, indem sie es teils niederdrücken, teils in
der Richtung, in der sie sich selbst bewegen, fortschieben,
was man sich durch die Zerlegung der einfachen Kraft
in eine horizontal und vertikal wirkende leicht erklären
kann. Franklins Hypothese über den Vorgang, wenn
sich der Wind am Wasser reibt und Wellen erregt, hat
viel für sich. Sie läßt sich etwa folgendermaßen darstellen: die Luft wird von dem Wasser angezogen, wie

man daraus sieht, daß alles Wasser Luft in sich schließt und sie, wenn sie aus ihm durch Kochen ausgetrieben worden ist, begierig wieder einsaugt. Deswegen haftet sie auch an dem Wasser, über dem sie hinstreicht, und schiebt die Teilchen, die sie an der Oberfläche berührt, mit fort. Diese aber hängen selbst wieder mit den unter ihnen gelegenen Wasserteilchen zusammen und werden daher durch sie etwas zurückgehalten und müssen diesen deswegen einen Teil ihrer Bewegung mitteilen, und können folglich der Luft nicht mit gleicher Geschwindigkeit folgen. Die Luft reißt sich also, wenn der Druck der nachfolgenden Luft einen gewissen Grad erreicht hat, von den Wasserteilchen los, an denen sie haftete, und gleitet über das Wasser hin, bis die Spannung so vermindert ist, daß die Luft von neuem, während sie sich nur langsamer fortbewegt, am Wasser zu haften anfängt und sich die erwähnte Erscheinung wiederholt. Hierdurch wird allerdings erklärlich, warum die über das Wasser hinstreichende Luft ruckweise das Wasser stößt und davon abgleitet, und dadurch eine große Menge ganz kleiner Unebenheiten auf dem Wasser hervorbringt. Durch diese Reibung der Luft am Wasser entstehen aber nur die allerkleinsten Wellen, welche das Wasser der Eigenschaft zu spiegeln berauben und selbst die Oberfläche größerer Wellen bedecken. Durch das Auffallen eines ganzen Luftstoßes auf die Wasserfläche und sein abwechselndes Abgleiten kann aber auch gleichzeitig das Wasser in einem schon beträchtlicheren Umkreise abwechselnd niedergedrückt und das benachbarte Wasser zu steigen genötigt und so Wellen von ursprünglich bedeutenderer Größe erregt werden."

Hier ist also der Unterschied zwischen den letztgenannten und den „allerkleinsten" Wellen sehr klar ausgesprochen. Im übrigen genügt die Webersche Theorie doch nicht allen Anforderungen, wie wir weiter unten sehen werden; schon die Voraussetzung, daß die Bahnen der Luftteilchen im Winde nicht recht horizontal seien, sondern den Wasserspiegel in spitzem Winkel treffen, ist bestreitbar. Wohl aber ist die von Scott Russell·ge-

gebene ihr unzweifelhaft überlegen (*Report Brit. Assoc.*
London 1845, p. 307 und 376).

Scott Russell erzeugte die embryonalen oder wie er
sie sehr passend, wie wir sehen werden, nennt, „kapillaren" Wellen experimentell auf einem Wege, den jeder
unserer Leser bequem selbst betreten kann. Es gehört
dazu ein nicht zu kleines Gefäß, das ziemlich bis zum
Rande mit Wasser zu füllen und so zu stellen ist, dass
der Beobachter das Licht an der Oberfläche wiederspiegeln
sieht. Taucht man nun einen dünnen Draht oder ein
nicht über 1 bis 2 mm dickes Stäbchen, das vorher be-
feuchtet ist, einige Millimeter tief vertikal in das Wasser,
so wird man zunächst die allbekannte kapillare Erhebung
um diesen Draht wahrnehmen. Wird aber dann der Draht
schnell, 0,3 bis 0,5 m in der Sekunde, in unveränderter
Stellung durch das Wasser geführt, so sieht man eine
Hand breit v o r dem Draht die Wasseroberfläche im Nu
sich mit kleinen Wellen bedecken. Scott Russell zählte
vor dem Draht bis auf 3 *inches* (76,2 mm) Abstand bei
einer Geschwindigkeit von 0,3 m pro Sekunde ca. 12
solcher Wellen, und zwar waren die dem Drahte nächsten
die größten, von 8,3 mm Länge, während die am weitesten vor dem Drahte aufgeworfenen Wellen nur etwa
5 mm Länge von Kamm zu Kamm hatten. Die Kämme
selbst waren (im Aufriß betrachtet) gebogen, und zwar
um so stärker, je näher dem Draht. Man kann jedoch
auch geradlinige Kämme erzeugen, wenn man statt des
Drahts einen dünnen Faden nach Art eines Bogens aufgespannt und h o r i z o n t a l in die Oberflächenschicht ge-
taucht verwendet, und auch diesen alsdann quer durch
die Wasserfläche hinschiebt. Nie aber darf die Bewegung
dieses Drahtes oder Fadens eine Geschwindigkeit haben
geringer als 8 *inches* oder 0,2 m in der Sekunde, sonst
fehlen diese Wellen ganz [1]).

Dieser Vorgang beruht unzweifelhaft auf den Eigenschaften, welche die Molekularphysik der Oberfläche einer

---

[1]) Vgl. Weber, Wellenlehre § 84, eine Erscheinung, die mit
diesen kapillaren Wellen eine gewisse Aehnlichkeit hat.

Flüssigkeit zuschreibt (s. Wüllners Physik, I, § 71). Alle
Teilchen, welche an der Oberfläche liegen, werden von
den unter derselben befindlichen Teilchen nach innen gezogen: sie ergeben also in ihrer Gesamtheit eine Oberflächenschicht, welche auf die ganze Flüssigkeit wirkt wie
ein elastisches Häutchen, welches sich zusammenzuziehen
sucht. Diese Schicht heißt das „Oberflächen- oder Flüssigkeitshäutchen" und verhält sich äußeren Kräften gegenüber wie eine selbständige, der Flüssigkeit aufliegende
und von dieser in mancher Hinsicht unabhängige Membran. Die Spannung dieses Häutchens wird nun offenbar
geändert, wenn der Draht oder der Faden in der oben
angegebenen Weise vorwärts bewegt wird: die Membran
legt sich, freilich erst, wenn die störende Kraft einen bestimmten Wert überschreitet, in Falten, wie wenn ein
Finger streichelnd über die Oberfläche des Handrückens
geführt wird. Da die „Oberflächenspannung" auch durch
Anziehung seitens der Wände des Gefäßes alteriert wird
und dort die allbekannten Erscheinungen der „Kapillari-
tät" erzeugt, so war Scott Russell wohl berechtigt, den
von ihm erzeugten Fältelungen des Flüssigkeitshäutchens
den Namen der „kapillaren" Wellen beizulegen. Die Vorgänge auf großen Wasserflächen gestatten nun einen unmittelbaren Vergleich hiermit insofern, als jene „Kräuselungen" des Windes erst dann auftreten, wenn die
Geschwindigkeit des letzteren ein bestimmtes Maß überschritten hat, wie denn Scott Russell beobachtet haben
will, daß erst ein leichter Hauch von einer halben englischen Meile stündlicher Geschwindigkeit (oder von 0,22 m
in der Sekunde) imstande ist, die von ihm getroffene
Wasserfläche zu kräuseln. Ferner stimmt damit überein,
daß die Fältelung stets in ganz unmeßbarer Zeit im Nu
über der angehauchten Fläche sich einstellt und beim
Vorübergang des Hauches ebenso schnell wieder verschwindet: Vorgänge, welche die Webersche Theorie nicht
in gleicher Weise befriedigend erklären kann.

Für die Abhängigkeit dieser kapillaren Wellen von einer
bestimmten Minimalstärke des Windes (welche zu messen leider
noch nicht gelang, die aber gewiß mehr als 0,22 m, wenn nicht
0,5 betrug), gewährte dem Verfasser verschiedenemal der Kieler

Hafen anschauliche Beispiele. Am klarsten waren solche Fälle, wo ein mäßiger Südwestwind (der in See aber wahrscheinlich ungleich kräftiger auftrat) das Wasser aus der Föhrde hinaustrieb, indem er einen in der Enge bei Friedrichsort sehr fühlbaren Strom erzeugte, während von der den Leuchtturm tragenden Landzunge ein Teil dieses ausfließenden Stroms nach Westen in die Wiker Bucht abgelenkt wurde, wo derselbe nunmehr dem Winde entgegen strömte. Alsdann zeigte die östliche (ausströmende) Hälfte der Wasserfläche sich regelmäßig noch spiegelglatt, wenn die westliche Seite, in der Wiker Bucht, gänzlich von jenen kleinen Furchungen verdunkelt war, welche die Spiegelung aufhoben und der relativen Bewegung des Wassers zum Winde ihr Dasein verdankten: die Bewegung des Windes war alsdann bei dem gegenströmenden Wasser stark genug, die Oberflächenspannung zu überwinden, in dem mitströmenden Teil der östlichen Hafenhälfte dagegen nicht. — Uebrigens war schon den alten homerischen Griechen, die wie alle Seefahrer als aufmerksame Beobachter der Natur gelten dürfen, die Kräuselung und „Schwärzung“ der Meeresoberfläche durch die aufkommende Brise wohlbekannt:

„οἵη δὲ Ζεφύροιο ἐχεύατο πόντον ἔπι φρὶξ
„ὀρνυμένοιο νέον, μελάνει δέ τε πόντος ὑπ’ αὐτῆς cet.

Ilias 7. 63, vgl. 21, 126; 23, 692 und Odyssee 3, 402. Die englischen Schiffer nennen nach Scoresby (*Account of arctic regions*, I. 217) diese Kräuselung den *lipper* oder *windlipper*.

Sind nun einmal erst jene embryonalen oder kapillaren Wellen vorhanden, so hat es keine Schwierigkeit, das Wachstum derselben unter der weiteren Einwirkung des Windes bis zu den großen „Seen“ des offenen Ozeans zu erklären. Die weitere Ausbildung erstreckt sich sowohl auf die Umformung der kurzen schwach gebogenen in lange geradlinige Kämme, wie auf die Zunahme aller Dimensionen. Hierbei kommen nun die kreisenden Bewegungen der Wasserteilchen in der Welle in Betracht. Im Wellenkamm, im oberen Scheitel, bewegen diese sich ohnehin mit dem Winde vorwärts: der Wind wird also ihre Tendenz nach vorn stetig beschleunigend verstärken. Dagegen behindert der Wind die im Schutze des Kammes befindlichen und im Wellenthale sich ihm entgegen bewegenden Teilchen in keiner Weise. Airy will es sogar noch wahrscheinlicher finden, daß ein Teil des den Kamm treffenden Luftstromes nach unten umbiegen und im Wellenthale wirbelartig rückwärts (?) fliessen könne, wodurch

denn also die Tendenz der hier befindlichen Teilchen nach
rückwärts direkt eine Stärkung erfahren würde (*Tides
and waves* § 267). Je länger also der Wind auf die ursprünglich so kleinen Furchungen einwirkt, um so größer
wird er die Amplituden der Orbitalbahnen machen, d. h.
um so größer werden zunächst die Wellenhöhen werden.
Airy (§ 270) hat diese Prozesse sogar einer analytischen
Rechnung unterworfen, auf die indes hier nur verwiesen
sein mag. Er zeigt in höchst interessanter Weise, wie
gerade eine horizontale äußere Kraft vorzugsweise geeignet ist, die Wellenhöhen zu vergrößern. Denn da in
dem oberen Scheitel der Welle alle Teilchen nach oben
sich bewegen, so wird beim Hinzukommen eines horizontalen Impulses, wie der Wind ihn gibt, die Resultierende
aus beiden Bewegungen die vertikale Komponente immer
nur vergrößern. Ferner entwickelt Airy klar, wie in dem
Stadium schnell anwachsender Wellenhöhe die Kraft des
Windes auf die Wellenkämme so erhöhend wirkt, daß
die Kontinuität aufgehoben, die Köpfe der Wellen vom
Winde abgebrochen werden: welches Ueberschlagen so
lange andauert, bis die Wellenhöhe und damit die Orbitalgeschwindigkeit den Maximalwert erreicht hat, welcher
bei der vorhandenen Windstärke gegeben ist. In der
That ist es den Seefahrern ganz geläufig, daß die „Seen"
nur so lange schäumende Köpfe zeigen und sich vor dem
Winde brechen, als sie ihre Maximalhöhe noch nicht erreicht haben: ist dieses geschehen oder nimmt der Wind
wieder an Stärke ab, so hört das Ueberschlagen auf und
wird das Wellenprofil ein sanfter gerundetes. Letzteres
ist das Stadium der sogen. „toten See", oder wie wir
im folgenden für binnenländische Leser weniger mißver-
ständlich sagen wollen, der „ausgewachsenen" See.
Aber weder in diesem, noch im vorigen Stadium werden
solche „gezwungenen" Wellen in ihren Orbitalbahnen an
der Oberfläche mehr geschlossene Kurven besitzen können,
sondern jedes Wasserteilchen wird vom Winde ein wenig
vorwärts gestoßen, so daß es also nicht mehr die alte
Ruhelage erreicht. Wir werden bei einer späteren Gelegenheit hierauf zurückkommen, wo es sich um die Er-

klärung der „Triftströmungen" handelt. „Freie" Wellen
zeigen diese Vorwärtsverschiebung der Teilchen nicht.

Wir sahen oben (S. 13), daß die Trochoidentheorie
ein festes Verhältnis zwischen Orbitalgeschwindigkeit der
Wasserteilchen oder der Wellenhöhe einerseits und den
Werten der Periode, Länge und fortschreitenden Geschwindigkeit der Welle andrerseits nicht kennt. Es ist
das ein Mangel der Theorie, dem nicht leicht abgeholfen
werden kann, so daß man darauf angewiesen ist, hier
unmittelbar an die Beobachtungen anzuknüpfen. Ein
solches Verhältnis muß aber vorhanden sein, denn es ist
unbestritten, daß gleichzeitig mit der Wellenhöhe auch
die Wellenlänge und -Geschwindigkeit unter der andauern-
den Windwirkung wächst. Schon die Brüder Weber
entnahmen ihren Experimenten, daß die hohen Wellen
schneller liefen als die niedrigeren. Indes sind die Beobachtungen des französischen Lieutenants Pâris sachlich
ungleich interessanter, da sie in See mit vollem Verständnis der in Betracht zu ziehenden Umstände erfolgten.

„Die Wellenhöhe," sagt Pâris (*Revue maritime et
col.* vol. XXXI, 1871, p. 123 f.), „wächst ziemlich schnell
in dem Maße, wie der Wind stärker wird; sie ist in
hohem Grade abhängig vom vorhandenen Seeraum in
ihrer Ausbildung; sobald sich auf hoher See eine starke
Brise erhebt, erreicht sie leicht 5 m. Sie ist von allen
Wellenmaßen dasjenige, welches am schnellsten sich vermindert und abfällt, sobald die Brise aufgehört hat."

„Die Wellenlänge ist sehr variabel und wechselt
zuweilen vom einfachen bis zum dreifachen bei zwei unmittelbar aufeinander folgenden Wellen. Wenn der Wind
sich erhebt, ist sie anfangs wenig beträchtlich, darauf
wächst sie schneller als die Wellenhöhe, und während
mehrerer Tage vergrößert sich das Verhältnis dieser
beiden Werte in der Weise, daß oft die See am Beginn
eines Sturmes hohler läuft als an seinem Ende, während
dabei die Windstärke konstant blieb. So sahen wir im
Osten des Kaps der Guten Hoffnung infolge starker Weststürme, welche vier Tage hindurch mit auffallender Regelmäßigkeit andauerten, die Höhe der Wellen nur von 6

auf 7 m steigen, während die Länge derselben am ersten Tage 113, dagegen am vierten 235 m erreichte. Es ist das die größte mittlere Länge, welche ich (in einer Tagesreihe) beobachtete . . .

„Die Geschwindigkeit ist das am wenigsten veränderliche' unter den Wellenmaßen. Sie ist neben der Wellenlänge auch dasjenige, welches sich am besten und längsten konserviert, wenn nach dem Aufhören des Windes der Seegang sich in Dünung umwandelt. Sobald die Brise erst im Gange und der Seegang regelmäßig geworden ist, zeigt sich die Geschwindigkeit von einer Welle zur andern nur sehr wenig verschieden. In der That kann man nur selten auf hoher See beobachten, daß eine Welle eine andere überholt, was doch alle Augenblick der Fall sein müßte, wenn ein auch noch so geringfügiger Unterschied in ihrer Geschwindigkeit vorhanden wäre. Sobald der Wind sich erhebt, wächst die Geschwindigkeit schrittweise und erreicht bald die Größe, welche sie fast ganz konserviert, bis die Wellenbewegung verlischt. Wenn man meine täglichen Buchungen prüft, so sieht man sofort, daß, sobald der Seegang sich nur voll entfalten kann, dieselbe Brise fast immer auch eine und dieselbe Wellengeschwindigkeit erzeugt."

Hieraus scheint sich folgendes zu ergeben. Die Wellenhöhe ist der unmittelbarste Effekt des Windes, insofern dieser die Orbitalgeschwindigkeit der Teilchen vergrößert bis zu einem bestimmten, der Windstärke angemessenen Maximalwerte; als der unmittelbarste Effekt hat er auch die geringste Dauerhaftigkeit. Hier führt also der Wind den unmittelbaren Kampf mit der Schwerkraft, die ihm je nach seiner Stärke das Ziel setzt. Was nun die Beziehungen zwischen Windstärke und der Wellenlänge und -Geschwindigkeit betrifft, so scheint es, als wenn die vorhandene lebendige Kraft des doch ununterbrochen weiter thätigen Windes immer größere Volumina in ihren Bereich zieht und da die vertikale Erhebung, wie wir sahen, schnell beschränkt ist, nunmehr vorwärts und in die Tiefe ausgreift. Denn wenn nach Pâris' Aussage die Länge der Wellen sich so schnell weiter steigert gegen-

über der gleichzeitig unbedeutend wachsenden Höhe, so
wird das Wellenprofil als Ganzes zwar immer flacher,
aber das absolute Volum des gleichzeitig in einer Welle
über das Mittelniveau gehobenen Wassers doch erheblich
größer als vorher bei den kurzen und relativ hohen
Wellen, welche die steile oder „hohle See" in den ersten
Phasen eines Sturmes kennzeichnen. Das Eingreifen der
Windwirkung von der Oberfläche in die Tiefe ist noch
wesentlicher; es erfolgt gemäß der Formel (I) für die
Radien der Orbitalbahnen in den verschiedenen Tiefenschichten (vgl. auch die Tabelle S. 12):

$$\rho = h\,e^{-2\pi\frac{z}{\lambda}}.$$

In diesem vorliegenden Stadium der Wellenbewegung ist
die Tiefe z beliebig gegeben und h ist, so lange die
Windstärke noch gleich bleibt, gleichfalls beinahe konstant, nur λ ist veränderlich. Alsdann wächst ρ vorzugsweise in dem Maße, wie λ größer wird; denn der obige
Exponentialausdruck ist doch ein echter Bruch, dessen
Nenner an Größe abnimmt je mehr λ wächst. Der absolute Wert, welchen die Amplituden der Orbitalbahnen
in gegebener Tiefe alsdann zeigen, ist also eine Funktion
der Zeit; je länger der Wind wirkt, je größer die Wellenlänge wird, um so größer werden die Ausschläge der
Wasserfäden in der Tiefe. Das gleiche gilt von der
Orbitalgeschwindigkeit in der Tiefe, welche nach (XI) ist:

$$v = c\,e^{-2\pi\frac{z}{\lambda}},$$

also sich ebenfalls steigert, und zwar auch hier immer
größere Bruchteile von c vorstellt, je größer λ wird.
Es geraten also immer größere Wassermassen unter der
stetigen Windwirkung in immer ausgiebigere Schwingungen.
Diese werden sich nun noch lange konservieren kraft
ihres großen Trägheitsmoments und dank der sehr geringen inneren Reibung des Seewassers, auch wenn an
der Oberfläche die Windimpulse ganz aufhören. Die
Orbitalbahnen an der Oberfläche werden alsdann in ganz
flache Ellipsen übergehen müssen, da ja die Wellenhöhe

so schnell abnimmt. Wir werden diese Vorgänge noch
später zu erwähnen haben, wenn es sich um die „Brandung" und die sogen. „Grundseen" handelt, und wo sich
ergeben wird, daß der horizontale Durchmesser dieser
Orbitalbahnen doch auch an der Oberfläche noch recht
beträchtlich bleiben muß, wenn auch der vertikale stark
sich verkleinert. Auf alle Fälle ist klar, daß nur die
Wellenhöhe eine einfache Funktion der Windstärke genannt werden kann, während Länge, Geschwindigkeit und
Periode zunächst von der Zeitdauer abhängen, während
welcher die Windimpulse in gegebener Stärke auf die
Meeresfläche haben einwirken können.

Die Brüder Weber (Wellenlehre § 167, 3) haben bei ihren
Experimenten in der Wellenrinne bereits feststellen können, daß,
wenn die wellenerzeugenden Impulse in größerer Tiefe unter
der Oberfläche auf das Wasser einwirkten, jedesmal die Wellenlänge größer ausfiel, als wenn die Impulse ganz oberflächlich
blieben; je nachdem sie die Glasröhre, in der die wellenerregende
Wassersäule niederfiel, mehr oder weniger tief in die Flüssigkeit
eintauchten, konnten sie längere oder kürzere Wellen erzeugen.
Dieses Experiment ist unmittelbar auf die Windwirkung, wie wir
sie auffassen, anzuwenden, insofern auch letztere immer tiefer-
liegende Wasserschichten in ausgiebigere Schwingungen versetzt,
je länger sie wirkt, und dementsprechend erfahrungsgemäß die
Wellenlänge wächst.

Doch auch die Wellenhöhe ist nur dann unmittelbar
vom Winde abhängig, wenn eine unendliche Wasserfläche
in Betracht gezogen wird. Da aber in der Wirklichkeit
doch von der Luvküste seewärts die Windwirkung sich
steigert, so wird also eine gewisse Beziehung vorhanden
sein zwischen der Wellenhöhe und dem Abstand von der
Luvküste. Diese Beziehung hat der englische Ingenieur
Thomas Stevenson auf empirischem Wege zu studieren
versucht, indem er in schottischen Landseen, im Firth of
Forth und Moray Firth Beobachtungen darüber anstellen
ließ (*Design and construction of harbours*, 2. ed. Edin-
burgh 1874, p. 22 f.; auch *New Edinb. Philos. Journal*
vol. 53, 1852, p. 358). Unter der Voraussetzung, daß
die Meerestiefe in der ganzen Strecke luvwärts für eine
volle Entfaltung der Wellen genügend und möglichst
gleichmäßig ist und die Wellenhöhen nicht unmittelbar

am Strande gemessen werden, stellt Stevenson folgende empirische Formel auf:

$$H = 1{,}5 \sqrt{D} + (2{,}5 - \sqrt[4]{D}),$$

worin H die Wellenhöhe in englischen Fuß, D den Abstand bis zur nächsten Luvküste in Seemeilen bedeutet. Ist der Wert für D nicht allzu kurz (unter 10 Seemeilen) und gleichzeitig die Windstärke nicht allzu heftig, so genügt schon der erste Ausdruck obiger Formel; indes wird für kleinere Wasserflächen und Landseen die vollständige Formel allein befriedigende Resultate ergeben, wie aus Stevensons Tabelle hervorgeht, von welcher die folgende ein Auszug ist (H in Metermaß, D in Seemeilen).

D	H	D	H	D	H
2	1,0	25	2,4	150	5,6
4	1,3	30	2,6	200	6,5
6	1,4	40	2,9	250	7,2
8	1,5	50	3,2	300	7,9
10	1,7	60	3,5	400	9,1
15	1,9	80	4,1	500	10,2
20	2,2	100	4,6	1000	14,5

Man kann nicht leugnen, daß diesen empirischen Werten, wenn wir von den höchsten, wo D größer als 200 Seemeilen ist, absehen, eine gewisse Wahrscheinlichkeit innewohnt. Man hat nur bei der Anwendung der Tabelle die Ausmessung des Seeraums darnach einzurichten, daß angenähert gleiche Wassertiefe auf der ganzen Strecke vorhanden ist und ferner zu beachten, daß die Windbahnen streng genommen schon auf 200 Seemeilen Abstand nicht mehr als geradlinig gelten dürfen, sobald es sich um cyklonale Luftbewegungen handelt. Es wird aufgefallen sein, daß in den hohen südlichen Breiten des Indischen Ozeans die Wellenhöhen größer sind als im Südatlantischen (s. oben S. 49): nun haben die „strammen Westwinde" von den Falklandinseln her bis Kerguelen einen Seeraum von über 5000 Seemeilen vor sich, den sie freilich nicht durchweg aus gleicher Richtung wehend beherrschen, ebensowenig wie die weiter östlich gelegenen Meeresflächen. — In der Ostsee würde die Strecke von den finnischen Schären bis zur Halbinsel Hela den größten Wert von D zu 350 Seemeilen ergeben. Die entsprechende Wellenhöhe von 8 m dürfte indes schwerlich je bei Nordoststurm vor der Danziger Bucht oder bei Bornholm vorkommen, und es liegt das gewiß nicht bloß daran, daß die

Tiefenverhältnisse auf dieser Strecke sehr verschiedene sind, sondern man wird annehmen müssen, daß die Formel für so große Werte von D bereits versagt. In dem westlichsten Teil der Ostsee zwischen Fehmarn und der schleswigschen Küste sind die Tiefen gleichmäßiger, der Seeraum D auf 40 anzusetzen, darum bei Weststurm auf der Höhe von Fehmarn nach Stevensons Formel eine Wellenhöhe von nicht ganz 3 m zu erwarten, was wieder nicht unwahrscheinlich aussieht. Das Mittelländische Meer mit seinen großen Tiefen dürfte am geeignetsten für eine Prüfung der Stevenson'schen Formel sein: hier hat D zwischen dem tieferen Teil des Golfs von Lion und der tunesisch-algerischen Grenze, ebenso wie zwischen Malta und Cerigo den Wert 350. Ob Wellenhöhen von 8 m im hesperischen Becken des Mittelmeeres bei starken Nordweststürmen vorkommen, mag dahin gestellt sein (vgl. oben S. 51); und was die Umschiffung der Insel Cerigo von Osten her betrifft, so erfreute sich dieselbe in seemännischen Kreisen des Altertums ungefähr desselben Rufes, wie gegenwärtig eine Umsegelung des Kap Horn gegen den dort herrschenden westlichen· Wind und hohen Seegang.

Aus dem oben über die Beziehungen zwischen Wind- und Wellenmaßen Gesagten wird sich von selbst ergeben, daß die mehrfach und zwar mit ziemlichem Aufwand von Fleiß und Scharfsinn gemachten Versuche, diese Beziehungen in einen algebraischen Ausdruck zu bringen, jedesmal als gescheitert angesehen werden müssen, sobald die Zeitdauer der Windwirkung nicht ebenfalls beachtet wird. Nur bei den Wellenhöhen etwa wäre letzteres Moment zu vernachlässigen, sobald man nur voll „ausgewachsene" Wellen in Betracht zieht.

Es liegen vier Versuche derart vor, und zwar sämtlich von französischen Seeoffizieren. Der älteste stammt noch aus dem vorigen Jahrhundert (1766), von Goimpy (bei Cialdi, *moto ondoso* § 1050) und schon de la Coudraye (um 1796) hat gefunden, daß die von Goimpy gegebene Tabelle „weit davon entfernt ist, verläßliche Resultate zu liefern". Wir können darauf verzichten, sowohl den Weg zu prüfen, auf dem Goimpy seine Daten berechnet hat, wie auch seine ganze Tabelle zu reproduzieren: es genüge daraus zu entnehmen, daß (in modernes Maß umgerechnet) bei einer Windgeschwindigkeit von 7 m pro Sekunde, also bei Stärke 4 der Beaufortskala die Wellenhöhe nur 0,4 m, $\lambda = 1,9$ m und $c = 1,3$ m

wird. Bei einer Windgeschwindigkeit von 14 m, d. i.
Beaufortstärke 8, wird $H = 1,5$ m, $\lambda = 6,8$ und $c = 2,7$ m;
eine Wellenlänge von 60 m entspricht einer Windgeschwindigkeit von 42 m in der Sekunde, wie sie selbst in tropischen Orkanen vielleicht nicht jedesmal vorkommt. Der
Versuch Goimpys ist also noch ein sehr unvollkommener.

Einen zweiten Versuch hat der Admiral Coupvent
des Bois gemacht *(Comptes rendus,* t. 62, 1866, p. 82;
cf. Cialdi, Anhang p. 642). Der genannte Admiral hatte
dreißig Jahre vorher an der berühmten Weltumsegelung
der „Astrolabe" teil genommen und damals auf Aragos
Veranlassung sechsmal täglich den Zustand der See beobachtet. In der Diskussion seiner Notierungen geht
C. des Bois nur auf die Wellenhöhen ein. Die Windstärke wurde nicht nach der zwölfteiligen Beaufortskala,
welche zur Zeit der Expedition noch gar nicht üblich
war, gerechnet, sondern nach einer älteren achtteiligen.
Nun ist im allgemeinen die Uebertragung solcher Skalenwerte in absolute Geschwindigkeit (Meter pro Sekunde)
noch sehr wenig feststehend und nach den neuesten Untersuchungen Köppens (Segelhandbuch für den Atlantischen
Ozean S. 45) meist in dem Sinne fehlerhaft, daß die
Geschwindigkeit des Windes viel zu hoch angesetzt wird.
Da wir im folgenden von dieser Uebertragung vielfach
Gebrauch machen müssen, setzen wir die von den verschiedenen Autoritäten angegebenen Werte der Beaufortskala her (vgl. Bd. I, S. 200).

Grade nach Beaufort	I	II	III	IV	V	VI	VII	VIII	IX
Reduktion von:	m	m	m	m	m	m	m	m	m
Meteorological Office	3,6	5,8	8,0	10,3	12,5	15,2	17,9	21,5	25,0
Pâris	0,8	1,8	3,4	6,0	9,2	13,1	18,2	23,6	30,1
Antoine	1	2	4	7	11	16	22	29	37
Köppen	3	4	5,5	7	8	10	12	14	16

Die von Köppen gegebene Reduktion darf als die den
natürlichen Verhältnissen am nächsten kommende gelten;

namentlich in den höheren Stärkegraden sind die Abweichungen von den anderen auffallend; wie denn auch neuerdings in England selbst die Reduktion des Meteorological Office mehrfach als unzutreffend angegriffen worden ist.

Coupvent des Bois fand nun, daß, alle seine Beobachtungen im Durchschnitt gerechnet, einer Windgeschwindigkeit von 5,1 m per Sekunde eine Wellenhöhe von 2 m entsprach. „Gemäß der Hypothese," fährt er fort, „daß das Quadrat der Windgeschwindigkeit proportional ist dem Kubus der Wellenhöhe, kann man folgende Tabelle für die effektive Beziehung zwischen Windgeschwindigkeit und Wellenhöhe berechnen, welche so lange gilt, als keine besonderen Umstände modifizierend eingreifen." Wir fügen den von ihm gegebenen Werten der Windgeschwindigkeit w noch unter der Kolumne w' die nach Köppens Daten reduzierten Werte bei, da die ersteren unzweifelhaft viel zu hoch angesetzt sind, während die abgeleiteten Wellenhöhen H als nicht unwahrscheinlich gelten dürfen.

Grade des Windes	w	w'	H	$H' = \frac{1}{2} w'$
	m	m	m	
1. *Faible brise* . . .	3	3	1,4	1,5
2. *Petite brise*	5	5,5	2,0	2,7
3. *Jolie brise*	8	7	2,7	3,5
4. *Belle brise*	13	8	3,8	4,0
5. *Forte brise*	21	10	5,2	5,0
6. *Grand frais* . . .	33	14	7,0	7,0
7. *Tempête*	50	18	9,3	9,0
8. *Ouragan*	73	25	12,0	12,5

Die von C. des Bois vorgeschlagene Formel würde also lauten:

$$H = A \sqrt[3]{w^2} = A w^{\frac{2}{3}},$$

wo A eine zu findende Konstante bedeutet, nämlich hier 0,68. Rechnet man aber H nach w', so paßt die Formel nicht mehr, sondern es ergibt sich die sehr viel einfachere, rein empirische Beziehung:

$$H = \tfrac{1}{2}\, w',$$

welche alsdann ziemlich dieselben Höhen liefert, wie die fünfte Rubrik obiger Tabelle erweist.

Antoine (*Revue maritime et coloniale* 1879, t. 60, p. 631) hat anknüpfend an die vorher erwähnte Formel $H = A w^{\frac{2}{3}}$ sogar versucht, deren Berechtigung aus allgemein physikalischen Betrachtungen herzuleiten, indem er von der Voraussetzung ausging, daß die lebendige Kraft der Welle proportional ist dem Winddruck. Die lebendige Kraft setzt er gleich dem Produkt aus der Masse mit dem halben Quadrat der Geschwindigkeit der Wasserteilchen, und zwar diese im vertikalen Sinne genommen, nicht in der Richtung des Windes. Die Masse ist proportional dem Produkt $H.\lambda$, die Geschwindigkeit im Sinne der Höhe dem Quotienten $\dfrac{H}{\tau}$, also die lebendige Kraft

$$\frac{\lambda}{\tau^2} \cdot H^3.$$

Der Winddruck in Kilogrammen auf der Flächeneinheit von 1 qm darf proportional gelten dem Quadrate der Windgeschwindigkeit[1]), also w^2. Folglich ergibt sich, da der Quotient $\lambda : \tau^2$ als konstant anzusehen ist, die von Coupvent des Bois behauptete allgemeine Beziehung, daß H^3 proportional ist w^2. Man wird leicht einsehen, daß

---

[1]) Nach Rühlmann (Hydromechanik § 168) ergibt sich der Druck (in kg) einer unter dem Winkel α auf die Fläche F mit der Geschwindigkeit w wirkenden Flüssigkeit zu

$$N = k \frac{\gamma}{2g}\, F w^2 \sin^2 \alpha,$$

wo k eine Konstante (bei Metermaß fast genau $= 1$), γ das spezifische Gewicht der Flüssigkeit bedeutet. Bei kleinen Winkeln (unter 20^0) ist die Formel nicht mehr verwendbar. Mit Benutzung Kirchhoff'scher Formeln setzt dagegen Lord Rayleigh (Philos. Mag. 1876, II, 434) den Druck auf der Flächeneinheit

$$= \frac{\pi \sin \alpha}{4 + \pi \sin \alpha} \cdot \rho \cdot w^2,$$

wo ρ die Dichtigkeit der Flüssigkeit bedeutet.

die obige Auswertung der „lebendigen Kraft der Welle“,
auf der hier alles beruht, sehr willkürlich ist. Antoine
seinerseits bestimmt die Konstante A, nicht wie sein Vor-
gänger zu 0,68, sondern zu 0,75, gemäß seiner Sammlung von Wellen- und Windbeobachtungen, auf die wir
uns oben schon einmal bezogen haben (S. 68). Die Auswertung der Windstärken läßt obige Tabelle (S. 45) ersehen und ein Blick in dieselbe wird zeigen, wie die
Werte für w noch erheblich größer angesetzt sind als die
offiziellen englischen. Auch seine Beobachtungsreihen
schließen sich unserer empirischen Formel $H = \frac{1}{2} w'$
(w nach Köppen bemessen) bequem an. Nur der Vollständigkeit wegen setzen wir noch seine übrigen Regeln
hierher: die Fortpflanzungsgeschwindigkeit der Wellen ist

$$c = 6{,}9\, w^{\frac{1}{4}},$$

also der vierten Wurzel aus der Windgeschwindigkeit
proportional. Hieraus und aus den Wellenformeln (VIII)
findet er

$$\lambda = 30{,}5\, w^{\frac{1}{2}},$$

$$\tau = 4{,}4\, w^{\frac{1}{2}},$$

welche drei Werte in keinerlei Beziehung zur Zeit der
Windwirkung stehen, also unseren Ansprüchen an solche
Formeln nicht genügen. Außerdem aber machen wir
noch den letzten Einwand, daß Antoine alle Wellenbeobachtungen durcheinander gerechnet hat, statt sich auf
diejenigen zu beschränken, wo Windrichtung und Wellenrichtung übereinstimmten, so daß wirklich die Wellen
dann als ein Erzeugnis des Windes gelten dürften. Indem man nur diese Beobachtungen aus seinen Tabellen
herausnimmt und zugleich alle in der Nähe des Landes
angestellten ausschaltet, so erhält man von 202 Messungen
nur 49 diesen Bedingungen genügende. Auch davon ist
noch eine Anzahl zu verwerfen, welche sich offenbar auf
„Dünungen“ bezieht, die mit dem an Ort und Stelle
herrschenden mäßigen Winde trotz gleicher Richtung
nichts zu thun hatten, wie sich aus der kolossalen Wellen-

länge im Vergleiche zu der minimalen Wellenhöhe erkennen läßt. So bleiben am Ende nur 35 Beobachtungen
übrig, welche folgendes Resultat ergeben.

Grade der Windskala . . .	II	III	IV	V	VI	VII	VIII
Windgeschwindigkeit (Köppen)	4	5,5	7	8	10	12	14
Mittel der Wellenhöhen . . .	(1)	(1,2)	3,0	3,8	4,6	5,0	(8,0)
Zahl der Beobachtungen . .	1	4	11	5	6	5	3
$H = 0{,}443\,w$	1,8	2,3	3,1	3,5	4,4	5,3	6,2

Unzuverlässig sind die Mittelwerte für die Skalen-
grade II und VIII wegen zu geringer Zahl der Beobachtungen. Auch die Wellenhöhe für Stärke III ist ver-
dächtig, da in den vorliegenden vier Beobachtungen H/λ
ist = resp. 1:80, 1:80, 2:70, 1:45, was sehr nach
Dünung aussieht. Aber für diese Stärke III könnten wir
eher den von Coupvent des Bois gefundenen höheren
Wert $H = 2{,}0$ einfügen, obwohl auch sicherlich in diesem
Mittelwert zahlreiche Messungen von Dünung enthalten
sind, derselbe also als ein Minimalwert gelten muß.
Das Ansteigen der Wellenhöhen mit der Zunahme von w
erfolgt hier von Stärke IV ab angenähert nach dem Verhältnis $H = 0{,}443\,w$; bei den schwächeren Winden aber,
ebenso wie schon bei Coupvent des Bois' Tafel hervortrat, nicht einfach linear, sondern schneller. Anscheinend
erfolgt die Zunahme der Wellenhöhe bei allen Stärkegraden von weniger als 7 m Geschwindigkeit pro Sekunde
nach einer hyperbolischen Kurve, und diese schließt
sich schon bei allen Werten von w, welche über 7 m betragen, sehr nahe an ihre Asymptote an. In der Gleichung
der Hyperbel

$$y = \frac{b}{a}\sqrt{x^2 - a^2}$$

gibt uns y die Wellenhöhe H, wenn x die Windgeschwindigkeit w ist. Aus der Annahme, daß erst eine Windstärke von mehr als 0,5 m pro Sekunde Wellen erzeugt (vgl. S. 59), erhält man $a = 0,5$. Für den Fall $x = 7$, $y = 3$ ergibt sich alsdann $b = 0,215$; daraus die vollständige Formel:

$$H = 0,43 \sqrt{w^2 - 0,25}.$$

Aus den Köppenschen Werten für Windstärke III, II und I würden sich darnach die bezüglichen Wellenhöhen ergeben von 2,35, 1,7 und 1,3 m, und für $w = 1$ m, $H = 0,37$ m: — sämtlich immerhin noch hohe Werte! Was hier fehlt, ist eine zuverlässige Bestimmung der Konstante a in der Natur, also derjenigen Windgeschwindigkeit, bei welcher überhaupt erst eine Wellenbewegung beginnt. Wollte man aus unseren zwei zusammengehörigen Daten für $H = 3$, wenn $w = 7$, und den von Coupvent des Bois gefundenen $H = 2$, wenn $w = 5,5$ den Koeffizienten a berechnen, so würde sich derselbe zu 3,67 m ergeben: was also bedeutete, daß schwächere Winde als solche von $3\,^2/_3$ m Geschwindigkeit eine Wellenbewegung nicht erzeugen könnten. Verfasser ist indes weit davon entfernt, diesen hohen Wert von a für richtiger zu halten als den oben angesetzten, viel niedrigeren von 0,5 m.

Einen vierten Versuch, die Beziehungen zwischen Windgeschwindigkeit und Wellenmaßen zu studieren, hat der oft erwähnte Lieutenant Páris gemacht *(Revue marit. XXXI*, p. 126), und zwar erstrecken sich seine wie immer höchst beachtenswerten Bemerkungen auf die Abhängigkeit der Wellengeschwindigkeit *(c)* von der Windstärke *(w)*. Da er indes sein Material nicht nur nach den geographischen Windregionen, sondern auch nach Klassen des Seegangs, mit Beachtung der Windstärke, geordnet hat, so gewährt schon seine hierauf bezügliche Zusammenstellung für uns ein erhebliches Interesse. Wir korrigieren seine Angaben für die Windgeschwindigkeit wiederum nach Köppen (cf. Tabelle S. 68) und geben außer den Mittelwerten der Wellenhöhen auch deren absolutes Maximum und Minimum für jede Klasse, und ferner das Verhältnis von Wellenlänge zu Wellenhöhe im Mittelwerte, Maximum und Minimum.

Klasse des Seegangs	Windgeschwindigkeit Meter	Wellenhöhe Meter			Verhältnis der Länge zur Höhe der Wellen		
		Mittel	Max.	Min.	Mittel	Max.	Min.
Sehr hohe See .	16	7,75	11,5	6,5	19,1	22,5	15,4
Hohe See	13	5,05	7,5	3,5	21,0	23.0	15,0
Grobe See. . . .	10	3,55	6,5	2,3	21,6	30,0	13,3
Hohe Dünung .	8	4,10	7,0	3,0	29,3	48,6-	18,4
Dünung	7	2,40	4,5	1,0	32,5	63,3	15,3
Leichter Seegang	6,8	1,60	4,0	0,8	38,7	80,0	21,6

Im Ganzen schließen sich die beobachteten Wellenhöhen leidlich an unsere Formel an bei den ersten drei Klassen, wo die berechneten Höhen resp. 6,9, 5,6, 4,3 werden. Dagegen für die übrigen drei Klassen ist die Uebereinstimmung weniger gut ($H =$ resp. 3,4, 3,0, 2,9) und auch schließlich nicht zu erwarten, denn die „freien" Wellen der Dünung stehen hier gar nicht zur Diskussion, sondern nur die der unmittelbaren Windwirkung unterliegenden.

Man erkennt aus den letzten Rubriken, wie für die „gezwungenen" Wellen der Quotient $H : \lambda$ viel größer ist, als für die „freien" Wellen, für erstere dürfen wir $1 : 15$ bis $1 : 20$ als wahrscheinlichste Werte für das Stadium der „ausgewachsenen See" setzen und hätten damit vielleicht einen Weg, um für dieses Stadium auch aus H die Werte für λ und damit c und τ zu berechnen. Die weitere Aenderung der Wellenmaße bei andauernd gleicher Windstärke analytisch zu verfolgen, ist vielleicht nicht ganz aussichtslos, wenn an Airy, Hagen und Boussinesq angeknüpft wird und im übrigen die oben citierte Beobachtung von Pâris als Wegweiser dient, daß bei einer konstanten Windstärke ($w =$ ca. 15 m p. Sek.) die Wellenlänge in vier Tagen sich nahezu verdoppelte, während die Wellenhöhe nur $^1/_6$ zunahm.

Was nun das Verhältnis der Geschwindigkeit des Windes zu der der Wellen betrifft, so gibt Pâris die letztere in der weiter oben (S. 43) abgedruckten Tabelle für das Passatgebiet zu durchschnittlich 11 bis 13 m, im

Gebiet der strammen Westwinde zu 14 bis 15 m an. Die mittlere Windstärke setzt er im Passat zu III bis IV seiner Skala, im Gebiet der Westwinde zu VI bis VII an, die dazu gehörige absolute Windgeschwindigkeit würde nach Köppen im Passat auf etwa 7, im Bereich der Westwinde auf 10 bis 11 m anzunehmen sein. Folglich laufen die Wellen in beiden Fällen 1½mal schneller als die Luftteilchen im Winde. Wir sahen oben (S. 46), daß aber bei Sturmwellen Werte von c vorkommen, welche sogar 30 und 40 m in der Sekunde überschreiten, während die Windgeschwindigkeit in solchen Fällen kaum erheblich über 20· bis 25 m betragen dürfte. In der That sind seit alters her alle Seefahrer mit der Erscheinung vertraut, daß die Wellen als „Dünung" vor dem Winde, namentlich vor dem Sturme, herlaufend diesen ankündigen. Schon die aristotelischen „Probleme" (p. 931, a, 38; 932, b, 29; 934, b, 4 der akad. Ausg.) beschäftigen sich mit der Frage, „warum die Wellen zuweilen früher ankommen als der Wind", wenn auch die Erklärungsversuche recht dunkel sind. Es muß diese Thatsache allerdings bei allen solchen Beobachtern Staunen erregen, denen der Unterschied zwischen der Fortpflanzungsgeschwindigkeit (c) und der Orbitalgeschwindigkeit (v) nicht bekannt ist. Nach (IX) ist die letztere

$$v = c\,\frac{h}{r} = 2\pi\,c\,\frac{h}{\lambda}$$

(wo h die halbe Wellenhöhe bedeutet). Daraus folgt bei den Passatwellen in Pâris' Tabelle, wenn wir $h = 1,2$, $\lambda = 85$, $c = 12$ setzen, $v = 1,065$ m; und bei den Westwinden, wo $h = 2,4$, $\lambda = 125$, $c = 14,5$ zu setzen ist, wird v zu 1,75 m. Man kann sich also überzeugen, daß hier (in diesen Mittelwerten!) die Windgeschwindigkeit noch immer im Passat 7,5, in den Westwinden 6mal größer ist als die Orbitalgeschwindigkeit der Wasserteilchen!

Nun zu Pâris. „Die Dünung ist oft als ein Anzeichen für Wind gehalten worden, und die Richtung, woher sie kommt, kann unter Umständen eine Idee von

derjenigen geben, woher der Wind wehen wird. Da eine
Beziehung zwischen der Schnelligkeit der Wellen und der
Windstärke vorhanden ist und diese letztere sich sehr
gut in der Dünung konserviert, so kann man aus der
Beobachtung dieser einige weitere Indizien entnehmen,
welche gewiß nicht gerade positiv sein, aber zu anderen
sich fügend sehr nützliche Winke liefern können. Wenn
beispielsweise die Dünung eine Geschwindigkeit von 12
bis 13 m hat, ist es höchst wahrscheinlich, daß sie durch
eine Reihe frischer und regelmäßiger Brisen erzeugt ist,
wie man sie im Passat oder Monsun trifft, und deren
Vorläuferin sie sein kann. Eine Geschwindigkeit von 15 m
würde eine steife Brise, und eine solche von 17 bis 18 m
einen richtigen Sturm ansagen. — Die Wasserteilchen,
welche die Welle zusammensetzen, haben bekanntlich nur
eine sehr schwache Eigenbewegung, und der Wind treibt
sie noch immer an, selbst wenn die Fortpflanzungsgeschwindigkeit der Undulation schneller ist als er. So kommt es,
daß eine Brise von 5 bis 6 m pro Sekunde Wellen schafft,
welche sich mit fast der doppelten Geschwindigkeit fortpflanzen und diese wachsen läßt bis zu einem bestimmten
Grenzwert ihrer Dimensionen und Schnelligkeit ... Wie
oben erwähnt, wächst das Verhältnis der Windgeschwindigkeit zur Wellengeschwindigkeit ziemlich schnell in dem
Maße, wie die Brise stärker wird. Ich habe untersucht,
ob nach meinen Beobachtungen hierin eine gewisse Regelmäßigkeit vorhanden ist. Aber ich durfte für diese Ermittelung nur solche Daten benutzen, welche soviel als
möglich der Einwirkung des vorhergehenden Wetters oder
lokaler Umstände entkleidet sind. Auch alle Dünung
mußte ich ausscheiden und alle Beobachtungen in flachen
Meeresteilen, ferner auch, indem die Originalnotizen zu
Grunde gelegt wurden, alle übrigen Beobachtungen, welche
von irgend einer fremden Ursache beeinflußt erschienen, so
daß mir dann schließlich nur eine um so kleinere Zahl von
Daten übrig blieb, als das Phänomen selbst zu den un-
regelmäßigsten gehört und die Beobachtungsmethode recht
unvollkommen war; daraus folgt, daß einigermaßen begründete Schlußfolgerungen sich nur aus einer immens

großen Zahl von Einzeldaten ziehen lassen. Dem sei, wie ihm wolle — indem ich die 31 Tagesreihen, welche mir nach den oben angegebenen Ausscheidungen übrig blieben, in vier Gruppen teilte und das Mittel aus dem Verhältnis der Windstärke zur Wellengeschwindigkeit für jede Gruppe bildete, so kam ich zu Zahlen, welche ein sehr regelmäßiges Anwachsen zeigen. Anstatt nun das einfache Verhältnis zu nehmen, versuchte ich das der Quadratwurzel aus der Windgeschwindigkeit zur Wellengeschwindigkeit, und gelangte zu einem bei allen vier Gruppen ziemlich konstanten Werte dieses Verhältnisses: was anzudeuten scheint, daß bei genügendem Seeraum, einer dauerhaften Brise und regelmäßiger See die Wellengeschwindigkeit proportional ist der Quadratwurzel aus der Windgeschwindigkeit." Die Daten enthält die nachstehende Tabelle, welche wir durch Korrektion der von Pâris zu hoch angesetzten Windgeschwindigkeit (nach Tabelle S. 68) vervollständigten und deren Kritik wir damit überhoben sein mögen. Im übrigen ist die Tabelle

Wellengeschw. in Meter		Windgeschw. in Meter		$\dfrac{w}{c} =$	$\dfrac{w'}{c} =$	$\dfrac{\sqrt{w}}{c} =$	$\dfrac{\sqrt{w'}}{c} =$	Zahl der Tagesreihen
Gruppen	Mittel = c	w nach Pâris	w' nach Köppen					
I. 8—11	9,6	6,0	7,0	0,63	0,73	0,25	0,28	8
II. 11—14	12,5	12,4	9,6	0,99	0,77	0,27	0,25	8
III. 14—15	14,6	18,4	12,1	1,26	0,83	0,29	0,24	8
IV. üb. 15	16,4	21,6	13,3	1,32	0,81	0,28	0,22	7

vortrefflich geeignet, die größere Geschwindigkeit (c) der Welle gegenüber der des Windes (w') ins Licht treten zu lassen. Wellen der Gruppe IV durchlaufen in der Stunde 32 Seemeilen, also in 3 Stunden 96 Seemeilen, während der dazu gehörige Wind stündlich 26 Seemeilen, also in 3 Stunden rund 78 Seemeilen zurücklegt. Diese Differenz wird sich stetig vermehren, je länger der Sturm weht, ja es kann infolgedessen die Dünung weit über das Ge-

biet hinauseilen, auf welches der Sturm überhaupt seine
Wirkung erstreckt. Indes sieht man leicht ein, daß nur
tagelang hindurch herrschende Stürme auf sehr weiten
Wasserflächen geeignet sind, solche lange und schnelle
Dünung in die Ferne zu schicken, wie wir sie oben kennen
lernten, wo es galt, die Maximalwerte für Länge, Periode
und Geschwindigkeit der Wellen festzustellen.

„Nachdem der Wind aufgehört hat," berichtet Pâris,
„werden die Seen ersetzt durch eine Dünung, welche deren
Länge und Geschwindigkeit lange Zeit hindurch und in
sehr großem Abstande von der Stelle konserviert, wo
die Windstille eingetreten ist. So wurden wir (im südlichen Indischen Ozean), nachdem am 31. Oktober 1867
die steife Südwestkühlte uns verlassen hatte, um von den
Kalmen des Steinbocks ersetzt zu werden, welche wir
unter Dampf durchmaßen, begleitet während dreier Tage
von einer Dünung, die nicht der geringste Windhauch
beeinflußte. Die Südwestkühlte hatte eine regelmäßige
See von 4,5 m Höhe bei 143 m Länge (in Mittelmaßen)
und einer Geschwindigkeit von 15,3 m pro Sekunde aufgeworfen. 60 Stunden später, 350 Seemeilen davon entfernt, besaß die Dünung, die etwa 12 Stunden gebraucht
hatte, diesen Raum zu durchlaufen, noch 15 m Geschwindigkeit und 135 m Länge. Man kann also diese beiden
Maße als unverändert ansehen, während die Wellenhöhe
sich um die Hälfte vermindert hatte. An dem letzten
Tage, welchen diese lange Dünung und die gleichzeitige
Windstille andauerte, wurde die Dünung von einer kleinen
östlichen See gekreuzt, die kaum meterhoch war, dabei
eine Geschwindigkeit von 7,3 m und eine Länge von 53 m
besaß, d. h. fast dieselben Verhältnisse, die wir im voll
entwickelten Passat vorfanden, als wir diesen am 3. November erreichten. Die nun herrschende regelmäßige
Brise ließ dann die letzten Undulationen jener langen,
von der Südwestkühlte erregten Dünung verschwinden,
die sich 150 Seemeilen durch eine Stillenregion hindurch
fortgepflanzt hatte, während die kleinere Dünung des
Passats in dieselbe nur 50 Seemeilen über den Bereich
des letzteren hinaus vorgedrungen war."

Aehnliche detaillierte Beobachtungen aus anderen Meeren wären im höchsten Maße erwünscht; denn wir werden sehen, daß jene lange Dünung zwar von den „gezwungenen" Wellen des Passats verdeckt, aber nicht vertilgt sein muß, wenn sie noch in einigen tausend Seemeilen Abstand an den flachen Küsten eine schwere Brandung erzeugen kann.

In dieser Hinsicht sind vielleicht einige Karten des Wellenzustandes im Nordatlantischen Ozean von Interesse, welche Verfasser Gelegenheit hatte, auf der deutschen Seewarte aus den Schiffsjournalen nach dem synoptischen Prinzip zusammenzustellen.

1) Die erste Karte bezieht sich auf den 5. April 1881 vormittags 8 Uhr. Seit dem 4. April werden in dem Meeresstrich südlich von Neufundland im Golfstromgebiet äußerst starke nordwestliche Stürme mit orkanartigen Böen auf den Wetterkarten verzeichnet. Durch diese wurde eine hohe nordwestliche Dünung aufgeworfen, welche durch die damals sehr breite Zone der Rossbreiten hindurch in den Nordostpassat vordrang. In dem Raum zwischen 30° und 20° N. Br., 42° und 32° W. Lg. befanden sich an jenem Morgen 7 Beobachter der Seewarte, welche sämtlich eine sehr hohe nordwestliche Dünung (Schiff No. 1402 notiert Stärke 5 der Wellenskala, in 21 1/2° N. Br., 47 1/2° W. Lg.) auszuhalten hatten, die sie im höchsten Maße belästigte, zumal der Passat nur äußerst schwach auftrat. An demselben Morgen notierte noch in 14 1/2° N. Br. und 42 1/2° Lg. Schiff No. 1400 bei gutem Passat und entsprechendem Seegang (von Stärke 4) eine lange Dünung aus NNW: die also von dem Golfstromgebiet in 40° N. Br. her jedenfalls mehr als 1500 Seemeilen durchlaufen hatte.

2) Eine zweite synoptische Wellenkarte bezog sich auf den 12. Februar 1878, morgens 8 Uhr. Am 10. und 11. d. M. hatten südlich von Neufundland, am 8. und 9. östlich davon ebenfalls enorm starke Nordwestböen getobt, die am Morgen des 12. durch die südlichen bis südwestlichen Winde einer neuen Cyklone, deren Zentrum bei New York lag, abgelöst wurden. In der ganzen Osthälfte des Passatgebietes südlich von 30° Br. von Madeira an bis 45° W. Lg. zeigen alle Schiffsjournale eine kräftige nordwestliche Dünung, welche sich mit dem Seegang des Passates kreuzte. Die vom Erregungsorte entfernteste Position gibt Schiff No. 995 („hohe lange Dünung aus Nordwest") in 7 1/2° N. Br. und 16 3/4° W. L., also nur 270 Seemeilen von der afrikanischen Küste bei Sierra Leone abstehend: von dem Golfstromgebiet in 40° N. Br. dagegen nicht weniger als 2500 Seemeilen entfernt. Zum Vergleich diene der Abstand zwischen New York und Lizard mit 2900 Seemeilen.

3) Danach wird es nicht wunder nehmen, wenn solche von den Golfstromorkanen aufgeworfene Dünung sogar den Aequator überschreitet und in südliche Breiten vordringt. Das war nach

den deutschen Schiffsjournalen der Fall Ende März 1881. Schon am 11. März notiert das von Java nach dem Kanal bestimmte Schiff „Barbarossa" in $3^0\,54'$ S. Br., $20^0\,30'$ W. Lg. „zeitweise nördliche Dünung bemerkbar". Noch südlicher stand am 21. März früh 8 Uhr das Schiff „Pacific", ebenfalls nordwärts segelnd, in $5^0\,11'$ S. Br., $32^0\,3'$ W. Lg., als im Schiffstagebuch notiert wurde: „Wind SO, Stärke 4, Dünung von NW bemerkbar." Auch bei weiterem Vordringen nach Nord in den folgenden Tagen lag das Schiff ständig auf der gleichen Dünung.

Uebereinstimmend mit diesen Einzelfällen bemerkt Kapitän Toynbee in dem Text zu der offiziellen englischen Publikation: *Charts of meteorological data for the nine ten-degree-squares of the Atlantic between* 20^0 *N.-Lat. and* 10^0 *S.-Lat.* London 1876, p. 498 (vgl. Ann. d. Hydr. 1876, S. 382; 1877, S. 309), daß in der äquatorialen Stillenregion im (nördlichen) Winter und Frühling eine kräftige Nordwestdünung sehr häufig sei, dagegen nicht minder im Sommer eine südliche und südwestliche Dünung vorkomme: beides Fernwirkungen der in Orkanböen wehenden winterlichen Weststürme der hohen Breiten jenseits 40^0 Br. auf beiden Hemisphären. Ein englisches Schiff, „British Consul", notierte vom 21. bis 24. Februar 1871 auf der Fahrt zwischen 2^0 S. Br., 22^0 W. Lg. nach 9^0 S. Br., 28^0 W. Lg. segelnd stetig hohe Roller aus Nordwest. — Wir werden im folgenden (S. 96) sehen, wie diese Dünung auf der Reede von St. Helena noch eine höchst gefährliche Brandung zu erzeugen vermag in einem Abstande vom Golfstromgebiet, der nicht unter 4000 Seemeilen zu veranschlagen ist!

Die wellenerzeugende Wirkung des Windes wird erheblich modifiziert durch zwei andere, bisher noch nicht berührte Umstände: erstlich durch gewisse in dem Wasser schwebende Fremdkörper (Oel, Eis, Tang, Schlamm), oder zweitens, wenn die Windstöße selbst von Niederschlägen (Regen, Hagel) begleitet werden. Alle diese Komplikationen bewirken, daß zunächst die Wellenhöhe (und vielleicht auch die übrigen Dimensionen der Wellen?) kleiner wird, als wenn jene nicht vorhanden wären.

Die wellenstillende Beimengung von Eis, Tang und Schlamm ist mehrfach konstatiert (Cialdi § 253 f.). Scoresby (*Account of arctic regions* I, 239) beschreibt sehr anschaulich, wie die beim Gefrieren des Seewassers zuerst in Masse auftretenden Eisnadeln alsbald die Dünung dämpfen: offenbar wird dadurch die innere Reibung erheblich verstärkt und die lebendige Kraft der Welle damit vermindert und aufgezehrt. Ebenso wirken Schlammteilchen und auch größere Treibkörper, wie Eisstückchen und

Tangzweige. Schwieriger zu erklären ist die seit dem Altertum wohlbekannte wellenstillende Eigenschaft des Oels. Franklin, seine oben (S. 56) gegebene Theorie von der Entstehung der Wellen benutzend, war der Ansicht, daß bei der schnellen Ausbreitung des Oels über eine Wasserfläche „sich zwischen die letztere und die Luft ein Oelhäutchen einschaltet, an welchem der Wind nicht fassen kann, um die kleinsten (kapillaren) Wellen zu erregen; daß der Wind vielmehr darüber hingleitet und es so eben läßt, wie er es vorfindet". Die Beobachtungen der neuesten Zeit ergeben, daß in der That jene feine Fältelung der großen Wellen auch nach Ausbreitung einer kleinen Quantität von Oel alsbald verschwindet, und bei Anwendung großer Oelmengen die Wellenkämme ihre brechenden Köpfe verlieren. Aber eine schwere Küstenbrandung mit ihren mächtigen Grundseen bleibt doch im wesentlichen unbewältigt. Die Erklärung dieser merkwürdigen Vorgänge liegt darin, daß die Oberflächenviscosität des neuen Oelhäutchens, welches statt des alten Wasserhäutchens die Wasserfläche überzieht, verschieden ist von der des letzteren. Die moderne Physik zeigt (Alfr. Daniell, *Principles of Physics,* London 1884, p. 247 f.), daß das Flüssigkeitshäutchen ganz allgemein eine größere Zähigkeit besitzt als die darunter gehaltene Flüssigkeitsmasse, weshalb beispielsweise Luftbläschen, welche die letztere, von unten nach oben aufsteigend, schnell durchdringen, vielfach nicht imstande sind, das Häutchen zu durchbrechen; womit die Schaumbildung zusammenhängt. Oel gehört zu den Stoffen, die mit einer geringen Oberflächenspannung eine sehr große Oberflächenzähigkeit verbinden, welche letztere also verhindert, daß der Wind sie so leicht in Falten legt, wie das Wasserhäutchen. Diesem wohnt eine beträchtliche Oberflächenspannung bei, die bei chemisch reinem Wasser groß genug ist, sogar die Oberflächenzähigkeit zu überwinden, weshalb solches Wasser gar nicht schäumt. Da Seewasser leichter schäumt als Frischwasser, ist die Oberflächenspannung bei ersterem übrigens nicht ganz so beträchtlich, wie bei letzterem (vgl. auch *Comptes rendus* 1882,

tome 95, p. 1055 einen exakten Versuch van der Mens-
brugghes, diesen Effekt des Oels zu berechnen). — Man
wird wohl nicht fehlgehen, wenn man die von den Seefahrern so häufig erwähnte Besänftigung der Wellen durch
kräftige Niederschläge aller Art (Scoresby I, 222) ebenfalls auf eine Aenderung jener Oberflächenspannung bezw.
-zähigkeit zurückführt, welche durch so zahlreiche und
gleichzeitige Impulse auf kleinstem Flächenraum im Flüssigkeitshäutchen bewirkt wird. Wenn im Gegenteil dem
Nebel (Ann. der Hydr. 1877, S. 538) auf der Neufundlandbank eine wellenerhöhende Wirkung zugeschrieben
wird, so beruht das vielleicht auf einem Mißverständnis
insofern, als der vorzugsweise dort Nebel erzeugende Südwind seine Wellen einmal vom tiefen Wasser auf flacheres
schickt, ferner diese Wellen g e g e n den Labradorstrom
laufen läßt: welche beiden Umstände an sich schon eine
Erhöhung der Wellen bewirken. Die gleichzeitigen Nebel
könnten also nur zufällige Begleiter dieser mechanischen
Wirkungen sein. Auch Brémontier (bei Weber § 42) bemerkte schon, daß nicht selten das Meer auch bei völliger
Windstille stark bewegt sei, wenn die Atmosphäre mit
Nebel belastet ist. [1]

VI. Brecher. Roller. Brandung. Abrasion.

Wir sahen oben, wie der Wind bei zunehmender
Stärke die Kämme der Wellen abbricht, so daß diese in
die vor ihr befindliche Höhlung hinabstürzen: dieses ist
auch der Fall bei sturmbewegter See, und die alsdann
auftretenden „Sturzseen" sind um so gefährlicher, als
kolossale Massen von Seewasser mit erheblicher Geschwindigkeit aus ziemlicher Höhe herabstürzen und eine lebendige Kraft von höchst zerstörender Wirkung vorstellen.
Schiffe, welche mit kleinen Segeln oder ganz ohne solche

---

[1] Herr Kapt. z. S. Aschenborn sprach dem Verf. gegenüber
kürzlich die gewiß zutreffende Ansicht aus, daß hier eine optische
Täuschung im Spiel sein dürfte insofern, als im Nebel immer nur
eine „See" überblickt, die Kimm aber gar nicht gesehen werden
könne. Sowie der Nebel zerreißt, erscheint die See sofort ruhiger,
weil dann die Wellenhöhen alsbald richtiger taxiert werden.

(„vor Top und Takel") vor dem Sturme herlaufen („lenzen"),
sind den Sturzseen um so mehr ausgesetzt, je weniger
leicht das Hinterteil des Schiffes von den Wellen sich
aufheben läßt, was von der Bauart des Schiffes abhängt:
„gute Seeschiffe" haben meist wenig von Sturzseen zu
fürchten. Andere, schlechter gebaute dagegen, deren
Hinterteil die ankommende Welle aufhält, bewirken, daß
sich die Kämme der letzteren mit voller Gewalt auf das
Deck stürzen, dort die größten Verwüstungen anrichtend,
auch wohl Menschen auf der Stelle erschlagend. Schiffe,
welche mit Dampfkraft gegen stürmische See anlaufen
wollen, werden von solchen Sturzseen an ihrem Vorder-
teil Beschädigungen erfahren; solche Schiffe, welche steuerlos in der wirren gekreuzten See eines Orkanfeldes liegen,
sind ein sicheres Opfer der von allen Seiten über sie
hereinbrechenden Sturzseen.

Die in der zentralen Stille tropischer Orkane durch Interferenzen gebildeten „pyramidalen" Seen werden von allen Seefahrern am meisten gefürchtet, wie überhaupt der Winddruck bei
diesen Orkanen in seiner unmittelbaren Wirkung auf die Takelung
bei weitem weniger Gefahr repräsentiert als die Wut der kolossalen Wellen, namentlich der Sturzseen. Der englische Admiral
und Hydrograph Sir Edward Belcher berichtete gelegentlich
einer Debatte über diese Sturzseen (*Transactions of the Institution
of Naval Architects*, vol. XIV, London 1873, p. 17), daß einmal
im Jahre 1814 eine See das ganze Hinterteil eines Schiffes hinweg
geschlagen habe: nicht nur die ganze Admiralseinrichtung, sondern auch die Batterie wurde zerstört. Zwei Stunden später, als
das Schiff vor Grossmarssegel und Fock lenzte, wurde es durch
eine riesige See völlig „*becalmed*", so daß das Marssegel an den
Mast zurückflatterte, während die See über den Großtop spritzte,
dann aber auf das Deck herniederfiel, alle Boote hinwegfegte und
die Hängemattenkästen an der Steuerbordseite so scharf abschlug,
als wenn sie mit einem Meißel abgestemmt wären. — Vgl. auch
die sehr anschauliche Beschreibung der Sturzsee, welche dem
Dulder Odysseus sein Blockschiff zerschlägt, Odyssee V, 365 ff.

Ueberschlagende Kämme zeigen auch kleinere Wellen
jedesmal, wenn sie dem herrschenden Winde entgegen
laufen, nur mit dem Unterschiede, daß die Kämme in
das rückwärts gelegene Wellenthal zurückfallen: die „Mursee" der Seeleute. — Besonders hohe Wellen und heftige
Sturzseen sind lokal dort häufig, wo die herrschende
Dünung einer Strömung entgegenläuft: so in Flußmün-

dungen, im Gebiete starker Gezeiten- oder besonders starker Meeresströme. In diesen Fällen werden die von der Welle ergriffenen Wasserfäden im Bereiche des Wellenkammes durch den ihrer Bewegung sich entgegenstemmenden Druck der Strömung stark zusammengepreßt, wodurch die Kämme höher und steiler werden und schließlich wegen mangelnder Unterstützung überschlagen, und zwar in der Richtung dem Strom entgegen.

Beispiele hierfür gibt besonders Stevenson (*Harbours* p. 61 ff.). Die Pentland-Föhrde zwischen Schottland und den Orkney-Inseln ist die Stätte überaus heftiger Gezeitenströme, dort „*Roost*" oder „*Boar*" genannt. Die *Roost* von Louther und die von Swona läuft 4,6 m, die bei den berüchtigten Pentland Skerries 5,5 m in der Sekunde. Zur Zeit der Ebbe ist sie am Westeingange der Föhrde bei westlicher Dünung, zur Flutzeit am Osteingange bei gleichzeitiger östlicher Dünung, am meisten gefürchtet: dann läuft allemal der Strom am kräftigsten der Dünung entgegen. Da hier eigentlich ununterbrochen eine westliche Dünung steht, so ist bei Ebbezeit das Segeln in der Pentland-Föhrde äusserst gefährlich, zumal hinter den kleinen, im Fahrwasser liegenden Felseninseln sich Maalströme entwickeln.

Von der hoch laufenden See auf der Neufundlandbank bei Südwind, welcher dem Labradorstrom entgegenwirkt, war schon oben die Rede. Weitere Beispiele der Art liefert die See südlich vom Kapland im Bereiche des Agulhasstroms bei Westwind, ebenso (nach Partsch) das Kap Malia in Griechenland, woselbst ebenfalls ein Meeresstrom aus dem Aegäischen Meer nach Westen umbiegt und den herrschenden Westwinden und ihrer langen und hohen See entgegenläuft (s. oben S. 67).

Nach Stevenson werden hingegen Seen, welche senkrecht gegen einen heftigen Gezeitenstrom anlaufen, von dieser fast völlig unterdrückt (wegen der am Rande dieser Ströme vorhandenen Wirbelbewegungen?), wofür er mehrere Beispiele von den Shetland-Inseln beibringt. Meeresströme haben indes diese Wirkung nicht, denn wir sahen, wie die Dünung aus dem Golfstromgebiet bis nach St. Helena hin quer durch drei Meeresströmungen sich fortpflanzt. — Schiffe, welche „beigedreht" liegen, erhalten die See zwar unter spitzem Winkel von vorn, aber da der Wind den Schiffskörper leewärts drückt, so treffen die Wellen vor dem Schiffe auf Wasser, welches unter diesem heraufgequollen ist, und dessen zahlreiche kleine Wirbel bewirken, daß die Wellen sich nicht normal ausbilden können und jedenfalls aufhören, überzuschlagen. Diese kleinen Wirbel des aufquellenden Wassers sind, beiläufig bemerkt, wohl auch die Ursache davon, daß im Kielwasser eines Schiffes die Wellen stark abgeschwächt werden, so daß sie bisweilen ganz unterdrückt erscheinen.

Laufen Wellen gegen eine senkrecht oder fast senkrecht bis in große Tiefe abfallende Uferböschung, so
werden sie reflektiert. Die von den Brüdern Weber darüber
angestellten Untersuchungen zeigen, wie der Wellenkamm
am Ufer sich dabei erhebt bis fast zum doppelten seiner
früheren Höhe: was durch seitliche Zusammenpressung
der im Flachwasser aufrecht stehend hin und her geschobenen (S. 15) Wasserfäden, die dann nur nach oben
ausweichen können, sich erklärt. Die reflektierten Wellen
laufen eine Strecke in die See zurück, werden aber bei
auflandigem Winde schnell von diesem und den frisch
erzeugten Wellen zerstört: „die Widersee" der Seeleute.

Sind die Wellen hoch und laufen sie schnell, wie
das bei Sturmwellen und bei Dünung der Fall ist, so erreicht beim Anprall an das Steilgestade das Aufschwellen
der Kämme eine solche Energie, daß sich beträchtliche
Wassermengen von den Wellenkämmen loslösen und strahl-
artig an der Gestadewand hinaufspritzen: das ergibt die
sogen. „Klippenbrandung". Einzeln stehende Fels-
inseln und Leuchttürme sind die Hauptschauplätze derselben, und nicht selten ist beobachtet worden, wie diese
Wasserstrahlen, nicht bloß etwa das Spritzwasser, bis auf
Höhen von mehr als 30 m über den mittleren Wasserstand
hinaufgetrieben werden.

Stevenson (*harbours* p. 38, 114, 115) berichtet, daß nach
seinen Beobachtungen die Klippenbrandung im Durchschnitt fast
die siebenfache (genau die 6,6fache) Wellenhöhe erreicht. Leuchttürme, wie der von Bellrock im Osten Schottlands und Bishop-rock
westlich von den Scilly-Inseln oder der von Eddystone sind bisweilen ganz von diesen Wasserstrahlen überschüttet worden.
Während eines Wintersturms 1860 wurde auf der Bishop-rock-
Leuchte in 30 m Höhe über Mittelwasser eine Glocke abgebrochen,
und auf der Shetlandinsel Unst eine Thür in 59 m Höhe ein-
geschlagen. Die vertikale Kraftleistung dieser Klippenbrandung
maß Stevenson mit seinem Wellendynamometer (s. Fig. 11) am
Gestade des Bristolkanals in 7 m Höhe (über Mittelwasser) im
Maximum zu 11 500 kg auf den Quadratmeter Fläche, während
der gleichzeitige horizontale Druck nur 137 kg pro Quadratmeter betrug. — Ein der Klippenbrandung im kleinen ähnliches
Phänomen vollzieht sich auch bei schwachem Winde und kleiner
See am Buge des den Wellen entgegenlaufenden oder sie, wie
beim Kreuzen, unter spitzem Winkel treffenden Schiffes; nur mit

dem Unterschiede, daß alsdann der Wind die emporgetriebenen Wasserstrahlen erfaßt und auf dem Deck niederfallen läßt.

Anders verhalten sich die Wellen beim Auflaufen auf einen sanft ansteigenden Strand. Sie erleiden dabei eine doppelte Modifikation, einmal in der Richtung ihrer Kämme und zweitens in ihrem Profil.

Die Geschwindigkeit der Flachwasserwellen ist nach Formel XV und XXI proportional der Quadratwurzel aus der Wassertiefe. Weht nun der Wind über einer grossen Wasserfläche parallel deren einem Ufer, das wir uns geradlinig und in gleichmäßiger Böschung in die Tiefe abfallend denken wollen, so werden nur in dem tiefen Wasser die Wellenkämme, im Aufriß gesehen, senkrecht zu diesem Ufer liegen, an ihrer Landflanke aber desto weniger schnell vorschreiten, also desto mehr zurückgebogen erscheinen, je flacher das Wasser wird, so daß am Strande selbst die Wellenkämme fast parallel diesem letzteren anlangen, also sich nahezu senkrecht auf diesen zu fortpflanzen.

Gleichzeitig wird die Wellenlänge verringert, denn diese ist nach Formel XXIII der einfachen Wassertiefe proportional, die Wellenkämme rücken also näher zusammen.

Nur die Wellenperiode bleibt, wie leicht einzusehen ist, dabei unverändert, sobald es sich um Wellen handelt, welche, im tiefen Wasser entstanden, nun auf den flachen Strand zu laufen. Denn da an einem gegebenen Ort jede Welle in gleicher Weise aufgehalten wird, so bleiben die Intervalle zwischen den Passagen immer dieselben. Die Formel XXIV verliert also hier ihre Gültigkeit, sie gilt nur für gleichmäßige geringe Tiefe.

Dagegen wird die Wellenhöhe vergrößert: die Wasserfäden des Flachwassers, welche von denen des tieferen Wassers beim Heranrücken des Wellenkammes einen seitlichen Druck in der Richtung auf das Ufer zu erhalten, erfahren durch den nicht mehr horizontalen, sondern schief aufsteigenden Meeresboden einen Widerstand; da sie seitwärts nicht ausweichen können, so bewegen sie sich nach der freien Oberfläche, d. h. der Wellenkamm wird höher. Diese Ueberhöhung nimmt kontinuierlich zu in der Richtung auf den Strand hin, so daß schließlich der Wellenkamm instabil wird und überschlägt, welcher Vorgang alsdann die „Brandung" bedingt. Nach den analytischen Untersuchungen von Hagen und Lord Rayleigh beginnt die Welle überzuschlagen, sobald die Wassertiefe kleiner wird als die ganze Wellenhöhe. Die Beobachtungen von Scott Russell, Bazin und Stevenson bestätigen diesen theoretisch gewonnenen Satz durchaus, die ersteren beiden prüften ihn experimentell in grossen Wellenrinnen, allerdings durch Erzeugung von Uebertragungswellen (*Report Brit. Assoc. for 1844*, p. 352; *Mémoires prés. par div. sav.* tome XIX, Paris 1865, p. 509 ff.), während Stevenson (*harbours* p. 72 und *Nature* 1872, Aug. 9) am Seestrande selbst gelegentlich seiner Hafenbauten ihn feststellte.

Die Orbitalgeschwindigkeit in flachem Wasser war nach Formel XXV an der Oberfläche

$$v = \frac{h}{p}\, c,$$

oder c nach XV durch p ausgedrückt

$$= h \sqrt{\frac{2g}{p}},$$

nach Hagen aber

$$v = h \sqrt{\frac{3g}{p}}.$$

Sie nimmt also nicht allein mit wachsender Wellenhöhe (h) zu, sondern außerdem auch noch mit der Verminderung der Wassertiefe. Wird, wie es beim Branden der Fall ist, $p = 2h$, so erreicht die Geschwindigkeit der überschlagenden Wasserteilchen die halbe Fortpflanzungsgeschwindigkeit der Welle. Das ist der Maximalwert, den v überhaupt annehmen kann. Daher wird auch gerade im Augenblick der Brandung der mechanische Effekt der Welle am größten sein.

Diese Vorgänge sind aber in der Natur höchst kompliziert. Schon Hagen sprach die Vermutung aus (Seeufer- und Hafenbau, 1, 83), daß die Welle beim Uebertritt auf eine Wasserfläche von geringerer Tiefe „einen neuen Scheitel hinter sich aufwirft, der aber, wie bei einmaliger Erregung von Wellen immer geschieht, viel niedriger ist als der erste war. Indem nun diesem neuen Scheitel in sehr kurzer Zwischenzeit eine hohe Welle aus der offenen See folgt, so bemerkt man gar nicht jenen zweiten oder sekundären Scheitel. Diese Betrachtung zeigt wieder, daß die Wellenerscheinung bei variabler Tiefe höchst kompliziert wird, weil darin verschiedene voneinander ganz unabhängige, aber in ihren Wirkungen gleich kräftige Wellensysteme auftreten..." Verfasser vermochte mehrfach im Kieler Hafen, wo er vom hohen Ufer den flachen Vorstrand übersehen konnte, beim Uebertritt von „freien" Wellen aus dem tiefen in ganz flaches Wasser jene Neugeburt sekundärer Wellen zu beobachten. Diese Neubildung erfolgte indes nicht überall längs der unter Wasser liegenden Kante des Vorstrandes, sondern nur an gewissen Punkten, wodurch alsdann die Wellenkämme auf dem Vorstrand ihre Regelmäßigkeit völlig einbüßten. Die neu aufgeworfenen Wellen schienen nicht ganz die Geschwindigkeit der vor ihnen herlaufenden zu besitzen, doch muß dieser Punkt wie vieles andere hiermit Zusammenhängende späterer exakter Beobachtung vorbehalten bleiben.

Hagen hat versucht, auf Grund seiner oben schon als nicht ganz einwandfrei bezeichneten Formeln XXVI und XXVII für abnehmende Wassertiefe die Aenderungen der Wellenlänge, Geschwindigkeit und Höhe zu berechnen, indes sind seine Resultate, obwohl an sich nichts Unwahrscheinliches darbietend, nur als ein erster Versuch von Interesse. Ausgehend von einer oben schon diskutierten Beobachtung des Lotsenkommandeurs Knoop in Swinemünde (vgl. S. 28, Tab. No. II) berechnet er die in nachstehender Tabelle gegebenen Werte, wo wiederum p die Wassertiefe, c die Geschwindigkeit, λ die Länge, H die Höhe der Wellen in Meter, $2\,\alpha'$ den Ausschlag der Wasserfäden am Boden hin und zurück in Centimeter bedeutet.

p	c	λ	H	$2\,\alpha'$
m	m	m	m	cm
8,3	4,3	9,3	0,63	0,6
5,8	3,4	8,4	0,71	1,4
4,6	3,2	6,5	0,75	2,3
3,5	2,9	5,5	0,82	4,1
2,6	2,7	4,7	0,88	7,2
1,7	2,4	3,8	0,97	14,8
1,2	2,2	3,1	1,14	26,9

Die Steigerung der Wellenhöhe und der Amplituden der horizontalen Ausschläge der Wasserteilchen am Boden bei abnehmender Wassertiefe tritt sehr klar in die Erscheinung. Ob aber in Wirklichkeit ein Wellensystem von den Anfangsdimensionen des gegebenen solchen Aenderungen unterliegen würde, wie die Tabelle zeigt, muß dahingestellt bleiben.

Nach Airy (§ 246—264) ist für den Fall, daß die Länge der Wellen sehr groß ist im Vergleich zur Wassertiefe, wie z. B. bei der Flutwelle, die Abhängigkeit der Orbitalbahnen an der Oberfläche von der Wassertiefe in erster Annäherung durch die Formeln gegeben:

$$\mu = A \cdot p^{-\frac{3}{4}}$$

$$\nu = B \cdot p^{-\frac{1}{4}},$$

wo μ die Aenderung der horizontalen Verschiebung und ν diejenige der vertikalen bedeutet, A und B von dem Einzelfalle abhängige Konstanten sind. Darnach nimmt also die Wellenhöhe zu im umgekehrten Verhältnis zur vierten Wurzel aus der Wassertiefe. Sie wächst aber auch, wie Airy weiter zeigte, bei abnehmender Breite der Wasserfläche, also z. B. bei einer spitz ins Land setzenden Bucht; und zwar wächst die Höhe umgekehrt wie die Quadratwurzel aus der Breite der Wasserfläche.

Das Ueberschlagen oder Brechen der Wellen ist indes nicht bloß abhängig von dem angegebenen Verhältnis zwischen Wellenhöhe und Wassertiefe, sondern anscheinend auch von dem Ausmaß der Horizontalbewegung der Wasserfäden in der Tiefe. Wir sahen, daß bei der Umwandlung der „Seen" in die „Dünung" die Wellenhöhen, also die Vertikaldurchmesser der Orbitalbahnen, abnahmen, dagegen die horizontalen Durchmesser der letzteren ziemlich unverändert sich hielten. Trifft nun solche Dünung, welche überdeckt von den Seen des herrschenden Windes im Tiefwasser gar nicht zu sehen, höchstens an den Bewegungen des Schiffes zu fühlen ist, auf flacheres Wasser, so werden dieselben Modifikationen eintreten in ihrem Profil und den anderen nämlichen Maßen, die wir für Wellen im allgemeinen oben aussprachen: vor allem also wird die Wellenhöhe ein sichtbares Maß erlangen. Küstenbänke, welche weit in eine tiefe See vorgeschoben liegen, oder Bänke in der offenen See selbst, werden also solche in der letzteren nur latent vorhandene Dünung zu neuem

Leben erwecken, und in der That sind sowohl die Neufundlandbank, wie die Agulhasbank nicht nur darum, weil
die Seen oft gegen den Strom laufen, so berüchtigt
wegen ihres heftigen Wellenschlages, sondern auch gewiß,
weil die neuerweckte Dünung den Seegang an sich verstärkt. Was nun aber besonders merkwürdig ist und auf
Beziehungen zwischen der Horizontalamplitude der Orbitalbahnen am Meeresboden und der Wassertiefe hinweist,
ist die völlig begründete Thatsache, daß am Rande und
im Bereiche solcher Bänke Wellen über Wassertiefen
brechen oder branden, welche vielemal größer sind als
die vorhandenen Wellenhöhen. Ich stelle aus Cialdi
folgendes Verzeichnis zusammen, wobei ich von allen
solchen Fällen absehe, wo eine Komplikation zwischen
Seegang und Strömungen aller Art möglich erscheint.
Es sind bei stürmischer See brandende Wellen beobachtet
worden in einer Wassertiefe von:

14—18 m bei der Robbeninsel (Kapstadt) (Cialdi, § 574).
15—17 m an der Guianaküste (§ 542).
17—20 m an der Küste von Guatemala bei Istapa (§ 541).
20, 27, 31 m vor Porto Santo, Madeira (§ 543).
20—22 m vor Djidjeli (Algerien, § 586).
25, 27, 30 m an der Nordküste von Spanien (§ 575).[1]
48 m bei Terceira, Azoren (§ 557).
46 - 57 m vor Punta Robanal (Nordspanien, § 580).
84 m an der syrischen Küste (§ 589).

Ferner erwähnt Stevenson (*harbours* p. 62), aller-
dings wohl im Bereiche der oben beschriebenen heftigen
Gezeitenströme von Faira Island (nördlich von den Orkneys),
brandende Wellen bei einer Wassertiefe von mindestens
70 m, und Airy (*Tides and waves* § 416) ebensolche vom
Außenrande der sogen. „Gründe" vor dem britischen
Kanal in 100 Faden oder 180 bis 200 m Wassertiefe.
Endlich berichtet Kapt. Tizard (*Proc. Roy. Soc.* XXXV,

---

[1] Die vom englischen hydrographischen Amte herausgege-
benen *Sailing directions for the West-Coast of France, Spain and
Portugal*, London 1885, erwähnen mehrfach an der Nordküste
Spaniens Brecher in mehr als 20 m Wassertiefe; allgemein (p. 115)
solche in 37 bis 51 m (20 bis 28 Faden) entlang der Küste der
Baskischen Provinzen im Winter.

1883, p. 208), daß er auf dem Wyville Thomson-Rücken zwischen den Faröer und Schottland jederzeit eine kürzere und höhere See gefunden habe als außerhalb des Rückens, und doch liegt dieser 400 bis 500 m tief! In vielen Fällen der obigen Liste scheint eine terrassenartige Stufe am Meeresboden, wo dieser sich aus großer Tiefe mehr oder weniger steil zur Bank erhebt, die Hauptstätte der Brandung zu geben. Die in aufrechter Stellung hin und her pendelnden Wasserfäden erfahren beim Anprall an solchen Stufenabsatz vielleicht einen Stoß, welcher sich bis an die Oberfläche hin fortpflanzt und daselbst die Welle branden läßt. Derartige bis zum Meeresboden in fast 200 m Tiefe hinab noch kräftige Bewegungen verursachende, wenn auch an der Oberfläche nach Ueberschreitung der erwähnten äußeren Brandungsstufe nicht besonders auffallende Dünung nennen die Seeleute die „Grundseen" und sehen in ihnen dann die Hauptursache für das Auftreten einer kräftigen Brandung mit „Rollern" und „Brechern" am eigentlichen Strande.

Das Wasser über der Neufundlandbank wird häufig bis zum Grunde in 50 m und mehr Tiefe aufgerührt. Hunt (*Proc. Royal Soc.*, XXXIV, 1883, p. 15) berichtet von dort, nach Aussagen der Küstenfahrer, daß wenn Sturzseen in 20 bis 25 m Wassertiefe aufs Schiff geschlagen sind, diese häufig Sand auf Deck zurücklassen, und ferner, daß man im Magen der Stockfische daselbst häufig die Muschel *Mya truncata* finde, welche sich 20 bis 25 cm tief in den Sand des Meeresgrundes einbohrt, also von jenem Fische nur dann gefressen werden kann, wenn der Sand durch die Grundseen bis auf diese Tiefe aufgewühlt worden ist. Cialdi (§ 750 ff., namentlich 776) berichtet ausführlich von den Taucherarbeiten, welche an der beim brasilischen Kap Frio gescheiterten englischen Fregatte Thetis 1831 ausgeführt wurden: die dabei verwendeten Taucherglocken gerieten in 18 bis 20 m Wassertiefe bei kräftigem Winde stets, nicht selten aber auch bei sonst ruhiger See in heftige Schwingungen, welche den Betrag von 1,5 m erreichten und durch drohenden Anprall an die Riffe die Arbeiten höchst gefährlich machten. Hier, namentlich im letzteren Falle, waren offenbar auch „Grundseen" die Ursache (vgl. oben S. 31).

Der Brandungsvorgang am Strande selbst ist nicht immer richtig erklärt worden. Meist findet man die Auffassung, daß die Welle in der Tiefe durch Reibung am Boden aufgehalten werde, während der Kamm ungehindert seinen Weg fortsetze, wodurch er seine Unterstützung verlieren und überschlagen müsse. Wir sahen, daß es noch keineswegs festgestellt ist, wie in flachem Wasser von gleichmäßiger Tiefe die Reibung am Boden auf das Fortschreiten der Wellen in der Natur einwirkt, in der Wellenrinne war solche Verzögerung der unteren Partien der Welle bei geringer gleichmäßiger Wassertiefe, wo sie doch auch vorhanden sein müßte, nicht festzustellen, vielmehr war die Geschwindigkeit der Welle unten und an der Oberfläche die gleiche. Man wird vielmehr folgende, soweit ich sehe, zuerst von Hagen ausgesprochene Erklärung des Brandungsprozesses vorziehen müssen.

„Solange die Welle nicht brandet, kehrt jeder Wasserfaden, ohne daß sein Zusammenhang unterbrochen wird, nach einer vollen Wellenperiode wieder in seine frühere Stellung zurück. Dazu ist aber erforderlich, daß das Durchflußprofil unter dem Wellenthal noch hinreichende Größe hat, damit die zur Darstellung der folgenden Welle erforderliche Wassermenge hindurchdringen kann. Rechnung und Beobachtung ergibt, daß die regelmäßige Wellenbildung nur erfolgen kann, wenn die Wassertiefe nicht kleiner ist als die ganze Wellenhöhe. Ist die Tiefe kleiner, so wird das Durchflußprofil enger, also können die Wasserfäden, nachdem ein Wellenkamm vorübergegangen ist, nicht vollständig an ihre frühere Stelle zurückkehren. Der folgende Kamm findet daher nicht die Wassermasse vor sich, durch welche seine vordere Dossierung sich vollständig ausbilden könnte. Diese gestaltet sich also steiler als die hintere, und wenn ein solcher Unterschied auch schon in offener See infolge der Einwirkung des Windes in geringem Maße vorhanden zu sein scheint, so stellt er sich hier doch viel auffallender heraus. Die vordere Böschung nimmt nunmehr sogar eine lotrechte Richtung an und endlich tritt der Kopf der Welle noch darüber hervor und stürzt, indem ihm jede Unterstützung fehlt, herab.“

„Die Brandung wird aber noch durch einen anderen Umstand befördert. Der unvollständige Rücklauf des Wassers veranlaßt eine Anhäufung desselben vor dem

Ufer. Eine solche tritt in der That jedesmal bei heftigen Winden ein, die gegen das Ufer gerichtet sind. Man muß daher wohl annehmen, daß der Druck des Windes gegen die Wellen schon in weiter Entfernung vom Ufer den regelmäßigen Rücklauf der einzelnen Wasserfäden einigermaßen behindert. Jede Welle würde demnach vor dem Ufer den Wasserstand immer mehr erhöhen, aber hierdurch bildet sich sehr schnell ein Gegendruck, der das Gleichgewicht wieder herstellt. Das aufgetriebene Wasser strömt nach jeder Welle sehr heftig wieder zurück. Auf dem flachen Strande kann man dieses deutlich sehen, man bemerkt auch, daß diese Strömung den groben Sand und selbst kleine Steinchen mit sich fortreißt. Die nächste Welle unterbricht freilich auf dem sichtbaren Strande diese Strömung, doch setzt sich die letztere auch unter Wasser fort, und indem hier die Wellenbewegung (d. h. die orbitale!) geringer als an der Oberfläche ist, so wird der seewärts gerichtete Strom, der nahe über dem Grunde sich bildet, von den Wellen, denen er begegnet, weniger unterbrochen. Er führt alle Gegenstände, die wenig schwerer als das Wasser sind, also nicht fest auf dem Grunde liegen, der See zu. Diese Erscheinung wird von den Strandbewohnern der Ostsee der Sog (das Saugen) genannt, und veranlaßt vorzugsweise die Gefahr beim Baden während eines hohen Seeganges, indem die Füße immer stark seewärts gezogen werden. Diese untere Strömung übt aber auch auf die anrollenden Wellen eine auffallende Wirkung aus, indem sie die vordringenden Wasserfäden in ihren unteren Teilen zurückhält und dadurch den ganzen Kamm gegen das Ufer neigt und sein Ueberstürzen ·oder sein Branden befördert." Man wird dieser Auffassung des Brandungsprozesses, als durchweg den theoretischen und empirischen Anforderungen entsprechend, den Vorzug vor der gewöhnlich in den Handbüchern vertretenen geben müssen.

Hieraus ergibt sich auch, daß die Klippenbrandung etwas total von dieser Strandbrandung Verschiedenes ist. Ist der Wind nicht stark und nicht auflandig, so fehlt auch die Klippenbrandung an steilen Felsgestaden und

künstlichen Hafenbollwerken ganz, und alsdann können
Boote ungefährdet nahe an das Land herankommen.

„In den Vernehmungen, die auf Veranlassung des britischen
Parlaments in betreff des Hafens von Dover stattfanden, machte
der Kapitän J. Vetch sogar die Mitteilung, daß er beim Ausgehen
aus dem kleinen Hafen Scarnish auf der Insel Tiree (Westschott-
land) in einem leichten Fahrzeuge von 75 Tons durch einen
heftigen Wind gegen eine steile Felswand getrieben sei, die etwa
60° gegen den Horizont geneigt war, und daß das Fahrzeug sich
wiederholentlich nur hob und senkte, ohne den Felsen zu berühren, obwohl es keinen vollen Yard (also ca. 1,5 m) davon
entfernt war. — Bei derselben Gelegenheit erwähnte Airy, er
sei einst zur Zeit des Hochwassers und zwar bei starkem See-
gange aus dem Hafen Swansea (Südwales) gerudert, während neben
den steilen Köpfen der Hafendämme die Wassertiefe etwa 6 m
betrug. Wir fuhren, sagt er, an dem einen Kopfe so nahe vorbei,
daß wir ihn mit den Rudern berühren konnten, es fand hier aber
keine Brandung statt, und wir durften das Aufstoßen des Bootes
nicht fürchten, obwohl dasselbe sich meterhoch abwechselnd hob
und senkte. Kaum waren wir indessen etwa 200 Yards weiter
gekommen, als wir uns vor einer flachen Bank befanden, und
hier brandete die See so stark, daß sie zwei Mann über Bord
schlug und das Boot mit Wasser füllte. Derselbe erwähnt ferner,
er sei bei anderer Gelegenheit an einigen der aus tiefem Wasser
senkrecht aufsteigenden Felsen an der Ostseite des Kap Lizard
vorbeigerudert und habe auch hier gesehen, daß die Wellen nicht
brachen, aber auf den flach ansteigenden sandigen Ufern bei
Cadgwith sei gleichzeitig hohe Brandung gewesen. Ein aus-
gezeichneter Ingenieur habe ihm auch erzählt, wie sehr er über-
rascht worden, als er gesehen, daß vor den Klippen, die aus dem
tiefen Wasser in der Bai von Valentia sich erheben, die hohen
Wellen keine Brandung bemerken ließen." Aehnliche Beobachtungen machte Hagen, dem wir sie entlehnen, mehrfach, auch in
der Ostsee, sowie experimentell in seiner Wellenrinne, und knüpft
daran die für Wasserbauten am Seestrande wichtige Folgerung,
daß steile Wände für solche allein empfehlenswert sind, während
bekanntlich in Flußbetten nur sanfte Böschungen sich haltbar
erweisen.

Die Hauptstätten der eigentlichen Strandbrandung
werden also sanft abgeböschte Küsten oder mit einem
flachen Vorstrand versehene Steilgestade sein. So von
der ersteren Kategorie: die Dünenküsten der Landes am
Biscayagolf, der Badestrand von Sylt, die flache Ostküste
der Vereinigten Staaten, die Koromandelküste Vorderindiens
(namentlich bei Madras) und die Küste von Zululand

(East London); Teile der Guineaküste dagegen, sowie
viele Hochseeinseln liefern Beispiele zur zweiten Kategorie.
An der Guineaküste heißt die ständige Brandung **Kalema**
und ist ein höchst lästiges Hindernis für den Verkehr
zwischen Schiff und Land. Sie zeigt nach den Beobachtungen von Dr. Pechuël-Lösche an der Loangoküste in
ihrer Stärke eine jährliche Schwankung, indem sie in den
Monaten Juni bis September fast doppelt so stark auftritt, wie in den übrigen Monaten. Aus seinen sorgfältigen Beobachtungen über die Periode dieser brandenden Kalemawellen geht hervor, daß diese auf sehr langen
Wellen beruht, und aus der unten folgenden Reihe vom
21. September 1874 früh 8 Uhr ergibt sich eine mittlere
Periode von 15,1 Sekunden, mit den Extremen 6 und 24.
Durchschnittlich also hatten diese Kalemawellen, solange
sie noch in tiefem Wasser liefen, nach der Periode zu
schließen, die kolossale Länge von 350 m und die Geschwindigkeit von 45 bis 46 Seemeilen in der Stunde
oder 23,5 m in der Sekunde. Wellen von solcher Geschwindigkeit durchlaufen in 24 Stunden eine Strecke von
1100 Seemeilen, und brauchen also nur 2 bis 3 Tage alt
zu sein, wenn sie von dem Gebiet stürmischer Westwinde,
bei Tristan da Cunha etwa, bis an die Guineaküste sich
fortgepflanzt haben. Daß der an der ganzen Küste von
Niederguinea nur mäßig wehende Passat die Kalema nicht
veranlaßt, zeigt ein Blick in die nachstehende Liste der
Perioden (in Sekunden) und ein Vergleich mit S. 12 u. 43:

15, 16, 12, 14, 17, 17, 8, 11, 16, 19, 11, 15, 8, 18, 17,
17, 16, 14, 11, 14, 16, 19, 19, 13, 20, 18, 12, 18, 16, 11,
13, 16, 19, 16, 18, 17, 9, 13, 20, 18, 18, 12, 6, 14, 18,
12, 18, 20, 15, 18, 18, 14, 21, 12, 10, 13, 13, 24, 11, 14.

Dr. Pechuël gibt folgende schöne Schilderung der Kalema.
(Loango-Expedition, Abt. III, 1. Hälfte, S. 18 ff.)

„Eine schwere Kalema ist eine großartige Naturerscheinung,
namentlich bei vollkommener Windstille, wenn weder kleinere
kreuzende Wellen die andringenden Wogen brechen und beun-
ruhigen, noch das Spiegeln der Wasserfläche aufheben. Von einem
etwas erhöhten Standpunkt aus erscheint dem Beobachter das
glänzende Meer von breitgeschwungenen regelmäßigen Furchungen
durchzogen, welche durch Licht und Schatten markiert und un-
absehbar sich dehnend annähernd parallel mit der mittleren

Strandlinie angeordnet sind. Von den aus der Ferne nach-
drängenden ununterbrochen gefolgt, eilen die Undulationen in
mächtiger, aber ruhiger Bewegung heran und heben sich höher
und höher in dem allmählich flacher werdenden Wasser, um
endlich nahe am Strande in schönem Bogen überzufallen. Während
eines Augenblicks gleicht die Masse einem flüchtigen durchschei-
nenden Tunnel, im nächsten bricht sie mit gewaltigem Sturze
donnernd und prasselnd zusammen. Dabei werden wie bei Ex-
plosionen durch die im Innern eingepreßte Luft Springstrahlen
und blendende Wassergarben emporgetrieben, dann wälzt sich die
schäumende wirbelnde Flut am glatten Strande hinauf, um alsbald
wieder wuchtig zurückzurauschen, dem nächsten Roller entgegen.
— Einen besonderen Reiz gewinnt das Schauspiel, wenn heftige
Windstöße, etwa bei einem losbrechenden Gewitter, den Rollern
vom Lande entgegenwehen, ihre vordere ansteigende Hälfte treffend,
sie zu höherem Aufbäumen zwingen und ihre zerfetzenden Kämme
hinwegführen; jeder heranstürmende Wasserwall ist dann mit
einer sprühenden flatternden Mähne geschmückt. Von unver-
gleichlicher geheimnißvoller Schönheit ist der Anblick der Kalema
des Nachts, wenn das Wasser phosphoresziert, von blitzähnlichem
Leuchten durchzuckt wird, oder wenn das Licht des Vollmonds
eine zauberische, in höheren Breiten unbekannte Helligkeit über
dieselbe ergießt, und nicht minder des Abends, wenn die Farben-
glut eines prächtigen Sonnenuntergangs im wechselnden Spiel
von dem bewegten Elemente wiederglänzt. Das Getöse, welches
diese Art der Brandung hervorbringt, erinnert in einiger Entfernung sowohl an das Rollen des Donners, wie an das Dröhnen
und Prasseln eines vorüberrasenden Schnellzugs, durch seine Ge-
messenheit aber auch an das ferne Salvenfeuer schwerer Geschütze.
Dazwischen wird bald ein dumpfes Brausen, bald ein helles
Zischen und Schmettern hörbar, zuweilen endet das Toben plötzlich mit einem einzigen übermächtigen Schlage und es folgt eine
sekundenlange, fast erschreckende Stille: so ist es namentlich des
Nachts von hohem Reize, der mannigfach wechselnden Stimme,
dem großartigen Rhythmus der Kalema zu lauschen."

Die Inseln Ascension und St. Helena sind gleichfalls ihrer
kolossalen Brandung wegen berüchtigt, und zwar sind die „Roller"
in der Zeit vom Dezember bis April, also dem nördlichen Winter
am schlimmsten, während im Südwinter die an der Nordwestseite
der genannten Inseln liegenden Reeden gegen die Dünung gedeckt
sind. Nach den regelmäßigen Aufzeichnungen, welche von Amts
wegen auf St. Helena während der 20 Jahre von 1856 bis 1875
ausgeführt wurden, ergibt sich die genannte jährliche Periode
sehr deutlich; und sie fällt, wie Toynbee gezeigt hat, zusammen
mit der Frequenz nordwestlicher Dünung in der Aequatorialregion
(vgl. oben S. 80) und nordwestlicher Stürme im Nordatlantischen
Ozean nördlich von 25° N. Br. Geben wir der Maximalfrequenz
der Roller bezw. der Nordweststürme den Wert 100, so finden wir
in den 12 Monaten des Jahres folgende verhältnismäßigen Werte:

Monat:	Juli	Aug.	Sept.	Okt.	Nov.	Dez.	Jan.	Febr.	März	April	Mai	Juni
Roller . . .	3	2	1	7	25	43	62	100	40	9	1	5
NW-Stürme .	2	5	15	23	45	90	100	68	65	35	8	2

Um nun auch aus dem Indischen Ozean ein Beispiel bei-zubringen, sei auf eine Schilderung von A. R. Wallace hin-gewiesen (Der Malayische Archipel, Deutsch von A. B. Meyer, Bd. I, S. 216), welche dieser aufmerksame Beobachter aus der tiefen Lombokstraße gibt. „Die Bai oder Reede von Ampanam ist sehr groß, und da sie in dieser Jahreszeit vor den herrschenden Südostwinden geschützt lag, war sie so ruhig wie ein See. Der Strand von schwarzem vulkanischem Sand ist sehr tief(?) und jederzeit die Brandung heftig, welche während der Springfluten so bedeutend wird, daß es Booten oft unmöglich ist, zu landen und viele ernste Unglücksfälle vorkommen. Wo wir vor Anker lagen, etwa ¼ Meile vom Ufer, war nicht die leiseste Bewegung zu verspüren, aber als wir uns näherten, begannen die Schwan-kungen und wurden so rasch größer, daß die Wellen sich am Ufer in regelmäßigen Zwischenräumen mit einem donnerähnlichen Getöse überstürzten. Manchmal wächst die Brandung plötzlich während vollkommener Windstille zu solcher Stärke und Wut an, als ob ein Sturm wehte, zerschlägt alle Fahrzeuge, welche nicht hoch genug auf das Ufer hinaufgezogen sind und schwemmt unvorsichtige Eingeborene mit fort.‘ Wallace bezeichnet als die Ursache dieser Brandung richtig die Dünung der hohen süd-lichen Breiten im Indischen Ozean (der Uebersetzer Meyer sagt freilich nicht „Dünung“, sondern „Anschwellungen“, indem er *swell* bei Wallace nicht verstand). Ebensolche kolossale Brandung besteht an der Sumatraküste (Berghaus, Allg. Länder- und Völker-kunde I, 464).

Für den Pazifischen Ozean gibt ein Blick in Meinickes Inseln des Stillen Ozeans mannigfache Beispiele; so erzeugt eine hohe Dünung an der Südwestseite der Paumotu ständig eine sehr gefährliche Brandung (II, 202). Humboldt sah oftmals an der Küste von Peru, „was in diesem sonst so friedfertigen Teile der Südsee charakteristisch ist und von vielen Küstenbewohnern als Folge submariner vulkanischer Regungen betrachtet wird, daß bei dem heitersten Himmel und völliger Windstille ein ungemein hoher und hohler Wellenschlag plötzlich an der Granitküste zu branden begann“ (Humboldts Manuskript bei Berghaus a. a. O. I, 577 und Kosmos IV, 229): welches Phänomen wohl nicht durchaus die erwähnte Ursache haben dürfte, da die von Hum-boldt angegebene Wellenhöhe nur 3 bis 4 m beträgt, und überdies die Wellenperiode für seismische Stoßwellen so groß wird, daß man von einem „Wellenschlag“ wohl nicht gut mehr sprechen kann. — — —

Geschichtliches. Schon die Aristotelischen Probleme beschäftigen sich mit einer Erörterung darüber, warum die Welle in flachem Wasser eher bricht (ἐπιγελᾷ) als in tiefem (akad. Ausg. 934 a, 25). — Die Hin- und Herbewegung der Wasserteilchen am Strande beschreibt Strabo (I, p. 83 Cas.) sehr anschaulich. Ebenso weiß er, daß auch bei Windstille oder bei ablandigem Winde (ἐν ἀπογαίοις πνεύμασιν) die Wellen nicht aufhören auf den Strand aufzulaufen, also in letzterem Falle dem Winde entgegen. Den Brandungsvorgang selbst illustriert er nach seinem geliebten Homer (Il. 4, 425), welcher, wie ja immer, höchst naturgetreu das dem Brechen vorangehende Ueberwölben der Welle hervorhebt (cf. auch Odyssee 4, 525—535). Dagegen kennt Strabo nur den auflandigen Transport von Treibkörpern durch die Wellen (das ἐκκυμαίνεσθαι wie er es nennt, dagegen nicht den Sog der Tiefe, welch letzterer in der That an den schroffen Gestaden des Mittelmeeres nicht gerade auffällig in die Erscheinung treten dürfte. Die von Strabo bei dieser Gelegenheit erörterte Frage, weshalb die fluviatilen Sedimente schon unmittelbar an der Küste, nicht weit in See, abgeschieden werden, hat ja erst in unseren Tagen durch Brewers Untersuchungen ihre eigentliche Lösung erfahren.

Ueber die Kraftleistung der brandenden Wellen hat Thomas Stevenson eine Reihe Daten zusammengestellt (*Harbours* p. 37—60). Um den Horizontaldruck der

Fig. 11.

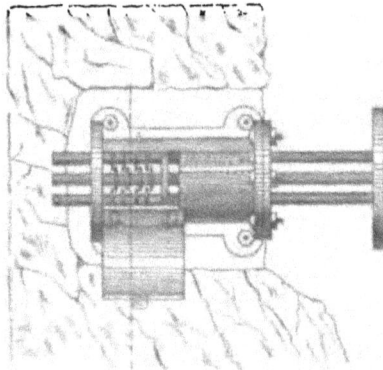

Wellen-Dynamometer nach Stevenson.

Wellen bequem zu bestimmen, konstruierte er ein Instrument, welches er *Wellen-Dynamometer* nannte und dessen Prinzip das der gewöhnlichen Federwage ist.

Eine runde Metallscheibe, welche mit 4 Führungsstäben bewegbar in einem hohlen cylindrischen Gefäß gehalten wird, ist dazu bestimmt, den horizontalen Stoß der Wellen aufzunehmen. Im Innern des Cylinders ist eine sehr kräftige Spiralfeder angebracht, welche in der Ruhelage die Metallscheibe um ein bestimmtes Stück von dem Cylinder entfernt hält. Um den Druck zu registrieren, streifte Stevenson im Innern des Behälters runde Lederringe eng über die Führungsstangen und schob sie nach dem hinteren Rande der Kammer. Der Apparat wurde alsdann, in einem geeigneten Einschnitt der Felswand oder sonst, bei Niedrigwasser mittelst metallener Halter festgeschraubt und die auf der Figur geöffnete Klappe geschlossen. Der nun bei Hochwasser auf die Platte wirkende Stoß der Wellen schob die Lederringe nach vorn an den Führungsstangen hinauf, und durch Versuche mit der hydraulischen Presse ließ sich leicht der Druck feststellen, welcher auf der Flächeneinheit jeder Ringlage entsprach.

Die mit diesem Instrument seit 1843 angestellten Versuche ergaben zunächst, was beinahe als selbstverständlich anzusehen ist, daß in den stürmischen Wintermonaten durchschnittlich der Wellendruck gut dreimal stärker ist als in den ruhigen Sommermonaten. Als Maximaldruck der Horizontalkraft der Wellen fand Stevenson bei dem Leuchtturm von Skerryvore (westlich von Schottland) am 29. März 1845 29,7 metr. Tonnen auf 1 qm Fläche; dagegen auf der Bellrockleuchte (östlich Schottland in der Nordsee) nur 14,7 Tonnen. Indes ergab sich bei Hafenbauten auch an der Nordseeküste Schottlands bei Dunbar in East Lothian der hohe Druck von 34,2 Tonnen auf 1 qm. Interessant und für die Abrasionskraft der Brandungswelle bedeutsam ist auch eine Reihe von Versuchen, bei denen Stevenson zwei seiner Kraftmesser bei Skerryvore so aufstellte, daß der eine wie gewöhnlich in der Hochwasserbrandung, der zweite dagegen 12 m mehr seewärts und etwas tiefer ("einige Fuß") als der andere angebracht wurde. Das Resultat war, daß der seewärts und tiefer exponierte Kraftmesser durchschnittlich nur halb so starke Druckwirkungen registriert hatte als der in der eigentlichen Brandung aufgestellte. Nach dem oben über die Zunahme der Orbitalgeschwindigkeit bei abnehmender Wassertiefe Gesagten ist dies leicht zu erklären (S. 87 f.). — Anschaulicher als diese nur dem Ingenieur recht verständlichen

Ziffern dürften folgende Beispiele sichtbarer Kraftleistung
der Wellen sein. Die östlichsten Felstrabanten der Shet-
landgruppe sind die Bound Skerries, nicht über 25 m hohe,
kahle Gneißklippen. In der Höhe von etwa 7 m über
dem Meer fanden Stevenson und der Geologe Murchison
u. a. einen Gneißblock von 7½ Tonnen Gewicht, der
kurz vorher bei einem Südsturm von seiner seewärts in
gleicher Höhe gelegenen Lagerstätte auf eine Entfernung
von 22 m über sehr rauhes und zerklüftetes Terrain durch
die über den Felsen brandenden Wellen gekantet worden
war, denn man konnte deutlich an den Beulen des Gesteins und zurückgelassenen Splittern und Trümmern den
Weg verfolgen, den er genommen. An einer anderen
Stelle ließ sich der Transport mehrerer Blöcke von 6 bis
13 Tonnen Gewicht in einem Niveau von 20 m über dem
Seespiegel nachweisen. Alles dies überragte aber die
Kraftleistung der Wellen an dem neuerbauten Wellen-
brecher in Wick (Schottland) bei einem durch die nördliche Nordsee tobenden Oststurm im Dezember 1872. Es
sei vorausgeschickt, daß die Wassertiefe der kleinen
Hafenbucht über 10 m, und gleich außerhalb derselben
über 30 m beträgt. Den Kopf des Wellenbrechers bil-
deten über dem Fundament zunächst drei große Beton-
klötze von je 80 bis 100 Tonnen Gewicht, über welche
ein kolossaler Monolith von gleicher Masse *in situ* ge-
gossen und durch mächtige eiserne Anker mit jenen drei
Fundamentklötzen verbunden wurde. Der Monolith hatte
die Dimensionen 8 zu 13,7 m bei 3,3 m Dicke und repräsentierte ein Gewicht von mehr als 800 Tonnen. So
unglaublich es klingt, so war doch der Ingenieur M'Donald
Augenzeuge davon, wie die Wogen durch successive Stöße
den Monolithen samt seinen drei Fundamentsteinen von
seiner Basis herabdrehten und auf die Innenseite des
Dammes in den Hafen warfen. Nach mehreren Tagen
angestellte Tauchversuche zeigten, daß der Monolith noch
fest mit seinen drei Fundamentsteinen verbunden im Hafen
lag: die See hatte also an jenem Dezembertage nach
Stevensons Berechnung ein Gewicht von 1350 Tonnen
etwa 10 bis 15 m weit von der Stelle bewegt. —

Die mechanische Wirkung der Brandungswellen auf die Morphologie der Meeresküsten ist örtlich eine verschiedene und zwar richtet sie sich

1) nach der Höhe der Wellen, welche die Stärke der Brandung bedingt, wobei es namentlich auf die Zugänglichkeit für Dünung und Grundseen, sowie auf die Kraft der Stürme und den diesen dargebotenen Seeraum ankommt;

2) nach der Ausdehnung der der Brandungswelle zugänglichen Angriffszone, die wieder von dem Ausmaß des Flutwechsels oder sonstigen Aenderungen des Wasserstandes abhängt;

3) nach der Beschaffenheit, namentlich Lagerung und Festigkeit des den Strand bildenden Materials.

F. v. Richthofen (China Bd. II, S. 766 f. und Führer für Forschungsreisende § 153 ff.) hat diesen Effekt der Brandungswelle in ihrer ganzen Bedeutsamkeit für die Morphologie der Erdoberfläche zuerst gewürdigt, namentlich indem er auf die abtragende Thätigkeit der Brandung an solchen Küsten hinwies, welche einer Senkung ins Wasser oder, modern gesprochen, einer positiven Niveauänderung, noch deutlicher, einem Vordringen des Meeres in das Land unterliegen: ein Prozeß, der von ihm als „Abrasion" bezeichnet wird.

Unter den oben genannten drei Bedingungen, von denen die Formen des Seegestades abhängig sind, ist vielleicht die dritte die hauptsächlichste: weiche Gesteine, wie Sand und Kies des Diluviums oder Alluviums, oder Thon, Moor, auch Kreidegestein, verhalten sich *ceteris paribus* der Brandungswelle gegenüber ganz anders als harte Felsküsten. Wir betrachten daher den Abrasionseffekt zunächst an den ersteren, an den weichen Küsten.

Auch hier sind wieder die umsichtigen Beobachtungen Hagens an den deutschen Küsten und seine Experimente in der Wellenrinne maßgebend; daneben kommen noch die Versuche von de Caligny und Bertin in Betracht. Knüpfen wir zunächst an die Experimente an.

Sand und Kies kann in der Natur ohne Unterstützung durch ein künstliches Gerüst nur in ziemlich

flachen Böschungen vorkommen. Hagen bildete in seiner
Wellenrinne eine Böschung von gewaschenem Seesand im
Winkel von 16 $^2/_3$ ⁰ oder im Verhältnis von 3 zu 10, was
eine relativ steile Dossierung genannt werden kann. Der
Wasserstand der Wellenrinne maß 5,85 cm. Nachdem
1200 Wellen gegen den Abhang gelaufen waren, hatte
dieser die auf der Abbildung Fig. 12 wiedergegebene Gestalt angenommen, und die dabei beobachteten Veränderungen waren folgende.

Fig. 12.

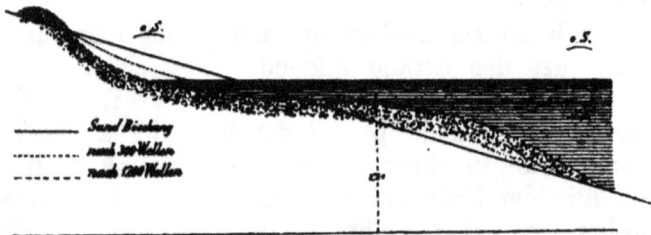

Zunächst blieb der untere Teil der Dossierung bis
in etwa 1,3 cm Höhe vom Boden ganz unversehrt, es erfolgte dort weder Abbruch noch Ablagerung von Sand.
Weiter hinauf bemerkte man eine Zone ausschließlicher
Ablagerung, mit Böschungen von 1 : 2 (= 26 bis 27 ⁰),
bisweilen noch steilere. Alsdann folgte eine breite, ziemlich ebene Fläche mit der gelinden Böschung von etwa
1 : 10 oder 5 bis 6 ⁰. Der untere Teil dieser Fläche war
aufgeschüttet, der obere abgetragen. Noch höher hinauf
wurde die Dossierung wieder steiler, und zuoberst, nur
noch von den höchsten Wellen erreicht, bemerkte man
einen von diesen aufgeworfenen Wall, im Querschnitt von
etwa 2,5 cm Breite und 0,5 cm Höhe. Dieser Rücken
war also durch den Stoß der Wellen auf die ursprüngliche Böschung hinaufgeschleudert worden. Die Figur
deutet die Höhe der Wellen mit ihren oberen Scheiteln
(o. S.) und unteren Scheiteln (u. S.) zur vollständigeren
Uebersicht gleichfalls an.

Die beiden folgenden Figuren zeigen die Aenderungen an Kiesböschungen. Das dazu verwendete Material hatte eine Korngröße von ca. 2 mm, konnte also in erheblich steileren Böschungen verharren. Die ursprüngliche Anlage gab einen Winkel von 26°. Die Wassertiefe in Fig. 13 war 5,3, in Fig. 14 nur 3,1 cm, dementsprechend auch die Wellenhöhen und -Geschwindigkeiten geringer.

Fig. 13.

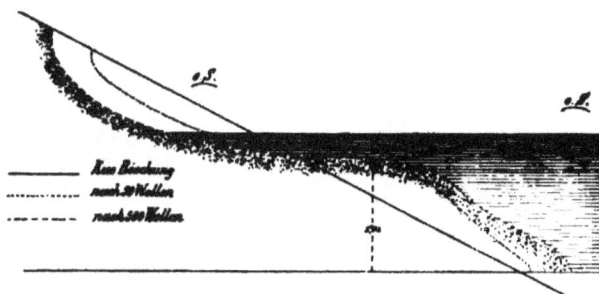

Beidemal dossieren sich die Kiesabhänge viel steiler (stellenweise bis und über 45°), als beim Seesand; die

Fig. 14.

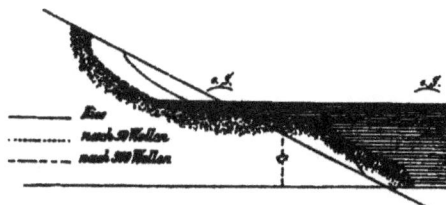

ebeneren Flächen im mittleren Wasserstand fehlen nicht und haben in Fig. 13 einen Neigungswinkel von 5 bis 6°, wie beim Seesand, in Fig. 14 gar nur 4°. „Sehr auffallend ist der Unterschied in der Breite dieser Ebenen, und ohne Zweifel rührt dieser von der verschiedenen Geschwindigkeit der Wellen her. Letztere verhalten sich nach der Theorie wie die Quadratwurzeln der Wassertiefen, und in diesem Verhältnis stehen auch ungefähr

die Breiten jener Ebenen zu einander. Die Abbrüche im
obersten Teil der Böschungen waren sehr steil dossiert
und oft hing der äußerste Rand frei über; er befand sich
aber stets in solcher Höhe, daß er von den Wellen gar
nicht erreicht wurde" (Hagen, Wasserbau III, 1, 92).

Die beiden folgenden Figuren 15 und 16 geben die
Befunde von Caligny und Bertin in ihrer sehr viel größeren Wellenrinne (*Mém. Soc. Cherbourg*, XXII, 1879, p. 183,

Fig. 15.

§ 56). Die letztere hatte 30 m Länge bei 0,45 m Höhe
und Breite; der Wasserstand war 31 cm im ersten Falle,
wo man es mit einer einfachen, aus Seesand hergestellten

Fig. 16.

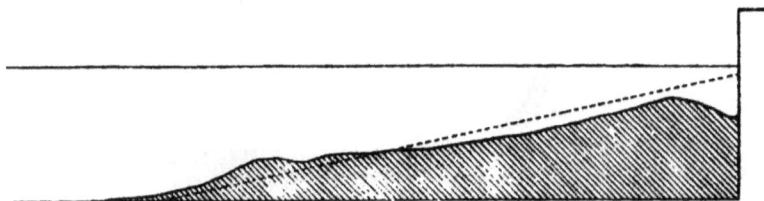

Böschung zu thun hatte; dagegen im zweiten Falle, wo
die Sanddossierung sich unter Wasser an eine feste Wand
stützte, 35 cm. Die Figuren zeigen das Profil der
Böschungen, nachdem 5 Stunden lang Wellen von 12 cm
Höhe (im freien Wasser gemessen) und einer Periode von
1 Sekunde den Strand umgeformt hatten. Die ursprüngliche Böschung war 1 zu 5 oder 11°. Hier ist die Umlagerung eine viel ergiebigere als bei Hagen, und das
Profil erheblich verwickelter. Uebereinstimmend bemerkt

man aber in der Nähe der Wasserlinie die starke Abtragung, die etwas unterhalb eine kräftige Aufschüttung
mit sehr steiler Außendossierung hervorrief. Ganz unterhöhlt ist im ersten Falle das Sandufer über der Wasserlinie, ein Wall ist nicht aufgeworfen. Im zweiten Falle
sind die Dislokationen auffallend wenig ergiebig: an der
festen Wand findet sich eine Unterhöhlung, erzeugt durch
das Ausweichen der gegen die Wand anprallenden Wasserteilchen nach oben und unten, hier durch Wirbelbildung
erodierend.

Die bei dieser Umlagerung durch die Brandungswelle
sich vollziehenden Prozesse im einzelnen hat wieder Hagen
am klarsten geschildert. Lief die Welle an der frischen
Böschung hinauf, so folgten ihr große Sandmassen; aber
beim Rückfließen (der neuen Welle entgegen) wurden sie
wieder zurückgeschwemmt und gelangten, samt den oberhalb des mittleren Niveaus frisch abgerissenen Körnchen,
unterhalb ihrer ursprünglichen Lage zur Ablagerung.
Anfangs ging dieser Transport durch den „Sog" sehr
schnell vor sich und die ebenere Stufe des Profils trat
sehr früh auf; ihre weitere Ausdehnung erfolgte in immer
geringerem Maße, je länger die Wellen thätig waren, um
endlich überhaupt fast stationär zu verharren. Das letztere
war indes nur scheinbar, insofern jeder anrückende Wellenkamm die Sandkörnchen vor sich her, jedes Wellenthal
sie wieder zurückschwemmte. Diese Bewegung fand aber
dort ihre Grenze, wo der Rückfluß der neuen Welle begegnete: hier erfolgte dann die Ablagerung, welche den
Sand anfänglich so steil aufhäufte, daß die Böschung
nachgab und nach außen abbrach, schließlich aber die in
Fig. 12 bis 14 angegebene Form annahm. Die Sandkörnchen waren an ihr entlang auch weiterhin in stetigem
Hin- und Herschieben begriffen, ohne indes von einer
mittleren Lage merklich, weder nach vorn noch nach
hinten, abzuweichen.

Ein Auswerfen des Sandes oberhalb der Strandhöhlung
erzeugte Hagen immer nur bei sehr flacher Anfangs-
böschung. Der Sand, der sich hier zu einem Walle an-
häufte, war von tieferen Stellen der Dossierung abge-

brochen, also durch die Wellen dahin gehoben worden.
Sowie die Strandhöhlung sich steil ausbildete, fehlte dieser
äußerste Wall. Diese oberste Dossierung mußte also
„sehr flach bleiben, damit die Wellenscheitel noch darüber
fortliefen und den gelösten Sand hinauftrieben. Indem
nun aber dieser Teil der Böschung sich schon bedeutend
über dem mittleren Stande des Wassers befand und nur
eine geringe Wassermasse hier auflief, so versank letztere
sogleich in dem Sande und veranlaßte deshalb über der
Böschung keine Rückströmung, wodurch die Körnchen
wieder zurückgetrieben wären. Dieselbe Erscheinung bemerkt man als Ursache solcher Wallbildung am Seestrande
bei jeder Wellenbewegung".

„Eine wichtige Erscheinung," fährt Hagen fort, „die
sich in der Natur sehr häufig wiederholt und bei flacher
Ansteigung des Grundes vielleicht jedesmal vorkommt,
gab sich bei jenen Versuchen gar nicht zu erkennen.
Sie besteht darin, daß seewärts vor dem eigentlichen
Strande mehrere erhöhte Rücken in gewissen Abständen
sich erheben, deren Höhe zunächst dem Ufer am größten
ist, die aber weiterhin niedriger werden und bei zunehmender Tiefe kaum noch zu bemerken sind. Man
nennt sie an den deutschen Küsten ‚Riffe', und gewöhnlich nimmt man an, daß immer drei derselben in paral-
leler Richtung sich vor dem Ufer hinziehen. Ihre Zahl
ist indes keineswegs konstant, und oft kann man bei
sorgfältiger Peilung vier oder fünf derselben wahrnehmen,
doch liegen die äußeren schon tief und erheben sich so
wenig über den Grund, daß sie nicht leicht zu bemerken
sind. Diese ‚Riffe' sind es vorzugsweise, welche die
Annäherung selbst von kleineren Fahrzeugen an das Ufer
verhindern, indem diese, dem vollen Wellenschlage ausgesetzt, auf die Riffe festfahren." Sehr typisch sind diese
Riffe am Badestrand von Sylt ausgebildet, wie überhaupt
entlang der ganzen „eisernen Küste" der cimbrischen
Halbinsel. Man geht wohl nicht irre, wenn man die in
Fig. 15 nach Bertin dargestellten zwei flachen Rücken
für experimentell erzeugte „Riffe" hält. Sie entstehen,
wie Hagen richtig erklärt, bei kräftigem Seegang an den-

jenigen Stellen, wo die Wellen aus der See mit den rück-
laufenden Wellen oder mit dem verstärkten Rückstrome,
den jede derselben veranlaßt, sich begegnen. Dort werden die Sandmassen zum Niederschlag gelangen. In ähnlicher Weise mögen die „Riffe" entstanden sein, welche
der englische Ingenieur Palmer vom Strande bei Folkestone beschreibt und abbildet (*Philos. Trans.* 1834, Taf. 27).
Uebrigens bleiben diese Riffe erfahrungsgemäß stets unter
dem mittleren Wasserstande und beweisen dadurch, daß
die Wellen noch in beträchtlichem Abstande vom Ufer
und in erheblicher Tiefe den Seesand landwärts forttragen. Bei Stürmen wird dieser dann in dem höchsten
Strandsaume wallartig, wie wir sahen, zusammengehäuft
und, nach Abfluß der bei auflandigen Winden sich ein-
stellenden Niveauanstauung, dann ein Spiel des Seewinds,
der sie den Dünen zuführt.

„Es dürfte keine gewagte Voraussetzung sein," meint Hagen
weiter, „daß der Sand, der von der seewärts gerichteten Strömung
herabgeführt wird, nicht über diejenige Grenze hinaustritt, wo die
Wellen ihn wieder in Bewegung setzen und ihn daher möglicherweise auch wieder nach dem Ufer zurückführen können." Nach
Lapparent muß ein Strom mehr als 0,20 m (nach Lyell 0,15;
nach Hunt nur 0,10 m) in der Sekunde stark sein, um noch
feinen Seesand zu transportieren. Es ist ja unzweifelhaft, daß
in gewissem, örtlich verschiedenem Abstande vom Strande die
Ausschläge der Wasserfäden unter der Welle nicht mehr eine
solche Geschwindigkeit erreichen. „Daß es eine gewisse Grenze
gibt, welche der Sand nicht überschreitet, habe ich sehr auffallend vor der Insel Wangeroog gesehen, als ich zur Zeit einer
Springflut während der Ebbe dem zurücktretenden Wasser folgte
und plötzlich die Sanddecke aufhören sah und den festen Klai-
und Marschboden betrat, der ganz frei von Sand war. Hiermit
hängt auch die Erscheinung zusammen, daß vor Pillau, wo die
Ufer teils hoch mit Sand bedeckt sind, teils ganz aus Sandablagerungen bestehen, und wo auch das tiefe Fahrwasser über
dem Sande sich hinzieht, dennoch der Grund der Reede nur
zäher Thon und ganz frei von Sand ist. Man kann dieses sehr
deutlich wahrnehmen, wenn man den Boden untersucht, welcher
an den gehobenen Ankern haftet." Wenn man nun darnach die
Frage aufwerfen wollte, wo denn der vom stetig abbrechenden
Sandufer losgelöste Sand bleibt, wenn ihm seewärts eine bestimmte Maximaltiefe des Transports gesetzt ist, so darf schon
bei dieser Gelegenheit sowohl auf die später zu behandelnden
Funktionen des Küstenstroms hingewiesen sein, der allem Detritus

der Strandzone eine seitliche Verfrachtung sichert, wie auch auf
die am Schlusse dieses Abschnittes näher zu berührende mole-
kulare Eigenschaft des salzhaltigen Seewassers, alle in ihm schwebenden Sinkstoffe möglichst schnell (sehr viel schneller als Süßwasser) zum Niederschlag zu bringen.

Sind Sandküsten einer Gezeitenbewegung ausgesetzt,
so wird sich an ihnen ein sanfteres Profil entwickeln oder
der unter der Wasserlinie gelegene ebene Vorstrand wird
eine beträchtliche Ausdehnung gewinnen. Alsdann können
stürmische auflandige Winde an sonst geeigneten und
nicht dem Küstenstrom exponierten Stellen mächtige Sand-
wälle zur Dünenbildung aufwerfen. Alle Vorsprünge der
Küste aber werden abgetragen und das abgebrochene
Material durch den Küstenstrom seitlich davon geführt.
Man sieht, daß solche Sand- und Kiesküsten schließlich
durch die formende Kraft der Wellen einen ganz geradlinigen Verlauf als einen gewissen stationären Zustand
anstreben. In der Nordsee zeigen die Dünen der holländisch-friesisch-jütischen Küste dieses Stadium. Ebenso
die Küste von Oberguinea, wo ein Sandgestade vorhanden
ist. In der Ostsee fehlt zwar die auf den Gezeiten beruhende periodische Niveauschwankung der Wasserlinie,
aber die, wenn auch unperiodische, Wirkung des Wind-
drucks ersetzt sie vollkommen. Im offeneren Teile der
Ostsee, östlich von Rügen, sehen wir daher den diluvialen
Strand ebenfalls mit geradliniger Kontur ausgebildet.

Anders verhält sich die Strandumformung, wenn das
anstehende Ufer aus Thon, Lehm oder aus Moor oder
sonstiger vegetabilischer Erde besteht. Konstruieren wir
die Vorgänge deduktiv, ausgehend von einem steilen Ufer.
Die hier vorhandene Klippenbrandung wird durch den in
der Wasserlinie am stärksten wirkenden Horizontaldruck
die Wand abspülen, und zwar, da Thon, Lehm, Moor und
Humuserde im Wasser leicht löslich ist, eine Hohlkehle
in der Wasserlinie auswaschen. Beistehendes Profil (Fig. 17),
von Stevenson an dem Thonufer von Cardiff am Bristol-
kanal aufgenommen, zeigt diese Aushöhlung solcher Gestade, wenn eine starke Gezeitenbewegung dazu kommt.
Da die Orbitalbahnen der Welle gerade an der Oberfläche
das größte Ausmaß besitzen, wird bei Hochwasser diese

Ausspülung der Thonwände am ergiebigsten sein. Man sieht nun leicht ein, daß bei weiterem Fortschreiten dieser Hohlkehle sich eine sanftere Dossierung unter der Wasserlinie einstellt, die dann statt der gelegentlichen Klippenbrandung eine ständige Strandbrandung ermöglicht. Eine Ablagerung des ausgewaschenen Materials wird bei Thon aber ganz fehlen. Die feinen Teilchen, aus denen dieser besteht, werden bei der starken Wellenbewegung schwebend erhalten, so daß eine Dossierung vor der Wand sich nicht einstellt. Da aber die Thonteilchen doch immerhin schwerer sind als Wasser, so werden sie langsam an den

Fig. 17.

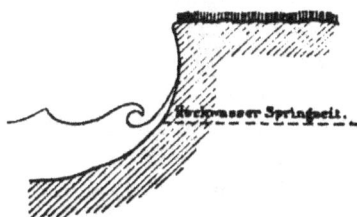

Grund sinken, hier aber führt der rücklaufende Strom sie seewärts davon. Lehmufer und Kreidegestade liefern in ihren Sand- oder Feuersteineinschlüssen einigen Stoff zur Ausbildung eines Vorstrandes: an diesen kommt es alsdann zu Profilen, wie sie von Bertin und Caligny oben in Fig. 16 experimentell dargestellt wurden. An der steilen Grenzwand selbst entwickelt sich dann eine Hohlkehle, welche zeitweilig das Ufer so unterwäscht, daß es abbricht. Diese Form der Gestadebildung findet sich an der holsteinischen und samländischen Küste der Ostsee, wo Lehmufer anstehen; ferner an allen Kreideküsten, so in Rügen, Möen, zu beiden Seiten des britischen Kanals und anderswo. — Homogene Thonufer sind seltén, und sie sind, selbst wenn der Thon sehr fest ist, nur dadurch vor schnell vorschreitendem Abbruch bezw. Abspülung und Auflösung zu bewahren, daß man eine sehr solide künstliche Uferdeckung davor ausführt oder große Sandmassen an ihr entlang zur Ablagerung bringt, welche dann den

Wellen gestatten, einen sandigen Vorstrand zu bilden. —
Finden die Wellen am Gestade eine Wechsellagerung von
Thon- und Sandschichten vor, so schreitet der Abbruch
besonders rapide vorwärts, zumal wenn die Schichten
gegen die See einfallen, weil alles Quellwasser alsdann
über den Thonlagern sich ansammelt und die Haltbarkeit
des abbrechenden Ufers vermindert.

Die Abrasionsprozesse am harten Felsgestade hat
Richthofen höchst anschaulich dargestellt.

„Wenn die Brandungswelle," sagt er, „gegen Felsen
anprallt, so wird das Wasser mit großer Gewalt in seine
Spalten gepreßt und drückt auf deren Wände fast mit
dem Druck der ganzen Welle. Dabei wird die in ihnen
enthaltene Luft komprimiert und bei dem gewaltsamen
Zurückweichen des vom Druck befreiten Wassers nach-
gesogen. Durch diese in beständigem Rhythmus sich
wiederholenden mechanischen Effekte wird das gelockerte
Gesteinsmaterial, besonders aus Klüften, weggenommen
und der Zusammenhalt der Felsmassen gelockert. Inwie-
weit Ozonbildung hierbei mitwirkt, ist nicht bekannt.
Pflanzen und Meerestiere befördern die Zersetzung und
Lockerung des Gesteins, üben aber gleichzeitig einen
Schutz aus. Dies gilt besonders von den langen Tangen,
welche die Kraft der Wogen herabmindern, von dünneren
Pflanzenüberzügen, welche das Gestein glatt und schlüpfrig
machen, von den Kolonien von Austern und besonders
Balanen, endlich von allen kalkigen Krustenbildungen.
Exaktere Untersuchungen über diese primären Vorgänge
wären erwünscht."

An gezeitenlosen Küsten erfolgt alsdann längs der
ganzen Wasserlinie die Ausbildung einer ebensolchen
rinnenförmigen Hohlkehle, wie wir sie eben an Thon-
und Kreideufern schilderten. Stevenson gibt beistehende
sehr instruktive Aufnahme einer solchen, wie er sie im
Jahre 1864 am Strande der Riviera zwischen Mentone und
Ventimiglia untersuchte (s. Fig. 18). Sie zeigte ihm „die
Ausmeißelung des soliden Felsgesteins im Verlaufe un-
gezählter Jahrhunderte" und verdeutlichte ihm „zugleich
die plötzliche Abnahme der Wellenkraft, welche bekannt-

lich unmittelbar unter der Wasserlinie Platz greift"
(*Harbours* p. 113). Die Figur gibt den Betrag der
Unterhöhlung zu $4\frac{1}{2}$ *feet* = 1,5 m an.

Fig. 18.

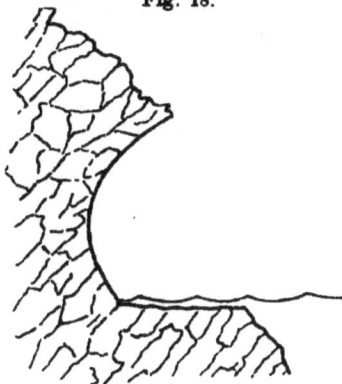

„An Küsten mit Gezeiten," fährt Richthofen fort,
„wandert das Angriffsniveau nach aufwärts und abwärts,
die Angriffsfläche wird ausgedehnter. Die Zerstörung
sollte zwar infolgedessen in jedem einzelnen Theilniveau
geringer sein, doch trifft dies in der Regel nicht zu, weil
die Meere mit Gezeiten weit größere Wellen haben als die
tidenlosen, und die vordringende Flut deren Kraft verstärkt." Auch die Sturmfluten sind hier speziell hervorzuheben, welche an einem Tage stärkere Verheerungen
anzurichten imstande sind, als jahrelange Einwirkung der
Wellen samt der Dünung und der Grundseen.

Die unterhöhlte Felswand verliert endlich ihre Unterstützung und bricht stückweise ab. Die am Boden der
Hohlkehle niedergestürzten Felsteile werden von der Welle
hin und her geworfen, bei Stürmen sogar gegen die Felswand geschleudert, kurz in nicht sehr langer Zeit zer-
kleinert, jedenfalls aber durch den rückfließenden Unterstrom der Welle seewärts entführt. Und zwar lagert sich
das gröbere Material immer in höherem Niveau als das
feinere, weil ja die Orbitalgeschwindigkeit der Wellen
nach der Tiefe hin schnell abnimmt und von ihr die

Transportkraft abhängt. Man sieht, wie bei fortschreitender Unterhöhlung nicht nur im anstehenden Gestein eine sanfte Dossierung ausgewaschen wird, sondern am Fuße der Felswand selbst eine Aufschüttung von gröberem und feinerem Detritus sich einstellt. Die erstere ist auf beistehender Figur ersichtlich: *a b c d* ist die ursprüngliche, in dem oberen Teil *a b* bereits erheblich veränderte Gestalt, und *o c* ist der sanft dossierte „Brandungsstrand"; *N* und *H* sind die Wasserlinien bei Niedrig- und Hochwasser.

Fig. 19.

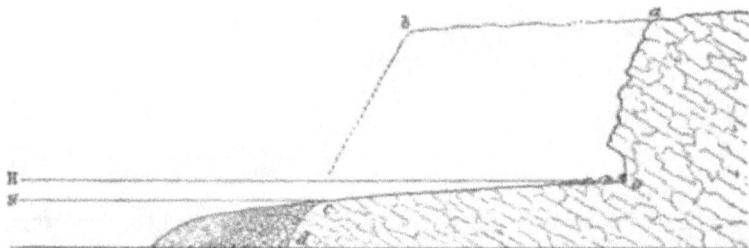

Je weiter dieser Prozeß vorschreitet, die Felsterrasse landeinwärts sich ausdehnt, der Detritus sich seewärts aufschüttet, desto ähnlicher wird schließlich das ganze Strandprofil dem für Kreide- und Lehmufer beschriebenen. Dabei ist zu bedenken, daß die aus der Tiefsee auflaufenden Brandungswellen immer höher werden, je mehr die Umgestaltung des ursprünglichen Steilufers in einen sanft abgeböschten Kies- und Sandstrand übergeht. Endlich aber wird die Böschung so sanft werden, daß die gewöhnlichen hohen Wellen auf dem aufgeschütteten Vorstrande schon brechen und sich dann an der sanften Strandböschung totlaufen, so daß dann nur noch bei Sturmfluten ein frischer Abbruch am weit landeinwärts zurückliegenden Felsgestade möglich ist.

Für die Formen der Brandungserosion im einzelnen, namentlich der Corrosion oder Ausschleifung der Unterlage durch den Detritus, gibt Richthofens „Führer" S. 339 detaillierten Bescheid. Auch auf die Bedeutsamkeit, welche das Fehlen oder Vorkommen von Eis am Strande auf den Materialtransport haben muß, ist

daselbst andeutend hingewiesen. Ausführlich sind die Abbruchformen in ihrer Abhängigkeit von der Lagerung des Gesteins behandelt. Horizontale Lagerung, besonders verbunden mit Härtewechsel der Schichten, gibt eine Tendenz zur Stufenbildung in
der Brandungsfläche. Seewärts einfallende Schichten von hartem
Gestein geben der Abrasion ungünstige Bedingungen, landwärts
einfallende, besonders aber steile Schichtenstellung dabei, erleichtern die Abrasion. Andrerseits erschweren dem Strande parallel
streichende Schichten die Abtragung, senkrecht auf den Strand
auslaufende begünstigen sie, zumal wenn auch hier ein Härtewechsel der auslaufenden Schichtenköpfe vorhanden ist. Im letzteren Falle zeigt die Küste eine gezackte, buchtenreiche Kontur,
im ersteren verläuft sie fast geradlinig.

Von besonderer Bedeutung wird die Abrasion bei
positiver Niveauverschiebung des Meeres, bei Senkung
des Landes. Richthofen (Führer § 161) ist der Ueberzeugung, daß dieses Agens in vergangenen Zeitaltern der
Erdgeschichte wahrscheinlich gewaltigere Aenderungen
hervorgebracht hat, als irgend eine andere von außen auf
den Planeten wirkende Kraft, und er zeigt, wie die
Brandungswelle über große, allmählich ins Meer sinkende
Festlandflächen hinwegschreiten kann, alle Unebenheiten,
auch die größten der Gebirge, abtragend und den Detritus
in die Tiefsee entführend. In der Gegenwart und der
jüngsten geologischen Vergangenheit sind ausgiebige Strandverschiebungen, welche die Effekte der Abrasion frisch
entstanden dem Beschauer vor Augen führen, nicht leicht
nachweisbar (vgl. jedoch Th. Fischers Untersuchungen
der Küste westlich von Algier in Petermanns Mitteil.
1886, S. 1). Auch darf an diesem Orte, so interessant
diese Vorgänge sind, wohl nicht näher darauf eingegangen
werden. Auch einen anderen, den Meeresboden im Strandgebiet beeinflussenden Effekt der Wellenthätigkeit hat
Richthofen (Führer § 86) neuerdings beleuchtet, nämlich die Entstehung der sogen. Barren an Strommündungen aller Art. Hier wirkt bekanntlich die landwärts
gerichtete Bewegung der Wasserfäden in der Welle dem
seewärts gerichteten Ausstrom des Flußwassers (oder des
hinter Inseln durch die Flut angehäuften Stauwassers)
entgegen und bringt die vom Strome mitgeführten Sedi-

mente zu Falle. Dieser mechanische Effekt wird aber
auf das wirksamste unterstützt durch einen molekularen
Prozeß von dunkler Ursache, welchen Professor William
Brewer (in den *Memoirs of the National Academy of
Sciences,* vol. II, Washington 1884, p. 165 f.) kürzlich
beschrieben hat. Durch eine Reihe von lange Jahre hindurch fortgesetzten Versuchen bewies er unwiderleglich,
daß fein verteilte Sinkstoffe (namentlich thonige) in Seewasser rapide schnell zum Niederschlag gelangen, während in Frischwasser sie sehr lange sich suspendiert erhalten. (Versuche, welche der Verfasser in dem chemi-
schen Laboratorium der Universität Kiel hat vornehmen
lassen, ergaben eine volle Bestätigung dieser höchst
wichtigen Entdeckung Brewers.) Sobald also das sedi-
mentführende Flußwasser mit der Salzflut sich mischt,
gelangen alle suspendierten Teilchen sehr schnell zum
Niederschlag; wie überhaupt auch aller durch Stürme
und Grundseen oder heftige Gezeitenströme aufgerührte
Bodenschlamm im Meere sich infolgedessen schnell wieder
absetzt, so dem Seewasser seine eigenartige, angeborene
Klarheit schnell wiedergebend.

VII. Seebeben- oder Stofswellen.

Außer den bisher behandelten, auf Windwirkung beruhenden Wellen kommen noch gelegentlich Undulations-
erscheinungen im Ozean vor, welche auf Erschütterungen
des Meeresbodens oder der Küsten beruhen. Diese Wellen
zeichnen sich durch ihre sehr große Wellenlänge, Periode
und Schnelligkeit der Fortpflanzung aus, während die
Wellenhöhe im Vergleich zu den übrigen Dimensionen sehr
klein genannt werden muß und nur an den Küsten selbst
gelegentlich Größen erreicht, welche die höchsten Höhen
der Sturmwellen im offenen Ozean um das zwei- bis dreifache übertreffen. In der Nähe des Schütterungsherdes
solcher Seebeben besitzen die dadurch erzeugten Stoßwellen bedeutende zerstörende Kraft, und schon aus dem
Altertum, das den Meeresgott zugleich als Erderschütterer

ansah, sind uns einige Beispiele solcher Katastrophen übermittelt.

„Man dachte sich," sagt Preller (Griech. Mythol. [3], I, 469) „die Erde auf dem Meere ruhend und von diesem getragen," eine Vorstellung, welche der insularen Natur Griechenlands sehr wohl entfließen konnte. Daher Poseidon der Gott, der die Erde trägt (γαιήοχος), aber sie auch bis auf den Grund erschüttert (ἐννοσίγαιος, σεισίχθων, πετραῖος).

K. E. von Hoff (Natürl. Veränd. der Erdoberfl. IV, 1, Chronik der Erdbeben, Gotha 1840) hat eine Reihe von Angaben alter Schriftsteller über diese seismischen Erscheinungen des Mittelmeeres gesammelt. Die interessantesten sind folgende zwei, weil sie wichtige Einzelheiten enthalten.

Im sechsten Jahre des peloponnesischen Krieges (425 a. Chr.), erzählt Thucydides (III, 89), wurden die Peloponnesier durch das Auftreten gewaltiger Erdbeben in ganz Griechenland von der Wiederholung der gewohnten Invasion Attikas zurückgehalten. Während die Erdstöße fortdauerten, überschwemmte die See einen Teil der Stadt Orobia (auf Euböa an der Straße von Talanti), nachdem sie sich von dem damaligen Lande zurückgezogen und eine Woge gebildet hatte; einen Teil hielt dann das Meer unter Wasser, den anderen ließ es frei, so daß jetzt Meer ist, wo früher Land war. Auch viele Menschen kamen um, soweit sie nicht rechtzeitig auf höheres Land flüchten konnten. Auf der Insel Atalante (beim Opuntischen Lokris) erfolgte eine ähnliche Ueberschwemmung, welche die dortigen Befestigungen der Athener zerstörte und von zwei aufs Land gezogenen Schiffen eines hinwegspülte. Auch auf der Insel Peparethos (heute Skopelos, nördlich Euböa) wurde ein „Zurückweichen der Welle" beobachtet, „aber kein Ueberfluten", während ein Erdstoß einen Teil der Stadtmauer, sowie das Rathaus und ein paar andere Gebäude umwarf. Den Grund für alles dies sieht Thucydides darin, daß, wo der Erdstoß am heftigsten erfolgte, er dort das Meer zurückdrängen und beim plötzlichen Zurückwogen des letzteren die Ueberflutung nur um so gewaltsamer machen mußte. Ohne Erdbeben, sagt er,

scheine ein solches Phänomen ganz unerklärlich. — Partsch
(Phys. Geogr. von Griechenland, S. 322) fügt nach anderen alten Quellen noch hinzu, daß die Stoßwelle auf dem
flachen südlichen Ufersaum des malischen Golfes die
größten Verheerungen anrichtete. Die Orte Skarpheia,
Thronion, sowie die Thermopylen und Daphnus litten
vorzugsweise.

Der zweite Fall ist von Ammianus Marcellinus sehr
anschaulich beschrieben (rer. gest. 26, 10, 15—18), und
ereignete sich am 21. Juli 365 n. Chr. Nachdem am
Morgen dieses Tages ein überaus heftiges Gewitter erfolgt war, erbebte die Erde und das Meer zog sich weit
zurück, so daß in dem entblößten Schlamm die wechsel-
vollen Gestalten der Seetiere sichtbar wurden. Während
die Schiffe gleichsam auf dem Trockenen saßen, ver-
gnügte sich das Volk damit, in dem seichten Wasser die
Fische mit den Händen zu greifen, bald aber brauste das
Meer mit gewaltigem Schwall zurück über die Inseln und
Küsten dahin und spülte unzählige Gebäude und Tausende
von Menschen fort; als die Welle sich verlaufen hatte,
ergab sich, daß viele Schiffe nicht nur gekentert und ge-
strandet waren, sondern auch einzelne durch den Wogenschwall bis auf die Dächer der Häuser gehoben, was z. B.
in Alexandrien geschah, oder bis zu 2000 Schritt landeinwärts geschleudert worden waren, wie denn der Autor
bei der messenischen Stadt Mothone (heute Modhoni) noch
selbst ein solches in langsamer Verwitterung zerfallendes
Wrack gesehen zu haben angibt.

Solche Stoßwellen gingen auch dem denkwürdigen
Ausbruch des Vesuv im Jahre 79 n. Chr. voran, wurden
im Jahre 262 n. Chr. an allen Küsten des Mittelmeeres
beobachtet, zerstörten 552 und 555 Konstantinopel, und
endlich am 6. September 1627 einige adriatische Küstenorte Mittelitaliens.

Sehr viel genauer sind wir wieder unterrichtet über
ein moderneres Ereignis derart, welches dem großen
griechischen Erdbeben vom 26. Dezember 1860 folgte
(vgl. Schmidt, Studien über Erdbeben S. 72 f.) und
die Umgebung des Golfs von Korinth heimsuchte. Das

Epizentrum des Erdstoßes wie der Stoßwellen läßt sich ziemlich genau in 38° 13′ N. Br. und 22° 20′ ö. Grw. ansetzen, am Boden des Golfs zwischen Aigion und Itea. Infolge des Hauptstoßes, der also hier vertikal gerichtet war, erhob sich die See, und konzentrische Wellenringe liefen von dort aus auf die Küsten zu, drei bis fünf verderbliche Seewogen da, wo das Land flach war, an 200 Schritt weit ins Land hineinschleudernd, an den steilen Felsgestaden in mächtiger Brandung sich auftürmend. Ob dabei die Welle gleich übertretend, mit einem Wellenberg voran, anlangte, oder der Ueberflutung ein Wellenthal voranging, ist nicht klar zu entscheiden. Besonders wurde die Nordseite des Golfes, Vytrinitza und die Bucht von Salona mit den Häfen von Itea und Galaxeidion, heimgesucht, während das achajische Ufer durch einen großartigen Senkungsvorgang dauernden Verlust erlitt. Da das Epizentrum von Galaxeidion und Vytrinitza den gleichen Abstand hatte (18,76 km) und die Welle im ersteren Hafen 8 bis 9 Minuten, im letzteren ca. 15 Minuten nach dem Stoß anlangte, hatte diese eine Geschwindigkeit von ca. 37 bezw. 21 m in der Sekunde.

Ungleich großartiger war die Wirkung und Ausbreitung der Stoßwellen, welche das große Erdbeben von Lissabon vom 1. November 1755 begleiteten (v. Hoff, IV, 1, S. 446 ff.). In Lissabon selbst erschien geraume Zeit nach dem zweiten Stoß eine 5 (nach anderen 12) Meter hohe Welle, welche die Schiffe auf dem Strom von den Ankern riß und das neue, aus Marmorblöcken gebaute Hafenbollwerk hinwegspülte, wobei die dorthin geflüchteten Einwohner und an demselben festgemachten Schiffe spurlos verschwanden, während der Hafen an jener Stelle fast 200 m Tiefe erlangte. Der ersten Welle folgten noch drei andere, und an der ganzen portugiesischen Küste bewirkten sie örtlich Veränderungen in der Wassertiefe. Auch in Cadiz erschien um 11 Uhr 10 Minuten ein Wellenberg von 18 m Höhe und zerstörte nicht nur Teile der Festungsmauern, sondern durchbrach auch die Landzunge, welche die Stadt mit dem Festland bei Leon verbindet. In Gibraltar war der zuerst ankommende Wellenberg nur

2 m über dem mittleren Wasserstand hoch, dagegen wieder viel höher in den Hafenorten an der atlantischen Küste von Marokko; in Mogador speziell wurde der Hafen durch den zurückwogenden Schwall auffallend vertieft. Dagegen beobachtete man auf Madeira zuerst ein Zurückweichen des Meeres an der Nordseite der Insel auf 100 Schritt, während die erst dann landwärts zurückflutende Welle in Funchal 4,5 m über die Hochwassermarke sich erhob. Hier begann das Phänomen um 11 Uhr 45 Minuten und wiederholte sich etwa noch fünfmal, langsam an Stärke abnehmend. In die Häfen zu beiden Seiten des britischen Kanals, in die Nordsee bis nach Glückstadt und Hamburg hinauf, wo sie um 1 Uhr anlangte, pflanzte die Stoßwelle sich fort; aber auch westwärts quer den Atlantischen Ozean überschreitend wurde sie in den amerikanischen Küstenorten und namentlich auf den westindischen Inseln wahrgenommen; in Antigua als eine 3 bis 4 m hohe Welle um $3\frac{1}{2}$ Uhr nachmittags Lokalzeit. Auf der Insel Saba stieg die See über 6 m hoch, und ein im Hafen der Insel St. Martin in 4,5 m Tiefe ankerndes Schiff stieß zeitweilig auf den Grund; auf Martinique trat die See in die oberen Stockwerke der Häuser, und bei Barbados war das aufgerührte Meerwasser schwarz wie Tinte. Ob hier zuerst ein Wellenthal, wie in Madeira, anlangte, oder ein Wellenberg, wie an den portugiesisch-marokkanischen Häfen, ist aus den Berichten (*Philos. Trans.*, vol. 49, 1755, p. 669) nicht zu ersehen.

Nicht uninteressant ist, daß sogar die Ostsee bisweilen von solchen Stoßwellen beunruhigt wird, indem nämlich plötzliche Niveauveränderungen des Ostseespiegels in kurzen Zeitintervallen den Küstenbewohnern nicht unbekannt sind, welche sie mit dem absonderlichen Namen des „Seebären" bezeichnen (was wohl mit dem englischen *boar*, französisch *barre* zusammenhängt). In einzelnen Fällen, wie am 4. März 1779 in Kolberg, erreichten diese Stoßwellen die Höhe von $2\frac{1}{2}$ m. Ein anderer Fall wird von der Insel Dagö im Rigaischen Meerbusen vom 15. Januar 1858 gemeldet, wo die Welle örtlich

1 1/4 m Höhe erreichte und kleine Fahrzeuge von den Ankern riß. Es ist nicht unwahrscheinlich, daß dieser „Seebär" die Fernwirkung des großen Erdbebens war, welches an demselben Tage die Karpathen und Oberschlesien erschütterte und sein Epizentrum beim Orte Sillein hatte.

Der Hauptschauplatz solcher ozeanischer Stoßwellen ist aber der große Pazifische Ozean: Erdstöße an seinen vulkanischen Küsten scheinen fast in jedem Jahrzehnt einmal seine ganze gewaltige Wasserfläche in Schwingungen zu versetzen, und kolossale Wellen durchlaufen diese von der einen Seite des Ozeans bis zur anderen, und zwar mit solcher Kraft, daß örtlich noch Verheerungen durch den Wogenschwall angerichtet werden in einem Abstande von mehr als 10 000 km vom Schütterungszentrum. Insbesondere ist der stetig von Erdbeben erschütterte Bruchrand der Westküste Südamerikas die Ausgangsstätte solcher Stoßwellen [1]): sie begleiteten das Erdbeben von Valparaiso am 19. November 1822, das von Concepcion am 20. Februar 1835, das von Valdivia am 7. November 1837. Diese haben bis zu den Sandwich- und Samoainseln nachweislich ihre Wellen entsandt, die ersteren erlitten auch am 17. Mai 1841, die letzteren im Jahre 1849 Verluste durch solche. Als am 23. Dezember 1854 früh 9 1/4 Uhr (nach anderen Angaben 9 1/2 Uhr) die japanische Küste durch ein heftiges Erdbeben heimgesucht wurde, welches die Orte Yedo, Simoda und Osaka zerstörte, brach um 9 1/2 Uhr (bezw. 10 Uhr) die See in Gestalt eines 9 m hohen Wellenberges in die Häfen ein, daselbst das Unheil vollendend. Die russische Fregatte „Diana" erlitt durch Aufstoßen auf den Grund im Hafen von Simoda so starke Havarie, daß sie wrack erklärt werden mußte; denn auf diesen Wellenberg folgte ein ebenso tiefes Wellenthal, welches alle flacheren Buchten trocken fallen ließ, und solche Undulationen wiederholten sich noch fünf- oder sechsmal bis Nachmittag 2 1/2 Uhr. — 12 1/2 Stunden nach der ersten Woge in

---

[1]) Vgl. bei Hoff das vollständigere Verzeichnis.

Simoda meldeten an der gegenüber liegenden Küste Kaliforniens in San Francisco, und 13,8 Stunden später in San Diego die dort aufgestellten Flutautographen Störungen im Wasserstande an, welche die regelmäßigen Flutkurven ausgezackt erscheinen ließen, indem sich kleinere Wellen von 20 cm größter Höhe darüber lagerten, sich ca. alle 35 Minuten wiederholend. Die erste vom Pegel aufgezeichnete Störung ist hier ein Wellenthal, soweit die an sich schon etwas unregelmäßig gekräuselten Kurven darüber ein Urteil gestatten (*Report of the U. S. Coast Survey for 1855, p. 342 ff.*).

Ueber das südpazifische Gebiet zwischen Südamerika einerseits und der australischen Küste andrerseits, nördlich bis zu den Sandwichinseln hin erstreckten sich die Wirkungen des großen Erdbebens von Arica am 13. August 1868, welches F. v. Hochstetter sorgsam studiert hat (Sitzungsber. Wiener Akad. Bd. 58, II, 1868, S. 837; 59, II, 1869, S. 112; 60, II, 1870, S. 818). Das Zentrum des Erdstoßes lag dicht beim Orte Arica an der peruanischen Küste auf Tacna zu, die Zeit des Anstoßes wird nach einheimischen Quellen zu 5¼ Uhr, in den Berichten englischer Seeoffiziere an die Admiralität aber eine halbe Stunde früher, zu 4³/₄ Uhr nachmittags angegeben. Etwa 20 Minuten nach dem ersten Stoß überflutete die See 2 bis 3 m hoch den Strand, zog sich dann schnell zurück, in den Hafenbuchten bis eine Seemeile seewärts, dann brach eine kolossale Woge über das Festland herein, dieses bis zu 17 m Höhe über der Hochwassermarke überschwemmend; alle Viertelstunde wiederholten sich diese Undulationen mehrfach. In dem eigentlichen Schüttergebiet wurde, nach Hochstetter, allgemein erst ein Uebertreten der Woge beobachtet. Doch südwärts von Coquimbo, wo kein Erdstoß mehr gefühlt wurde, erschien zuerst das Wellenthal, die See zog sich dort, wie in Talcahuano, 200 m weit zurück. Die Stoßwellen rollten nun westlich und südwestlich über den Ozean: auf der Insel Rapa (27,7 ⁰ S. Br., 144,3 ⁰ W. Lg.) trafen sie 11,2 Stunden, auf der Chataminsel (östlich Neuseeland) 15,8 Stunden, auf Neuseeland selbst und zwar im Hafen von Lyttelton auf der Südinsel 19,6 Stunden nach dem ersten Stoß ein (diesen nach Hochstetter in Arica zu $5^h 15^m$ angenommen). Auf dem Festlande von Australien verzeichneten die selbstthätigen Flutpegel in Sydney und Newcastle 23 Stunden nach dem Stoß das Eintreffen eines die Welle vorbereitenden Wellenthales. In den letzteren Orten war die Welle klein, dagegen wurden Lyttelton und einige Nachbarhäfen stärker betroffen: hier zog sich das Meer äußerst schnell zurück (der Hafenmeister schätzte diese Geschwindigkeit zu 12 Knoten in der Stunde oder 6 m in der Sekunde!), alle Schiffe saßen auf Grund, und als die 3 m hohe Welle anlangte, wurden viele von den Ankern gerissen. Es wurden durch den Wogenschwall noch 2 km von der Küste entfernt Brücken fortgeschwemmt. Auf der Chataminsel spülte die Woge ein Mauridorf in die See. Auf den Sandwichinseln wurde die Stoßwelle sowohl in Hawaii, in Hilo, 14,4 Stunden nach dem Stoß in Arica, wie auf Oahu in Honolulu nach 12,6 Stunden beobachtet, welche Zeitangaben nicht recht zu einander passen; da die Welle des Nachts anlangte, so dürfte die frühere Aufzeichnung in Honolulu den Vorzug verdienen. Nimmt man als Zeit des ersten Stoßes in Arica $4^3/_4$ Uhr an, so erhöhen sich die Hochstetterschen Werte für die Reisedauer der ersten Welle durchweg um 0,5 Stunde.

Das Erdbeben von Iquique, nahe bei Arica gelegen, vom 9. Mai 1877 erstreckte seine Fernwirkungen über die ganze Fläche des Pazifischen Ozeans, diesmal bis zu den japanischen Inseln hin; es ist von Eugen Geinitz ausführlich behandelt (*Nova acta Leop. Carol. Acad. der Naturforscher*, Bd. 40, Nr. 9, Halle 1878). Die Zeit des ersten Stoßes ist ziemlich sicher zu 8 Uhr 20 Minuten abends anzusetzen; eine halbe Stunde (nach anderen nur 5 Minuten) später trat die See über den Strand hinauf, um sich dann rapide zurückzuziehen und die große, 4,8 m über Mittelwasser aufsteigende Welle zu bilden, welche das Arbeiterviertel der Stadt zerstörte und mehrere Schiffe wrack machte. In Arica wurde das Wrack der am 13. August 1868 gestrandeten Bark „Wateree" von der neuen Welle aufgehoben und noch 2 Meilen (Seemeilen?) nordwärts längs der Küste fortgetragen. Die Welle wurde längs der ganzen Küste nordwärts bis in die Bai von Guayaquil, südwärts bis Puerto Montt von Geinitz nachgewiesen, wobei die Orte in unmittelbarster Nähe (und namentlich südlich) von Iquique zuerst einen Wellenberg, dann erst das Wellenthal beobachteten. In den entfernteren Orten dagegen begann die Erscheinung mit einem Rückzug des Meeres, also einem Wellenthal.

Die entferntesten Orte, bis zu denen die Stoßwelle vordrang, sind folgende, mit Angabe der Reisedauer der Welle: Acapulco 15,6 Stunden, Opisbo südlich San Francisco 14,1, Marquesasinseln 12¼, Apia 15,5, Hilo (Sandwichinseln) 14, Lyttelton 18,4, Newcastle (Australien) 18,1, Sydney 18,2, Hakodate (Japan) 25,0, Kadsusa 25¼, Kamaishi 22,9.

Auf den japanischen Inseln, also 16 000 km von dem Stoßzentrum entfernt, wurden Fischer, welche offenbar beim Rückzug des Meeres sich zu weit vorgewagt hatten, denn es heißt: „die Fischer waren ob des großen Fischfanges voll Jubels" (Geinitz 438), von der Welle fortgespült, in Neuseeland Brücken zerstört, auf den Sandwichinseln Ansiedelungen an der Küste überschwemmt. Der Unterschied zwischen dem höchsten und niedrigsten Wasserstande betrug in Hilo 11 m, weiter westlich schnell abnehmend, in Honolulu, das ja eine sehr gedeckte Lage hat, nur noch 1,47 m.

Auch im Indischen Ozean sind solche Stoßwellen aufgetreten. Das erste Mal erhielt die wissenschaftliche Welt Kunde von solchen, als ein Erdbeben den Bengalischen Golf und seine Küsten am 31. Dezember 1881 erschütterte. Das Epizentrum lag unter dem Meeresboden in der westlichen Hälfte des Golfs, und von hier aus durchliefen konzentrische Stoßwellen dessen ganze Fläche, östlich indes nicht über die Andamanen hinaus vordringend, dagegen von den Flutpegeln in Port Blair, Negapatam, Madras, Falsepoint-Leuchte und Dublat (Huglimündung) aufgezeichnet. In Port Blair kam die See erst nach 25 Stunden zur Ruhe; überall melden die Pegel zuerst das Eintreffen eines Wellenbergs (*Nature* 1884, Febr. 14,

p. 358). Man wird aus dem vorher Gesagten schon entnommen haben, daß immer in der Nähe des Schütterzentrums zuerst ein Ueberfluten des Strandes, dann erst ein Rückzug der See erfolgt, welcher die eigentliche große Ueberflutung der Küste durch eine hohe Stoßwelle vorbereitet.

Indes sind alle bisher beschriebenen Fernwirkungen, auch die größten der pazifischen Küstenerschütterungen, noch in Schatten gestellt durch die Undulationen, welche die große vulkanische Katastrophe in der Sundastraße vom 26. und 27. August 1883 begleiteten (Neumayer in den Annalen der Hydrographie 1884, 359 ff.). Der gewaltige Ausbruch des Krakatau erzeugte dreimal nacheinander Stoßwellen: am 26. August, abends 6 Uhr, am 27. August, früh 5 Uhr 35 Minuten, und vormittags 10 Uhr 5 Minuten. Die stärkste Erschütterung war die letzte. Am 27. August wurden nicht nur in allen Häfen des Indischen Ozeans Stoßwellen (allemal mit einem Thal an der Vorderseite) wahrgenommen, auch von der einsam auf Süd-Georgien damals stationierten deutschen Expedition unter Dr. Schrader an dem Flutautographen erkannt; am 28. August hatte die Welle auch den Weg in den Nordatlantischen Ozean gefunden und wurde früh $2^{1}/_{4}$ Uhr und mittags $1^{1}/_{4}$ Uhr vom Pegel in Rochefort angezeigt; Herr v. Lesseps berichtete aus Aspinwall ebenfalls Niveauschwankungen seit dem 27. August, 4 Uhr nachmittags. Diese Stoßwellen hatten noch eine Höhe von 30 bis 40 cm (*Comptes rendus* 1883, II, 1228). In der Sundastraße selbst zerstörte die See alle Ortschaften am Strande, und gerade durch diese Ueberschwemmung wurden die größten Menschenverluste veranlaßt. Nach übereinstimmender Versicherung aller Augenzeugen waren irgendwie beträchtliche Erderschütterungen während der ganzen Eruption des Krakatau nicht wahrzunehmen (Pet. Mitteil. 1886, S. 16). Die Stoßwellen, welche den Indischen und Atlantischen Ozean durchliefen, hatten also nicht dieselbe Entstehung, wie diejenigen von Lissabon, Simoda, Arica, Iquique. Wenn sie aber Verbeek überhaupt als keine eigentlich seismische Erscheinung gelten lassen will, so

geht er darin doch wohl zu weit, denn er selbst spricht
fortwährend von einem „Einsturz" des Krakatauvulkans,
der durch den langandauernden Aschenauswurf in seiner
Basis unterhöhlt gewesen und zusammengebrochen sei
wie ein mangelhaft unterstütztes Gewölbe (Pet. Mitteil.
1886, 22). Als der Kegel in die Höhlung hineinstürzte,
folgte die See dieser Bewegung von allen Seiten. Das
hatte zur Folge, daß überall in der Sundastraße das
Wasser sich vom Strande zurückzog. Die gleichzeitige,
radiale Bewegung des Wassers auf einen Punkt hin, ohne
die Möglichkeit, anders als nach oben hin auszuweichen,
bewirkte dann aber weiterhin, daß über dem Krater eine
gewaltige Welle sich erhob, die dann wieder nach allen
Richtungen hin sich ausbreitete. Gleichzeitig hiermit erfolgte
dann die gigantische Explosion, welche von allen guten
Barographen der ganzen Erde getreu aufgezeichnet worden ist. Natürlich mußten diese Pendelungen der Wasseroberfläche sich noch mehrfach wiederholen. Bei Anjer
und der Insel Dwars-in-den-Weg erreichte die Welle
36 m, bei Telok Betong 30 bis 40 m Höhe. Nordwärts
in die flache Javasee drang sie nicht weit vor, nur im
Flusse von Batavia ward sie wahrgenommen, sonst lief
sie sich schnell „tot". Dagegen im „tiefen" Wasser des
Indischen Ozeans fand sie günstigere Bedingungen für
ihr Fortschreiten, und wenn die Aufzeichnungen des Pegels
in Aspinwall mit diesem Ereignis überhaupt in Zusammenhang stehen sollten, was von einigen bezweifelt wird, so
hat die Welle von Krakatau die Hälfte der irdischen
Wasserdecke durchlaufen.

———

Betrachten wir nunmehr diese Erscheinungen vom
Standpunkte der Wellentheorie, so ist dabei folgendes zu
bemerken. Stoßwellen sind am genauesten bisher studiert
von den Brüdern Weber, und zwar erstreckten sich ihre
Untersuchungen sowohl auf die Formveränderung, welcher
die Wellen von ihrer Entstehung an unterliegen, wie auch
auf die Frage, ob unter gewissen Umständen Wellen mit

dem Berg oder Thal voran durch das Wasser schreiten können. Letzterer Punkt ist ja für die Beurteilung der seismischen Stoßwellen von besonderem Interesse.

Wir betrachten denselben darum zuerst. „Man kann willkürlich," heißt es in der Wellenlehre (§ 129), „eine Welle erregen, deren vorderster Teil unter dem Niveau der Flüssigkeit vertieft (ein Thal) ist, oder über diesem Niveau erhaben (ein Berg) ist. Wenn man nämlich in einer sehr tief mit Wasser gefüllten Wellenrinne dadurch eine Welle erregt, daß man an dem einen Ende des Instruments eine weite Glasröhre senkrecht in das Wasser der Rinne eintaucht und durch plötzliches Saugen mit dem Munde an der oberen Oeffnung der eingetauchten Glasröhre die Flüssigkeit in die Glasröhre plötzlich in die Höhe zu steigen nötigt, ohne daß die so gehobene Flüssigkeit wieder zurücksinken kann, so entsteht eine Welle, deren vorausgehender Teil ein unter dem Niveau der Flüssigkeit vertieftes Thal ist, das auch gleichmäßig vertieft bleibend bis zum entgegengesetzten Ende der Rinne fortrückt. Beobachtet man durch die Glaswände der Wellenrinne hindurch, in welcher Richtung das Wasser, wenn die Welle an irgend einem entfernten Punkte der Rinne ankommt, zuerst sich zu bewegen anfängt, so sieht man, daß die Bewegung der darin schwebenden Teilchen zuerst nach abwärts und der Richtung, in der die Welle vorwärts geht, entgegen geschieht."

„Wenn man dagegen in demselben Instrumente an derselben Stelle eine Welle dadurch erregt, daß man eine Wassersäule, die man in der eingesetzten Glasröhre in die Höhe gehoben hatte, wenn sich die ganze Flüssigkeit beruhigt hat, plötzlich niedersinken läßt, so entsteht eine Welle, deren vorangehender Teil ein über dem Niveau erhabener Flüssigkeitsberg ist und dem ein kleineres Thal vielmehr nachfolgt. Beobachtet man nun durch die Glaswände an einer entfernten Stelle der Rinne, wenn die Welle ankommt, die Richtung, in der sich die im Innern der Flüssigkeit ruhig schwebenden Teilchen zuerst zu bewegen anfangen, so nimmt man die umgekehrte Erscheinung wahr: diese Teilchen bewegen sich nämlich zuerst nach aufwärts und in der Richtung, in welcher die Welle fortschreitet. — Die Bahn selbst, in der sich die Teilchen im Innern der Flüssigkeit bewegen, ist dieselbe, es mag ein Berg oder ein Thal der vordere Teil einer fortschreitenden Welle sein, aber der Punkt in dieser Bahn, von welchem die Bewegung anfängt, ist in jenen zwei Fällen ein anderer."

Man geht wohl nicht fehl, wenn man in dem zweiten Experiment der Brüder Weber die Herstellung einer Art von „Uebertragungswelle" (s. oben S. 24) erblickt. Ein ins Wasser geworfener Stein wirkt vielleicht ähnlich, wie die aus der Saugröhre fallende Wassersäule, insofern als dadurch wirklich Uebertragungswellen von einiger Transportkraft erzeugt werden. Man denke an den Felsblock, welchen der erzürnte Cyklop dem Schiffe des Odysseus zuerst nachschleudert (Od. 9, 845), wo die Wellen das Schiff auf das Land zu treiben, während der zweite Wurf, zwischen Schiff und Land niederfallend, das Schiff in die See hinaus drückt.

Bei den Erderschütterungen, welche den Meeresstrand oder -Boden treffen, wird im Bereiche des Gebietes, wo der erste Stoß ein vertikaler ist, zunächst über einer großen Fläche der Meeresboden momentan gehoben, damit auch der über dieser Fläche gelegene Teil der ganzen Meeresmasse, wobei ein Ueberfluten des Strandes sich leicht einstellt[1]). Der Betrag, um welchen das Niveau des Wassers sich am Strande erhebt, ist, weil schon hierbei Brandungserscheinungen eintreten können und überhaupt das sehr bewegliche Wasser die momentan ihm vom Erdstoß mitgeteilte Vertikalbewegung noch beibehält, sicherlich ganz erheblich größer als auf hoher See. Messungen aus dem letzteren dürften freilich nicht leicht zu beschaffen sein. Die so gehobene Welle sinkt alsdann, nunmehr der Schwerkraft nachgebend, zurück, hierbei an

---

[1]) Vgl. sehr schön in Hoffs Katalog: „1666, 1. September. Zu Arbon am Bodensee ein Erdbeben, welches eine augenblickliche Ueberflutung der Ufer durch den See bis gegen 30 Fuß weit verursacht. Das Wasser zieht sich schnell wieder zurück."

ihrer Geburtsstätte ein tiefes Thal erzeugend, in ihrem Umkreise aber eine Welle aufwerfend, welche dann ringförmig sich ausbreitend den Weg über die ganze Ozeanfläche einschlägt. Da die Pendelungen an der Schütterstelle sich von selbst wiederholen, außerdem durch neue Stöße neue Wellen hervorgerufen werden können, so sieht man leicht ein, wie sich solche Erscheinungen herausbilden können, wie sie oben des näheren beschrieben sind. Die hiervon etwas abweichenden Vorgänge bei dem Ausbruch des Krakatauvulkans haben wir bereits oben zu erklären versucht.

Das weitere Schicksal der so aufgeworfenen Wellen beschreiben die Brüder Weber nun folgendermaßen (Wellenlehre § 82 f.):

„Nachdem durch das mehrmalige in die Höhe springen der Flüssigkeit an dem Orte, wo ein Körper hineingefallen war, mehrere größere Zirkelwellen entstanden sind, deren Zahl, wenn ein bloßer Tropfen bereinfiel, sich auf 3 bis 4 beläuft, dagegen nachdem schwere Körper hereingeworfen wurden, nicht wohl bestimmt werden kann, tritt in dem Mittelpunkte, von dem die kreisförmigen Wellen ausgingen, an dem ferner das Wasser mehrmals sichtbar in die Höhe sprang, und an dessen Stelle der in das Wasser geworfene Körper zuerst auftraf, zuerst Ruhe und Ebenheit des Wassers ein. Diese glatte Ebene vergrößert sich desto mehr, je weiter die entstandenen Zirkelwellen sich erweiternd fortschreiten. Indessen vergrößert sich die spiegelnde glatte ruhige Fläche von ihrem Mittelpunkte aus nicht vollkommen in dem Verhältnisse, in welchem die erregten Wellen fortschreiten. Denn ganz deutlich bemerkt man, daß während die Welle, die zunächst diese ruhige spiegelnde Ebene begrenzt, oder mit anderen Worten die Welle, welche die letzte unter den erregten ist, ungefähr soviel als ihre Breite beträgt, fortschreitet, hinter sich eine neue, etwas niedrigere und schmälere Welle an dem Orte, den sie im vorhergehenden Zeitraume eingenommen hatte, erregt, daß ferner diese, wenn sie wieder ungefähr soviel als ihre Breite beträgt, sich erweiternd fortgeschritten ist, auf dieselbe Weise eine neue noch kleinere Welle hinter sich verursacht, die auch in derselben Richtung wie sie selbst fortschreitet; und so entstehen denn nach und nach durch den Druck, den die Welle, die in jedem Zeitmoment die letzte ist, auf die hinter ihr befindliche Flüssigkeit ausübt, während die Wellen fortschreiten und sich dabei mehr und mehr erweitern, eine große Anzahl von Wellen, die sich selbst, wenn ein mittelmäßig großer Stein ins Wasser geworfen wird, nach unseren oft wiederholten Zählungen, höher als auf 50 beläuft.

„Zugleich erkennt man, daß die kleineren nachfolgenden Wellen jede durch eine besondere Rückwirkung der
ihr zunächst voraufgehenden größeren Welle vergrößert
werden, und daß daher alle erregten Wellen, je weiter
sie nach vorn fortgeschritten sind, desto gleicher an Größe
werden.

„Man kann sich von dem Gesagten dadurch überzeugen, daß man einen Stein in ruhiges Wasser wirft,
dann abwartet, bis das Wasser an dem Orte, wo der Stein
hineinfiel, wieder glatt und eben wird, hierauf eine von
den Wellen, die der glatten Fläche am nächsten sind,
fest ins Auge faßt, und mit ihr, ohne sie aus dem Auge
zu verlieren, einige Schritte vorwärts geht. Bleibt man
nun stehen und zählt die nachfolgenden Wellen, indem
man Welle für Welle vor sich vorbeigehen läßt, so sieht
man zu seinem Erstaunen, daß mehr als 40 bis 50 sehr
große, sichtbare, von der glatten Fläche scheinbar aus-
gehende Wellen vorüberziehen.

„Aus dem Gesagten geht also von selbst der Satz
hervor, daß eine vorausgehende Welle jede zunächst nachfolgende, ihr parallele oder konzentrische Welle verstärkt,
oder, wenn ihr keine nachfolgt, in dem Zeitraum, in
welchem sie ihre Breite durchläuft, eine neue hinter sich
verursacht. Daher, je weiter dieser Wellenzug fortschreitet, desto gleicher werden die hintereinander fortgehenden parallelen Wellen, sowohl hinsichtlich des Abstandes voneinander, als der Höhe und Breite. Jeder
wird daraus selbst schließen, daß *diejenige Welle, welche
allen anderen vorausgeht (die, welche in einem jeden Augenblicke die erste ist), und also keine Welle vor sich hat,
weil ihr eine solche Unterstützung und Verstärkung durch
vorhergehende Wellen abgeht, sich nicht so lange hoch erhalten könne als andere, die durch die ihnen vorausgehenden
immer unterstützt und verstärkt werden.*

„Die Erfahrung bestätigt das auch auf das voll-
kommenste. Denn die Welle, welche in einem bestimmten
Zeitmomente die vorderste und erste ist, *verflacht sich
bei ihrem Fortgange* auf einer großen Wasserfläche so
außerordentlich, indem sie sichtbar an Höhe ab- und an

Breite zunimmt, daß sie dem Auge schon, nachdem sie ungefähr 2 bis 4 m durchlaufen hat, *unsichtbar wird* und nun die ihr nachfolgende zur vordersten zu werden scheint, die nach einem kurzen Verlaufe dieselbe Erscheinung der Verflachung wiederholt, so daß nun die dieser wieder folgende Welle die erste zu sein scheint, und so fort."

„*So nimmt denn die Zahl der sichtbaren Wellen unter jenen Umständen von hinten aus immer zu, von vorn her immer ab.* Da indessen die Verflachung und das Verschwinden der jedesmal vordersten nicht so schnell eintritt, als die Erzeugung einer neuen Welle durch die hinterste sich wiederholt, so nimmt doch die Zahl der Wellen während des Fortschreitens beträchtlich zu."

Aus den für flaches Wasser geltenden Formeln XXI bis XXIV Hagens ergibt sich die Wellenperiode und Geschwindigkeit:

$$\tau = \sqrt{\frac{2\pi}{3g}\,\lambda}$$

$$c = \sqrt{\frac{3g}{2\pi}\,\lambda}.$$

Erzeugen wir demnach in einem Teiche durch einen Steinwurf Wellen, deren 4 auf einen Meter gehen ($\lambda = 0,25$), so würde also nach den Angaben der Weber die erste Welle verschwunden sein, nachdem ihrer 8 bis 16 überhaupt aufgetreten sind. Für diese Wellen wird $\tau = 0,33$ Sekunden und $c = 0,765$ m. Darum wird hierbei die erste Welle nicht älter als 3 bis 5 Sekunden, dann stirbt sie. Hat der Teich einen größeren Durchmesser als 8 m, und sind die Wellen genau in seiner Mitte erzeugt, so ist diejenige Welle, welche zuerst an das Ufer gelangt, ganz gewiß nicht die älteste und erste aller vom Steinwurf erzeugten, sondern irgend eine jüngere. Sobald hingegen die Wasserfläche noch den 16- bis 32fachen Durchmesser der Wellenlänge oder einen kleineren hat, wird die erste am Ufer anlangende Welle auch die älteste sein können. Leider sind die Versuche der Brüder Weber über diese Prozesse nicht in ihren Einzelheiten mitgeteilt, so daß

obiges Beispiel, das sich an eine rohe Beobachtung des
Verfassers anschließt, nicht als Maßstab für die Beurteilung und zur eventuellen Korrektur der gleich näher an-
zugebenden wissenschaftlichen Verwertung, welche die
Reisedauer pazifischer und anderer Stoßwellen gefunden
hat, zu gebrauchen ist.

Jedenfalls aber muß, das geht aus obigen Darlegungen
der Brüder Weber hervor, im Einzelfalle allemal erst
nachgewiesen sein, daß die erste in großem Abstande
vom Schütterzentrum vermerkte ozeanische Stoßwelle auch
wirklich die älteste aller erzeugten gewesen ist. Von
diesem Nachweise hängt alles ab, er ist nicht leicht,
vielleicht überhaupt nicht, zu erbringen, und doch haben
Bache, Hochstetter, Peschel, Hilgard, Geinitz und Neumayer die jedesmal zuerst notierten Stoßwellen auch wirklich für die ältesten gehalten. Letztere Annahme und
damit die Verläßlichkeit der sogen. „Reisedauer" der
Wellen *a priori* zu bestreiten, halten wir uns auf Grund
der obigen Beobachtungen der Brüder Weber für vollkommen berechtigt.

Die genannten Gelehrten haben nämlich diese Stoßwellen zu einer an sich höchst interessanten Rechnung
benutzt. Wie aus der großen Periode solcher Wellen
hervorgeht, besitzen sie eine Länge, welche bei den pazifischen 500 bis 900 km erlangte. Da ihnen nun gleichzeitig eine Wellenhöhe von nur wenigen Metern im offenen
Ozean zukommen kann, so findet auf ihre Weggeschwin-
digkeit die Lagrangesche Formel (XV) Anwendung, nach
welcher ist:

$$c^2 = 2g\,p.$$

Kennt man die Geschwindigkeit c der Welle, so kann
man demnach die mittlere Wassertiefe auf der von ihr
durchlaufenen Strecke leicht berechnen, denn p ist (nach
XVI) $= c^2 : 2g$, oder im Metermaß angenähert $\frac{1}{10}c^2$. Es
muß hierbei freilich wiederum daran erinnert werden,
daß daneben auch Hagens Formel XXI Beachtung ver-
dient, woraus $p = c^2 : 3g = \frac{1}{15}c^2$ wird. Doch wollen wir
eine Entscheidung zwischen den beiden hier nicht treffen,

sondern bei Formel XV bleiben. Um nun c zu finden, ermittelt man die „Reisedauer" der Welle, und da man die Distanz zwischen dem Schütterzentrum und dem Ankunftsorte aus dem sphärischen Dreieck kennt, sobald die geographischen Positionen beider Orte gegeben sind, so erhält man aus der Division der Distanz durch die Reisedauer (in Sekunden) die mittlere Geschwindigkeit (in Meter per Sekunde).

Aber hierbei sind, abgesehen von der nicht ohne weiteres zuzugebenden Bevorzugung der Formel Lagranges vor der Hagens, Annahmen gemacht worden, die einer unbefangenen Kritik nicht standhalten. Die Theorie setzt eine gleichmäßige Tiefe voraus, die Natur bietet eine solche nicht. Vielmehr sind die Stoßwellen aus dem flacheren Küstenwasser zunächst in solches von größerer Tiefe eingetreten, dann vielfach wieder in Gebiete, wo geringe und größere Tiefe abwechseln. Hierbei muß notwendigerweise ein Verlust an lebendiger Kraft eintreten, welcher der Welle eine geringere Geschwindigkeit erteilt, als sie aus der mittleren Wassertiefe sich ableiten läßt. Endlich ist die Voraussetzung gemacht, daß die Welle wirklich die kürzeste Strecke entlang dem „größten Kreise" zwischen dem Epizentrum und dem Ankunftsorte durchlaufen habe, während sie doch in ihrer Geschwindigkeit vornehmlich durch die Wassertiefe geregelt wird, also auch in vielen Fällen auf einem Umwege, der nur durch sehr große Tiefen zu führen braucht, schneller an den Ankunftsort gelangen kann, wie auf dem größten Kreise, der vielleicht auf seiner ganzen Strecke oder einem beträchtlichen Teil derselben über sehr flaches, also die Welle aufhaltendes Wasser führt. F. v. Hochstetter hat auf seiner graphischen Darstellung der Stoßwellen von Arica und Simoda (Pet. Mitteil. 1869, Taf. 12) offenbar nur mißverständlicherweise die Wellen sogar entlang den Loxodromen laufend eingezeichnet, welche Linien von den größten Kreisen bekanntlich gerade dann stark abweichen, wenn in höheren Breiten Abstände von Ost nach West gemessen werden sollen.

Der größte Kreis zwischen San Francisco und Simoda wölbt sich, auf der Karte in Merkatorprojektion eingetragen, beträchtlich nach Norden aus, so daß er mit seinem Scheitel in 169,9 ° W. Lg. die Breite von 48,4 ° N. erreicht, während Simoda in 34,7 ° N., San Francisco in 37,8 ° N. liegen. Die Wellen liefen also an der japanischen und kurilischen Inselreihe entlang südlich bei den Aleuten vorbei. Der „Abfahrtskurs" von Simoda war nach *NOzO* hin, der „Ankunftskurs" in San Francisco von *NWzW* her.

Die Wellen von Arica nach Sydney führen auf Hochstetters Karte gut nördlich von Neuseeland vorbei; der größte Kreis verläuft knapp südlich von dieser Inselgruppe und sein südlichster Scheitel liegt in 56 ° S. Br. bei 145 ° W. Lg.

Die Stoßwellen, welche von Iquique bis zu den japanischen Inseln nach Hakodate vordrangen, konnten zunächst dem größten Kreise überhaupt nur so eben folgen, da dieser den Aequator in 88,3 ° W. Lg. östlich von den Galapagosinseln schneidet, also südlich Pisco auf das Festland für eine kurze Strecke übertritt. Weiter verläuft diese geodätische Linie immer nordwestlich gerichtet, geht zwischen den Revilla Gigedo-Inseln und der Halbinsel Alt-kalifornien (111 ° W. Lg. in 22 ° N. Br. schneidend) hindurch, trifft 130 ° W. Lg. in 36,6 ° N. Br. und hat den nördlichsten Scheitel in 49,7 ° N. Br. und 179 ° O. Lg. unweit der Aleuteninsel Amtschitka. In Hakodate kommt sie mit einer Richtung aus *NO* an.

Der größte Kreis zwischen der Sundastraße und Süd-georgien verläuft zunächst in *SSW*-Richtung auf die Heardinsel (sö. Kerguelen) zu, schneidet 90 ° O. Lg. in 36,6 ° S. Br., 80 ° Lg. in 48,5 ° S. Br., der Scheitel liegt in 67,4 ° S. Br. und 18,1 ° O. Lg., also jenseits des Polarkreises; und die Linie kommt in der Rich-tung von *OSO* auf Südgeorgien an.

Aus all dem vorher Gesagten dürfte der Schluß nicht ungerechtfertigt erscheinen, daß die auf Grund von ozea-nischen Stoßwellen berechneten mittleren Meerestiefen zwischen zwei weit voneinander abstehenden Küstenorten nicht als verläßlich gelten dürfen. In den meisten Fällen pflegen ja auch, wie wir oben sahen, die Zeitangaben für den ersten Stoß im Epizentrum und für die Ankunft der Wellen am zweiten Ort sehr wenig sicher zu sein. Wir verzichten deshalb darauf, an dieser Stelle erst die Einzel-heiten solcher Berechnungen vollständig zu diskutieren, indem wir uns begnügen, auf eine Zusammenstellung an einem früheren Orte (Bd. I, S. 109) zu verweisen.

Eine Versuchsrechnung wird zeigen, daß der kürzeste Weg zwischen Epizentrum und Beobachtungsort nicht immer der schnellste sein muß. Der größte Kreis zwischen Krakatau und Moltkehafen auf Südgeorgien hat eine Distanz von 12 380 km.

Die Strecke zwischen 6,2° S. Br. und 105,5° O. Lg. nach 36,6° Br.,
90° O. Lg. gibt 3734 km Abstand und eine mittlere Meerestiefe
von 5000 m. Von der letztgenannten Position nach 48,5° S. Br.
und ,80° O. Lg. ist die Distanz 1554 km, die mittlere Tiefe auf
3000 m zu schätzen; der Rest des größten Kreises bis 54,5° S. Br.
und 36,1° W. Lg. ist 7091 km lang und seine mittlere Tiefe kaum
größer als 2000 m. Diese Tiefenschätzungen beruhen freilich nur
auf sehr wenigen Lotungen, sind aber absichtlich hoch gegriffen.
Daraus ergibt sich die mittlere Tiefe des ganzen Bogenstücks
zu 3030 m, und als „Reisedauer" einer der Formel Lagranges ge-
horchenden Stoßwelle 19 St. 57 Min. Die von Neumayer angenommene Reisedauer betrug aber 18 St. 16 M. Lassen wir dagegen
die Welle einen Umweg, aber durch tieferes Wasser, einschlagen,
indem wir die in untenstehender Tabelle[1]) durch 13 Schnittpunkte
charakterisierte Kurve zu Grunde legen, so erhalten wir als ganze
Weglänge 13 990 km, also nur 1610 km mehr als der größte Kreis
ergab; und als mittlere Tiefe ergibt sich 4350 m. Danach berechnet sich die Reisedauer zu $18^h 47^m$, was dem Neumayerschen
Werte sich erheblich nähert. Wenn wir die Tiefen auf den ersten
Teilstrecken etwas über 5000 m angesetzt hätten (vgl. Zeitschr.
wiss. Geogr. II, 1880, Taf. 2), würde die aus der Formel abgeleitete
Reisedauer der von Neumayer angenommenen noch näher kommen.
Absichtlich sind in unserer Tabelle die Werte für die Tiefen
etwas zu klein angesetzt. — Dies Beispiel soll nur eine Versuchsrechnung sein, nichts weiter. Es versteht sich von selbst, daß
demnach für die in Orten, wie Sydney oder Newcastle in Australien,
vermerkten Stoßwellen der wirklich zurückgelegte Weg nur hypothetisch sich angeben läßt: indem diejenigen Wellen, welche eine
sowohl kurze, wie auch tiefe Straße gelaufen sind, zuerst ankommen, wobei es möglich ist, daß diese Straße nördlich von
Neuseeland vorbeiführt, während andere, später angelangte und
vom Pegel aufgezeichnete Wellen vielleicht südlich um Neuseeland

[1])

S. Br.	6,2°	11,5°	19,5°	25,0°	29,5°	30°	32°	35°	
Länge	105,5° O.	100° O.	90° O.	80° O.	70° O.	60° O.	50° O.	40° O.	
Distanz . .	845	1392	1196	1108	967	978	985	km
Mittl. Tiefe	5400	5000	5000	5000	5000	4500	4200	m

S. Br.	35°	38,5°	40°	41°	43°	45°	48°	54,5°	
Länge	40° O.	30° O.	20° O.	10° O.	0°	10° W.	20° W.	36,1° W.	
Distanz . .	971	876	841	855	829	834	1316	km
Mittl. Tiefe	3800	3500	3500	3000	2000	1500	700	m

herum dem größten Kreise folgten. Daher vielleicht auch die Interferenzen in den Kurven (bei Hochstetter, Sitzb. Wiener Akad. Bd. 60, II, S. 822). Die große Zahl dieser Wellen überhaupt wird nach dem, was oben aus den Beobachtungen der Brüder Weber mitgeteilt wurde, nicht mehr überraschen, und es ist nicht nötig, wie Schmick (das Flutphänomen, Leipzig 1874, S. 24 ff.) angenommen hat, die Wellen von den Küsten reflektieren und den Weg herüber und hinüber mehrfach wiederholen zu lassen. Nur Wellen, welche auf steil in tiefes Wasser abfallende, nahezu senkrechte Wände treffen, werden reflektiert, brandende Wellen aber nie. Und die Stoßwellen zerstören sich immer selbst bei ihrem Auflaufen auf die Küste, wie Wellen in einer Wellenrinne, die an dem einen Ende in eine sanft geneigte Böschung ausläuft, wie solche von Caligny und Bazin für ihre Versuche benutzt wurden.

Es erübrigt nunmehr noch, auf eine andere Beobachtung der Brüder Weber hinzuweisen, für welche sich auch bei den ozeanischen Stoßwellen vielleicht parallele Erscheinungen nachweisen lassen.

„Ein Tropfen oder ein anderer kleiner Körper" (heißt es Wellenlehre § 84), „der auf eine ruhige Flüssigkeit fällt, erregt aber noch eine andere Erscheinung, durch welche die Zahl der entstehenden Wellen vergrößert wird. Man sieht nämlich vor der zunächst entstandenen kreisförmigen Welle eine große Zahl konzentrischer kreisförmiger Wellen entstehen, welche jene durch den hereingefallenen Körper unmittelbar veranlaßte Welle einschließen und desto kleiner sind und dichter aneinander liegen, je größer ihre Zirkel sind oder, was dasselbe sagt, je weiter sie von der durch den Körper unmittelbar erregten Welle abstehen. Ueber die Ursache ihrer Entstehung sind wir noch ganz in Ungewißheit . . ."

Es geht aus diesen Worten nicht ganz klar hervor, ob die Brüder Weber etwa vor den eigentlichen Stoßwellen noch „kapillare" Wellen im Sinne Scott Russells wahrgenommen haben; Messungen scheinen nicht angestellt zu sein, solche dürften auch nicht ganz leicht und verläßlich ausfallen. Die Beobachtung ist indes wichtig und anregend genug, um damit eine solche v. Hochstetters in Parallele zu setzen, die er an den Aufzeichnungen des Flutpegels in Sydney vom 15. August 1868 gemacht hat. Die Hauptstoßwelle ist vom Pegel vermerkt worden um

6^h 55^m Lokalzeit; indes sind
schon 5 Stunden lang vor-
her niedrigere Wellen, und
zwar im ganzen 12, in Intervallen von 28 bis 29 Minuten,
vom Pegelstift notiert worden.
Die erste dieser „Außen-
wellen" ist nach Hoch-
stetters Ansicht eine positive,
d. h. sie hat einen Wellenberg an ihrer Vorderseite;
die von ihm gegebene Kurve
aber zeigt hier ein Wellenthal, das gegenüber dem nachfolgenden Berg indes unbe-
trächtlich genannt werden
kann (Wiener Sitzungsber. 60,
II, 820). Er verweist dabei
auf eine vorher von ihm bei-
gebrachte Notiz aus Honolulu
(ibid. 59, II, 115), wonach
daselbst ebenfalls 3 Stunden
vor dem Eintreffen der ersten
großen Stoßwelle ein abnor-
mes, wenn auch schwaches
Ansteigen der gerade fälligen
Flut wahrgenommen wurde:
also auch hier der Wellenberg
voran. — Ueberblickt man
die Aufzeichnungen des Pegels
von Südgeorgien, wie Neu-
mayer sie publiziert hat (Ann.
d. Hydrogr., 1884, Taf. 5), so
bemerkt man, daß die große
Stoßwelle zwar am 27. August
1883, nachmittags 2^h 55^m daselbst anlangte, aber doch
schon seit 12^h 25^m a. m., also
14$^1/_2$ Stunden früher kleinere

Fig. 20.

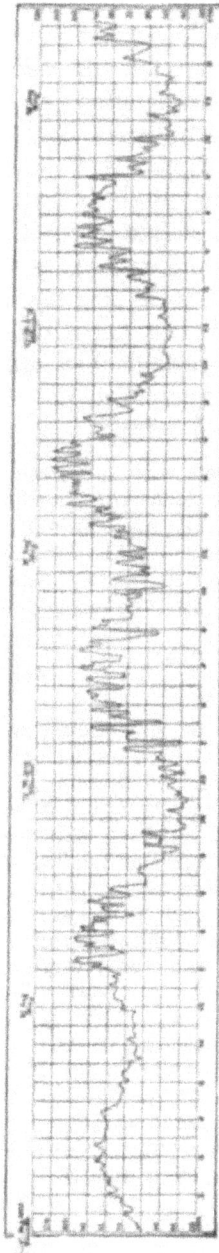

Stoßwellen der Krakatauexplosion, beobachtet in Südgeorgien. Die großen halbtägigen Niveauschwankungen beruhen auf den Gezeiten; die Stoßwellen sind als tief eingesägte Zacken erkennbar.

NB.

Pendelungen des Pegelstiftes sich über die normale Gezeitenwelle lagern, deren ca. 30 in etwa halbstündigen
Intervallen, d. h. den gleichen, wie die nachfolgenden
großen Stoßwellen sie besitzen, zu zählen sind und welche
sich anscheinend auch nachher in Interferenzen über die
großen Stoßwellen legen (Fig. 20). — Sind dies Webersche
„Außenwellen" oder als was sind sie anzusehen? Etwa
als Ueberreste deformierter (abgestorbener) älterer Stoßwellen, wegen der gleichen Periode? —

Für noch eine andere, an die vorige sich anschließende
Beobachtung der Brüder Weber kann ich allerdings nicht
bei den ozeanischen Stoßwellen sichere Bestätigung finden,
woran vielleicht die Mangelhaftigkeit des vorliegenden
Materials schuld sein mag:

> „Daß alle auf diese Art entstehenden Zirkelwellen im Fort-
> schreiten sich voneinander mit ihren Gipfeln immer mehr ent-
> fernen und also immer breiter werden, rührt daher, daß die
> Wellen desto schneller fortschreiten, je größer sie sind, und jede
> nachfolgende Welle, unter den (oben) angeführten Umständen,
> bei ihrer Entstehung etwas kleiner ist als die vor ihr entstandene."

Es ist sehr bemerkenswert, daß viele Zentra vulkanischer
Thätigkeit und seismischer Erschütterungen, welche nahe dem
Meer oder in diesem selbst liegen, höchst selten oder gar nie
Stoßwellen erzeugen, welche an den Küsten fühlbar würden. So
sind inmitten des Atlantischen Ozeans in der Aequatorialgegend
(Pet. Mitteil. 1869, S. 96) von vorübersegelnden Schiffen sehr häufig
Stöße empfunden worden, welche unzweifelhaft seismischer Natur
waren, und doch sind damit zusammenhängende Stoßwellen
nirgends bekannt geworden. Man kann auch nicht einmal sagen,
daß an den von stetiger Brandung geplagten Küsten von Guinea
und Nordwestbrasilien solche Stoßwellen unbemerkt geblieben
seien, denn in den Hafenorten werden zum Teil ja regelmäßig
Flutbeobachtungen ausgeführt, und fehlt es auch sonst an Beobachtern gerade nicht. Vielleicht aber wären einem solchen, freilich
anderweitig nicht bekannt gewordenen Seebeben jene kolossalen
„Roller" zuzuschreiben, welche im Mai 1821 und am 11. Februar
1846 ganze Flotten auf der Reede von St. Helena zum Scheitern
brachten (Toynbee oben S. 96).

Eine merkwürdige Beobachtung aus dem westlichen Teile der
Südsee machten die Gelehrten der „Novara"-Expedition auf dem
Atoll Sikayana (8° 22,5' S. Br., 163° 1' O. L.), zur Gruppe der

Salomonen gehörig, aber von Polynesiern bewohnt. Dort fanden sie Bimssteingerölle von Walnußgröße über die ganze Fläche der Insel Faule, an Stellen, wohin auch bei heftigstem Sturm die Brandung nicht mehr reicht, während im Sand und Gerölle des eigentlichen Strandes keine Spur davon sichtbar war. Diese Bimssteinablagerung, welche einer auffallend reichen Baumvegetation Nahrung gewährte, erinnerte die Gelehrten an eine ähnliche Bemerkung, welche der englische Naturforscher Iukes in der Umgegend der Torresstraße auf australischem Boden machte: indem er Bimssteingerölle unter genau den nämlichen Umständen dort überall auf Flächen ungefähr 3 m über dem jetzigen Hochwasser mehr oder weniger entfernt vom Strande, wie im Ufersande selbst, antraf, und zwar auf einer Küstenstrecke von 2000 Meilen (engl.?). Es muß nicht nur ein gewaltiger Vulkanausbruch im melanesischen Gebiet, sondern auch eine plötzliche Erdbebenwelle von kolossaler Größe gewesen sein, welche diese Stoffe an der Küste allenthalben in einer gleichen Höhe über der Hochwasserlinie zur Ablagerung brachte. Jenes Ereignis mag nicht ganz modern sein, aber so alt ist es doch auch wieder schwerlich, daß die Niveauverhältnisse von Land und Wasser sich in diesem Teile der Südsee inzwischen um solchen Betrag verschieben konnten („Novara"-Expedition, erz. Teil II, 438).

VIII. Stehende Wellen.

Außer den bisher betrachteten „fortschreitenden" Wellen, deren Form über die Wasseroberfläche nach einer bestimmten Richtung successive fortrückt, also den Ort verändert, lehrten die Brüder Weber zuerst (1825) eine zweite Art rhythmisch sich wiederholender Wellen kennen, welche ihren Ort nicht verändern, sondern deren Wellenberge an ihrem Platz durch senkrechtes Niedersinken in Thäler, deren Thäler durch senkrechtes Aufsteigen in Berge sich verwandeln. Diese Wellen nannten sie „stehende" Wellen. Schon die sehr elementare Beschreibung seitens der Entdecker zeigt, daß die „stehenden" Wellen von den „fortschreitenden" wesentlich verschieden sind. Dennoch entstehen sie leicht aus den „fortschreitenden", sobald diese letzteren in einem seitlich geschlossenen Gefäß von regelmäßiger Form und namentlich mit senkrechten Wandungen erzeugt werden. Sind nämlich die Längen der fortschreitenden Wellen so abgepaßt,

daß sie irgend einen aliquoten Teil der Breite dieses Gefäßes betragen, so geschieht es, daß sie von den senkrechten Gefäßwänden reflektiert, Interferenzen gerade in
solchen Phasen bilden, daß Berg durch Berg, Thal durch
Thal in entgegengesetzter Richtung hindurchschreitet.
Beistehende Figur zeigt eine Webersche Wellenrinne, in
welcher die Länge der Wellen gleich ⅖ der Länge des
Gefäßes abgepaßt ist. Die Wasserfläche nimmt alsdann
bald die Form an, wie die ausgezogene, bald diejenige,
wie die punktierte Linie sie andeutet. An drei Stellen
zeigt die Oberfläche sich unverändert in ihrem alten
Niveau: das sind die „Knoten"; die bald nach oben,
bald nach unten schwingenden Zwischenstrecken geben
die „Bäuche" der stehenden Wellen. Die Figur zeigt

Fig. 21.

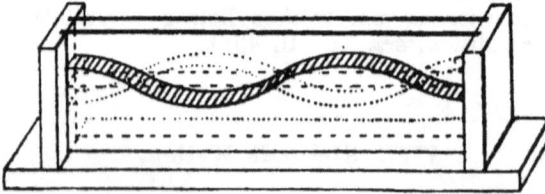

drei Knoten, dagegen zwei vollständige und zwei halbe
Bäuche, letztere an den beiden Enden der Rinne, und von
diesen beiden ist der eine immer in der entgegengesetzten
Phase zum andern. Die Brüder Weber erzeugten stehende
Wellen indes auch unmittelbar, indem sie entweder das
Gefäß auf eine vibrierende Unterlage (elastische Haut
oder Geflecht) stellten, oder mit einem die Oberfläche der
Flüssigkeit in der Mitte treffenden Körper in gleichen
Zeitintervallen (taktmäßig) auf und ab bewegten.

Es entstehen aber immer nur dann stehende Wellen,
wenn die Länge der letzteren einen aliquoten Teil der
Länge des Gefäßes bildet. In jedem Gefäß ist also doch
eine unendliche Zahl von Arten stehender Wellen möglich, jede einzelne Art hat aber nur eine bestimmte
„Periode", während welcher sich eine Schwingung hin
und zurück vollzieht.

Auch die einfache Schwankung einer Flüssigkeit ist eine stehende Schwingung, wenn die Oberfläche derselben sich abwechselnd in die beiden Lagen von Fig. 22 setzt, wobei, wie man sieht, die Oberfläche stets vollkommen eben bleibt und der Punkt K den Knoten vorstellt. Diese Schwingung ist zu betrachten, als entstünde sie durch

Fig. 22.

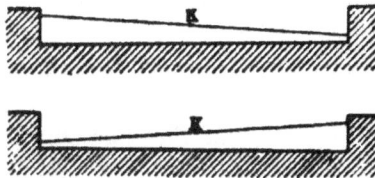

das Zusammenfallen der zwei Hälften einer Welle von der doppelten Länge des Gefäßes selbst.

Letztere „uninodale" Schwingungsart ist die einfachste, und sie hat die längste Periode. Für ein Gefäß von rechtwinkligem Querschnitt gehorcht diese nach Rud. Merian (Ueber die Bewegung tropfbarer Flüssigkeiten in Gefäßen, Basel 1828, S. 31) dem Gesetze:

$$t^2 = \frac{\pi l}{2g} \cdot \frac{e^{\frac{\pi p}{l}} + e^{-\frac{\pi p}{l}}}{e^{\frac{\pi p}{l}} - e^{-\frac{\pi p}{l}}},$$

worin t die halbe Periode, l den Durchmesser des Gefäßes, p die Tiefe der Flüssigkeit, und g und π die oben S. 7 gegebenen Werte bedeuten.

Für den Fall, daß der Durchmesser l im Vergleich zur Wassertiefe sehr groß, also der Exponent $p:l$ ein sehr kleiner Bruch ist, so wird (ähnlich XIV bis XVII)

$$t = \frac{l}{\sqrt{2gp}}.$$

Sonst empfiehlt sich auch hier die Einführung eines Hilfswinkels

$$\cos\psi = e^{\frac{\pi p}{l}};$$

danach:

$$t^2 = \frac{\pi \cdot l}{2g \cdot \cos 2\psi}.$$

Man gelangt zu diesen Formeln auch, wenn man sich der Entstehung der „stehenden" Wellen durch Reflexion „fortschreitender" Wellen erinnert. In flachem Wasser war nach Airys Formeln XIII bis XV

$$\tau = \sqrt{\frac{\pi}{g} \cdot \frac{\alpha}{\beta} \cdot \lambda} \text{ und wenn } \frac{\alpha}{\beta} = \frac{\lambda}{2\pi p}, \ \tau = \frac{\lambda}{\sqrt{2gp}}.$$

Beachten wir, daß $\tau = 2t$ und für eine uninodale Schwingung $\lambda = 2l$, so erhalten wir die Meriansche Gleichung. Bei einer binodalen Schwingung, wo $l = \lambda$, würde die Schwingung in der Hälfte der Zeit t erfolgen. Bei einer trinodalen Schwingung (s. Figur 21) ist $\lambda = \frac{2}{3} l$, erfolgt die Schwingung also auch in $\frac{1}{2} \cdot \frac{2}{3} = \frac{1}{3}$ der Zeit t u. s. f., bei einer n-nodalen Schwingung in $1/n\ t$.

Für Gefäße mit nicht horizontalem Boden, sondern von prismatischem Querschnitt, so, daß die Kante nach unten gekehrt, der Winkel zwischen den schrägen Seiten ein rechter ist und die Seitenflächen selbst gegen die Vertikale gleich geneigt sind, findet G. Kirchhoff (Wiedemanns Annalen der Physik 1880, X, 41)

$$t = \pi \sqrt{\frac{P}{2g}},$$

worin P die größte Tiefe der Flüssigkeit bedeutet: hier ist also t gleich der Schwingungsdauer eines einfachen Pendels von der Länge P. Die Breite und die horizontale Länge eines solchen prismatischen Gefäßes sind folglich nach Kirchhoff von keinem Einfluß auf die Periode dieser Schwingung.

Während in einer fortschreitenden Welle die Teilchen an der Vorderseite eines Wellenberges sich aufwärts, auf der Rückseite abwärts bewegen, haben sie in den Bergen der stehenden Welle überall eine aufwärts ge-

richtete, in den Thälern überall eine abwärts gerichtete
Bewegung. Das gilt für die Oberfläche. Im Innern der
Flüssigkeit bewegen sich die Teilchen nicht mehr in geschlossenen Orbitalbahnen, „die in sich selbst zurück-
laufen, sondern die Teilchen gehen durch dieselben Punkte
derselben Bahnen wieder rückwärts, durch die sie vorwärts gegangen waren" (Weber). Bei der in obigen
Formeln beachteten einfachsten Schwingung sind in den
Gefäßen von rechteckigem Querschnitt und horizontalem
Boden nach Merian die Bahnen der schwingenden Teilchen krumme Linien, welche gegen die Ebene der Ruhelage konkav sind. Die horizontale Bewegung ist dabei
ein Maximum genau unter der Knotenlinie am Boden des
Gefäßes, daselbst aber die vertikale Bewegung null. Die
vertikale Bewegung selbst hat ihr Maximum an den beiden
Seitenwänden, wo wieder die horizontale Bewegung null
wird. — In dem prismatischen Gefäße Kirchhoffs bewegen
sich die Flüssigkeitsteilchen in den gleichseitigen Hy-
perbeln, deren Asymptoten die Gefäßwände bilden. —
Das Verhalten der Flüssigkeitsoberfläche bei schnelleren
Arten der stehenden Schwingung hat Lechat analytisch
und experimentell behandelt (*Annales de chimie et de physique*, 5me sér., tome 19, 1880, p. 289 ff.).

Die soeben kurz charakterisierten „stehenden Wellen"
scheinen, wie neuerdings mehr und mehr hervortritt, auch
in den Meeren aufzutreten. Wie im folgenden Kapitel
darzulegen ist, kann freilich mit guten Gründen bestritten
werden, daß jene einfachen uninodalen Schwingungen
längster Periode (wobei die Oberfläche eben bleibt) durch
die großen Becken der Ozeane herüber und hinüber vorkommen; vielmehr ereignen sich stehende Schwingungen
anscheinend mehr in abgeschlossenen Meeresteilen von relativ geringer Fläche, wie sie in den kleineren Nebenmeeren und den Golfen und Hafenbecken aller Küsten
gegeben sind. Dort werden sie alsdann für die praktische
Schiffahrt von nicht unbedeutendem Interesse.

Für die Möglichkeit ihres Auftretens ist eine Bemerkung der Brüder Weber zunächst maßgebend, „daß
nämlich auch da, wo die Bedingungen zu einer stehen-

den Schwingung der Flüssigkeiten nicht vollständig vorhanden zu sein scheinen, dennoch eine solche Schwingung entstehen könne"; was die beiden Gelehrten so erklären (indem sie stehende Schwingungen mit mehreren Knoten und Bäuchen im Auge haben), „daß wenn sich nur an einigen vielleicht nicht ganz regelmäßig gestellten Punkten Kegel und Trichter („Bäuche") gebildet haben, die Flüssigkeit dadurch einen Schwung bekommen kann, der, durch wiederholte Zurückwerfung von den Wänden des Gefäßes mehr und mehr regelmäßig werden kann". Indem die natürlichen Wasserbecken, auch die kleinsten Seen, weder senkrechte Wände, noch horizontalen Boden haben, noch taktmäßig an ihrer Oberfläche oder vom Erdboden aus Impulse erhalten, scheinen freilich die hauptsächlichsten Bedingungen für das Auftreten stehender Wellen nicht vorhanden zu sein.

In der That hat man denn auch nicht stehende Schwingungen in solchen Wasserbecken planmäßig gesucht, sondern ist durch einige sonst unerklärliche Undulationen des Wasserspiegels an den Küsten darauf geführt worden, in stehenden Schwingungen hierfür die Ursache zu finden, indem die Gezeiten eine viel zu lange, die Windwellen auch in Gestalt von Grundseen oder längster Dünung eine viel zu kurze Schwingungsperiode besitzen, während das Phänomen viel zu häufig ist, als daß man einfach seismische Stoßwellen ihm zu Grunde legen könnte.

Der Genfer Physiker Forel hat gezeigt, daß gewisse rhythmische Niveauschwankungen der Schweizer Seen, vornehmlich des Genfer Sees, welche dort *Seiches,* am Bodensee *Ruhss* (Schnars, Der Bodensee, Stuttgart 1857, III, 187) genannt werden, in uninodalen Schwingungen des Wassers bestehen. Das Niveau pflegt sich innerhalb einer halben bis dreiviertel Stunden zu heben, dann sich in der gleichen Zeit zu senken, und diese Schwankungen in gleichen Intervallen stundenlang zu wiederholen, wobei die Amplitude der Niveauverschiebung sehr variabel ist und von 8 cm bis gelegentlich wohl zu 2 m betragen kann. Nach den Aufzeichnungen selbstthätiger Pegel kommen außer diesen einfachen Schwankungen auch noch andere von etwas kürzerer Periode vor. Indem Forel die gleichzeitigen Vorgänge in der Atmosphäre diesen gegenüber stellte, fand er allgemein die Amplituden bei ruhigem Wetter klein, dagegen bei bewegter Luft, namentlich bei böigem Wetter oder Gewittern, die Schwankungen sehr viel größer. (Die hauptsächlichsten hierauf bezüglichen Abhandlungen Forels sind enthalten im *Bulletin de la Société vaudoise des Sciences naturelles,* tomes XII, 1873, Nr. 70; XIII, 1875, Nr. 74; ferner *Archives des Sciences naturelles,* tomes 59, Nr. 233 (15. Mai 1877); 63, Nr. 249 (15. September 1878); cf. *Annales de chimie et de physique,* 5me série, tome IX, 1876.) —

Sarasin entnahm den Aufzeichnungen in Vevey, daß außer uninodalen Schwankungen sowohl in der Längs-, wie in der Querachse des Genfersees noch in der ersteren Richtung eine binodale Welle schwingt: die beiden longitudinalen Wellen mit einer Periode von 73 und 35,6 Minuten, die transversale mit 5 bis 6 Minuten (Geogr. Jahrb. IX, 1882, S. 32).

Forel war es auch, der zuerst zeigte, daß ein altes Problem der Ozeanographie, die merkwürdig unregelmäßigen Strömungen des Euripus, der schmalen, bekanntlich beim alten Chalkis oder Negroponte überbrückten Meerenge zwischen Böotien und Euböa, auf uninodalen Schwingungen des Golfs von Talanti (Atalante) beruhen, der seiner horizontalen Konfiguration nach ein fast allseitig abgeschlossenes, ziemlich tiefes Becken vorstellt. Auf Grund von Beobachtungen des Jesuiten Babin, die freilich schon über 200 Jahre zurückliegen, kam Forel zu folgender Erklärung. Der Golf von Talanti öffnet sich durch den Oreoskanal zwischen Euböa und Thessalien zum Aegäischen Meer, aus dem die Flutwelle auf diesem Wege Eintritt findet. Zur Zeit des Voll- und Neumondes zeigt sich in der schmalsten und seichtesten Strecke der Straße, also bei Chalkis, binnen 24 Stunden ein viermaliges Wechseln des Stromes, also ganz wie anderwärts im flachen Wasser auch die Gezeiten es erzeugen würden: offenbar hat man es also dann mit einer Aeußerung der

Springfluten im Aegäischen Meer zu thun. Hingegen zur
Zeit der Quadraturen, also der „tauben" oder schwachen
Fluten, wechselt der Strom unter der Brücke von Negroponte 11- bis 14mal täglich, und diese Erscheinung beruht dann nach Forels Ansicht auf einer „stehenden"
Schwingung des Golfes von Talanti (*Comptes rendus*, t. 89,
1879, p. 859). In der That würde ein Binnensee von
den Dimensionen dieses Golfes ($l = 115\,000$, $p = 100$ bis
200 m), wie Forel schon berechnete, Schwingungen mit
einer ganzen Periode von $2^h\,2^m$ bis $1^h\,26^m$ ergeben, also
in 24 Stunden 11,8 bis 16,6 ganze Oszillationen ausführen.
Auf Grund der britischen Seekarten 1554a, 1554b und
1597 würden sich übrigens folgende genauere Dimensionen
feststellen lassen:

Von Chalkis bis zu	Ab-stand m	Mittl. Tiefe m	Ganze Periode	Strom-wechsel in 24^h
den Lithadainseln	84 820	133	$1^h\,18^m$	18,4mal
dem Eingang des Malischen Golfs	96 300	125	$1^h\,32^m$	16,0 „
dem Ende des Malischen Golfs .	111 100	117	$1^h\,55^m$	12,6 „

Daß auch solche Wellen beim Uebertritt in flacheres
Wasser durch die horizontale Verschiebung der Wasserteilchen Strömungen erzeugen können, darf nicht in
Frage gestellt werden, ein einfaches und jederzeit auszu-
führendes Experiment mit einem flachrandigen Gefäß zeigt
dies sehr deutlich. Auch in den Schweizer Seen sind in
Randbuchten und Seitengewässern nach Forel schon häufig
solche mit den *Seiches* zusammenhängenden Strombewegungen bemerkt worden.

Seitdem Forel jene Erklärung der Euripusströme
gegeben, sind dann die ziemlich eingehenden, wenn auch
bei weitem nicht erschöpfenden Beobachtungen eines
griechischen Seeoffiziers, Kapt. A. Miaulis, veröffentlicht worden, welche in vieler Hinsicht die älteren des
Jesuitenpaters Babin zu modifizieren geeignet sind (Περὶ
τῆς παλλιρροίας τοῦ Εὐρίπου, ὑπὸ Ἀνδρέου Ἀντ. Μιαούλη·
ἐν Ἀθήναις 1882, 29 SS., 12 Tabellen und 1 Karte; siehe

Fig. 23.

18. April 1872.
Mond 22 Tage alt.

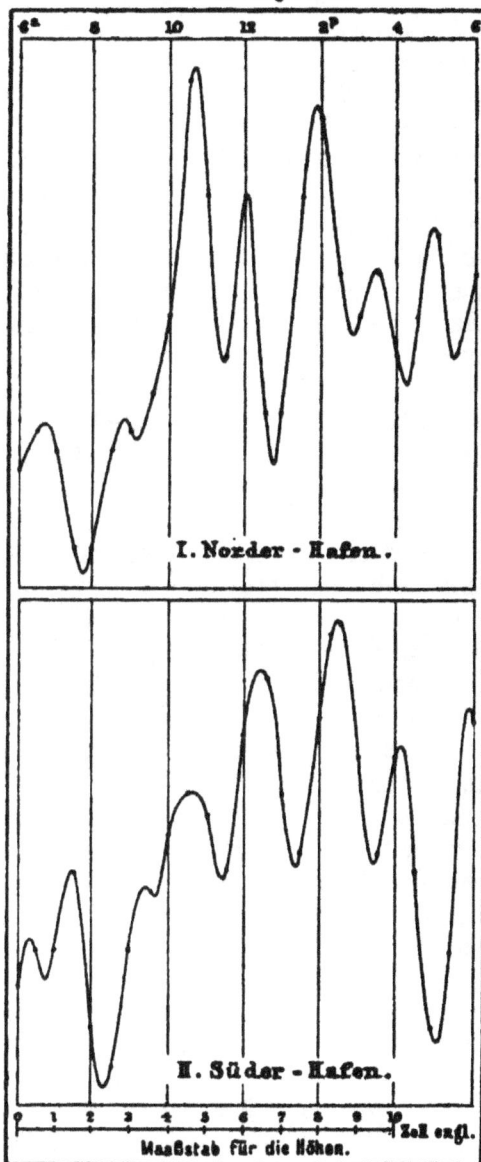

I. Norder - Hafen.

II. Süder - Hafen.

Maaßstab für die Höhen.

meinen Auszug daraus in Petermanns Geogr. Mitteil.,
1887). Es ergibt sich nach kritischer Sichtung derselben, daß die im Norderhafen von Chalkis, also im Bereiche des talantischen Golfs, sich mit den wechselnden
Strömungen gleichzeitig vollziehenden Niveauschwankungen durchaus den *Seiches* der Schweizer Seen gleichen
und dort, ganz so, wie Forel wollte, eine den tauben
Fluten zukommende, wenn auch keineswegs während derselben etwa regelmäßig auftretende Erscheinung sind.
Während die Flutgröße bei Springzeit 1 m erreicht, beträgt die Amplitude dieser kürzeren Niveauschwankungen
5—20 cm (siehe die Fig. 23). — Dagegen sind im Süder-
hafen von Chalkis, einem rundlichen Seebecken von einer
Seemeile Durchmesser, diese Niveauschwankungen gleicher
kurzer Periode (16 bis 20 Wellen in 24 Stunden) anscheinend ununterbrochen vorhanden: die Flutwelle, welche
von Norden her den talantischen Kanal durchlaufen hat,
bricht sich offenbar fast ganz in den engen und flachen
Gewässern unter der Euripusbrücke, so daß der regelmäßige Flutwechsel in dem genannten Hafenbecken südlich von Chalkis nahezu vollkommen durch die dortigen
stehenden Wellen verdeckt wird. Den Ursprung dieser
letzteren mit Sicherheit nachzuweisen, ist zunächst noch
nicht möglich; dazu sind neue Untersuchungen erforderlich. Einstweilen aber spricht viel für eine Hypothese,
welche den Ursprung dieser Schwingungen im eretri-
schen Kanal, der zwischen Attika und Südost-Euböa bis
zu der Verengung bei der Insel Cavaliani reicht, sich
denkt. Der Flutwechsel ist in diesem Teil des ganzen
Euripus verhältnismäßig unbedeutend gegenüber demjenigen im talantischen Kanal, daher denn alle die Ursachen, welche hier „stehende Wellen" zu erzeugen vermögen, ziemlich ungestört in Wirkung treten können.

Als hauptsächlichste Ursache dieser merkwürdigen
Schwingungen hier, wie überhaupt in abgeschlossenen
Meeresgolfen und -Straßen, ist wohl die Aenderung der
Luftpressung auf größeren Bruchteilen ihrer Oberfläche
anzusehen, wie sie sich ergibt, wenn eine Böe über den
Golf dahin zieht oder wenn der Wind überhaupt „puffig"

und in Stößen weht, also örtlich bald sehr stark, bald
sehr schwach wirkt. Für die Dauer dieser starken Luftpressung, bei Böen von ¼ bis ¾ Stunden anhaltend,
findet, weil alsdann die Luftbahnen im spitzen Winkel
auf das Wasser gerichtet sind, eine Aufstauung des
Wasserniveaus in der Richtung des Luftstromes statt,
welche nach dem ziemlich schnellen Aufhören des letzteren
rückwärts ausschwingt. Damit ist dann die Schwankung
eingeleitet. Sie wird sich ganz erheblich in ihrer Amplitude verstärken, sobald etwa eine zweite, folgende Böe in
einer gerade gleichgestimmten Phase auf die Wasserfläche
trifft, d. h. während der von der Böe gepreßte Teil der
Wasserfläche ohnehin in einer Abwärtsschiebung begriffen
ist. Durch solche zufällige, aber sehr wohl mögliche
Verstärkung kann die Amplitude der Schwankung gewiß
leicht jene hohen Beträge erlangen, wie sie zeitweilig vom
Genfer Pegel aufgezeichnet wurden.

Für den Golf von Talanti ist vielleicht noch eine
andere Ursache thätig. Nach Julius Schmidts Erdbeben-
katalog ist, neben dem korinthischen Meerbusen, der Golf
von Talanti wie der malische Golf eine Stätte unglaublich
häufiger Erderschütterungen. Wie in den meisten solchen
stetig bebenden Ländern werden die kleineren, fast alltäglich vorkommenden Stöße kaum beachtet und nur die
heftigeren, mit Zerstörungen verbundenen, der Geschichte
überliefert, wie etwa die oben (S. 115) erwähnten des
Jahres 426 v. Chr. Diese Erschütterungen des Küsten-
randes oder Golfbodens sind gewiß in jener griechischen
Meeresstraße gleichfalls als eine Kraft anzusehen, welche
das Wasser in „stehende" Schwingungen versetzt, wie sie
Forel zur Erklärung der Strömungen bei Negroponte
voraussetzt; doch werden wohl die bekannten Fallwinde
(καταιγίδες) dieses Kanals die in den meisten Fällen wirksame Ursache dieser Niveauschwankungen abgeben.

Auch sonst zeigt das Mittelmeergebiet verwandte Erscheinungen.

Als Airy die Aufzeichnungen des selbstthätigen Pegels
von Malta diskutierte (*Philos. Transact.* 1878, vol. 169,
p. 136 f.), fand er Schwankungen des Wasserspiegels auf

von so kurzer Periode, daß an Gezeitenbewegung nicht zu
denken war. Diese Undulationen waren verzeichnet als
meist einfache harmonische Kurven, nur selten durch
Interferenz kompliziert, von ziemlich gleichmäßiger Periode,
die im Mittel 21 Minuten betrug (aber doch, wie eine
von ihm mitgeteilte Probe zeigt, von 17,9 bis 28,1 Minuten schwanken kann) und von unregelmäßigem Auftreten, wobei die Undulationen dann viele Stunden, bisweilen ganze Tage lang andauern können. Die Amplitude der Schwankungen war meist nur klein, erreichte
aber bisweilen die Wellenhöhe von 30,5 cm, alsdann weit
die Amplitude des Flutwechsels in Malta übertreffend.
Natürlich sind diese Niveauschwankungen im Bereiche
einer so friedlichen See auch den Maltesen aufgefallen,
welche sie den vulkanischen Aktionen auf Stromboli zuschreiben. Airy selbst dagegen bezeichnet sie ohne Zögern
als *seiches*, zumal seitdem er die Aufzeichnungen des
Pegels von Genf mit ihnen vergleichen konnte, wobei
sich beide Erscheinungen zum Verwechseln ähnlich heraus-
stellten. Die stehende Schwingung denkt Airy sich voll-
ziehend zwischen Afrika und Sizilien, und zwar nicht von
Küste zu Küste, sondern in dem tiefen, fast viereckigen
Becken, welches zwischen Malta und dem Kap Bon in
der That vorhanden ist. Die Seekarte zeigt, daß der
mittlere Abstand zwischen der sizilischen und der tunesi-
schen Küste hier auf 308 000 m, die Breite des ganzen
Raumes von NW nach SO auf 264 000 m anzusetzen ist
und die mittlere Tiefe auf 270 m. Die Meriansche Formel
ergibt alsdann $t = 85$ bezw. 100 Minuten, so daß es also
einer Welle mit 8 oder 9 Knotenlinien bedürfte, um in
Malta Schwingungen von $t = 11,5$ Minuten zu erhalten.
Nehmen wir dagegen mit Airy an, daß nur das tiefe, von
der 200 m-Linie begrenzte Becken schwingt, so hat dieses,
ungefähr quadratisch, eine Länge von 187 000 und eine
mittlere Tiefe von 620 m. Daraus ergibt sich $t = 40$ Minuten; hier würde also eine trinodale oder quadrinodale
Schwingung anzunehmen sein. Sollte dagegen — und
das liegt auch im Bereiche der Möglichkeit — die flach
aus tiefem Meere aufsteigende, zwischen Malta und Sizilien

sich erstreckende sogen. Maltabank selbst die Schwingung örtlich begrenzen, so würde l, longitudinal genommen, 66000 m und $t = 30,8$, transversal genommen, 143000 m und $t = 66,7$ ergeben, also eine trinodale, beziehentlich eine senodale Schwingung ergeben. — Welche Zahl von Knotenlinien die stehende Welle der Malteser See wirklich hat, läßt sich gar nicht entscheiden. Es müßte zunächst experimentell untersucht werden, wie stehende Wellen in Gefäßen mit ähnlicher Tiefenanordnung sich verhalten. —

Stehende Schwingungen von erheblich kürzerer Periode hat Aimé aus dem Hafen von Algier beschrieben (*Ann. de chim. et phys.* 1842, V, 423). Sobald einige Tage hindurch heftiger Nordwind die See zwischen den Balearen und Algerien aufgewühlt hat, wobei Wellen von 100 bis 200 m Länge (also einer Periode von 8 bis 12 Sekunden, vgl. S. 12) vorkommen, so beginnt das mittlere Niveau im Hafen alternierend zu steigen und zu fallen. Die Dauer der Oszillationen beträgt zwischen 1 und 3 Minuten, die Aenderung des Niveaus 0,5 bis 1 m. Die im Hafen ankernden Schiffe sind alsdann in Gefahr, nicht nur gegeneinander, sondern auch auf den Grund zu stoßen und sich zu beschädigen. Hier scheint eine stehende Schwingung im Hafenbecken selbst aufzutreten. Letzteres hat (nach einer Karte bei Reclus, *Nouv. géogr. univ.* XI, p. 479) eine Länge von 1700 und eine Breite von 550 bis 700 m; die mittlere Tiefe ist 15 m. Eine uninodale transversale Schwingung eines Beckens von diesen Dimensionen ergibt als ganze Oszillationsdauer $1\frac{1}{2}$ Minuten, eine longitudinale Schwingung $4\frac{1}{2}$ Minuten, also den von Aimé angegebenen Werten sehr ähnliche Zeiten. —

Ob man in dem rätselhaften, an der West- und Südküste von Sizilien von Trapani bis Syrakus lokalisierten Phänomen des Marrobbio ebenfalls stehende Schwingungen des Wassers in den Hafenbuchten oder auf den Küstenbänken sehen darf, muß einstweilen dahin gestellt bleiben. Diese ganze Erscheinung ist überhaupt nur wenig studiert, obwohl die Küstenbewohner sehr genau darauf acht zu geben pflegen, weil sie ihnen reichen Sardellen-

fang gewährt. Theob. Fischer hat darüber folgendes
zusammengestellt (Beitr. zur phys. Geogr. der Mittelmeer-
länder S. 92—96).

„Bei ruhiger, aber dunstiger Atmosphäre und bleigrau bis
gelblichrot gefärbtem Himmel beginnt das Meer plötzlich auf-
zuwallen und überströmt die flachen Ufer; wellenartig erhebt es
sich im Durchschnitt je einmal in einer Minute; oft nur einmal,
oft dies stundenlang (in der Regel aber nur zwei), ja in Mazzara
schon 24 Stunden lang wiederholend. Dort erreicht die Erhebung
in der engen Flußmündung eine Höhe bis zu einem Meter. Der
Grund des Meeres, animalische und pflanzliche Reste, werden wie
von unten her aufgewühlt, das Wasser nimmt eine trübe, röt-
liche Farbe an und ein übler Geruch entwickelt sich. Die großen
Fische fliehen davon, dem offenen Meere zu, die kleineren dagegen
sind wie betäubt, werden auf den Strand geworfen und bleiben
beim Zurückweichen der Aufwallungswelle hilflos liegen und
sterben schnell, anscheinend mehr unter dem Einflusse aus-
strömender Gase als infolge der Trennung von ihrem Lebens-
element. Die gewöhnlich im Schlamme lebenden Fische, die
Aale z. B., leiden weniger darunter, sie kommen nur an die
Oberfläche wie nach Luft schnappend. In Mazzara ist die Erscheinung so häufig und infolge der Konfiguration der Küste
und der engen flachen Flußmündung so hervortretend, daß man
sogar ein Zeitwort gebildet hat und man das *marrubia lu
sciumi* oft hört. Der Name bedeutet jedenfalls *mar rubro*, von
der rötlichen Farbe, die der aufgewühlte tonige Schlamm dem
Wasser gibt, nicht *mare ubriaco*, wie Smyth annimmt, von
der regellosen Bewegung. In Marsala, wo man am Hafen, um die
Straßen und die Häuser gegen gelegentliche Ueberflutungen durch
Marrobbio zu schützen, eine kleine Mauer aufführen mußte, wie
auch in Mazzara will man stets einen Schwefelgeruch wahrnehmen.
Bis zwei Kilometer landeinwärts macht sich die Erscheinung in
einer Erregung aller stehenden Flüssigkeiten, namentlich auch
durch heftiges Stinken der Kloaken bemerklich. Es macht zuweilen den Eindruck, als sei die Bewegung eine senkrechte von
unten, nicht eine wagrechte vom hohen Meere her, doch hat
man nie auch nur eine Spur eines Erdbebens bemerkt, die überhaupt in dieser Gegend selten und schwach sind. Die radialen
Stöße von den Liparen her reichen selten hierher, ebensowenig
die mit den vulkanischen Erscheinungen von Sciacca, Isola Giulia
(Graham-Klippe) und Pantelleria zusammenhängenden. Doch be-
zeichnete man in Porto Empedocle und Syrakus die Erscheinung
als ein Seebeben. Auch auf den Sandbänken südöstlich Mazzara
und am Kap Granitola tritt das Marrobbio besonders heftig auf
und dort ging dabei 1804 sogar ein englisches Kriegsschiff von
18 Kanonen verloren, infolge einer ungewöhnlichen Strömung,
wie der Kapitän vor dem Kriegsgerichte angab. Bei Trapani
geschieht es nicht selten, daß Schiffe vom Marrobbio vom Anker

losgerissen werden, wie es überhaupt von Trapani bis Mazzara am heftigsten auftritt und von da nach Osten schwächer wird. Die Seeleute sehen es immer als Vorboten eines kommenden Sturmes an, wie es denn auch thatsächlich fast beständig von einem südwestlichen Scirocco gefolgt ist." ... Auch an der spanischen Küste bei Alicante und Valencia gelten ähnliche Wallungen am Strande, von den Seeleuten *las tascas* genannt, als Vorboten des Scirocco (Mediterranean Pilot I, 1873, p. 15).

Wir haben Fischers Schilderung in aller Ausführlichkeit hier aufgenommen, einmal weil es sich um eine noch wenig wissenschaftlich erörterte, um nicht zu sagen, unbemerkt gebliebene Erscheinung handelt, und zweitens weil sie gewiß in anderen Mittelmeeren ihre Gegenbilder finden dürfte.

Die Entstehung des Marrobbio scheint, wenn wir Fischers Schilderung recht verstanden haben, eng mit dem Auftreten des Scirocco verknüpft. Bei südwestlichem Winde und fallendem Barometer (welches die auch binnenlands auftretenden Begleiterscheinungen, wie die Gasentwickelung in stehenden Gewässern erklärt) und eigenartig getrübtem Himmel pflegt sich der Scirocco als puffiger und zuletzt böiger Wind zu entwickeln. Auch die Frequenz des Scirocco und des Marrobbio in der jährlichen Periode ist nach Fischer eine gleiche: beide Phänomen kommen zwar in allen Jahreszeiten vor, am häufigsten aber im März und Oktober. Wie im Hafenbecken von Algier, so scheinen auch in allen Buchten und über den Küstenbänken Siziliens sich stehende Schwingungen auszubilden. Doch lassen sich für eine so kurze Oszillationsdauer, wie sie Fischer, offenbar nach Abschätzungen der Küstenbewohner, angibt (nämlich $t = 30$ Sekunden), nicht wohl Becken nachweisen, deren Dimensionen eine so schnelle stehende Schwingung erlaubten, man müßte denn Wellen mit einer großen Anzahl von Knotenlinien konstruieren. Andrerseits ist eine Wellenperiode von 60 Sekunden viel zu groß, um an Dünung oder Grundseen zu denken, abgesehen von der geringen Breite der luvwärts sich ausdehnenden Wasserfläche. Das Problem des Marrobbio ist gegenwärtig noch weit von einer befriedigenden Erklärung entfernt.

Auch an den Küsten des Atlantischen Ozeans scheinen
stehende Schwingungen in geeigneten Lokalitäten sich
einzustellen. Airy machte bereits (*Tides and waves*, Ab-
bildg. 42 und 43, und *Philos. Trans.* 1878, 169, p. 139)
auf Undulationen von kurzer Periode ($t = 7$ bis 10 Minuten) aufmerksam, welche die Flutpegel in Swansea und
Bristol aufgeschrieben hatten und welche vorzugsweise
zur Zeit des Hochwassers aufzutreten scheinen. Denkt
man an stehende Schwingungen im trichterförmigen Golf
von Bristol, so würden sich als Dimensionen ergeben:
l längs gemessen $= 78\,000$, quer $= 41\,000$ und p nach
der Seekarte (d. h. für Niedrigwasser-Springzeit) im Mittel
25 m, wozu noch der ganze Betrag des Hochwassers in
diesem Golfe kommt, der im Mittel auf 10 m anzusetzen
ist; also $p = 35$ m. Hieraus ergibt sich die halbe Periode
zu 36 bezw. 70 Minuten, so daß wir auch hier mehrere
Schwingungsknoten (5 bis 7) einführen müßten, um obigen Wert von t zu erhalten.

Ganz diesen kurzen Schwankungen von Swansea
ähneln die von Lentz (Flut und Ebbe, Taf. 7, Fig. 39) für
eine Sturmflut im Helder, und von Professor Börgen
nach den Befunden der deutschen Expedition für den
Moltkehafen auf Südgeorgien abgebildeten Niveau-
störungen, die sich der Flutkurve aufsetzen. Sie zeigen
eine Periode von $2t =$ ca. 36 Minuten im Helder, und im
Moltkehafen von wenigen Minuten bis zu einer halben
Stunde (Beob. Ergebnisse der deutschen Polarstationen;
Bd. II, Südgeorgien, Berlin 1886, S. XLIX und Taf. SG 16).
Die Amplituden der Niveauschwankungen betragen ebenfalls ziemlich übereinstimmend nur wenige Centimeter.

Endlich ist noch aus den nordspanischen Häfen eine
ähnliche Erscheinung bekannt geworden, welche daselbst
Resaca heißt und den Schiffen zu Zeiten sehr gefährlich
wird. Die englischen Segelanweisungen für diese Küste
erwähnen das Phänomen nicht. Wir besitzen darüber
nur die kurzen Nachrichten, welche deutsche Seeoffiziere
gelegentlich ihres Aufenthalts an jener Küste während
des Karlistenkrieges im Winter 1874 zu 1875 gesammelt
haben (Annal. der Hydrogr. 1875, S. 161 f.). Darnach

tritt die Resaca nur in Hafenbuchten mit weiter und tiefer
Oeffnung auf, so namentlich sehr kräftig in San Sebastian
und Pasages; sie wird dagegen nur wenig oder gar nicht
fühlbar in den gut geschützten Häfen mit engen oder
gewundenen Eingängen, wie das in Santander und Santoña der Fall ist. Die Resaca besteht in einem Hin- und
Herschieben der Wassermassen mit unbedeutender Niveauveränderung. Die Schiffe gieren und schwaien hin und
her. Die Oberfläche des Wassers wird aber wenig davon
beeinflußt, so daß kleine Boote im Hafen ganz unbelästigt
verkehren, während die hin- und hergeführten schweren
Schiffe alle Trossen und Ketten brechen. Am 12. Dezember 1874 erlitten sämtliche vier Schiffe eines im engen
Hafen von Pasages ankernden spanischen Geschwaders
durch eine Resaca schwere Havarien, zwei der Fahrzeuge
mußten auf den Schlick auflaufen, um nicht ganz verloren zu gehen. Leider sind keine Nachrichten über die
Zeitintervalle zwischen diesen Schwingungen gegeben,
doch wird man kaum fehlgehen, wenn man eine uninodale stehende Schwingung wie im Hafen von Algier annimmt. Dabei ist wieder hervorzuheben, daß hier wie
an der Mittelmeerküste vorzugsweise so mangelhaft gegen
die offene See abgeschlossene Golfe es sind (über San
Sebastian vgl. Réclus, *Nouv. géogr. univ.* I, p. 869), welche
in derartige Schwingungen geraten.

Sehr richtig finden wir folgende Bemerkung S. Günthers
(Geophysik II, 385) zu den stehenden Schwingungen überhaupt.
Wenn eine Saite auf der Violine mit dem Bogen gestrichen wird,
so muß, um Töne zu erhalten, der Finger im allgemeinen stark
aufgedrückt werden. Es schwingt dann die Saite zwischen den
beiden Fixpunkten am Steg und am Finger. Legt man hingegen
den Finger beim Anstreichen nur locker auf die Saite, so wird
an dieser Stelle bekanntlich ein Schwingungsknoten erzeugt,
worauf dann die ganze Saite durch Auftreten mehrerer solcher
Knoten in aliquote Teile sich zerlegt. Sollten Bänke oder Stufen,
welche die Becken in den Nebenmeeren oder in Buchten des
Ozeans in gewisse Abschnitte zerlegen, das Auftreten solcher
Knotenpunkte begünstigen? Die Entstehung solcher vielknotiger
Wellen würde dadurch bedeutend verständlicher werden.

Zweites Kapitel.

Die Gezeiten.

I. Ueberblick über die Erscheinungen [1]).

,Unter denjenigen Bewegungsformen des Meeres, welche mit wahrnehmbarer Geschwindigkeit vor sich gehen, ist das regelmäßig in etwa halbtägigen Perioden erfolgende Steigen und Fallen des Meeresspiegels die großartigste, dem Menschen auffallendste und deshalb schon seit ältester Zeit beobachtete. Man nennt diese periodischen Spiegelschwankungen die **Gezeiten** (franz. *les marées,* engl. *the tides*); die Halbperioden, während welcher der Wasserspiegel über bezw. unter dem Mittelstand bleibt, heißen Flut und Ebbe (franz. *flux et reflux* oder *flot et jusant,* engl. *flood and ebb*).

Das Wort Gezeiten kommt bereits 1582 in hochdeutsch geschriebenen Büchern vor, während im Niederdeutschen Getide geschrieben wurde. Dies Wort ist eine regelrechte Ableitung von „Zeit". „Die Vorsilbe ,ge' ist (so schreibt Herr Breusing dem Verfasser) von besonderer Bedeutung, da durch sie das Kollektive, das sich Wiederholende ausgedrückt wird. So haben wir Gebirge von Berg, Gebüsch von Busch, Gewölk aus Wolke, so bedeutet Gebrüll ein wiederholtes Brüllen und Gezeit eine sich wiederholende Zeit." Dementsprechend wird in dem ältesten niederdeutschen Buche über Steuermannskunst mit dem halb hochdeutschen Titel: Beschriving van der Kunst der Seefahrt von P. V. D. H. (Peter von der Horst) Lübeck 1673, 4°, das Wort sowohl in der Einzahl „dat Getide" im Sinne von „die Gezeitenerscheinung" als auch in der Mehrzahl gebraucht. Seit dem vorigen Jahrhundert ist es gebräuchlicher, Gezeit in der Einzahl weiblich zu nehmen. Das gut hochdeutsche Wort heutzutage in der wissenschaftlichen Sprache zu gunsten des der charakteristischen Vorsilbe beraubten plattdeutschen „Tide", welches im

---

[1]) Aus dem Nachlaß von Prof. Dr. K. Zöppritz. Meine eigenen Zusätze sind in den [eckig eingeklammerten] Anmerkungen enthalten. Vgl. die Vorrede. O. Kr.

Munde der Nordseeanwohner heute schon weiter in „Tie" ab-
geschliffen ist, aufzugeben, liegt nicht die geringste Veranlassung
vor, obschon der Versuch zu allgemeinerer Einführung von „Tiden"
im Gegensatz zur Kaiserlichen Admiralität von mehreren neueren
Autoren gemacht worden ist und Verfasser sich leider selbst schuldig
bekennen muß, früher in Unkenntnis der Geschichte des Worts,
diese Einführung vertreten zu haben (Göttinger gel. Anz. 1879,
S. 1458, wogegen zu vergleichen die entscheidenden historischen
Notizen von Breusing im Jahrbuch d. Vereins f. niederdeutsche
Sprachforschung Bd. V (1879), S. 19).

Ein Beobachter, der aus dem Binnenlande zum erstenmal bei tiefstem Ebbestand an einen der Nordseehäfen,
z. B. an der Kanalküste, kommt, sieht vom Bollwerk aus
in unbegreiflicher Tiefe unter sich den Wasserspiegel,
und erhält den Eindruck, als wäre das Hafenbecken künst-
lich entleert worden. In diesem Zustand verbleibt das
Wasser noch ungefähr eine Stunde, ehe ein Wieder-
ansteigen merklich wird; dies beginnt erst äußerst langsam und ist im allgemeinen noch im Anfang der zweiten
Stunde nur schwach. Die Geschwindigkeit des Steigens
nimmt aber allmählich zu und erreicht nach 3 Stunden
ihren größten Wert, während der Meeresspiegel seinen
mittleren Stand erlangt. Dieser Stand wird aber rasch
überschritten, das Wasser steigt in der nächsten Stunde
mit nur wenig abnehmender Geschwindigkeit und erst in
der 5. und 6. Stunde geht die Erhöhung seines Spiegels
in merklich immer mehr abnehmendem Tempo vor sich,
bis das Hafenbecken sich gefüllt und das Wasser an den
Bollwerken seinen höchsten Stand erlangt hat, den es
ebenso langsam wieder verläßt, wie es ihn erreicht hat,
um aber mit der Zeit immer rascher zu fallen, den Mittelstand nach 9 Stunden mit größter Geschwindigkeit wieder
zu passieren und mit abnehmender Schnelle dem tiefsten
Ebbestand entgegenzugehen, der nach etwas weniger als
12 Stunden wieder erreicht wird.

Eine wenigstens 14 Tage lang wiederholte Beobachtung der Erscheinung läßt aber bald erkennen, daß bei
aller Regelmäßigkeit im allgemeinen die Erscheinung doch
Abweichungen sowohl in der Zeit des Eintretens der extremen Stände, als auch namentlich in der Höhe derselben
erkennen läßt. Namentlich zeigt sich, daß alle 14 Tage

die Amplitude der Gezeiten, d. h. die absolute Höhendifferenz zwischen höchstem und tiefstem Stand ein Maximum und 8 Tage vor und nach jedem solchen ein Minimum besitzt. Erstere Zeit nennt man Springzeit, letztere taube Gezeit.

    „Man unterscheidet Springzeit und taube Gezeit in ähnlichem Sinne, wie man leere, taube Schoten von denen unterscheidet, die aufspringen, wenn sie voll und reif sind" (Breusing a. a. O.). Im Französischen sagt man *vives-eaux* und *mortes-eaux*, im Englischen *spring tide* und *neap tide*. Letzterer Ausdruck, worin *neap* niedrig heißt, aber nicht das Geringste mit dem deutschen nippen zu thun hat, ist in der Form Nippflut in die deutsche Schriftsprache geraten[1]), wird aber an der deutschen Küste nirgends verstanden und ist daher auszumerzen.

Die Dauer eines Gezeitenwechsels, d. h. die zwischen einem tiefsten Stand und dem nächsten verstreichende Zeit ist nicht genau 6 Stunden, sondern das Eintreffen verspätet sich von einem Tag zum anderen um etwa 40 Minuten und dieser Umstand ebenso wie die 14tägige Periode der Springfluten deutet sofort auf den Zusammenhang mit der Bewegung des Mondes. Die Dauer eines Gezeitenwechsels entspricht fast genau einem halben Mondtag, d. h. der Zeit zwischen oberer und unterer Kulmination des Mondes, ebenso wie die Zeit zwischen zwei Springfluten der halben Umlaufszeit des Mondes um die Erde entspricht. Für einen bestimmten Ort tritt also Hochwasser immer bei einer bestimmten Stellung des Mondes ein. Wenn z. B. heute der höchste Wasserstand erreicht wird, wenn der Mond im *WSW* steht, so tritt am nächsten Tage, wenn der Mond wieder im *WSW* steht, abermals höchster Wasserstand ein. Diese Wahrnehmung, daß die Zeit des Hochwassers mit dem Stand des Mondes in enger Beziehung steht, hat schon frühzeitig dahin geführt, für die wichtigeren Häfen die Hafenzeit (franz. *établissement*, engl. *establishment*), d. h. diejenige Zeit anzugeben, um welche bei Vollmond oder Neumond das Hochwasser dem Meridiandurchgang des Mondes folgt.

---

    [1]) [Leider auch in den Publikationen der Kaiserlichen Admiralität ausschließlich in Gebrauch].

Die Auswahl gerade dieser Mondsphasen beruht auf der
weiteren Beobachtungsthatsache, daß die höchsten Fluten,
die Springzeiten dem Vollmond und Neumond bald nachfolgen, also kurz nach der Zeit eintreffen, wo Mond und
Sonne gleichzeitig den Meridian passieren. Da die Uhrzeit vom Durchgang der Sonne durch den Meridian aus
gezählt wird, so gibt die Hafenzeit auch an, um wieviel
Uhr bei Springzeit der höchste Wasserstand eintritt.

Da nun, wie schon bemerkt, die Flut immer der
Mondkulmination annähernd um dasselbe Zeitintervall
nachfolgt, so braucht man nur, um für einen beliebigen
Tag die Hochwasserzeit zu finden, aus den astronomischen
Ephemeriden die Zeit der Mondkulmination zu entnehmen
und die Hafenzeit zuzufügen. Das nächste Hochwasser
folgt dann etwa $12^h 20^m$ später, so daß täglich zweimal
Flut und zweimal Ebbe eintritt. Hiervon kommt nur dann
eine Ausnahme vor, wenn das Hochwasser auf 12^h oder
weniger als 20^m vorher oder nachher fällt, weil in diesem
Falle das vorhergehende Hochwasser noch in der letzten
Stunde des vorhergehenden Tages stattgefunden hat, das
folgende schon auf die erste Stunde des nächsten Tages
fällt.

Genauere Verfolgung der zeitlichen Verhältnisse der
Erscheinung lehrt aber bald, daß die Zeitdifferenz zwischen
dem Meridiandurchgang des Mondes und dem Hochwasser
nicht immer streng dieselbe ist, sondern daß sie sich mit
dem Alter des Mondes etwas verändert. An den Tagen
nach den 4 Hauptphasen ist sie dieselbe, aber von Neumond bis erstes Viertel und von Vollmond bis letztes
Viertel trifft das Hochwasser etwas früher, in den beiden
anderen Quadranten des Mondumlaufs etwas später ein,
als es bei unveränderlichem Zeitintervall der Fall sein
würde.

Soweit ungefähr war die Erscheinungsform der Gezeiten
schon bekannt, ehe der erste Versuch zu einer mechanischen Erklärung gelang. Schon den alten Griechen war, obwohl die Gezeiten im Mittelmeer für unmittelbare Beobachtung zu klein sind,
die Existenz derselben in anderen Meeren wohl bekannt, wie man
aus dem Wortlaut ihrer frühesten Erwähnung bei Herodot (Buch II,
Kap. 11) schließen muß, der von dem Golf von Suez kurz be-

merkt, er zeige täglich Ebbe und Flut, und offenbar voraussetzt, daß diese Erscheinung seinen Lesern etwas Bekanntes sei. Auch die halbmonatliche Periode und der Einklang mit der Mondbewegung war schon sehr früh bemerkt worden, denn Strabo (Buch III, Kap. 5, p. 173 Cas.) zitiert bei seiner Beschreibung der atlantischen Küste Iberiens eine längere Darlegung des Posidonius (gest. 51 v. Chr.) über die Gezeiten, welche dies beweist[1]), und auch Cäsar (*Bell. Gall.* Buch 4, 29) kennt die Springfluten und ihre Beziehung zum Mondsalter, während Plinius (*Hist. nat.* Buch II, Kap. 97—99) sogar schon Mond und Sonne als Ursache der Erscheinung nennt[2]). Die Angelsachsen hatten an ihren Inselküsten vielfältige Gelegenheit, die Gezeiten zu beobachten und man trifft deshalb schon um das Jahr 700 bei Beda (*De ratione temporum* Kap. 27) nicht nur die Vorstellung, daß der Mond die Fluten hervorrufe, sondern auch die Kenntnis der Anomalien im zeitlichen Eintreffen an einem und demselben Orte, der Verschiedenheit der Hafenzeit verschiedener Orte, z. B. der Ost- und Westküste von England, des Fortschreitens der Flutwelle von Norden nach Süden längs der englischen Ostküste und des störenden Einflusses des Windes. Im 16. Jahrhundert beginnen sodann die Erklärungsversuche und haben, obwohl lange erfolglos, doch wahrscheinlich viel dazu beigetragen, daß die empirischen Gesetze der Erscheinung genauer erforscht wurden und schon 1682 durch Flamsteed eine korrekte Gezeitentafel für die wahre Zeit des Hochwassers bei *London Bridge* auf jeden Tag des Jahres 1683 in den *Philosophical Transactions* (Vol. XIII, p. 10) veröffentlicht werden konnte. Vier Jahre später erschienen Newtons *Principia mathematica philosophiae naturalis*, worin der große Denker zum ersten-

---

[1]) [Posidonius selbst verdankte seine Kenntnis wiederum den Bewohnern von Gades, vgl. Strabo a. a. O.].

[2]) [„Ebbe und Flut sind wie überall im Mittelmeer, so auch im ägäischen sehr schwach und an den steilen Ufern um so schwerer zu bemerken, als ihre an sich geringe Wirkung durch den Einfluß der Winde oft ganz verwischt wird. Herodot spricht von Ebbe und Flut im Malischen Meerbusen; hier konnte sie am ehesten bemerkt werden, da der Busen seicht ist und die Küste an der Mündung des Spercheios flach einschießt, so daß auch schon eine Niveauveränderung von ⅓ bis ½ m einen ziemlich breiten Strandstreifen bloßlegt oder überschwemmt. Er erwähnt ferner Ebbe und Flut bei Potidaea unter ziemlich analogen Verhältnissen (Her. VII, 198, VIII, 129).“ Partsch-Neumann, Phys. Geogr. Griechenlands, S. 149 f. — Partsch hat auch die Gezeitenerscheinungen in den flachen Syrten nach alten Autoren beschrieben (Pet. Mitteil. 1883, 205). — Am vollständigsten behandelt die betreffenden Kenntnisse der Alten: Th. H. Martin, *Notions des Anciens sur les Marées et les Euripes, Caen 1866* (*Mém. Acad. imp. des Sc. de Caen*)].

mal den ursächlichen Zusammenhang zwischen den Gezeiten und
der Bewegung von Sonne und Mond aufdeckte. Die Kenntnis der
zeitlichen Verschiedenheiten und lokalen Besonderheiten der Gezeiten ist aber in den beiden letzten Jahrhunderten noch erheblich angewachsen.

Was die Flutgröße betrifft, so machen sich außer
der halbmonatlichen Ungleichheit noch andere Abweichungen geltend, die nur bei genauerer Beobachtung erkennbar werden. Namentlich zeigt sich an vielen Orten, daß
während eines halben Jahres die Vormittagsfluten höher
sind als die Nachmittagsfluten, während im nächsten Halb-
jahr das Umgekehrte stattfindet. An solchen Orten kann
man also von einer täglichen und von einer jährlichen
Ungleichheit sprechen. Auch im Charakter einer einzelnen Gezeitenwelle geben sich gewisse Unregelmäßigkeiten
kund. Die Flutdauer (d. h. die Zeit, während welcher
das Wasser im Steigen begriffen ist) ist z. B. in eingeschlossenen Meeresteilen und Flüssen kleiner als die Ebbe-
dauer, und zwar pflegt dieser Unterschied in Springfluten
größer zu sein als bei tauben Fluten. Ueberhaupt zeigt
sich der Charakter der Gezeiten in hohem Grade von der
Begrenzung der Meeresteile abhängig, in denen er beobachtet wird. An kleinen Inseln inmitten großer Meere
werden immer nur geringe Flutgrößen gefunden, die 1 m
selten erreichen. Es gibt ferner Lokalitäten, wo die halbtägige Ungleichheit so zurücktritt, daß täglich nur eine
Ebbe und eine Flut einzutreffen scheint. In abgeschlossenen kleinen Meeresbecken, wie z. B. das Mittelmeer,
werden die Gezeiten fast unmerklich. In Buchten, Flüssen
und engen Meeresstraßen werden die mannigfaltigsten und
in der Regel auch die höchsten Gezeiten beobachtet. Hier
kompliziert sich die Erscheinung jederzeit mit Strömungen,
welche durch die lokalen Anstauungen der Flutwelle erzeugt werden und die überhaupt fast an keiner Küste mit
Gezeitenwechsel fehlen. In jedem kanalförmigen Meeres-
teil erzeugt die Erhebung des Meeres an der Mündung
eine den Kanal entlang sich fortpflanzende Welle und
gleichzeitig eine Strömung, die oft noch lange fortdauert,
nachdem schon die Ebbe begonnen hat. Während des
Tiefstandes der Ebbe läuft dann die Strömung aus dem

Kanal hinaus, welche Bewegung gleichfalls noch längere
Zeit nach Beginn der Flut fortzudauern pflegt. Der
Wasserstand kulminiert an jedem Punkte im Innern der
Bucht bezw. des Kanals später als am Eingang, und zwar
um so später, je weiter der Beobachtungspunkt von der
Mündung entfernt liegt. Man kann deshalb von einer
Flutwelle sprechen, die sich von der offenen See her in
den Kanal hinein fortpflanzt und mit ihrem Gipfel nach
und nach die verschiedenen Querschnitte des Kanals bis
an sein Ende durchläuft. Die Fortpflanzungsgeschwindig-
keit, womit dies geschieht, ist nur von der Gestalt des
Kanals, d. h. von seiner Tiefe, seiner Breite und den
Unregelmäßigkeiten seiner Bildung abhängig. In allen
Fällen ist sie viel größer als die Geschwindigkeit, womit
etwa das Wasser infolge der Gefällsänderung einwärts
strömen könnte. Denn die in die Themse eintretende
Flutwelle durchläuft z. B. 40 km in der Stunde. Ver-
gleicht man diese Geschwindigkeit mit derjenigen, welche
der Fortpflanzung des Fluteintritts an glattverlaufenden
Küsten zukommt, so zeigt sich, daß letztere immer größer
ist als erstere, daß also der Eintritt in engere Kanäle
eine Verzögerung der Wellenfortpflanzung im Gefolge hat.

In langen Kanälen, wie z. B. Flußmündungen, beobachtet man, daß die Zeitdauer von Niedrigwasser zu
Hochwasser abnimmt, je weiter man aufwärts geht. So
steigt z. B. die Gezeit bei Newnham am Severn innerhalb 1 1/2 Stunden vom tiefsten bis zum höchsten Stand
und sinkt 11 Stunden lang, bis sie wieder ihr Minimum
erreicht hat. Bei so plötzlichem Ansteigen des Wassers
rollt dasselbe über seichte Stellen und niedrige Uferbänke
mauerartig in schäumender Brandung aufwärts und bietet
die Erscheinung dar, die man Bore, in der Elbe und Weser
das Rastern [?], im Französischen *barre, mascaret, raz de
marée*, im Amazonenstrom *Pororoca* nennt. Es gibt auch
Flußgeschwelle [1]), in deren oberen Teilen innerhalb

---

[1]) Ich entlehne Herrn Breusing diesen treffenden Ausdruck
für den Teil eines Flusses, worin die Gezeiten (*aestus*) merklich
sind, also für Aestuarium in seiner ursprünglichen Bedeutung.

12 Stunden zwei, ja sogar drei Perioden steigenden und fallenden Wasserstandes sich unterscheiden lassen. Diese Erscheinung tritt ebenso wie die Bore bei Springzeiten deutlicher hervor als bei tauben Gezeiten und ist dann in der Elbe[?] bis 150 km, in der Weser[?] bis 70 km, im Amazonenstrom und seinen Nebenflüssen manchmal bis 800 km von der Mündung bemerkbar. Wenn Baien oder Flußmündungen sich stark verengen, so steigt die Flutgröße bis zu gewaltigen Dimensionen. Berühmt ist in dieser Beziehung die 280 km lange Fundybai zwischen den Küsten von Neuschottland und Neubraunschweig, wo die am Eingang nur 27 m betragende Flutgröße im innersten Winkel der langen Bai im Geschwelle des Codiacflusses (Chepodybai) bis auf 21,3 m steigt; nach Herschel (*Outlines of Astronomy* 1875, § 756) soll in Annapolis sogar die Höhe von 36,5 m beobachtet sein. Auch an europäischen Küsten werden sehr bedeutende Flutgrößen beobachtet; die größte im Inneren des Bristolkanals, woselbst am 8. April 1879 am Clevedon-Pier der Wasserstand 15,9 m über tiefster Ebbe betrug (vgl. *Nature* Vol. XIX, p. 363, 432, 458, 481, 507, 582). Berühmt durch ihre starken Flutgrößen von etwa 11 m ist auch die Bucht von St. Michel an der Nordküste der Bretagne. In langen und schmalen Meeresstraßen, wie z. B. der Kanal, befolgen die Gezeiten in der Mitte desselben dieselben Gesetze, wie an der Mündung von Flüssen und schmalen Baien. Sie steigen und fallen in ungefähr gleichen Zwischenräumen, und sind von Strömungen begleitet, die 3 Stunden vor und 3 Stunden nach Hochwasser in der einen, und in den folgenden 6 Stunden in entgegengesetzter Richtung laufen. An den Ufern und namentlich an der Mündung von Buchten und Strömen werden aber ganz besondere Erscheinungen beobachtet. Statt daß wie in Flüssen das Wasser beim Uebergang von Flut zu Ebbe kurze Zeit völlig zur Ruhe kommt, findet hier ein Wechsel der Stromrichtung statt, der in 12½ Stunden alle Kompaßstriche durchläuft. Stellt man sich so, daß man in der Richtung des Fortschreitens der Flutwelle sieht, so laufen an der Küste zur Linken die

Stromrichtungen im Sinne der Uhrzeiger herum, an der
Küste rechts im umgekehrten Sinne. In der Nähe von
Vorgebirgen, welche verschiedene Buchten voneinander
trennen, entsteht meistens in gewissen Phasen der Gezeit
ein sehr reißender Strom, den die Engländer *Race* nennen.‘

II. Wasserstandsmessung. Pegel[1]).

„Die Erkenntnis der Gesetze des Gezeitenwechsels
und ihre nähere Erforschung bedingt vor allem eine regelmäßige Beobachtung und Aufzeichnung des jeweiligen
Wasserstandes. Solche Beobachtungen sind schon seit
Jahrhunderten gemacht worden, weil die Kenntnis der
mit den Gezeiten wechselnden Wassertiefen für die ozeanische Küstenschiffahrt ein Gegenstand von der aller-
größten Wichtigkeit war. Die Einrichtungen zum Messen
des Wasserstands nennt man Pegel (pegeln, peilen heißt
ursprünglich nichts als messen). In seiner einfachsten,
auch jetzt noch sehr allgemein üblichen Gestalt ist der
Pegel nur ein vertikal fest aufgestellter Maßstab, dessen
unteres Ende so tief unter Wasser liegen soll, daß es
selbst bei tiefstem Stand desselben bedeckt bleibt. Die
von einem beliebigen, meist am unteren Ende gelegenen
Nullpunkt aus zu zählende Teilung muß so kräftig ausgeführt sein, daß sie aus einiger Entfernung deutlich ab-
lesbar ist. Eine sichere Ablesung an einem solchen einfachen Pegel setzt voraus, daß derselbe an einem Punkte
aufgestellt ist, welcher der Wellenbewegung des offenen
Meeres ganz entzogen ist, aber frei mit ihm kommuniziert, also enge Hafenbecken, Docks oder besonders her-
gestellte Schächte. Die Sicherheit der Ablesung hängt
wesentlich von dem Grade ab, in dem die Bedingung des
Auschlusses von der Wellenbewegung erfüllt ist. Da diese
Bewegung mit der Tiefe rasch abnimmt, so genügt es
nach Airy, wenn ein Schacht oder Rohr, in dem der
Wasserstand gemessen werden soll, in etwa 3 m Tiefe

---

[1]) Von Prof. D. Zöppritz; s S. 154, Anm. und die Vorrede.

unter tiefstem Ebbestand mit dem Meere kommuniziert, um darin einen von den unregelmäßigen Schwankungen unabhängigen Wasserspiegel zu erhalten. Einen Schacht oder ein Rohr wird man fast immer anwenden müssen, wenn die Gezeitenhöhe an exponierten Punkten der Küste gemessen werden soll. Zur bequemeren Ablesung wird dann ein Schwimmer auf die Wasseroberfläche gelegt, der einen Stiel trägt, oder besser an einer senkrecht aufwärts, dann über eine Rolle geführten und durch ein kleines Gewicht gespannten Kette hängt. Es wird dann die Größe der Auf- und Abbewegung des Schwimmers entweder auf einem an der Kette (bezw. dem Stiel) angebrachten Maßstab, der sich an einem festen Zeiger vorbeibewegt, oder mittels eines fest aufgestellten Maßstabs, an dem sich ein mit der Kette verbundener Zeiger auf und ab bewegt, abgelesen. Das von der Britischen Naturforscherversammlung eingesetzte Komitee zur Vervollkommnung der Gezeitenbeobachtung und -Berechnung empfiehlt als besonders einfach und genau die Messung des Wasserstandes in einem senkrechten Rohr von 6 bis 8 cm Durchmesser mittels eines langsam von oben eingesenkten Maßstabs, der den Augenblick der Berührung mit der Wasseroberfläche durch den Schluß des elektrischen Stroms eines einzigen galvanischen Elements anzeigt, wobei das metallene Rohr und der metallene Maßstab Zu- und Ableitung bilden.

Die Vervollkommnung der flutanzeigenden Instrumente ist in dem Maße fortgeschritten, wie die Anforderungen, die man an sie stellte. Noch bis vor etwa einem Jahrhundert wurde fast ausschließlich der Hochwasserstand, d. h. Zeit und Höhe der Flutkulmination beobachtet, weil für die Zwecke der Schiffahrt die Kenntnis dieser Phase besonders wichtig war. Seichte Hafeneingänge, Barren u. s. w. konnten eben nur zur Flutzeit, manche nur bei Springflut passiert werden. Man mußte also möglichst genau wissen, wann diese günstigen Umstände eintrafen. Bei Ebbestand ruhte diese Art der Schiffahrt. Erst als die Theorie der Gezeiten mehr Fortschritte machte, erkannte man die Notwendigkeit, zunächst auch die Tiefstände, dann aber überhaupt die Wasserstände in kürzeren Zeitintervallen zu bestimmen. Am vollkommensten entsprechen dieser Forderung die selbstregistrierenden Pegel oder Flutautographen, welche den Wasserstand in der Regel ununterbrochen als Kurve aufzeichnen. Der Grundgedanke ihrer Einrichtung ist folgender. Wenn man an dem Stiel (bezw. der Kette) eines Schwimmers einen Schreibstift oder Pinsel horizontal befestigt und eine zu diesem senkrecht stehende Papierfläche langsam in horizontalem Sinne vorüber bewegt, so zeichnet der Stift eine Kurve auf die Schreibfläche, welche bei steigendem Wasser ansteigt, bei sinkendem absteigt, die Flut also als Berg, die Ebbe als Thal wiedergibt. Bei den großen Amplituden, innerhalb deren an vielen Orten der Wasserstand schwankt, würden unhandliche Papierflächen nötig sein, um diesen Gedanken ganz genau zur Ausführung zu bringen. Man verkleinert deshalb durch ein Hebel- oder Rollenwerk die aufgezeichnete Figur so weit, daß sie auf einem handlichen Blatt Platz findet, das entweder auf einer ebenen Tafel, häufiger auf dem Mantel eines senkrecht stehenden, sich langsam drehenden Cylinders aufgespannt wird. Die Uebertragung von dem Schwimmer auf den Zeichenstift ist so eingerichtet, daß die Ordinaten der aufgezeichneten Kurve proportional der entsprechenden Hebung oder Senkung des Schwimmers sind, während die Abscissen direkt die Zeit darstellen. Durch Messung mit dem Zirkel kann man für jede durch die Abscisse dargestellte Zeit den zugehörigen Wasserstand über einem ein für allemal angenommenen Nullpunkte erhalten, indem man die abgegriffene Länge mit dem Reduktionsfaktor multipliziert, der angibt, wie viel mal die Wasserhöhen größer sind als die Kurvenordinaten. Dieser Faktor ist eine jedem Instrument eigentümliche Größe, die entweder durch Messung der Hebelarme bei dem Uebertragungs- mechanismus, oder aber sicherer durch eine Reihe von Vergleichungen gemessener Kurvenkoordinaten mit direk- ten sorgfältigen Wasserhöhenmessungen bestimmt werden.

Der erste Flutautograph, englisch: *selfregistering tide gauge,* französisch: *marégraphe*, wurde von H. R. Palmer 1831 in Sheerneß aufgestellt und in den *Phil. Transactions for* 1831, p. 209 beschrieben. Ihm folgte der etwas verschieden konstruierte, von Bunt bei Bristol aufgestellte, dessen Beschreibung sich in den *Phil. Trans.* 1838, p. 249 findet. An den deutschen Küsten sind nunmehr auch einige solche Apparate aufgestellt[1]), so z. B. in Swinemünde (s. Seibt, das Mittelwasser der Ostsee, Publikation d. k. preuß. geodät. Instituts, S. 3) und ein neuerer von Reitz in Hamburg verfertigter auf der Insel Sylt, dessen Einrichtung aus der Beschreibung in Biedermann, Bericht über die Ausstellung wissenschaftlicher Apparate zu London 1876, S. 68 zu ersehen ist[2]).

Der Anblick der Aufzeichnungen eines Flutautographen führt besser als alle Beschreibung in - Worten die Unregelmäßigkeiten der Gezeiten vor Augen, von denen zuvor die Rede war. Statt einer einfach in gleichen und symmetrischen Wellen auf- und absteigenden Linie sieht man eine mehr oder weniger unregelmäßig verzerrte Wellenlinie mit lauter unter sich verschiedenen Wellenbergen und Thälern.

Um hier wenigstens ein Beispiel von normalen Flutkurven zu geben, folgen solche von Cuxhaven und von Helgoland (letztere punktiert), und zwar je für einen Tag, den 19. August, wo der Mond gerade aus der Quadratur herausgetreten ist, und einen Vollmondtag, den 26. August 1866. Am ersten von beiden Tagen war fast taube Gezeit, am anderen fast Springzeit. Diese Kurven sind zwar nicht an einem Flutautographen aufgezeichnet, aber durch viertelstündige und um die Kulminationszeit fünfminutliche Ablesungen erhalten worden. Sie sind von H. Lentz, dessen Werk (Flut und Ebbe, Hamburg 1879, S. 48 und Fig. 15) die Figur entnommen ist, so ausgewählt, daß sie, weil an windstillen Tagen beobachtet, von dem Einflusse des Windstaus unabhängig sind und das Gezeitenphänomen möglichst rein zum Ausdruck bringen.

---

[1]) [Nach Kapt. P. Hoffmann (Ann. der Hydr. 1883, 263) an folgenden Punkten der Ostsee: 1) Kiel, Kais. Werft bei Ellerbeck, seit Dez. 1882; 2) Marienleuchte auf Fehmarn, 3) Arkona auf Rügen; diese beiden seit 1881; 3) Swinemünde, seit 1870].
[2]) [Vergl. auch Zeitschrift für Instrumentenkunde V, 1886, S. 165, und recht ausführlich und klar in Ann. d. Hydr. 1886, S. 465 mit Abb.].

Eine Analyse und Diskussion solcher Flutkurven ist mit Nutzen aber erst dann in Angriff zu nehmen, wenn

Fig. 24.

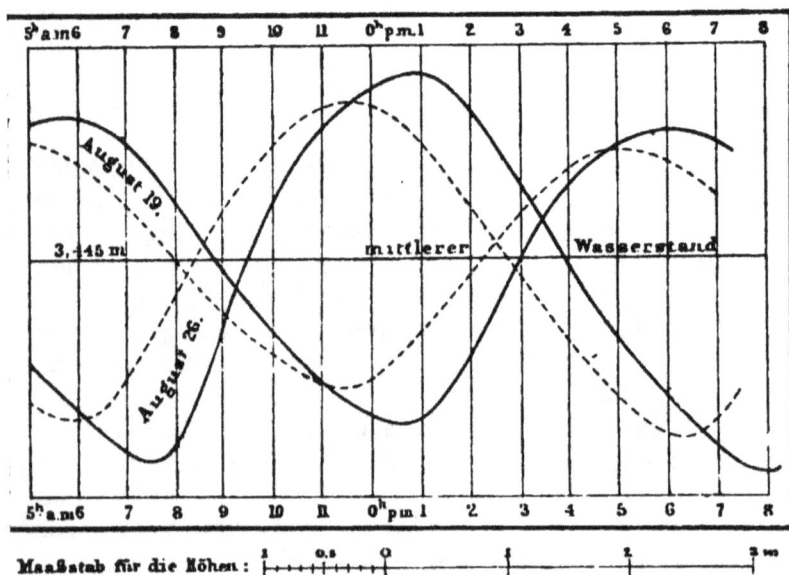

die Ursachen der Gezeiten vom theoretischen Standpunkte aus besprochen sind.'

III. Theorie der Gezeiten [1]).

‚Der zeitliche Parallelismus zwischen den Gezeiten und den Bewegungen von Sonne und Mond war, wie oben S. 157 schon flüchtig angedeutet, bereits den griechischen Geographen bekannt. Das Verständnis des physischen Zusammenhangs hat aber erst Newton erschlossen, indem er die Erscheinung als eine notwendige Folge der von ihm entdeckten allgemeinen Gravitation erklärte. In

[1]) Von Prof. Dr. K. Zöppritz bis S. 174.

seinem berühmten Werke *Principia mathematica philosophiae naturalis* hat er (Buch III, prop. 36 und 37) den Unterschied der Wirkungen von Mond und Sonne auf die zugewandte und abgewandte Seite der Erde betrachtet und daraus gefolgert, daß der Ozean auf jeder von beiden Seiten eine Anschwellung erfahren müsse, welche bei jeder Umdrehung der Erde jedem an der Meeresküste stehenden Beobachter zweimal bemerkbar werden müssen. Newton hat also nur die Natur der Kräfte kennen gelehrt, welche die Erscheinung bewirken. Auf seine theoretischen Andeutungen hin ist 50 Jahre später infolge einer von der Pariser Akademie gestellten Preisaufgabe die sogenannte Gleichgewichtstheorie der Gezeiten von Euler, Maclaurin und Daniel Bernoulli ausgearbeitet worden (*Pièces qui ont remporté le prix de l'acad. 1740*). Unter diesen Arbeiten zeichnet sich die Bernoullis durch Vollständigkeit und praktische Brauchbarkeit aus, indem sie bereits theoretisch berechnete Tafeln für das Eintreffen der Gezeiten während einer ganzen Lunation, d. h. eines Mondumlaufes enthält.

1. Elementare Ableitung der Gleichgewichtstheorie.

Die Wirkungsweise der Anziehung von Sonne und Mond auf die flüssige Umhüllung der Erde läßt sich in ganz elementarer Weise überschauen. Zunächst denke man sich den Mond nicht vorhanden. Die Bewegung der Erde um die Sonne kann als ein durch die Anziehung der letzteren verursachtes Fallen gegen sie angesehen werden, das sich mit der Bewegung in tangentialer Richtung kombiniert, um die wirkliche krummlinige Bahn zustande zu bringen. Ist S die Sonne, E die Erde, so würde sich, wenn die Anziehung der ersteren auf diese nicht vorhanden wäre, die Erde in der Richtung der Tangente geradlinig weiterbewegen und in 1 Minute z. B. bis T gelangen. Durch das Vorhandensein der Anziehung fällt sie aber in derselben Zeit um ein Stück TE' gegen die Sonne und befindet sich deshalb am Ende der Minute nicht in T, sondern in E' auf ihrer elliptischen

Bahn. Hierbei ist stillschweigend vorausgesetzt, daß die
Erde wie ein schwerer Punkt betrachtet werden könne.
In Wirklichkeit besteht aber die Erde aus einem Aggre-
gat von Massepunkten, auf deren jeden die Anziehung der
Sonne wirkt, die also sämtlich nach der Sonne hin fallen.

Fig. 25.

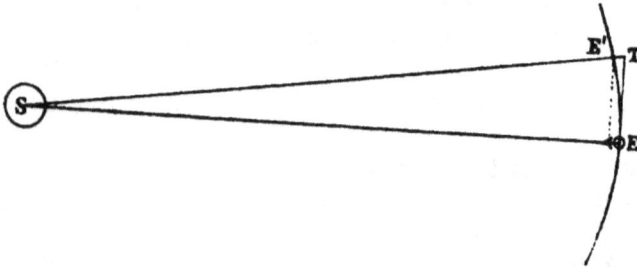

Die Anziehung der Sonne auf jeden Punkt ist aber umgekehrt proportional dem Quadrat der Entfernung, sie
wirkt folglich auf die der Sonne zugekehrte Seite der
Erde etwas stärker als auf die abgewandte und, da ein
Teil der die Erdoberfläche zusammensetzenden Massen
flüssig, also leichtbeweglich ist, werden die Flüssigkeits-
teile auf der zugewandten Seite etwas rascher gegen die
Sonne fallen als der Erdmittelpunkt, die abgewandten
etwas langsamer. Innerhalb der Minute, in welcher der
Erdmittelpunkt den Weg TE' zurücklegte, machen deshalb die zugewandten Teilchen einen etwas längeren, die
abgewandten einen etwas kürzeren Weg als TE'. Die
flüssige Umhüllung der Erde wird deshalb in der Richtung auf die Sonne zu etwas auseinander gedehnt. Nimmt
man zunächst zur Vereinfachung an, daß die ganze Erde
von Flüssigkeit bedeckt sei, so würde dieser Ozean eine
ellipsoidische Gestalt annehmen, weil sämtliche Teilchen,
deren Entfernung von der Sonne größer als die des ihr
nächsten und kleiner als die des fernsten sind, in stetig
abnehmendem Grade an dieser Verschiebung teilnehmen
und nur diejenigen Teilchen unaffiziert bleiben, die von
der Sonne ebensoweit entfernt sind wie der Erdmittel-

punkt, also auf einem Kreise liegen, dessen Ebene senkrecht zur Richtung nach der Sonne durch den Erdmittelpunkt gelegt ist. Dieser Kreis erscheint in der Fig. 26
als gerade Linie AB. Sein Durchmesser bildet die kleine
Achse des gestreckten Rotationsellipsoides, in welches
die flüssige Erdumhüllung übergeht. Da die Erde sich

Fig. 26.

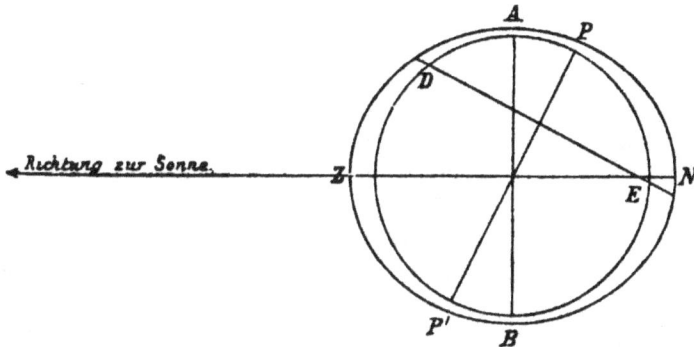

im Laufe von 24 Stunden einmal um ihre Achse PP'
dreht, die Flutprotuberanzen bei Z und N immer auf die
Sonne hin gerichtet bleiben, so bewegt sich jeder Ober-
flächenpunkt des festen Erdkerns im Laufe eines Tages
einmal unter der vorderen und 12 Stunden später unter
der hinteren Protuberanz durch, hat also zweimal Hochwasser, in den Zwischenzeiten aber passiert er zweimal
den Kreis niedrigsten Wasserstandes. Er hat also täglich zweimaligen Ebbe- und Flutwechsel.

Was hier für die Sonne gezeigt wurde, läßt sich auf
den Mond übertragen. Freilich scheint es zunächst, als
ob der Umstand, daß der Mond um die Erde läuft und
nicht umgekehrt, einen Unterschied mache. Allein es ist
zu bedenken, daß von zwei freien, sich anziehenden Körpern
streng genommen keiner in Ruhe bleibt, während der
andere ihn umkreist. In der That bewegen sich beide
um ihren gemeinsamen Schwerpunkt, der allerdings wegen
der Kleinheit der Mondmasse im Vergleich zur Erdmasse
noch in den Erdkörper hineinfällt, so daß die Bahn des

Erdmittelpunktes um ihn eine sehr enge wird[1]). Aber bezüglich der Bewegung der Erde um diesen Schwerpunkt läßt sich dasselbe wiederholen, was oben für die Bewegung der Erde um die Sonne gesagt wurde. Die dem Mond zugewandten flüssigen Bestandteile der Erdoberfläche fallen rascher in der Richtung nach dem Mond, als der Erdmittelpunkt, die abgewandten Teile langsamer. Daher entsteht auch in der Richtung auf den Mond zu ein gestrecktes Flutellipsoid.

Dieses Flutellipsoid und das von der Sonne erzeugte weichen beide nur ungemein wenig von der Kugelform ab, wie sogleich bewiesen werden soll. Das Wasser steigt und fällt daher vermöge der Wirkung jedes von beiden Himmelskörpern nur um sehr geringe Größen gegen denjenigen Stand, den es haben würde, wenn Sonne und Mond nicht vorhanden wären. Da aber Sonne und Mond ihren Umlauf um die Erde in verschiedener Zeit ausführen, also auch zu verschiedenen Zeitpunkten über anderen Punkten der Erdoberfläche senkrecht stehen, so würden auch die beiden Flutellipsoide zu verschiedenen Zeiten, jedes für sich, in verschiedener Lage sich befinden. Jeder Punkt der Meeresoberfläche ist in jedem Augenblick von zwei Impulsen ergriffen, einem von der Sonne und einem vom Mond ausgehenden. Jeder für sich würde ihn in ein bestimmtes Ellipsoid bringen. Durch das Zusammenwirken beider wird aber weder das eine noch das andere Ellipsoid zustande kommen, sondern ein neues Ellipsoid, das jeden Augenblick seine Form ändert. Da an jedem Punkte beide Impulse in derselben Richtung, nämlich derjenigen des Erdradius wirken, so ist der resultierende Impuls die algebraische Summe der beiden zusammenwirkenden und man erhält für einen bestimmten Ort und Augenblick die wirkliche Wasserhöhe dadurch, daß man die Höhe, die bei dem alleinigen Vorhandensein des Mondflutellipsoids stattfinden würde, zu derjenigen

---

[1]) [Diese Auffassung hat Professor W. Ritter in seinem Vortrage „Flut und Ebbe' (Basel 1884) spezieller durchgeführt und durch eine instruktive Zeichnung verdeutlicht (a. a. S. 8).]

addiert, die beim alleinigen Vorhandensein des Sonnen-
ellipsoids eintreten würde. Da die gegenseitige Stellung
von Sonne und Mond sich nur langsam ändert, so ändert
auch das resultierende Ellipsoid seine Form nur sehr langsam. Unter seinen Formen gibt es zwei extreme. Die
eine findet statt, wenn Sonne, Mond und Erde in einer
geraden Linie stehen, wie es bei Vollmond und Neumond
wenigstens annähernd der Fall ist. Dann liegen nämlich
die großen Achsen beider Ellipsoide in derselben geraden
Linie und die Flutprotuberanzen fallen aufeinander, addieren sich also in der günstigsten Lage und geben die
bedeutendsten Fluthöhen, die möglich sind, die Springfluten. Diese Stellung der Gestirne nennt man die der
Syzygien. Der zweite extreme Fall findet in der Stellung der Quadraturen statt, wo die vom Erdmittelpunkt nach Sonne und Mond gezogenen Linien einen
rechten Winkel einschließen, der Mond also im ersten
oder letzten Viertel steht. Da kreuzen sich die Achsen
der beiden Flutellipsoide rechtwinklig, die Flutprotuberanzen des Mondellipsoides fallen in diejenige Kreis-
peripherie, auf welcher das Sonnenellipsoid niedersten
Wasserstand hat, und umgekehrt. Es subtrahieren sich
also die bezüglichen Wasserhöhen voneinander (indem
die Tiefen unter Mittelstand als negative Summanden auftreten), und das Resultat sind äußerst geringe Fluthöhen,
die tauben Fluten.

Bevor indessen der Verlauf der Erscheinung in den
Zwischenlagen zwischen diesen beiden Extremen verfolgt
werden kann, ist es nötig, die Zahlenverhältnisse der
theoretischen Flutgrößen wenigstens annäherungsweise
kennen zu lernen. Wenn man die Erdmasse $= 1$ und die Mondmasse
$= m$ setzt, so ist sehr angenähert $m = \dfrac{1}{80}$. Die Anziehung

des Mondes im Erdmittelpunkt ist proportional $\dfrac{m}{E^2}$, wenn

E die Entfernung zwischen den Mittelpunkten beider Gestirne ist. An dem Punkte hingegen, wo die Verbindungslinie derselben die Erdoberfläche schneidet, ist die An-

ziehung des Mondes etwas größer, weil dieser Punkt dem Monde um die Länge r des Erdradius näher liegt. Sie ist ausgedrückt durch $\dfrac{m}{(E-r)^2}$. Die Differenz beider Anziehungen ist es, welche die Wasserteilchen auf dem letzteren Punkte von dem Erdmittelpunkt abzieht und die Flutprotuberanz erzeugt. Diese Differenz ist:

$$\frac{m}{(E-r)^2} - \frac{m}{E^2} = \frac{m}{E^2}\left(\frac{1}{\left(1-\dfrac{r}{E}\right)^2} - 1\right).$$

Das Verhältnis $r : E$ des Erdradius zur Entfernung des Mondes ist ungefähr $= 1 : 60$. Es ist also nur ein kleiner Bruch, der in dem Nenner in obigem Ausdruck von der Einheit abzuziehen ist. Dividiert man mit diesem Nenner in die Einheit, so erhält man die fluterzeugende Kraft

$$= \frac{m}{E^2}\left(1 + \frac{2r}{E} + \ldots - 1\right),$$

wobei die weiteren bei der Division sich ergebenden Glieder, die nur zweite oder höhere Potenzen des kleinen Bruchs $\dfrac{r}{E}$ enthalten, vernachlässigt sind, weil sie unmerklich sind. Es bleibt also nur als Ausdruck der Kraft, die ein Wasserteilchen der Oberfläche zu heben strebt:

$$\frac{2mr}{E^3}.$$

Die Kraft, womit die Erde ein Teilchen ihrer Oberfläche anzieht, ist aber $= \dfrac{1}{r^2}$, und die vorhergehende ist nur ein kleiner Bruchteil α von dieser, nämlich:

$$\alpha = \frac{2mr}{E^3} : \frac{1}{r^2} = \frac{2mr^3}{E^3}.$$

Da m genauer $= \dfrac{1}{79,7}$, $\dfrac{r}{E} = \dfrac{1}{60,3}$, so wird $\alpha = \dfrac{1}{8510000}$.

Die fluterzeugende Kraft des Mondes ist also nur ein Achteinhalbmillionstel der Schwerkraft.

Wenn der Radius der nicht durch die Mondanziehung gestörten Wasseroberfläche an der betrachteten Stelle $= r$, die Anziehung der Erde auf diesen Punkt ihrer Oberfläche daher $\frac{1}{r^2}$ ist, so kann, nachdem durch die fluterzeugende Kraft des Mondes eine Verminderung des Zugs, den die Wasseroberfläche gegen den Erdmittelpunkt erfährt, eingetreten ist, dieselbe nicht mehr in derselben Entfernung r vom Erdmittelpunkt sich im Gleichgewicht befinden, sondern erst in einer größeren Entfernung $r + h$, in welcher die Anziehung der Erde sich um einen Bruchteil vermindert hat, welcher gleich der fluterzeugenden Kraft ist. Dann erst ist wieder Gleichgewicht zwischen beiden in entgegengesetzter Richtung wirkenden Kräften möglich. In der neuen Lage ist die Schwerkraft an der Oberfläche $= \frac{1}{(r+h)^2}$, die Verminderung ist also

$$\frac{1}{r^2} - \frac{1}{(r+h)^2} = \frac{1}{r^2}\left(1 - \frac{1}{\left(1 + \frac{h}{r}\right)^2}\right).$$

Führt man die Division aus und vernachlässigt die zweite und höhere Potenzen des kleinen Bruchs $\frac{h}{r}$, so erhält man $\frac{1}{r^2} \cdot \frac{2h}{r}$, d. h. den kleinen Bruchteil $\frac{2h}{r}$ der ganzen Anziehung der Erde. Vorher wurde aber gefunden, daß die fluterzeugende Kraft $= \frac{1}{8\,510\,000}$ derselben Anziehung ist. Es muß deshalb, da diese gleich jener Anziehungsverminderung sein soll,

$$\frac{2h}{r} = \frac{1}{8\,510\,000}$$

sein, woraus, da $r = 6\,377\,000\ m$ ist, folgt:

$$h = 0{,}375\ m.$$

Unter den gemachten vereinfachenden Voraussetzungen würde also die durch den Mond erzeugte Flutprotuberanz nur 375 mm betragen.

Die oben angesetzte Formel für α kann ebensogut dienen, um den Bruchteil zu berechnen, den die fluterzeugende Kraft der Sonne von der Erdanziehung bildet. Man braucht nur statt der Mondmasse m die Sonnenmasse s und statt der Mondentfernung E die Sonnenentfernung R zu setzen, dann gibt

$$\beta = \frac{2\,s\,r^3}{R^3}$$

den gesuchten Bruchteil. Setzt man $s = 327000$, denn sovielmal ist die Erdmasse in der Sonne enthalten, und $R = 23340\,r$, so wird

$$\beta = \frac{1}{19\,440\,000}.\;[1])$$

Der Effekt der Sonnenanziehung wird demnach werden:

$$\frac{2\,h'}{r} = \frac{1}{19\,440\,000}$$

$$h' = 0,164\;m.$$

Die Sonnenanziehung erzeugt also eine Flutprotuberanz von 164 mm, so daß die Mondanziehung sich 2,285mal stärker erweist als die der Sonne.

Diese Effekte haben die berechneten Größen indes nur an derjenigen Seite der Erdkugel, welche dem anziehenden Gestirn zugewandt ist; sie repräsentieren also nur die Zenithfluten. Auf der abgewandten Erdhälfte wird die Anziehung schwächer werden, und zwar ergibt eine nach obigen Prinzipien ausgeführte Rechnung, daß die Nadirflut um ¹/₂₀ kleiner ausfällt als die Zenithflut. Die sehr viel schärfere Resultate gebende Potentialtheorie aber zeigt, daß dieser Unterschied nur halb so groß ist, etwa ¹/₄₃. Darum können wir für das Folgende denselben vernachlässigen. Schon Newton dachte sich, da die beiden Flutprotuberanzen sich diametral auf der Erdoberfläche gegenüberliegen, die Gestalt der flüssigen Erdkugel aus der Kugelform übergehend in die eines Sphä-

---

[1]) Bis hierher reichte das von Prof. K. Zöppritz nachgelassene Manuskript.

roids, welches durch Rotation um seine auf den Mittelpunkt
der Sonne gerichtete große Achse entsteht. Alsdann
können wir die Gestalt des Sphäroids auch an anderen
Stellen, als den extremsten der Protuberanzen, untersuchen. Da das Volum der Erdkugel das gleiche geblieben, nur die äußere Gestalt geändert ist, so hat das
neu entstandene Sphäroid mit der Erdkugel gleiches Volum.
Nennen wir a die große Halbachse, b die kleine Halbachse des Sphäroids, so ist

$$\tfrac{4}{3}\, r^3\, \pi = \tfrac{4}{3}\, a\, b^2\, \pi.$$

Die kleine Achse steht senkrecht auf der großen, welche
letztere in der Verbindungslinie zwischen Erd- und Sonnen-
mittelpunkt liegt. Berechnen wir also die Länge von b,
so gibt uns diese ein Maß für denjenigen Betrag, um
welchen die beweglichen Teilchen der Erdoberfläche an
den Stellen, welche um 90⁰ von den Protuberanzen abstehen, unter ihre ursprüngliche Lage gesunken, also
dem Erdmittelpunkt näher gekommen sind. Setzen wir
nun die halbe große Achse $a = r + h$ (h ist oben berechnet), so ist die kleine Halbachse $b = r - x$. Die
Gleichung $r^3 = (r - x)^2 . (r + h)$ ergibt, da x im Vergleich zu r eine sehr kleine Größe ist, deren Produkte
und zweite Potenzen man also vernachlässigen darf,
$2x = h$, also $x = \tfrac{1}{2}h$. Die Depression an den um 90⁰
von den Flutprotuberanzen abstehenden Punkten beträgt
also die Hälfte der Auftreibung an den letzteren, d. h.
von der Sonnenflut 82, von der Mondflut 188 mm. Der
ganze Niveauunterschied zwischen dieser Depression und
der Protuberanz wird demnach

bei der Mondflut . 375 + 188 = 563 mm,
bei der Sonnenflut 164 + 82 = 246 mm.

Diesen Niveauunterschied nennen wir die Flutgröße
(Lentz) oder den Flutwechsel (Kais. Admiralität).

Es wäre nun unrichtig, zu behaupten, daß überall und unter
allen Umständen das Mittelniveau des Meeresspiegels zu ⅓ des
ganzen Flutwechsels anzusehen sei, so daß die Erhebung des
Hochwassers über dieses Niveau doppelt so groß ist wie die Depression des Niedrigwassers unter dasselbe. Airy *(Tides and*

waves § 34) zeigt, daß dies mit der Newtonschen Theorie selbst
in Widerspruch steht. Für die Sonnenflut allein z. B. lautet die
vollständige Formel (im Metermaß)

$$h' = 0{,}0824 \; (3\cos^2\vartheta - 1).$$

Hier bedeutet ϑ den Winkel, welchen der nach einem bestimmten
Punkt der Erdoberfläche gezogene Erdradius mit derjenigen Geraden macht, welche das Erdcentrum mit dem Sonnencentrum verbindet. Man sieht, für $\vartheta = 0$ oder $= 180^0$ wird· der in der Klammer stehende Ausdruck $= 2$; also $h' = 0{,}1648$ wie wir oben fanden.
Bei $\vartheta = 90^0$ wird derselbe Ausdruck gleich -1, also $h' = 0{,}0824$.
Um nun aber die mittlere Höhe des Wasserstandes zu erhalten,
müssen wir untersuchen, welche Form die Erdoberfläche unter
der Einwirkung der mittleren Kraft der Sonne annimmt, und
erst dann die Abweichung des gestörten Niveaus von diesem mittleren zu finden suchen. Denken wir uns die Sonne über dem
Aequator stehend und die ganze Erde mit Wasser bedeckt, nur
gerade unter dem Aequator eine kleine Insel, so wird, wenn wir
die Erde sich unter ihrer deformierten Wasserhülle drehen lassen,
ein dort aufgestellter automatischer Pegel das Wasserniveau in
allen Phasen zwischen Hoch- und Niedrigwasser kontinuierlich
aufzeichnen. Indem wir nun das Mittel aus allen Einzelhöhen
dieser Kurve nehmen, erhalten wir das mittlere Niveau des
Meeres an dieser Insel.

Unsere obige allgemeine Formel können wir nun auch so
schreiben; indem wir $0{,}0824 = A$ setzen,

$$h' = A \left(\frac{3}{2} \; (1 + \cos 2\vartheta) - 1 \right)$$

$$= A \left(\frac{1}{2} + \frac{3}{2} \; \cos 2\vartheta \right).$$

Wenn bei der Drehung der Erde ϑ alle Werte zwischen Null
und 360^0 durchläuft, so geht auch 2ϑ durch gleiche positive und
negative Werte. Das Mittel daraus aber ist 1; also h' im Mittel
unter der Einwirkung der Sonne $= \frac{A}{2}$. Subtrahieren wir diesen
Wert von der thatsächlichen durch die Formel $A \, (3\cos^2\vartheta - 1)$ gegebenen Erhebung, so haben wir als Effekt der periodischen
fluterzeugenden Sonnenkraft:

$$h' = A \left(3\cos^2\vartheta - \frac{3}{2} \right).$$

Ist nun $\vartheta = 0$ oder 180^0, so ist $\cos^2\vartheta = 1$, also dann $h' = \frac{3}{2}A$
im Maximum; bei $\vartheta = 90^0$ wird $\cos\vartheta = 0$, also $h' = -\frac{3}{2}A$ im
Minimum. Die größte Protuberanz ist also auch nach der Newton-
schen Theorie gleich der größten Depression, also Hochwasser
und Niedrigwasser liegen um den gleichen Betrag vom M i t t e l -
n i v e a u entfernt.

Denken wir uns nunmehr gleichzeitig den Mond und die Sonne in der Richtung der großen Achse des Flutsphäroids stehend, wie das bei den Syzygien geschieht, so werden die beiden Protuberanzen zusammenfallen und sich verstärken, ebenso aber auch die beiden Depressionen. Es wird alsdann der Niveauunterschied zwischen höchstem und niedrigstem Wasserstande $563 + 246 = 809$ mm werden; worin wir also das Maß für die Flutgröße in der Springzeit erblicken dürfen.

Nun braucht die Sonne bekanntlich 24 Stunden, um für denselben Ort wieder im Mittage zu erscheinen, der Mond aber eine längere Zeit, welche zwischen 24 Stunden 38 Minuten und 25 Stunden 8 Minuten schwanken kann und im Mittel etwa 24 Stunden 50 Minuten beträgt. An dem Tage, welcher auf die Syzygien folgt, wird also wieder um Mittag Sonnenhochwasser eintreten, wie am Vortage; dagegen sich das Mondhochwasser um 50 Minuten verspäten, also erst 10 Minuten vor 1 Uhr da sein. Da nun aber beide Erscheinungen eben nicht gesondert zur Ausbildung gelangen, so wird das thatsächlich beobachtete Hochwasser eine Kombination aus den beiden einzelnen sein, also der Zeit nach etwas früher eintreten, als wenn der Mond es allein erzeugt haben würde. Dieses Zeitintervall vergrößert sich mit jedem folgenden Tage, der Mond geht immer später nachmittags durch den Meridian (oder was dasselbe ist, das Sonnenhochwasser bewegt sich auf das Mondhochwasser des nächsten Tages zu), bis er endlich um 6 Uhr kulminiert: dann stehen Sonne und Mond am Himmelsgewölbe um 90° voneinander entfernt. Das aber hat zur Folge, daß da wo die Sonne eine Protuberanz erzeugt, der Mond eine Depression hervorruft und umgekehrt. Wäre Sonnen- und Mondflut gleich stark, so würde gar keine Schwellung beobachtet werden. So aber beträgt diese die Differenz beider, also $563 - 246 = 317$ mm. Das gibt die **taube Flut**.

Auf nachstehender Abbildung sind diese Vorgänge graphisch verdeutlicht, die eingetragenen Zeiten sind Mondstunden. Die punktierte Kurve gibt die Sonnenflut, die gestrichelte die Mondflut. In *A* lagern sich beide über-

Fig. 27.

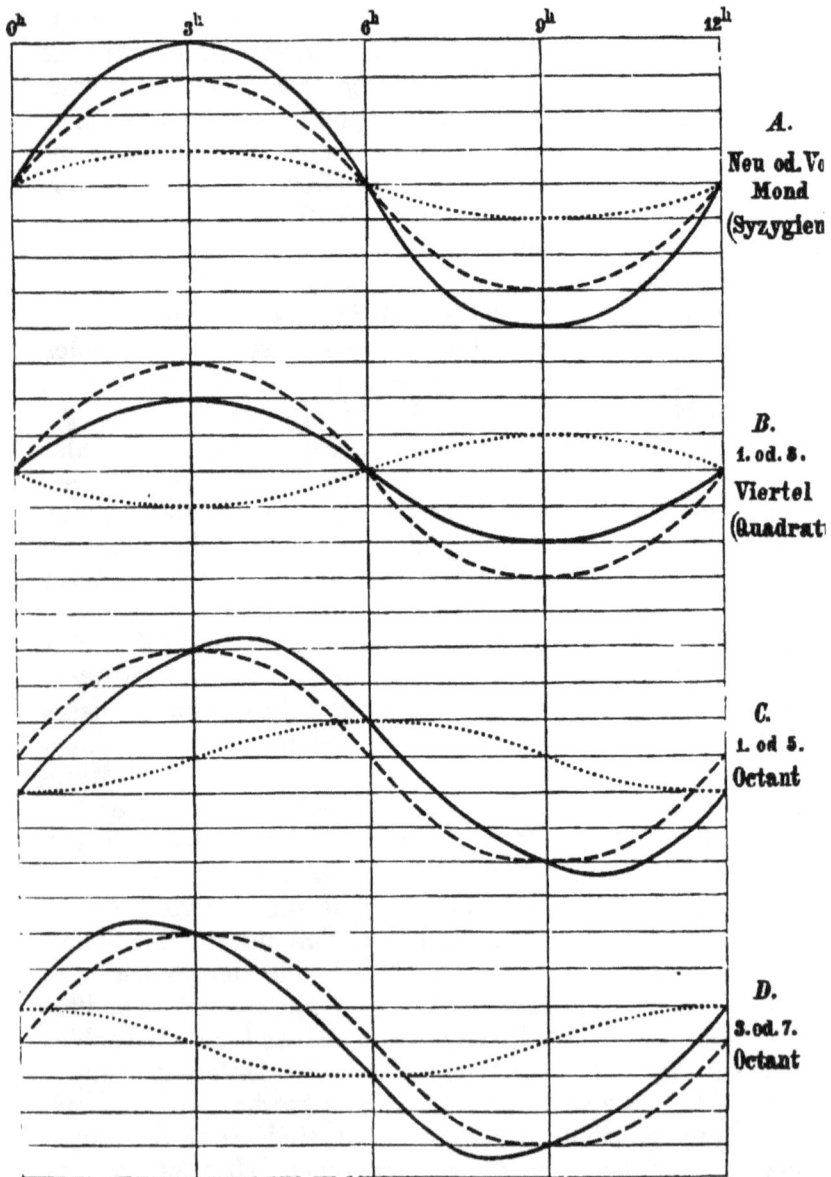

A.
Neu od. Vo
Mond
(Syzygien

B.
1. od. 3.
Viertel
(Quadrat

C.
1. od 5.
Octant

D.
3. od. 7.
Octant

Die wichtigsten Kombinationen der Mond- und Sonnenflut
(nach Hann).

einander und geben in der ausgezogenen Linie die Kurve
der Springflut, in B verdeutlichen sie die taube Flut.
Das folgende Bild C dagegen zeigt das Mondhochwasser
3 Stunden hinter dem Sonnenhochwasser zurück, was
im ersten oder fünften Oktanten zutreffen würde; das
durch die immer eintretende „Superposition" der Gezeiten
thatsächlich erzeugte Hochwasser wird aber etwa eine
Stunde nach der Mondkulmination beobachtet werden.
Im dritten oder siebenten Oktanten beträgt der Zeit-
unterschied des solaren und lunaren Hochwassers 9 Stunden,
das thatsächliche wird dann 1 Stunde vor der Mondkulmination beobachtet.

Da der Mond seine Phasen, von denen diese Vorgänge abhängig sind, in fast einem Monat völlig durchläuft, so sieht man nach je einem halben Monat sich
diese Fälle nach derselben Folge wieder ablösen. Whewell
faßte diese Erscheinung unter dem Namen der „halbmonatlichen Ungleichheit" zusammen, die sich also
nicht bloß in der Höhe der herauskommenden Gezeiten,
sondern auch in den Eintrittszeiten von Hoch- und
Niedrigwasser geltend macht.

Außer dieser halbmonatlichen gibt es noch eine
sogenannte tägliche Ungleichheit, die darin besteht, daß
die Höhe der beiden Hochwasser eines und desselben
Tages nicht gleich ist. Diese Erscheinung beruht darauf,
daß das fluterzeugende Gestirn nur vorübergehend gerade über dem Aequator steht, wie wir oben angenommen
haben, um den einfachsten Fall zu untersuchen. Die
Figur 26 zeigte das höchste Hochwasser gerade unter Z
und N, dann dessen kontinuierliche Abnahme polwärts
und in der Nähe des Pols, bei A und B, das Niedrigwasser. Läge die Rotationsachse der Erde in der Linie AB,
so würden die Punkte des niedrigsten Wasserstandes mit
diesen Polpunkten A und B identisch sein. Anders aber wird
die Anordnung, sobald das Gestirn nördlich oder südlich
vom Aequator kulminiert, also Z und N nicht im Aequator
liegen, sondern die Erdachse die Punkte P und P' verbindet. Dann würde also die Sonne eine südliche Deklination haben. Infolge davon erhält nun jeder Pol ein

schwaches Hochwasser. Nehmen wir nun irgend einen
Ort außerhalb des Aequators, also D, so hat dieser, wenn
das fluterzeugende Gestirn durch seinen Meridian geht,
ein ziemlich geringfügiges Hochwasser, nach 12 Stunden
aber, wenn der Ort nach E versetzt ist, bewirkt die
Nadirflut ein sehr viel größeres Hochwasser. Das gibt
also eine **tägliche Ungleichheit** oder eine Schwankung
im Wasserstande, die sich in jedem Tage nur einmal
vollzieht und auch als „**eintägige Gezeit**" den täglich
zweimal auftretenden **halbtägigen** gewöhnlichen Gezeiten
gegenübergestellt werden kann.

Auch diese Ungleichheit hat einen Einfluß auf die
Zeit des Hochwassers. Die Drehungsachse des Flutellipsoids fällt ja nicht mehr mit der Erdachse zusammen, D liegt dem Drehungspol des ersteren näher als E.
Das hat zur Folge, daß das Hochwasser in E nicht bloß
höher ausfallen, sondern auch länger andauern wird,
als in D.

Sowohl der Mond als die Sonne erzeugen solche eintägige Gezeiten, die also von der Deklination beider abhängig sind: für die Sonne wird der Wert der letzteren δ
ein Maximum in den Solstitien, wo sie über den Wendekreisen im Zenith steht. Die Sonne also wird die tägliche Ungleichheit in einer Periode von einem halben Jahre
in ihrem Effekte schwanken lassen. Der Mond dagegen
passiert in nahezu $27\,^1/_4$ Tagen (genauer in 27 Tagen
7 Stunden 43 Minuten) zweimal den Aequator, bewirkt
also zunächt eine etwa 14tägige Periode der täglichen
Ungleichheit, die sich also mit der halbmonatlichen fast
deckt. Außerdem aber schwankt der größte Wert von δ'
in den einzelnen Jahren je nach der Lage, welche die
Mondbahn zur Ekliptik einnimmt. Setzen wir die Ekliptik $\omega = 23^0\,27,3'$, die Neigung der Mondbahn gegen die
Ekliptik $= i = 5^0\,8,8'$, so liegt der größte Wert von δ'
zwischen $\omega + i$ und $\omega - i$, also zwischen $28^0\,36'$ und
$18^0\,18,5'$. Während einer Periode von ungefähr 9 Jahren
nimmt dieser Maximalwert stetig zu, während weiterer
9 Jahre wieder ebenso ab, und alle 18,6 Jahre etwa wiederholen sich diese Perioden in derselben Art und Reihenfolge.

Da die fluterzeugende Kraft der beiden Gestirne, wie wir sahen, abhängig ist von der dritten Potenz der Entfernung, so sind die Aenderungen des Abstandes der Erde von dem Monde und von der Sonne ein weiterer Umstand, der eine merkliche periodische Ungleichheit erzeugt. Die Entfernung der Sonne von der Erde variiert von 22 949 Erdkugelradien am 2. Januar bis 23 731 am 2. Juli. Diese Tage der Sonnennähe und Sonnenferne verschieben sich auch ihrerseits bekanntlich und werden in 10 400 Jahren ihre Stelle vertauscht haben. In der halbjährlichen Periode vom Aphel zum Perihel aber ergibt sich eine Verstärkung der fluterzeugenden Kraft von 100 zu 110,6, oder die Höhe des Sonnenhochwassers schwankt von 233,9 bis 258,6 mm.

Beim Monde dagegen, dessen Bahn eine sehr viel ausgeprägtere Ellipse ist, schwankt der Abstand von der Erde zwischen 57,02 und 63,65 Erdkugelradien und danach der Betrag des Mondhochwassers von 465,5 mm im Apogäum bis zu 647,4 mm im Perigäum, was sich verhält wie 100 zu 140, also einen sehr viel merklicheren Unterschied bedingt.

Mit diesem Unterschiede in der Höhe des Mondhochwassers muß sich auch das Verhältnis zu der Höhe des Sonnenhochwassers ändern, und damit auch das Verhältnis der tauben Gezeit zur Springzeit. Oben haben wir für die mittleren Abstände der beiden Gestirne gefunden als Ausmaß der Springzeit 809, der tauben Gezeit 317 mm, also ein mittleres Verhältnis der letzteren zur ersteren, wie 100 zu 252,2. Wir sehen aber, daß bei Springzeit im Perigäum des Mondes und gleichzeitigem Perihel die Flutgröße ansteigen kann bis zu einem Maximum von 906 mm, die taube Flut bei Perihel, aber gleichzeitigem Apogäum des Mondes bis zu einem Minimalwert von 206,9 mm sich abschwächen kann. Diese beiden Werte verhalten sich in ihren Extremen also zu einander wie 100:433, während sie auch bis zum Verhältnis von 100:186 sich einander nähern können. Alles das muß bewirken, daß von dieser in der Entfernung der Gestirne beruhenden Ungleichheit, die man auch die parallaktische oder elliptische nennt, namentlich die halbmonatliche Ungleichheit beeinflußt wird. Soweit die parallaktische Ungleichheit vom Monde abhängt, vollzieht sie sich zunächst in der Zeit vom Apogäum zum Perigäum, also in 27 $\frac{1}{2}$ Tagen, zwischen den extremen Werten dieser Abstände aber erst in 8,85 Jahren. —

Man kann sich aus dieser Darlegung einen ungefähren Begriff machen von den zahllosen Kombinationen, die zwischen den Verschiedenheiten der Stellungen und Entfernungen der fluterzeugenden Himmelskörper möglich sind. Die vom Monde allein abhängigen erschöpfen sich freilich innerhalb 18,6 Jahren, um dann in alter Folge wiederzukehren; die von der Sonne allein abhängigen würden ihren Turnus erst nach 21 000 Jahren wiederholen, wo dann das Perihel wieder auf denselben Jahrestag fällt. Da auf ein gemeines Jahr rund 705 Hochwasser entfallen, würden also fast 15 Millionen verschiedenartige Flutkurven an einem Beobachtungsorte notiert werden müssen, ehe die gleichen Formen wieder beginnen.

Andererseits aber sieht man auch, daß selbst die höchsten Springzeiten nach der eben entwickelten Theorie noch nicht 1 Meter betragen, also das dadurch auf einer kugelförmig gedachten Erde erzeugte Flutellipsoid von der Kugelgestalt nur in sehr geringfügigem Maße abweicht.

Zu alledem kommen nun noch die Mondstörungen, die ja darauf beruhen, daß die drei Körper Sonne, Erde und Mond sich in jedem Momente gegenseitig anziehen und die oben behandelten fluterzeugenden Kräfte modifizieren. Die hauptsächlichsten Störungen in ihrer Einwirkung auf das Gezeitenphänomen seien hier wenigstens angedeutet; sie treffen hauptsächlich die Springzeiten.

Da die Erdbahn eine Ellipse ist, steht nicht nur die Erde, sondern auch der Mond im Perihel der Sonne am nächsten. Die Sonne wird alsdann, wie die Störungsrechnungen ergeben haben, im allgemeinen die Attraktion der Erde mindern, also die des Mondes stärker erscheinen lassen. Im Perihel also werden nicht nur die von der Sonne allein abhängigen Flutphänomene sich verstärkt zeigen, sondern auch die des Mondes, während im Aphel dagegen beider Einwirkungen abgeschwächt auftreten werden. Diese sogenannte „jährliche Gleichung" des Mondes (an dem letz-

teren bemerkbar durch Aenderungen seiner Umlaufsgeschwindig-
keit) wird also wesentlich den Charakter der Springfluten beeinflussen.

Eine zweite Störung, die E v e k t i o n, welche schon Ptolemäus erkannte, wird die elliptischen Gezeiten noch in höherem
Maße betreffen. Bei Neumond in der Erdferne wirkt die Anziehung der Sonne genau derjenigen des Mondes entgegen, der
Mond wird von der Erde hinweggezogen, also der Flutwechsel
bei Springzeiten schwächer als normal. Nun tritt einen halben
Monat später Vollmond bei Erd n ä h e ein: Erde und Sonne ziehen
den Mond vereint näher der Erde zu und bewirken so eine Steigerung der Springflut. Bei dieser Lage der Apsidenlinie folgt also
einer abgeschwächten Springflut nach einem halben Monat eine
verstärkte. Fällt die Apsidenlinie (die ja eine so schnelle Bewegung am Himmel hat, daß sie sich im Jahre um 40^0 verschiebt)
dagegen mit den Quadraturen zusammen, so wird im letzten
Viertel bei der stattfindenden Erdnähe des Mondes dieser auch
noch durch die Sonne an die Erde herangezogen (die Rechnung
wenigstens ergibt eine Komponente, welche in dieser Richtung
wirkt), der Flutwechsel der tauben Flut daher erheblich größer
ausfallen als normal wäre; im ersten Viertel dagegen, wo der
Mond im Apogäum steht, wird der Flutwechsel nur um ein
weniges den normalen übertreffen. Die Evektion beeinflußt also
alle von der Excentricität der Mondbahn (welche sie zu verringern
bestrebt ist) abhängigen Charaktere der Gezeiten; auf die Umlaufs-
zeiten wirkt sie zur Zeit, wo die Apsidenlinie mit den Syzygien
zusammenfällt, so mächtig ein, daß der Mondort um $1^0 15'$ verschoben erscheinen kann.

Die V a r i a t i o n, die letzte der größeren „Störungen", kann
den Mondort nur etwa um die Hälfte dieses Betrages (um $0^0 39'$)
verschieben und zwar zur Zeit der Oktanten, der vier Punkte,
welche zwischen den Syzygien und Quadraturen in der Mitte
liegen. Auf die Flutgröße wirkt die Variation so ein, daß bei
Neumond im allgemeinen die Amplitude der Springflut verkleinert
wird (die Sonne zieht den Mond von der Erde hinweg!), bei Vollmond aber sich verstärkt, weil die Sonne den Mond an die Erde
heranziehen hilft.

Alle diese Aenderungen in der Entfernung des Mondes sind
aber doch von sehr untergeordneter Größe, indem sie etwa $^1/_{60}$ der
ganzen Entfernung betragen. Dagegen sind die auf diesen Störungen beruhenden Aenderungen in der Geschwindigkeit des Mondumlaufs von Bedeutung für den zeitlichen Eintritt der Gezeiten,
da ja die Kulmination des Mondes dadurch verschoben wird. Die
Gesamtwirkung von Evektion und Variation kann, wie oben bemerkt, die Länge des Mondes um $1^0 15 + 0^0 39' = 1^0 56'$ ändern,
was im Zeitmaß ausgedrückt 7 bis 8 Minuten ausmacht.

2. Die Theorien von Laplace, Young und Whewell.

In einer solchen ganz elementaren Weise lassen sich, anknüpfend an Newton, die hauptsächlichsten Erscheinungen des Flutphänomens leicht verstehen. Indes ist diese Theorie doch weit davon entfernt, die thatsächlichen Vorgänge, wie sie sich an verschiedenen Orten derselben Küste abspielen, so weit zu erklären, daß sie „in den Bereich des Notwendigen zurückgeführt sind". Schon Newton bemerkte, daß die höchsten Gezeiten in Bristol erst 43 Stunden nach den Syzygien eintreten, *ob aquarum reciprocos motus,* wie er sagt, worunter er sich offenbar eine Art auf Reibung beruhenden Widerstandes dachte. Da aber 43 Stunden nach den Syzygien schon ein Abstand von $18\frac{1}{2}°$ im Bogen zwischen Sonne und Mond vorhanden ist, so wirken also gerade im Moment der beobachteten Springflut zu Bristol Sonne und Mond gar nicht mehr mit dem Maximum ihrer fluterzeugenden Kräfte, sondern ein Teil des Mondeffekts wird von der Sonne aufgehoben; aber trotzdem kommen in Bristol dabei die höchsten Fluten zustande. Auch der Eintritt der Gezeiten in den Zwischenlagen zwischen Syzygien und Quadraturen wird in der Natur in irgend einem Hafen etwa in hundert Fällen nur einmal in dem Moment stattfinden, welchen die Theorie ergibt. Von Hafen zu Hafen ist diese Abweichung eine ganz verschiedene, bald eine Verspätung, bald eine Verfrühung. Am wenigsten aber sind die oben berechneten Werte für die Flutgröße selbst irgendwie zutreffend: in der Natur sind sie an den Küsten durchweg größer als die oben gefundenen, und überdies in dem einen Hafen wieder viel größer als in einem benachbarten anderen. Die besonderen Vorgänge im Bereich der „Flußgeschwelle" bleiben von der Newtonschen Theorie ganz unberührt. (Vgl. die ausführlichere Kritik bei Lentz a. a. O., S. 165 ff.)

Eine nähere Prüfung der Newton-Bernouillischen Theorie zeigt, daß der Fehler derselben in folgendem liegt: Das Flutphänomen wird als ein statisches aufgefaßt, indem auch auf dem deformierten Wasserellipsoid stets

Gleichgewicht herrscht, obwohl doch die Wasserteilchen zur Herstellung der neuen, aber in jedem Augenblick sich wieder ändernden Gleichgewichtslage Bewegungen vollführen müssen. Außerdem ignoriert sie sowohl die (freilich geringe) innere Reibung der Teilchen aneinander, wie die der Flüssigkeit an den Wänden. Endlich setzt die Theorie eine Bedeckung der ganzen Erdkugel mit Wasser voraus, was nicht angeht. So muß man Airy recht geben, wenn er die Newtonsche Gleichgewichtstheorie einmal „einen bewunderungswürdigen ersten Versuch" nennt, ein andermal aber, vom strengeren Standpunkt der rechnenden Analysis: „einen der wertlosesten Versuche, der je angestellt wurde, um eine Reihe wichtiger physikalischer Thatsachen zu erklären".

Das Problem der Gezeiten ist als ein hydrodynamisches, d. h. auf Bewegungsvorgänge in der irdischen Wasserhülle beruhendes, zuerst von Laplace aufgefaßt worden. Aber dieser Meister der Analysis führte gleichfalls beschränkende Bedingungen ein, welche im Hinblick auf den gegebenen Zustand der Erdoberfläche für unzulässig erklärt werden müssen. Er dachte sich gleichfalls die ganze Erdkugel bedeckt mit Wasser, und die Tiefe des letzteren entlang jedem Breitenparallel gleich; zweitens sah auch er von jeder Art von Reibung ab. Seine drei Fundamentalgleichungen, urteilt Ferrel, welche die Beziehungen zwischen den verschiedenen Teilen der störenden Kräfte, in den Richtungen der Meridiane und der Parallelkreise, bei Anwendung der Kontinuitätsbedingung ausdrücken, geben die Bedingungen für das Gezeitenphänomen vollständig wieder, welche bei Vernachlässigung der Reibung erfüllt werden, außer in wenigen besonderen Fällen, die einige Modifikationen der Formeln erfordern. Indem jedoch Laplace sich bemühte, die Lösung dieser Gleichungen möglichst allgemein zu gestalten und sie mit zahlreichen komplexen Entwickelungen belastete, welche sich auf die Attraktionsvorgänge zwischen Sphäroiden beziehen, und überdies den ganzen Stoff unnötig mit seinen Untersuchungen über die Mechanik des Himmels vermengte, so ist seine Behandlung dieses Problems immer für sehr dunkel gehalten worden und nur wenigen verständlich gewesen. Infolgedessen haben Airy und Ferrel, neuerdings auch Hatt, sich bemüht, eine übersichtlichere Form der Ableitungen und Resultate dieser großartigen Untersuchungen Laplaces aufzustellen.

Laplace war der richtigen Ansicht, daß das Flutphänomen als eine Art von rhythmischer Oscillation, also eine Art von Wellenbewegung aufgefaßt werden müsse, und dieser Grundgedanke ist sicherlich der wesentlichste Fortschritt gegen Newton. Ferner war Laplace der Ueberzeugung, daß eine vom Mond erregte Welle sich tagelang konservieren müsse, daß also jede einzelne Flutwelle sich zusammensetze aus der frisch durch den Mond erregten und den Resten aller vorher erzeugten älteren Wellen: eine Auffassung, welche für die flacheren Meeresteile, namentlich die Randmeere, entschieden etwas Richtiges enthält, wo diese alten und jungen „freien" Wellen die frisch von den beiden Gestirnen erzeugten „gezwungenen" Wellen völlig verdecken. Aber wieweit für die großen und tiefen Ozeanbecken das gleiche gilt, ist ohne weiteres nicht zu entscheiden. Eine ganze Reihe anderer, eigentlich nur rechnerisch gewonnener Resultate, weichen von den Lehren der Newton-Bernouillischen „Gleichgewichtstheorie" erheblich ab; es kommt ihnen indes auch nur eine rechnerische, keine in den natürlichen Vorgängen und faktischen Verhältnissen auf der Erdoberfläche begründete Geltung zu: so z. B., daß für gewisse gegebene Meerestiefen, gerade unter dem fluterzeugenden Gestirn am Aequator sich nicht eine Flutprotuberanz, sondern eine Depression ergebe, während dafür dann an den Polen das richtige Hochwasser gefunden werde; ferner, daß die tägliche Ungleichheit auf einem Rotationsellipsoid verschwinde, wenn der Ozean überall von gleicher Tiefe sei, welches letztere Ergebnis aber, wie Ferrel gezeigt hat, schon nicht mehr richtig sein kann, wo auch nur die geringste Reibung vorhanden ist. Laplace gab auch zuerst vollständige Ausdrücke für die fluterzeugenden Kräfte in der Form des Potentials, und er zeigte weiter, daß diese Kräfte sich algebraisch ausdrücken lassen durch eine Reihe von Gleichungen mit konstanten Koeffizienten und Funktionen von Winkeln, welche im Verhältnis zur Zeit wachsen. Indem er nun die Konstanten aus längeren Beobachtungsreihen ableitete, vermochte er die Argumente für gewisse p a r t i e l l e Gezeiten aufzustellen, welche die verschiedenen Ungleichheiten durch ihr periodisches Auftreten erzeugen und, indem sie sich eine über die andere legen, die thatsächlichen Flutvorgänge als eine z u s a m m e n g e s e t z t e Erscheinung erkennen lassen. Insofern kann Laplace als der geistige Vater der „harmonischen Analyse" gelten, und in der That gehört seine Untersuchung der Gezeitenbeobachtungen von Brest (von 1807 bis 1822) zu dem Besten, was bis auf den heutigen Tag in dieser Beziehung geleistet wurde. Namentlich epochemachend ist die Einführung des wechselnden Barometerstandes und des Winddruckes als Faktoren, welche das Niveau des Wassers beeinflussen, also auch die Flutkurve umgestalten können.

Unabhängig von Laplace, wie es scheint, hat dann der gelehrte Arzt Dr. T h o m a s Y o u n g in einem Beitrage zur *Encyclopaedia Britannica* (im Ueberblick auch in seinem *Course of lectures on natural philosophy*, London 1807, vol. I, p. 576) ebenfalls die Gezeiten als ein Phänomen aufgefaßt, welches sich ähnlich den Schwingungen eines Körpers verhalte, der einer periodisch wirkenden Kraft unterliegt. Er nahm aber dabei Rücksicht auf die Reibung, die er dem Quadrate der Geschwindigkeit proportional setzte und bereits als wesentliche Ursache der Verspätung der Springfluten erkannte. Aber nach Ferrel (*Tidal Researches* p. 11, dem ich dieses, wie vieles in diesem historischen Ueberblick entnehme) drücken seine Formeln nur die Bewegungen eines einzelnen Wasserteilchens aus, ohne auf die Kontinuitätsbedingung Rücksicht zu nehmen; ebenso ist auch die Erdrotation vernachlässigt, was beides bei Laplace die gehörige Würdigung findet.

Die Arbeiten von L u b b o c k und W h e w e l l (meist in den *Philosophical Transactions of the Royal Society of London 1830—1850*) stehen noch ganz auf dem Boden

der Gleichgewichtstheorie; sie bezweckten im Grunde
auch nur eine Diskussion der in London, Liverpool und
anderen Hafenplätzen gewonnenen Beobachtungen nach
einer ganz bestimmten Richtung hin, nämlich sowohl
Eintrittszeit wie Höhe der Gezeiten vorauszuberechnen,
was aber doch nur für solche Orte möglich ist, für welche
sorgfältige Gezeitenbeobachtungen bereits vorliegen. So
sind die Tabellen von Lubbock und die Karten und
anderen graphischen Hilfsmittel Whewells für die Bedürfnisse der Praxis von nicht zu unterschätzender Bedeutung geworden, zumal ihr Beispiel auch bei den fremd-
ländischen Nautikern allgemeine Nachahmung fand.

Nur ein bedauernswerter Irrtum haftet an den ersten
Untersuchungen Whewells. Indem er Gezeitenbeobachtungen aus allen Teilen der Welt zusammenstellte, fand
er, daß die Hafenzeiten an vielen Küstenstrecken eine
ziemlich regelmäßige Aufeinanderfolge zeigten, gleichsam
wie wenn der Kamm der Flutwelle, im tiefen Wasser
senkrecht zur Küste stehend, an dieser entlang sich fortschreitend bewegte. Indem er nun konstruktiv diese
Wellenkämme auf einer Karte, zuerst der britischen
Meere eintrug (was übrigens vor ihm schon Young versucht hat: *Course of lectures* I, Tafel 38, Fig. 521), erhielt er *cotidal lines*, wie er sie nannte, d. h. Linien gleichzeitigen Hochwassers bei Neu- oder Vollmond. Beistehendes Kärtchen zeigt eine moderne Redaktion der älteren
Whewellschen Arbeit, entnommen den Gezeitentafeln der
Deutschen Admiralität (die römischen Ziffern geben die
Uhrzeiten nach Greenwichzeit), und man sieht in der That,
wie eine Flutwelle von West nach Ost in den Britischen
Kanal hineinläuft, von Nord nach Süd eine andere entlang der Ostküste Schottlands und Englands, während
das Irische Meer von Süden und Norden zwei Wellen empfängt. Whewell war nun eine Zeitlang der Ansicht, daß
er solche „Flutstundenlinien" auch für die großen Ozean-
flächen konstruieren könne (*Philos. Transactions* 1833, I,
p. 147—236) ist dann aber 15 Jahre später zu der Ueberzeugung gelangt, daß ein solches Unternehmen mehr des
Hypothetischen enthielte, als wissenschaftlich erlaubt sei.

Fig. 28.

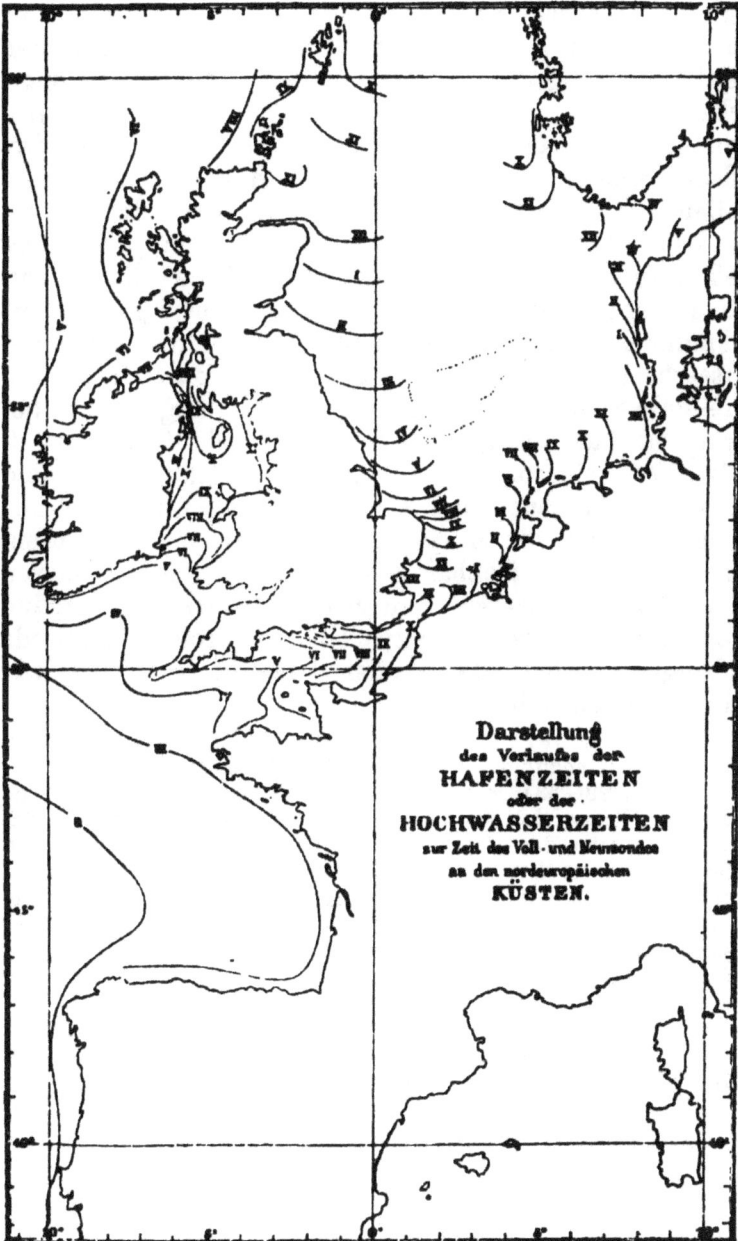

Darstellung
des Verlaufes der
HAFENZEITEN
oder der
HOCHWASSERZEITEN
zur Zeit des Voll- und Neumondes
an den nordeuropäischen
KÜSTEN.

Die große Weltkarte dieser *cotidal lines* hat er alsdann ausdrücklich zurückgezogen. Damit fiel dann auch eigentlich schon die Folgerung, welche Whewell aus seiner Weltkarte gezogen hatte: daß nämlich die an die englischen Küsten gelangende Flutwelle nicht im Nordatlantischen Ozean ihren Ursprung habe, sondern in der Südsee, welche als der größte Ozean auch die größten Wellen zu erzeugen imstande sei, während die Fläche des Nordatlantischen Ozeans nicht ausreiche, so hohe Wellen zu liefern. Diese Behauptung Whewells ist von seinen Zeitgenossen schon hinreichend widerlegt worden, und nunmehr ganz aufgegeben, seit man sogar in so kleinen Wasserbecken wie im Michigansee Nordamerikas eine Gezeitenbewegung erkannt hat, die allerdings selbst bei Springzeit nur wenige Centimeter erreicht (nach Ferrel, *Tidal Researches* p. 251, in Chicago 74 mm). In jedem Wasserbecken, auch den kleinsten Seen, wird eine Gezeitenbewegung durch Sonne und Mond hervorgerufen, nur ist sie nicht meßbar groß und in vielen kleineren Meeresräumen dadurch verdeckt, daß aus den großen Nachbarozeanen „freie" Flutwellen von großer Amplitude eindringen, welche die lokalen Gezeiten gar nicht zur Geltung kommen lassen.

Heinrich Berghaus, der in seinem Physikalischen Handatlas die Untersuchungen Whewells sehr vollständig (vgl. Tafel II, 1 und Text S. 22—53) reproduziert, hat für die *cotidal lines* den gelehrten Namen der *Isorhachien* vorgeschlagen, ein Wort, das nach dem Muster der „Isotherme" gebildet ist. In einer gelegentlichen brieflichen Mitteilung an G. Leipoldt (abgedruckt in dessen Physischer Erdkunde, 2. Aufl. Bd. II, S. 22) habe ich das Unzutreffende dieser Wortbildung zu erweisen versucht. Ἴσος heißt „gleich stark", hier soll aber das Gleichzeitige ausgedrückt werden, wofür also jedenfalls ὁμός zu setzen; ῥαχία bedeutet vielleicht „die Flut", es soll aber analog dem englischen *cotidal* eine Adjektivform gefunden werden, also entweder Homorhachisten oder noch besser *Homopleroten* (von πληροῦν, füllen), wenn man überhaupt nicht vorzieht, kurz und gut „*Flutlinien*" zu sagen, wie Dove oder „*Flutstundenlinien*" wie Börgen, dem ich in diesem Buche darin folge, vorgeschlagen haben. — Aus Berghaus' Physikalischem Handatlas hat auch offenbar die von Whewell gezeichnete und von Berghaus noch „vervollständigte" Weltkarte der Flutstundenlinien ihre große Verbreitung gefunden, trotz des Widerrufes vom Jahre 1848.

3. Die Kanaltheorie von Airy.

Einen wesentlichen Fortschritt in der Theorie der Gezeiten brachte nunmehr G. B. Airy in seinem schon mehrfach erwähnten Artikel *on tides and waves* in der *Encyclopaedia Metropolitana.* Nachdem er eine dem modernen Standpunkte der Analysis entsprechende Darstellung der „Gleichgewichtstheorie" und der Laplaceschen gegeben und die Schwächen beider klargelegt, entwickelte er zunächst eine Theorie der Wellen, insbesondere der Wellen, welche in einem schmalen Kanal von beliebiger Tiefe auftreten können. Die so gewonnenen Gesetze verwandte er darauf zur Deutung verschiedener Gezeitenvorgänge, wie solche sich in beliebig gestalteten und beliebig auf der Erde gelegenen Kanälen vollziehen müßten.

Seine Wellentheorie ergab (nach Börgens Zusammenfassung ihrer Resultate), „daß in einem Kanal, der sich in einem größten Kreise um die Erde erstreckt, zwei halbtägige Flutwellen hervorgebracht werden, welche sich in entgegengesetzter Richtung fortpflanzen und sich daher zu einer Welle zusammensetzen. Die Länge dieser Wellen ist gleich dem halben Umfang der Erde. Wenn der Kanal mit dem Aequator zusammenfällt, so ist die Höhe der Flutwelle überall dieselbe, und sie ist eine fortschreitende Welle. Wenn der Kanal durch die Pole geht, so wird die Welle zu einer stationären, derart, daß Hochwasser auf den Polen gleichzeitig mit Niedrigwasser auf dem Aequator eintritt, und umgekehrt. In allen anderen Fällen, wo der Kanal mit dem Meridian einen Winkel bildet, entsteht eine progressive Welle, welche an verschiedenen Punkten der Erde verschiedene Größe hat und sich mit unregelmäßiger Bewegung fortpflanzt. Wenn endlich der Kanal einen kleinen Kreis entlang einem der Breitenparallele bildet, so entsteht gleichfalls eine progressive Welle, deren Länge dem halben Umfang des kleinen Kreises gleich ist."

Indem nun Airy die Ozeane der Erde als eine Kombination oder eine Art System solcher Kanäle auffaßte, vermochte er auch das Verhalten der Flutwellen auf aus-

gedehnteren Wasserflächen wenigstens anzudeuten. Seine
„Kanaltheorie" gibt vollkommen auflösbare und oft
sehr einfache Gleichungen, welche für die Gezeiten in
Meeresstraßen und Flußgeschwellen, woselbst die Höhe
der Flutwelle einen beträchtlichen Bruchteil der Wassertiefe erlangt, unmittelbare Verwendung finden können.
Airy beachtete dabei durchweg die Reibung unter der
Annahme, daß diese der ersten Potenz der Geschwindigkeit der Wasserteilchen in ihrer Wellenbewegung proportional sei, und kam unabhängig von Young zu dem
gleichen Resultate, daß nämlich die Reibung bewirken
könne, daß die größten Gezeiten um ein Beträchtliches
nach der Zeit der größten (fluterzeugenden) Kraft eintreten.   Viele seiner Entwickelungen sind aber nicht in
einer Form gegeben, welche für praktische Zwecke brauchbar ist, und erst durch die neueren Untersuchungen von
Professor Börgen in Wilhelmshaven ist völlig ins Licht
getreten, welch eine reiche und unerschöpfliche Fund-
grube der anregendsten Ideen in dieser Arbeit Airys enthalten ist.   Freilich gehört zum vollen Verständnis derselben nicht nur eine sichere Beherrschung der höheren
Analysis, sondern noch mehr eine große Unerschrocken-
heit des Rechners, welche auch vor langwierigen Entwickelungen nicht Halt macht.   Für die im vorliegenden
Werke angestrebten Zwecke wird es erforderlich sein (aber
auch genügen), die Airysche Kanaltheorie allgemein
so weit darzustellen, daß das ihr zu Grunde liegende
Prinzip und ihre Anwendbarkeit auf die natürlichen Vorgänge hervortritt.   In dieser Beziehung legen wir die
Redaktion der Kanaltheorie zu Grunde, wie sie Börgen
kürzlich gegeben hat (Harmonische Analyse der Gezeitenbeobachtungen, abgedruckt aus den Annalen der Hydrographie, Berlin 1885).

Auf nachstehender Figur bedeute BAB' einen Kanal
oder doch ein Wasserbecken, dessen Breite im Vergleich
zu seiner Länge sehr klein ist.   Der Kanal bilde einen
größten Kreis auf der Erdoberfläche, seine Lage sei aber
sonst eine beliebige.   Die Wellentheorie setzt nun voraus,
daß durch die Anziehung von Sonne und Mond in dem

Kanale Wellen entstehen, welche in diesem besonderen Falle eben Gezeiten heißen. Die fluterzeugende Kraft an einem bestimmten Punkte des Kanals ist nun diejenige Komponente der störenden Kraft, welche parallel der

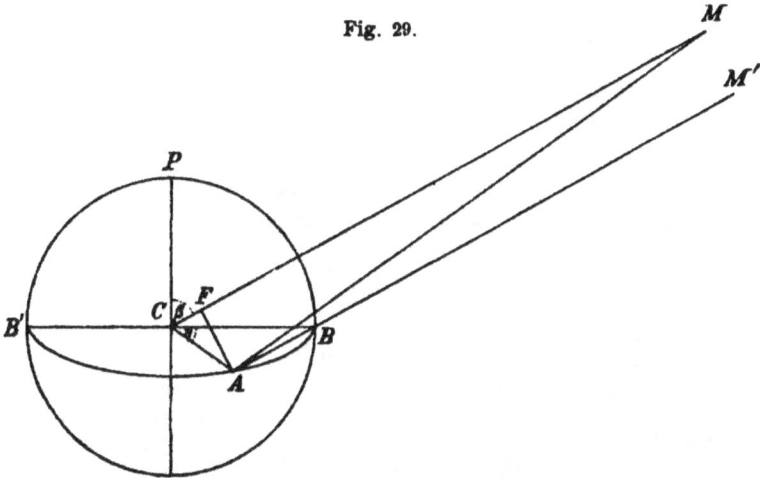

Fig. 29.

Längsrichtung (Achse) des Kanals und tangential an dem betreffenden Punkte wirkt. Es ist dieselbe · Grundanschauung, welche wir für die Entstehung von Windwellen als maßgebend erkannten, wo ja auch der horizontal wirkende Wind als die wesentlich Wellen erzeugende Kraft auftrat (S. 61).

Es sei P der Pol des größten Kreises BAB', A der Beobachtungsort an diesem, C der Mittelpunkt der Erde und M der anziehende Himmelskörper. Wir legen nun durch C, P und M eine Ebene, welche die Erdoberfläche in dem größten Kreise BPB' schneidet, und bezeichnen die Winkel PCM mit β, BCA mit η, den Erdradius $CA = CB$ mit r, und den Abstand des Gestirns M vom Mittelpunkt der Erde C, also MC mit E und die Masse des Himmelskörpers mit m. Dann ist die Anziehung, welche der Körper im Mittelpunkt der Erde ausübt:

$$= \frac{m}{(MC)^2} = \frac{m}{E^2},$$

und in dem Punkte A:

$$= \frac{m}{(MA)^2}.$$

Die erstere dieser Kräfte wird in der Richtung MC, die letztere in der Richtung MA ausgeübt. Ziehen wir nun $M'A$ parallel MA, so ist die Anziehung in A nunmehr ausgeübt in der Richtung AM':

$$= \frac{m}{(MA)^2} \cdot \frac{MC}{MA} = \frac{m \cdot E}{(MA)^3}$$

und in der Richtung CA:

$$= \frac{m}{(MA)^2} \cdot \frac{CA}{MA}.$$

Diese letztere Kraft, welche in der Richtung der Schwere wirkt, kann vernachlässigt werden, da sie zur Erzeugung der Flut nichts beiträgt.

„Die störende Kraft in dem Punkte A ist nun offenbar der Ueberschuß der in der Richtung AM' wirkenden Anziehung im Punkte A über die ihr parallele Anziehung im Punkte C, oder es ist störende Kraft in A:

$$= \frac{m \cdot E}{(MA)^3} - \frac{m}{E^2},$$

und zwar wirkt dieselbe parallel der Richtung CM.

„Zerlegen wir diese störende Kraft in zwei andere, von denen die eine in der Ebene des Kanals, die andere quer zu demselben wirkt, so wollen wir die letztere vernachlässigen, weil in unserer Voraussetzung die Breite des Kanals gegenüber seiner Länge als unbedeutend angenommen wird und daher in der Richtung der Breite desselben keine wahrnehmbaren Gezeiten entstehen können. Die erstere wird aber:

$$= m \left(\frac{E}{(MA)^3} - \frac{1}{E^2} \right) \cos MCB$$

$$= m \left(\frac{E}{(MA)^3} - \frac{1}{E^2} \right) \sin \beta.$$

Diese Komponente wirkt parallel der Richtung CB, wir haben sie daher, um zu unserer fluterzeugenden Kraft zu gelangen, noch einmal in zwei Komponenten zu zerlegen, von denen die eine, eben die gesuchte fluterzeugende Kraft, in der Tangente an A, die andere in der Richtung CA wirkt. Die letztere kann wieder, als in der Richtung der Schwere wirkend, vernachlässigt werden, und es ist demnach die fluterzeugende Kraft im Punkte A:

$$= m \left(\frac{E}{(MA)^3} - \frac{1}{E^2} \right) \sin \beta \cdot \sin \eta \ . \ . \ . \ . \ (1)$$

„Um MA zu finden, denken wir uns von A aus eine Senkrechte AF auf MC gefällt, so ist:

$$(MA)^2 = (MF)^2 + (AF)^2,$$
$$= (E - r \cos ACM)^2 + (r \sin ACM)^2,$$
$$= E^2 - 2 r E \cos ACM + r^2.$$

Denken wir uns die Linien CP, CA und CM bis ans Himmelsgewölbe verlängert, so wird dort ein sphärisches Dreieck entstehen, dessen Seiten $PC = 90°$, $MA = $ dem Winkel MCA, und $PM = $ dem Winkel $PCM = \beta$ sind, während der zwischen PA und PM eingeschlossene Winkel $APM = ACB = \eta$ ist; daher

$$cos\ MC = sin\ PM\ .\ cos\ APM,$$
$$cos\ MCA = sin\ \beta\ .\ cos\ \eta$$
$$MA^2 = E^2 - 2\,r\,E\ sin\ \beta\ .\ cos\ \eta + r^2.$$

Dies in die obenstehende Gleichung (1) eingesetzt, gibt, nachdem $(MA)^{-3}$ in eine Reihe entwickelt, wobei indes die von der vierten Potenz der Entfernung abhängigen Glieder unterdrückt werden, und nachdem $sin\ \eta\ .\ cos\ \eta = \frac{1}{2}\ sin\ 2\,\eta$ gesetzt worden, die fluterzeugende Kraft in A:

$$= -\frac{3\,m\,r}{2\,E^3}\ .\ sin^2\beta\ .\ sin\ 2\,\eta\ .\ \ \ .\ \ \ .\ \ \ .\ \ \ (2)$$

welche Kraft darum das negative Vorzeichen erhält, weil der Winkel η in der Richtung von B nach A wächst, die Kraft aber das Wasser in der umgekehrten Richtung von A nach B zu bewegen sucht.

„Da nun aber das Gestirn nicht immer dieselbe Lage zum Beobachtungsorte A beibehält, vielmehr sowohl infolge der Rotation der Erde im Laufe eines Tages alle möglichen Stellungen zu demselben einnimmt, als auch, infolge der Bewegung in seiner Bahn, während eines Umlaufs seinen Ort am Himmel ändert, so sind die beiden Winkel β und η veränderlich, und wir müssen die Funktionen dieser Winkel, welche in der Gleichung (2) vorkommen, durch diejenigen Größen ausdrücken, durch welche die Stellung des Gestirns am Himmel und zum Beobachtungsort in jedem Augenblick fixiert wird."

Der nun folgende, zu dem eben angegebenen Ziel führende Weg ist ein sehr umständlicher (obwohl er für jeden mit der sphärischen Trigonometrie bekannten Leser gangbar wäre), und wir verzichten an dieser Stelle auf die Wiedergabe, indem wir auf Börgens oben bezeichneten Aufsatz selbst verweisen. Indem die Deklination des Gestirns mit δ bezeichnet wird und mit Θ derjenige sphärische Winkel am Himmelspol, welchen der Stundenkreis des Gestirns mit demjenigen größten Kreise macht, der den Pol des Kanals mit dem Himmelspol verbindet; ferner C_0, C_1 und C_2 und ψ_1 und ψ_2 Koeffizienten bezw. Winkelgrößen bedeuten, welche sowohl von der geographischen Lage des Kanals auf der Erde, wie von seiner Wassertiefe abhängig sind, und andrerseits von der Lage des Beobachtungspunktes am Kanal selbst beeinflußt werden, so ergibt sich für die ganze Wellenhöhe an einem beliebigen Punkte eines solchen Kanals unter der fluterzeugenden Wirkung des Gestirns nach Airy und Börgen die Gleichung:

$$h = - \frac{3\,m\,r^2}{E^3} \cdot C_0 \cdot \left(\tfrac{3}{2}\, cos^2\, \delta - 1 \right)$$

$$+ \frac{3\,m\,r^2}{E^3} \cdot C_1 \cdot sin\, 2\delta \cdot cos\, (\Theta - \psi_1)$$

$$+ \frac{3\,m\,r^2}{E^3} \cdot C_2 \cdot cos^2\, \delta \cdot cos\, (2\Theta - \psi_2) \quad . \quad . \quad . \quad (3)$$

Diese Gleichung zeigt uns die Flutwelle als etwas Zusammengesetztes, und zwar entsprechend den drei Gliedern, in welche sie zerfällt, aus drei Kategorien von Wellen. Das erste Glied des Ausdruckes ist von Θ unabhängig und nur von δ, der Deklination, beeinflußt; es ergibt dies die „Deklinationsgezeiten" von langer Periode. Die durch das zweite Glied gegebenen Wellen durchlaufen alle ihre Phasen in derselben Zeit, in welcher Θ von 0^0 bis 360^0 wächst, und da der Hauptteil von Θ von der Rotation der Erde abhängt, so durchlaufen diese Wellen ihre Phasen im Laufe von ungefähr einem Tage: das sind die „eintägigen Gezeiten". Dagegen sind die durch das dritte Glied gegebenen Wellen die „halbtägigen Gezeiten", weil sie alle ihre Phasen in derselben Zeit vollenden, in welcher 2Θ von 0^0 bis 360^0 wächst, d. h. ungefähr in einem halben Tage. Daraus wieder folgt, daß immer zwei Wellen in dem ganzen Kanal gleichzeitig vorhanden sein müssen. — Die Gleichung gilt, wie sie dasteht, nur für einen anziehenden Himmelskörper; indem man nun die Maße von m, E, δ, und Θ für den Mond einsetzt und eine zweite Gleichung mit den Maßen für die Sonne, nach dem Gesetz der Superposition der Wellen, einfach hinzu addiert, erhält man die thatsächliche Flutwelle, wie sie von beiden Gestirnen geschaffen ist. Die Airysche Auffassung der Gezeitenströmungen wird mit besonderer Ausführlichkeit im folgenden Abschnitt behandelt werden.

4. Schwankungstheorie von Ferrel.

Wie es scheint, war Newton der erste, welcher einmal ganz gelegentlich das Gezeitenphänomen als das aufzufassen empfahl, was wir heute eine „stehende oder stationäre" Schwingung nennen. Dem Leser ist der Begriff der letzteren aus früheren Erörterungen geläufig (oben S. 137 f.). Es ist aber später von Young und dann von Admiral Fitz-Roy (*The Weather Book*, Appendix B, S. 367) und anscheinend unabhängig hiervon von Dove (Zeitschr. für allgem. Erdkunde VI, 1856, 472 f.) und zuletzt von Ferrel der gleichen Anschauung Raum gegeben worden. Allemal wurde als Hauptbeweis für ein einfaches Hin- und Herschaukeln der Meere die Unmöglichkeit hingestellt, für die Küsten der Vereinigten Staaten, sowohl für die atlantischen wie für die pazifischen, Flutstundenlinien zu konstruiren: denn in diesen amerikanischen Häfen tritt das Hochwasser nahezu gleichzeitig entlang der ganzen Küste auf, wobei nur die am weitesten ins Festland eingeschobenen Buchten oder Gebiete mit breit vorgelagerten Flachwasserbänken eine Verspätung des Fluteintritts gegenüber den freier gelegenen Nachbarorten zeigen. Man überschaue nachstehende Tabelle, welche die Hafenzeiten (auf Greenwich-Zeit reduziert) für die Ostküste der Vereinigten Staaten wiedergibt:

St. Augustine	1ʰ 47ᵐ
Ossabaw-Sund, südl. von Savannah	1 43
Winyah-Bai (33° 15′ N. Br.) . . .	1 12
Hatteras-Inlet	0 6
Kap Henry, Delawaremündung . .	0 44
Sandy Hook vor New York . . .	0 25
Block-Insel	0 22
Sable-Insel, Südseite	10 30
Halifax	0 3
Kap Race, Neufundland	10 32

Der in Sable-Insel und an der Südostspitze Neufundlands um zwei Stunden verfrühte Eintritt des Hochwassers wird nicht so sehr auffallen, da diese Punkte die vorgeschobensten des ganzen nordamerikanischen Festlands sind; aber für die eigentlichen Küstenplätze ist der größte Unterschied in den Hafenzeiten doch nur etwa eine Stunde. Aehnlich zeigt die oben S. 189 gegebene Karte der Flutstundenlinien der westeuropäischen Meere deutlich, wie am Biskayischen Golf alle Häfen nahezu gleichzeitig ihr Hochwasser erhalten, und zwar etwas nach 3 Uhr Greenwich-Zeit, und ähnlich die Westküste Irlands etwas nach 5 Uhr. Da allerdings die Westküste Portugals etwa um 2 Uhr ihr Hochwasser bei Springzeit hat, so ist immerhin eine kontinuierliche Verspätung der Flutstunden, von Süden nach Norden zunehmend, absolut nicht zu bestreiten.

Nach der Merianschen Formel für uninodale Schwingungen, welche hier ohne weiteres Anwendung finden

kann, da ja die Wassertiefe des Atlantischen Ozeans (etwa
3,8 km) im Vergleich mit seiner Breite und Länge (mindestens 3500 km, vielfach das Doppelte) verschwindend klein
ist, ergeben sich folgende Beziehungen:

$$t = \frac{l}{\sqrt{2gp}} \text{ oder } p = \frac{l^2}{2g \cdot t^2} \text{ oder } l = t\sqrt{2gp},$$

wo t die halbe Periode der Schwingung in Sekunden,
l die Länge des Beckens in Metern, p die Wassertiefe
(in Metern) und $2g = 9,8$ m die Beschleunigung der
Schwere bedeutet. Indem wir das Zeitintervall zwischen
je zwei Hochwassern zu $12^h 24^m$ annehmen, ist $t = 6^h 12^m$
$= 22320$ Sekunden.

Wenn es nun in irgend einem Ozean einen Streifen
gibt, dessen Tiefe zur Längenausdehnung in solchem Verhältnis steht, daß eine uninodale Schwingung von 22320 Sekunden Halbperiode durch die fluterzeugenden Gestirne
erregt werden kann, dann wird durch die periodische
Wiederholung dieser Störung die stehende Welle an den
beiden Küsten Amplituden erreichen, welche der Theorie
nach unendlich groß werden können, obwohl die zer-
störenden Wirkungen, welche derartige Wasserschwankun-
gen zur Folge haben müssen, durch vermehrte Reibung
sie bald auf einen endlichen, wenn auch kolossal hohen
Wert reduzieren dürften. Schon die Thatsache, daß
nirgends entlang freien ozeanischen Küsten abnorm hohe
Gezeiten beobachtet werden, ist ein Beweis, dass diese
uninodalen Schwingungen, wenn überhaupt vorhanden,
dann jedenfalls nicht Ausschlag gebend für den ganzen Charakter des Flutphänomens sind. Es könnten
also nur neben den fortschreitenden auch noch stehende
Wellen vorhanden sein, und etwas anderes scheint Ferrel
vielleicht auch nicht beweisen zu wollen (*Tidal Researches* § 22).

Versucht man nun, entlang gewissen, in der Konfiguration der Ozeane beruhenden Längsachsen nach der
obigen Formel die Tiefe p zu berechnen, welche einem
t von 22320 Sekunden zukommen würde, so kann man
durch Vergleich dieser berechneten Tiefe mit der aus den

Tiefenkarten entnommenen mittleren Tiefe der Strecke
beurteilen, ob die daselbst vorhandenen lokalen Dimensionen dem Entstehen solcher stehenden Schwingung günstig sind. Denn wie wir oben schon die Brüder Weber
sich über das Auftreten stehender Wellen äußern sahen
(S. 141), so ist auch Ferrel der Meinung, daß wenn die
Bedingungen nur angenähert erfüllt seien, schon solche
Wellen sich bilden könnten.

Ferrel findet (*Tidal Res.* §. 231 nach eigener nur für
Kanäle längs Breitenparallelen geltenden Formel) nun
entlang 52° N. Br. quer über den Nordatlantischen Ozean
auf einer Strecke von 45 Längengraden (3090000 m) eine
zu *t* passende Tiefe mit 1,55 *miles* = 2480 m (die Meriansche Formel ergibt nur 1950 m) und ist der Ansicht, daß
die mittlere Tiefe zwischen Neufundland und Irland diesem
Werte nahe genug komme, um eine uninodale Schwingung zu begünstigen. Aber wie schon Börgen (im
Segelhandbuch der Seewarte für den Atlantischen Ozean
S. 306) bemerkt hat, ist die mittlere Tiefe entlang 52°
N. Br. beträchtlich größer, nämlich zu 2940 m anzusetzen (ich selbst berechne, entlang dem größten Kreise
zwischen Trinity-Bai und Valencia, eine Mitteltiefe von
2865 m), also ⅙ mehr als die Ferrelsche Formel, ⅓ mehr
als die Meriansche Formel erwarten ließe. Wenn nun
Ferrel weiter meint, auch falls die Tiefe 2 *miles* = 3200 m
betragen sollte, würden die Wasserstandsschwankungen
an den West- und Ostenden des gedachten Kanals noch
ungewöhnlich hohe Gezeiten bilden, so sieht man nicht
ein, weshalb bei Neufundland (Kap Race) die ganze Flut-
grösse nur 1,8 m, an der Westküste Irlands 2,8 m (Valencia) betragen darf, wenn außer der „gezwungenen"
Flutwelle auch noch eine frei schwingende stehende Welle
gleicher Periode und Epoche vorhanden ist.

Weiter südlich, fährt Ferrel fort, entlang dem Parallel
von 35° kann die Breite des Ozeans zu etwa 60 Längengraden (= 5477000 m) angenommen werden, was wir
einmal gelten lassen wollen, obwohl diese Breite etwas
größer angesetzt werden müßte. Die Meerestiefe, welche
exakt den Bedingungen für seine Gleichung genügt, gibt

Ferrel zu 3,8 *miles* = 6080 m an. „Obwohl die mittlere
Tiefe des Ozeans hier gewiß größer ist als in der nördlicheren Breite, so ist doch die wahrscheinliche Tiefe in
diesem Falle viel kleiner als 3,8 *miles*, weil gerade in der
Mitte der Strecke relativ geringe Tiefen vorkommen
(Azorenrücken, Atlantisches Plateau). Die Bedingungen
für die Entstehung einer uninodalen Schwankung sind
darum hier nicht so günstige wie in der nördlicheren
Breite, und demgemäß sind die beobachteten Oszillationen
auch allgemein geringere, indem der Flutwechsel an der
Küstenstrecke zwischen New York und Florida im Mittel
nur halb so groß ist wie entlang der Neu-England-Küste,
obwohl der Ozean breiter und tiefer ist."

Börgen berechnet die mittlere Tiefe entlang 30° N.
Br. zu 3840 m, was zutreffend genannt werden muß; die
„günstige" Tiefe ist also hier ganz erheblich größer
als die gegebene, im vorigen Falle war sie kleiner. „Es
wird nun," sagt Börgen (a. a. O. S. 307) weiter, „bei
dem gegen die Meridiane stark geneigten Verlauf der
amerikanischen Küste und der daraus folgenden ziemlich
regelmäßigen Verringerung der Breite des Ozeans nach
Norden zu, einen Breitenparallel geben müssen, auf welchem die Breite des Ozeans und seine Tiefe in solchem
Verhältnis zu einander stehen, daß die für hohe Gezeiten
günstigste und die wirkliche Tiefe einander gleich sind
und auf welchem wir demnach sehr hohe Gezeiten erwarten dürfen. Man kann vermuten, daß dies ungefähr
auf 42° N. Br. der Fall sein werde, auf der einen Seite bei
Oporto, auf der anderen bei Kap Cod. Die Beobachtungen
aber zeigen gar nichts Ungewöhnliches. Allerdings finden
wir auf der amerikanischen Seite in der Nähe von Kap
Cod die hohen Fluten von Boston (Springzeit 3,4 m), und
namentlich die der Fundy-Bai (s. oben S. 161); diese
können aber nicht als Beweis angeführt werden, weil sie
im Innern von Buchten und unter sehr starker Beein-
flussung durch die Bodenverhältnisse zustande kommen,
welche zu ihrer Erklärung vollkommen ausreicht. Wir
dürfen im Gegenteil nur die Gezeiten solcher Orte zur
Vergleichung heranziehen, welche möglichst frei liegen,

und da finden wir für Nantucket 1,0, Monomoy 1,4,
Shelbourne 1,9 m u. s. w., Fluten, welche gewiß niemand
exzeptionell hoch finden wird, Shelbourne noch dazu auf
gleicher Breite und nur durch die Halbinsel Neuschottland von den riesigen Fluten der Fundy-Bai getrennt."
An der europäischen Seite geben die Gezeitentafeln als
Springfluthöhen an: Lissabon 3,7, Mondego-Barre 2,1,
Oporto 3,0, Minhomündung 2,1 m, was doch gewiß nicht
hohe Werte sind. Es sei noch bemerkt, daß aus Ferrels
Formel sich die günstige Tiefe zu 2,544 *miles* = 4090 m
berechnet, während meine Tiefenkarte (im Segelhandbuch)
die mittlere Tiefe zu 3900 m entlang 42° N. Br. ergibt,
wenn wir dem „nordatlantischen Kessel" südlich Neufundlands keine größere Mitteltiefe als 5000 m, entsprechend
einigen neueren Lotungen des „Albatros" bewilligen;
setzen wir aber eine größere Tiefe ein, so nähert sich
der „wirkliche" Wert dem „günstigen" noch etwas mehr.

Es liegt nun im Wesen der uninodalen Schwankung,
daß die Wasserstände an den beiden gegenüberliegenden
Ufern sich stets in der entgegengesetzten Phase befinden
werden: hat das westliche Ufer Niedrigwasser, so muß
gleichzeitig das östliche Hochwasser haben. Nach Ferrel
(a. a. O. § 232) kann nun wegen der sanften Abböschung
des Bodens an den Küsten und der Seichtigkeit des
Wassers daselbst, im Verein mit der Reibung, dieser Gegensatz nicht mehr unmittelbar an der Küste sich konservieren, weil hier die Schwankungen der Hauptmasse des
tiefen Ozeans in fortschreitende Flutwellen sich umwan-
deln müßten, so daß also die Eintrittszeiten für das Hochwasser sehr von denjenigen in beträchtlichem Abstande
von der Küste abweichen könnten.

Neben diesen beschriebenen Schwankungen in der
Ostwestrichtung, welche nach Ferrel der Hauptsache nach
die nordatlantischen Gezeiten erzeugen, denkt er sich nun
auch Oszillationen in der Richtung der Meridiane, welche
freilich von untergeordneter Bedeutung gegenüber den
anderen seien, aber doch durch Interferenzen mit jenen
die Eintrittszeiten der Hochwasser erheblich verschieben
könnten. Ferrel verwirft demgemäß auch mit voller Ent-

schiedenheit die Annahme, daß eine fortschreitende Welle
von der Südsee her bis in den Nordatlantischen Ozean
vordringe. „Wenn ein Damm vom Kap der Guten Hoffnung nach Südamerika hinüber gelegt würde, so würden
doch die Gezeiten im Nordatlantischen Ozean ganz dieselben bleiben."

Börgen hat nun darauf aufmerksam gemacht, daß
zwei Merkmale der Gezeiten an der amerikanischen Seite
des Nordatlantischen Ozeans der Grundauffassung Ferrels
von einer ostwestlich schwingenden stationären Welle nicht
günstig seien.

In den amerikanischen Häfen ist die halbmonatliche
Ungleichheit sowohl in Zeit wie in Höhe nur halb so
groß wie in den westeuropäischen Küstenplätzen. Der
mittlere Wert dieser Ungleichheit ist nämlich:

	in Zeit:	in Höhe:
Ostküste der Vereinigten Staaten .	23 Minuten	5,2 cm
Westküste Europas	42 „	9,9 „

Es sind das die Mittelwerte aus je 10 Küstenstationen
von beiden Ufern. In Einzelfällen sinkt die Ungleichheit wie in Charleston in Zeit bis 18 Minuten, in Philadelphia in Höhe bis 4 cm, während gegenüber in Plymouth sie in Zeit bis 45 Minuten und im Shannonfluß
bei Kilbaha bis 12,2 cm in Höhe erlangt. „Die Ursache
für diesen Unterschied muß doch nur der amerikanischen
Seite des Ozeans zukommen, auf der europäischen aber
fehlen; nun sieht man aber nicht," meint Börgen, „weshalb bei einfachem Hin- und Herschaukeln die Sonnenflut im Verhältnis zur Mondflut sich auf der einen Seite
des Ozeans anders verhalten sollte wie auf der anderen."

Der zweite Punkt betrifft die tägliche Ungleichheit.
Diese ist in den nördlichen Häfen der Ostküste der Union
so unbedeutend wie in Europa (in Liverpool 24, in Wilhelmshaven 16 cm), und die gewöhnliche halbtägige Flut
wird dadurch kaum beeinflußt. Je näher die Stationen
aber der Floridastraße liegen, und noch mehr im Busen
von Mexiko, gewinnt die „eintägige" Flutwelle an Einfluß, und endlich übertrifft sie die gewöhnlichen halbtägigen Gezeiten so an Größe, daß diese an manchen

Orten fast ganz verschwinden und man nur „Eintagsfluten"
beobachtet. Ferrel (a. a. O. S. 245) gibt eine Uebersicht,
aus der Börgen folgende Werte entlehnt, welche den
Flutwechsel (in Centimetern) ausdrücken.

	Höhe der eintägigen Gezeiten	Höhe der halbtägigen Gezeiten
	cm	cm
Kap Florida	6	49
Key West	21	37
Tortugas	30	30
Egmont-Keys (27° 36′ N., 82° 46′ W.) . . .	49	34
Cedar-Keys (28° 58′ N., 82° 57′ W.) . . .	46	73
St. Georges-Inlet (29° 35′ N., 85° 12′ W.) .	49	6
Pensacola	34	6
Südwestpaß des Mississippi	37	6
Galveston	34	15

Man sieht daraus, wie an der Nordküste des Golfs
von Mexiko die eintägigen Gezeiten so groß werden, daß
sie die halbtägigen beinahe völlig unterdrücken und für
diese Orte meist nur einmal des Tages Hochwasser und
Niedrigwasser auftritt. Da, wie die oben (S. 196) gegebene Formel (3) in dem zweiten Gliede zeigt, die eintägigen Gezeiten vom *Sinus* der verdoppelten Deklination
abhängen, so sind sie, wenn der Mond über dem Aequator steht, gleich Null; an solchen Tagen würden dann
normale halbtägige Gezeiten zu erwarten sein, die aber
durch den Windstau meist völlig vernichtet und erst in
sehr langen Beobachtungsreihen mit guten Instrumenten
erkannt werden können. Aber sehr schnell wachsen dann
die Eintagsfluten bei Zunahme von 2δ bis zu ihrem Maximum mit der größten nördlichen oder südlichen Deklination. — Nirgends in der Nordsee oder Ostsee oder im
westlichen Mittelmeer sind solche bedeutende eintägige
Gezeiten konstatiert. Auch Ferrel vermag sie nicht zu
erklären, er hält es nur für wahrscheinlich, daß aus dem
Karibischen Meer eine fortschreitende (also atlantische)

Welle durch die Yukatanstraße in den Golf vordringe
und in diesem mit einer stehenden Schwingung sich kom-
biniere. Dabei bleibt aber unerklärt, weshalb schon an
der atlantischen Seite von Florida die eintägige Gezeit
so an Amplitude wächst; und ferner ist die mittlere Tiefe
des Mexikanischen Golfs zu 875 m anzusetzen, was für
eine stehende Welle von der Halbperiode $t = 12^{\mathrm{h}}\,24^{\mathrm{m}}$
eine Beckenlänge von 4134 km und bei $t = 6^{\mathrm{h}}\,12^{\mathrm{m}}$ eine
solche von 2067 km verlangen würde, während die größte
Diagonale im Golf, von Veracruz nach Cedar-Keys, nur
1640 km lang ist. Auch hier kommt man also mit Hilfe
von stehenden Wellen nicht zu einer befriedigenden Erklärung. Die lokalen, jedenfalls wohl rein terrestrischen
Ursachen dieser Erscheinung sind noch ganz dunkel; auch
Börgen verzichtet darauf, sie zu erklären. —
Interessant ist alsdann ein Versuch Ferrels, die
ganz abnormen und auffallenden Gezeiten von Tahiti im
Pazifischen Ozean zu erklären. Auf dieser Insel war
schon durch ältere Beobachtungen (*Philos. Trans.*, London 1843) und dann später (1856) durch Aufstellung
eines Saxtonschen Flutautographen durch den amerikanischen Admiral Rodgers (*U. S. Coast Survey Report for 1864*,
Appendix 9) erwiesen worden, daß im Hafen Papiti nicht
der Mond, sondern die Sonne für die Gezeiten maßgebend
sei, indem nämlich Hochwasser nahe um Mittag oder Mitternacht (mit einer Verspätung bis zu 4 Stunden) eintritt.
Von seinem Standpunkt spricht nun Ferrel die Meinung
aus, daß hier in der Nachbarschaft der Insel eine Knotenlinie für die lunare Welle läge, während die Knotenlinie
der Sonnenflutschwankung damit nicht zusammenfalle. So
könne die Mondflut fehlen, eine schwache Sonnenflut aber
spürbar bleiben. In ähnlicher Weise, nur von Interferenzen fortschreitender Wellen entgegengesetzter
Richtung ausgehend, die dann zu einer stationären Welle
sich kombinieren, erklärte Airy (*Phil. Trans.*, London 1845,
S. 121), die ähnlichen Gezeiten von Courtown an der
Irischen Küste, wo in der nahen Knotenlinie gar keine
Gezeit vorhanden, in Courtown selbst aber die Sonnenflut größer ist als die lunare.

5. Untersuchungen von Börgen.

Neuerdings hat nun Börgen in seinem Beitrage zum „Segelhandbuch des Atlantischen Ozeans" (herausgegeben von der Deutschen Seewarte, Hamburg 1885) zum erstenmal den Versuch unternommen, auf Grund von Airys Wellentheorie die Eintrittszeiten der Hochwasser in ihrer Abhängigkeit vom Bodenrelief des Atlantischen Ozeans zu erklären: ein Versuch, der bei aller Kühnheit etwas sehr Ansprechendes an sich hat. Wir geben die betreffende sehr klare Darlegung Börgens darum im folgenden möglichst wörtlich wieder.

Der Unterschied von „forcierten" oder „gezwungenen" Wellen und „freien" Wellen ist dem Leser geläufig (vgl. oben S. 37). In einem ohne Unterbrechung rings um die Erde sich erstreckenden Kanal von überall gleichmäßiger Tiefe und Breite werden Flutwellen nur als „gezwungene" Wellen auftreten. Wo aber irgend ein Hindernis der Fortpflanzung solcher Welle entgegentritt, sei es eine Aenderung der Breite des Kanals oder eine Unregelmäßigkeit seiner Tiefe oder eine scharfe Wendung in seiner Richtung, da wird die bis dahin „gezwungene" Welle ihren Weg als „freie" Welle fortsetzen. Sie wird (vgl. oben S. 86) ihre Periode unverändert beibehalten wie vorher, aber ihre Länge und ihre Höhe, namentlich aber auch ihre Geschwindigkeit den jeweils gegebenen örtlichen Verhältnissen des Kanals anpassen. „Diese Wellen werden ebenfalls wie die gezwungenen Wellen sowohl nach der Längsrichtung wie nach der Richtung der Breite des Ozeans vorhanden sein. Da aber die Höhe der ‚gezwungenen' Flutwellen der Tiefe des Wassers direkt proportional ist, so sieht man, daß dieselben in der Nähe der Küsten und in wenig ausgedehnten und flachen Meeresteilen verschwinden und dort nur die ‚freien' Wellen zur Geltung kommen werden, welche umgekehrt gerade im flachen Wasser zu höherer Entwickelung gelangen. Im tiefen Ozean werden sich dagegen neben diesen letzteren auch die gezwungenen Wellen geltend machen und dürften bei der Beurteilung der Gezeiten auf

kleinen isolierten Inseln nicht außer acht zu lassen sein
(wenn nicht möglicherweise wegen der überall vorhandenen Hindernisse die gezwungenen Wellen gar nicht zur
Ausbildung kommen und sich sofort in freie verwandeln).

„Wenn auf einer in horizontaler Richtung weit ausgedehnten Wasserfläche mehrere sich kreuzende Systeme
von Wellen existieren, so treten Interferenzen auf, durch
welche bewirkt wird, daß die Linien gleicher Hochwasserzeit oder die Flutstundenlinien nicht mehr in einfacher
Beziehung zu den erzeugenden Wassersystemen stehen,
so daß man nicht unmittelbar aus dem Verlauf der Flutstundenlinien einen Schluß auf den Verlauf der Wellen
und den Ort ihrer Kämme machen kann. Wenn nicht
mehr als zwei Systeme von Wellen vorhanden sind, so
lassen sich indes die folgenden Beziehungen nachweisen,
welche immerhin zur Gewinnung eines Urteils über den
Verlauf der Wellensysteme von Wichtigkeit sind.

„Die Flutstundenlinien verlaufen in diesem Falle
nicht mehr geradlinig (oder, auf der Erde, in größten
Kreisen), sondern sie erhalten wellenförmige Einbuch-
tungen, deren Größe von der relativen Höhe der sich
kreuzenden Wellen abhängt. Die zu einer bestimmten
Stunde gehörige Linie (d. h. die Achse, zu welcher die
erwähnten wellenförmigen Ausbuchtungen symmetrisch
liegen) verläuft in der Richtung, nach welcher sich die
kleinere der beiden Wellen fortpflanzt, und der lineare
Abstand zweier gleichartig liegender Punkte derselben,
die in der Richtung der Fortpflanzung dieser kleineren
Welle liegen (z. B. die auf derselben Seite der Achse
liegenden Maximalpunkte der Ausbuchtungen), ist gleich
der Länge oder einem ganzen Vielfachen der Länge der
kleineren Welle.

„Wenn wir also imstande sind, den Verlauf der
Flutstundenlinien genau nachzuweisen, so können wir mit
Sicherheit annehmen, daß die kleine Welle sich annähernd
nach der Richtung dieser Linien fortpflanzt, und wir würden
dies noch strenger nachweisen können, wenn wir finden,
daß der Abstand homologer Punkte einer solchen Linie
gleich derjenigen Wellenlänge ist. welche wir der mitt-

leren Tiefe p entsprechend durch die Formel (S. 18)
$\lambda = \tau \sqrt{2\,g\,p}$ berechnen können.

„Wir haben nun Grund, anzunehmen, daß die Flutstundenlinien sich quer über den Atlantischen Ozean erstrecken, und schließen daraus, daß das kleinere der
auf demselben bestehenden Wellensysteme sich in der
Richtung Ost-West fortpflanzt. Die Breite des Ozeans
ist aber zu gering (kleiner als eine Wellenlänge), um die
volle Ausbildung der Flutstundenlinien zu gestatten, so
daß wir keine homologen Punkte aufsuchen können, um
daran die Wellenlänge zu prüfen.

„Ferner ist der Abstand zweier Punkte auf zwei verschiedenen Flutstundenlinien, die zu Zeiten gehören, welche
um die Periode der Welle voneinander abweichen, und
die in der Richtung der Fortpflanzung der größeren
Welle liegen, gleich der Länge der größeren Welle.
Finden wir also auf zwei solchen Flutstundenlinien zwei
Punkte, deren Abstand der aus der mittleren Tiefe berechneten Wellenlänge gleich ist, so können wir mit Zu-
versicht schließen, daß dies die Richtung des Fortschreitens
des größeren der beiden Wellensysteme ist, vorausgesetzt, daß wir die Flutstundenlinien richtig gezogen haben.“

In nachstehender Fig. 30 sind die Kämme von zwei sich
rechtwinklig kreuzenden Wellensystemen, wie sie einem Auge in
sehr großer Entfernung er-
scheinen würden, dargestellt.
Das System der größeren Wellen möge sich nach der Richtung MZ, das der kleineren
nach der Richtung MX fortpflanzen. Dann finden derartige Interferenzen statt, daß
bei der Konstruktion der Linien
gleicher Hochwasserzeit oder
der Flutstundenlinien diese die
Gestalt annehmen wie auf der
nächsten Fig. 31, welche diese
Linien darstellt für Zeiten, die
um die Periode der Wellen
(welche in beiden Systemen
als gleich vorausgesetzt ist)
voneinander verschieden sind. Dann ist der Abstand der homologen Punkte a' und b' oder a'' und b'', welche auf derselben

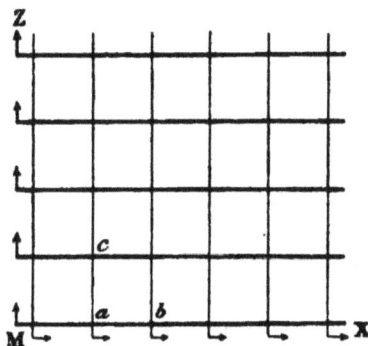

Fig. 30.

Flutstundenlinie liegen, gleich der Länge ab der kleineren
Welle, und der Abstand $a'c'$ oder $a''c''$ zweier Punkte auf verschiedenen Flutstundenlinien gleich der Länge ac der größe-

Fig. 31.

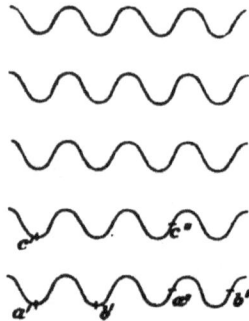

ren Welle (den mathematischen Beweis vgl. a. a. O. S. 314 bis
316, nach Airy § 364 bis 371). Dasselbe gilt auch von zwei
Wellensystemen, die sich unter einem beliebigen Winkel kreuzen.

„Wir wollen nun versuchen," fährt Börgen fort,
„ob die Anwendung des letzten Satzes auf die an den
Küsten des Atlantischen Ozeans beobachteten Hafenzeiten
uns einen Aufschluß geben kann über die Richtung, nach
welcher sich das größere der in diesem Meere existieren-
den Wellensysteme fortpflanzt, indem wir zwei Orte aufsuchen, an welchen die beobachteten Hafenzeiten um die
Periode der Flutwellen ($\tau = 12^h\ 25^m$ gesetzt) voneinander
verschieden sind, dann die mittlere Tiefe p des Wassers
zwischen beiden ermitteln, daraus nach der Formel
$\lambda = \tau \sqrt{2gp}$ die dieser Tiefe entsprechende Wellenlänge
berechnen und diese mit der Entfernung beider Orte im
größten Kreise vergleichen. Wir müssen indes von vornherein bemerken, daß wir keine völlige Uebereinstimmung
erwarten dürfen, auch wenn wir die Orte genau in der
Fortpflanzungsrichtung der Welle ausgewählt haben sollten;
denn da wir uns, um jede Willkür auszuschließen, an
beobachtete Daten halten (von allen mehr oder minder
willkürlichen Konstruktionen der Flutstundenlinien also
absehen) und diese durch die Bodengestaltung in der unmittelbaren Nähe der Orte unter Umständen erheblich

beeinflußt sein können, so würden wir sicher ganz andere Punkte zusammen kombinieren müssen, wenn wir mit einiger Sicherheit die Flutstundenlinien über den Ozean tracieren und daher Punkte auswählen könnten, welche ganz frei von dem Einfluß der Küsten wären."

Folgende Tabelle gibt eine Uebersicht über die von Börgen ausgeführte Versuchsrechnung.

Stationen	Hafenzeit in Greenwich-Zeit	D Abstand	Mittl. Tiefe p zwischen beiden	Wellenlänge $\lambda = \tau\sqrt{2gp}$	Differenz $D-\lambda$
		km	m	km	km
1. Kapstadt	1ʰ 27ᵐ	\}12672	4095	8960	+3712
St. Augustine (Florida) .	1 47				
2. Sta. Catharina (Südbrasil.)	5ʰ 59ᵐ	\}10184	3967	8819	+1365
St. Kilda (westl. v. d. Hebr.)	6 4				
3. Jericoacoara (Ceara, Brasil.)	7ʰ 57ᵐ	\}7518	3781	8610	−1092
Kap Wrath (Schottland) .	7 50				
4. Kapstadt	1ʰ 27ᵐ	\}7913	4086	8950	−1037
Ferro	1 42				
5. St. Helena	3ʰ 31ᵐ	\}7168	4031	8890	−1722
Ouessant I. (vor Brest) .	3 52				

Das erste Beispiel zeigt eine so große Differenz zwischen D und λ, daß mit Sicherheit gesagt werden kann, in dieser Richtung bewegt sich die Flutwelle nicht über den Ozean. — Im zweiten Falle ist die wirkliche Entfernung der beiden Orte um $1/7$ größer als die berechnete Wellenlänge. Man kann nun annehmen, daß die der brasilischen Küste vorgelagerte Bank die Flutwelle verzögert, so daß im tiefen Ozean die Flutstundenlinie von $5^h 59^m$ jedenfalls erheblich nördlicher liegt, als bei Sta. Catharina, ebenso würden auch die „Gründe" vor Irland wirken, daher die Distanz im tieferen Wasser

gemessen jedenfalls der berechneten Wellenlänge λ näher
kommen würde. „Hierdurch gewinnt die Annahme, daß
das Hauptsystem der atlantischen Flutwellen sich von
Süden nach Norden fortpflanze, an Wahrscheinlichkeit,
eine Annahme, deren Richtigkeit durch die folgenden
Beispiele noch verstärkt wird." Denn auch bei diesen
wirken die flachen Küstenbänke im allgemeinen verzögernd, auch sind die Unterschiede der Flutstunden nicht
genau 12^h 25^m, was für die Rechnung einen Unterschied
macht.

Im allgemeinen kann danach immerhin (mit gehöriger Berücksichtigung der durch das Bodenrelief bewirkten
Aenderungen der Flutstundenlinien) als erwiesen betrachtet
werden, daß sich die höchsten atlantischen Flutwellen in
meridionaler Richtung von Süd nach Nord fortpflanzen;
daneben kann dann noch ein zweites, jedenfalls aber viel
kleineres Wellensystem existieren, welches sich nach der
Breite des Ozeans fortpflanzt. Das erstere System ist
aber das maßgebende; das andere bewirkt nur mäßige
Verschiebungen der Flutstundenlinien.

„Haben wir hierdurch, wie wir glauben," fährt Börgen fort, „das System der atlantischen Gezeiten einigermaßen wahrscheinlich gemacht, so folgt die Erklärung
der Einzelerscheinungen ziemlich von selbst." Es handelt
sich hierbei nur darum, die Wassertiefen in ihrer Rückwirkung auf den Lauf der Wellen in Rechnung zu ziehen.
(Vgl. die Uebersicht über das atlantische Bodenrelief in
Bd. I der Ozeanographie S. 73 f.) Denn die Geschwindigkeit solcher Wellen, deren Länge im Vergleich zur Wassertiefe sehr groß ist, folgt dem Lagrangeschen Gesetze
$c = \sqrt{2gp}$, ist also der Quadratwurzel aus der Wassertiefe direkt proportional. Darauf beruht Börgens nach-
folgender Versuch, die Hafenzeiten im Nordatlantischen
Ozean zu erklären.

Die Welle, welche in ihrem Fortschreiten nach Norden durch die Enge zwischen Afrika und Brasilien in
den nördlichen Atlantischen Ozean tritt, hat zwei tiefere
Längsmulden vor sich, die Kapverdenrinne im Osten und
die nordbrasilische Rinne, welche zur westindischen Tiefe

führt, im Westen. Verfolgen wir zunächst den westlichen Teil ihres Weges.

Die westindische Tiefe, großenteils an 6000 m tief, läßt den westlichen Teil des Flutwellenkammes sehr schnell nach NW fortlaufen ($c = 240$ m pro Sekunde oder 475 Seemeilen in einer Stunde!), während der mittlere Teil des Wellenkamms durch das atlantische Plateau (nur 3500 m tief, woraus $c = 187$ m pro Sekunde, 367 Seemeilen stündlich) aufgehalten wird: im ganzen kann durch die größere Tiefe im Westen der längere Weg als kompensiert gelten, so daß der Wellenkamm sich hier entlang ·den Breitenparallelen erstrecken dürfte.

Die Fortsetzung der westindischen Tiefe nach Norden, die weit nach Westen eingreifende Bucht des „nordatlantischen Kessels" zwischen Kap Hatteras und Kap Cod bewirken aber nun, daß die Welle hier sehr rasch nach NW vorschreitet, also in ihrer ganzen Front auf die Küste aufläuft, wobei örtlich die vorgelagerte Küstenbank Unterschiede im Eintreffen des Hochwassers bedingt, die indes nicht sehr ins Gewicht fallen können.

„An dem südlichen Teile der westindischen Tiefe, an den Bänken, auf denen die kleinen Antillen und die Bahamainseln liegen, muß der Kamm der Welle zurückbleiben, und es wird bei der von Ort zu Ort rasch sich ändernden Wassertiefe und Fortpflanzungsgeschwindigkeit der Welle eine erhebliche Zeit erfordert werden, ehe die Welle die Inseln erreicht, und wir glauben, daß diese Ursachen hinreichend sein werden, um wenigstens zum großen Teil die Thatsache zu erklären, daß alle westindischen Inseln innerhalb derselben Stunde Hochwasser haben, und daß dies nahe zu derselben Zeit eintritt, wo es an der Küste der Vereinigten Staaten stattfindet. Es mag aber hierzu mit beitragen, daß die genannten Inseln vorher eine zweite Welle, oder vielmehr einen anderen Teil derselben Welle durch das Karibische Meer empfangen, welcher sich mit der Hauptwelle wieder vereinigt und den Eintritt des Hochwassers verzögert."

Mittlerweile hat die Welle im Ozean ihren Weg fortgesetzt und ist nach Ueberschreitung des nordatlantischen

Kessels und der westlichen Azorenrinne (wo ebenfalls
$c = 200—250$ m pro Sekunde erreicht) an den Südrand
der Großen Neufundlandbank gekommen: auf diese Weise
es ermöglichend, daß die Südküste der Sable-Insel und
das Südostkap von Neufundland (Kap Race), welche nahe
an das tiefe Wasser herantreten, früher ihr Hochwasser
haben, als die südlicher gelegenen Teile der Vereinigten
Staaten, wo die Welle erst den an 200—250 km breiten
Gürtel von 200 m Wassertiefe zu überwinden hat. Daß
dies völlig zur Erklärung der Verspätung ausreicht, möge
folgendes Beispiel zeigen: Halifax hat eine Hafenzeit von
$0^h 3^m$ (Greenwicher Zeit) und Sable-Insel, Südküste, eine
solche von $10^h 30^m$; ersteres also $1\frac{1}{2}$ Stunden später
Hochwasser als die Insel, die auf annähernd derselben
Breite liegt. Nehmen wir nun die mittlere Tiefe zwischen
Halifax und dem Rande der Küstenbank wegen der dazwischen liegenden tieferen Einsenkungen zu 200 m an,
so wird hier $c = 44$ m pro Sekunde; es wird also in
$1\frac{1}{2}$ Stunden eine Strecke von 238 km zurückgelegt, was
sehr nahe der Entfernung zwischen Halifax und der
200-Meter-Linie gleich kommt. Auf diese Weise dürften
sich alle Eigentümlichkeiten und scheinbaren Unregelmäßigkeiten, welche die Hafenzeiten an der nordamerikanischen Küste zeigen, ohne Schwierigkeit aus dem vorhandenen Bodenrelief des Meeres und dem Verlauf der
Küste erklären lassen.

An der östlichen Seite des Ozeans bis hinauf zu den
europäischen Küsten nehmen die Tiefen je weiter nach
Norden desto mehr ab, indes ziemlich schrittweise, so
daß im ganzen die Flutwelle langsamer, und je weiter
nach Norden, desto mehr sich verspätend, vorrückt. Dazu
kommt noch die beträchtliche Breite der vorgelagerten
Küstenbänke. Dadurch wird auch folgendes erklärbar.

Erstlich, daß die europäische Küste durchweg später
Hochwasser hat als die gegenüberliegende amerikanische;
ferner, daß die Fluthöhen im Osten überall erheblich höher
sind als im Westen, worüber im nächsten Abschnitt noch
mehreres mitgeteilt wird; endlich, daß im Umkreise des
Biskayagolfes überall gleichzeitig Hochwasser eintritt

(vgl. die Karte S. 189), da die von Süden um Kap Finisterre gekommene Welle in der Mitte` sehr tiefes Wasser
(über 5000 m) vorfindet, also die größere Entfernung bis
in den südöstlichsten Zipfel des Golfes kompensiert scheint
durch große Tiefe, wobei entlang der französischen Küste
die vorgelagerte Küstenbank eine Verzögerung der Welle
bedingt, die dann hier in breiter Front aufläuft.

Um alle diese Vorgänge einer Deutung entgegenzuführen, genügt also die Annahme, daß die Flutwelle
die Natur einer fortschreitenden Welle besitze, deren
Schnelligkeit von der Quadratwurzel aus der Wassertiefe
abhängt, und daß diese Welle sich in meridionaler Richtung von Süden nach Norden durch den Nordatlantischen
Ozean fortpflanze. Aber auch Börgen ist es noch in
keinem Falle gelungen, aus theoretischen Ableitungen
allein für irgend einen Küstenpunkt die absolute Hafenzeit vorauszuberechnen; diese kann nur durch Beobachtung
gefunden werden. Aber es ist durch Börgens Untersuchungen wenigstens ein Weg gewiesen, auf welchem
man zu einem plausiblen Verständnis der Unterschiede
in den Hafenzeiten an den verschiedenen Orten einer Küste
oder zweier gegenüberliegender Küsten gelangen kann,
und damit ist schon viel gewonnen.

6. Untersuchungen von Sir William Thomson.

Für die verschiedenen Gezeitentheorien wurde stets
vorausgesetzt, daß der Erdkern selbst vollkommen starr
und den fluterzeugenden Kräften gegenüber gänzlich un-
nachgiebig sich verhalte. Sir William Thomson hat
(Theoretische Physik § 833) den Einfluß dieser Kräfte
auf die festen Teile des Erdkörpers untersucht, indem er
sich letzteren durchaus massiv, ohne irgend flüssigen Inhalt
dachte, aber doch von keiner völligen Starrheit, da es
absolut starre Körper überhaupt nicht gibt. Indem er nun
den Fall setzt, daß die Starrheit des Erdkerns dieselbe sei
wie bei Glas oder Stahl, so findet er, daß alsdann die
Meeresgezeiten nur $2/5$ (bei Glas) oder $2/3$ (bei Stahl) derjenigen Höhe erreichen würden, die sie bei einer abso-

luten Starrheit des Erdkerns zeigen müßten. Denn der
Beobachter an der Küste würde, wenn die Flutwelle des
Erdkörpers und die ozeanische zugleich seinen Standort
passieren, doch nur den Unterschied in der Höhe beider
Wellen wahrnehmen können, und wenn man gar den Fall
setzt, daß die Erde ganz und gar flüssig sei, so würden
Küsten und Meer gleichzeitig sich mit der Flut heben
und senken, und darum die Gezeiten ebensowenig sicht-
bar werden, wie auf hoher See in einem Schiffe. Diese
Ideen sind später von G. H. Darwin weiter geprüft
worden, wobei er von den halbtägigen und eintägigen
Gezeiten ganz absah und nur die von meteorologischen
Einflüssen im allgemeinen freien 14tägigen Deklinations-
und die monatlichen elliptischen Gezeiten zu Grunde legte.
Er fand dabei, daß der feste Erdkörper den fluterzeugenden Kräften gegenüber keinesfalls in meßbarer Weise
sich nachgiebig verhalte, die theoretisch für indische
Stationen berechneten Gezeiten von der genannten langen
Periode stimmten der Höhe nach fast ganz überein mit
den in Karratschi am Pegel verzeichneten. Allerdings
hat Julius Schmidt (Studien über Erdbeben, I, S. 13)
gezeigt, daß im Perigäum des Mondes die Erdbeben ein
klein wenig häufiger, im Apogäum etwas seltener sind
als bei einer mittleren Entfernung des Mondes; woraus
man doch eine gewisse, wenn auch, absolut genommen,
ganz geringfügige Nachgiebigkeit der Erdrinde gegenüber
der Mondanziehung folgern kann, denn es werden dadurch
doch Spannungen ausgelöst, die ohne diese kosmische
Kraft noch einige Zeit sich stabil erhalten haben würden.

　　Ein weiteres Verdienst Sir William Thomsons besteht darin, daß er als der erste auf die ablenkende Einwirkung der Erdrotation auf die Fortpflanzung der Flutwellen hingewiesen hat. Wir kommen im nächsten Abschnitt ausführlich darauf zurück, wo die Gezeiten der
Nordsee dargelegt werden sollen.

　　Ungleich wichtiger als diese Ideen Thomsons ist für
die Entwickelung eines Verständnisses von dem Wesen
der Gezeiten die von demselben großen Physiker angegebene Methode der Analyse von Gezeitenbeobachtungen

geworden. Die Methode heißt die *harmonische Analyse*
und ist von Thomson zuerst 1868 im *Report of the British
Association for the advancement of science* publiziert, seitdem aber von dem oben bereits genannten Physiker
G. H. Darwin weiter ausgebildet und von Börgen (Annalen der Hydrographie 1885; auch separat) mit Zu-
grundelegung der Kanaltheorie umgearbeitet worden. An
diesem Orte kann es sich nur darum handeln, das Verfahren ganz im allgemeinen darzulegen, für die (sehr
umständlichen) Einzelheiten mag auf Börgens Abhandlung
verwiesen sein.

Unter einer einfachen harmonischen Bewegung versteht die moderne Physik (nach Thomson und Tait,
Theoret. Physik, § 53 ff.) eine periodische geradlinige Bewegung eines Punktes, welcher um eine mittlere Lage
in der Weise oszilliert, daß sein Abstand von dieser Mitte
stets dem *Cosinus* eines Winkels proportional ist, der im
Verhältnis zur Zeit wächst. Rotiert z. B. ein Punkt auf
einer Kreisbahn um ein Zentrum, so sieht das Auge, wenn
es in der Ebene dieser Bahn, aber außerhalb derselben
in einigem Abstande davon sich befindet, scheinbar den
Punkt sich in gerader Linie hin und zurück bewegen in
der Form einer solchen einfachen harmonischen Bewegung.
Den größten von der Mittellage, sei es nach der positiven,
sei es nach der negativen Richtung, erreichten Abstand
nennt man die Amplitude (*a*), der ganze einmal zwischen
den beiden extremen Lagen zurückgelegte Weg ist also
die doppelte Amplitude (2*a*); Periode (*T*) und Phase der
Bewegung bedürfen nicht erst einer Definition. Epoche (ε)
nennt man den vom Beginn der Rechnung bis zu dem
Augenblick verstrichenen Zeitraum, wo der bewegliche
Punkt zum erstenmal die größte Entfernung von seiner
Mittellage nach der als positiv angenommenen Richtung hin
erreicht, oder als Winkelgröße gefaßt denjenigen Winkel,
der während des eben als Epoche begrenzten Zeitraums vom
Radius vector in einem Kreise beschrieben wird. Die Geschwindigkeit, mit welcher der Körper seine Bahn durchmißt, ist am größten, wenn er die Mittellage passiert, und
nimmt ab, je näher den extremen Lagen nach der Formel

$$v = -\frac{2\pi}{T} \cdot a \cdot \sin\left(\frac{2\pi}{T} \cdot t - \varepsilon\right),$$

so daß also v abnimmt bei wachsendem *Sinus*. Daher sagt man auch, für eine einfache harmonische Bewegung gelte „das Gesetz der *Cosinus* und *Sinus*". Wenn eine Reihe von Punkten, die bei der Ruhelage in einer geraden Linie liegen, in gleichen Zeitintervallen nacheinander eine solche einfache harmonische Bewegung von bestimmter Periode und Amplitude beginnen, so werden nach einiger Zeit, wie man leicht einsieht, dieselben in einer Wellenkurve gelegen erscheinen, welche aus Wellen von gleicher Periode, Länge und Amplitude besteht. Man stelle sich nun vor, dieselben Punkte seien darauf gleichzeitig noch einer zweiten Wellenbewegung unterworfen, welche in Periode, Länge, Amplitude und Epoche verschieden sein mag: dann werden die Punkte eine Kurve liefern, welche nach dem Gesetz der Superposition der Wellen gestaltet ist. Man kann nun sehr viele und verschieden hohe Wellen miteinander Interferenzen bilden lassen: es wird immer eine Kurve entstehen, welche nach mehr oder weniger langer Zeit die gleichen Formen periodisch wiederholt. Man kann nun die Gezeitenkurven, wie sie vom Pegel aufgezeichnet oder aus Pegelablesungen in kurzen und gleichen Zeitintervallen leicht erhalten werden, sich als zusammengesetzt aus vielen Einzelwellen von verschiedener Periode und Amplitude, die in Interferenzen übereinander liegen, denken. Zunächst also die Hauptgruppen der oben (S. 196) gegebenen Formel *(3)*, nämlich von hinten angefangen: 1) die halbtägigen Gezeiten des Mondes und der Sonne; 2) die eintägigen Gezeiten; 3) die halbmonatlichen, die einmonatlichen, die einjährigen Gezeiten. Man kann nun auch die Einwirkung der hierin noch nicht enthaltenen Ungleichheiten ebenfalls als Wellen von entsprechender Periode und Amplitude betrachten. Was nun die von Thomson angegebene harmonische Analyse ausführt, ist weiter nichts, als das umgekehrte Verfahren der eben dargelegten Synthese: aus der komplizierten Flutkurve den Wert der zahlreichen Einzelgezeiten abzuleiten; die Argumente der letzteren, als *Cosinus* eines von der Zeit abhängigen Winkels ausgedrückt, kennt man aus der Theorie, ihre Epoche aber muß durch Beobachtung bestimmt werden. — Schon A i r y zeigte, daß, wenn die Amplitude der Schwingungen in der Welle einen namhaften Betrag der Wassertiefe erlangt, das Gesetz der einfachen Superposition der Wellen seine Geltung verliere. Die alsdann eintretenden und von Thomson zuerst erkannten Erscheinungen sind ganz denen analog, welche H e l m h o l t z für Schwingungen der Luft, die nicht mehr unendlich klein genannt werden können, nachgewiesen hat: wenn Schallwellen, von zwei Tönen herrührend, eine und dieselbe Luftmasse in heftige Erschütterung versetzen, so entstehen K o m b i n a t i o n s t ö n e. Die Schwingungszahlen dieser letzteren sind dann entweder die Differenzen oder die Summen der Schwingungszahlen der. primären Töne, und zwar kommen sie sowohl bei „harmonischen" wie bei „disharmonischen" Intervallen vor. Letzteres ist als Analogon wichtig, denn der Unterschied der Periode der Sonnen- und der Mondflut ist so gering, daß in der Welt der Töne das Verhältnis ihrer Schwingungszahlen sicher zu den disharmonischen Intervallen gerechnet werden müßte. Diese bei den Gezeiten auftretenden Kombinationswellen nannte Sir W. Thomson *compound tides* (früher auch wohl geschmacklos *Helmholtz-compound-tides*); mit Börgen heißen sie deutsch am besten „z u s a m m e n g e s e t z t e" Gezeiten. Sie besitzen vielfach die gleiche Periode wie einige kosmische Gezeiten; andere, soweit sie Differenzwellen sind, eine längere Periode als die halbtägigen Gezeiten, während einige Summationswellen eine kürzere Periode zeigen.

Ein zweites Analogon zu dem Verhalten der Schallwellen liefern die von Thomson ebenfalls entdeckten, den „Obertönen" vergleichbaren Gezeiten, die auch nur im flachen Wasser entstehen und deren Perioden ganze Bruchteile der einfachen halbtägigen Sonnen- und Mondfluten sind. Darwin nannte sie *overtides,* nach Börgen mögen sie (nicht ganz wörtlich übersetzt, aber dem Sinne nach

Abweichung von der Theorie nach der andern Seite? Noch rätselhafter ist die örtlich so überraschend verschiedene Verspätung der täglichen Ungleichheit. Die Wellentheorie weist nun zwar in der Reibung eine Ursache nach, welche für die halbtägige Gezeit eine andere Verzögerung bewirkt als für die eintägige, da beide in wesentlich verschiedener Weise von der Wassertiefe abhängen. Aber warum verschwindet diese Einwirkung der Reibung bei den adriatischen Fluten? Auch ist so noch gar nicht erklärt, warum man zur Berechnung dieser täglichen Ungleichheit nicht diejenige Deklination des Mondes anwenden darf, welche zur Zeit des Hoch- oder Niedrigwassers stattfindet, sondern eine von Ort zu Ort verschieden frühere: in Liverpool die 6 Tage, Plymouth 4, London $5\frac{1}{2}$, Leith 12, Wilhelmshaven wieder 6, in Kuxhaven 7 Tage vor dem Hochwasser geltende; denn um diesen Zeitraum tritt das Maximum der täglichen Ungleichheit nach der größten Deklination des Mondes ein.

Von der halbmonatlichen Ungleichheit und ihrem verschiedenen Verhalten an den beiden Ufern des Nordatlantischen Ozeans war schon oben die Rede; auch dies ist ein unerklärtes Problem. Ebenso die merkwürdige geographische Verbreitung einer starken täglichen Ungleichheit, die in dem Mexikanischen Golf uns schon oben beschäftigte, die aber in ähnlicher Weise auch im Nordpazifischen Ozean (San Diego in Kalifornien, Nikolajefsk an der Amurmündung, Guam-Inseln (Ladronen) und in Finschhafen auf Neu-Guinea, dann im Australasiatischen Mittelmeer in Singapur, Saigon, Canton auftritt, und endlich in den Gewässern der Philippinen (Manila), der sogenannte Chinasee (Paracel-Inseln) und im Golf von Tongkin (Packhoi) in die altberühmten „Eintagsfluten" ausartet. Ganz isoliert kommen solche vor im King-George-Sund Südwestaustraliens.

Diese Eintagsfluten der Chinasee hat kürzlich Kapt. z. S. Paul Hoffmann in seiner klaren Weise dargestellt (Annal. der Hydrogr. 1882, S. 61 ff.), und zwar scheint er geneigt, sie im wesentlichen durch Interferenz mit einer stehenden Schwankung von 12 Stunden 24 Minuten Halbperiode zu erklären. Er findet im Nordpazifischen Ozean nach der Merianschen Formel für den Streifen in 35° N. Br. $p = 4500$ m gesetzt, l zu 5064 Seemeilen oder 102,7 Längengraden, was dem Abstand von Küste zu Küste in dieser nordpazifischen Breite in der That sehr nahe kommt. Aber eine ähnliche Erklärung für die noch stärkere tägliche Ungleichheit in der Chinasee versagt doch, noch mehr für die Erscheinungen im König-Georgs-Sund. Das nördliche tiefere Becken der Chinasee hat seine größten Diagonalen in *NW-SO-* und *SW-NO*-Richtung, welche 1700 bezw. 1800 km betragen, die hierfür und für $t = 44640^s$ aus der Merianschen Formel sich ergebenden Wassertiefen sind bezw. 147 und 166 m, was bei weitem zu wenig ist; soweit die spärlichen Lotungen eine Schätzung zulassen, müßte p jedenfalls über 1000, wenn nicht 2000 m erhalten. Günstiger ist es für die erwähnte Hypothese, wenn wir eine Diagonale durch die ganze Längsachse der Chinasee von Singapur bis zur Formosastraße der Rechnung zu Grunde legen. Bei $l = 2820$ km wird nämlich $p = 645$ m, was der wahrscheinlichen Mitteltiefe der Strecke schon viel näher kommt. Aber alsdann bleibt unerklärt, warum gerade der Golf von Tongkin und die Philippinensee, die doch seitlich von dem Hauptbecken der Chinasee geradezu abgegliedert sind und nahe der mutmaßlichen Knotenlinie einer in dieser sich vollziehenden Schwankung liegen, die eintägige Welle stärker entwickelt sein soll als an den beiden Enden des schwankenden Wasserbeckens. Die Eintagsfluten im König-Georgs-Sund stehen ganz isoliert an der südaustralischen Küste, und hier sind die Schwierigkeiten, eine Gegenküste für eine eintägige Schwankung zu finden, noch größer.

Nicht minder rätselhaft ist die Veränderlichkeit des Verhältnisses der Sonnen- zur Mondflut von Ort zu Ort, wobei es nur sehr selten dem theoretischen Werthe 1 : 2,285 nahe kommt, wie in San Diego (Kalifornien). Bei Fort Clinch (Florida, 30,7° N. Br., 81,5° W. Lg.) stellt es sich wie 1 : 6, dagegen wieder bei Cat Island im Golf von Mexiko wie 6 : 11.

Noch immer ist es ein ungelöstes Problem, ganz auf theoretischem Wege, ohne an Beobachtungen anzuknüpfen, die Fluterscheinungen für einen gegebenen Ort in zutreffender Weise vorauszuberechnen, und wollte die Pariser Akademie die im Jahre 1738 gestellte Preisaufgabe: „für einen seiner horizontalen und vertikalen Konfiguration nach bekannten Ozean die Hafenzeit für einen beliebig gegebenen Küstenpunkt zu berechnen" von neuem ausschreiben, die Aufgabe würde auch heute, nach 150 Jahren, noch ungelöst bleiben. Sehr richtig sagt darum Ferrel: Der gegenwärtige Zustand der Gezeitentheorie ist ganz demjenigen der Astronomie vor 2000 Jahren zu ver-

gleichen, wo es notwendig war, jede Ungleichheit in den
Bewegungen der Sonne, des Mondes und der Planeten
durch Beobachtung zu bestimmen. Heute ist die Theorie
der Bewegungen dieser Himmelskörper so genau bekannt,
daß man nur wenige Elemente zu beobachten braucht,
um alsdann ihre Bahn beliebig weit voraus zu berechnen.
Von ähnlichen Leistungen wird die Geschichte der Gezeitentheorie vielleicht niemals berichten können, denn die
Erscheinung ist von zu viel rein terrestrischen oder, wenn
man will, geographischen Verhältnissen, welche sich nicht
in Formeln zwingen lassen, abhängig.

Die Vorausberechnung des Hochwassers ist zwar eine
Aufgabe der praktischen Nautik, sei aber an dieser Stelle doch
noch in Kürze auseinandergesetzt, zumal die oben S. 157 gegebene
Regel erheblicher Modifikation bedarf.

So zunächst schon der Begriff der Hafenzeit selbst. Die
von Zöppritz a. a. O. gegebene Definition bedeutet die sogen.
„ordinäre Hafenzeit". Wenn Praktiker von „Hafenzeit" schlecht-
hin sprechen, so ist meist auch nicht einmal diese gemeint, sondern die Hochwasserstunde am Tage vor Neu- oder Vollmond
nachmittags. Im allgemeinen haftet also wegen dieser Verwirrung der „Hafenzeit" eine Unsicherheit an von 25 Minuten,
der Differenz der Uhrzeit von zwei aufeinanderfolgenden Mondkulminationen. — In einigen Gezeitentafeln, z. B. den amerikanischen, wird darum die von Whewell so genannte „verbesserte
Hafenzeit" geführt, entsprechend dem arithmetischen Mittel aus
sämtlichen während einer halben Lunation beobachteten Zeitintervallen zwischen den einzelnen Mondkulminationen und Hochwasserstunden. Diese „verbesserte" Hafenzeit ist durchweg kleiner
als die „ordinäre", und zwar um eine Größe, welche vom sogen.
„Alter der Flut" abhängt, also demjenigen Zeitraum, welcher
zwischen dem theoretischen Ursprung der Flut und ihrem wirklichen Eintritt verflossen, was wir oben auch schon mehrfach als
„Verspätung der Springzeiten" bezeichneten.

Um nun die Hochwasserstunde für einen beliebigen Tag zu
berechnen, muß man außer der (ordinären) Hafenzeit auch die
halbmonatliche Ungleichheit in Zeit kennen, deren Auswertung
zuerst Bernouilli lehrte (vgl. seine Anleitung bei Weyer, Nautische Astronomie, Kiel 1871, S. 170 ff.), und welche als eine
Korrektion algebraisch zur Hafenzeit addiert werden muß, um
für den betreffenden Tag das „Mondflutintervall" zu erhalten;
letzteres zu der letzten Kulminationszeit des Mondes, die den
Ephemeriden zu entnehmen ist, zugefügt, gibt die gesuchte Hochwasserstunde (vgl. dafür die Tabellen bei Weyer a. a. O., in den
Handbüchern der Navigation, auch im „Segelhandbuch für die

Nordsee", herausgegeben vom Hydrographischen Amt der Admiralität).

Die so gefundene Hochwasserstunde ist aber auch nur angenähert zutreffend; in den flacheren, buchten- oder inselreicheren Meeren bewirkt der Windstau indes solche Abweichungen, daß diese erste Annäherung dem Praktiker meist genügt. Darum wird auch der täglichen Ungleichheit in Zeit nicht Rechnung getragen, obwohl durch dieselbe der gesuchte Hochwassereintritt bis zu ± 15 Minuten verschoben werden kann.

Dagegen ist es für den Praktiker wichtig, die zur betreffenden Hochwasserstunde vorhandene Wassertiefe etwa vor dem anzulaufenden Hafen, wenigstens angenähert, zu kennen. Zu dem Zwecke enthalten die Gezeitentafeln oder die Segelhandbücher Tabellen, welche die Flutgröße bei Spring- und tauber Flut für die wichtigeren Häfen der Welt angeben. Nun beziehen sich die Tiefenangaben der Seekarten fast ausnahmslos auf das Niveau des Niedrigwassers der Springzeit[1]). Für die Springzeit ist also die Fahrwassertiefe leicht zu finden: bei Niedrigwasser ist sie die Tiefe, wie die Seekarte sie angibt, p Meter; bei Hochwasser aber gleich der zu dieser Tiefe p hinzugefügten, der Tabelle zu entnehmenden Flutgröße, also $= p + s$. Für taube Flut aber liegt das Niveau des Niedrigwassers schon über dem Nullpunkt, von dem die Seekarte rechnet, und zwar um einen Betrag, der, wenn der Flutwechsel bei tauber Flut $= t$ gesetzt wird, sich, wie eine einfache Ueberlegung zeigt, zu $\frac{1}{2}(s - t)$ ergibt. Die Hochwassertiefe ist alsdann bei tauber Flut $= p + t + \frac{1}{2}(s - t)$. Im allgemeinen rechnet der Praktiker, daß der Flutwechsel bei tauber Flut die Hälfte desjenigen bei Springflut ausmacht.

Die Bestimmung der Fahrwassertiefe für einen zwischen Spring- und tauber Gezeit liegenden Tag ist durch Interpolation leicht ausführbar, indem man, für alle praktischen Zwecke genau genug, die Aenderung zwischen höchstem und niedrigstem Flutwechsel als eine stetige annimmt.

Bei solchen Wasserstandsberechnungen ist namentlich für die meisten außereuropäischen Küstenstriche die tägliche Ungleichheit nicht mehr zu vernachlässigen; es handelt sich für den Schiffsführer oft darum, von zwei aufeinanderfolgenden Hochwassern das höhere auszuwählen, und diese Korrektion des Flutwechsels kann z. B. selbst für Kuxhaven auf 21 cm ansteigen. Für die westeuropäischen Häfen formuliert das „Segelhandbuch

---

[1]) Eine Thatsache, die vielleicht im Binnenlande zu wenig bekannt ist. Es liegt darum auch zwischen dem Nullpunkte der Landesvermessung und der Meeresoberfläche der Tiefenangaben auf der Seekarte ein Betrag, der namentlich an buchtenreichen Küsten von Ort zu Ort sehr wechseln kann (s. Ravensteins Karte in *Proceed. R. Geogr. Soc.* 1886, Januar).

für die Nordsee" die einfachen Regeln: 1) das höhere Hochwasser ist dasjenige, welches der bezw. $\frac{\text{oberen}}{\text{unteren}}$ Kulmination unmittelbar folgt oder kurz vorangeht, wenn die Deklination des Mondes bezw. $\frac{\text{nördlich}}{\text{südlich}}$ ist; und 2) das $\frac{\text{höhere}}{\text{kleinere}}$ Hochwasser folgt auf das $\frac{\text{höhere}}{\text{tiefere}}$ Niedrigwasser. Hierbei wird dann die oben besprochene, lokal so verschiedene Verspätung dieses Effekts der Deklination fühlbar.

Zur Vorausberechnung der Gezeiten benutzt man in England neuerdings Maschinen, deren Prinzip Sir W. Thomson und E. Roberts angegeben haben und welche graphisch die in die Gezeitentafel aufzunehmenden Zahlen darstellen. Auch zur Analyse der Flutkurven hat der erstgenannte eine Maschine erfunden, welche die zeitraubenden Rechnungen abkürzt (vgl. Thomson und Tait, *Natural Philosophy*, 2. ed., I, 479, 505; *Proceed. R. Soc.*, vol. 27, 1878, 371; *Nature* XX, 1879, p. 159, 281).

IV. Die Gezeitenströmungen, besonders im Britischen Kanal und in der Nordsee.

Wenn wir mit Airy die Gezeiten als eine Wellenbewegung auffassen, so müssen dieselben eine Reihe von Erscheinungen zeigen, wie wir sie oben S. 86 für Wellen auf flachem Wasser beschrieben haben. Das bestätigt auch die Beobachtung. So die Einwirkung der abnehmenden Wassertiefe auf die Lage der Wellenkämme zur Küste, was, auf die Flutwelle übertragen, bedeutet, daß diese mit ihrem Kamm in ganzer Breite auf die Küste auflaufen wird, eine Eigentümlichkeit, aus welcher einst Dove und Fitzroy schließen wollten, daß die Gezeiten „stehende Wellen" seien; ferner, daß die Wellenperiode bei jeder Aenderung der Konfiguration des Beckens immer unverändert bleiben muß; drittens, daß die Geschwindigkeit und Wellenlänge sich entsprechend der Lagrangeschen Formel verringert, während viertens die Wellenhöhe sich vergrößert, und zwar nach Airy angenähert im umgekehrten Verhältnis zur vierten Wurzel aus der Wassertiefe und zur Quadratwurzel aus der Breite der Wasserfläche (s. oben S. 89). Aber auch die jeder Welle eigene Orbitalbewegung der Wasserteilchen muß sich zeigen, und zwar bei der großen Länge der Welle als Strom fühlbar werden. In der That ist

dies die Erklärung der Gezeitenströme, welche seit jeher
für die Schiffahrt von großer Bedeutung gewesen sind,
zumal in den westeuropäischen Gewässern.

Beistehende Figur möge die Bahn eines Oberflächen-
teilchens unter Einwirkung einer durch tiefes Wasser sich

Fig. 32.

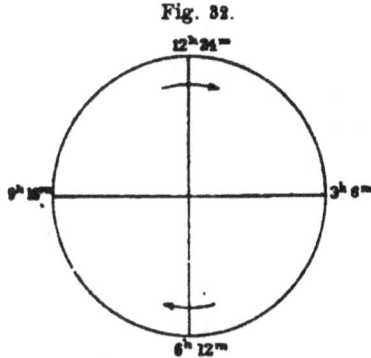

bewegenden Flutwelle vorstellen. Letztere hat eine Periode
von $12^h 24^m$, und für die Bewegungen des Teilchens
wollen wir uns folgender Terminologie bedienen.

Die Welle bewege sich nach rechts. Bei Beginn der
Bewegung sei Hochwasser, dann wird Mittelwasser
(franz. *mi-marée*) um $3^h 6^m$ passiert, um $6^h 12^m$ ist Niedrigwasser, um $9^h 18^m$ wieder Mittelwasser, und
$12^h 24^m$ wieder Hochwasser. Von 0^h bis $6^h 12^m$ bewegt
sich das Teilchen aus seiner höchsten Lage in die tiefste:
diesen Abschnitt seiner vertikalen Bewegung nennen
wir „Fallendwasser" (*perdant*, engl. *fall*); von $6^h 12^m$
bis $12^h 24^m$ erhebt sich das Teilchen von seiner tiefsten
bis zur höchsten Lage, und dieser Abschnitt heiße „Steigendwasser" (*gagnant*, engl. *rise*). Vertikale Bewegungen werden als Strom nicht gefühlt, immer nur die
horizontalen: und zwar heißt die mit der Fortpflanzungsrichtung der Welle gehende horizontale Verschiebung des
Wellenkammes die „Flut" oder der „Flutstrom" (*flot*),
der wie die Zeichnung ergibt, so lange herrscht, als das
Teilchen eine Lage über Mittelwasser besitzt, also von
3,1 Stunden vor Hochwasser bis 3,1 Stunden nach demselben. Dagegen ist „Ebbe" oder „Ebbestrom" (*jusant*),

solange die Bahn des Teilchens unter Mittelwasser liegt;
also von $3^h\,6^m$ bis $9^h\,12^m$, d. h. von 3,1 Stunden vor
Niedrigwasser bis 3,1 Stunden nach diesem. Der Ebbestrom ist der Fortpflanzungsrichtung der Welle stets entgegen gerichtet. Wie man sieht, ändert der Strom seine
Richtung, tritt „Stromwechsel" oder „Umsetzen" des
Stroms ein, oder „kentert" der Strom, oder ist Stillwasser (franz. *les étales de flot ou de jusant*, engl. *slack
water*), jedesmal in dem Moment, wo das Teilchen das
Mittelwasser passiert.

Befindet man sich aber am Meeresstrande, so wird
man ganz abweichend von den Angaben dieser Figur
stets wahrnehmen, daß das Kentern des Stroms nicht
3,1 Stunden nach dem Hoch- oder Niedrigwasser erfolgt,
sondern mit diesen Phasen zusammenfällt. Gerade wo
das Wasser am höchsten „aufgelaufen" ist, hört jeder
Strom auf, ist „Stauwasser"; dann beginnt mit fallendem Wasser die „Ebbe", sie entführt das Wasser seewärts und fährt damit fort, bis Niedrigwasser erreicht ist,
wo dann der Strom abermals kentert und als „Flut" sich
auf das Land zu bewegt. Hier scheinen also Theorie und
Thatsachen im Widerspruch.

Aber es wäre doch übereilt, darum dem Gezeitenphänomen seine Natur als Wellenbewegung abzusprechen.
Es sind nur diese Thatsachen nicht solche, daß man sie
zur Prüfung der Theorie anwenden darf. Das Kentern
des Stroms tritt keineswegs überall bei Hoch- oder
Niedrigwasser ein.

Schon in der Elbemündung bei Kuxhaven tritt Stromwechsel $1^h\,30^m$ nach Niedrigwasser und $1^h\,25^m$ nach
Hochwasser ein (Lentz S. 36): dort läuft also noch bei
Fallendwasser anderthalb Stunden lang ein Flutstrom
die Elbe hinauf, und fast ebenso lange bei Steigendwasser ein Ebbestrom die Elbe hinab. Ebenso kann, wer
sich mitten auf die berühmte Themsebrücke in London
(*London Bridge*) stellt, beobachten, daß unter der Mitte
der Brücke die Flut noch immer stromaufwärts läuft,
auch nachdem das Wasser schon 2 engl. Fuß gefallen
ist. Und in der Mündung der Themse bei Mouse-

Zeit. Da, wie die Wellentheorie zeigt, die Wasserteilchen sich während der Lage unter dem Mittelwasser (im Wellenthal) der fortschreitenden Richtung der Welle entgegen, im Wellenkamm aber mit dieser fortbewegen, ist es nötig, daß während der Zeit t ein Quantum Wasser vom Querschnitt $MM'LN$ nach links, ein gleiches Quantum $mm'FL'$ sich nach rechts verpflanzt. Das Kentern des Stromes erfolgt bei Mittelwasser. Das obige Quantum Q ist auf der Figur also repräsentiert durch die Fläche $mm'FL'$ $= L'fqq'$ u. s. w. Diese Fläche ist aber sehr nahe gleich derjenigen des Vierecks $FKkf$. Denn die große Fläche FKq' ist einmal zusammengesetzt aus dem Viereck $FKfk$ und dem sinusoidalen Halbsegment fkq' und zweitens aus der Fläche $L'fqq'$ und dem Halbsegment FKq, wozu hier noch das kleine Dreieck $FL'f$ kommt. Also:

$$FKfk + fkq' = FKq + FL'f + L'fqq'.$$

Da die sinusoidalen Halbsegmente fkq' und FKq gleich sind und das kleine Dreieck $FL'f$ vernachlässigt werden kann, finden wir, wie oben behauptet, das Viereck $FKfk$ nahe gleich der Fläche $L'fqq'$. In diesem Viereck ist die Seite Kk gleich derjenigen Strecke, um welche die Welle in der Zeit t fortgeschritten ist, also ct, während die Seite FK gleich der halben Wellenhöhe ist, also $= h$. Die ganze Fläche wird danach $= cth$. Nun fanden wir schon das Quantum Q oben $= vtp$. Aus $cth = vtp$ ergibt sich das Verhältnis

$$\frac{v}{c} = \frac{h}{p},$$

d. h. die Stärke des Gezeitenstroms verhält sich zur Geschwindigkeit der Flutwelle wie die halbe Fluthöhe zur Wassertiefe: ein Resultat, welches genau mit Hagens Formel XXV (oben S. 23) übereinstimmt. Man kann nun c, mit Hilfe der Lagrangeschen Formel durch p ausgedrückt, hier einsetzen, da es sich um sehr lange Wellen bei geringer Wassertiefe handelt, und erhält alsdann

$$v = h \sqrt{\frac{2g}{p}} \text{ oder } 3{,}13 \, h \cdot p^{-\frac{1}{2}} \text{ Meter in der Sekunde,}$$

oder, da gewöhnlich die Stärke des Stroms in Seemeilen pro Stunde ausgedrückt wird:

$$v = 6{,}08 \, h \cdot p^{-\frac{1}{2}} \text{ Seemeilen in der Stunde,}$$

wo h und p in Metern gegeben sein müssen. Nehmen wir also wieder, wie oben für den Kanal, $p = 30$, $h = 1{,}5$ m, so ergibt sich v zu 1,66 Seemeilen in der Stunde, was dem oben von Börgen berechneten Wert genau entspricht. Für den offenen Ozean, wo $p = 5000$, $h = 0{,}65$, wie oben, anzunehmen, würde $v = 0{,}029$ m pro Sekunde werden, was einen in der Stunde zurückgelegten Weg von 103,6 m ergibt, während Börgen nach der vollkommeneren Formel diesen Weg zu nur 65 m berechnete. Die Comoysche

Formel ist darum nur für geringe Wassertiefen verwendbar, aber empfiehlt sich für diese durch ihre große Einfachheit.

Nun wird es möglich sein, auf Grund der Wellentheorie, nach Airy und Börgen, jene auffallenden Stromvorgänge im britischen Kanal zu erklären, von denen schon oben die Rede war.

Der britische Kanal wird durch die Halbinsel Cotentin von Süden und die Portland-Bill von Norden her so eingeengt, daß die Schiffer danach zwei Teile in ihm unterscheiden, den „unteren" oder westlichen, und den „oberen" oder östlichen, nach Dover hinaufführenden. Der letztere hat im allgemeinen die Form eines Trichters, die nur durch die Bucht der Seinemündung ein wenig gestört wird. Die engste und flachste Stelle liegt bei Dover, und von hier nach Nordosten öffnet sich ein ebenfalls ziemlich ausgeprägter Trichter zur Nordsee hin zwischen der niederländischen und ostenglischen Küste.

Nun tritt, wie Beechey zuerst beschrieben hat (*Phil. Trans.* 1851, 703), auf der 360 Seemeilen oder 670 km langen Strecke, zwischen einer Linie, welche im Westen Portland-Bill und Kap La Hague einerseits, und einer anderen Linie, die im Osten Cromer und Texel andrerseits verbindet, allerorten der Uebergang des Flutstroms in den Ebbestrom gleichzeitig ein, und zwar zur Zeit des Hochwassers bei Dover, und ebenso das Kentern des Ebbestroms überall gleichzeitig zur Zeit des Niedrigwassers bei Dover. Während der Dauer des Flutstroms strömt das Wasser sowohl im oberen Kanal, wie in der Nordsee nach Dover hin, während des Ebbestroms aber fließt das Wasser beiderseits von Dover hinweg. In der Mitte der Straße von Dover, wo die beiden „Kanalströmungen", wie Beechey sie nannte, sich begegnen, kommt es nun noch zu einigen Komplikationen. Der Strom wechselt nämlich hier, obwohl er zuerst der einen, dann der anderen Kanalströmung gehorcht, nicht gleichzeitig mit diesen seine Richtung, sondern er läuft noch, wenn bei Hoch- oder Niedrigwasser am Ufer die Kanalströmungen schon aufgehört haben, eine Zeitlang weiter nach Osten, beziehungsweise Westen, so daß die Straße von Dover

zu keiner Zeit in ihrer ganzen Breite Stillwasser hat.
Deshalb nannte Beechey diesen Strom den Zwischenstrom *(intermediate stream)*. Auch die Linie, auf welcher
sich die Kanalströmungen begegnen, ist nicht stationär,
sondern verschiebt sich langsam von Westen nach Osten
(was in den Gezeitentafeln der Kaiserlichen Admiralität
durch verschiedene Karten dargestellt wird), und zwar an
der englischen Seite zwischen Beachy Head und North
Foreland, an der französischen zwischen St. Valérie
(zwischen Fécamp und Dieppe) und Nieuport (östlich von
Dünkirchen). Bei Dover-Hochwasser liegt sie in der westlichen Position und ist dann eine Scheide für die Trennung
und Divergenz der Ströme; bei Dover-Niedrigwasser aber
liegt sie in der östlichen Position und ist dann eine Linie
der Begegnung oder Konvergenz der Ströme. Die Scheide-
linien sind so scharf ausgeprägt, daß zwei Schiffe, bei
einer Seemeile Abstand voneinander verankert, den entgegengesetzten Strömungen gehorchen, also auf diametral
entgegengesetzten Kursen liegen können.

Auch die äußeren Grenzen dieser Kanalströmungen
verschieben sich gleichzeitig und zwar merkwürdigerweise
so, daß sie im Kanal allmählich von Westen nach Osten,
in der Nordsee von Norden nach Süden vorrücken und
sowohl bei Hochwasser und Niedrigwasser bei Dover ihren
Ort plötzlich um mehr als 60 Seemeilen nach Westen,
beziehungsweise nach Norden zurückschnellen, um dann
die frühere Bewegung auf Dover bin bis zum nächsten
Maximum oder Minimum der Flutgröße wieder aufzunehmen.
An diesen äußeren Grenzen, also auf der Strecke zwischen
Start Point (bei Dartmouth) und Kap La Hague im Westen,
und zwischen Cromer und Texel im Osten, tritt nun die
weitere rätselbafte Erscheinung auf, daß der Strom stetig
seine Richtung wechselt, ohne überhaupt durch Stillwasser
unterbrochen zu werden, und wesentlich in seiner Stärke
sich zu ändern (rotatorische Strömungen). Dabei gilt
dann die Regel, „daß an der englischen Küste des Kanals
die Drehung im Sinne eines Uhrzeigers, an der französischen Kanalküste und englischen Nordseeküste aber umgekehrt wie beim Uhrzeiger erfolgt".

Die holländische Nordseeküste verhält demgegen-
über sich abweichend: nördlich von Vlissingen, also von
der Scheldemündung bis zum Helder, tritt Stillwasser erheblich später ein, so daß also längs der holländischen
Küste der Strom noch auf Dover zu setzt, während auf
der Höhe der belgischen Küste wie an der ostenglischen
der Strom schon von Dover hinwegläuft, und umgekehrt.

Beechey hat zwar eine Erklärung dieser Erschei-
nung versucht, die im wesentlichen auf eine Interferenz
zweier Wellen hinauskommt, deren Kämme bei Start
Point im Westen, bei Spurn Point (Humber Mdg.) im
Norden gelegen sind, wenn Dover Niedrigwasser hat.
Indem die beiden Wellen aufeinander zu laufen und bei
Dover zusammentreffen, resultiert daraus eine stehende
Welle, deren größte Vertikalschwingung („Bauch") bei
Dover liegt. Eine ganz ähnliche Auffassung hat dann
später Sir William Thomson vertreten (*Nature* XIX,
1879, 154). Aber wie Börgen richtig einwendet, fehlt
hier das Hauptkennzeichen einer stehenden Welle: die
Gleichzeitigkeit des Hochwassers und Niedrigwassers längs
ihrer ganzen Länge. Im Gegenteil zeichnete Beechey
doch selbst zwei sehr deutlich fortschreitende Wellen
auf seiner Karte ein.

Börgen gelangt seinerseits auf Grund der Airyschen
Wellentheorie zu folgender Erklärung. Der „obere" Teil
des Kanals und die Südwestecke der Nordsee können
beide als Trichter aufgefaßt werden, die mit gemein-
samer Mündung bei Dover zusammentreffen. Diese von
Norden und Westen her ziemlich kontinuierliche Verengerung des Bettes bei gleichzeitiger, wenn auch nicht
sehr erheblicher Abnahme der Wassertiefe wirkt defor-
mierend auf die Orbitalbahnen der Teilchen in den beiden
Flutwellen ein, welche, die eine von Westen, die andere
von Norden her, auf Dover zulaufen. Wie bei jeder
solcher Störung der Welle, so wird auch hier gemäß der
Theorie (S. 228) die Zeit des Stromwechsels sich an die
Zeit des Hoch- und Niedrigwassers annähern, und zwar
diesen desto näher kommen, je enger und flacher das
Wasser wird, um dann in der Straße von Dover beinahe

(aber nicht ganz) mit Hoch- und Niedrigwasser zusammenzufallen. Die Gleichzeitigkeit des Stromwechsels auf jener ganzen, über 360 Seemeilen langen Strecke von Kap La Hague bis Cromer erklärt Börgen mit Hilfe einer gewiß nicht gewagten Hypothese, „daß nämlich die Verkleinerung des Zeitintervalls zwischen Hochwasser und Stromwechsel an aufeinander folgenden Orten gleich ist der successiven Verspätung der Hochwasserzeit an denselben Orten". Folgende schematische Zeichnung eines solchen Doppeltrichters mag dies verdeutlichen. An der

Fig. 35.

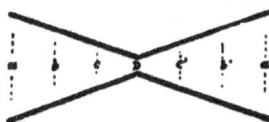

äußeren Grenze, sowohl bei a wie a', von wo aus die Welle auf D zuläuft, mag der Theorie gemäß das Kentern des Stroms normal gerade 3 Stunden nach Hoch- resp. Niedrigwasser erfolgen. Alsdann ist es bei der gegebenen Konfiguration der Trichter recht wohl denkbar, daß b und b' gerade 2 Stunden, c und c' gerade 1 Stunde nach den extremen Wasserständen Stromwechsel haben, während an der engsten und flachsten Stelle, bei D, der Strom just bei Hoch- und Niedrigwasser kentert. Dann wird also in dem ganzen Doppeltrichter der Strom gleichzeitig umsetzen, trotzdem die Wasserhöhen selbst von Ort zu Ort nicht der gleichen Phase angehören.

Aus dieser Erklärung folgt von selbst, daß die Gleichzeitigkeit des Stromwechsels sich in die Weitungen des Trichters nach Westen oder Osten hinaus nur bis zu solchen Orten erstrecken kann, welche bis zu 3 Stunden früher wie Dover Hoch- beziehungsweise Niedrigwasser haben, denn letzteres ist das Intervall, um welches der Stromwechsel bei der normalen Welle den extremen Wasserständen folgt. Dieser Umstand gibt in der That die Erklärung für die merkwürdige Verschiebung der äußeren Stromscheiden, namentlich das Zurückspringen

derselben zur Zeit der extremen Wasserstände bei Dover.
An der Hand der Gezeitentafeln und Karte der Flutstundenlinien von Whewell konnte nun Börgen richtig
nachweisen, daß die äußere Grenze dieses Strömungs-
systems allemal dort liegt, wo 3 Stunden früher Hoch-
oder Niedrigwasser war als in Dover (Ann. der Hydrogr.
1880, S. 12 f.).

Der sogenannte „Zwischenstrom" findet darin seine
Erklärung, daß am Ufer infolge des rasch ansteigenden
Meeresbodens die Zeit des Stromwechsels näher an die
Zeit des Hochwassers herangebracht wird als in der
tieferen Mitte des Kanals. Der Strom kentert daher am
Ufer sehr nahe gleichzeitig mit den extremen Wasserständen, während er in der Mitte der Straße erst etwas
später umsetzt. Dazu kommt nun noch der Umstand,
daß die Orte nördlich von Dover bis zur Themsemündung
hin etwas später Hochwasser haben wie Dover [1]), weshalb
unter der Einwirkung der aus dem Kanal kommenden
Welle, welche stärker und höher ist als die der Nordsee, der Strom also dort noch nach Norden fließen muß,
wenn bei Dover schon wieder Fallendwasser ist, und
ebenso nach Westen strömen muß, nachdem bei Dover
Niedrigwasser gewesen und Steigendwasser eingetreten ist.

Die Verschiebung der Begegnungs- und Trennungslinien in der Straße von Dover erklärt Börgen ebenfalls
mit Berücksichtigung der größeren Stärke des Stromes
im britischen Kanal, der eine Folge des dort größeren
Flutwechsels ist. Bei Niedrigwasser in Dover geht der
Zwischenstrom noch in der Straße nach Westen, bald aber
kentert allgemein der Strom im Kanal und in der Nordsee, nunmehr auf Dover zusetzend. Dabei kann die Flutströmung der Nordsee sich mit dem noch herrschenden
Zwischenstrom vereinigen und beide treffen darum ziemlich weit im Westen bei Beachey Head, auf den Flutstrom des Kanals. Da nun letzterer schnell an Stärke

---

[1]) Nach den Gezeitentafeln der Kaiserlichen Admiralität:
Hafenzeit in Dover $11^h 12^m$, Deal $11^h 15^m$, Ramsgate $11^h 20^m$,
Margate $11^h 40^m$.

gewinnt, wird es verständlich, wie er den Nordsee-Flut-
strom langsam nach Osten zurückdrängt, bis bei Dover-
Hochwasser die Scheide ihre östlichste Position (North-
Foreland-Dünkirchen) erreicht hat. Nun ist allgemein
Stillwasser mit Ausnahme der Straße von Dover, wo der
Zwischenstrom noch östlich setzt; dieser letztere vereinigt
sich jetzt mit dem nach Osten setzenden Ebbestrom der
Nordsee, während der Ebbestrom des Kanals das Wasser
nach Westen zieht, daher die Trennungslinie wieder im
Westen bei Beachey Head liegt. Indem nun der stärkere
Strom des Kanals mehr und mehr rückwärts liegende
Wasserteile in seinen Bereich zieht auf Kosten des
schwächeren Ebbestroms der Nordsee, verschiebt sich die
Trennungslinie weiter nach Osten, und so fort.

Wenn nun an der holländischen Küste der
Strom nördlich von Vlissingen noch als Ebbe nach Süden
läuft, zur gleichen Zeit, wo in der Osthälfte der Doverstraße und an der englischen Ostküste schon Flutstrom
nach Norden setzt, so ist das leicht darauf zurückzuführen,
daß die an der holländischen Küste nach Norden laufende
Flutwelle dem britischen Kanal entstammt, also einen
nach Norden gerichteten Flutstrom erzeugt, während
die an der gegenüberliegenden Küste auftretende Flutwelle an der ganzen ostenglischen Küste von Norden
nach Süden fortgeschritten ist, ihr Flutstrom daher südlich setzt. Die Ebbeströme haben dann bei beiden
natürlich auch die umgekehrte Richtung: an der niederländischen Seite nach Süden, an der ostenglischen nach
Norden.

Man erhält so eine sehr ungezwungene, leicht ver-
ständliche Erklärung scheinbar sehr verwickelter Stromvorgänge. Börgen hat damit den Weg gezeigt, wie auch
an anderen Orten die Wellentheorie zur Deutung kom-
plizierter Gezeitenströme dienen kann.

Die rotatorischen Strömungen hat schon Airy
(§ 359—363) seiner Zeit vollkommen erklärt; auch hier
auf Grund der Wellentheorie in leicht verständlicher Weise.
Wiederum möge eine schematische Zeichnung die Vorgänge übersichtlicher machen. Die beiden starken Linien

zeigen die Lage der Küsten eines breiten, erst langsam,
dann schneller nach der Mitte zu tiefer werdenden Kanals.
Eine·von links kommende Flutwelle wird nun nach der
Theorie bewirken, daß ihr Kamm in dem tiefen Wasser
schnell voreilt, an den Ufern stark zurückbleibt. Im
tiefen Wasser wird also der Strom allemal der Küste
parallel setzen, der Flutstrom nach rechts, der Ebbestrom
nach links, und das Umsetzen des Stromes wird normal
etwa 3 Stunden nach Hoch- beziehungsweise Niedrigwasser erfolgen. An den Küsten aber wird der Strom
allemal gleichzeitig mit diesen extremen Wasserständen

Fig. 36.

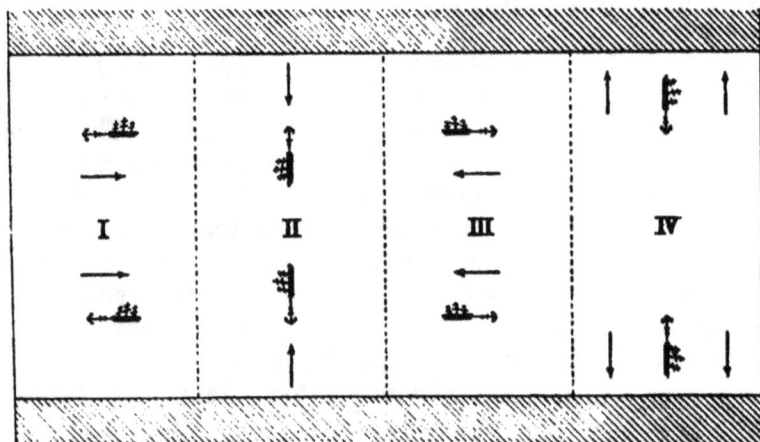

kentern. Ein zwischen der Küste und der Mitte des
Kanals verankertes Schiff wird nun folgende Strömungen
haben.

Bei Hochwasser ist am Ufer gerade Stauwasser, also
kein Strom, aber im Tiefwasser der Flutstrom in seinem
Maximum: der letztere wird also seine Herrschaft näher
der Küste zu ausdehnen und das Schiff mit der Kiellinie
parallel zu dieser, und zwar auf Westkurs, legen (Stadium I
der Figur).

Beim nachfolgenden Mittelwasser ist nun in der Kanalmitte Stromstille, dagegen an den Küsten der Ebbestrom im Maximum. Dieser legt das Schiff nunmehr an der Nordküste auf Nordkurs, an der Südküste auf Südkurs (Stadium II).

Bei Niedrigwasser ist am Strand kein Strom, in der Kanalmitte aber Ebbestrom in vollster Stärke, so daß dieser das Schiff nach Westen herumschwaien läßt; sowohl das an der Nord- wie an der Südseite des Kanals verankerte Schiff liegt Ostkurs (Stadium III).

Endlich wird bei nun folgendem Mittelwasser Stromstille in der Mitte des Kanals, Strommaximum und zwar Flutstrom an den Küsten sein. Die Schiffe werden letzterem folgen, das nördliche wird Südkurs, das südliche Nordkurs anliegen (Stadium IV). Beim hierauf folgenden Hochwasser wird die Situation wieder dieselbe wie im ersten Stadium sein, in 6,2 Stunden haben darum beide vor Anker liegende Schiffe eine volle Drehung um 360^0 ausgeführt, denn man sieht leicht ein, wie in den Zwischenzeiten auch die Zwischenlagen sich einstellen werden. Ebenso zeigt die Figur, daß das an der Nordküste, links vom Flutstrom der Kanalmitte liegende Schiff sich gedreht hat wie der Zeiger der Uhr, das rechts von dem Flutstrom der Kanalmitte verankerte Schiff dagegen im umgekehrten Sinne. Das ist nun genau derselbe Vorgang, der von der Südküste Englands, der Nordküste Frankreichs, sowie an der englischen Nordseeküste, wie oben gesagt, beobachtet wird. „Bei näherer Ueberlegung," setzt Börgen hinzu, „wird man erkennen, daß sich die Erscheinung innerhalb des Gebietes gleichzeitigen Stromwechsels nicht zeigen kann, weil hier die eine Voraussetzung, daß in der Mitte des Kanals der Strom 3 Stunden nach den extremen Wasserständen kentert, wie wir sahen, nicht mehr erfüllt wird. Wir werden daher hier keine vollständige Drehung des Stroms um 360^0 ohne zwischenliegende Stromstille beobachten können, wohl aber wäre eine partielle Drehung mit dazwischenliegendem Stillwasser möglich, wenn der Strom in den verschiedenen Teilen des Kanals nicht genau gleichzeitig kentert. —

Die Gezeitenströmungen der Nordsee, insbe-

sondere der deutschen Bucht derselben, bieten wiederum
eine Reihe von Eigentümlichkeiten, welche, wie wir meinen,
sich fast alle auf die Konfiguration des Beckens zurückführen lassen, wenn wir auch hier Airys Anleitung (*Tides
and waves,* § 525—528) folgen und gemäß den neueren
Beobachtungen weiter ausführen.

Wir sahen schon oben, daß der südwestliche Teil
der Nordsee zwei Flutwellen empfängt: eine aus dem
britischen Kanal und eine zweite von Norden her, die
um Schottland herumkommend an der ganzen Ostküste
Großbritanniens entlang nach Süden geht. Wenn die
Uhr in Greenwich Mittag zeigt, so ist gleichzeitig an der
Südseite des Moray Firth und am Eingange des Themse-
trichters Hochwasser. Die Wellenlänge der Flutwoge
beträgt also hier etwa 7 Breitengrade oder 780 km. Entlang der Ostküste Englands folgen sich die Hafenzeiten,
in regelrechten Intervallen später eintretend von Norden
nach Süden (vgl. Fig. 28, S. 189).

Anders an dem Südufer der Nordsee. Während
(immer nach Greenwich-Zeit) in Calais die Hafenzeit
$11^h 42^m$ ist, liegt sie im Brouwershavenschen Gat (vor den
Rheinmündungen) um $12^h 28^m$, vor Katwyk um $1^h 55^m$;
bis so weit also regelmäßig sich verspätend, entsprechend
einer aus dem Kanal nach Nordosten fortschreitenden
Welle. Auffallend spät aber liegt die Hafenzeit auf der
Höhe von Texel, nämlich um $6^h 0^m$. Von Dover bis Katwyk läuft die Welle in 2 Stunden 13 Minuten, auf der
kürzeren Strecke von Katwyk nach der Höhe von Texel
aber 4 Stunden 5 Minuten; das ist sehr auffällig.

Weiter nach Osten in der deutschen Bucht ist dann
Hochwasser vor der Wesermündung um $10^h 45^m$, in Helgoland $11^h 1^m$, vor der Listertief-Barre (nordwestlich Sylt)
$11^h 57^m$, Horns Riff-Feuerschiff $11^h 29^m$: also nun in der
deutschen Bucht nahezu gleichzeitig um 11 Uhr herum.

An der jütischen Küste darauf wieder normale Verspätung nach Norden hin: in Blaawands Huk $0^h 31^m$,
Nyminde $1^h 50^m$, Thorsminde $2^h 44^m$, Aggerminde $3^h 18^m$.
Im Skagerrak mit nur ganz minimaler Verspätung gegen
den letzteren Ort in Hirshals $3^h 30^m$, Skagen wieder $4^h 55^m$.

Ueberschauen wir die ganze Konfiguration der Nordsee, so wird sich für eine aus dem Nordatlantischen Ozean eindringende Flutwelle der Weg zu beiden Seiten der Shetlandinseln darbieten. Die Welle wird im allgemeinen die Richtung nach Südost einhalten, aber doch bald durch das Bodenrelief abgelenkt werden. Entlang der norwegischen Küste wird sie schnell in der meist 250 m und mehr tiefen Rinne nach Süden vorschreiten, dann in das Skagerrak einlenken und also für dessen beide Ufer die Hafenzeiten bestimmen müssen. In der That hat Skudesnäs am Eingang zum Hardanger Fjord eine Hafenzeit von $10^h 2^m$, Oxö vor Christiansand $3^h 46^m$ und die Hvalinseln östlich vom Eingange in den Christianiafjord (nach allerdings sehr alten Beobachtungen) um $4^h 27^m$, was ungefähr zu den Hafenzeiten der Nordküste Jütlands stimmt.

Währenddem ist der südlich von den Shetlandinseln liegende Teil des Wellenkammes weiter nach Südosten quer über die Breite der Nordsee vorgerückt: doch erheblich langsamer, wegen der nur 150 m betragenden und schnell nach Süden weiter abnehmenden Wassertiefe. Oestlich von den Orkneyinseln und Schottland ist die Tiefe überdies immer beträchtlicher als in der Mitte der Nordsee, daher im Westen der Kamm voreilen, in der Mitte zurückbleiben wird. Ein erhebliches Hindernis bietet dann die weniger als 40, vielfach weniger als 20 m Tiefe darbietende Doggerbank, indem sie sich gerade quer der Flutwelle vorlagert, so daß sie von dieser an den Flanken durch größere Wassertiefen umgangen werden kann. Die Flutstundenlinien wölben sich also zwischen Flamborough Head und der Doggerbank stark nach Süden aus. Der Südrand der Doggerbank wird dementsprechend seine Flutwelle von Westen (nicht von Norden) her erhalten. Durch die südöstlich von der Doggerbank liegende, vielfach über 60 m tiefe, schmale „Silberrinne" kann die Welle dann schneller nach Osten vorschreiten, etwas langsamer nach Südosten und Süden, wo ein unregelmäßig gestalteter Boden den Wellenkamm mit zahlreichen Aus- und Ein-

biegungen versehen wird. Die Welle wird aber schließlich die holländische Küste etwa in der Gegend von Texel
und Vlieland berühren müssen, um sich dort mit der aus
dem Kanal gekommenen Welle zu kreuzen. Weiter nach
Osten hin aber hat die durch die „Silberrinne" gelaufene
Welle die gleiche Richtung mit der Kanalwelle, beide
eilen auf Helgoland zu und dann weiter nach Nordosten
die Wattenküste hinauf.

Aber auch im Osten wird die Doggerbank von der
aus der tiefen norwegischen Rinne kommenden Welle umgangen, welche ihrerseits, unbekümmert um die anderen
Wellen, in die deutsche Bucht hineinläuft. Hier haben
wir also schließlich drei Wellensysteme: die „Kanalwelle" aus Südwest, die „schottische" aus West, die
„norwegische" aus Norden, in Interferenzen einander
durchdringend. Das muß naturgemäß sehr komplizierte
Stromvorgänge erzeugen.

Die Hafenzeiten gestatten uns indes doch ein un-
gefähres Urteil über die Natur derjenigen Welle, welche
am Orte den überwiegenden Einfluß besitzt. Da sind
wir nun durch die Beobachtungen des deutschen Kanonenboots „Drache", Kapitän Holzhauer, auch über die Gezeiten an und auf der Doggerbank neuerdings in sehr
erwünschter Weise belehrt worden (die Ergebnisse der
Untersuchungsfahrten S. M. Kanonenboot „Drache", Kommandant Korvettenkapitän Holzhauer, in der Nordsee
1881/84, veröffentlicht vom hydrographischen Amt der
Admiralität, Berlin 1886; auch in den Annalen der Hydrographie 1886), wodurch ein ganz neues Licht auf die
Vorgänge in der deutschen Bucht fällt.

Am Südrande der Doggerbank beobachtete Kapitän
Holzhauer an zwei Stationen genügend lange, um die Hafenzeit danach genähert ermitteln zu können; Station 1.
unmittelbar nördlich von der Mitte der Silberrinne in
28 m Tiefe, und Station 3 nordöstlich vom östlichen Ende
der letzteren in 44 m Tiefe. Die Hafenzeiten (nach Greenwichzeit) wurden gefunden für:

$$\text{Station 1: } 54^0\ 10'\ \text{N. Br.,}\ 2^0\ 10'\ \text{O. Lg.} = 5^h\ 37^m,$$
$$3:\ 54^0\ 12'\ \text{N. Br.,}\ 2^0\ 57'\ \text{O. Lg.} = 6^h\ \ 4^m.$$

Daraus ist deutlich zu ersehen, daß die schottische Welle hier von West nach Ost läuft. Die Hafenzeit läßt sich angenähert übereinstimmend berechnen, wenn man die Welle von Fairainsel (zwischen der Orkney- und Shetland-gruppe) nach Süden und auf der Höhe von Whitby nach *SO* und *O* fortschreiten läßt. Die Gezeitentafeln geben als Hafenzeit für Fairainsel $11^h 6^m$ (welcher Wert allerdings insofern auffallend ist, als die beiden benachbarten Inselgruppen zwischen 9 und 10 Uhr Hochwasser bei Springzeit haben, aber in Ermangelung jeden Anhalts für eine Verbesserung benutzen wir diese Hafenzeit als Basis). Die Distanz von Faira bis Station 1 beträgt 715 km, die mittlere Tiefe nach der Seekarte genau 100 m, woraus sich nach der Lagrangeschen Formel eine Reisedauer der Flutwelle von 6 Stunden 21 Minuten berechnet, damit eine Hafenzeit von $5^h 27^m$, also nur 10 Minuten weniger als von Kapitän Holzhauer beobachtet. Nach Station 3 beträgt die Distanz 770 km, die mittlere Tiefe ist ebenfalls 100 m, daraus die berechnete Hafenzeit $5^h 56^m$, 8 Minuten zu wenig. Danach scheint es als sicher, daß der Südrand der Bank von der schottischen Welle beherrscht wird. Es paßt dazu auch die Hafenzeit der Station 2 Holzhauers, etwas nördlich von 1 in sehr flachem Wasser (18 m) gelegen (54° 33′ N. Br., 2° 11′ O. Lg.), nämlich $5^h 49^m$. Dagegen ist eine weiter nordöstlich (in 26 m Tiefe) gelegene Station 4 (55° 1′ N. Br., 3° 7′ O. Lg.) mit ihrer Hafenzeit von $5^h 56^m$ nur dann zu verstehen, wenn man auch hier noch die schottische Welle als Ursache gelten und sie recht von Westen her kommen läßt. Denn eine direkt von Faira nach Station 4 gehende Welle (Distanz 605 km, Tiefe 107 m) würde $4^h 17^m$ als Hafenzeit ergeben. Die norwegische Welle würde noch früher eintreffen; von Skudesnäs ist eine Entfernung von nur 450 km bei 110 m Durchschnittstiefe zu durchmessen und daraus würde die Hafenzeit $1^h 48^m$ sein.

Lassen wir die schottische Welle von der Silberrinne aus nun zunächst nach Südosten weiter fortschreiten, so ist von Station 3 nach der Höhe von Terschelling eine Entfernung von 204 km bei 39 m mittlerer Tiefe zu

durchmessen, woraus sich eine Reisedauer von $2^h 54^m$,
also eine Hafenzeit von $8^h 58^m$ für Terschelling ergibt;
direkt von Faira, ohne die Silberrinne zu passieren, wäre
eine Distanz von 935 km bei 85 m Tiefe zu passieren,
woraus eine Hafenzeit von $8^h 6^m$ abzuleiten: beobachtet
ist sie zu $8^h 37^m$. Daraus können wir sehen, daß auch
an den westfriesischen Inseln wiederum die schottische
Welle von überwiegender Bedeutung ist.

Recht östlich von Station 3 liegt Helgoland. Die
Entfernung ist 325 km, die Wassertiefe wieder 39 m,
daraus Reisedauer $4^h 37^m$ und berechnete Hafenzeit $10^h 41^m$;
die beobachtete ist $11^h 1^m$. Auch bei Helgoland ist die
schottische Welle noch maßgebend. Ebenso stehen die
so nahe aneinander liegenden Hafenzeiten der ostfriesi-
schen Küste vorzugsweise unter ihrem Einfluß.

Wie verhält sich entlang der holländisch-deutschen
Küste die Kanalwelle? Von Dover auf die Höhe von
Texel hat sie 315 km in 33 m Tiefe zu durchmessen; sie
würde $4^h 32^m$ Reisedauer haben und um $3^h 37^m$ vor Texel
ankommen. Beobachtete Hafenzeit ist aber 6^h: nun sahen
wir eben die schottische Welle um $8^h 6^m$ vor Terschelling
anlangen; die für Texel beobachtete Hafenzeit liegt nun
gerade zwischen den beiden aus der schottischen und
Kanalwelle berechneten (das genaue Zeitmittel wäre
$5^h 52^m$), hier scheint also der Punkt, wo beide Wellen
sich in nahezu gleicher Kraft begegnen und nach der
Wellentheorie eine neue Welle, von der Hafenzeit $5^h 52^m$
bilden müßten; beobachtet ist aber 6^h! Weiter nach Osten
überwiegt dann die schottische, nach Südwesten hin die
Kanalwelle, denn da die letztere in einen stetig sich verbreiternden Seeraum vordringt, wird sie an Höhe und
überhaupt an Kraft nordwärts schnell verlieren.

Vielleicht steht mit diesem Vorgange die sehr auffällige
Form der Flutkurve vom Helder irgendwie in Zusammenhang
(Fig. 37 nach Lentz): man sieht das Wasser in der kurzen Zeit von
1 bis 2 Stunden von seinem niedrigsten Niveau ansteigen bis zum
ersten Hochwasser, welchem alsdann nach $3^1/_2$ bis $4^1/_2$ Stunden
ohne erhebliche Niveauschwankung ein zweites, von abwechselnd
kleinerer oder größerer Höhe folgt, um dann wieder ziemlich
schnell (in 5 Stunden) zum Niedrigwasser abzufallen. Schwerlich

rührt das zweite Hochwasser von der schottischen Welle her, welche (bei Springzeit) ca. 9 Uhr im Helder angelangt sein kann. Durch bloße Interferenz zweier um 3 bis 5 Stunden auseinanderliegender Wellensysteme ist die Helderkurve nicht zu erklären, dadurch würde nur, wie ein graphischer Versuch zeigt, eine hohe

Fig. 37.

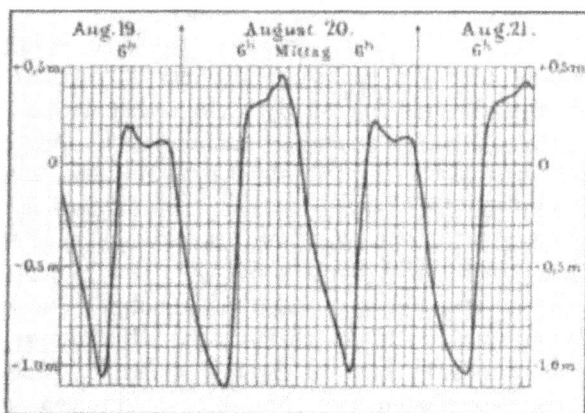

Welle mit einfachem Kamm erzeugt werden, deren Hochwasser allerdings, gleiche Höhe beider komponierender Wellen vorausgesetzt, auf einen mitten zwischen die Hochwasser dieser beiden Wellen liegenden Zeitpunkt fällt. — Wir werden bei den „Flußgeschwellen" noch hierauf und auf die ähnlichen Flutkurven von Havre und Southampton zurückkommen müssen.

Weiter nördlich in 54° 48′ N. Br., 7° O. Lg. (d. h. in dem Schnittpunkt einer von Norderney genau nördlich und von der Nordspitze Sylts westlich gezogenen Linie) bei 32 m Wassertiefe liegt Station 7 des Kapitän Holzhauer. Hier ist 2 Stunden 17 Minuten früher Hochwasser als am Pegel zu List (auf Sylt), also um 11^h 10^m; wie man sieht, doch etwas später als in Helgoland, obwohl Station 7 fast genau nordwestlich von dieser Insel liegt. Berechnen wir für diese Station 7 die Hafenzeit, so ergibt sich dieselbe: für die schottische Welle direkt von Faira (735 km bei 88 m Wassertiefe) zu 6^h 3^m; indirekt über Station 3 (272 km bei 44 m Tiefe) zu 9^h 42^m. Lassen wir die norwegische Welle von Skudesnäs ausgehen, so finden wir (bei bezw. 470 km Weg, 108 m Tiefe) die Hafenzeit $2^h 1^m$, und für die Kanalwelle von Dover aus (550 km, 38 m) die Hafenzeit $7^h 2^m$. Als kombinierte Hochwasserstunde für die norwegische und direkte schottische Welle erhalten wir $10^h 2^m$, aus der norwegischen und indirekten schottischen $11^h 56^m$, aus der Kanalwelle und der norwegischen $10^h 32^m$: danach wäre es aus den Hafenzeiten allein nicht mit Bestimmtheit zu entnehmen, welche Welle hier die maßgebende ist, wir werden aber einen weiteren Anhalt in den Strombeobachtungen finden.

Die Gezeitenströmungen entlang der ostenglischen Küste sind normale insofern, als der Flutstrom eine südliche bis südöstliche, der Ebbestrom die entgegengesetzte Richtung zeigt. Wenn auf den merkwürdigen (in der Stromrichtung sich hinziehenden) Bänken Ower und Leman, auf der Höhe von Cromer nach englischen Quellen der Strom dabei sich dreht im Sinne des Uhrzeigers, so ist das (mit Airy § 526) als ein Beweis dafür zu betrachten, daß der stärkste Strom zwischen diesen Bänken und der Küste hindurch geht, gemäß der oben (S. 238) aufgestellten Regel. Ebenso fand auch Kapitän Holzhauer auf seinen Stationen 1, 2, 3, 4 den Strom im gleichen Sinne drehend: auch hierin wäre also der Beweis geliefert, daß die Hauptwelle südlich von der Doggerbank nach Osten setzt. Dagegen machte eine Station 5 (54° 44′ N. B., 3° 25′ O. Lg., 42 m) südöstlich nicht weit von Nr. 4 entfernt, insofern eine Ausnahme, als der Strom abwechselnd links und rechts herum drehte, bei der nur 28 Stunden umfassenden Beobachtungszeit ergaben sich als vorherrschende Richtungen ONO und WNW, wobei allerdings zu beachten sein dürfte, daß ständige, wenn auch schwache südliche und südöstliche Winde herrschten. — Das Kentern des Stroms erfolgt am Ostrande der Doggerbank, d. h. im Raume zwischen Station 4 und 3 einerseits, 5° O. Lg. andererseits, „eine Stunde vor Hochwasser bei Cuxhaven", also ca. $11 \frac{1}{4}$ Uhr, was nach der Theorie eine durchschnittliche Hochwasserstunde von 8 Uhr ergeben würde, ungefähr zu den Beobachtungen passend.

Die Gezeitenströme der Helgoländer Bucht sind in

zwei Gruppen zu teilen: eine nördliche, die Erscheinungen bei Sylt und in Station 7 Holzhauers umfassend und eine zweite größere südliche Gruppe.

Die letzteren geben nun eine Kombination der Ströme der beiden schottischen Wellen. Vor der Emsmündung, bei Borkum Riff-Feuerschiff, sind die herrschenden Richtungen: Flut nach *OSO*, Ebbe *WNW*. Liefe der Strom parallel zur Küste, so wären um 4 Strich abweichende Richtungen zu erwarten *(ONO,* bezw. *WSW)*. Dabei dreht der Strom links herum, entgegen dem Sinne des Uhrzeigers, ein Zeichen, daß die maßgebende Welle nördlich von der Position nach Osten vorüberläuft, also im wesentlichen die indirekte schottische Welle ist, während vielleicht die nicht ganz eliminierte **direkte** Welle den Flutstrom ein wenig südlicher als Ost werden läßt, als ohne sein Eingreifen der Fall wäre. Die beiden Hauptstromrichtungen weisen jedoch auf das Südwestende der Doggerbank hin, von dorther also kommt die stärkere Welle. Man kann vielleicht annehmen, daß die Einwirkungen der norwegischen und der Kanalwelle beide nur sehr schwach sind und sich, bei der nahezu entgegengesetzten Richtung gleicher Stromphasen, gegenseitig aufheben können. Das Kentern des Stromes erfolgt zur Zeit der Syzygien um $11^h 21^m$, eine Hochwasserstunde ist in den Gezeitentafeln leider nicht angegeben.

Vor der Weser und Elbe setzt der Ebbestrom nach *NW*, die Flut nach *SO*. Dieses ist ebensowohl der Einwirkung der schottischen Welle, wie der Konfiguration des nahen Landes zuzuschreiben. Ebenso die Hauptrichtungen von Helgoland *ONO-WSW* und der Eidermündung *WNW-OSO*.

Bei Sylt setzt der Ebbestrom nach *NzW*, der Flutstrom nach *SzO*, also nahezu parallel der Küste, und damit konform auf Station 7 des Kanonenboots „Drache" der Strom mit der Ebbe nach Nord bis Nordwest, mit der Flut nach *SOzO*. Kapitän Holzhauer, der vom 11. bis 14. August 1882 hier vor Anker lag, fand an der Oberfläche, noch deutlicher aber in 30 m Tiefe eine vollständige Drehung nach links (also entgegen dem

Uhrzeiger) ausgeprägt, nach den Gezeitentafeln ist eine
solche auch auf der Höhe von Sylt anzunehmen, da der
Strom von seiner nördlichen zur südlichen Richtung durch
West herumgeht. Dasselbe wird von Horns Riff gemeldet. Diese Drehung links herum würde nach unserem
obigen Gesetze bedeuten, daß der Hauptflutstrom den
Beobachtungspunkt zur Rechten liegen läßt. Ist nun
unsere obige Terminologie richtig, so müßte der Hauptflutstrom nicht nur östlich von Station 7 nach Süden
passieren, was möglich ist, sondern auch zwischen dem
Beobachtungspunkte der Gezeitentafeln bei Sylt und dieser
Insel selber, oder gar zwischen Horns Riff und der Küste,
was beides unmöglich wäre. In der Nähe von Station 7
liegt auch keine Bank oder irgend eine submarine Stufe
im Sinne einer „Küste" jenes obigen Gesetzes, das nächste
Land, eben Sylt, ist 85 km entfernt, darum scheint es
geraten, eine andere Ursache für jene Art der Drehung
zu finden. Der Bericht Kapitän Holzhauers macht darauf
aufmerksam, daß wenn man hier zwei Flutwellen, eine
von NW, die andere von SW her, sich kreuzen ließe,
und deren Stromphasen um 4 Stunden auseinanderlägen,
so daß die nach NO schreitende 4 Stunden später ihr
Strommaximum zeigt als die nach SO laufende, alsdann,
wie eine einfache Ueberlegung zeigt, der Strom sich auch
fern von jeder Küste kontinuierlich links drehen kann.

Nennen wir den einen den Nordoststrom, den anderen den
Südoststrom nach der Richtung, wohin sie ziehen, und habe der
Südoststrom sein Maximum des Mittags, der andere das Maximum
um 4 Uhr nachmittags, so ist klar, daß um Mittag letzterer noch
schwach als Ebbestrom, also nach SW, laufen wird. Mit dem
gleichzeitig im Maximum stehenden Südoststrom kombiniert, erhält man einen sehr starken Strom nach SSO. — Um 1 Uhr hat
der Nordoststrom Stillwasser, der Südoststrom herrscht also allein.
— Um 2 Uhr ist schwacher Nordoststrom, ebenso schwacher Südoststrom, die Resultante also recht Ost. — Um 3 Uhr ist der
Nordoststrom ziemlich stark, der Südoststrom null, also nun
herrscht ersterer allein. — Um 4 Uhr ist der Nordoststrom im
Maximum, der Südoststrom hat zur Ebbe gekentert nach NW und
ergibt, weil viel schwächer als der andere, einen sehr starken
Strom nach NNO u. s. f. — Also in 4 Stunden eine Drehung von
SSO nach NNO. (Diese Methode findet sich übrigens schon bei
Airy § 528.)

Nun sahen wir oben, daß die (indirekte) schottische Flutwelle von der Silberrinne her in Station 7 um $9^h 42^m$ aus *WSW* eintreffen würde, während die direkte von Faira kommende Welle um $6^h 3^m$ anlangte. Wir haben also hier eine Zeitdifferenz in den Hochwasserstunden, welche nahe jener von Kapitän Holzhauer erforderten von 4 Stunden gleicht. Freilich gibt auch die norwegische Welle (in Station 7 um $2^h 1^m$ anlangend) mit der direkten Fairawelle die gleiche Zeitdifferenz, aber es würde der nötige Unterschied in den Richtungen (ca. 90°) fehlen, da infolge der Bodenkonfiguration die norwegische Welle nicht ganz auf der kürzesten Linie von Skudesnäs nach Station 7 (die übrigens *NzW-SzO* führt) gelangen würde, sondern ebenso aus *NW* herankommen wird, wie eine von Faira direkt ausgegangene Welle, da sie eine Reihe flacher, in der Verlängerung der Doggerbank nach Nordosten liegenden Bänke zu umgehen hat.

Wir sehen also in Station 7 höchst wahrscheinlich die umgebeugte schottische und die direkte Fairawelle sich durchkreuzen und sich nahezu in gleicher Stärke bei einer Phasendifferenz von 4 Stunden geltend machen. Einigermaßen schwierig ist aber dann die Erklärung der Hafenzeiten an der jütischen Küste, deren Verspätung wir oben konstatiert haben. Man muß aus den Stromvorgängen in der nächsten Nähe Sylts annehmen, daß ungefähr dort die schottische Welle sich teilt, indem sie einesteils nach Norden, anderenteils nach Süden umschwenkt. Nach einer Bemerkung in den Gezeitentafeln fand Kapitän Holzhauer auf der Höhe von Westerland, aber nur in der bis ca. 4 Seemeilen von der Küste abliegenden Zone, eine Trennung des Flutstroms in zwei Arme, von denen der eine südlich, der andere nördlich lief. Dasselbe, nur umgekehrt, wurde vom Ebbestrom beobachtet. Also läuft nördlich von Sylt ein umgebeugter Teil der schottischen Welle nach Norden hinauf, und offenbar durch Kombination mit der die letztere durchkreuzenden Faira- und norwegischen Welle mögen die Hafenzeiten bis an die Küste des Skagerrak zu erklären sein. Um nicht zu weitläufig zu werden, verzichten wir an diesem Ort darauf, die

Vorgänge weiter zu analysieren. Nur die Strömungen auf
der Höhe von Texel verlangen noch einige Worte.

Da, wie wir sahen, die schottische Welle etwa bei
Texel auf das Südufer der Nordsee stößt, so müssen wir
hier den Flutstrom sich ebenso teilen sehen wie westlich
von Sylt. Das wird in den Gezeitentafeln in der That
ausdrücklich bezeugt: der nach Süden abbiegende Teil
pulsiert entsprechend den oben für den Dovertrichter angegebenen Regeln, der andere wendet sich nach Osten.
Die Richtungen des Stromes auf der Höhe des Helder
gehen von NO bei Steigendwasser (bei Springzeit von
4^h bis 8^h) schnell kenternd herum nach SSW bis W (8^h
bis 2^h), dann wieder rechts herum durch NNW (3^h) bei
Steigendwasser nach NO. Das Kentern des Stroms erfolgt 2 Stunden nach den extremen Wasserständen. Diese
Drehung läßt sich ebenfalls sehr genähert auf die Kombination zweier Flutwellen zurückführen, welche, wie hier
die Kanalwelle und die schottische, etwa um 4 Stunden
in der Phase auseinander liegen (s. oben S. 244). Wir
erhalten nämlich als Strömungen:

Uhrzeit (Greenw.) . .	6^h	7^h	8^h	9^h	10^h	11^h
Nach der Gezeitentafel	*ONO*	*ONO*	*SSW*	*SWzS*	*SW*	*WSW*
Nach der Theorie . .	*NOzO	*ONO*	*SSO*	*SSW*	*SWzS	*SW

Uhrzeit (Greenw.) . .	0^h	1^h	2^h	3^h	4^h	5^h
Nach der Gezeitentafel	*WSW*	*WSW*	*WzS*	*NNW*	*NO*	*NOzO*
Nach der Theorie . .	*SWzW	*WSW*	*NNW*	*NNO*	*NOzN	*NOzO

(Die Richtungen sind auf ganze Striche abgerundet; als
Richtung des Flutstroms der schottischen Welle ist nach
ihrer erfolgten Ablenkung SSW, der Kanalwelle aber ONO
angenommen, und die besonders starken Ströme mit * bezeichnet; im übrigen ist nach der obigen Anleitung verfahren.) Die Uebereinstimmung von Beobachtung und
Theorie der Gezeitenströme kann nicht wohl vollkommener

erwartet werden; übrigens scheint das schnellere Wenden des Stroms um 8^h nach der Gezeitentafel auf die Nähe der Küste zurückzuführen, welche einen Strom in der Richtung zwischen Ost und Süd nicht zuläßt. Durch diese seitliche Stauung ließe sich vielleicht auch die nach den Gezeitentafeln doppelt so große Stärke (3 Knoten) des Südstromes gegenüber dem Nordstrom (1,3 Knoten) erklären, denn der erstere führt in die Verengerung eines Trichters hinein, der andere in einen schnell sich verbreiternden Raum.

Wir erhalten so einen Einblick in die komplizierten Vorgänge, welche in der Bewegung der Wasserteile beim Zusammentreffen zweier verschiedener Flutwellen sich ergeben. Wir haben die Theorie im einzelnen nur für zwei Systeme durchgeführt; es sind aber, wie wir oben sahen, drei, im Osten vielleicht vier, in Phase, Richtung und Stärke verschiedene Wellensysteme vorhanden, welche die örtlichen Gezeitenströme regulieren. Die Kombination aller dieser ist schwer zu übersehen, es genügte indes, die Einwirkung der örtlich maßgebenden aufzusuchen und zu entwickeln. Eine der Wellen kommt, wie wir sahen, aus dem Kanal und ist jedenfalls notwendig zur Erklärung der Ströme an der holländischen Küste; darum können wir einem gelegentlichen Ausspruche Sir William Thomsons (*Report Brit. Assoc. for 1875*, p. 639), daß die Gezeitenphänomene der Nordsee, beim Verschluß der Doverstraße, genau so sein und bleiben würden wie heute bei geöffneter Straße, zu unserem Bedauern nicht beipflichten. — Auch die im Bericht über die Untersuchungen S. M. Kanonenboot „Drache" vertretene Auffassung, daß in dem Raume südlich der Doggerbank eine „stehende Welle" für die Erklärung der Gezeitenvorgänge notwendig angenommen werden müsse, vermögen wir nicht zu teilen. Allerdings würden die im genannten Bericht hervorgehobenen Umstände das Auftreten einer solchen uninodalen Schwingung möglich erscheinen lassen: nämlich die Breite des Beckens zwischen Whitby und Spurnpoint im *W*, und der Linie Sylt-Elbemündung im *O*, welche 8 Längengrade = 518 216 m beträgt und als zugehörige Tiefe nach der Merianschen

Formel 51 m ergeben würde, wogegen ebensowenig Ein-
spruch erhoben werden kann, wie gegen die angenäherte
Gleichzeitigkeit des Hochwassers im Osten. Wenn nun
aber hervorgehoben wird, daß die Zeitdifferenz zwischen
dem Hochwasser im Osten (ca. $11^h 30^m$) und im Westen
bei Spurnpoint ($5^h 25^m$, immer nach Greenw. Zeit), wie
die Theorie verlangt, 6 Stunden betrage, so ist auch diese
Thatsache wohl richtig, aber doch nicht maßgebend, denn
wie wir oben sahen, verspäten sich die Hochwasserstunden
zwischen Terschelling und der Elbmündung kontinuierlich
nach Osten, wie auch Cromer eine $1^1/_2$ Stunden spätere
Hafenzeit besitzt wie Spurnpoint, und zweitens ist auch
zwischen Station 1 und Station 3 des „Drachen" ein Unterschied in den Hafenzeiten von einer halben Stunde vorhanden, während nach der Theorie der stehenden Welle
Hochwasser (und Stromwechsel) in der Westhälfte des
Beckens überall gleichzeitig stattfinden müßte. Auch
an eine Reflexion der schottischen Welle an der schleswig-
holsteinschen Küste, wodurch am ehesten eine stehende
Welle sich ausbilden würde, kann nicht wohl gedacht
werden, da (nach Airy § 333) die Reibung dies verhindern
und auch bei völlig senkrechter Reflexion wieder eine
fortschreitende Welle entstehen lassen würde. Aber eine
Wattenküste ist doch sehr wenig geeignet, um Wellen
zu reflektieren. Wenn nun weiter hervorgehoben wird,
daß die Beobachtungen in Station 1, 2 und 3 eine kürzere
Zeit für Fallendwasser ergeben haben als für Steigendwasser (z. B. fällt in 1 der Wasserstand $5^h 32^m$ lang,
dagegen steigt er $6^h 44^m$ hindurch), so ist das in der That
eine sehr auffallende Erscheinung: aber man kann fragen
einmal, ob die vom „Drachen" angestellten Beobachtungsreihen lang genug seien, alle in Witterungsverhältnissen
gelegenen Störungen abzugleichen, und zweitens ob nicht
die Interferenz zweier Wellen solche Zeitunterschiede
hervorbringen könne. Zunächst genügt diese Thatsache
nicht, um das überwiegende Eingreifen einer stehenden
Welle für diesen Teil der Nordsee zu erweisen, wenn
auch richtig betont wird, daß die Reibung bei einer fortschreitenden Welle wohl die Zeitdauer des Steigens ver-

kürzen, niemals aber verlängern könne, während letzteres (nach Ferrel) nur bei einer stehenden Welle möglich sei. Es mag eine solche stehende Welle vielleicht vorhanden sein: aber maßgebend für den Verlauf der Gezeitenströme in der deutschen Bucht der Nordsee dürfte sie jedenfalls nicht sein. Wir vermochten oben wenigstens in den Grundzügen zu erweisen, daß hierfür die Interferenz mehrerer fortschreitender Wellen in den meisten Fällen eine völlig ausreichende Erklärung gewährt.

Im höchsten Falle auffallend aber ist und bleibt die Thatsache, daß die „schottische Welle" auch in der deutschen Bucht der Nordsee noch eine solche überwiegende Bedeutung hat, während die norwegische Welle hier, wenn überhaupt einen, dann jedenfalls keinen maßgebenden Einfluß ausübt. Andererseits muß auffallen, daß die Kanalwelle an der belgisch-niederländischen Küste die Gezeiten beherrscht, an der gegenüberliegenden englischen Küste aber ganz verschwindet gegenüber der schottischen Welle.

Um diese ganz offenkundige Thatsache zu erklären, kann auf die von Sir W. Thomson in ihrem Effekt auf die Gezeiten zuerst untersuchte ablenkende Kraft der Erdrotation zurückgegriffen werden. Die Erdrotation lenkt bekanntlich alle tangential auf der Erdoberfläche erfolgenden Bewegungen auf der nördlichen Hemisphäre nach .rechts ab und zwar mit einer Kraft, welche dem *Sinus* der geographischen Breite direkt proportional ist, wie wir im letzten Kapitel bei den Meeresströmungen näher zeigen werden. Auf die Flutwellen wirkt diese Kraft nach Thomson in der Weise ein, daß der in einem Kanal von konstanter Breite und Tiefe fortschreitende Wellenkamm an seiner rechten Seite ansteigt, also der Flutwechsel am rechten Ufer höher wird als am linken. An dem letzteren kann die Amplitude, wenn der Kanal breit genug ist, bis auf Null sinken, die Welle also ganz verschwinden. Hat der Kanal eine unregelmäßige Gestalt, so wird in spitz zulaufenden Buchten dieser Effekt nach Thomson um so markierter hervortreten (*Nature* vol. 19, 1879, p. 571.)

Nun ist in der That für die Kanalwelle das belgisch-
niederländische Ufer die rechte, das englische die linke
Seite; ebenso für die schottische Welle die ostenglische
sowie die ganze friesische Küste, sogar bis Jütland hinauf,
die rechte Seite. Die norwegische Welle müßte danach
nur mitten in der Nordsee, nahe dem submarinen Steil-
abfall der norwegischen tiefen Rinne von Bedeutung
werden, woher Beobachtungen fehlen; dann weiter an
der Nordküste Jütlands, wo die Hafenzeiten ganz offenbar von ihr bestimmt werden, wie wir oben sahen. Dagegen läßt sie nach ihrer mutmaßlichen Teilung bei
Hanstholm die Westküste Jütlands an der linken Seite
ihres nach Süden laufenden Armes, kann also hier nur
mit minimalem Effekt auftreten. In der Mitte der Nordsee, namentlich an dem Nordostabfall der Doggerbank
kann dann wieder die direkt von Faira herüberkommende
Welle von der Gunst eines sich wenigstens submarin
darbietenden rechten Ufers profitieren, darum, wie wir
sahen, in Station 7 von Bedeutung werden.

Fügen wir noch hinzu, daß auch im britischen Kanal
ganz allgemein an der französischen Seite, im irischen
Kanal an der waliser Seite (was schon Airy § 524 sehr
auffallend fand), ferner im Ostchinesischen Meer am koreanischen Ufergestade durchweg die Fluthöhen sehr viel
beträchtlicher sind als am gegenüberliegenden Ufer, welches
zur Linken der fortschreitenden Bewegung der Welle
bleibt, so ist in der That in jener ablenkenden Kraft der
Erdrotation eine Ursache nachgewiesen, welche nicht zu
übersehende Einwirkungen auf den Verlauf des Gezeiten-
phänomens ausübt. Zu einem vollen Verständnis der Gezeiten in der Nordsee scheint eine solche Ursache, oder
doch eine in solchem Sinne wirkende, fast unentbehrlich
zu sein.

Die ablenkende Kraft der Erdrotation ist außer vom *Sinus*
der geographischen Breite noch direkt abhängig von der Geschwindigkeit des bewegten Massenteilchens. Die Gezeitenströme
haben nun Geschwindigkeiten, welche meist über 0,5 m, selten
aber mehr als 2 m in der Sekunde betragen. Darum wird diese
„Ablenkung" im Vergleich zu ihrem Effekt bei den Luftströmungen sich nur in sehr mäßigen Grenzen halten können. Aber ein

leiser Druck nach rechts (auf der nördlichen Hemisphäre) wird
sowohl das Längsprofil des Flutwellenkammes wie des -Thales verändern können. Nehmen wir einen Kanal von beistehendem einfachem Querschnitt, und es sei der Flutstrom von außen senkrecht
auf die Papierfläche gerichtet gedacht, so wird der Kamm der

Fig. 38.

Flutwelle durch die in Rede stehende Ablenkung seitens der Erdrotation das Profil *ff'* erhalten. Der entgegengesetzte Ebbestrom
wird ebenfalls nach rechts abgelenkt dem Wellenthal die entgegengesetzt gerichtete Böschung *ee'* verleihen. Man sieht, wie
an der linken Seite der Wellenbahn in *ef* der Flutwechsel beträchtlich kleiner wird als zur Rechten bei *e'f'*.

Als Beispiel vergleiche man folgende Fluthöhen bei Springzeit für einige Hafenorte am britischen Kanal, die so ausgewählt
sind, daß sie möglichst genau einander gegenüber liegen.

Nordseite:	Flutgröße in Met.		Südseite:
1. Scilly-Inseln . .	4,9 gegen	7,5	Ouessant-Insel,
2. Fowey	4,6 „	8,4	Bas-Insel,
3. Portland Bill .	2,1 „	4,7	Casquets,
4. Needles (Solent)	2,3 „	6,3	Cherbourg,
5. Brighton . . .	6,0 „	8,0	Fécamp,
6. Folkestone . .	6,1 „	8,9	Boulogne,
7. Ramsgate . . .	4,6 „	5,8	Dünkirchen.

Der große Unterschied in dem Flutwechsel gerade in der
Mitte des Kanals (Nr. 3 und 4) ist freilich wohl mehr auf die
seitliche Verengung zurückzuführen, welche die französische
Hälfte des Kanals durch Vorspringen der Halbinsel Cotentin erleidet. — Weitere Beispiele liefert übrigens die Ostseite des Tyrrhenischen und Adriatischen Meeres gegenüber der fast ganz gezeitenlosen Westseite, was namentlich besonders für die Adria
auffallen muß, deren dalmatinische Seite viel größere Wassertiefen zeigt als die italienische.

Auf der südlichen Hemisphäre müßte die Ablenkung des
Wellenkammes nach links erfolgen. Beispiele hierfür sind in der
Natur nur an drei Stellen zu erwarten, in der Cookstraße zwischen
den beiden Hauptinseln Neuseelands, zweitens in der Baßstraße,
drittens in der Magellanstraße, eventuell auch noch im Mosambikkanal. Die „Gezeitentafeln" der deutschen Admiralität zeigen
aber sowohl in den Hafenzeiten für Neuseeland, wie für die Baßstraße deutlich, daß man es hier nicht mit einer einfachen domi-

nierenden Welle zu thun hat, wie im britischen Kanal, sondern daß mehrere Wellensysteme verschiedener Richtung in Interferenzen sich durchkreuzen. So wird es schwer, die einzelnen Wellen genügend klar und einwandfrei zu isolieren, so daß eine Untersuchung ihrer Deformation durch die Erdrotation erst erfolgen könnte, nachdem auch die Gezeitenströmungen in den neuseeländischen Küstengewässern ähnlich analysiert sind, wie in der Nordsee oben geschehen. Und was die Magellanstraße betrifft, so zeigt ein Blick auf die Karte (z. B. Zeitschr. d. Ges. f. Erdkunde zu Berlin XI, 1876, Taf. 11), daß sie so mannigfaltigen seitlichen Verengungen und Ausweitungen unterliegt, daß man nicht immer klar auseinander halten kann, was diesem lokalen Faktor und was der Erdrotation in den Fluthöhen zuzuschreiben ist.

V. Die Flufsgeschwelle.

Dringt eine Flutwelle bei ihrem Anlauf an die Küste in einen dort mündenden Fluß ein, so wird sie auch in diesem ihren Weg fortsetzen, nur zeigt sie alsbald ein in vieler Hinsicht abweichendes Verhalten. Leider sind auch hier Theorie sowohl wie Beobachtung der Thatsachen nicht bis zur wünschenswerten Sicherheit entwickelt und nur bei wenigen europäischen Flüssen kann das Flußgeschwelle als systematisch erforscht gelten. Das Auffallendste ist bereits oben (in der Uebersicht S. 160) kurz berührt. Hier möge eine ausführlichere Erörterung folgen, bei der wir uns an das vortreffliche, aber wenig bekannte Werk von M. Comoy (*Étude pratique sur les marées fluviales*, Paris 1881) anschließen.

Comoy unterscheidet in der Entwickelung einer fluviatilen Flutwelle drei Perioden: die erste beginnend mit Niedrigwasser an der Mündung und sich erstreckend bis zu dem Augenblicke, wo Hochwasser daselbst eingetreten ist. Während der zweiten Periode hat der Scheitel der Welle einen bestimmten Weg stromaufwärts zurückgelegt, an der Mündung ist Fallendwasser, aber noch Flutstrom. Wenn dieser kentert, endet die zweite und beginnt die dritte Periode, welche den Ebbestrom bei Fallendwasser bis zu dem Moment umfaßt, wo die nächste Welle vor der Mündung erscheint.

Um nun die Vorgänge während der ersten Periode zu übersehen, denke man sich an einer geradlinig verlaufenden Küste, einen rechten Winkel mit dieser bildend, einen Fluß einmünden. Beistehende Figur (39) gibt ein Längsprofil des letzteren, die Mündung liegt bei B, die Linie Bb gibt die Oberfläche des Flusses bei Niedrigwasser, Aa das Bett des Flusses an: beide Maße natürlich in stark verkürzten Verhältnissen ausgedrückt. Beginnen wir mit Niedrigwasser an der Flußmündung, so wird hier beim Fortschreiten der Flutwelle auf die Küste zu der Wasserstand steigen. Im Momente des Niedrigwassers hatte die Welle das normale Profil SB. Nach

Fig. 39.

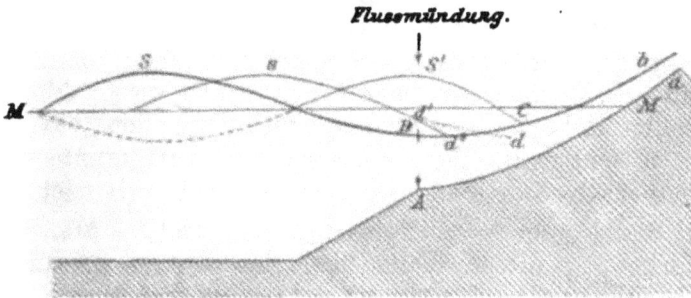

einer Zeit t ist der Scheitel der Welle von S nach s vorgerückt, der Fuß derselben aber liegt an der Mündung höher als B in d', reicht nun aber in den Fluß selbst hinein bis d'', nicht bis d, wohin die normale Kurve führen würde, falls es sich um einen einfachen Meeresarm und keinen Fluß handeln würde. Dieses Profil $sd'd''$ ist nach oben hin konvex, während das normale $sd'd$ nach oben konkav sein würde. Das ist ein erstes und sehr wichtiges Kennzeichen der fluviatilen Flutwelle, welches die Beobachtungen schon früh ergeben haben (Wiebeking bei Berghaus, Allgem. Länder- u. Völkerkunde II, 208). — Bei weiterer Annäherung der Flutwelle rückt diese auch weiter stromaufwärts vor, bis ihr Scheitel S' gerade über der Mündung steht. Die Vorderseite der Welle, also Steigendwasser, zeigt das Profil $S'C$.

Die Erscheinungen, welche sich währenddem vollzogen
haben, sind doppelter Natur. Es ist nicht nur eine Welle
von der See in den Fluß eingetreten, welche den gewöhnlichen fortschreitenden Wellen zuzuzählen ist, sondern es
ist dabei von See aus ein Quantum Wasser in den Fluß
hineingedrängt worden, welches vorher in dem letzteren
nicht vorhanden war. Dies gibt Anlaß zur Ausbildung
einer sogen. „Uebertragungswelle" (s. oben S. 24),
denn es ist hier dasselbe geschehen, wie in Scott Russells
Wellenrinne, als dieser aus einem seitlichen Reservoir ein
Quantum Wasser in seine Wellenrinne eintreten ließ. Es
besteht allerdings der nicht ganz unwichtige Unterschied,
daß im Experiment die Zuführung des Wasserquantums
schnell, hier in der Flußmündung aber ziemlich langsam
erfolgt; indes kann man sich in diesem Falle die Zuführung in kurzen Intervallen stetig wiederholt vorstellen,
solange Steigendwasser dauert, und jede dieser kleinen
partiellen Uebertragungswellen wird, von der nächsten
höheren eingeholt, die ganze hohe Uebertragungswelle
zusammensetzen helfen. Letztere bewegt sich nach der
oben S. 24 gegebenen Formel $c = \sqrt{2g\,(p+h)}$, wo h
die Erhebung dieser Welle über das Niveau der unge-
störten Wasserfläche bedeutet. Daraus folgt, daß sich
der Fuß der Welle, wo die Höhe der partiellen Uebertragungswelle klein ist, langsamer vorwärts bewegt als die
dem Wellenscheitel näheren Teile, und das gibt die Veranlassung für eine Verkürzung der vorderen Hälfte der
Welle, des Steigendwassers, gegenüber der hinteren fallenden Hälfte, ein Effekt, der sich stetig stromaufwärts
steigert, bis endlich der Wellenscheitel den Fuß der Welle
eingeholt hat, was am oberen Ende des Flußgeschwelles,
der sogen. „Flutgrenze", der Fall sein wird. Der während
Steigendwasser herrschende Flutstrom hat also eine zweifache Entstehung: erstlich gehört er einer fortschreitenden Welle an, und zweitens bedeutet er den Abfluß der
aus dem Meer in den Fluß hineingedrängten Wassermenge, die Vorderseite des Wellenbergs herunter, in Gestalt einer Uebertragungswelle.

Comoy findet nun die Vorderseite der Welle, das

Steigendwasser, zusammengesetzt aus zwei Hälften, die er als *Vorderflut* und *Hinterflut* unterscheidet. In dem Teile der Welle nahe der Mündung findet sich das Seewasser, welches bei seinem Eintritt in den Fluß das Wasser des letzteren stromauf gedrängt hat, das ist die *Hinterflut*. Dagegen am vorderen Fuß der Welle ist nur Flußwasser vorhanden, teils solches, das schon bei Niedrigwasser am Orte war, teils anderes, welches vom Seewasser stromauf gedrängt wurde, und endlich solches, das der Fluß stetig von oben her zuführt („Oberwasser"): das ist die *Vorderflut*. Die Grenze beider liegt immer an der Stelle, wo gerade die vordersten von der See her in den Fluß eingeführten Wasserteilchen sich befinden.

In einem gegebenen Augenblicke (s. die beistehende Fig. 40) habe die Vorderseite der Welle das Profil HC,

Fig. 40.

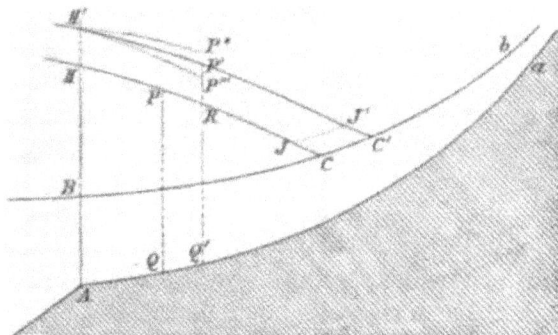

nach der Zeit t aber die Lage $H'C'$. Ferner habe sich der Punkt, wo der Ebbestrom des Flusses in den Flutstrom der einlaufenden Welle übergeht, von J nach J' verschoben. Man sieht leicht ein, daß diese Punkte sich um so weiter nach H bezw. H' hin finden werden, je mehr „Oberwasser" der Fluß führt; das in der Zeit t dem Vorderabhang der Flutwelle von solchem Oberwasser zugeführte Quantum ist auf der Figur in dem Vertikalschnitt $CC'JJ'$ angedeutet. Es handelt sich nun darum, die Vorgänge in demjenigen Gebiet der Welle darzulegen,

welches auf der Figur durch die Fläche $HH'JJ'$ repräsentiert wird.

Wie wir oben (S. 230) sahen, ist dasjenige Volum,
um welches Steigendwasser in einer kleinen Zeit wächst,
dem Volum gleich, um welches Fallendwasser in der
gleichen Zeit abnimmt. Nennen wir nun die mittlere
Stärke der Flutströmung an der Mündung v, und S den
Querschnitt des Wassers an der Mündung, der im Mittel
während der Zeit t benetzt wird; endlich A die mittlere
Höhe des Wasserstandes an der Vorderseite der Welle
während der Zeit t, D den mittleren Abstand des Wende-
punkts der Ebbe (J) von der Mündung während derselben
Zeit t, und L die mittlere Breite des Flußbettes auf diesem
Abstand D, so findet die Gleichung statt

$$Svt = DLA.$$

Dies Volum kommt zu dem schon vorher aus dem Meer
in den Fluß gedrängten Wasser und bildet mit diesem
zusammen die Hinterflut. Bei Beginn der Zeit t nämlich
scheidet sich die letztere von der Vorderflut bei PQ, am
Ende der Zeit t aber bei $P'Q'$, und das Volum $QQ'PR$
repräsentiert in der Form $RP'JJ'$ den gleichzeitigen Zu-
wachs der Vorderflut, während der hierfür nötige Ersatz
in dem Volum $HH'P'R$ von dem Meere aus zugeführt
wird. Das aber ist durch obige Gleichung ausgedrückt.
Man sieht, die Vorderflut steht unter dem ausschließlichen
Einfluß der „fortschreitenden" Welle, die Hinterflut dagegen zeigt außerdem auch noch den Effekt der „Uebertragungswelle".

Bei diesem Vorgange wird die regelmäßige Gestalt
$H'P'J'$ der Vorderseite der Flutwelle sich aber nur dann
ausbilden können, wenn das Flußbett selbst seine Gestalt nicht ändert. Im anderen Falle wird die Welle
deformiert. Da sind nun wieder zwei Fälle denkbar. In
dem einen ist das Quantum Svt zu groß für das gegebene, sich plötzlich verschmälernde oder verflachende
Bett: die Hinterflut erhält alsdann die Oberfläche $H'P''$.
Oder das Bett erweitert sich plötzlich, dann wird die
Oberfläche zu $H'P'''$. Im ersteren Falle hat also die
Hinterflut noch einen Extradruck gegenüber der Vorder-

flut, welches dem Flutstrom eine ebenfalls außerordent-
liche und zunehmende Geschwindigkeit verleihen wird,
während im anderen Falle der Flutstrom sich abschwächt.
Der erstere Fall tritt nun bei weitem häufiger als der
letztere ein, und daher resultiert der normal steilere Abfall der Flutwelle an ihrer Vorderseite. Wie wir unten
zeigen werden, liegt in einer extremen Steigerung dieser
Bedingungen auch die Ursache für die Flutbrandung oder
die Sprungwelle (*Mascaret, Bore*), die in gewissen Flußgeschwellen auftritt.

Die zweite Periode der Flutentwickelung umfaßt die
Zeit zwischen Hochwasser an der Mündung und dem
Kentern des Flutstroms ebendort, also einen Teil des
Fallendwassers. Fassen wir wiederum die Veränderungen
im Profil der Welle ins Auge, wie sie sich während einer
kleinen Zeit t ergeben, in welcher der Wellenscheitel von
S nach S' und der Fuß derselben von C nach C' sich verschoben hat (A, a, B, b, J und J' haben dieselbe Bedeutung

Fig. 41.

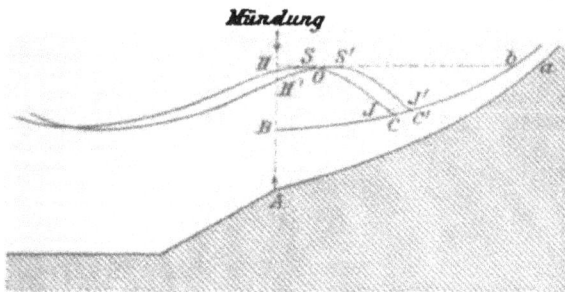

wie bei Fig. 39 und 40). Steigendwasser ist dabei um das
Volum $OS'CC'$ gewachsen, wovon indes hier das Quantum $JJ'CC'$ auf das Oberwasser allein zurückzuführen ist,
der Rest $OS'JJ'$ aber auf die Zufuhr von der Mündung
her, und zwar aus zwei Quellen. Einmal hat sich die
Rückseite der Welle, seit der Scheitel von H nach S'
vorrückte, um das Volum $HH'SO$ vermindert, und zweitens ist wieder ein Quantum Wasser von See aus in den

Fluß hineingelangt durch eine Oeffnung, deren Höhe eine mittlere Lage zwischen AH' und AH besitzt.

Es haben nun für diese Periode die Symbole t, v und S die entsprechende Bedeutung wie vorher in der ersten Periode; D bezeichne den Abstand des Wellenscheitels von dem Punkte, wo der Ebbestrom an der Vorderseite kentert, und L die mittlere Breite des Flußbettes auf der Strecke D; ferner D' den mittleren Abstand des Scheitels von der Mündung während der Zeit t, L' die mittlere Breite des Flusses auf der Strecke D', und A' die mittlere Höhe, auf welche Fallendwasser während der Zeit t gesunken ist. Alsdann besteht für die zweite Periode die neue Gleichung:

$$Svt + D'L'A' = DLA.$$

Je weiter der Wellenscheitel vorrückt, desto kleiner wird (wegen Verminderung von D) das Volum DLA, aber desto größer $D'L'A'$. Schließlich werden diese Volumina gleich und damit $Svt =$ Null. Da nun S immer einen endlichen Wert behält, muß $v =$ Null werden, d. h. es tritt kein Meerwasser mehr in den Fluß hinein, und damit schließt die zweite Periode der Flußflut.

Nunmehr beginnt der Ebbestrom an der Mündung und somit die dritte Periode. Die Welle sei, in dieser Phase bereits befindlich, von DSC nach $D'S'C'$ fortge-

Fig. 42.

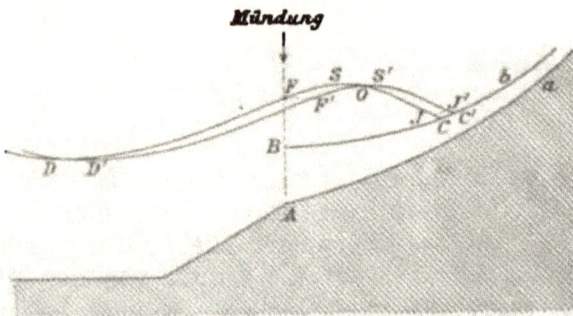

schritten. Am Beginn der hierfür nötigen Zeit t herrscht der Flutstrom zwischen F und J, am Ende zwischen F'

und J'. Steigendwasser ist wiederum gewachsen um das Quantum $OCC'S'$, dessen Zusammensetzung aus $JJ'S'O$ $+ CC'JJ'$ keiner Erörterung mehr bedarf. Andrerseits hat Fallendwasser sich vermindert um das Quantum $FF'OS$. Auch hier muß das Volum $JJ'SO = FF'OS$ sein. Das ergibt, wenn wir mit D', L' und A' die analogen Stücke von Fallendwasser wie bei der Gleichung für die zweite Periode bezeichnen, die Gleichung

$$D'L'A' = DLA.$$

Auch hier vermindert sich D an der Vorderseite der Welle sehr stetig, L und L' dagegen ändern sich ebenso wie A und A' viel langsamer. Um nun obige Gleichung zu erfüllen, muß D, d. h. der Abstand des Wellenscheitels oder Hochwassers von dem Punkte der Rückseite, wo der Flutstrom in Ebbe umsetzt, sich ebenfalls progressiv verkleinern, also erfolgt das Umsetzen des Flutstroms in den Ebbestrom um so früher nach Hochwasser, je weiter die Welle den Fluß hinaufläuft.

Wir sahen, wie der Flutstrom nur in der ersten Periode in der Hinterflut einen Charakter trägt, der nicht ausschließlich auf der Orbitalbewegung der Wasserteilchen in der Welle beruht; in der Vorderflut der ersten Periode, wie während der ganzen zweiten und dritten ist der Flutstrom nur eine Folge der Wellenbewegung. — Anders der Ebbestrom. Dieser war sowohl vorhanden am Fuße der Vorderseite der Flutwelle, wie auch an der Rückseite derselben. Vor dem Fuß der Welle fanden wir das Oberwasser des Flusses, in einer Bewegung, welche die Wellennatur dieses Ebbestroms klar zeigt. An der Rückseite der Flutwelle aber existiert ein Ebbestrom nur in der dritten Periode, wo er, je länger diese andauert, von um so größerer Bedeutung wird und bei den meisten Flüssen, in denen immer nur eine Flutwelle gleichzeitig vorhanden ist, am Ende der dritten Periode das ganze Flußgeschwelle beherrschen kann. Comoy (§ 175) spricht diesem Ebbestrom des Fallendwassers jede Abhängigkeit von der Wellenbewegung ab und deutet ihn lediglich als einen seewärts gerichteten Gefällestrom; ob mit Recht, kann bezweifelt werden.

Halten wir zunächst ein, um die Thatsachen mit diesen Forderungen der Theorie zu vergleichen.

Die vordere Böschung der Flutwelle ist in der That in allen Flüssen eine ziemlich steil abfallende, überall rechnet man auf Steigendwasser eine kürzere Zeit als auf Fallendwasser. Wir geben in der nachstehenden Tabelle eine Reihe von hierauf bezüglichen Daten, für die Gironde und Garonne nach Comoy (p. 292), für Elbe und Weser nach L. Franzius (Sonne und Franzius, Der Wasserbau, Leipzig 1879, Taf. 48, und zum Teil Petermanns Mitteil. 1880, 299). Es bedarf wohl kaum der besonderen Bemerkung, daß die Angaben über Dauer der „Flut" und „Ebbe" nicht mit solchen über Dauer von „Steigend"- oder „Fallendwasser" verwechselt werden dürfen.

	Steigend	Fallend
	Stunden	Stunden
1. Elbe (am 1. und 2. August 1854):		
Kuxhaven	5,7	6,7
Brunshausen	5,5	6,9
Nienstedten	4,9	7,5
Hamburg	4,4	8,0
2. Weser (am 25. Dezember 1877):		
Bremerhaven	5,3	7,2
Vegesack	4,2	8,2
Bremen, Börsenbrücke	3,5	8,9
3. Gironde (Springflut am 19. Sept. 1876):		
Pointe de Grave (Mündung)	6h 10m	6h 8m
Pauillac	4 41	7 37
Bordeaux (Garonne)	3 45	8 33
Castets (Flutgrenze der Garonne) . .	2 10	10 8

Ebenso sind wir in der Lage, für diese drei Flußgeschwelle die Geschwindigkeit, mit welcher der Scheitel der Welle (Hochwasser) und der vordere Fuß derselben (Niedrigwasser) stromauf fortschreiten, für die gleichen Tage nach denselben Quellen beizufügen. Die Zahlen bedeuten Meter pro Sekunde.

	Geschwindigkeit des	
	Scheitels (H. W.)	Fußes (N. W.)
	m	m
1. Elbe:		
Zwischen Kuxhaven und Brunsbüttel . .	7,45	6,02
„ Brunsbüttel und Glückstadt . .	6,59	6,59
„ Glückstadt und Brunshausen . .	5,41	4,58
„ Brunshausen und Lühe	8,02	5,73
„ Lühe und Hamburg	6,30	4,58
„ Hamburg und Buntehaus (Norder-elbe)	4,87	2,29
2. Weser:		
Zwischen Bremerhaven und Brake . . .	9,50	4,30
„ Brake und Farge	7,02	2,55
„ Farge und Vegesack	6,66	2,81
„ Vegesack und Bremen	2,73	1,77
„ Brem. Sicherheitshafen u.-Börsen-brücke	1,00	0,90
3. Gironde und Garonne:		
Zwischen Pointe de Grave und La Maréchale	15,70	5,72
„ Bec d'Ambès und Bordeaux . .	7,66	4,85
„ Langon und Castets	3,25	2,36

Die Geschwindigkeiten desselben Wellenscheitels sind zwar variabel, und zwar entsprechend der wechselnden Wassertiefe, aber durchweg beträchtlich größer als die Geschwindigkeit, mit der Niedrigwasser denselben Fluß hinaufläuft. Nur für die Elbe zwischen Brunsbüttel und Glückstadt besteht eine Ausnahme, die vielleicht auf unvollkommene Beobachtung zurückzuführen ist. Die Geschwindigkeit des Wellenfußes folgt nach Comoy in den französischen Flußgeschwellen dem Gesetze:

$$c = \sqrt{2gp} - U,$$

worin p die Wassertiefe bei Niedrigwasser und U die Geschwindigkeit des Flußwassers (Oberwassers) stromabwärts bedeutet.

Alles dies gilt für normale Flutwellen. Bei Spring- oder tauber Gezeit aber ändern sich die Verhältnisse insofern, als sich zeigt, daß bei tauber Gezeit der Wellenfuß im unteren Teil des Geschwelles schneller stromauf läuft als bei Springzeit. So war die betreffende Geschwindigkeit am 26. September 1876 in der Gironde zwischen Pointe de Grave und La Maréchale 17,95 m (gegen 5,72 bei der Springflut vom 19. September), doch verlor sich diese Differenz schnell stromaufwärts, bei Bordeaux war die Geschwindigkeit bei tauber Flut nur 4,51 m, also schon etwas geringer als bei Springflut (4,85). Dieser Unterschied beruht darauf, daß der Flutwechsel bei tauber Gezeit ja erheblich kleiner, also auch Niedrigwasser nicht so stark ausgebildet ist wie bei Springzeit, so daß die Wassertiefe p an demselben Orte bei tauber Flut einen größeren Wert hat als bei Springzeit. Dementsprechend schwankt auch c. Dies führt uns weiter zu folgenden Bemerkungen Comoys.

Die Beobachtungen an den französischen Flüssen zeigen, daß der Scheitel der Flutwelle durch das ganze Geschwelle hindurch nahezu dieselbe absolute Höhe behält von der Mündung bis zur Flutgrenze hinauf, oder doch im oberen Teil des Geschwelles sich nur wenig erhebt.

Um dieses zu übersehen, ist es nötig, diese Höhen von einem gemeinsamen Normalniveau aus zu messen, welches nicht etwa das Mittelwasser an den verschiedenen Punkten des Flusses sein darf. Comoy gibt z. B. folgende Erhebungen des Wellenscheitels (Hochwassers) über Normalnull des französischen Generalnivellements für die einzelnen Punkte entlang der Gironde und Garonne; wir fügen, um den Unterschied zu zeigen, auch den Flutwechsel bei. Alle Angaben beziehen sich auf die Springflut vom 19. September 1876. (Die neben den Orten eingeklammerten Zahlen geben den Abstand von der Mündung in Kilometern.)

Gironde	Höhe des Hochwassers über Normalnull	Flutwechsel	Garonne	Höhe des Hochwassers über Normalnull	Flutwechsel
	m	m		m	m
Pointe de Grave (0)	2,80	4,75	Bordeaux (95) .	3,72	4,78
La Maréchale (38)	3,22	4,97	Portets (116). .	4,02	4,12
Pauillac (51) . .	3,35	5,06	Cadillac (131) .	4,16	2,48
Blaye (61) . . .	3,40	5,26	Langon (142) .	4,42	1,04
Bec d'Ambès (72)	3,52	4,97	Castets (149). .	4,98	0,24

Wir sehen hieraus, wie zunächst die Wellenhöhe (= Flutwechsel) von der Mündung flußaufwärts langsam anwächst, entsprechend der allmählichen Verengerung des Flußbettes, bis dann von der Dordognemündung ab das Oberwasser so kräftig wird, daß zunächst langsam, dann bei zunehmender Verengerung und Verflachung des Bettes sehr schnell die Wellenhöhe abnimmt und rund 150 km von der Mündung ganz verschwindet. Dagegen hebt sich die Verbindungslinie der absoluten Höhen der Wellenscheitel über Normalnull ganz langsam, aber kontinuierlich von der Mündung bis an die Flutgrenze um etwas mehr als 2 m, was, auf 150 000 m verteilt, eine ganz geringe Erhebung genannt und wohl dem starken Gefälle des Oberwassers zugeschrieben werden muß. Bei den anderen französischen Flußgeschwellen ist die Niveaulinie der Hochwasser vielfach au der Flutgrenze niedriger als an der Mündung, immer aber streckenweise bald niedriger, bald höher. Nachstehend die aus Comoy entlehnten Zahlen. (Für die Seine bedeuten die eingeklammerten Werte die Höhen des zweiten Hochwassers, vgl. Havre in Fig. 44, S. 273.)

Loire:			Charente:	
An der Mündung . .	3,480 m		An der Mündung . .	3,21 m
13,5 km oberhalb . .	3,307 „		19 km oberhalb . . .	3,24 „
35,5 „ „ . .	3,657 „		68 „ „ . . .	2,71 „
51,5 „ „ . .	3,237 „		80 „ „ . . .	2,82 „
55,5 „ „ . .	3,267 „			

Seine:

An der Mündung . . .	3,92 m	(3,46)
24 km oberhalb . . .	4,33 „	(3,61)
96 „ „ . . .	3,21 „	(3,50)
136 „ „ . . .	3,71 „	(3,93)

Nach Hagen (Seeufer- und Hafenbau, I, 162) steigt die Verbindungslinie der Hochwasser in der Weser kontinuierlich landeinwärts an und liegt an der Ochtum 26 Zoll rheinl. oder 0,702 m über dem Hochwasserniveau am Fedderwardersiel, also auf 70 000 m Abstand. Aber es ist doch fraglich, ob die Nivellements genau genug und auf einen gemeinsamen Nullpunkt bezogen waren.

Der Abstand des Wellenfußes oder Niedrigwassers von Normalnull dagegen weicht von der Horizontalen erheblich ab. Eine durch sämtliche Punkte, welche dieses Niedrigwasser bei seinem Wege stromaufwärts einnimmt, gelegte Linie zeigt im oberen Teil des Geschwelles ein starkes Gefälle stromabwärts, womit dann die dort sehr kräftige Ebbeströmung bei Niedrigwasser ihre Erklärung findet. Doch ist hier ein Unterschied zwischen Springzeit und tauber Gezeit wahrnehmbar, ebenso wird diese

Linie durch hohes oder niedriges Oberwasser stark beeinflußt. Setzen wir letzteres zunächst als konstant und
geringfügig voraus, so ergibt sich, daß diese Niedrig-
wasserlinie bei Springzeit im **unteren** Teil der Flußgeschwelle tiefer liegt, im **oberen** dagegen höher liegt
als bei tauber Gezeit. Folgende Tabelle zeigt dieses Verhalten wiederum für Gironde-Garonne.

Gironde	Abstand des Niedrigwassers von Normalnull		. Garonne	Abstand des Niedrigwassers von Normalnull	
	bei Spring- flut	bei tauber Flut		bei Spring- flut	bei tauber Flut
	m	m		m	m
Pointe de Grave	−1,96	−0,05	Bordeaux . .	−1,04	−0,81
La Maréchale .	−1,76	−0,45	Portets . . .	−0,10	−0,38
Pauillac . . .	−1,72	−0,56	Cadillac . . .	+1.68	+0,99
Blaye	−1,89	−0,66	Langon . . .	+3,38	+2,81
Bec d'Ambès .	−1,48	−0,73	Castets . . .	+4,74	+4,11

In dieser Hinsicht unterscheiden sich also die Fluß-
gezeiten erheblich von den ozeanischen, welche letztere
doch immer und überall die tiefer liegenden Niedrigwasser
bei Springflut besitzen. Als Ursache dieser Erscheinung
gibt Comoy an, daß die Flutwelle bei Springzeit ein so
sehr viel größeres Wasservolum von der See aus weit
den Fluß hinauf befördert hat, welches dann nach Eintritt des Ebbestroms in der gegebenen Zeit nicht vollständig wieder abwärts hinausfließen kann, also im oberen
Teil des Geschwelles noch zum Teil wenigstens sich erhalten muß. Dadurch wird das Niveau des Niedrigwassers
hier höher als bei tauber Flut, wo das vom Ebbestrom
hinauszuführende Wasser an Volum so sehr viel kleiner
ist. Uebrigens wiederum ein Anzeichen dafür, daß die
Flußflutwelle wirklich gewisse Merkmale einer „Uebertragungswelle" besitzen kann.

Stellt man obige Zahlenreihen graphisch dar, so bemerkt man, wie die Verbindungslinie der Niedrigwasser

der Springflut diejenige der tauben Flut im oberen Teil
des Geschwelles schneidet; bei der Garonne geschieht dies
an einem Punkte zwischen Bordeaux und Portets. Hier
liegt der Schnittpunkt aber nur dann, wenn das Oberwasser zur Springzeit von gleicher Kraft ist wie bei tauber
Flut. Im Falle aber das Oberwasser bei Springzeit groß
ist, wird dieser Schnittpunkt weiter stromabwärts gedrängt; ist die Oberwasserführung aber geringer als normal, dann rückt der Schnittpunkt noch weiter stromaufwärts. Es kann sogar bei großer Dürre und demgemäß sehr kleinem Oberwasser vorkommen, daß die
Verbindungslinie der Niedrigwasser der Springflut und
die der tauben Flut sich überhaupt nicht schneiden.

Aus diesem Verhalten ergibt sich die für die Flußgeschwelle sehr wichtige Folgerung, daß der mittlere
Wasserstand hier ganz anders geartet ist als im Gebiet
ozeanischer Gezeiten. Im Meer bedeutet Mittelwasser nahezu
(aber doch auch nicht ganz genau) für denselben Ort
stets dasselbe Niveau. Im Flußgeschwelle aber ist eine
Verbindungslinie des mittleren Wasserstandes (d. h. der
Mitte zwischen Hochwasser und Niedrigwasser) eine von
Ort zu Ort denselben Fluß hinauf sehr variable Kurve,
und allgemein liegt das Mittelwasser der Springflut absolut höher als das der tauben Flut, wie folgende Tabelle
wiederum für die Gironde-Garonne zeigen mag.

Gironde	Lage des Mittelwassers über Normalnull		Garonne	Lage des Mittelwassers über Normalnull	
	bei Spring-flut	bei tauber Flut		bei Spring-flut	bei tauber Flut
	m	m		m	m
Pointe de Grave	0,42	0,12	Bec d'Ambès .	1,03	0,54
La Maréchale .	0,74	0,60	Bordeaux . .	1,33	0,57
Pauillac . . .	0,82	0,58	Portets . . .	1,96	0,96
Blaye	0,76	0,51	Cadillac . . .	2,92	1,72

Die Verbindungslinie der Mittelwasser ist dabei weder bei
Springflut noch bei tauber Flut eine kontinuierlich an-
steigende (cf. La Maréchale und Blaye). Ein entschiedenes
Gefälle stromabwärts entwickelt sich erst in der oberen
Hälfte des Geschwelles.

Die Gezeitenströme im Flußgeschwelle sind ohne
Frage dasjenige Merkmal, welches dem Binnenländer im
Mündungsgebiet der Flüsse am meisten auffällt; wird doch
für mehrere Stunden der Fluß thatsächlich stromaufwärts
fließend gefunden.

Wir sahen schon oben, wie die Breite derjenigen
Zone, welche vom Flutstrom beherrscht wird, stromaufwärts stetig abnimmt, während umgekehrt die Ebbezone
ebenso stetig sich verbreitert. Wir sahen auch oben, wie
das Kentern des Ebbestromes an der Vorderseite der
Welle immer einige Zeit nach Niedrigwasser, also schon
bei Steigendwasser erfolgt, und zwar scheint sich diese
Verspätung stromaufwärts ziemlich · in gleichem Betrage
zu erhalten. Sie beträgt nämlich nach L. Franzius bei
der Elbe in Kuxhaven $1^h 20^m$, bei Brunshausen $0^h 20^m$, bei
Nienstedten ebenfalls 20^m, bei Hamburg sogar 25^m. Nach
Comoy kentert der Ebbestrom in der Charente bei Taillebourg 30^m und 12 km stromaufwärts bei Saintes sogar
40^m nach Niedrigwasser. Im Adour ist die betreffende
Verspätung bei Urt 25^m, und 13,4 km weiter stromauf
bei Lannes 30^m. Es geht also hieraus hervor, daß das
Oberwasser durch sein stromaufwärts stärker wirksames
Gefälle den Ebbestrom länger ernährt, als es infolge der
sich vollziehenden Wellenbewegung allein zu erwarten ist.

Der Flutstrom dagegen kentert immer näher an
Hochwasser, je weiter stromauf man kommt. So (nach
Franzius) in der Elbe bei Kuxhaven $1^h 30^m$ nach Hochwasser, bei Brunshausen und Nienstedten 30^m, bei Hamburg 12^m nach Hochwasser. Die Geschwindigkeit des
Flutstromes pflegt nahe der Mündung im allgemeinen
stärker zu sein als die der Ebbe, entsprechend seiner
doppelten Entstehung. So beträgt in der Elbe nach
L. Franzius (Wasserbau, S. 832):

die Geschwindigkeit der **Flut:** der **Ebbe:**

unterhalb Brunsbüttel . .	0,591 m	0,566 m p. Sek.
oberhalb „ . .	0,650 „	0,585 „ „ „
bei Brunshausen	0,478 „	0,413 „ „ „
„ Lühe	0,328 „	0,311 „ „ „
„ Hamburg	0,171 „	0,350 „ „ „

Also erst bei Hamburg macht sich das Gefälle des Oberwassers deutlich geltend. In der Weser dagegen:

	Flut:	**Ebbe:**
bei Bremerhaven	0,760 m	0,627 m p. Sek.
„ Dedesdorf	0,770 „	0,553 „ „ „
„ Brake	0,548 „	0,361 „ „ „
„ Elsfleth	0,735 „	0,507 „ „ „
„ Vegesack	0,195 „	0,596 „ „ „

Oberhalb Vegesack ist überhaupt kein Flutstrom mehr vorhanden, nur noch eine Erhebung des Wasserspiegels durch den Aufstau der Flutwelle von etwa 1 bis 2 m, während der Ebbestrom bis zu 0,7 m Stärke ansteigt.

Wir sahen oben (S. 265), daß die Geschwindigkeit, mit welcher der Scheitel der Flutwelle stromaufwärts läuft, in der Unterelbe etwa 6 m pro Sekunde beträgt: davon macht also die Flutströmung meist noch nicht $^1/_{10}$ aus.

Auch für die Flutwelle im Flußgeschwelle ist es angenähert möglich, den Weg zu berechnen, welchen ein Wasserteilchen während einer Flut zurücklegt; den interessanten Spezialfall, die Strecke zu berechnen, bis zu welcher salziges Seewasser den Fluß hinauf gelangt, hat Comoy in folgende Formel gefaßt:

$$S = T \cdot \frac{Vv}{V - v}.$$

Darin bedeutet T die Zeit, während welcher an der Mündung Flutstrom herrscht; V die mittlere Geschwindigkeit, mit welcher das Stillwasser am Ende des Flutstroms während der Zeit T stromaufwärts vorrückt, und v die mittlere Geschwindigkeit des Flutstroms. Für die Gironde wird $T = 22\,200$ Sekunden, $V = 12$, $v = 1,9$ m und $S = 50,2$ km, beobachtet ist das äußerste Vorkommen von Salzwasser im Winkel bei Pouillac, 51 km von der Mündung. Für die Elbe von Kuxhaven ab sind die betreffenden Werte: $T = 5^h\,25^m$ oder 19 500 Sekunden (Lentz, Flut und Ebbe, S. 60), $V = 7,45$, $v = 0,591$, woraus S zu 10,2 km sich ergibt, d. h. einen Punkt noch unterhalb Otterndorf. Genauere Beobachtungen hierüber liegen nicht vor, doch verdanke ich Herrn Wasserbau-Inspektor Lentz in Kuxhaven die Mitteilung, daß bei

normalem Oberwasser und Flutwechsel die Elbe bei Niedrigwasser noch bei Brunsbüttel, zur Hochwasserzeit bei Glückstadt
noch völlig süß ist, im übrigen aber bei Sturmfluten salziges
Wasser viel weiter stromaufwärts, bei hohem Oberwasser das
süße dagegen bis über Kuxhaven hin abwärts herrschen kann. —
Die Verschiebung der Eisschollen bei Eisgang bald mit der Ebbe
stromab-, bald mit der Flut wieder stromaufwärts ist ein analoges
Problem.

Wie schon oben bemerkt, ist in einigen Flußgeschwellen die Flutkurve insofern eine abnorme, als ein
doppeltes, in anderen selteneren Fällen sogar ein drei-
maliges Hochwasser im Zeitraum von 12ʰ beobachtet wird.
Letzterer Fall wird unter dem Namen *Leaky* im Forth
River bis nach Stirling hinauf beschrieben. Ein doppel-

Fig. 43.

Flutkurve von Christchurch.

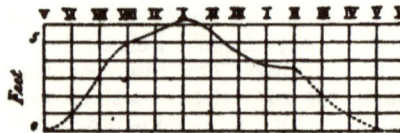

Flutkurve von Poole.

Flutkurve von Southampton.

tes Hochwasser findet sich schon in schmalen Einbuch-
tungen des Meeres, wie im Solent, d. h. im westlichen

Fig. 44.

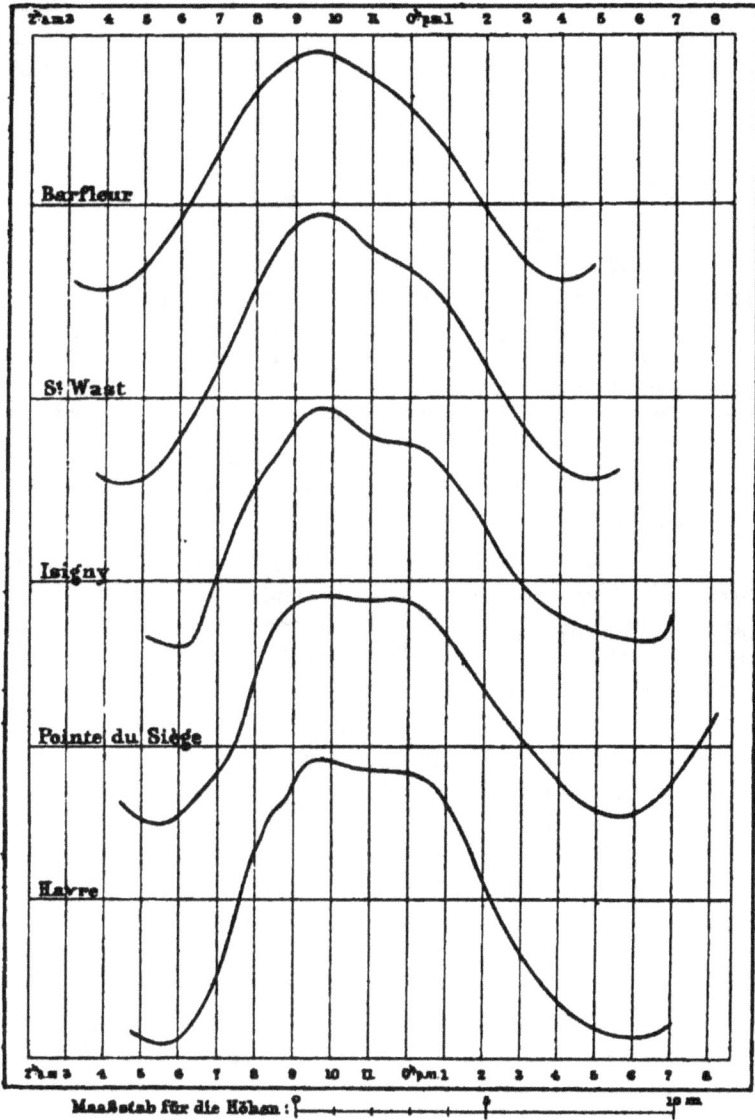

Teil der Straße, welche die Insel Wight von Südbritannien trennt, dann aber weiter westlich mit abnehmender Deut-

lichkeit in Christchurch, Poole und Weymouth, ein drei-
faches Hochwasser aber im Hafen von Southampton.
Gegenüber dieser Strecke des englischen Kanals liegt an
der französischen Seite die sogen. Seinebucht. Auch dort
sind von Barfleur ab, je weiter nach Osten, desto deutlicher in St. Wast, Isigny, Pointe du Siège und in Havre
Doppelhochwasser vorhanden. Nach Comoy zeigt auch
die Charente bei und oberhalb Rochefort ein solches, und
daß es auch im Helder vorkommt, war oben S. 244 schon
bemerkt. Wir geben in Fig. 43 u. 44 die Flutkurven der englischen Orte nach Airy, die der französischen nach Comoy.

Dieser so lange Zeit hindurch herrschende hohe Wasserstand
ist übrigens für die Schiffahrt von großer Wichtigkeit. Havre ist
ein ausgeprägter Fluthafen und nur bei Hochwasser für tiefgehende
Seeschiffe zugänglich. Während eines so abnorm langen Hochwassers
können in Havre wohl 12 Schiffe mehr in die Hafenbassins ein-
geschleust werden, als bei normaler Flutkurve möglich wäre. In
ähnlicher Weise profitiert Southampton und der Helder von dem
doppelten Hochwasser.

Die Gezeitentafeln erklären die Doppelflut im Solent
durch den Gezeitenstrom von Spithead (dem östlichen Zu-
gang zum Hafen von Southampton). „Solange dieser
Strom nämlich stark nach Westen läuft, steht das Wasser
im Hafen von Southampton, und es ist kein Fallen desselben wahrnehmbar, bis der Strom bei Spithead nach-
zulassen beginnt. Sobald der Strom bei Spithead aber
östlich zu laufen anfängt, fällt das Wasser im Hafen von
Southampton schnell."

Diese Erklärung genügt schon darum nicht, weil sie
ja ganz speziell von der Konfiguration der drei Meeres-
kanäle ausgeht, welche im Norden von Wight zusammenstoßen, während diese Auffassung für Christchurch und
Poole gar nicht genügt, allenfalls freilich für den (ähnlich von zwei Seiten her zugänglichen) Helder, aber wieder ganz und gar nicht für die französischen Häfen der
Seinebucht anwendbar ist. Die von Comoy versuchte Erklärung durch die Interferenz zweier Wellen ist verfehlt,
wie wir oben schon für den Helder bemerkten.

Wir sahen oben nach Airy und Thomson, daß im
flachen Wasser das Gesetz der einfachen Superposition

der Sonnen- und Mondflut insofern modifiziert wird, als da, wo der Flutwechsel ein beträchtliches Bruchteil der Wassertiefe ausmacht, es nötig wird, die Produkte der Einzelgezeiten zu beachten, wodurch „zusammengesetzte Gezeiten" entstehen. Ferner wird es alsdann nötig, auch noch diejenigen Komponenten der fluterzeugenden Kraft zu beachten, welche von der vierten Potenz der Entfernung des Mondes von der Erde abhängen (vgl. S. 195). Aus beiden Ursachen entstehen Gezeiten von 6- und 4stündiger Periode, welche mit den 12stündigen lunisolaren Wellen und den diese begleitenden „Nebengezeiten" von ähnlicher kurzer Periode Interferenzen bildend, sehr wohl solche Flutkurven erzeugen könnten, wie wir sie an Orten mit doppeltem oder dreifachem Hochwasser wahrnehmen. Indes ist im einzelnen diese Frage noch als offen zu betrachten. —

Die letzte Eigentümlichkeit der Flußgeschwelle betrifft die „Flutbrandung" oder den „Stürmer" (*Mascaret, Barre, Bore*). Diese Erscheinung ist durch die Untersuchungen an französischen Flüssen im wesentlichen klargestellt worden, vorzugsweise durch Partiot (*Annales des ponts et chaussées* 1864, 1er sém. p. 21), Bazin (*Mémoires prés. à l'Académie,* vol. XIX, Paris 1865) und zuletzt durch Comoy (vgl. das klare Referat von Andries in Zeitschrift für wissenschaftl. Geogr. V, 1885, 265).

Der „Stürmer" oder wie Andries sie zu nennen vorschlägt, die „*Sprungwelle*" ist nur in wenigen Flußgeschwellen vorhanden, in den deutschen fehlt sie gegenwärtig so gut wie ganz, während sie nach L. Franzius (Wasserbau S. 806) noch vor 50 Jahren in der Ems vorkam und dort „auch jetzt noch nicht ganz verschwunden ist." Elblotsen, die ich darüber befragen ließ, haben durchaus bestätigt, daß sie in der Unterelbe fehlt, und wenn Berghaus (Allg. Länder- und Völkerkde. II, 206) das sogen. „Rastern", d. h. „das brausende Geräusch, welches man zuweilen unter ähnlichen Verhältnissen an den Mündungen der Elbe und Weser vernimmt", zuerst als Sprungwelle gedeutet hat, worin ihm seitdem die meisten Handbücher gefolgt sind, so beruht das auf

irgend einem Mißverständnis. In den französischen Flußgeschwellen zeigt die Sprungwelle sich in der ganzen
Gironde (als *Mascaret*), in der Charente, Vilaine, Orne,
Seine und einem kleinen Küstenflüßchen der Bucht von
St. Malo, dem Couesnon (als *Barre*), aber nicht im Adour
und in der Loire. Von den englischen Flüssen besitzt
sie der Severn, woher sie Airy (§ 514) sehr anschaulich
beschreibt.

In außereuropäischen Gewässern wird die Sprungwelle
erwähnt: im Amazonenstrom seit Lacondamine, im
Tocantins (nach Martius als *Pororoca* = krachendes
Wasser); in den Flüssen des brasilischen Guyana, besonders im Vincent-Pinçon (bei Maraca mündend) nach
Noyer (Berghaus, Allg. Länder- und Völkerkde. II,
206); ferner im Hugli bis über Kalkutta hinauf, auch in
der Megna (Findlay, *Indian Ocean* p. 1085). Der alte
Periplus maris Erythraei (*Geogr. graeci min.* ed. Müller I,
p. 292) beschreibt eine solche verheerende Sprungwelle
auch von der Mündung des Flusses von Barygaza (Narbada), woselbst sie heute nicht mehr vorzukommen scheint.
Weiter kennt man eine solche an der Nordküste von
Borneo im Sadong und Batang Lupar (Crocker in *Proc.
R. Geogr. Soc.* 1881, April, p. 195 f.) und endlich im
chinesischen Mündungstrichter Tsien-tang, wo sie von den
Chinesen angeblich der „Donner“, von den Europäern
the eager genannt wird und bis nach Hang-tscheu hinauf
läuft, von den hohen Uferdeichen gesehen, einem weißen,
quer über das Wasser gespannten Tau vergleichbar
(Réclus, *Asie Orient.* p. 468).

Eine lebendige Schilderung einer Pororoca entwirft Martius
(Reise III, 957) von dem Guamá, einem bei Boavista in den Capim
mündenden Zuflusse des Tocantins, ungefähr so weit von der Mündung des letzteren, wie Hamburg von Kuxhaven gelegen.

„Die Pororoca mußte, der gesetzmäßigen Periodizität in Ebbe
und Flut zufolge, da der Mond an diesem Tage (28. Mai 1820)
eine Minute vor Mitternacht durch den Meridian zu gehen hatte,
nach Mittag eintreten, und ich verließ daher keinen Augenblick
eine niedrige Erhöhung dem Flusse gegenüber, von wo aus ich
sie übersehen konnte. 30 Minuten nach 1 Uhr hörte ich ein ge-
waltiges Brausen, gleich dem Tosen eines großen Wasserfalls; ich
richtete meine Augen den Fluß abwärts und nach einer Viertel-

stunde erschien eine etwa 15 Fuß hohe Wasserwoge, mauerähn-
lich die ganze Breite des Flusses einnehmend, die unter furcht-
barem Gebrause in großer Schnelligkeit aufwärts rückte, indem
ihre von der Spitze wirbelnd herabstürzenden Fluten stets wieder
von der hinteren Anschwellung ersetzt wurden. An einigen Orten
gegen das Ufer hin tauchte das Wasser bisweilen in der Breite
von 1 oder 2 Klaftern unter, erhob sich aber bald wieder weiter
oben im Flusse, worin die Gesamtwelle ohne Stillstand vorwärts
trieb. Indem ich starr vor Erstaunen dieser gesetzmäßigen Em-
pörung der Gewässer zusah, versank plötzlich zweimal die ganze
Wassermasse unterhalb der Vereinigung des Capim mit dem
Guamá in die Tiefe, indem breite und seichte Wellen und kleine
Wirbel einmal die ganze Oberfläche des Flusses überfluteten und
anschwellten. Kaum aber war das Getöse dieses ersten Anlaufs
verschollen, so bäumte sich das Gewässer wieder auf, stieg unter
gewaltigem Brausen und strömte, eine lebendige Wassermauer,
die bebenden Ufer in ihren Grundfesten erschütternd, stets vom
schäumenden Gipfel überschlagend, fast ebenso hoch als es gekommen war, in zwei Aeste geteilt in beide Flüsse hinauf, wo
es alsbald meinen Blicken entschwand. — Die ganze Erscheinung
war das Werk von kaum einer halben Stunde gewesen; die be-
unruhigten Gewässer, welche jedoch ebenso wie die Wellen der
Pororoca selbst keineswegs von aufgeregtem Schlamm auffallend
getrübt erschienen, befanden sich jetzt im Zustande der höchsten
Fülle, kehrten allmählich zur Ruhe zurück und fingen nach einer
ebenso kurzen Frist mit Eintritt der Ebbe sich sichtbar zu ent-
leeren an." — Weiter heißt es von der Pororoca: „An mehreren
Stellen, die immer von beträchtlicher Tiefe sein sollen, versinkt sie
und erhebt sich weiter oben wieder in angeblich seichteren Teilen
des Flußbettes. Diese ruhigen Orte werden *esperas* („Wartestellen")
genannt." Es wird in ihnen eine Auffüllung des Wassers beobachtet, aber keine Pororoca. — Die Kanoes der Indianer machen
sich bei Herannahen der Sprungwelle auffallenderweise hoch an
Bäumen fest, nicht mit einem Wurfanker im Strom.

Charakteristisch ist überall für die Sprungwelle: die
wallartige Front, mit der sie stromaufwärts läuft, das
Ueberströmen des Wassers von rückwärts nach vorn, das
Branden an den flachen Ufern und über Sandbänken des
Flusses. Die Höhe der Welle wird für den Tsien-tang
zu 8 bis 10 m (?), für den Amazonenstrom und Ganges
zu 5 bis 6, für die Seine und den Batang Lupar von
Borneo zu ca. 2 m, für die Dordogne zu $^1/_3$ bis 1 m, und
für die übrigen französischen Flüsse zu einigen Deci-
metern angegeben. — In der Zeit ihres Auftretens scheint
sie allgemein an die Syzygien gebunden: in der Dordogne

und Garonne tritt sie außerdem auch bei sehr kleinem
Oberwasser auf, also im Sommer bei jeder Flut, dagegen
im Ganges nur in der Regenzeit von Juli bis September,
also bei größtem Oberwasser, und Springzeit; im Amazonenstrom bei den Aequinoktialspringfluten, wenigstens
wird sie dann am großartigsten. Nach Comoy ist bei
einigen französischen Flüssen eine bestimmte Minimal-
Fluthöhe erforderlich, damit der Mascaret sich ausbildet,
aber nicht bei jeder gegebenen Fluthöhe wird die Welle
gleich groß, bisweilen fehlt sie auch ganz, was mit Variationen des Oberwassers zusammenhängen dürfte.

Bei einigen Flüssen tritt die Sprungwelle erst ein
gut Stück oberhalb der Mündung auf (Ganges, Seine,
Orne, Garonne und Dordogne, Vilaine, Charente, Batang
Lupar), bei anderen, und das ist der seltenere Fall, gleich
über der Mündungsbarre (Couesnon). Immer aber entsteht sie über einer ausgeprägten Verringerung der Wassertiefe im Flußbette oder einer sehr starken seitlichen
Verengerung, verbunden mit einer scharfen Beugung des
Bettes (Hugli bei Diamond Point). — Die Welle läuft
mit breiter geradliniger oder nach vorn sogar konkaver
Front den Fluß hinauf, eilt also an den Ufern, wo sie
brandet, vor, während in der Mitte bei sonst normaler
Wassertiefe die Welle keine Brandung zu zeigen pflegt.
Die von der brasilischen Pororoca beschriebenen *esperas*
oder „Wartestellen" über starken Austiefungen des Fluß-
bettes kommen auch in anderen Flüssen vor und sind
ein deutlicher Beweis für die Abhängigkeit der ganzen
Erscheinung von der Wassertiefe. Im Ganges und sonst
halten die Flußfahrzeuge die Regel fest, sich der Sprungwelle möglichst in der tiefsten Fahrrinne und mit dem
Bug der Welle entgegenzustellen, niemals aber sich von
dieser quer gegen die Seite des Boots treffen oder am
Ufer überraschen zu lassen. In der Seine, wo vor der
Regulierung des Fahrwassers unter Napoleon III. die
Sprungwelle viele Boote scheitern ließ, war ihre Bewegung
gemäß der sehr gewundenen Fahrrinne eine unberechen-
bare. Gegenwärtig sind indes Verluste durch den Mascaret sehr selten.

Die Ursache der ganzen so merkwürdigen Erscheinung wird man mit Comoy wohl in dem eigenartigen Verhalten der Flutwelle in ihrem ersten Stadium betrachten können, wo eine scharf ausgeprägte Verflachung oder Verengerung (oder beides zugleich) des Bettes das Durchflußprofil für die aus der See flußaufwärts gedrängte Wassermasse plötzlich verkleinert. Wir sahen oben (S. 260), wie dadurch die Hinterflut ein Extragefälle erhält. Alsdann fließt das hier überschüssige Wasser mit vermehrter Geschwindigkeit über die Vorderflut herüber bis an den Fuß der Welle, wo es eine steil abfallende und von hinten nach vorn sich überwälzende Wassermauer bildet. Bazin hat die ganze Erscheinung experimentell dargestellt, in-

Fig. 45.

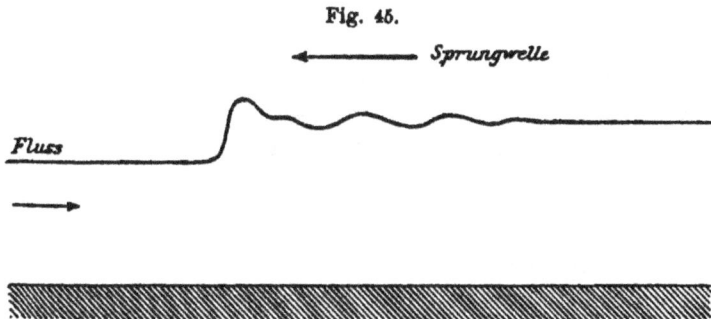

dem er zeigte, wie eine große Uebertragungswelle, in einen Kanal mit vorher ruhigem Wasser, aber variabler Tiefe gebracht, sich genau ebenso verhält: sie brandet, sobald ihre Höhe $^2/_3$ der Wassertiefe erreicht. Daß die brandenden Partien einer jeden Welle eine größere Orbitalgeschwindigkeit (v) erlangen als ohne Brandung stattfände, haben wir bei früherer Gelegenheit (S. 87) schon gezeigt. Es wäre aber ein Irrtum, darum den brandenden Teilen der Sprungwelle eine größere Fortpflanzungsgeschwindigkeit (c) zuzuschreiben. Dem entsprechen die Thatsachen doch nicht, denn alsdann müßten die beiden Spitzen der seitlichen Brandung am Ufer, je weiter stromaufwärts die Welle läuft, desto mehr der Mitte vorauseilen, so daß das Bild der ganzen Sprungwelle von oben her gesehen, eine sehr starke Konkavität der Front ergeben würde. Diese Konkavität ist aber immer sehr mäßig und steigert sich stromaufwärts nicht, was beweist, daß nur eine Vergrößerung der relativen Bewegung oder Orbitalbewegung (v) in den brandenden Randpartien gegenüber der nicht brandenden Mitte vorhanden ist. — Auch die im Amazonenstrom, Ganges und der Seine beschriebenen sekundären Wellen, welche der eigentlichen Sprungwelle mit ca. 1 bis 2 m Höhe nachfolgen (vgl. Fig. 45 nach Comoy) und in der Seine *les éteules* heißen, zeigten sich bei Bazins Experimenten. Die Geschwindigkeit nun, mit der das Mascaret die französischen Flußgeschwelle hinaufläuft, entspricht nach Comoy sehr nahe der für Uebertragungswellen geltenden Formel:

$$c = \sqrt{2g\,(p+h)} - U,$$

wo p die Wassertiefe bei Niedrigwasser, h die Höhe der Sprungwelle und U die Stromstärke des Flusses bedeutet, und da sich der Fuß der Flutwelle nur mit der Geschwindigkeit

$$c = \sqrt{2g\,p} - U,$$

bewegt, so ergibt sich hieraus, wie die Sprungwelle diesen Fuß überholt und sich ihm vorlagert.

Wir haben also danach in der Sprungwelle nur eine besonders groß und lebhaft entwickelte „Uebertragungswelle" vor uns.

Drittes Kapitel.

Die Vertikalzirkulation der Ozeane.

I. Die polare Herkunft des Tiefenwassers. [1])

‚Die in Bd. I, Kap. VI aufgezählten, durch Beobachtung festgestellten Thatsachen, die man in den Sätzen 1, 2 und 5, Bd. I, S. 243 und 244 zusammengefaßt findet, zeigen, daß das Weltmeer sich, wie jede Flüssigkeitsmasse von variabler Dichte, unter dem Einflusse der Schwere so geschichtet hat, daß die größte Dichte am Boden der ozeanischen Becken gefunden wird und daß nach oben hin die Dichte abnimmt, bis sie in der Oberfläche ihren kleinsten Wert erreicht. Streng genommen genügen die angeführten auf die Temperaturverteilung bezüglichen Sätze für sich allein noch nicht, um dies zu beweisen, denn die Dichte des Seewassers hängt nicht allein von der Temperatur, sondern auch vom Salzgehalt ab, der, wie in Bd. I, Kap. IV dargelegt worden ist, in verschiedenen Ozeanen, wie auch in verschiedenen Tiefen desselben Ozeans nicht genau derselbe ist. Den vollgültigen Beweis liefert erst der Vergleich der thatsächlichen Dichten, d. h. der in verschiedenen Tiefen bei den dort herrschenden Temperaturen und den vorhandenen Salzgehalten wirklich stattfindenden spezifischen Gewichte. Die hierzu nötige Berechnung der thatsächlichen Dichten (mittels einer der Formeln von Bd. I, 144) ist für die sämtlichen Dichtebestimmungen auf der Challenger-Expedition durch Buchanan ausgeführt und veröffentlicht worden (*Rep. on the scient. results of the voyage of H. M. S. Challenger. Physics and Chemistry*, Vol. I, p. 2). Die thatsächliche Wasserdichte an allen mehr als 2000 m

---

[1]) Aus dem Nachlaß von Prof. Dr. K. Zöppritz. Eigene Zusätze habe ich [eckig] eingeklammert.   O. Kr.

tief gelegenen Stellen, wo Proben entnommen wurden,
ergibt sich hiernach für jeden Ozean als eine nahezu konstante Größe, in deren kleinen Variationen einfache Regeln
kaum mehr aufzufinden sind. Beim Nordatlantischen Ozean
ist die als Mittel aus 53 Beobachtungen bestimmte thatsächliche Dichte = 1,02850. Sondert man die 8 zwischen
1000 und 2000 Faden liegenden Beobachtungen ab, so
ergibt deren Mittel, in Tausenteln ausgedrückt, 28,39.
Der Unterschied ist so gering, daß man kaum darauf die
Behauptung begründen könnte, zwischen 1000 und 2000
Faden Tiefe fände eine Dichtezunahme statt, zumal die
lokalen Verschiedenheiten viel größer sind und ohne Rücksicht auf die Tiefe zwischen den Extremen 27,4 und 29,8,
sehr überwiegend aber zwischen 28,0 und 29,0 liegen.
Der Nordatlantische Ozean enthält bei weitem das dichteste
Wasser. Der Südatlantische ergibt die etwas niedrigere
Mittelzahl 28,1 mit den etwas enger bei einander liegenden
Extremen von 27,65 und 29,28. Der Indische Ozean hat
die freilich nur aus 9 Beobachtungen bestimmte aber sehr
gleichförmige Tiefendichte 27,7, welche gleichfalls dem
Nordpazifischen Ozean als Mittel aus 59 Bestimmungen
zukommt mit der geringen Schwankung zwischen 27,23
und 28,0. Der südliche Stille Ozean hat die etwas größere
Zahl 27,86 als Mittel aus 69 Beobachtungen zwischen
den Extremen 27,4 und 28,52; in ihm ist aber eine leichte
Abnahme der thatsächlichen Tiefendichte im südöstlichsten
Teil zwischen Tahiti und der Südspitze von Amerika (auf
etwa 27,7) unverkennbar.

Man kann also sagen, daß die Becken der Weltmeere
zum bei weitem größten Teil mit einer Flüssigkeit von
konstanter und maximaler Dichte erfüllt sind, deren absoluter Wert im nordatlantischen Becken etwas größer ist,
als in den übrigen Ozeanen, während sich im südatlantischen
ein in der Mitte liegender Wert findet. Diese Schichtung
des Wassers ist nun in vollkommenem Einklang mit den
Gesetzen der Schwere, wonach die dichtesten Schichten die
tiefste Lage einnehmen müssen.

Es fragt sich nur, wie es möglich ist, daß die tiefe
Temperatur von nur etwa 1 ° sich auf dem Grunde der

ozeanischen Becken selbst in tropischen Gegenden erhalten
konnte, während auf der Erdfeste überall beim Eindringen
in ähnliche Tiefen gesteigerte Temperatur gefunden wird
und die Oberfläche des Bodens unter den Meeren ebenso
wie die von der Atmosphäre bedeckte Oberfläche einen
langsamen Wärmestrom entläßt.

Denkt man sich den ganzen Wasserkörper der Erde
durch ein System von dünnen, senkrechten, bis zum Meeresboden reichenden Wänden, welche den seitlichen Austausch
des Wassers gänzlich verhindern, in parallelepipedische
Kästen von mäßigem Querschnitt (z. B. 1 qkm), verteilt,
so würde mit der Zeit eine ganz andere Wärmeverteilung
in diesem der horizontalen Beweglichkeit beraubten Ozean
stattfinden. In jedem Kasten würde durch die dem Boden
entströmende, wenn schon geringe Wärmemenge im Laufe
der Jahrtausende der Wasserinhalt sich erwärmen, bis
seine Temperatur gleich geworden wäre der mittleren
Wintertemperatur der Atmosphäre über der Oberfläche.
Höher kann die Temperatur nicht gelangen, weil die höher
temperierten Wasserteile spezifisch leichter werden, nach
oben steigen und im Winter ihren Temperaturüberschuß
an die Atmosphäre abgeben, während Wasser von der
Wintertemperatur der Atmosphäre oder, falls diese unterhalb des Gefrierpunktes des Seewassers liegt, von dieser
Gefriertemperatur den tiefsten Teil des Kastens einnehmen
würde. Nach hinreichend langer Zeit würde sich also
auf dem Grunde jedes Kastens die Wintertemperatur des
über ihm liegenden Teils der Atmosphäre finden. Diese
Erscheinung kann durch die Voraussetzung, daß die Kasten-
wände dasselbe Wärmeleitungsvermögen besäßen, wie das
Wasser, nicht wesentlich geändert werden, denn da die
Quantität von Wärme, welche aus 1 qkm Querschnitt des
Bodens strömt, überall gleich ist, wo der Boden aus demselben Gestein besteht und die Wintertemperatur der Oberfläche sich von Ort zu Ort nur sehr langsam ändert, so
würde der Wärmeinhalt von einem Kasten zum anderen
nur einen sehr geringen Unterschied zeigen, folglich auch
der Wärmeaustausch durch Leitung unbedeutend sein.

Die Richtigkeit dieser Schlußweise wird durch die

Erfahrung überall da bewiesen, wo einzelne Seebecken·
oder Meeresteile durch unterseeische Schwellen von den
großen ozeanischen Becken abgetrennt sind. Falls ihre
Tiefen unter diejenige Schicht hinabreichen, bis zu welcher
sich noch der Jahreswechsel der Temperatur bemerklich
macht, findet sich stets in der Tiefe konstant die mittlere
Wintertemperatur ihrer Oberfläche, wie dies der Satz 6 b,
Bd. I, S. 245 unter Anführung von Beispielen ausspricht.

In den offenen Ozeanen findet man nun aber überall,
auch unter den Tropen, Temperaturen, die den Winter-
temperaturen ziemlich hoher Breiten entsprechen. Solche
können sich in diesen Gegenden deshalb nur erhalten
durch horizontalen Austausch mit den Meeren hoher Breiten.
Die durch die Bodenwärme höher temperierten Schichten
werden kontinuierlich ersetzt durch Gewässer polaren Ursprungs, welche ihre dem Gefrierpunkt des Seewassers
naheliegende Temperatur mitführen und sie auf dem Wege
nach den Tiefenbecken der Tropenozeane nur wenig erhöhen.

Dieser Ersatz bedingt aber überhaupt eine Zirkulation
der ozeanischen Gewässer in vertikalen Ebenen. Das durch
Abkühlung bis zum Gefrierpunkt schwerer gewordene
Wasser sinkt in den Polargegenden zu Boden nieder und
bewegt sich als mächtige Bodenschicht gegen den Aequator
hin, unterwegs um 2 bis 3° an Temperatur zunehmend.
In den Tropengegenden steigt das höher temperierte
Wasser empor und bewegt sich längs der Meeresoberfläche
wieder gegen die Pole, um dort von neuem abgekühlt zu
werden.

Die Vertikalzirkulation, oder richtiger gesagt, die
polare Herkunft des kalten Tiefenwassers in niedrigen
Breiten wurde schon 1800 von J. F. W. Otto in seiner
Hydrographie des Erdbodens S. 429 aus physikalischen
Gründen für wahrscheinlich gehalten und 1812, kurz nachdem die Temperaturabnahme in den höheren Schichten des
Atlantischen Meeres einigermaßen zuverlässig beobachtet
war, von Alexander von Humboldt behauptet (*Voyage
aux régions équinoxiales du Nouveau Continent, Relation
historique,* Vol. I, p. 73). Dieselbe Anschauung kehrt
dann in Aragos Berichten und Instruktionen zu wissen-

schaftlichen Reisen mehrfach wieder (Arago, *Oeuvres*, T. IX, p. 65, 95, 201, 255). Beide große Naturforscher finden einen Beweis für die kalten Unterströme in der von Benjamin Franklin zuerst (*Transact. of the Amer. Soc.* T. III. p. 82) bemerkten und von Jonathan Williams durch zwei Broschüren (*Thermometrical Navigation*, Philadelphia 1790 und *On the use of the thermometer in navigation*, ib. 1792) praktisch verwerteten Thatsache, daß bei der Annäherung an Untiefen fast stets die Temperatur der Meeresoberfläche abnehmend gefunden wird, weil durch den Anprall an den sich hebenden Boden das kalte Unterwasser zum Aufsteigen gezwungen wird. Aber es ist verhängnisvoll für die weitere Entwickelung der Lehre von den ozeanischen Bewegungen geworden, daß beide Gelehrte von Anfang an den Dichteausgleich als durch Strömungen von meßbarer Geschwindigkeit bewirkt sich vorstellten und dadurch zu der noch bis vor kurzem viel verbreiteten Auffassung Veranlassung gaben, daß die Hauptursache der großen Meeresströmungen der Dichteunterschied zwischen den polaren und äquatorialen Gewässern sei. Es hat indessen schon zu Aragos Zeit nicht an solchen gefehlt, welche diese Zirkulation richtig und getrennt von den eigentlichen Meeresströmen auffaßten. So A. Erman, und Dumont d'Urville hat in seinem großen Werk (*Voyage de l'Astrolabe, Météorologie, physique et hydrographie*, Kap. III, p. 64*. Paris 1833) ausgesprochen, daß diese Wasserversetzung, befördert durch die Verdampfung unter der Tropensonne, in breitester Masse, aber sehr langsam, in unmerklicher Strömung (*Courants insensibles*), stattfinde. Auch Lenz hat 1848 in seiner sehr präzisen Darstellung dieses vertikalen „Wirbels" (Poggendorfs Annalen Ergbd. II, S. 623, aus *Bull. phys.-math. de l'Acad. de St. Pétersbourg*, T. V), sich vor einer Vermengung dieser Bewegungsform mit den Meeresströmen gehütet. Dagegen ist durch Pouillets bekanntes Lehrbuch der Physik und dessen deutsche Bearbeitung die Lehre von der Entstehung der Meeresströmungen durch Temperaturdifferenzen sehr weit verbreitet und von vielen Gelehrten adoptiert worden (so z. B. von Buff, Zur Physik der Erde, Braunschweig 1850, S. 178 [und

W. Ferrel, mehrfach seit 1856, vergl. dessen *the motions of fluids and solids on the earth's surface, reprinted by Frank Waldo,* Washington 1882 und mehrere Aufsätze in *Science* 1886, Bd. VII, 75; 102; 187; Bd. VIII, 99; Pet. Mitt. 1886 Litteraturber. Nr. 189, 427 und 1887, Nr. 77]), hat dann in Maury, dessen Verdienste um die praktische Schiff- fahrtskunde weit über seinen theoretischen Leistungen stehen, einen beredten Vertreter und durch dessen in vielen Auflagen erschienene physische Geographie des Meeres sehr ausgedehnte Anerkennung gefunden, ist dann auf Grund neuer, doch immerhin noch viel zu sporadischer Beobachtungen von Sary (*Annales hydrogr.* 1868, p. 620; *Compt. rend. de l'acad.* T. LXVII, p. 483, LXVIII, 522), in etwas veränderter Form wieder aufgenommen worden, bis ihr schließlich in England, in dessen seefahrenden Be- wohnern die enge Verbindung zwischen Meeres- und Luft- strömungen schon zu tief wurzelte, eine energische Oppo- sition erwachsen ist, deren Wortführer J. Croll wurde (*Philos. magazine* 1870—71, Vol. XL, p. 233, XLII, p. 241, sowie *Climate and Time,* London 1875, Kap. 6 bis 10). Diesen verdankt man den ersten Beweis, daß die durch Temperaturdifferenz bewirkte Strömung eine meßbare Ge- schwindigkeit nicht haben kann. Schon Sir John Herschel hatte in seiner physikalischen Geographie (Art. 57) ge- zeigt, daß das Gefälle, welches zwischen dem Aequator und den Polargegenden durch Temperatur- und daraus folgende Dichtedifferenz entstehen kann, verschwindend klein ist. Croll hat diesen Beweis vervollständigt durch Anführung von Resultaten, welche Dubuat (*Hydraulique* Vol. I, p. 64, 1816) bei Versuchen über das zur Hervor- bringung einer nachweisbaren Stromgeschwindigkeit nötige Minimalgefälle erhalten hat. Danach war bei einem Ge- fälle von 1 : 500 000 eine strömende Bewegung kaum mehr wahrnehmbar und Dubuat schloß daraus, daß bei 1:1 000 000 keine Bewegung mehr nachweisbar sein könne. Berechnet man nach neuesten Daten, wie groß die Gefälldifferenz zwischen Aequator und Polarkreis durch Temperatur- differenz höchstens sein kann, so kommt ein noch kleineres Gefälle heraus als das letztgenannte. Fußt man nämlich

auf den vorher abgeleiteten Resultaten, daß in den offenen
Ozeanen das Wasser unter 1000 Faden oder etwa 2000 m
Tiefe, wo die mittlere Temperatur von 2 ° C. herrscht,
die Dichte von 1,0280 besitzt und nimmt an, daß unter
dem Aequator von 2000 m an aufwärts die Dichte gleich-
förmig abnehme bis zu dem Werte 1,0220, der etwa der
geringste auf ausgedehnteren Strecken des Kalmengürtels
gefundene Wert der thatsächlichen Oberflächendichte ist,
so ist bei Annahme einer mittleren Tiefe der Ozeane von
3700 m (vergl. Bd. I, S. 62), der hydrostatische Druck am
Aequator gleich dem einer 1700 m hohen Wassersäule
von der Dichte 1,0280 plus dem einer 2000 m hohen Säule
von der mittleren Dichte 1,0250. Nimmt man am Polarkreis die thatsächliche Dichte der ganzen Wassersäule bei
der dort herrschenden niedrigen Temperatur zu 1,0280
an, welche Zahl nach den Befunden der norwegischen
Nordmeerexpedition (s. Bd. I, S. 160), eher noch zu groß,
als zu klein ist und von anderen Dichtebestimmungen im
Polarmeer nirgends übertroffen wird, so hätte man hier
eine Wassersäule von 3700 m Höhe und 1,0280 Dichte.
Die Druckdifferenz gegen die äquatoriale Säule rührt also
nur von der Verschiedenheit der Gewichte der oberen
2000 m her und wird gemessen durch eine Wassersäule
von 2000 (1,0280—1,0250) = 6 m. Die Entfernung des
Polarkreises vom Aequator ist 66 ½ Breitengrade zu
je 111 000 m, also = 7 400 000 m. Das Gefälle auf
dieser Strecke ist demnach etwa 1 : 1 200 000, also viel
zu klein, um eine nachweisbare Stromgeschwindigkeit zu
erzeugen. Damit ist indessen keineswegs bewiesen, wie
Croll zu glauben scheint (*Phil. Mag.* 1871, Vol. 42, p. 264),
daß überhaupt kein Dichteausgleich stattfinde. Er geht
nur so langsam von statten, daß seine Stromgeschwindigkeit unmeßbar ist und wird durch die übrigen Bewegungen
der Oberflächenschichten des Meeres völlig verdeckt, namentlich aber durch die großen meridionalen Meeresströmungen
vielfach befördert.

Derjenige, welcher die Vertikalzirkulation der Ozeane
in neuerer Zeit wieder nachdrücklich vertreten und ihr
zu allgemeiner Anerkennung verholfen hat, ist W. B. Car-

penter. Seit seiner Rückkehr von der in Gemeinschaft
mit Wyville Thomson und mit Unterstützung der *Royal
Society* in London 1868 unternommenen Tiefenerforschungs-
fahrt des „Lightning" in das Meer zwischen den Faröer-
und Orkney-Inseln hat er in zahlreichen Aufsätzen (*Proc. of
the Royal Society*, Vol. XVII, p. 186, XVIII, p. 453, XIX,
p. 185, 213, XX, p. 539; *Proc. R. Geogr. Society*, Vol. XV,
p. 54, XVIII, p. 301, XIX, p. 507, XXI, p. 289), anfangs
nach der überkommenen Vorstellungsweise Dichteausgleich
und Meeresströmungen vermengend und dadurch Crolls
Widerspruch hervorrufend, im Verlauf der Diskussion aber
immer schärfer unterscheidend, alle Gründe, die für die
Vertikalzirkulation sprechen, in erschöpfender Weise gesammelt und besprochen. Freilich hat sich Carpenter nie
von der sicherlich irrigen Vorstellung frei machen können,
daß die große Mächtigkeit der oberflächlichen Warmwasserschicht des Nordatlantischen Ozeans jener Zirkulation zu
verdanken sei. Obwohl die oben S. 283 gegebene einfache
physikalische Ueberlegung die Notwendigkeit jenes Dichte-
ausgleichs schon evident hervortreten läßt, mögen doch
im folgenden noch eine Reihe von bekräftigenden Thatsachen zusammengestellt werden. Die experimentalen Beweise, welche Carpenter zu Hilfe genommen hat, bestätigen allerdings nur, daß durch Temperaturunterschiede
Ausgleichströmungen hervorgerufen werden, was kaum
eines Nachweises bedurfte, allein sie sind ohne Beweis-
kraft für die Ozeane, wo die Temperaturdifferenzen geringer,
die Ausdehnung des Gebietes, auf welches hin der Ausgleich
geschehen muß, ungeheuer viel größer und deshalb das
entstehende Gefälle um ebenso viel kleiner werden.

1. Der wichtigste Beweisgrund für den Dichteausgleich
der Ozeane durch Vertikalzirkulation ist die Erfüllung aller
Meeresbecken von mehr als 2000 m Tiefe mit Wasser
von gleichförmiger, maximaler Dichte und einer Temperatur
die zwischen 0^0 und 3^0 liegt.[1] Daß innerhalb dieser

---

[1] Es muß hier darauf aufmerksam gemacht werden, daß nach
der inzwischen erschienenen Abteilung Physik und Chemie I des
großen Challenger-Reports die endgültig festgestellten Tiefen-

mächtigen Schicht die Temperaturen nicht noch gleichmäßiger mit der Tiefe überall in denselben Stufen abnehmen,
sondern selbst auf engeren Gebieten kleine Schwankungen
zeigen, liegt darin, daß in der Nähe des Gefrierpunktes
die Dichteänderung des Meerwassers für 1° Temperatur-
änderung nur außerordentlich gering ist, eine Eigenschaft,
auf deren Rolle bei der Statik der Polarmeere Verfasser
schon früher aufmerksam gemacht hat (Poggendorfs Ann.
d. Phys. Ergbd. V, S. 525).

2. Die Thatsache, daß die tiefsten Bodentemperaturen
da gefunden werden, wo die großen Ozeane mit den Polarbecken den breitesten und tiefsten Zusammenhang haben,
und daß sie umsomehr zunehmen, je weiter der Weg ist,
den das Wasser vom Polarbecken bis zum Beobachtungsort zurückzulegen hat, liefert einen ferneren gewichtigen
Grund für die Zirkulation. Da das nördliche Polarbecken
durch seichte Schwellen von den übrigen Meeren in der
Tiefe getrennt ist, so kommt die Hauptmasse der Bodengewässer der großen Ozeane aus dem antarktischen Becken,
hat also einen weiten Weg bis in den Nordatlantischen und
den Nordpazifischen Ozean zurückzulegen und kommt dem-
zufolge dort mit einer etwas erhöhten Temperatur an,
während die südlichen Ozeane die tiefsten Temperaturen
haben. Besonders auffallend ist die Bodenschicht von 0,3°,
welche die größte Tiefe des westlichen Beckens des Südatlantischen Ozeans bis gegen den 30. Breitengrad bedeckt
und in der Tiefe von etwa 4000 m durch Vermittelung
einer verhältnismäßig dünnen Mischungsschicht in die
mächtige Temperaturschicht von 2,8° übergeht, welche nahezu die Hälfte allen atlantischen Wassers umfaßt. Diese
Thatsache, welche durch die Reihentemperaturen auf den
Stationen 324 bis 330 des *Challenger* auf das deutlichste
ausgesprochen ist, läßt sich nur durch Bestehen einer
Fortsetzung jener westlichen Tiefenrinne bis weit in das
antarktische Becken hinein erklären. — Die gleichmäßigeren

temperaturen gegen die noch im 6. Kapitel vorliegenden Buchs
milgeteilten vorläufigen Werte um Bruchteile eines Grades, bisweilen mehr als $1/2$° F. höher sind. Dieselben kommen dadurch
in bessere Uebereinstimmung mit den Bestimmungen der „Gazelle".

Bodentemperaturen von im Mittel 1,6° im Pazifischen
Ozean erklären sich durch dessen großen Querschnitt, der
den Bodengewässern freieste Ausbreitung gestattet. Wojei-
koff hat neuerdings (*Iswestija* d. kais. russ. geogr. Ges.
1883, II. Abt., S. 65) gezeigt, daß noch ein anderer höchst
bedeutsamer Grund dafür besteht, daß das antarktische
Meer bei weitem mehr tieferkältetes Wasser zu der Vertikalzirkulation liefert. Das land- und inselreichere, von
starken Süßwasserströmen genährte Nördliche Eismeer
bietet für die Eisbildung an der Oberfläche weit günstigere
Bedingungen, als das landarme Südpolarbecken, denn die
bedeutendste Eisbildung findet ja immer an Küsten, in
Buchten und in den spezifisch leichteren und deshalb an
der Oberfläche bleibenden, mit Süßwasser gemengten
Schichten und unter dem Einfluß sehr rasch sinkender
Temperatur statt, wie sie nur in der Nähe stark aus-
strahlender Festlandsflächen auftreten. Ist einmal die
Eisdecke gebildet, so schützt sie das darunter befindliche
Wasser vor stärkerem Wärmeverlust. Das salzreichere,
einer gleichförmigeren Temperatur ausgesetzte und der
Ansatzpunkte zur Eisbildung entbehrende Südpolarmeer
dagegen begünstigt die langsame Abkühlung bis zum
Dichtemaximum, bei welchem das Meerwasser, bevor es
fest wird, langsam in die Tiefe sinkt und durch minder
dichtes, d. h. wärmeres ersetzt wird. Dieses Meer nährt
also vorzugsweise die tieftemperierte Bodenschicht der
Ozeane, das nördliche dagegen die oberflächlichen Eisströme.

3. Die polar erkältete Bodentemperatur fehlt, wie schon
Bd. I, S. 245 und 301 ausgesprochen und an Beispielen
gezeigt wurde, in den durch unterseeische Schwellen ab-
gegrenzten Meeresbecken. Die Bodentemperatur in solchen
hängt von der Satteltiefe der Schwelle oder, was dasselbe
ist, von der Maximaltiefe der Verbindungsstraße mit dem
offenen Ozean ab und wird nach folgender Regel gefunden: Ist die mittlere Wintertemperatur über dem abgeschlossenen Meeresbecken tiefer als die Temperatur des
benachbarten Ozeans im Horizont des Verbindungssattels,
so ist das ganze Becken unterhalb dieses Horizonts mit
Wasser von jener Wintertemperatur gefüllt; ist aber die

Wintertemperatur höher als die des Nachbarmeeres im
Horizont der Schwelle, so ist dieses mit Wasser von der
Temperatur dieses Horizonts im offenen Meere gefüllt.
Beispiele der ersten Art bieten das Ochotskische und das
Mittelländische Meer, Beispiele der zweiten die südost-
asiatischen Randmeere. Keine Erscheinung weist deutlicher als diese darauf hin, daß die Herkunft der tief-
temperierten Bodenschichten der Ozeane keine lokale,
sondern eine polare ist.

4. Wo die Oberflächenschichten der Meere durch
starke Strömungen in Bewegung gesetzt werden, und wo
Stauungen dieser Ströme stattfinden, zeigen sich die höher
temperierten Schichten durch eine deutliche Zwischenschicht von dem darunter liegenden Tiefenwasser getrennt.
Während in jenen Schichten die Temperatur mit der Tiefe
mäßig abnimmt, folgt dann in der Zwischenschicht eine
plötzliche, sehr rasche Abnahme bis auf die Temperatur
von 4 bis 5 ^{0}, die der oberen Schicht des Tiefwasserkörpers
zukommt und bis in etwa 2000 m Tiefe noch auf 3 ^{0} sinkt.
Diese Thatsache, die besonders auffallend im Nordatlantischen Ozean beobachtet wird, zeigt, daß der Tiefwasser-
körper von den strömenden Bewegungen der Oberflächenschichten nicht berührt wird, daß keine Strömungen von
merklicher Geschwindigkeit in dieselben eindringen, und
der ganze Kreislauf der Meeresströmungen sich in höher
gelegenen Schichten vollziehen muß.

5. Daß in der That in den Polargegenden das dort
erkältete Wasser zu Boden sinkt, beweisen unzweideutig
die Untersuchungen der norwegischen Nordmeerexpedition.
Das ganze Tiefenbecken des norwegischen Meeres ist, wie
schon Bd. I, S. 159 bis 161 nachgewiesen wurde, mit
salzreichem, atlantischem Wasser erfüllt, das sich, wie
sein Stickstoffgehalt beweist (s. Bd. I, S. 137 unt.), zuvor
an der Oberfläche befunden haben muß und durch Er-
kalten untergesunken ist; die Schmelzwässer des arktischen
Eises hingegen ziehen größtenteils mit dem Eisstrom längs
der Küste Ostgrönlands nach Süden und zwar zum Teil
über erwärmtem Wasser der großen atlantischen Nord-
osttrift. Dies beweisen die Bd. I, S. 324 angeführten

Thatsachen, noch schlagender aber die von Hamberg
bearbeiteten Beobachtungen auf Nordenskiölds Reise an
der grönländischen Küste (*Proc. of the R. Geogr. Soc.* 1884,
p. 570). Nach diesen stellt sich heraus, daß sowohl im
südwärts gehenden Polarstrom, wie im nordostwärts gehenden Irmingerstrome und ebenso auch in einigen der größeren
westgrönländischen Fjorde, die thatsächliche Dichte nach
abwärts überall zunimmt, daß also trotz der merkwürdigen,
wiederholten Wechsellagerung verschieden warmer Schichten doch deren Aufeinanderfolge streng nach dem Gesetz
der Schwere stattfindet.

6. Wiewohl nach dem oben S. 287 Auseinander-
gesetzten nicht zu erwarten ist, daß der Dichteausgleich
zwischen Polar- und Tropengewässern als Strom von nach-
weisbarer Geschwindigkeit auftritt, so können doch lokale
Verhältnisse auftreten, wo eine wirkliche Strömung des
Bodenwassers ohne Zweifel vorhanden ist. Eine solche
Stelle ist durch Tizard auf dem tiefsten Sattel der Wyville-
Thomson-Schwelle zwischen Schottland und den Faröer
1882 aufgefunden worden (*Proc. Roy. Soc.*, Vol. XXXV,
p. 202). Diese Schwelle trennt, wie in Bd. I, S. 322
und 323 angegeben wurde, ein kaltes und ein warmes
Gebiet. In der Mitte des unterseeischen Hügelzugs befindet sich eine etwa 13 km breite Einsenkung von 550
bis 600 m Tiefe, während die übrigen Teile des Kamms
sich der Meeresoberfläche auf mehr als 550 m nähern.
Dieser Schwelle zu zeigen nun die Isothermflächen des
nordöstlich liegenden kalten Gebiets eine beträchtliche
Einsenkung, die über den eigentlichen Sattel wieder etwas
ansteigt, um dann jenseits im warmen Gebiet rasch zum
Boden abzufallen. Während z. B. die Isotherme von
2^0 C. im Inneren des kalten Gebiets auf 61^0 $21'$ N. Br.,
3^0 $44'$ W. Lg. in der Tiefe von 434 m gefunden wird,
liegt sie dicht vor der Schwelle in 60^0 $15'$ N. Br. und
7^0 $30'$ W. Lg. in 606 m Tiefe und auf der Schwelle selbst,
etwa 10 km südwestlich von der vorigen Stelle, in 588 m,
um jenseits des Sattels, etwa 14 km weiter, den Boden
bei 730 zu erreichen. Beifolgendes Profil (Fig. 46), bezieht sich nur auf den Uebergang über den Sattel und

enthält nicht mehr den erstgenannten Punkt, der viel weiter rechts zu liegen käme und gegen welchen hin die tiefsten Isothermen sich wieder heben. Eine so stark geneigte Lage der Schichten von gleicher Temperatur und

Fig. 46.

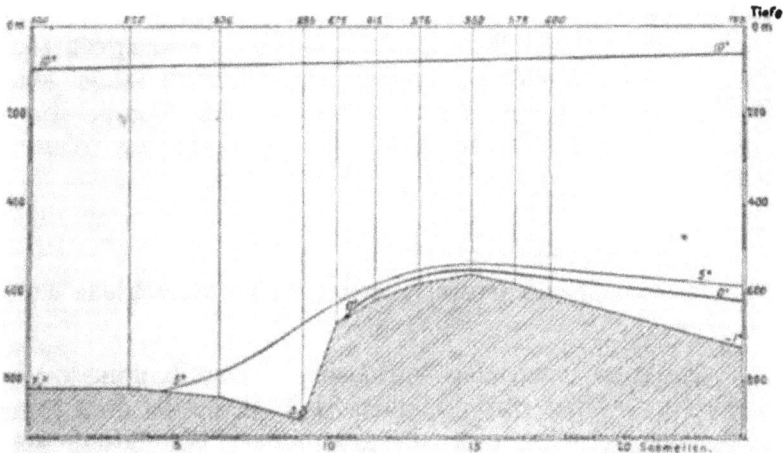

also gleicher Dichte (denn die Veränderlichkeit des Salzgehaltes ist hier unbedeutend) ist nicht möglich, ohne daß dieses Gefälle nach Südwesten hin einen Strom der Tiefenschichten bedingt, wobei allerdings das langsam überfließende kalte Wasser sich rasch mit dem links befindlichen warmen vermischt und seine Temperatur abgibt. Die von Tizard gegebene Karte, welche die von Wasser unter 40^0 F. $= 4,4^0$ C. bedeckte Bodenfläche schraffiert darstellt, zeigt deutlich, daß das kalte Wasser in zwei Zungen über die beiden tiefsten Einsattelungen des unterseeischen Höhenzugs hinübergreift. Auch das Profil Fig. 46 zeigt, namentlich wenn man sich die Tiefenisothermen rechts ansteigend verlängert denkt, in deren Verlauf ganz die Formen, welche die Stromlinien einer über ein Wehr strömenden Wassermasse annehmen. Auch die Beschaffenheit des Bodens, der aus Sand und Schotter besteht, deutet auf einen darüber hingehenden, langsamen Strom hin. Es kann aus diesen Gründen nicht bezweifelt werden, daß hier sich eine der tiefsten Einkerbungen des Randes des Nordpolarbeckens befindet, über welche das tief erkältete Bodenwasser als wahrnehmbarer Strom abfließt. In der That ergeben auch die Lotungen der norwegischen Nordmeerexpedition zwischen Island und den Faröer, daß ein ununterbrochenes unterseeisches Plateau von etwa 450 m beide Inseln verbindet (s. Bd. I, S. 84), nur in der Dänemarkstraße findet sich vielleicht bei etwas größeren Tiefen noch einmal Gelegenheit zum Ausfluß längs dem Boden, wiewohl dies durch die erwähnten Temperaturmessungen von Nordenskiöld und Hamberg an Wahrscheinlichkeit verloren hat.

II. Versetzung von Wassermassen durch Unterschiede des Salzgehaltes.

,Es kann nach den vorherigen Darstellungen kaum mehr ein Zweifel übrig bleiben, daß die unter dem Einflusse der Schwere zustande gekommene Schichtung des Meerwassers nach der Dichte, welche durch die Verschiedenheit der Temperatur an verschiedenen Teilen der Erdoberfläche gestört wird, sich immer wieder in dem Sinne einer langsamen Vertikalzirkulation ausgleicht. Kann die Geschwindigkeit der Wassermassen in diesem Kreislauf an und für sich, mit Ausnahme vielleicht ganz vereinzelter Stellen, nur eine so geringe sein, daß sie sich der Messung entzieht, so wird überdies die den Meßapparaten zugänglichere Oberflächenschicht des Meeres von so mannigfachen und veränderlichen Impulsen in Bewegung gesetzt, daß in deren Strömungserscheinungen keine Spur dieser Vertikalzirkulation bemerklich sein kann. Die oberflächlichen Schichten des Ozeans werden namentlich durch zweierlei physikalische Vorgänge in großen Massen in Bewegung gesetzt. Erstens durch die vom Wind erzeugten Meeresströmungen und zweitens durch die Verdunstung. Diese beiden Ursachen wirken im großen Ganzen in demselben Sinne, wie die Vertikalzirkulation und fördern dieselbe also. Die Meeresströmungen werden im folgenden Kapitel eingehend betrachtet werden. Die Bewegungserscheinungen, welche durch die Versetzung von Wassermassen durch die Wärme (Verdunstung) und die Schwere hervorgerufen sind, sollen noch hier abgehandelt werden.

In der Tropenzone ist die Verdunstung von der Meeresoberfläche eine bedeutende. Nach den Messungen an einigen Küstenstationen verdunstet jährlich eine Schicht von 2 bis 3 m Dicke. Das der Atmosphäre in Dampfform beigemengte Wasser wird größtenteils in höhere Breiten getragen und fällt dort als Regen nieder. Die gemäßigten Zonen beziehen den bei weitem überwiegenden Teil ihrer Niederschläge aus der heißen. Durch diese Massenversetzung entsteht eine Niveaustörung, die dadurch ausgeglichen wird, daß in den Gebieten der starken Verdunstung das Wasser sich etwas hebt, in den Gebieten des Niederschlags sinkt. Hierdurch wird also eine Vertikalzirkulation in demselben Sinne entstehen, wie die durch den bloßen Wärmegegensatz bedingte. Allerdings muß hinzugesetzt werden, daß die erzeugte Bewegung ebensowenig nachweisbar sein kann, wie jene. Durch die Verdunstung können aber sehr kräftige Ströme unter besonderen, ziemlich häufig vorkommenden Umständen entstehen, und diese pflegen dann für den Haushalt der Natur von hervorragender Bedeutung zu sein.

Nach den Nivellierungen der europäischen Gradmessung (s. deren Generalbericht f. 1881/82, sowie Ann. d. Hydr. 1884, S. 324) liegt der Spiegel des Mittelländischen Meeres um etwa 0,6 m tiefer als der des Atlantischen Ozeans.

Nach dem Nivellement von Ostende nach Marseille liegt das Mittelwasser der Nordsee über dem des Golfs du Lion 0,724 m; nach dem spanischen Nivellement liegt der Ozean bei Santander 0,663 m über dem Mittelmeer bei Alicante; nach dem Nivellement von Swinemünde über Eger zum Adriatischen Meere liegt dieses 0,499 m unter dem Ostseespiegel, der selbst 0,066 m unter dem Nordseespiegel bei Ostende und 0,093 m unter dem bei Amsterdam liegt (vgl. auch Bd. I, S. 37).

Diese Höhendifferenz, welche sich indessen durch Berücksichtigung der Schwerezunahme mit der Polhöhe,

wie Helmert (Theorien der höheren Geodäsie II, 549,
Anm.) gezeigt hat, noch um einige Dezimeter verringern
dürfte, ist sicherlich zum großen Teil der außerordentlich
starken Verdunstung im Bereich des Mittelmeerbeckens
zuzuschreiben (Marseille 2,3 m jährlich), welcher die ziemlich schwachen Regen und die Zufuhr durch Flüsse nicht
das Gleichgewicht zu halten vermögen. Teilweise rührt
aber die Höhendifferenz gewiß auch von dem Anstau der
atlantischen Gewässer gegen die Küsten Westeuropas her,
der durch die auf dem Ozean vorherrschenden westlichen
Winde hervorgerufen wird. Die Folge dieser Höhendifferenz ist der von alters her bekannte Gibraltarstrom,
der mit seltenen Unterbrechungen dem Mittelmeer atlantisches Wasser zuführt. Seine mittlere Geschwindigkeit ist
nach Smyth (*The Mediterranean*, London 1854, p. 160)
in der Stunde 2 bis 3 *miles*, d. h. 3,7 bis 5,5 km. Wie
Nares (*Proc. R. Soc.*, Vol. XX, p. 97) nachgewiesen hat,
wechselt aber die Stromgeschwindigkeit regelmäßig mit
den Gezeiten, indem der Strom bei fallender Ebbe stärker,
bei steigender Flut schwächer wird und sich in letzterem
Falle, wenn noch überdies Ostwind weht, öfters umkehrt,
d. h. aus dem Mittelmeer in den Atlantischen Ozean geht.
Der größte von Nares beobachtete Weg, der in dieser
letzteren Richtung während einer Flutzeit von einem Teilchen der Wasseroberfläche zurückgelegt wurde, betrug
3,7 km, während in einer Ebbezeit nach Osten wenigstens
18,5 km zurückgelegt wurden. Die größte beobachtete
Einlaufgeschwindigkeit betrug 8,1 km die Stunde. In der
Tiefe der Straße von Gibraltar bewegt sich jedoch das
Wasser im allgemeinen in entgegengesetzter Richtung,
d. h. aus dem Mittelmeer hinaus. Auch dieser Strom ist
periodisch mit den Gezeiten, doch so, daß die auswärts-
gehende Bewegung die überwiegende ist. Während das
einfließende Wasser des Atlantischen Ozeans eine Dichte
von etwa 1,027 hat, besitzt das im Unterstrom abfließende
die Dichte der mittleren Schichten des Mittelmeeres, nämlich etwa 1,029 (s. Bd. I, S. 170). Die Mechanik dieser
Wechselströmungen ist bereits oben (S. 224 ff.) näher
betrachtet worden, doch muß hier auf die große Wichtig-

keit derselben für die Konservierung des Salzgehaltes des Mittelmeeres aufmerksam gemacht werden. Wenn stets nur atlantisches Wasser in das Mittelmeer einströmte, so würde, da nur reines Wasser verdunstet, der Salzgehalt dieses Meeres dauernd wachsen müssen, wofür aber keinerlei Anzeichen vorliegen. Nur die Abgabe spezifisch schwereren Wassers längs dem Boden der Meerenge ist im stande, das Gleichgewicht aufrecht zu erhalten.

Was geschieht, wenn ein stetiger Seewasserstrom ohne Gegenstrom in ein starker Verdunstung ausgesetztes Becken eingeht, zeigen die Randlagunen und Seen des Kaspischen Meeres, insbesondere das Karabugashaff. Nach Baers Kaspischen Studien (*Bull. physico-math. de l'acad. de St. Petersbourg*, Bd. XIV, 1856, S. 14) läuft in dieses flache Becken, dessen Oberfläche ungefähr gleich der des Regierungsbezirks Kassel ist, über eine nur 5 Fuß tiefe Schwelle ununterbrochen ein Strom Kaspischen Wassers. Obwohl der Salzgehalt des Kaspischen Meeres in der Gegend der Halbinsel Mangyschlak nur 1,4 Prozent beträgt, so hat sich doch durch die starke Verdunstung in dem Karabugasgolf eine gesättigte Salzlösung gebildet, welche fortwährend Salz auskrystallisieren läßt und sich allmählich in eine riesige Salzpfanne verwandelt, wie sie z. B. der Eltonsee schon ist. Für das Kaspische Meer spielen der Karabugasgolf und einige andere kleinere Golfe oder Haffe die interessante Rolle, daß sie eine Zunahme seiner Salinität, die bei dem trockenen Klima zu erwarten wäre, verhindern.

Die Erscheinungen der Straße von Gibraltar wiederholen sich in verstärktem Maße in dem Bab-el-Mandeb. Das Rote Meer liegt in einem der heißesten und trockensten Gebiete der Erdoberfläche und empfängt durch Regen und Zuflüsse nur verschwindend kleine Wassermengen, während die Verdunstung eine kolossale ist; Reclus schätzt sie auf 7 m im Jahre (*La Terre*, Vol. II, p. 114); die Verdunstungsbeobachtungen in Indien geben im Jahresmittel eine tägliche Verdunstung von 0,25 bis 0,5 engl. Zoll, also im Jahre 432 bis 363 cm (Blanford, *Meteorology of*

India, § 105). Die gesamte verdunstete Wassermenge
muß also aus dem Indischen Ozean ersetzt werden. Dies
geschieht durch einen Strom, der den breiteren und tieferen,
zwischen der afrikanischen Küste und der Insel Perim
gelegenen Kanal Dacht-el-Majun durchfließt (nach Heuglin,
Peterm. Mittl. 1860, S. 357), während die östliche Straße
zwischen Perim und der arabischen Küste von einem südwärts gehenden Strom durchflossen wird[1]). Die Strömungen
sind jedoch nach Haines auch hier veränderlich mit Gezeiten und Wind (*Journ. of the R. Geogr. Soc.*, Vol. IX,
p. 127). Wie Carpenter auseinandersetzt, muß, damit der
Salzgehalt des Roten Meeres unverändert bleibt, die Menge
des ausströmenden zum einströmenden Wasser sich wie
4 : 5 verhalten (*Proc. of the R. Geogr. Soc.*, Vol. XVIII,
p. 315).

Oberflächenströme in umgekehrter Richtung entstehen,
wo ein abgeschlossenes Meeresbecken mehr Wasser durch
Regen und Ströme zugeführt erhält, als es durch Ver-
dunstung verliert. Ein Beispiel dieser Art bietet das
Schwarze Meer, welches durch den Bosporus und die
Dardanellen einen nur bei starken Südwestwinden unter-
brochenen Strom schwach gesalzenen Wassers in das
Aegeische Meer ergießt. In den Dardanellen ist seine
mittlere Geschwindigkeit nach Wharton (*Proc. of the Roy.
Soc.*, Vol. XXI, p. 387 ff. und Petermanns Mitth. 1887,
Lit. Ber. Nr. 83 und 84) 2,8 km die Stunde, mit einem
Maximum bei Tschanak Kalessi von 8,3 km; im Bosporus ist die mittlere Geschwindigkeit 4,6 km, wächst
und fällt aber wegen der vielen Windungen der Straße
beständig; das von Wharton beobachtete Maximum war
auch 8,3 km. In beiden Straßen bestehen aber gleichfalls Unterströme, die den Oberflächenströmen immer entgegengesetzt sind. In den Dardanellen scheint der Unterstrom dem jeweiligen Oberstrom an Geschwindigkeit
proportional zu sein. Die Unterströme führen das schwerere

---

[1]) Nach Kapitän Kropp wäre es gerade umgekehrt. S. Handb.
der Ozeanographie von Professoren der k. k. Marine-Akademie.
Wien 1855, S. 508.

Wasser des Mittelmeers in das Schwarze Meer und verhindern dessen völlige Aussüßung[1]).

Daß in Meeresstraßen, welche Wasserbecken von
verschiedenem spezifischen Gewicht verbinden, nur in
einer bestimmten Tiefe Gleichgewicht herrschen, dagegen
oben die leichtere und deshalb höher stehende Flüssigkeit
nach der Seite der schwereren, diese aber in der Tiefe
unter die leichtere sich schieben muß, ist leicht einzusehen. E. Witte hat (Poggendorffs Annalen d. Physik,
Bd. 141, S. 317) eine einfache Formel angegeben,
welche die Niveaudifferenz n und die Tiefe m, in welcher
kein Strom stattfindet, miteinander verbindet. Ist s das
spezifische Gewicht der leichteren, s_1 das der schwereren
Flüssigkeit, so kann Gleichgewicht nur in der Tiefe m
herrschen, wo $(m + n) s = m s_1$. Setzt man für s die
mittlere Dichte 1,0261 der oberflächlichen Schichten des
Atlantischen Ozeans außerhalb der Straße von Gibraltar,
für s_1 die mittlere Dichte 1,0278 des Mittelmeerwassers
in seinem westlichen Becken nach Carpenter (*Proc. Roy.
Soc.* XIX, 198), für die Niveaudifferenz beider Ozeane
$n = 0,6$ m, als ungefähren Mittelwert der oben angeführten
Nivellementsergebnisse, so erhält man als Tiefe, in der
kein Strom stattfindet, 362 m. Bei den angestellten Strombeobachtungen wurde die neutrale Schicht immer höher,
etwa in 200 m, gefunden, was von dem Einflusse der
trichterförmigen Gestalt der Straße, vielleicht aber auch
daher rühren mag, daß man die geringere Dichte des

---

[1]) [Die Grenze, bis zu welcher der nach Südwest gerichtete
Oberstrom in die Tiefe hinabreicht, ist von Wharton für Dardanellen und Bosporus zwischen 18 und 25 m gefunden worden.
Von da an abwärts war die Zunahme der Wasserdichte eine sehr
entschiedene, so bei Konstantinopel (15. Oktober 1872) von 1,014
auf 1,023 und mehr; bei Tschanak Kalessi (1. Oktober) von 1,017
auf 1,025 und mehr. Interessant ist, daß nach Wharton und
de Gueydon (*Revue maritime et colon.* tome 91, 1886, p. 338) in
beiden Engen unter dem Niveau von 50 m Tiefe wieder ein mit
dem Oberstrom gleich gerichteter südwestlicher Strom vorzukommen scheint, dessen Stärke freilich gering ist, über dessen
Existenz und Bedeutung aber erst spätere Untersuchungen entscheiden müssen.]

Mittelmeeres in der Nähe des Ostendes der Straße (oder
einen gemäß Helmerts Ausspruch verkleinerten Wert für n,
z. B. 0,33 m) in die Formel einsetzen müßte. Ueberhaupt zeigt diese in der Form:

$$m = \frac{n\,s}{s_1 - s},$$

daß die Tiefe der neutralen Schicht proportional dem
Niveauunterschied und umgekehrt proportional der spezifischen Gewichtsdifferenz ist. Ist die Niveaudifferenz sehr
gering, so rückt die neutrale Schicht nahe an die Oberfläche. Dieser Fall findet statt in den Verbindungsstraßen
der Ostsee mit der Nordsee. Nach den angeführten
Nivellements liegt der südliche Teil der Nordsee sogar
um einige Centimeter höher als die Ostsee bei Swinemünde. Trotzdem fließt das Ostseewasser fast immer,
wenn auch in ·sehr dünner Schicht, nach dem Kattegat
aus und das schwere Nordseewasser verbreitet sich in der
Tiefe weit in die Ostsee hinein, welche Verhältnisse schon
früher (Bd. I, S. 166 und 167) eingehender geschildert
worden sind. Es zeigt dies eben, daß auch ohne angeb-
bare Niveaudifferenz Wasserkörper von verschiedenem
spezifischen Gewicht nicht in Berührung kommen können,
ohne sich nach der Dichte zu lagern. Die Geschwindigkeit, womit dies stattfindet und die dabei entstehenden
Stromlinien werden freilich viel mehr durch andere Ursachen,
insbesondere durch Winde und Gezeiten bedingt, worauf
erst später näher eingegangen werden kann.'[1])

III. Vertikaler Ausgleich des Windstaus.

Wir sahen bereits bei der Schilderung der Vorgänge,
welche die Brandung ausmachen, daß in der eigentlichen
Strandzone durch die überschlagenden Wellenkämme sich
Wassermengen anhäufen, welche im Ruhezustande des
Meeres dort nicht vorhanden sein würden und die einen

---

[1]) Hier endet das Manuskript von Professor Zöppritz.

Ueberdruck hierselbst und damit als notwendige Folge ein Abfließen des aufgehäuften Wassers am Boden entlang hervorrufen (s. oben S. 93). Während diese Erscheinung, der sogenannte „Sog", meist nur eine gelinde Unterströmung bedingt, wird durch gleichzeitig herrschenden auflandigen Wind der Ueberdruck durch allgemeines Anstauen des Wassers an der Küste ein sehr beträchtlicher, und dementsprechend dann auch der Strom entlang dem Meeresboden verstärkt werden.

Die anstauende Wirkung des Windes tritt bei den kleinsten Wasserbecken meist noch deutlicher in die Erscheinung als bei größeren, wo sie sich mehr indirekt fühlbar macht; nur bei den Sturmfluten gelangt sie überall zu Aeußerungen ihrer Kraft, welche mit den verheerendsten Wirkungen auf die Küstenlandschaften verbunden sein können. Auf diese Verhältnisse ist übrigens schon bei früherer Gelegenheit im allgemeinen hingewiesen worden (Bd. I, S. 39), doch müssen wir hier die Vorgänge mehr ins einzelne verfolgen. Grundlegende Untersuchungen haben nach dieser Richtung Prof. A. Colding (*Kongel. Danske Videnskabernes Selskabs Skrifter,* 5. Raekke XI und 6. Raekke I, Kjöbenhavn 1876 und 1881) und W. Ferrel (in zahlreichen Aufsätzen der *Nature* vol. V und VI und neuerdings *Science,* vol. VIII, 1886) angestellt, während dagegen in einer von Zöppritz (Wiedemanns Annalen d. Physik N. F. VI, 1879, S. 608), versuchten Darstellung des Windstaus der viel zu abstrakte Standpunkt der Analysis eine klare Auffassung der natürlichen Vorgänge leider verhindert und nur zu gänzlich negativen Resultaten geführt hat. Die von Colding und Ferrel erzielten Ergebnisse sind ziemlich einfacher Art und lassen sich etwa folgendermaßen formulieren:

1. Ein Luftstrom, der horizontal über eine vorher ruhende, ringsum abgeschlossene Wassermenge von gegebener Tiefe dahinweht, wird die Oberflächenteilchen mit sich fortführen und an der Leeküste, wo er das Wasser verläßt, aufhäufen, dagegen an der Luvküste eine Depression unter dem Niveau der Ruhelage bewirken.

2. Dieser Staueffekt ist direkt proportional der Länge des Wasserbeckens: je länger dieses ist, desto weiter kann der Wind ausholen, um die Wasserteilchen an der Leeseite aufzuhäufeh.

3. Andererseits ist der Staueffekt proportional der Windstärke und zwar, nach Coldings Untersuchungen, dem Quadrate der Windgeschwindigkeit. Ein doppelt so starker Wind gibt also eine viermal so starke Anstauung, wenn als solche der gesamte Niveauunterschied zwischen den Wasserständen an der Luv- und Leeküste gerechnet wird.

4. Dagegen ist der Staueffekt umgekehrt proportional der Wassertiefe, welcher Satz einige Erläuterung erfordert.

Je höher nämlich die Anstauung, desto stärker wird der Ueberdruck, welcher in dem Wasserbecken das Gleichgewicht zwischen der Luv- und Leeküste stört. Infolgedessen entsteht jene Strömung, welche am Boden von der Leeküste nach der Luvküste hin überschüssiges Wasser entführt und so verhindert, daß bei andauerndem Winde der Staueffekt sich nicht einfach proportional der Zeit steigert. Wenn das Wasser tief ist, findet der Unterstrom keinerlei Schwierigkeit, und so kann der Ueberdruck zum größten Teil schnell beseitigt werden. Ist aber das Wasser flach, so bewirkt das enge Durchflußprofil und dazu die Reibung am Boden, daß der Ausgleichstrom nicht so ergiebig werden kann: die Niveauerhöhung wird also nur zu einem kleinen Bruchteil durch diesen Unterstrom beseitigt werden. Darum also das Gesetz: der Staueffekt ist umgekehrt proportional der Wassertiefe, er ist groß bei geringer, klein bei beträchtlicher Wassertiefe.

Das Endresultat wird also eine mehr oder weniger ergiebige Niveauerhöhung an der Leeküste sein. Nennen wir h den Niveauunterschied zwischen den Wasserständen der Luv- und der Leeküste, w die Windgeschwindigkeit (in Meter per Sekunde), l die Länge des Wasserbeckens (in Meter), p die mittlere Tiefe desselben (in Meter) und α den Winkel, welchen die Windrichtung mit der Ebene des Profils macht, längs dem der Niveauunterschied bestimmt werden soll, so erhält man nach Colding:

$$h = 0{,}000\,001\,526\,\frac{l}{p} \cdot w^2 \cdot cos\,\alpha.$$

Die Prüfung dieser Formel auf Grund der Stauwirkungen in der Ostsee bei der Sturmflut vom 12. bis 14. November 1872 ergab sehr günstige Resultate, welche bestehen bleiben, auch wenn die von Colding benutzten Werte für die Windgeschwindigkeit aus den offiziell englischen in die Köppens (gemäß der Tabelle S. 68) umgewandelt werden. So ergab sich z. B. im Kattegat zwischen dem schwedischen Orte Varberg und dem jütländischen Fornäs am 13. November 2 Uhr nachmittags durch Pegelbeobachtungen ein Niveauunterschied von 6 dänischen (rheinl.) Fuß oder 1,9 m. Die aus der Karte entnommenen Werte sind für $l = 108\,000$, $p = 21$ m, $\alpha = 8^0$, und für $w =$ Stärke 9 Beaufort $= 16$ m (bei einem barometrischen Gradienten von 5 mm) anzusetzen, woraus sich $h = 2{,}0$ m berechnet. Zur selben Zeit betrug der Niveauunterschied zwischen den Hafenorten auf Bornholm ($+ 5{,}0$ bis $+ 6{,}0$ Fuß) und Memel ($- 0{,}6$ Fuß) rund 2 m; setzen wir die Distanz l zwischen dem Ostkap dieser Insel und Memel $= 375\,000$, $p = 60$ m, $w = 15$ m (Stärke 8 im Osten, 9 im Westen) und $\alpha = 8^0$, so ergibt sich $h = 2{,}13$ m.

Für Wasserbecken von größeren Dimensionen scheint die Formel weniger geeignet. Denn es ist leicht einzusehen, daß auf einer Küstenstufe oder einem flachen, der Küste vorgelagerten Vorstrand der Stauungseffekt sehr viel bedeutender wird, als wenn der Strand stark abschüssig ausgebildet ist. Für lange Strecken, welche der Wind bestreicht, hat dann diese Ausbildung der Uferzone nur einen sehr geringen Effekt auf die mittlere Tiefe, welche man für das ganze Profil erhält. — Andererseits fehlt auch der Formel ein Glied, welches der horizontalen Gestaltung des Wasserbeckens Rechnung trägt: trichterförmig landeinwärts sich zuspitzende Golfe werden einen größeren Staueffekt aufweisen als eine glatt verlaufende Küste.

Einige sehr überzeugende Beweise für die anstauende Thätigkeit auflandiger Winde enthält auch Lentz' Werk über „Flut und Ebbe und die Wirkung des Windes auf den Meeresspiegel"; so gibt er (S. 145 f.) folgende Zusammenstellung der Frequenz der Winde zu Helgoland und der Abweichung der mittleren Wasserstände am Pegel zu Kuxhaven im Jahre 1874:

	Frühling	Sommer	Herbst	Winter
WSW- und W-Winde . .	25 %	27 %	32 %	19%
Wasserstände	− 8 cm	− 1 cm	+ 8 cm	+ 3 cm

Der Staueffekt erscheint gering, da die Nordsee nach Norden hin geöffnet ist.

Ein klassisches Gebiet des Windstaus ist dann wieder das Asowsche Meer. Mit seiner geringen Mitteltiefe von nur 10 m und der großen Längenachse von 360 km bietet es Dimensionen dar, welche der Windwirkung ganz excessiven Spielraum lassen. Bei einer Windstärke von beispielsweise 12 m würde sich bei einer Windrichtung aus *ONO* oder *WSW* aus der Coldingschen Formel sogar ein Staueffekt von fast 9 m berechnen, also an der Leeseite eine Aufstauung von +4,5 m über, an der Luvseite eine Depression im gleichen Betrage unter Mittelwasser. Da beide Windrichtungen häufig und stark auftreten, so ist in der That die Taganrogsche Bucht ganz außerordentlich ergiebigen Niveau-schwankungen ausgesetzt. Baer in seiner bekannten Studie über das Asowsche Meer sagt darüber (*Bull. Acad. St. Pétersb.* V, 1863, 89 f.): „Ein ganz anderer Umstand als die (behauptete) Abnahme der Tiefe (des Asowschen Meeres in historischer Zeit) macht aber die Fahrt auf dem nordöstlichen Busen beschwerlich und gefähr-lich, nämlich der Wechsel in der Höhe des Wasserstandes. Dieser Wechsel ist (schon sehr) bemerklich an den Ufern des großen Beckens und staut das Wasser auf oder drückt es nieder, nach den verschiedenen Richtungen des Windes und nach dem Drucke der Luft. So wurden am 10. November 1831 alle Fischereistationen und Magazine an der flachen Südostküste bei Atschujew weg-geschwemmt. Er ist aber ganz besonders groß und gefährlich in dem nordöstlichen Busen, denn es kann ein Schiff, das um Ladung einzunehmen, vor Anker liegt und noch mehrere Fuß Wasser unter dem Kiele hat, nach wenigen Stunden auf dem Grunde sitzen. Alle Lotsenbücher (z. B. das von 1808 und 1854) sprechen umständlich darüber und trösten nur damit, daß der Boden überall weich ist und meist aus gutem Ankergrund besteht. Ja, das höchst auffallende, kaum glaubliche Sinken des Wasserspiegels um 10 Fuß (3 m) in wenigen Stunden, welches in einem (offiziellen) Bericht erwähnt wird, erzählt der Verfasser des neuen „Lotsen", der Lieutenant Suchomlin, als von ihm selbst am 22. September 1850 erlebt. Andere Angaben, die man zerstreut in Reisebeschreibun-gen und anderen Schriften findet, sind noch auffallender. So sagt Clarke (1800), daß bei heftigen und anhaltenden Ostwinden zuweilen das Wasser von der Taganrogschen Reede so weggedrängt werde, daß man auf dem trocken gelegten Meeresboden nach der gegenüberliegenden Seite, 20 km weit, gehen könne (ohne Zweifel übertrieben). Umgekehrt staut sich aber auch das Wasser zu-weilen ungemein hoch auf. Man will es im November 1849 bei anhaltendem *SW* bei Taganrog um 18 Fuß (5,4 m) sich erheben gesehen haben." Auch große Teile des Siwas oder Faulen Meeres fallen bei anhaltendem Westwinde trocken, was schon den Alten sehr wohl bekannt war. (Vgl. Smyth, *Mediterranean*, p. 281, auch Beispiele aus dem Schwarzen Meere.)

Als notwendige Folge des Windstaus ergab sich uns ein Unterstrom, am Meeresboden entlang; als ebenso unerläßliche Bedingung des Windstaus aber ein Trans-port von Wasser durch den Wind leewärts, also ein mit dem Winde gleichgerichteter Oberstrom. Beide Strömungen erzeugen somit eine' vertikale Zirkulation, deren aufsteigender Teil an der Luvküste, deren absteigender an der Leeküste des herrschenden Windes zu suchen ist. Diese auf Ausgleich des Windstaus hinzielende Zirkulation ist nun eine sehr verbreitete und in ihren Folgewirkungen höchst auffällige Erscheinung in den Meeren der Erde.

Natürlich wird bei der großen und schnell leewärts zunehmenden Wassertiefe der Staueffekt an den Küsten der großen Ozeane ein verschwindender und vielleicht kaum meßbarer sein, wie eine einfache Rechnung für die Strecke im Nordatlantischen Ozean zwischen Westindien und der Senegalmündung zeigen mag. Hier wird $l = 4\,770\,000$ (45 Längengrade zu je 106 km), $p = 4725$, $w = 8$, $a = 15^0$ und daraus h nur 0,095 m (vorausgesetzt, daß für so große Dimensionen die Coldingsche Formel noch als brauchbar gelten darf), aber ein kleiner Unterschied, obschon nur ein Gefälle von 1 zu 5 000 000, bleibt doch wahrscheinlich und wird eine gelinde Zirkulation, nach Art der allgemeinen thermischen zwischen Tropen- und Polarzone, zu nähren imstande sein.

Dafür, daß dieses der Fall ist, liefert das Verhalten der Wassertemperaturen einen deutlichen Beweis. Schon in der Ostsee erzeugt namentlich im Sommer, wenn die Oberfläche verhältnismäßig hoch erwärmt ist, an den Küsten diese vertikale Zirkulation große Unterschiede in den Oberflächentemperaturen. Nach längere Zeit anhaltenden Ostwinden beobachtete Kapt. P. Hoffmann an Bord des Kanonenboots „Delphin" bei Memel am 9. August 1875 eine so starke Abnahme der Wasserwärme, daß diese im Memeler Tief im Laufe des Tages von 19^0 auf 8^0 fiel und am Morgen des 10. August nur noch 6^0 betrug. Einige Stunden später befand sich das Schiff nur 4 bis 5 Seemeilen von der Küste, wo dann die Temperatur des Oberflächenwassers plötzlich wieder 18^0 betrug; und am folgenden Tage, ca. 35 Seemeilen von Land, fand sich bei gleicher Oberflächenwärme von 18^0 erst in 70 m Tiefe die Temperatur von 6^0 (Segelhandbuch für die Ostsee, Bd. I, 59). Aehnliche Beobachtungen werden in den Bade-

orten an der Ostsee in jedem Sommer bei ablandigem
Winde gemacht, und in der Kieler Föhrde z. B. bewirken
Nordwinde im Spätsommer eine Erwärmung, Südwinde
eine sehr fühlbare Abkühlung des Badewassers. Ehedem
pflegte man bei der Erklärung dieses so auffälligen Tem-
peraturwechsels an kalte Oberflächenströmungen zu
denken, welche aus den nördlichsten Teilen der Ostsee
Wasser herbeiführen sollten. So z. B. meinte A. v. Humboldt auf seiner Seereise von Swinemünde nach Pillau
im Sommer 1834 die starke Abnahme der Temperaturen
bei Leba und Rixhöft allein erklären zu können; er fand
nämlich (offenbar bei Westwind):

bei Swinemünde . . . . . 23,1°,
bei Treptow . . . . 20,3°,
östlich Leba . . . . 11,9°,
bei Rixhöft . . . . 11,3°,
östlich Hela wieder . . . . 22,2°.

Hagen (Wasserbau, III, 1, 195), hat daran anknüpfend
sogar ein Strömungssystem der Ostsee konstruieren wollen.

Auch an der exponierten Südküste Afrikas, in der
Simonsbai konstatierte die Challenger-Expedition bei ihrem
Aufenthalte im November 1873 ähnliche Temperaturschwankungen, welche schon damals auf Windstau oder
richtiger davon erzeugten Auftrieb zurückgeführt wurden.
Nachdem längere Zeit hindurch beständiger Südost geweht
hatte, betrug die Wasserwärme 16,7° bis 17,8°, welche
Temperatur auch außerhalb der Bai nahe dem Lande
gefunden wurde. Als aber ein heftiger Nordwest einsetzte
und das Wasser aus der Bai hinaustrieb, fiel die Temperatur in 6 Stunden bis 10,5°, und zwar herrschte diese
nicht nur an der Oberfläche, sondern auch bis zum Boden
in 16 m Tiefe. Auch weiter westlich in offener See hatte
der „Challenger" vorher diese Temperatur erst unterhalb
91 m Tiefe gefunden (Ann. d. Hydr. 1874, S. 84). Gerade
dieser letztere Umstand beweist das Aufsteigen dieses
niedrig temperierten Wassers aus der Tiefe.

Auf denselben Vorgängen beruhen die niedrigen Küstentemperaturen, welche sich im Atlantischen und Pazifischen
Ozean an der Ostseite des Passatgebiets, sowie an der

Westseite des von Westwinden beherrschten Teils dieser Ozeane finden: jedesmal liegen diese Küstenstreifen kalten Wassers an der Luvseite des Gebietes. Die notwendig zu dieser vertikalen Zirkulation gehörende Aufhäufung sehr warmen Wassers an der Leeseite der betreffenden Meeresteile fehlt auch nicht, und überhaupt findet die ganze Wärmeschichtung dieser beiden Ozeane erst ihre Erklärung in dem Bestehen solcher ostwestlichen Vertikalzirkulationen. Hierfür sollen im folgenden einige Beweise beigebracht werden.

1. Das kalte Auftriebwasser der tropischen Luvküsten.

Im Nordatlantischen Ozean zieht der Nordostpassat das Oberflächenwasser aus der Gegend von Madeira nach Südwesten hin und drängt es gegen die Nordküste Südamerikas und ins Karibische Meer hinein. So findet sich denn entlang der Küste von Marocco, der Sahara und Senegambien bis zum Kap Verde hin, das eine scharfe Wärmemarke bildet, kaltes Küstenwasser, dessen Temperaturen um so niedriger sich herausstellen, je näher der Küste man mißt. Nares und Buchanan fanden (*Proceed. R. Geogr. Soc.* 1874, p. 333 und 1886, p. 764) schon beim Kap Spartel die Meereswärme um 5° bis 6° kälter als an der gegenüberliegenden spanischen Küste; auf der Höhe von Mogador waren an der Küste 15,6°, während 20 Seemeilen seewärts 21,1° sich ergaben. In der That sind schon hier die nordöstlichen Winde in allen Monaten des Jahres durchaus vorherrschend (Ann. d. Hydr. 1875, 444). Dieses kalte Wasser hat eine ausgesprochen dunkelgrüne (grau- oder flaschengrüne) Farbe und erzeugt, da die darüber lagernde Luft erheblich wärmer ist, dicke Nebel. Als sich G. Rohlfs im Monat August 1862 in Agadir an der Mündung des Wed Sus (südlich vom Atlas) befand, war er verwundert über das dort herrschende kalte Klima; vor Mittag durchdringe die Sonne den dichten Nebel nie und auch in der Sonne sei es dann nicht übermäßig warm. — Der englische Atlas der Oberflächentemperaturen aller Meere (*Charts showing the surface tem-*

peratures of the Atlantic, Indian and Pacific Oceans etc.,
London 1884), zeigt für den Meeresstrich südlich der
Kanarischen Inseln ziemlich zahlreiche Beobachtungen,
welche übereinstimmend ergeben, daß an der Küste die
Wasserwärme durchschnittlich 3^0 bis 5^0 niedriger ist als
200 Seemeilen westlicher in See. Besonders kalt erscheint
dabei die durch das Kap Blanco nach Norden abgeschlossene Bucht von Arguin, was auch durch die Beobachtungen der französischen Postdampfer, deren Kurs hier
sehr nahe unter Land verläuft, bestätigt wird (Ann. d.
Hydr. 1883, 473). Weiter südlich fand Commander Bourke
(citiert bei Hoffmann, Meeresströmungen S. 69), noch bei
der Insel Gorée ($14^0 40'$ N. Br.), im Februar nur $17,2^0$
und an der Mündung des Gambia im März 1865 nur $18,3^0$,
während das Flußwasser fast 24^0 zeigte. Die Südgrenze
dieses kalten Wassers liegt meist beim Grünen Vorgebirge,
schwankt aber mit den Jahreszeiten nicht unerheblich,
wie wir bei Beschreibung der Guineaströmung später
sehen werden.

Im Südatlantischen Ozean erstreckt sich das kalte
Küstenwasser von der Kapstadt an nördlich bis über die
Kongomündung hinaus: überall ist dabei die Temperatur
im Innern der Buchten und Baien merklich niedriger als
in kurzem Abstande davon seewärts. Vor der Einfahrt in die
Bucht von Landana ($5^0 14'$ S. Br.) maß Dr. von Danckelman im April 1882 eine Oberflächentemperatur von
$29,6^0$, als 40 Minuten später das Dampfboot in dem Hafen
Anker warf, war die Meereswärme auf $26,2^0$ gefallen.
Selbst in der Bai von Jumba ($3^0 20'$ S. Br.) fand noch
eine ähnliche Erniedrigung der Wassertemperatur statt,
indem das Thermometer im Innern derselben $26,6^0$, außerhalb derselben aber $28,2^0$ zeigte (Verh. Ges. f. Erdk. zu
Berlin, 1886, S. 417). Auf der Höhe von Kap Catherine
(2^0 S. Br.) war die Erscheinung aber nicht mehr zu bemerken. Weiter südlich ist sie altbekannt und neuerdings von den Häfen in Lüderitzland mehrfach beschrieben.
So fand Dr. Pechuël-Lösche in der Tafelbai am
14. August 1884 die Meereswärme nicht unter $13,5^0$,
dagegen am 22. August in der Walfischbai $12,4^0$ bis $11,9^0$.

Auf der Rückreise im November desselben Jahres von dort fand er, mit Westkurs aussegelnd, die Meereswärme von 12 ⁰ bis 13 ⁰ an der Oberfläche gleichmäßig seewärts zunehmend, auf rund 150 km um 1 ⁰, so daß in 1000 km Abstand vom Lande 20 ⁰ gemessen wurden. Vom fernsten erreichten Punkte (29 ⁰ S. Br., 3 ⁰ O. Lg.), in südöstlicher Richtung auf die Kapstadt zu segelnd sah er die Temperaturen zunächst zwischen 18 ⁰ und 21 ⁰ schwanken und erst hart am Gestade in der Tafelbai fielen sie plötzlich bis 13,8 ⁰ und 12,7 ⁰ (Ausland 1886, 851). Auch hier ist das aufsteigende Wasser dunkelgrün und erzeugt Nebel.

Im Nordpazifischen Ozean erstreckt sich das kalte Küstenwasser nordwärts von Kap San Lucas bis über San Francisco hinaus. Der schroffe Uebergang aus dem blauen, warmen (nicht unter 25 ⁰ messenden) Tropenwasser entlang der Westküste von Mexico und dem Eingang des Golfs von Kalifornien hinüber in das kalte, fischreiche Auftriebwasser entlang der Küste Unterkaliforniens hat Buchanan (*Proceed. R. G. Soc.* 1886, 766) sehr anschaulich geschildert. Im Februar 1885 beobachtete er in zwei Seemeilen Abstand vom Kap San Lucas noch 25,0 ⁰; eine halbe Stunde später, nahe dem felsigen Vorgebirge, zeigte das Wasserthermometer nur 23 ⁰ und nach einer weiteren Stunde ganz nahe der Küste gar nur 18 ⁰. Das war um 5 ³/₄ Uhr nachmittags. In der Nacht vom Lande abhaltend lief der Dampfer durch Wasser von 19,3 ⁰, am andern Morgen um 8 Uhr wieder unter dem Land, 2 Seemeilen von Marguarete - Insel, aber maß Buchanan gar nur 15 ⁰. Im Hafen von San Francisco ergab sich die Wasserwärme zu nur 10 ⁰.

Am längsten bekannt und am besten studiert sind die niedrigen Temperaturen entlang der Westküste Südamerikas. Hier stellte sie A. von Humboldt schon im Jahre 1801 fest, als er in Truxillo Ende September die Meereswärme zu 16 ⁰, in Callao Anfang November zu 15,5 ⁰ maß, während die Lufttemperaturen 7 ⁰ höher waren (s. den Originalbericht in Berghaus' Länder- und Völkerkunde, I, 576 ff). Als Humboldt am 25. Dezember 1802 von Callao nach Guayaquil segelte, fand er die

Wasserwärme zunächst zwischen 21° und 22,5°, bis in
4¹/₂° S. Br. am Kap Blanco das Schiff ihn binnen wenigen
Stunden aus Wasser von 20,4° in solches von 27° führte.
Indes scheint es, als wenn diese Grenze nicht immer am
Kap Blanco liegt, sondern in unseren Sommermonaten
auch weiter nach Norden bis 2° 15′ S. Br. bei Pa. Elena
sich verschiebt, wo Dr. Th. Wolf im August 1875
noch das Wasser 4° kälter fand als im Flusse von Guayaquil und weiter in See (Verh. Ges. f. Erdk., Berlin 1879,
247). — Neuere Daten hat Kapt. P. Hoffmann (Zur
Mechanik der Meeresströmungen S. 75) gesammelt, aus
denen wir folgendes entnehmen. Wenn man nach Humboldts Vorgang dieses kalte Wasser lediglich auf eine
oberflächliche Zufuhr durch einen Meeresstrom von
polarer Abkunft zurückführen will, so trifft man doch
auf Schwierigkeiten, insofern z. B. in Callao zuweilen
Temperaturen vorkommen, welche ebenso niedrig sind,
wie gleichzeitig die in dem Hafen von Valparaiso oder
Coquimbo beobachteten, welche doch 2500 bezw. 2100 km
südlicher liegen. Aus den in vierstündigen Intervallen an
Bord S. M. S. „Moltke" erfolgten Messungen der Meereswärme an der Oberfläche während des Ankerns in den
eben genannten drei Häfen in den Jahren 1881 bis 1883
entnimmt Hoffmann u. a. folgende Mittelwerte:

	März	Oktober	November
Valparaiso 33° S. Br.	—	14,1°	14,8°
Coquimbo 30° „ „	17,0°	—	—
Callao 12° „ „	17,3°	14,7°	14,9°

Ein Meeresstrom von im Mittel 15 Seemeilen täglicher
Geschwindigkeit, wie sie dem Peruanischen Strom zukommt, würde etwa 4 Monate brauchen, um den Weg
von Valparaiso oder Coquimbo nach Callao zurückzulegen:
wir müßten also im März in Callao etwa die Temperaturen erwarten, welche im November 20 Breitengrade
südlicher an der Meeresoberfläche vorhanden waren. Statt

dessen finden wir gleichzeitig dieselbe Wasserwärme in den mehr als 2000 km voneinander entfernten Häfen. Damit ist also ein Transport derselben durch einen Meeresstrom an der Oberfläche ausgeschlossen. Dasselbe ergibt sich aus dem auch hier mehrfach konstatierten, schnellen Ansteigen der Temperaturen seewärts beim Verlassen der Hafenbuchten. So fand Kapt. z. S. Hollmann (Ann. d. Hydr. 1882, 362), an Bord S. M. S. „Elisabeth" auf der Reede von Callao am 28. Februar bei Windstille die Wasserwärme zu 18,3°, alsdann in See dampfend 30 Seemeilen von der Küste 20,6°, 80 Seemeilen von Land 23,8° und in 135 Seemeilen Abstand 27°. — Umgekehrt beobachtete S. M. S. „Moltke" beim Einlaufen in die Bucht von Pisco ein Fallen der Wassertemperatur von 16,7° auf 14,5°, und fand als absolut niedrigste Wasserwärme in Callao sogar nur 13,6°. Durch solche Befunde erscheint die Abkunft dieses kalten Küstenwassers durch Aufsteigen aus der Tiefe gesichert.

Auch die vom Passat jahraus jahrein bestrichenen Galápagos-Inseln liefern ein schönes Beispiel von aufsteigendem kalten Tiefenwasser an ihrer Leeseite, die immer die westliche der Inseln ist. Schon Fitz-Roy fand im Oktober 1837 an der Ostseite von Albemarle-Insel eine Wassertemperatur von 26,7°, an der Westseite dagegen von nicht ganz 15° (*Voyages of the Adventure and Beagle*, vol. II, p. 505). Einen ähnlichen Unterschied, wenn auch nur 5 bis 6° betragend, fand 1880 Kapt. Markham zwischen den beiden Seiten der Inseln (*Proceed. R. Geogr. Soc.* 1880, 755), und ebenso war im August 1875 Dr. Th. Wolf erstaunt, im Hafen von Sta. Isabel an der Westküste von Albemarle-Insel um 2 bis 3° niedriger temperiertes Wasser zu finden als außerhalb der Inseln (Verh. d. Ges. f. Erdkunde, Berlin 1879, 246). Bei den Galápagos-Inseln fehlen daher die Korallenriffe, dafür liegt oder lag hier ein Hauptrevier des Walfischfanges. — Hier wie an der Küste von Peru und Chile ist es der kräftige Südostpassat, der, das Oberflächenwasser nach Westen drängend, an den Luvküsten des Festlands und der Inseln Wasser aus der Tiefe hervorsaugt.

2. Das warme Wasser der tropischen Leeküsten.

Ein Blick auf die Karten der Oberflächenwärme der Ozeane zeigt wie entlang den Ostküsten der tropischen Kontinente sich das warme Tropenwasser anhäuft (Zeitschr.

für wiss. Geogr. 1887, Taf. 2 und 3 und S. 32 f.). Wenn
man als tropischwarmes Wasser solches gelten läßt, das
eine höhere Temperatur als 24 ⁰ besitzt, so hat dieses
eine Ausdehnung in Breitengraden:

	Im Atlantischen Ozean		Im Pazifischen Ozean	
	Westseite	Ostseite	Westseite	Ostseite
Im Februar . .	56	22	49	25
Im August . .	61	21	57	17

Also im Westen durchweg die doppelte, wenn nicht die
dreifache Breite. Im Indischen Ozean ist diese Erscheinung
wegen der anders gearteten Luftbewegungen weniger ausgeprägt: dort ist südlich vom Aequator eigentlich nur im
Februar (also am Ende des Südsommers) an der afrikanischen Küste eine entschiedene Anstauung von tropischem
Wasser vorhanden.   Buchanan, der auch diesen Gegensatz klar ausspricht, hat darauf hingewiesen, wie in der
geographischen Verbreitung der riffbauenden Korallen
dieser Unterschied entscheidend auftritt: das kalte Auftriebwasser der Luvküsten duldet keine Korallenriffe, dagegen umsäumen diese mit Vorliebe den Festland- und
Inselstrand der Leeküsten.
    Nach der oben gegebenen Theorie des Windstaus
muß an diesen Leeküsten das Wasser von der Oberfläche
langsam nach unten in die Tiefe gedrückt werden. Hierfür so anschauliche Beweise wie für das Aufsteigen des
kalten Tiefenwassers an den Luvküsten beizubringen, ist
schwierig; man ist nur auf vieldeutige Indicien angewiesen.
Die Lage der submarinen Isothermen müßte eine solche
Bewegung verraten: im Westen der tropischen Ozeane,
besonders nahe dem Aequator an den Küsten, sollten die
Isothermflächen tiefer liegen, als in der Osthälfte luvwärts gegen den Passat. Aehnliches. läßt sich in der
That wenigstens hier und da nachweisen.
    Im Nordatlantischen Ozean ergeben die Tempe-
raturlotungen der Challenger-Expedition im Februar und
März 1873 im Bereiche des vom Nordostpassat erzeugten

nördlichen Aequatorialstroms eine stetig von Osten nach Westen zunehmende Absenkung der Isothermflächen, wie nachstehende Tabelle (zusammengestellt aus den *Challenger Reports, Physics and Chemistry*, vol. I) ergibt.

Nr.	Schiffsort	Temperaturen in der Tiefe (Faden)					
		Oberfl.	50	100	150	200	300
5	24° 20′ N., 24° 28′ W.	20,0°	18,5°	17,0°	15,6°	14,0°	11,4°
13	21 38 „ 44 39 „	22,2	20,7	18,9	17,6	15,7	12,5
22	18 40 „ 62 56 „	24,4	22,4	20,6	18,3	16,4	12,4
28	24 39 „ 65 25 „	23,9	23,3	19,6	18,1	17,5	14,6

Durch Leitung von Wärme in die Tiefe allein wird diese Anordnung der Temperaturen wohl nicht zu erklären sein. Bei anderer Gelegenheit habe ich berechnet (Segelhandb. für den Atl. Ozean S. 22), daß die Isothermen von 15° und 10° liegen:

Zwischen Kanarien und Kapverden . in bezw. 275 m und 630 m
Oestlich von den Kleinen Antillen . „ „ 390 „ „ 620 „
Zwischen Puerto Rico und Bermudas „ „ 510 „ „ 755 „

Auch hier also ein „Einfallen" der Isothermflächen nach Westen hin, wie es die vertikale Zirkulation verlangt. — Leider fehlen Temperaturlotungen im Meeresstriche nordöstlich von Guyana ganz.

Im Südatlantischen Ozean ergeben die Lotungen der „Gazelle" und des „Challenger" eine Lagerung der Isothermflächen meist in gleichem Sinne, wenn auch die Unterschiede so erheblich nicht sind, wie im nordatlantischen Gebiet; überdies rühren die Beobachtungen aus verschiedenen Jahreszeiten und Jahren her. Es ergibt sich aus denselben folgende Tabelle:

Nr.	Schiffsort	Temperatur in der Tiefe von (Faden)					
		Oberfl.	50	100	150	200	300
Gz. 34	15° 20′ S., 6° 41′ O.	17,0°	·14,3°	12,6°	—	9,9°	6,3°
Ch. 339	17 26 „ 13 52 W.	24,4	20,6	15,1	11,5°	9,1	4,2
Gz. 159	13 45 „ 25 41 „	27,7	23,5	17,3	—	10,7	6,1
Ch. 129	20 13 „ 35 19 „	23,3	20,3	17,3	14,1	10,7	6,4

Für den Nordpazifischen Ozean stehen die Lotungen
der „Tuscarora" zwischen Kalifornien und den Sandwich-
Inseln und des „Challenger" in den mittleren und westlichsten Teilen zur Verfügung, aus denen sich folgende
Daten entlehnen lassen:

Nr.	Schiffsort	Temperatur in der Tiefe von (Faden)					
		Oberfl.	50	100	150	200	300
Tusc. .	26° 22′ N., 137° 19′ W.	18,3°	17,1°	14,8°	9,7°	7,8°	5,0°
Ch. 261	20 18 „ 157 14 „	25,8	21,7	15,4	10,4	9,2	5,8
Ch. 225	11 24 „ 143 16 O.	26,8	26,6	21,3	12,6	9,6	6,1

Dagegen sind die Daten für den Südpazifischen
Ozean wieder weniger überzeugend, weil aus dem östlichen Teil des Passatgebiets vollständige Lotungsreihen
fehlen und in den westlichen inselerfüllten Räumen lokale
Anstauungen und Aufsaugungen des Wassers nicht ausbleiben können. Am meisten luvwärts liegt eine Lotung
von Bord S. M. S. „Bismarck" vom 7. März 1879 vor,
welche zwar nicht für genau 300 Faden = 549 m, sondern
nur für 523 m eine Temperaturangabe lieferte (Ann. d.
Hydr. 1881, 111). Im übrigen wählen wir einige Lotungen
der „Challenger"-Expedition aus, obschon die Resultate
namentlich für das Niveau von 150 und 200 Faden nicht
das Erwartete bestätigen. —

Nr.	Schiffsort	Temperatur in der Tiefe von (Faden)					
		Oberfl.	50	100	150	200	300
Bism. .	27° 22′ S., 75° 32′ W.	21,4°	—	—	—	—	6,1°
Ch. 278	17 12 „ 149 43 O.	26,4	25,1°	21,6°	19,7°	14,8°	7,9
„ 180	14 7 „ 153 43 „	26,7	24,1	22,7	16,6	13,9	7.8
„ 218	2 33 „ 144 4 „	28,9	27,6	22,7	14,3	10.0	7,6

Den Indischen Ozean ließen wir bislang im allgemeinen hier aus dem Spiel, weil er seiner Konfiguration
sowohl wie seinen Windverhältnissen gemäß ganz andere
Bedingungen für den Windstau und Auftrieb darbietet,
als die andern beiden Ozeane. Schon ein Blick auf die

Karten der Meerestemperaturen zeigt, daß entlang der Westküste Australiens kein kaltes Küstenwasser gefunden wird, im Gegenteil deuten die Isothermen eher eine Erwärmung an gegenüber den weiter in See gelegenen Flächen. Auch der ganze klimatische Charakter Westaustraliens entbehrt der Merkmale, welche an den übrigen Luvküsten der Tropen sonst in so schöner Uebereinstimmung wiederkehren: keine Nebel, keine Regenarmut hier in Australien, vielmehr reichliche Winterregen, keine Temperaturverkürzung gegenüber der Ostküste für gleiche geographische Breiten. „Wir dürfen daraus schließen," sagt Hann (Klimatologie, S. 634), „daß an der Westküste Australiens die kühle Meeresströmung fehlt, welche die Temperatur der Westküste von Afrika und Südamerika so stark erniedrigt. Dafür spricht auch der Vergleich der Jahrestemperatur von Rottnest-Island (nahe vor der Mündung des Schwanenflusses) mit jener von Perth unter gleicher Breite. Die Insel ist um 0,3° wärmer, als die Landstation, es kann also an dieser Küste kein kalter Meeresstrom hinauflaufen." Der Strom ist freilich vorhanden, aber erst in größerem Abstande vom Lande, wo ihn die Strom- und Isothermenkarten deutlich erkennen lassen. Warum aber fehlt das kalte Küstenwasser hier trotz des kräftigen Südostpassats im Indischen Ozean?

Die Erklärung hierfür scheint in der Konfiguration des Australischen Festlandes zu liegen. Der Pazifische wie der Atlantische Ozean sind im ganzen Bereich der Tropenzone und darüber hinaus nach Osten hin durch zusammenhängende Landmassen abgeschlossen. Australien dagegen begrenzt nur zwischen 22° und 33° S. Br. als meridionale Schranke den Indischen Ozean. Nördlich von 22° S. Br. eröffnet sich zwischen den kleinen Sundainseln und Nordwestaustralien die Möglichkeit, für das vom Südostpassat nach Westen gedrängte Wasser schon an der Oberfläche Ersatz zu schaffen, in der einen Hälfte des Jahres macht der Nordwestmonsun ganz Nordwestaustralien sogar zu seiner Leeküste mit Wasseranstauung an derselben, welche nach Südwesten abzufließen bestrebt sein muß, und wir werden in der That im folgenden Kapitel

eine Strömung kennen lernen, welche diese doppelte Funktion
erfüllt. Alsdann bedarf es keines Aufsteigens von kaltem
Wasser aus der Tiefe und damit fehlt denn auch dem
südlichen Indischen Ozean solche auf Windstau beruhende
vertikale Zirkulation.

Dagegen zeigt an zwei begrenzten Stellen nördlich
vom Aequator an der Küste von Somaliland und von
Südarabien sich im Südwestmonsun so kaltes Wasser,
daß seine Herzuführung an der Oberfläche durch einen
horizontalen Meeresstrom von polarer Abkunft völlig ausgeschlossen ist. Diese Kaltwassergebiete sind für den
Monat August sehr deutlich zu erkennen in dem vom
englischen Meteorologischen Amte herausgegebenen Atlas
der Oberflächentemperaturen. Während an der ganzen
tropischen Ostküste Afrikas die Wasserwärme in diesem
Monat sonst nirgends unter 24° bis 25° beträgt, kommt
gerade südlich von Kap Guardafui und der Insel Socotora
eine Kaltwasserinsel von im Mittel nur 21° bis 23° Wärme
vor und außerdem sind Schwankungen um dieses Mittel
im Betrage von 10° als beobachtet vermerkt. In Einzelfällen kommen nun hier, im heißesten Gebiet der Erde in
10° N. Br. im Hochsommer Wassertemperaturen vor,
welche noch nicht diejenigen erreichen, welche die Ost-
see- und Nordseebäder gleichzeitig aufweisen.

Sehr klar beobachtete dieselben Kapt. z. S. P. Hoffmann,
indem er im Juli 1885 mit S. M. Kreuzer „Möwe" bei frischem
und zeitweilig stürmischem Südwestmonsun von Sansibar nach
Aden segelte. „Bis Kap Warscheik (nördlich von Mogduschu)
hatten Wasser und Luft gegen die in Sansibar bestehenden Verhältnisse nicht wesentliche Aenderungen gezeigt. Die Wassertemperaturen hatten immer 25° und darüber betragen. Sobald
die starke (das Schiff nach *NO* versetzende) Strömung aufgehört
hatte, fiel die Temperatur des Wassers zwischen 4° und 8° N. Br.
rapide und erreichte beim Ras el Chail („Pferdekopf") den abnorm
niedrigen Stand von 14,9°. Infolgedessen fiel auch die Lufttempe-
ratur. Bei klarem Himmel stieg das Thermometer mittags nicht
über 20°, so daß man sich gern der Tropensonne aussetzte. Dabei war der Horizont dunstig und nachts taute es stark, das Meer
hatte ein tief olivengrünes, oft geradezu schwarzes Aussehen, ganz
nahe der Küste wurde es hellgrün, während in den normal warmen
Gegenden das Wasser stets tief blau war." Eine Temperatur von
14.9° würde man im ganzen Indischen Ozean gleichzeitig erst

polwärts 33° S. Br. nahe der australischen Küste finden. „Es wurde zweimal beigedreht," berichtet Kapt. P. Hoffmann weiter, „um die Temperatur in der Tiefe zu messen, dieselbe fand sich auf 45, 100 und 200 m mit der Oberflächentemperatur sehr nahe übereinstimmend 15,5° bis 15,3°." Im Golf von Aden dagegen fand sich in 200 m Tiefe eine Temperatur von 23,4° gegen 30,6° an der Oberfläche. — Hier ist also der stark das Wasser nach Nordosten und Osten hinwegtreibende Südwestmonsun die Veranlassung für das Aufsteigen von kaltem Wasser aus der Tiefe; eine andere Erklärung erscheint kaum möglich (Ann. d. Hydr. 1886, 395; 1887, 27). Bemerkenswert ist, daß an diesem Teil der afrikanischen Küste auch die Korallenriffe fehlen.

Ein zweites, wenn auch schwächer markiertes Kaltwassergebiet kennt der oben erwähnte englische Temperaturatlas auch an der Südostküste Arabiens bei den Kuria-Muria-Inseln. Während der Golf von Aden im August im Mittel 28° Wasserwärme (allerdings mit einer Schwankung von ± 3,5°) besitzt, erhält die Umgebung der genannten Inselgruppe nur 22° (mit einer Schwankung von ± 2,5°). Rings im Norden, Osten und Süden ist das Wasser gleichzeitig um 3° bis 4° wärmer. Auch hier also die gleiche Wirkung bei gleicher Ursache. — Die solche Kaltwasserzonen in den Tropen allgemein begleitenden Nebel haben an den bezeichneten Küstenstellen häufige Schiffsunfälle zur Folge; diese Nebel, nicht aber Riffe oder andere unterseeische Gefahren haben diese Küstenstriche schon seit alters in solchen Verruf gebracht.

Schon die griechischen Ostindienfahrer der römischen Kaiserzeit kannten und fürchteten die Nebel in der Umgebung der Kuria-Muria-Inseln und an der gegenüberliegenden Küste Arabiens, vgl. *Periplus Maris Erythraei* § 29 (*Geogr. Graeci min.*, ed. Ch. Müller, II, 280: χώρα ἀέρα παχὺν ἔχουσα καὶ ὁμιχλώδη). Ueber diese „dicke Luft" (wie auch der deutsche Seemann sagt) und die über dem kalten Wasser ebenfalls nicht seltene Luftspiegelung dieser Gegenden vgl. auch Ritters Asien XII, 332, 344, 639. —

Das Auftreten kalter Küstentemperaturen in der Chinasee bei Nordostmonsun westlich der Formosastraße bis nach Hainan hin bedarf noch genaueren Studiums, ehe es diesen Phänomenen ohne Bedenken einzuordnen ist. Denn es wäre möglich, daß der entlang der Ostküste Chinas nach S setzende und aus kaltem und leichtem Wasser bestehende Strom durch die hier im Winter nach W gehende Küstenströmung weiter geführt wird, so daß durch den Oberflächenstrom allein so kaltes Wasser bei Hongkong anlangen könnte, ohne durch Tiefenwasser von unten her weiter ab-

gekühlt zu sein. Andererseits ist diese Südküste Chinas jedenfalls die Luvküste des Nordostmonsuns, und in einem abgeschlossenen Becken wie die Chinasee müßte der Auftrieb- und
Staueffekt immerhin fühlbar werden. Der englische Atlas der
Oberflächentemperaturen zeigt entlang der Südküste Chinas eine
ganz schmale Zone von im Mittel 8° bis 10° niedrigerer Temperatur, als sich in 200 bis 300 Seemeilen Abstand in See findet.
Im November sind die betreffenden Werte: an der Küste 20° bis
22°, in See über 28°; im Februar an der Küste 16° bis 18°, in
See 27° bis 28°. In den Sommermonaten ist die ganze Chinasee
durchaus warm (über 28°, ja 30°). — Bei genauerem Studium
wäre das Augenmerk hauptsächlich darauf zu richten, ob im
Innern der Baien und Buchten die Wassertemperaturen besonders
niedrig sind, und namentlich auch, ob sie niedriger sind als die
Lufttemperaturen.

3. Die Windstau- und Auftriebzonen höherer Breiten.

Die Luvküsten höherer Breiten sind die Ostküsten
der Kontinente Amerika und Asien; die Westwinde, wenn
auch an Regelmäßigkeit nicht den Passaten gleichkommend,
übertreffen diese doch meist an Kraft, überdies kann es
sich hier auch mehr um die mittleren Verhältnisse, als
um den im Augenblick jeweils herrschenden Zustand
handeln. Da ist es nun gewiß nicht zufällig, daß an der
Landseite der durch die Westwinde seewärts entführten
tropischen Warmwasserströmungen sich kaltes Wasser
einfindet, das man bislang ganz ausschließlich auf polare
Oberflächenströme zurückführte. Hier ist P. Hoffmann
der erste gewesen, der darin zum Teil wenigstens Auftriebwasser erkannt hat (Ann. d. Hydr. 1887, 26). Wie
wir sehen werden, ist es nun zwar nicht ausschließlich,
obwohl in erster Linie der herrschende westliche Wind,
welcher Strömungen wie den Floridastrom, Kuro-Shio
und Brasilienstrom aus ihrer meridionalen Richtung nach
Osten drängt; auch der Erdrotationswirkung ist in diesen
hohen Breiten ein gewisser Einfluß einzuräumen. Aber
wie sich in den luvwärts frei werdenden Raum die kalten
Strömungen, mehr oder weniger verstärkt oder genährt
durch Auftriebwasser, eindrängen, die als Labradorstrom,
Oya-Shio, Falklandstrom zu beschreiben sein werden, so
fehlt auch in die Tiefe abwärts drängendes Stauwasser
den Leeküsten dieser Breiten nicht ganz.

Entlang der Westküste Europas zeigt der nordatlantische Ozean eine Wärmeschichtung, die man immer sehr auffallend gefunden und zwar der Einwirkung des sogenannten „Golfstroms" zugeschrieben, aber damit doch eigentlich noch nicht erklärt hat. Aus den Lotungen der „Porcupine" im August 1870 an der Küste der iberischen Halbinsel, zwischen Kap Finisterre und St. Vincent ergibt sich nämlich folgende Lage der Isothermflächen in der Tiefe (in Meter):

12°	10°	8°	6°	5°
137	1189	1554	1692	1783

Noch weiter nördlich, im tiefen Wasser westlich vor dem britischen Kanal, hatte die „Porcupine" im Sommer 1869 die Temperaturen von 8° in 1068 m, bei Rockall in 1009 m und noch nördlicher in 59° 35′ N. Br., 9° 11′ W. Lg., unweit dem Thomson-Rücken noch in 640 m Tiefe gefunden. Die Isotherme von 6° lag am letzteren Orte noch in 1097 m (vergl. W. Thomson, *Depths of the Sea*). Es würde das, wollte man lediglich an Wärmeleitung von oben her denken, ein ganz außerordentliches Phänomen sein; dagegen würde ein Abwärtsdrängen des Stauwassers diese Wärmeanordnung wohl leichter erklären. In der Golfstromzone nördlich von den Bermuden liegen nämlich die bezeichneten Isothermflächen in folgenden Tiefen (in Metern):

12°	10°	8°	6°	5°
737	824	903	1031	1154

(welche Werte Mittel aus den Lotungen Nr. 52 bis 57b der Challenger-Expedition vorstellen). Man sieht, wie sämtliche Isothermflächen (von weniger als 12° Wärme)

nach Nordost „einfallen“. Die 6° Isotherme liegt selbst
nordwestlich von den Hebriden noch um 66 m tiefer als
im Floridastrom nördlich von den Bermuden.

Hierbei ist indes noch vieles sehr problematisch. Zunächst müßte, entsprechend der dann sehr viel größeren Stärke
der Südwestwinde in dem Gebiet zwischen Neufundland
und den Faröer, in den Wintermonaten der Staueffekt noch
deutlicher in die Erscheinung treten als im Sommer, wo
man bislang ausschließlich Temperaturlotungen in diesen
Teilen des Nordatlantischen Ozeans vorgenommen hat.
Ferner fehlt dieser Erklärung noch die notwendige Parallele
aus dem Nordpazifischen Ozean, wo aus dem analogen
Gebiet, der Bucht zwischen 40° N. Br. und dem Terri-
torium Aljaska Beobachtungen noch ganz mangeln (die
Lotungen der „Tuscarora“ bewegen sich zu nahe den
Aleuten, einige ältere in Prestwichs Verzeichnis, *Philos.
Transactions* vol. 165, Nr. 279 und 280, erscheinen zu
lückenhaft und wenig verläßlich). Wir werden bei späterer
Gelegenheit überdies auch in den „Kompensationsströmen“
Vorgänge und Wirkungen kennen lernen, welche diese
auf Windstau und -Auftrieb beruhende Wärmeschichtung
auch auf anderem Wege nachahmen und wiederholen. Im
ganzen und großen aber enthüllt sich uns in dem vertikalen Ausgleich dieser durch Winddruck erzeugten Niveauunterschiede eine Kraft, welche eine Art langsamer
Zirkulation in der Richtung der Parallelgrade erzeugen
kann, die also zu der allgemeinen zwischen Polar- und
Aequatorialgegenden senkrecht gerichtet ist.

     Diese Vorgänge lassen sich auch experimentell leicht nach-
ahmen. Ein mit flachem Rande versehenes Gefäß wird fast ganz
mit Wasser gefüllt. Sperrt man alsdann durch hineingelegte,
passend geformte Metallstreifen einen schmalen Raum durch die
ganze Breite des Gefäßes hin seitlich ab, so läßt sich durch einfaches Darüberhinblasen ein Staueffekt nachweisen, dessen Auf-
trieb- und Stauströme leicht durch je einen an den beiden Enden
der Rinne in das Wasser gebrachten Tropfen Tinte sichtbar zu
machen sind. Es handelt sich hierbei keineswegs um einen
Flüssigkeitsstrahl, wie etwa Zöppritz will (a. a. O. 610), sondern eine kontinuierliche Strombewegung, die gar keine besondere
Kraft zu haben braucht; bei meinen Versuchen war ihre Geschwindigkeit etwa 0,2 bis 0,3 m in der Sekunde, wobei der sie

unterhaltende Luftstrom durch einen kleinen Dampfkessel erzeugt wurde. Selbstverständlich wurde nicht nur auf diesem vertikalen Wege der Ueberdruck der Stauseite ausgeglichen, sondern an den Rändern der Rinne zu beiden Seiten des Staustroms auch sehr kräftige horizontale Gegenströme hervorgerufen. Der Staustrom selbst war vielemal schwächer als diese an der Wasseroberfläche sich vollziehenden Bewegungen. Ganz so verhält es sich auch in der Natur, wo der Transport von kaltem Tiefenwasser an der Luvseite nach oben, wie von stark durchwärmtem Oberflächenwasser an der Leeseite in die Tiefe ein sich sehr langsam gestaltender Prozeß schon darum sein muß, weil sonst jene Temperaturgegensätze noch viel schroffer sich ausbilden müßten, als ohnehin gefunden wird. Richtiger und mit den Folgerungen, welche aus Coldings Formel für große Wassertiefen zu ziehen sind, aber auch nur für diesen Fall besser übereinstimmend, sagt Zöppritz dann weiter: „Wenn erfahrungsgemäß der Windstau auch bei andauerndem Winde gewisse, ziemlich enge Grenzen nicht überschreitet, so kann dies wohl nur daran liegen, daß schon die Vorwärtsbewegung der oberflächlichsten Wasserteilchen in unstetigster, zusammenhangsloser Weise stattfindet. Bei merklichem Wind erheben sich immer Wellen, auf deren Kämme der Wind stärker einwirkt als auf ihre tiefer gelegenen Teile. Dadurch finden Unterschiebungen und Umkippungen, also unstetige Bewegungen statt. Bei solchen lokalen Lösungen des Zusammenhanges können aber leicht zwischen und unter den vorwärts geschobenen Massen rückläufige Ausgleichsströmungen entstehen, so daß also, wenn die Stauhöhe ihre Maximalgrenze erreicht hat,

Fig. 47 a.

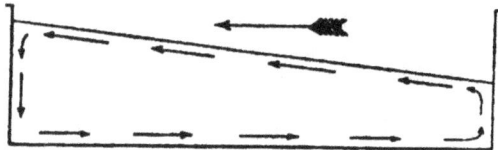

Fig. 47 b.

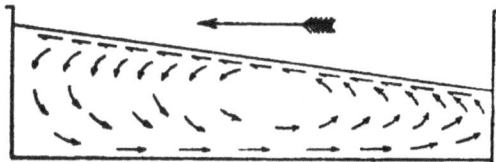

der ganze Vorgang des Vorschiebens der Oberflächenteilchen und des ausgleichenden Rückflusses gleicher Wassermengen innerhalb

einer sehr dünnen oberflächlichen Schicht in unstetiger Weise
stattfände, während die tiefer gelegenen Schichten ganz in Ruhe
blieben." Bedenken erregt nur der letzte Satz, der gegen die
Kontinuitätsbedingung verstoßen würde. Die Sachlage ist wohl
am besten so zu formulieren, daß der Staustrom der Oberfläche
relativ schnell, aber wenig tief greifend zu denken ist, während
der Ausgleichstrom der Tiefe, bei dem vorhandenen großen Querschnitt des gegebenen Durchflußprofils, ganz langsam, aber in
allen Wasserschichten wirksam auftreten muß. Nur unmittelbar
am Boden und in der Grenzschicht gegen den Oberflächenstrom
herrscht volle Ruhe. Also nicht wie auf Fig. 47 a (nach Carpenter),
sondern wie Fig. 47 b zeigt. —

Aus dem im Beginn dieser Darlegungen Gegebenen ist zu
folgern, daß der Staueffekt eines auflandigen Windes bei abnehmender Wassertiefe je näher dem Strande, desto mehr sich
steigert, was in der Coldingschen Formel nicht zum Ausdruck
gelangt, da diese nur die mittlere Tiefe des vom Winde bestrichenen Wasserbeckens beachtet. In der That bestätigte mir
auch das Experiment, daß je sanfter das Ufer sich abböscht, auch
die Stromerscheinungen (Auftrieb- wie Staustrom) desto kräftiger
auftreten. —

In dem Unterstrom der Leeseite, welcher das angestaute
Wasser in der Tiefe luvwärts entführt, hat man vielleicht eine
Kraft, welche bei der Bildung der Wellenfurchen auf flachem
Vorstrand nach auflandigen Winden beteiligt ist. Wir sahen oben
(S. 32 f.), daß die normale Wellenbewegung allein nicht geeignet
ist, solche parallelen Undulationen im sandigen Meeresboden auf-
zubauen. Nach den neueren Untersuchungen von Hunt und
G. H. Darwin (*Proceed. R. Soc.*, vol. 34 und 36), sowie von Cas.
de Candolle und Forel (*Archives des sciences phys. et nat.*, tome 9,
15. März und 15. Juli 1883), die sich nur zum Teil auf Beobachtungen in der Natur, vorzugsweise auf Experimente gründen, ist
es denn auch nicht mehr zweifelhaft, daß zwar eine Wellenbewegung mit ihren alternierenden Orbitalströmungen notwendig
ist, damit Wellenfurchen im Sandboden auftreten, aber daß auch
noch etwas anderes hinzutreten muß.

Die Experimente geschahen an flachen Gefässen mit senkrechten Wandungen, die, durch Schaukeln rhythmisch bewegt,
ihren flüssigen Inhalt zu stehenden Schwingungen veranlaßten.
Bei solchen bewegt sich die unterste Wasserschicht mit großer
Geschwindigkeit hin und her (s. oben S. 141), und eine Gruppe
zufällig stärker aneinander haftender Sandkörnchen erregt durch
seinen Widerstand an der jedesmal dem Strom zugewandten Seite
eine Anhäufung anderer Sandkörnchen, an der abgewandten Seite
dagegen einen kleinen Wirbel, der am Boden dem Orbitalstrom
entgegenläuft und ebenfalls Sandkörnchen nach der widerstehen-
den Gruppe hinführt. Da der Strom rhythmisch seine Richtung
wechselt, liegt dieser Wirbel bald auf der einen, bald auf der
anderen Seite des Kammes, der damit schnell anwächst.

Bei systematischer Untersuchung ergab sich, daß die Abstände der Furchungen voneinander (die „Länge" der Sandwellen) einfach abhängig war von der Geschwindigkeit dieser Oszillation, welche wieder proportional war der Amplitude und Periode der Schwankung; dagegen verringerte sie sich mit Zunahme der Wassertiefe, und, wenigstens nach Forels Behauptung, auch bei Zunahme der Korngröße.

In diesen Experimenten handelt es sich um „stehende" Schwingungen, bei denen die Wasserteilchen auf die Punkte oder Linien der „Bäuche" zu gerichtete Bewegungen ausführen, welche unter den „Knoten" das Maximum ihrer Bewegung erlangen. So sieht man in den mit Sand belegten Gefäßen in der That die Sandwellen gerade unter den Knotenlinien ihre größte, unter den Bäuchen ihre kleinste Länge ausbilden. Nach längerer Dauer der Schwankungen wird (bei einknotiger Schwingung) der Sand dadurch überhaupt ganz aus der Gegend der Knotenlinie nach den beiden Seiten fortgeschafft, indem die Sandwellen langsam dahin wandern.

Es fragt sich nun, ob diese Wahrnehmungen an stehenden Schwingungen sich ohne weiteres übertragen lassen auf die Aeußerungen der fortschreitenden Wellen in der Natur. Am Strande würden sich im günstigsten Falle stehende Schwingungen nur da einstellen können, wo Wellen reflektiert werden. Das ist aber nur möglich an sehr steilen Uferböschungen, wie sie nur Hafenbassins bei überall gleichmäßiger Wassertiefe und Sandgrund zeigen. Aber aus den Beobachtungen von Hunt an der offenen englischen Küste, wie meinen eigenen im Kieler Hafen, beide stets an ganz flach einschießendem Sandstrand angestellt, ergab sich vollkommen übereinstimmend, daß weder von reflektierten Wellen, noch sonst von stehenden Schwingungen hier die Rede sein kann. Damit verbietet sich denn auch die Anwendung jener Experimente zur Erklärung der Wellenfurchen im Strandgebiet.

Schon aus Hunts Beobachtungen entnehme ich, obwohl er selbst anderer Ansicht zu sein scheint, daß besonders schöne und frische Wellenfurchen nach auflandigem Winde wahrzunehmen waren. Nach eigener Erfahrung muß ich sogar annehmen, daß im Kieler Hafen solche Furchen überhaupt nur durch auflandige Winde sich frisch ausbilden. Wir sahen oben (S. 105), wie die Entstehung der sogen. „Riffe" an sandigen Meeresküsten auf dem Konflikt des Rückstroms (Ebbestroms) der Brandung mit dem Zustrom (oder Flutstrom) der nächst anlangenden Welle beruht. Tritt nun dazu noch bei auflandigem Winde eine Anstauung und aus dieser ein seewärts gerichteter Unter- oder Sogstrom, so wird dieser unter dem Wellenkamm jedesmal von dem Gegenlauf der Wasserteilchen umgewendet werden, während unter dem Wellenthal die Wasserteilchen mit dem Sogstrom gleiche Richtung haben und ihn verstärken werden. Wenn nun auch dieser Unterstrom nur einen kleinen Bruchteil der Orbitalgeschwindigkeit der Wasserteilchen erreicht, so wird doch an den Stellen, wo er mit

dem gegengerichteten Flutstrom der Welle kollidiert, leicht eine
örtliche Aufstauung der Sandkörnchen in Gestalt eines Walles
auftreten, der, einmal vorhanden, durch die beschriebene Wirbelbildung an seinen Flanken schnell zur richtigen Wellenfurche
auswächst. Das erklärt den Parallelismus dieser Furchen, während die Länge der Sandwellen abhängig ist von dem Ausmaß
der Horizontalverschiebung der die Welle bildenden Wasserfäden,
also mit zunehmender Tiefe sich verkleinert, indem alsdann sowohl die Orbitalbewegung wie der Sogstrom an Kraft mehr und
mehr einbüßt. — Da solche Wellenfurchen am Meeresboden immer
nur nach starker Wellenbewegung im Wasser auftreten, so konnten
in der That die bei früherer Gelegenheit erwähnten Beobachtungen
von Siau (S. 32) als Beweis dafür dienen, daß noch in etwa 180
bis 190 m Tiefe die Wellenbewegung ein merkliches Maß besitzt.

<hr>

Viertes Kapitel.

Die Meeresströmungen.

I. Einleitung.

Während die Wellenbewegung des Meeres, sowohl
in der Form der „Seen", wie als Brandung am Strande,
oder als seismische Stoßwelle oder endlich als Ebbe und
Flut, Wirkungen äußert, welche auch dem Neuling schon
nach einer auf wenigen Stunden sich erstreckenden Be-
kanntschaft mit dem Meere in der einen oder anderen
Richtung auffallend entgegentreten, sind die Meeresströmungen eine Erscheinung, die dem aufmerksamen
Schiffer nur gelegentlich in Landnähe oder in engen
Meeresstraßen zum unmittelbaren Bewußtsein gelangt,
während in offener See sie nur aus einem zu ganz anderen Zwecken aufgesetzten Rechenexempel sich gewissermaßen nebenher ergibt, wenn nicht überhaupt bloße
Indicien als einziger Beweis für ihr Eingreifen aufzufinden sind.

Immer haben die Meeresströmungen darum für den

praktischen Seemann an Bord, wie für den theoretisieren-
den Gelehrten am Studiertisch etwas Geheimnisvolles und
Dunkles, aber auch etwas Großartiges behalten; ja man
kann sagen, je sorgfältiger das Phänomen beobachtet und
studiert wird, um so imponierender erscheint es im ganzen.
Handelt es sich doch um Bewegungen, die kontinuierlich,
wenn auch langsam und im Augenblick unsichtbar wirkend,
dennoch einen sehr ergiebigen Kreislauf an der Meeresoberfläche ins Werk setzen, hier das Polarwasser dem
Aequator, dort das Tropenwasser den Eismeeren zuführend,
nach Maury vergleichbar einem System von Arterien und
Venen im wogenden Schoße des Ozeans.

Eine Uebersicht über das System der Meeresströmungen, wie es etwa nach dem gegenwärtigen Standpunkte der Kenntnisse sich abbilden läßt, bietet die diesem
Bande beigegebene Karte. Die Bewegungen in allen drei
Ozeanen haben darnach soviel Gemeinsames, daß es nicht
schwer hält, folgendes Schema der Strombewegungen eines
ideellen Ozeans zu konstruieren, der zwischen zwei um
etwa 90° voneinander entfernten Meridianen gelegen,
von Pol zu Pol sich erstreckt.

Das Bild würde ein fast vollkommen symmetrisches
werden: In tropischen Breiten eine sowohl nördlich wie
südlich vom Aequator vorhandene allgemeine Strombewegung nach Westen hin, getrennt durch eine nach
Osten gerichtete, zwischen die beiden „Aequatorialströme" eingeschaltete „Aequatorialgegenströmung",
welche an der Ostseite in die Weststr̈omungen zurückführt.
Letztere biegen beide an der Westseite des Ozeans polwärts um, verlassen aber in ca. 40° bis 50° Breite das
Ufer, um nunmehr nach Osten abschwenkend als „Ver-
bindungsströme" der Gegenküste zuzustreben, wo eine
weitere Teilung in zwei Hälften erfolgt, von denen die
eine polwärts strebt, um aber dann wieder nach Westen
umbiegend bis in den Raum zurückzufließen, den die Ver-
bindungsströmung bei ihrem Abschwenken von der Küste
in 40° bis 50° zwischen sich und der letzteren gelassen
hat; während die zweite Hälfte an der Ostseite des Ozeans
dem Aequator sich zuwendet, um die „Aequatorialströmung"

der gleichen Hemisphäre zu speisen. Beistehende Fig. 48
mag dieses ideelle Bild verdeutlichen.

Sechs Stromkreise wären in einem so gestalteten
Ozean vorhanden, je zu zweien symmetrisch gelegen; das
erste Paar polwärts von 50⁰ Br.; ein zweites Paar zwischen
50⁰ und 10⁰ Br. und ein drittes Paar zwischen 0⁰ und

Fig. 48.

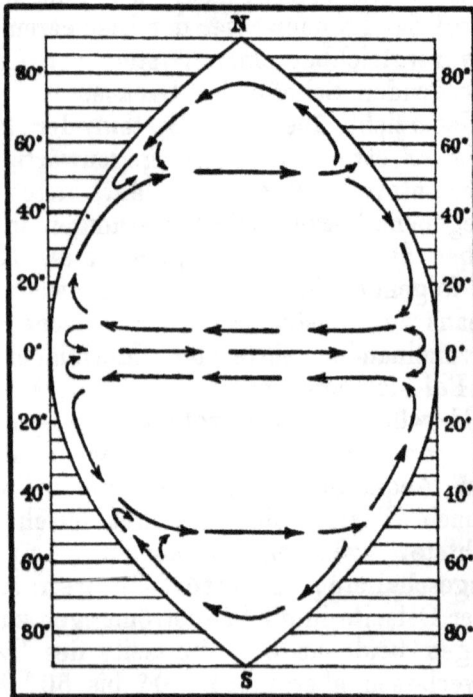

10⁰ Br. Die Drehung erfolgt bei dem südhemisphärischen
immer im entgegengesetzten Sinne wie beim analogen
nordhemisphärischen Umlauf. Bei genauerem Vergleich
mit der beigegebenen Karte der Meeresströmungen wird
sich freilich ergeben, daß wegen anderer Konfiguration
der irdischen Meeresbecken in den höheren südlichen
Breiten (von 30⁰ S. Br. an), das Schema nicht so klar

hervortritt, wie in den nordäquatorialen Zonen der Meere; im nördlichen Teile des Indischen Ozeans ist natürlich das Schema noch weniger wiederzufinden.

Es ergibt sich daraus aber im allgemeinen, daß an der Westseite der Ozeane zwischen 40° N. und 40° S. Br. sich tropisch warmes Wasser anhäufen wird, welches polwärts in sehr nahe und schroffe Berührung mit dem sehr viel kälterem, den Polarräumen entstammenden Wasser gelangt. An der Ostseite der Ozeane dagegen wird nahe dem Aequator die Wassertemperatur am höchsten sein, weiter polwärts immer niedriger werden als an der gegenüberliegenden Küste, bis dann endlich von 45° Br. an im Gegenteil das Wasser im Osten sehr viel höher erwärmt ist, als im Westen unter gleicher Breite.

II. Entwickelung der Kenntnis von dem Wesen der Meeresströmungen.

Obgleich man annehmen muß, daß schon den Alten Meeresströmungen, in dem modernen Sinne des Wortes genommen, also eine kontinuierliche, horizontale Bewegung der Wasserteilchen nach einer bestimmten Richtung bedeutend, nicht unbekannt geblieben sein können, so ist es doch auffällig, wie spärlich ihre Erwähnung in alten Schriftstellern überhaupt ist, während die besseren geographischen und naturwissenschaftlichen Autoren sie gar nicht berühren. Indes mag auch hier das Nichterwähnen noch kein Nichtkennen beweisen. Indem Eustathius in seinem Wörterbuch das Wort Okeanos von ὠχέως νάειν, ‚schnell fließen‘, ableitete, muß er an Meeresströmungen gedacht haben, wie ja auch die Odyssee mehrfach von dem ‚Flusse Okeanos‘ redet (11, 157 und 638, vergl. 20, 65). Auch die Segelhandbücher der Alten erwähnen Strömungen an besonders hervorstechenden Punkten gewissenhaft. So u. a. der Periplus Maris Erythraei die beim Nordostmonsun stark nach Süden setzende Strömung an der Somaliküste vom Kap Guardafui an zwischen Tabae und Opone (καθ᾽ ὃν τόπον καὶ ὁ ῥοῦς ἕλκει § 13).

Der Mosambikstrom muß den Arabern auf ihren ostafrikanischen Fahrten seit Alters fühlbar geworden sein. Denn Al Biruni sagt darüber, daß ein Schiff nicht über Sansibar südwärts hinausgehe, weil der starke Meeresstrom alsdann die Rückkehr verhindere. Das gleiche erfuhr Marco Polo von den Arabern über die Fahrt südlich von Madagaskar (Yule, Marco Polo, II, 404, Anm. 4).

Das Zeitalter der Entdeckungen machte dann auch die Seefahrer Westeuropas mit den atlantischen Meeresströmungen bekannt. Den Guineastrom an der afrikanischen Küste fanden die Portugiesen schon im 15. Jahrhundert, und Vasco da Gama lernte den Mosambikstrom als ein so bedeutsames Hindernis für sein Vordringen an der Küste entlang nach Norden kennen, daß er nach Madagaskar hinüber auswich. Die „große Westströmung" inmitten der tropischen Ozeane erkannte schon Kolumbus, der die Gewässer sich *con los cielos* (mit den Gestirnen) nach Westen bewegen sah. Den Floridastrom in seinen „Engen" westlich von den Bahamainseln fanden 1512 Ponce de Leon und Antonio de Alaminos, den kalten Labradorstrom Sebastian Cabot vielleicht schon 1497, und mit dem kalten Peruanischen Strom kämpften schon die ersten Entdecker, wie er denn auch in den ältesten holländischen Segelanweisungen für diese Küsten bereits erwähnt wird. In der ,Hydrographie' (richtiger Steuermannskunst) von Fournier (Paris 1643) und der „allgemeinen Geographie" des in Hitzacker an der Elbe geborenen deutschen Geographen Bernhard Varenius (1650) findet man die eben erwähnten Strömungen umständlicher beschrieben, auch des Agulhasstroms, sowie der halbjährlich umsetzenden Monsunströme von Ceylon wird gedacht. Isaac Vossius in seiner Monographie „über die Bewegung der Meere und der Luft" vom Jahre 1663 ist schon wieder um ein Erkleckliches über Varenius hinausgekommen. Die große Westströmung der Tropen kennt er in allen drei Ozeanen; sehr viel ausführlicher als der andere, beschreibt er die Monsunströme der indischen Gewässer, im atlantischen Ozean konstruiert er einen richtigen Stromring zwischen dem Aequator und 50° N. Br. in einer Auffassung, wie sie die neueren Karten nach Rennell noch teilweise zeigen, wo die Guineaströmung ein Glied desselben ausmacht; ähnliche Zirkulationen an der Oberfläche deutet er aber auch in den anderen Ozeanen an, ferner, wohl als der erste, auch für das Mittelländische Meer im allgemeinen, wie für die Adria im besonderen (*de motu marium* etc. p. 29). Wenig später zeichnete Athanasius Kircher in seinem *Mundus subterraneus* (1678) die erste Strömungskarte und lieferte damit das erste physikalische Weltgemälde überhaupt. Der Golfstrom, wie ihn Rennell 150 Jahre später entwarf, erscheint schon bei Kircher: entspringend an der Westküste Afrikas verläuft er entlang dem Aequator als die „große Westströmung" westwärts, die dann, am Osthorn Brasiliens geteilt, mit der einen Hälfte ins Karibische Meer und den Mexikanischen Golf ablenkt, wo der Strom dann durch die Floridaengen seinen Ausweg sucht; es scheint aber als wenn Kircher in dieser ganzen Auffassung nur Vorschlägen von Sir Humphrey Gilbert (1570) gefolgt ist (Humboldt, Krit. Unters. II, 74). Die von Vossius erkannten Stromkreise legte Kircher noch nicht kartographisch nieder, vielmehr endigen viele seiner Meeresströme inmitten der Ozeane in mysteriösen Strudeln, die das Wasser hier ins Erdinnere hinein, dort aus demselben hinaus leiten.

Dieser Standpunkt der Kenntnis blieb fast unverändert derselbe bis zu der zweiten Periode großer maritimer Entdeckungen, die mit Cooks Weltumsegelung begann. Ein Blick in Buffons Naturgeschichte wird das bestätigen. Rennell trat dann am Ende vorigen Jahrhunderts zuerst mit dem exakten Versuch hervor, aus den wirklich von den Seefahrern beobachteten Stromversetzungen eine mittlere örtlich vorhandene Stromrichtung zu berechnen und wurde so der Schöpfer der statistischen Methode in der Ozeanographie; während Romme mit großem Fleiß ein inhaltreiches Sammelwerk über Luft- und Meeresströmungen verfaßte (*Tableaux des vents, des marées et des courants*, Paris 1817). Als nächster Nachfolger Rennells aber ist Heinrich Berghaus zu bezeichnen, dessen Strömungskarten für die drei Ozeane im Physikalischen Handatlas eine bis auf den heutigen Tag beachtenswerte Verarbeitung des seinerzeit vorhandenen, von ihm sehr vollständig gesammelten Materials repräsentieren. Namentlich die für die Physik der Meere so bedeutsamen französischen Weltumsegelungen aus dem zweiten und dritten Jahrzehnt dieses Jahrhunderts finden' hier zuerst eine angemessene Verwertung, und mit Recht hat dann auch Berghaus die sehr sorgfältig, man kann sagen musterhaft geführten Schiffstagebücher der preußischen Seehandlungsschiffe bei jener Gelegenheit für die Wissenschaft fruchtbar gemacht.

Eine weitere Stufe der Erkenntnis repräsentieren die englischen Segelhandbücher für die großen Ozeane, unter denen namentlich die von A. G. Findlay bearbeiteten einen hohen, wissenschaftlichen Rang einnehmen: bei Findlay erscheinen zuerst in voller Klarheit die tropischen Aequatorialgegenströme aller drei Ozeane. Maurys Bestrebungen auf dem Gebiete der Ozeanographie waren nicht immer erfolgreiche, wie überhaupt der Schwerpunkt seiner Leistungen in das Gebiet der praktischen Schiffahrt fällt, was ja bereits in diesem Werke anderweitig ausgesprochen werden mußte (s. oben S. 286).

Eine sehr selbständige und vielfach recht erfolgreiche Thätigkeit in diesem Zweige der Meereskunde entfaltete auch Dr. A. Mühry in einer ganzen Reihe größerer und kleinerer Arbeiten seit 1858, gleichzeitig mit Dr. A. Petermann und Dr. Hermann Berghaus (dem jüngeren). Unter den neueren Arbeiten muß die kartographische Uebersicht der Meeresströmungen, welche vom britischen Hydrographischen Amt herausgegeben, von Kapitän Evans aber verfaßt ist, als eine besonders bedeutsame Leistung hervorgehoben werden (*Pacific, Atlantic and Indian Oceans, their Stream- and Drift-Currents, compiled etc. by Capt. F. J. Evans and Comm. Hull*, London 1872; *Admiralty chart* Nr. 2640). Sehr ins einzelne gehende Informationen liefern die zahlreichen Küstenbeschreibungen, welche dieselbe britische Behörde fortschreitend für fast alle Meere der Erde herausgibt. Vieles wird von anderen Quellen im folgenden noch am gehörigen Orte nachzutragen sein.

Die Theorie der Meeresströmungen, d. h. die Lehre von den Ursachen und dem Zusammenhang derselben, hat bis in unsere Tage hinein etwas Fragmentarisches behalten, indem meist ein einzelner Gesichtspunkt herausgegriffen und als eine ausschlaggebende Ursache für eine Gruppe gewisser Strombewegungen, wenn nicht für die Gesamtheit aller hingestellt wurde.

Die ersten Versuche beschäftigen sich mit der Ursache der damals angenommenen, thatsächlich aber nicht vorhandenen, allgemeinen Bewegung der Meeresgewässer nach Westen, welche bei einzelnen Autoritäten geographisch nicht einmal auf die Tropenzone beschränkt wurde, wie z. B. Varenius den Labradorstrom, sowie eine angeblich in der Magellanstraße nach Westen gehende Strömung als Beweise für diese allgemein tellurische Erscheinung aufführt. Kepler war wohl der bedeutendste, obschon keineswegs der erste, der (1618) sie auf die Rotation der Erde zurückführte, indem er sagte (*Opera omnia* ed. Frisch, vol. VI, p. 180), daß der Mond die trägen, zurückbleibenden Gewässer nach Westen zurückzöge, während die Erde sich darunter hinweg nach Osten drehte. Daß nicht blos der Mond, sondern das Himmelsgewölbe als solches, als das *primum mobile* dieser Strömung auftrete, indem es das Wasser bei seiner Drehung nach Westen hin mit sich schleppte, behaupteten schon die großen Entdecker und noch bei dem sonst sehr gelehrten Jesuiten Riccioli (1672) findet sich diese den Satzungen des Kopernikus widersprechende Ausdrucksweise. Varenius verzichtete ganz auf eine Erklärung dieser großen Westströmung, da ihm keine der erwähnten Theorien, auch nicht die Wirbeltheorie des Cartesius, genügte; während der sonst sehr klar blickende Isaac Vossius noch eine originelle Modifikation der Keplerschen Ansicht gibt (s. die Reproduktion in Günther, Geophysik II, 414).

Eine solche „kosmische" Erklärung der Aequatorialströmung taucht noch späterhin öfter auf, bis in unseren Tagen der russische Kapitän z. S. Schilling sogar den Gedanken ins einzelne ausbaute, daß Sonne und Mond keine Flutwelle, sondern einen zusammengesetzten Apparat von Strömungen im Meer wie in der Luft erzeugten. Seine (übrigens vielfach recht dunkle) Theorie ist aber ganz und gar nicht mit den Thatsachen in Einklang zu bringen, insofern doch die starken und verhältnismäßig raschen Aenderungen der Deklination des Mondes sehr erhebliche Verschiebungen solcher Westströmungen zwischen 28° N. und S. Br. zur Folge haben müßten (Baron N. Schilling, die beständigen Strömungen in der Luft und im Meere, Berlin 1874). — Anders ist der Standpunkt Ed. Schmidts (mathem. u. phys. Geogr. II, 137 f.) und Munckes (Art. Meer im neuen Gehler). Beide sind der Ansicht, daß unter dem vom Monde hergestellten Flutellipsoid eine Ausgleichströmung zwischen den Tropen- und Polarregionen auftreten müsse: an der Oberfläche vom Aequator pol- wärts (vom höheren nach dem niederen Niveau), am Meeresboden umgekehrt von den Polen zum Aequator hin. Diese meridionalen Ströme sollen dann durch die „ablenkende Kraft der Erdrotation" auf der nördlichen Halbkugel nach rechts, auf der südlichen nach links ab- gedrängt werden und so die äquatoriale Westströmung oder wie Muncke sie nennt, „den Aequinoctialstrom" erzeugen. Man begegnet bei beiden Physikern zum erstenmale einer Würdigung dieser „ablenkenden" Kraft der Erdrotation, welche alle Bewegungen auf der Erdoberfläche beeinflußt. Doch beschränken noch beide den Eingriff derselben auf die meridionalen Bewegungen, während erst 1859 Ferrel sie bei allen Bewegungen, unabhängig vom Azimuth, feststellte. Das Flutellipsoid selbst aber bildet sich nur auf einer ganz mit Wasser bedeckten Erdoberfläche so regelmäßig aus, daß von Niveauunterschieden zwischen der Aequatorial- und Polarzone gesprochen werden könnte; schon im Atlantischen Ozean ist dieser normale Zustand durch einen bis zur Unkenntlichkeit gestörten ersetzt, indem die Flutwelle, wie oben wahrscheinlich gemacht wurde (S. 209), nicht von Osten nach Westen, sondern eher von Süden nach Norden fortschreitet. Außerdem ist in keinem Falle eine Niveauerhöhung unter den flut- erzeugenden Gestirnen die Ursache von Druckunterschieden: denn gerade weil die Schwerkraft durch die ihr diametral

entgegenwirkende Anziehung der Himmelskörper zu einem
Teil verringert wird, entfernen sich die beweglichen Teile
der Erdoberfläche vom Erdmittelpunkte, worauf dann
völliges Gleichgewicht zwischen den beiden wirksamen
Kräften gegeben, also keine Ursache für eine Ausgleichströmung vorhanden ist.

Besser begründet erscheint 'dagegen ein von Heinrich Hertz
neuerdings, unabhängig von gleichartigen früheren Versuchen von
Ferrel, Challis und Abbot, angegebener Weg, kontinuierliche Strömungen, allerdings nur von untergeordneter Kraft, aus der flut-
erregenden Wirkung der Gestirne abzuleiten (Verhandl. d. physik.
Ges. in Berlin 1883, S. 2). „Infolge der Reibung des Wassers der
Meere in sich und am Grunde erscheint das Flutellipsoid, dessen
Achse ohne das Vorhandensein der Reibung die Richtung gegen
das fluterregende Gestirn oder eine zu dieser senkrechte Richtung
besitzen würde, gegen die genannten Lagen um einen gewissen
Winkel gedreht. Die anziehende Kraft des Gestirns auf die Kup-
pen des Flutellipsoids gibt daher Anlaß zur Entstehung eines
Kräftepaares, welches der Rotation der Erde entgegenwirkt. Die
Arbeit, welche die stets rotierende Erde gegen dies Kräftepaar
leistet, ist diejenige Energie, auf deren Kosten trotz der Reibung
die Flut- und Ebbebewegung stetig unterhalten wird. Die Uebertragung des zunächst an der Flüssigkeit angreifenden Kräftepaares
an den festen Erdkern wäre indes unmöglich, wenn die Bewegung
der Flüssigkeit gegen den Kern eine rein oszillierende wäre und
das mittlere Meeresniveau mit dem mittleren Potentialniveau zu-
sammenfiele; sie wird nur möglich dadurch, daß die Flüssigkeitsmasse beständig hinter dem rotierenden Kern ein wenig zurückbleibt, oder dadurch, daß eine beständige Aufstauung über das
Potentialniveau an den westlichen Küsten der Meere stattfindet,
oder dadurch, daß eine Kombination beider Vorgänge eintritt."
Mit Benutzung der Kanaltheorie von Airy gelangt Hertz zu der
analytisch begründeten Folgerung, „daß im allgemeinen der fortschreitenden Flutwelle eine Strömung in gleichem Sinne folgen
muß; für einen in der Richtung eines Breitengrades um die Erde
gelegten Kanal wäre dies eine überall von Ost nach West gerichtete Strömung, für einen beliebig gelegenen Kanal eine solche
Strömung, welche in der Nähe des Aequators von O nach W, in
dem vom Aequator abgelegenen Teil entgegengesetzt gerichtet ist.
Die Strömung ist im allgemeinen eine geringe; sie kann aber
sehr merkliche Werte annehmen, wenn die Länge und Tiefe des
Kanals solche sind, daß die Dauer der Eigenschwingung des
Wassers in ihm gleich der Dauer des Tages ist, wo dann ohne
Berücksichtigung der Reibung Ebbe und Flut unendliche Werte
annehmen würden (s. oben S. 198)." Führt man in die von Hertz
gefundenen Formeln als Reibungskonstante denjenigen sehr kleinen
Wert ein, welcher sich aus der Beobachtung an Kapillarröhren

ergibt, so kommt man zu Fluten von widersinniger Höhe und
Strömungen von widersinniger Heftigkeit; setzt man dagegen die
Fluthöhen gemäß den thatsächlichen Beobachtungen ein, so er-
gibt sich nur eine Strömung von 100 m in der Stunde (gleich
1,8 Seemeilen in 24 Stunden), also einen verschwindend kleinen
Wert, nur $^1/_{20}$ der Stärke der Aequatorialströmung betragend.

A posteriori, fährt Hertz fort, kann man aus der annähernd
bekannten Größe der Flutreibung einen Schluß ziehen auf die
Größenordnung der Ströme, welche die Gravitation veranlaßt.
Die Erde bleibt in einem Jahrhundert nach Thomson und Tait
22 Sekunden hinter einem richtigen Chronometer zurück. Um
eine solche Verzögerung zu bewirken, muß an ihrem Aequator
beständig eine Kraft angreifen, von O gegen W gerichtet, von
der Größe von 530 Millionen Kilogramm. Diese Kraft verteilt
gedacht auf eine meridional verlaufende, das Meer im Westen
begrenzende Küste von der Länge eines Erdquadranten bewirkt
auf jeden Meter dieser Küstenlänge einen Druck von 53 kg, und
um diesen Druck hervorzurufen, muß sich das Meer an dieser
westlichen Küste um 0,3 m über die Niveaufläche des Potentials
erheben, mit welcher es an der östlichen Küste zusammenfällt.
Es können also auf diesem Wege nur Strömungen entstehen, wie
Niveaudifferenzen von $^1/_4$ bis $^1/_3$ m sie erregen können. „Ohne
daß wir die Größe dieser Strömungen anzugeben vermöchten,
können wir schließen, daß sie sehr wohl an Stärke denjenigen
ähnlich sein können, welche ihren Ursprung in Temperaturdifferenzen haben." —

Einen anderen Gesichtspunkt, der schon in Keplers
Erklärung mit enthalten ist, haben auch viele Moderne
fortgesetzt vertreten, nämlich die *vis inertiae* des Wassers,
indem dieses letztere, weil nur locker mit der Erdfeste
verbunden, hinter der allgemeinen Rotation der Erdkugel
zurückbliebe, oder wie Kant (Ros. u. Schuberts Ausg.,
Bd. VI, 490) sich ausdrückt, „gleichsam zurückgeschleu-
dert" werde. Von einer derartigen Auffassung hat sich
aber Kant später anscheinend befreit, indem er, allerdings von den Luftströmungen sprechend, meinte, „daß,
wenngleich uranfänglich der Luftkreis dieser Drehung
nicht gefolgt wäre, dennoch vorlängst eine so beständig
wirksame Kraft sich ihm habe mitteilen und denselben
zu einer gleichen Bewegung mit der Erde selbst habe
bringen müssen (a. a. O. S. 795). Unter den Neueren
huldigt der so kritisierten Ansicht am reinsten Jarz (die
Strömungen im Nordatlantischen Ozean etc., Wien 1877).
Wie in dieser Erklärung ein idealer Anfangszustand

(eine vorher ruhende mit Wasser bedeckte Erde beginnt eine Rotation!) mit dem längst erreichten stationären Zustand verwechselt ist, so geschieht das auch von einigen Theoretikern, welche die „große Westströmung" inmitten der Tropenmeere als Wirkung einer vertikalen Zirkulation deuten wollten, deren Ursprung in der Centrifugalkraft gelegen sei. Es sollten danach durch diese Kraft am Boden der Meere je zwei breite Strömungen auf beiden Halbkugeln von den Polen zum Aequator erzeugt werden, welche dann an diesem zusammentreffend in die Höhe steigen. Indem nun die Wasserteilchen vom Meeresboden ihre langsamere Rotation mitbringen, sollen sie hinter der allgemeinen Drehung der Erdoberfläche zurückbleiben, was dann eine Westströmung ergeben würde. Aber die Centrifugalkraft hat eben aus der rotierenden Kugel ein an den Polen abgeplattetes Rotationssphäroid gestaltet; nachdem dieser Zustand einmal erreicht ist, können Strömungen durch diese Kraft nicht mehr hervorgerufen oder unterhalten werden. Es braucht nach dem eben gesagten nicht noch umständlicher dargelegt zu werden, daß eine aus solcher Vertikalzirkulation herzuleitende Westströmung doch von so schnell aufsteigendem Wasser genährt werden müßte, daß auch der Oberflächenstrom nach den Polen zu in ganz unwiderstehlicher Stärke sich äußern würde, während andererseits das unter dem Aequator so rapide aufsteigende Wasser die eisigen Bodentemperaturen mit an die Oberfläche bringen müßte, wenn dann nicht die Endwirkung geradezu in einem völligen Ausgleich aller Temperaturunterschiede in der ganzen irdischen Wasserdecke bestehen würde. Diese Auffassung, welche ja auch die Aequatorialgegenströmungen nicht recht beachtet, hat von Neueren Fourier (in den *Annales de chimie et physique* 1824, 10), dann auch Muncke, obschon nicht sehr entschieden, namentlich aber A. Mühry (Lehre von den Meeresströmungen, Göttingen 1869, S. 6; Petermanns Mitt. 1874, 375) und vorübergehend auch der Verfasser vertreten (in seinen „Aequatorialen Meeresströmungen des Atlantischen Ozeans", Leipzig 1877, 46 f.). Auch A. von Humboldt, der übrigens diesem ganzen Problem

immer sehr vorsichtig gegenüber stand und sich weder
für noch gegen eine der bis zu seiner Zeit aufgestellten
Theorien entschieden hat, sondern einer ganzen Reihe
verschiedener Kräfte eine Einwirkung auf die Meeresströmungen gestattete, scheint etwas ähnliches vorgeschwebt
zu haben. Die große westliche Strömung der Tropen,
die damals noch nicht durch die östlichen Gegenströmungen in zwei zerlegt war, bezeichnet er nämlich bei
verschiedenen Gelegenheiten als „Rotationsstrom" (u. a.
Kosmos I, 326); falls er nicht etwa diesen, von ihm
ganz unaufgeklärt gelassenen Ausdruck im Sinne der von
Isaac Vossius erkannten · Stromkreise der Meeresströme
verstanden hat, was indes nicht gerade wahrscheinlich
sein dürfte. — Seit der von Zöppritz (Gött. Gelehrte An-
zeigen 1878, 513 f.), gegebenen kurzen und klaren Wider-
legung ist diese ganze Theorie aber aus der Literatur
verschwunden.

Zu den Theoretikern, welche in der Erdrotation die maßgebende Ursache für die Meeresströmungen sehen, gehört auch
Gabriel Blažek, dessen „Entwurf einer Theorie der Meeresströmungen" (Prag 1876) mit einem großen Apparat höherer
Analysis auftritt. Mit Günther (Geophysik II, 416) läßt sich
der Inhalt der Theorie kurz als eine Verwertung des Foucault-
schen Pendelversuchs bezeichnen; das ganze System steht und
fällt aber mit einem kinematischen Hilfssatze, dessen Unhaltbar-
keit Zöppritz (a. a. O.) ebenfalls nachgewiesen hat. „Blažek denkt
sich einen ruhenden, kreisförmigen Wassercylinder von sehr
kleinem Basisdurchmesser plötzlich über einem festen Punkt der
Erde von der geographischen Breite β aufgehängt, unter ihm wird
sich die Erde mit einer Geschwindigkeit = ω sin β, wo ω die
Winkelgeschwindigkeit der Erde ist, hinwegdrehen, d. h. der Cylinder wird anscheinend eine Rotation im entgegengesetzten Dreh-
sinne erhalten." Dann heißt es weiter, daß für eine aus unzählig
vielen solchen Elementarcylindern zusammengesetzte kreisförmige
Röhre, deren jeder sich analog um seine Achse drehe, ganz das
nämliche sich ergeben würde; in einem mit unseren idealen Cylindern erfüllten Becken, welcher Gestalt immer, werden sich geschlossene, der Erdrotation entgegengesetzte Strömungen bilden,
deren Centra zwischen dem 30. und 35. Breitengrade (nach der
Rechnung genauer in 35° 16′ Br.) liegen, wenn letzteres die geographische Lage des Beckens überhaupt zuläßt. Eine einfache
Zeichnung, drei kreisförmige Querschnitte solcher äußerst dünner
Elementarcylinder nebeneinander sich berührend, zeigt, daß eine
gleichzeitige Bewegung dieser drei Cylinder in g l e i c h e m Sinne

an den Berührungslinien sich selbst unmöglich macht, indem die
Punkte der Oberfläche des Cylinders immer an diesen Berührungs-
stellen mit dem Nachbarcylinder entgegengesetzt sich bewegen.
Darum bleibt das ganze System in Ruhe. Die ineinander greifen-
den Zahnräder einer Uhr laufen jedes im entgegengesetzten Sinne
zum Nachbarrade. —

Eine zweite Gruppe von Theoretikern sah in den
Temperatur- oder Dichteunterschieden des Meerwassers die Hauptursache der Meeresströme, vorzugsweise
wenigstens der meridional verlaufenden. Es sei hier nur
bemerkt, daß der älteste Vertreter dieser thermischen
Theorie Lionardo da Vinci, ein Zeitgenosse des Kolumbus, war und, wie im vorigen Kapitel (S. 284 f.) gezeigt
wurde, zahlreiche Nachfolger bis in die neueste Zeit fand.
A. Mühry gehört bis zum heutigen Tage noch zu ihren
Vertretern (Peterm. Mitt. 1883, 384). Im übrigen verweisen wir auf die Kritik, welche diese, wie alle anderen
auf Dichteunterschiede zurückgreifenden Theorien von
Strömungen in den offenen Ozeanen im vorigen Kapitel
erfahren haben. —

Eine sehr originelle Modifikation dieser thermischen Theorie
hat Fr. Baader 1873 entwickelt (Bericht über die Senckenb.
naturf. Ges. 1873/74, Frankfurt 1875, 139 f.). „So wie die ungleiche Erwärmung des Meeres in den verschiedenen Breiten durch
die Sonne es ist, welche die meridionalen Strömungen erzeugt,
so kann es auch nur die ungleiche Erwärmung durch das tägliche
Fortrücken der Sonne von Osten nach Westen sein, welche die
Ablenkung der Ströme von dieser meridionalen Bahn hervorruft.
Indem nun die Erwärmung und Verdunstung der Meeresoberfläche
unter der Sonnenwirkung eine fortschreitende ist, muß auch die
dadurch erzeugte Bewegung eine fortschreitende sein." Da die
täglichen Schwankungen der Wassertemperatur im offenen Ozean
2° nirgend übersteigen (Bd. I, 223) und überdies in 50 m Tiefe
gänzlich verschwinden, so kann eine solche Wirkung der Sonnen-
strahlen niemals auftreten, wie sie Baader will.

Auch in der ungleichen Verteilung des Luftdrucks
über der Erdoberfläche hat man eine Ursache für das
Auftreten von Niveauunterschieden und daraus hervor-
gehenden Strömungen gefolgert, insofern ein geringerer
Luftdruck ein Ansteigen, ein größerer eine Depression
der Meeresoberfläche im 13maligen Betrage der Luft-
druckdifferenz bewirken muß. Ekman hat gezeigt, daß

diese jedenfalls von sehr untergeordneter Bedeutung ist.
Nach den älteren Zusammenstellungen von Maury würde
zwischen dem Aequator und den Wendekreisen die hierauf
beruhende Niveaudifferenz nur 11 cm betragen (nach den
neueren holländischen Zusammenstellungen etwa nur 8 cm)
und zwischen den Wendekreisen und dem Polarkreise
etwa 40 cm. Solche Niveauunterschiede können natürlich
im offenen Ozean nur unmerkliche Wasserbewegungen zur
Folge haben; in Meeresstraßen, welche größere Wasserflächen verbinden, wären diese mittleren Unterschiede
schon eher nachzuweisen. Noch mehr dürfte jede Aenderung des Luftdrucks, wie sie aus dem Fortschreiten der
barometrischen Depressionen folgt, sich fühlbar machen.
Gewisse unperiodische Stromvorgänge in den Schären von
Stockholm hat man thatsächlich auf solche Luftdruck-
differenzen zurückführen wollen.

Eine andere Gruppe von Theoretikern hat in dem
Winde eine Kraft gefunden, welche Strömungen zu erzeugen imstande sei. Immer waren auch die praktischen
Seefahrer der Ueberzeugung, daß in erster Linie der
Wind den Strom mache, und in der That redet die all-
tägliche Erfahrung in See eine so eindringliche Sprache
für diese Auffassung, daß es nicht verwunderlich ist, dieser
wie einem traditionellen Axiom in praktisch-seemännischen
Kreisen zu begegnen. Man darf sagen, je unbefangener,
je weniger — gelehrt der Seemann, um so entschiedener
wird er den Satz vertreten: der Strom wird vom Winde
gegeben, und um so ausschließlicher wird er im Winde
die Ursache der Strömungen erkennen. Auch einige Verfasser neuerer Lehrbücher der Steuermannskunst haben
sich rückhaltlos dieser Ansicht angeschlossen, während
andere, von den eigentlichen Theoretikern beeinflußt, dem
Winde nur eine mehr oder weniger bedingte Einwirkung
auf den Strom zusprechen.

Unter den älteren Theoretikern begegnet man sehr
früh schon einer Unterscheidung von eigentlichen
Meeresströmen und von zufällig vom Winde erzeugten
Triften. Von diesem Standpunkt aus hat Bernhard
Varenius die Strömungen eingeteilt in drei Haupt-

gruppen: die erste bildet die allgemeine Bewegung der Ozeane nach Westen; in der zweiten werden alle nicht in dieser Richtung erfolgenden Ströme aufgezählt unter der Bezeichnung der *motus proprii sive speciales,* die, nur an bestimmten Stellen der Meere vorkommend, sowohl dauernd in derselben Richtung fließen, wie auch zwischen zwei entgegengesetzten Richtungen alternieren können; drittens läßt er dann als zufällige Strömungen (*motus contingentes*) solche folgen, welche bald gespürt werden, bald nicht und deren Ursache der Wind ist. Diese Triften sind nach Varenius in allen Meeren zu finden.

„Denn," sagt er, „da die Luft das Meer berührt, und der Wind nichts anderes ist als eine kräftige Bewegung der Luft und ihr Druck gegen die Erde, darum wird die angetriebene und vorwärts gestoßene Luft versuchen, das Meer von der Stelle zu treiben, und da das Meer eine Flüssigkeit ist und nicht imstande, dem Antrieb und Drängen der Luft zu widerstehen, so wird es sich von der Stelle bewegen, und zwar nach der entgegengesetzten Richtung (als woher der Wind kommt); es wird dabei anderes Wasser forttreiben und dieses wieder anderes und so fort. Da aber immer Wind in der Luft ist, bald hier, bald dort, und meistens auch in verschiedenen Gegenden verschiedene Winde zu gleicher Zeit, so folgt daraus, daß es immer im Meere einige zufällige Strömungen gibt, die in den dem Winde nächsten Gegenden am fühlbarsten sind, und zwar dies darum, weil das Meer, als eine Flüssigkeit, solchem Angriffe sehr leicht nachgibt (*impressionem recipit*)."

Vielfach, namentlich aber in den nördlicheren Breiten, findet Varenius, ·daß die Winde sogar die allgemeine Westströmung ändern können; in anderen Fällen werden sogar einige seiner (lokalen) Strömungen der zweiten Klasse direkt auf Windwirkung zurückgeführt, wie der peruanische Strom auf den stetigen Südwind und die alternierenden Monsunströme bei Ceylon auf den in gleichem Sinne wechselnden Monsun (*Geogr. gen.* 1650, p. 211, 213).

Isaac Vossius geht in dieser Beziehung nicht weiter als Varenius. Alle meridionalen Strömungen werden von Windwirkung hergeleitet, aber von der allgemeinen Westströmung unter den Tropen heißt es ausdrücklich, daß sie von den gleichgerichteten Passaten nicht einmal unterstützt werde (*de motu marium* etc. p. 97), sondern

nur mit diesen einen gleichen Ursprung habe; weil das
Wasser ein schwererer Körper und der Meeresboden un-
eben sei, könne dieselbe Kraft in dem Meer nicht eine
ebenso schnelle Bewegung erzeugen, wie in der leicht
beweglichen und über der ebenen Wasseroberfläche unbehindert dahinströmenden Luft.

Der erste, der in den Passaten die Ursache für die
tropischen Westströmungen erblickte und überhaupt in den
Winden die Hauptursache aller Strömungen, war wohl
Franklin (1775). Gleich nach ihm hat dann Rennell
nach diesem Prinzip eine Einteilung der Meeresströmungen
in zwei Klassen entwickelt: die erste nannte er *Drift
currents*, „Triftströmungen" und schrieb er der unmittelbaren Einwirkung der Passate oder der anderen herrschenden Winde zu. Die zweite Art, seine *Stream currents*,
sollten die Folge einer Stauung jener Triftströmungen
an einer Küste oder einer anderen Trift sein, was Verfasser früher vorschlug mit „Abflußströmung" zu übersetzen. Diese Klasse von Strömungen bewegt sich örtlich
oder zeitweilig auch gegen den herrschenden Wind. Wenn
man die Terminologie von den Wellen (s. oben S. 37)
hierauf übertragen wollte, so könnte man recht wohl die
Triften als „gezwungene", die *Stream currents* als „freie"
Strömungen bezeichnen. Rennell sind darin weitaus die
meisten englischen Geographen und Physiker gefolgt
(Sir John Herschel, Croll, Laughton u. a.), doch erstanden
dieser Auffassung auch Gegner. A. G. Findlay (*Directory for the Navigation of the Pacific Ocean*, 1851, II,
1238) meinte, die Windwirkung könne nur eine ganz-
oberflächliche sein und zwar dürfte sie nicht tiefer greifen,
als höchstens 5 bis 6 Faden (10 Meter); Arago (Poggend.
Ann. 37, 451) ließ nur „wenige Meter" zu; und zwar
dachten beide dabei wohl im wesentlichen an die notorische
Einwirkung des Winds auf die Wellenkämme (s. oben
S. 61), welche einen Transport von Wasser, mit dem
Winde fort, jedem Seefahrer vor Augen führt; die Höhe
der Wellen aber sollte das Maß dafür liefern, wie weit
in die Tiefe solche Verschiebung von Wasserteilen durch
den Wind möglich sei. Darum unterscheiden diese, wie

andere neuere Autoritäten (Mühry, Neumayer), die ‚Triften' als eine ganz vorübergehende, oberflächliche und gewissermaßen ganz zufällige Erscheinung von den eigentlichen tief gehenden „Strömungen", also ganz im Sinne des alten Varenius. — Wir werden die neueren Versuche einer „Windtheorie" der Strömungen gemäß den modernen Untersuchungen über die Bewegung reibender Flüssigkeiten alsbald ausführlicher darzulegen haben, müssen aber noch folgendes einschalten.

Allgemein werden von den bisher genannten, älteren Theoretikern Niveauunterschiede als unerläßliche Bedingung für das Auftreten einer Strömung gefordert. So sagt schon Varenius: „Wasser hat keine andere natürliche Bewegung als die, durch welche es von einem höheren zu einem niedrigeren Ort geführt wird." Es war dabei gleichgültig, ob diese Niveauerhöhung, die der Strom dann ausgleicht, erzeugt gedacht wurde durch kosmische Anziehungen, Dichteunterschiede oder Windstau. Dieser Standpunkt wird sich, wie wir sehen werden, als ein zu beschränkter herausstellen.

Eine zweite maßgebende Auffassung ist nicht bei allen Theoretikern gleich stark betont, einigen der neueren ist sie sogar ganz abhanden gekommen: der Begriff der Kompensation einmal örtlich eingeleiteter Strömungen, welche aus der Kontinuitätsgleichung folgt. Varenius formuliert ihn, soweit ich sehe, zuerst und zwar etwa folgendermaßen: Wenn ein Teil des Ozeans sich bewegt, so bewegt sich der ganze Ozean; denn dieser, seinen alten Platz verlassende Teil bewirkt daselbst eine Niveauerniedrigung, welche von den Nachbarteilchen ausgefüllt wird durch einen Zustrom, dessen Stärke umgekehrt proportional ist ihrem Abstande von jenem Platze. Varenius hat indes versäumt, daraus die Folgerungen für die Meeresströmungen zu ziehen. Das hat dann aber Vossius nachgeholt. Bei ihm spielen die kompensierenden Bewegungen (auch das Wort *compensare* ist oft gebraucht) eine bedeutende Rolle, seine oben erwähnten Stromzirkulationen werden durchweg in dieser Richtung gedeutet (*maria in gyrum volvuntur, sic postulante ipsa natura et constitutione aequoris,* p. 29). Von den Neueren haben eigentlich nur zwei die Bedeutung der Kontinuitätsbedingung für die Meeresströme generell betont: Maury (*Explanations and Sailing Directions etc.* 1852, p. 46), ohne indes dieselben praktischen Folgerungen daraus zu ziehen, wie J. Vossius gethan; und A. Mühry, im einzelnen dann auch F. L. Ekman und S. Fritz. Doch ist in dieser Hinsicht ganz sicherlich bislang nicht genug geschehen, was wir ebenfalls weiter unten werden nachweisen können.

III. Die Theorie der Meeresströmungen.

1. Die Windtheorie nach Zöppritz.

Von allen in der vorher gegebenen historischen Uebersicht beleuchteten Theorien bis auf die letzte, die Windtheorie, war verhältnismäßig leicht nachzuweisen, daß entweder das zugrunde gelegte Prinzip verfehlt und unhaltbar, oder die daraus abgeleiteten Wirkungen von einer nicht ausreichenden Größenordnung sind. Nur die Windtheorie, welche die maßgebende Ursache für die Meeresströme in der Kraftübertragung aus der bewegten Luft auf das darunter liegende Meer erblickt, hat, wie sie ohne Zweifel die älteste ist, sich auch als die bestbegründete erweisen lassen. Freilich erfolgte das nicht auf einem Wege, der die Winde insofern indirekt wirken läßt, als sie zunächst Niveauunterschiede im offenen Ozean bewirken, welche dann wieder durch ihren Ausgleich Strömungen erzeugen, sondern ausgehend von der Adhäsion zwischen der untersten Luftschicht und der Meeresoberfläche konnte der unvergeßliche Zöppritz zeigen, wie von einem kontinuierlichen Winde von stets beständiger Stärke und gleich bleibender Richtung im Verlaufe größerer Zeiträume sich in einer reibenden Flüssigkeit, wie das Wasser ist, eine in der Oberflächenschicht ursprünglich erzeugte Trift allmählich in die größten Tiefen fortpflanzen und schließlich die ganze gegebene Wassermasse nach einem einfachen Gesetze durchdringen kann. (Wiedemanns Annalen der Phys. III, 1878, 582 f. und Ann. d. Hydrographie, 1878, 239 im Auszuge.)

Schon Newton lehrte die Wirkungen der inneren Reibung erkennen. Da die Flüssigkeitsteilchen sämtlich einander anziehen, so wird eine horizontal bewegte Oberflächenschicht von der nächst unter ihr liegenden entweder noch ruhenden oder nur langsamer bewegten Schicht durch die Reibung aufgehalten. Gleichzeitig aber wird, wegen der leichten Beweglichkeit der Wasserteilchen, die ruhende Schicht eine Bewegung im Sinne der darüberliegenden bewegten Schicht, oder ihre langsamere Bewegung eine Beschleunigung nach derselben Richtung empfangen. Die Reibung wirkt also, auf unseren Fall angewendet, auf die schneller strömende Schicht wie eine verzögernde, auf die ruhende oder langsamer strömende Schicht als eine sie mehr und mehr in der Richtung der oberen Schicht forttreibende, beschleunigende Kraft ein. Die Größe dieser Kraft setzte schon Newton proportional der Differenz der parallelen Geschwindigkeiten, um so mehr als diese Differenz zwischen den Nachbarschichten immer nur äußerst klein sein könne; ferner setzte er sie der Flächenausdehnung proportional, mit der sich die Schichten berühren. Von neueren Physikern ist dann angenommen, daß diese Kraft von dem Drucke, der im Innern der strömenden Flüssigkeit vorhanden ist, unabhängig sei (vergl. die Nachweise in Wüllners Physik, I (1874), S. 324).

Nehmen wir unseren Fall speziell heraus, wo die Oberflächenschicht die ursprünglich zuerst und allein in Bewegung versetzte ist, und denken wir uns einen Wind von geringer absoluter, aber durch sehr lange Zeit gleichbleibender Stärke und von konstanter Richtung als die äußere Kraft, welche diese Oberflächenschicht in derselben Richtung mit sich verschiebt, so wird die Endwirkung davon abhängig sein, ob das Wasservolum ein gegebenes, irgendwie seitlich begrenztes oder unbegrenztes ist. Im letzteren Falle, wo wir also eine unendliche Fläche und unendliche Wassertiefe hätten, würde die Geschwindigkeit der Triftströmung an der Oberfläche mit der Zeit stetig wachsen,

ebenso auch die Geschwindigkeit der darunter liegenden
Schichten stetig größer werden, bis endlich die Oberflächentrift ganz dieselbe Geschwindigkeit erlangt hat wie
der Wind.

Anders ist es, wenn bei unbegrenzter Oberfläche
doch die Tiefe eine endliche ist. Am Boden der Wasserschicht wird die unterste Schicht anhaften, also unter allen
Umständen in Ruhe verharren. Bei ebenfalls unendlich
langer Dauer der Windeinwirkung auf die Oberflächenschicht, wie im vorigen Falle, wird dann eine stetig mit
der Zeit wachsende Beschleunigung der obersten Schicht
bis zu dem Maße, daß sie der Windgeschwindigkeit gleich
ist, nicht möglich sein, denn wie der Boden auf die ihm
nächste Schicht verzögernd einwirkt, so diese wieder auf
die darüber liegende und so fort bis zur Oberfläche. Es
wird also dann an dieser letzteren die Trift niemals genau
dieselbe Geschwindigkeit erlangen können, wie sie der
Wind besitzt, sondern etwas weniger, welcher Fehlbetrag
von der Größe der inneren Reibung abhängen, aber im
allgemeinen sehr klein sein wird. In der Wassermasse
selbst aber nehmen die Geschwindigkeiten mit der Tiefe
ab, und zwar sind die Geschwindigkeitsunterschiede zwischen
benachbarten Schichten gleich, d. h. die Geschwindigkeit
nimmt im einfachen Verhältnis zur Tiefe ab. Beträgt die
Geschwindigkeit an der Oberfläche v_0, die ganze Wassertiefe p, so ist dann in der Tiefe x (gleich dem Abstande
x von der Oberfläche) die Geschwindigkeit

$$v_x = v_0 \, \frac{p-x}{p}.$$

Damit ist dann also ein stationärer Zustand vorhanden,
d. h. diese Verteilung der Geschwindigkeiten ist von der
Zeitdauer ganz unabhängig. Sie ist auch unabhängig von
der Größe der inneren Reibung, denn diese wirkt, wie
wir sahen, nur ein auf die Differenz zwischen der Geschwindigkeit des Windes und der Oberflächentrift. Es
bliebe also ganz gleich, ob eine, solcher dauerhaften Windwirkung ausgesetzte Flüssigkeit von unbegrenzter Fläche
aber begrenzter Tiefe aus Alkohol, Oel, Seewasser oder

Syrup bestände; immer würden die Geschwindigkeiten nach unten hin linear abnehmen.

Anders ist es, wenn untersucht werden soll, in welcher Weise in einer vorher ruhenden Flüssigkeit nach Beginn der Windwirkung diese Geschwindigkeiten von der Oberfläche nach der Tiefe hin vordringen, oder wie sich dann nach Ablauf einer gegebenen Zeit die Geschwindigkeiten der verschiedenen tieferen Schichten zu derjenigen der Oberflächenschicht verhalten. Zöppritz untersuchte den Fall, wo die Oberfläche in einer unveränderlichen Geschwindigkeit v_0 erhalten wurde und findet auch hier ein verhältnismäßig einfaches Gesetz, daß nämlich eine beliebige, zwischen Null und v_0 gelegene Geschwindigkeit zu verschiedenen Zeiten in Tiefen auftritt, die sich verhalten, wie die Quadratwurzeln aus den Zeiten. Die Uebertragung der Bewegungen nach der Tiefe ist um so langsamer, je größer die innere Reibung der Flüssigkeit ist. Indem Zöppritz den Reibungskoeffizienten des Meerwassers nach O. E. Meyers Bestimmungen zu 0,0144 ansetzt, wobei Centimeter und Sekunde die zugrunde liegenden Einheiten sind, führte er eine Reihe von Rechnungen aus, die sich nach folgender, von P. Hoffmann angegebenen vereinfachten Formel leicht wiederholen und vermehren lassen:

$$\sqrt{t} = 1736 \cdot x \cdot \frac{v_0}{n},$$

was besagt, daß nach t Sekunden in der Tiefe von x Meter unter der mit der Geschwindigkeit v_0 in Bewegung erhaltenen Schicht die Geschwindigkeit $\frac{1}{n} v_0$ erreicht ist. Daraus ergibt sich für $x = 1$ m nach 24 Stunden die Geschwindigkeit $0,17 v_0$; für $x = 10$ m wird $\frac{1}{n} = 0,017$. Strömt v_0 mit 5 m (oder mit 10 Seemeilen oder Knoten in der Stunde), so wird nach 24 Stunden also in 1 m Tiefe noch nicht ganz 1 m pro Sekunde (2 Knoten in der Stunde) Geschwindigkeit zu finden sein. Nach einem Jahre würde in 10 m Tiefe erst $\frac{1}{8} v_0$, in 100 m Tiefe

aber erst nach 239 Jahren $^1/_2 v_0$ erreicht sein. „Hört
der Wind auf, so bleibt die erregte Strömung zunächst
bestehen und wird nur äußerst langsam durch die Reibung
aufgezehrt." (Hoffmann.)

Aendert sich aber der Wind nach Richtung und
Stärke, so erfolgt das Eindringen dieser Aenderungen
nach demselben Gesetz, wie es für die Uebertragung einer
bestimmten Oberflächenbewegung nach der Tiefe hin gilt;
der Einfluß dieser Aenderungen addiert sich einfach zu
der früher vorhandenen Bewegung hinsichtlich ihrer Stärke,
und die Richtung ergibt sich aus dem Parallelogramm der
Kräfte. Gegenwinde von kurzer Dauer werden also nur
die alleroberesten Schichten beeinflussen und auch diese
nur sehr schwach, die tieferen Schichten werden gar nicht
berührt.

Ist dagegen die Geschwindigkeit und Richtung der Oberflächentrift eine in längeren Perioden alternierende, wie dies von
den Monsunen gilt, „so wird, nachdem dieser periodische Zustand eine unendlich lange Zeit hindurch geherrscht hat, die Geschwindigkeit in jeder Tiefe eine periodische Funktion der Zeit
von gleicher Periode (ein Jahr), aber mit nach abwärts schnell
abnehmer Amplitude der Veränderlichkeit und verzögertem Eintritt der Maxima und Minima. In einer Tiefe von 10 m wird die
Amplitude der jährlichen Oszillation schon auf weniger als $^1/_{13}$
verringert; in 100 m Tiefe wird sie ganz unmerklich. Dort wird
die Geschwindigkeit die dem stationären Zustand entsprechende,
wenn der Oberfläche die mittlere jährliche Geschwindigkeit erteilt wird. Wenn die Tiefen in arithmetischer Reihe abnehmen,
so nehmen die Amplituden der Oszillation in geometrischer ab,
derart, daß in vier Tiefen x_1, x_2, x_3, x_4, die in der Beziehung
stehen, daß der Abstand $x_4-x_3 = x_2-x_1$, die Amplituden $\mathfrak{D}_1$, $\mathfrak{D}_2$,
$\mathfrak{D}_3$, $\mathfrak{D}_4$ im Verhältnis stehen:

$$\mathfrak{D}_4 : \mathfrak{D}_3 = \mathfrak{D}_2 : \mathfrak{D}_1.$$

Je ein Maximum und das darauf folgende Minimum der jährlichen
Oszillation finden sich gleichzeitig in einem Tiefenabstand von
11,9 m."

„Um eine Vorstellung von der Zeit zu geben, welche eine
zur Zeit $t = 0$ beginnende, konstant bleibende Oberflächengeschwin-
digkeit gebraucht, um den Zustand im Innern eines 4000 m tiefen,
vorher ruhenden Ozeans dem stationären entgegenzuführen, dienen
folgende Zahlen. Nach 10 000 Jahren herrscht in der halben Tiefe,
also in $x = 2000$ m, erst die Geschwindigkeit 0,037 v_0 (also nur
3,7 Proz. der oberflächlichen!). Da nach der früher angegebenen
Formel im stationären Zustand hier die Geschwindigkeit 0,5 v_0

herrschen muß, so sieht man, wie weit nach 10 000 Jahren der
Ozean noch vom stationären Zustand entfernt ist. Nach 100 000 Jahren
ist in der genannten Tiefe die Geschwindigkeit schon $= 0{,}461 \, v_0$,
also dem definitiven Werte schon sehr nahe. Nach 200 000 Jahren
weicht sie nur noch in der dritten Dezimalstelle um zwei Einheiten
davon ab.“

Aber auch umgekehrt läßt sich daraus folgern, daß „wenn
vor etwa 10 000 Jahren, also zu einer Zeit, von der jede historische
Kunde fehlt, durch irgend ein kosmisches Ereignis das
Gleichgewicht der Meere in so erheblicher Weise gestört worden
wäre, daß daraus starke Strömungen entstanden wären, so würde
der Einfluß der damaligen Bewegungen in dem jetzigen Strömungs-
zustand sicherlich noch nicht ganz verschwunden sein; er würde
sogar noch heute die Bewegung des Ozeans in den größeren
Tiefen sehr vorherrschend bestimmen, wenn die Erde vollständig
mit einem Ozean von der gleichmäßigen Tiefe von 4000 m bedeckt wäre. Die Unterbrechung des Ozeans durch Land- und
Inselmassen von unregelmäßiger Gestalt wird dazu beitragen, jene
Nachwirkung früherer Bewegungszustände abzuschwächen, weniger
durch die vermehrte Reibung am Bett, als durch die überall entstehenden Reflexionsströmungen, die sich durchkreuzen und verdrängen; indessen muß nach der oben zahlenmäßig nachgewiesenen
langsamen Ausbreitung des Einflusses lokal wirkender Bewegungs-
änderungen in die innere Masse hinein dringend davor gewarnt
werden, daß man sich mit der hergebrachten Redensart, die Reibung brauche alle diese Geschwindigkeiten rasch auf, über die
Schwierigkeiten genauer Berechnung hinaussetze.“

„Es ist hieraus ersichtlich,“ so fährt Zöppritz fort,
„daß bisher der Einfluß der Reibung nach einer Richtung
hin unterschätzt, nach einer anderen überschätzt worden
ist; unterschätzt insofern man glaubte, ihren Einfluß nicht
als einen so tief eindringenden betrachten zu dürfen;
überschätzt insofern man ihr bezüglich der Fortpflanzung
veränderlicher Strömungsbewegungen einen viel zu bedeutenden Einfluß zuzuschreiben pflegte.“ Mehr noch
wurde ihr Wirken nach einer anderen Richtung hin überschätzt, worüber die nachfolgende Untersuchung einigen
Aufschluß geben wird.“

Bisher war die Flüssigkeit unbegrenzt nach zwei
Dimensionen; Zöppritz untersucht nun auch den Fall,
wo eine seitlich begrenzte Wassermasse von der Oberfläche aus durch den Wind in Strömung parallel diesem
Ufer, oder im Falle eines kanalartigen Bettes in der Richtung dieses im übrigen unendlich lang gedachten Kanals,

versetzt wird. Doch sind seine Resultate hier nicht so
überzeugende (Ann. d. Physik a. a. O. S. 602 f.), weil
nur mangelhaft begründete, da die Reibungskonstante
zwischen Luft und Wasser unbekannt ist und Zöppritz
nicht versuchen konnte, die wohlbekannten Stromerscheinungen in fließenden Gewässern oder offenen Leitungen auf
diesen Fall zu übertragen, denn die Bewegungen des
Wassers in solchen Betten sind im wesentlichen durch
das Gefälle, also die Schwerkraft reguliert, welche einen
vorhandenen Niveauunterschied ausgleicht. In solchen
Kanälen läßt sich nun bekanntlich die Geschwindigkeits-
verteilung an der Oberfläche durch eine Parabel ausdrücken, deren Scheitel im „Stromstrich" liegt, d. h. bei
rechtwinkligem Profil, also durchweg gleicher Wassertiefe
genau in der Mitte des Bettes; hingegen für eine Strömung,
die der Wind in einem völlig horizontalen Kanal von gleicher
Tiefe aber großer Breite nach den oben gegebenen Gesetzen erregt, wird nach Zöppritz die Kurve der Geschwindig-
keitsverteilung an der Oberfläche so wenig gekrümmt,
daß sie sich von einer geraden zur Stromrichtung senkrechten Linie nur wenig entfernt, und zwar nähert sie
sich dieser Geraden um so mehr, je größer die Reibungskonstante zwischen Luft und Wasser angenommen wird.
Die Ufer üben danach auf alle Fälle nur einen sehr geringen Einfluß aus.

Ferner läßt sich auch mit Zöppritz annehmen, daß
bei einer unbegrenzten Wasserfläche, aber konstanter
Wassertiefe sehr wohl zwei parallel derselben Geraden,
aber in entgegengesetzten Richtungen fließende Strömungen,
ohne sich zu stören, aneinander grenzen können. Ihre
Scheidefläche ist dann eine ihrer Richtung parallele Vertikalebene, in welcher die Geschwindigkeit $= 0$ ist und
die sich gerade so verhält wie ein festes Ufer. Solange
die Kräfte, von denen jede der beiden Strömungen hervorgerufen ist, unverändert fortdauern, bleibt auch die Bewegung beider stationär und keine Strömung stört die
andere.

Endlich werden, wenn man sich zwei entgegengesetzte
Strömungen übereinander denkt und die Gegenströmung

von der Tiefe x an bis zum Grunde dominiert, in der Oberströmung die Geschwindigkeiten sich genau so anordnen, wie wenn in der Tiefe x ein fester Boden vorhanden wäre. Bei stationär gewordener Bewegung folgt die Geschwindigkeit der darüber gelegenen Wassermasse also wieder der Formel

$$v = v_0 \frac{x_1 - x}{x_1}.$$

Alle diese Folgerungen sind aber nicht ohne weiteres auf die Theorie der Meeresströmungen anzuwenden. Zöppritz selbst beschränkt sie zunächst nach einer Richtung, indem er sagt: „Die Erfahrung lehrt, daß nirgends die Oberflächenschichten des Meeres die mittlere Geschwindigkeit der über sie hinwehenden Luftmassen annehmen, indem bei einigermaßen gesteigertem Wind periodische Bewegungen jener Schichten, Wellen, entstehen, auf deren Seiten der Wind in ganz anderer Weise, nämlich durch Druck auf die Seitenflächen einwirkt, so daß bei noch mehr gesteigerter Geschwindigkeitsdifferenz zwischen Luft und Wasser Zerreißungen des Zusammenhanges, diskontinuierliche, turbulente Bewegungen auftreten. Die oben (der Rechnung) zugrunde gelegte Oberflächenbedingung (daß nämlich die an der Oberfläche gelegenen Teilchen diese nie verlassen) kann also nur für sehr geringe Geschwindigkeiten der Wirklichkeit entsprechen, für größere kann ihr die Wasseroberfläche als Ganzes nicht gehorchen."

Dem gegenüber ist jedoch zuvörderst daran festzuhalten, daß die Triftgeschwindigkeit jedenfalls bei starken Winden größer wird, als bei schwächeren, trotz der Wellenbewegung, die ja, wie wir oben (S. 59) sahen, schon bei sehr geringer Windstärke sich einstellt. Aus den Beobachtungen der Seefahrer ergibt sich sogar, daß die „turbulenten" Bewegungen an der Meeresoberfläche bei gleichbleibender Windstärke nur eine vorübergehende Durchgangsphase der Wellenbildung vorstellen, daß vielmehr bei „ausgewachsener" See das Ueberfallen der Kämme sich vermindert oder gar aufhört (oben S. 61). Dann aber dürfte jedenfalls die Trifterscheinung sich ganz normal vollziehen.

Indes kann das Ueberstürzen der Wellenkämme doch
nur in dem Sinne wirken, daß durch die vorwärts ge-
schleuderten und in die Tiefe eindringenden Wassertropfen
die Impulse in der Richtung des Windes sich schneller
in die Tiefe fortpflanzen, als die Formeln ergeben: ein
Prozeß, der noch durch das Empordringen von vorher
tiefer gelegenen Wasserteilchen an die Oberfläche, an die
Stelle der vom Winde abgerissenen und hinweggeführten
unterstützt wird.   Durch schnelle Steigerung der Wellenhöhe wird dann die Differenz zwischen der Wind- und
der Orbitalgeschwindigkeit der Wasserteilchen kleiner und
so das Stadium der „ausgewachsenen" See erreicht, wo
die Windstärke nicht mehr ausreicht, den Zusammenhang
der Wasserteilchen zu zerreißen. (Vergl. oben S. 75.)
Aus alledem folgt, daß in der Natur alle Bewegungen
und auch alle Aenderungen derselben sich rascher in die
Tiefe fortpflanzen werden, als Zöppritz' Formeln angeben.

Theoretische Einwendungen von allgemeinerer Trag-
weite hat Ferrel gegen die Windtheorie mehrfach erhoben, die darin gipfeln, daß das Bewegungsmoment der
Meeresströmungen ein größeres sei, als das der Luftströmungen, und daß es darum nicht angehe, die Ursache
des größeren Bewegungsmoments des Meerwassers in dem
geringeren der Luft zu suchen.   Schon Hann hat dem
gegenüber sehr richtig eingewendet, daß man hierbei die
Dauer der Windwirkung berücksichtigen müsse.   „Der
jetzige Bewegungszustand der Ozeane ist ein Summations-
effekt der Arbeit, welche die Winde seit unzähligen Jahrtausenden geleistet haben.   Sobald einmal, wie dies jetzt
der Fall ist, der stationäre Bewegungszustand, welcher der
mittleren Geschwindigkeit der Winde entspricht, im Meere
erreicht worden ist, haben dieselben nur den fortwährenden,
aber geringen Bewegungsverlust des Wassers durch die
Reibung zu ersetzen, eine Leistung, welche dem Bewegungsmoment der Winde unzweifelhaft zugeschrieben werden
darf." Die Bewegungsmomente verhalten sich bekanntlich wie die Massen.   Bei gleicher Geschwindigkeit besitzt
also eine Raumeinheit Wasser dieselbe lebendige Kraft
wie 776 räumliche Einheiten Luft.   Aber thatsächlich

besteht dieser große Unterschied darum nicht, weil die Geschwindigkeiten doch sehr verschieden sind: der Passat hat im Mittel mindestens 4 m Geschwindigkeit, die Passattrift selten mehr als 0,5 m. Die Bewegungsmomente verhalten sich aber wie die Quadrate der Geschwindigkeiten, also für die gleiche Raumeinheit von Luft und Wasser danach etwa wie 1 zu 123, nicht wie 1 zu 776.·

Auf ein anderes Bedenken, das ich indes mehr ein formales, als ein sachliches nennen möchte, habe ich zufolge mündlicher Belehrung durch meinen verehrten Freund, Professor Heinrich Hertz, bei einer früheren Gelegenheit schon einmal hingewiesen: nämlich daß die Bewegungsgleichungen, von denen Zöppritz ausgeht, ursprünglich den Vorgängen in kapillaren Röhren gelten. In solchen erfolgen alle strömenden Bewegungen natürlich ganz geradlinig parallel den Wandungen, und sind daher einfache Bewegungen, während in den unregelmäßig gestalteten Ozeanen der Erde kompliziertere Bewegungsformen, vielleicht nach Art der Boussinesqschen Wirbel in Flußläufen, zu erwarten sind. Ich denke dabei im wesentlichen an die noch unaufgeklärte Rolle, welche den sogenannten „Stromkabbelungen", d. h. mit Geräusch verbundenen, kurzwelligen, turbulenten Bewegungen des Meeres, die das Kurshalten des Schiffs sogar erschweren, im Bereiche der großen Triftströmungen zuzuschreiben ist. Schon Kapitän Hoffmann hat empfohlen, das Wasserthermometer in solchen „Kabbelungen" eifrig zu gebrauchen, um etwa aus der Tiefe empordringendes Wasser konstatieren zu können. An den Grenzen („Kanten") der großen Strömungen sind solche Kabbelungen sehr gewöhnlich; sie kommen aber auch inmitten der Triftströme vor, und die Schiffstagebücher der Seewarte enthalten darüber ein reiches Material. Man könnte auch überhaupt an größere Wirbel denken, denen dann die inmitten der Triftströme nicht selten konstatierten, aber immer vereinzelt und vorübergehend auftretenden Gegenströme oder Stromstillen zuzuschreiben wären: alles Fragen, die einer Untersuchung noch harren. Aber folgende Versuchsrechnung mag zeigen, wie häufig solche Gegenströme auftreten. In dem Gebiete zwischen 18° und 20° N. Br. und zwischen 25° und 30° W. Lg. enthalten die *Nine ten-degree squares* etc. in den 6 Monaten, für welche ich Excerpte besitze (Januar, März, Mai, Juli, September, November), zusammen 165 Beobachtungen. Davon ergeben Weststrom, also Passattrift, 63 Proz., Oststrom 10,3 Proz. und Stromstille 26,6 Proz.!

Jedoch will mir scheinen, als wenn überhaupt der Kern- und Angelpunkt der ganzen Zöppritzschen Theorie mehr darin liegt, daß durch den Kontakt der Meeresoberfläche mit der dauernd darüber hinstreichenden Luft Triftströmungen entstehen, welche durch die innere Reibung der Flüssigkeit stetig, wenn auch recht

langsam, in die Tiefe abwärts greifend, schließlich die ganze
Wassermasse in gleichgerichtete Bewegung versetzen können. Das
Maß dieses Eingreifens nach unten hin als Funktion der Zeit auszudrücken, hat mehr ein rechnerisches als praktisches Interesse,
da die Analysis hier (wie meistens) soviele vereinfachende Bedingungen einführen muß, daß eine direkte Anwendung der gewonnenen Resultate auf die vorhandenen Meere der Erde so gut
wie ganz ausgeschlossen ist. Es wird das aus dem Folgenden
noch klarer werden.

2. Stromteilung. Kompensationsströme.

Nach den im vorigen gemachten Darlegungen handelte es sich bisher um nach zwei oder drei Richtungen
hin unendlich ausgedehnte Wassermassen, welche dann
ganz von einem nach Richtung und Stärke konstanten
Luftstrom beherrscht wurden. In einem Falle war die
untersuchte Wasserfläche von zwei parallelen Ufern begrenzt, zu deren Richtung parallel der Luftstrom sich
bewegte. Es handelt sich nunmehr um die Untersuchung
solcher Fälle, wo einmal das Ufer senkrecht zur Windrichtung gelegen ist, während nach den anderen Dimensionen Grenzen nicht gegeben sind, ferner um solche
Fälle, wo der Luftstrom nicht die ganze Wasserfläche
beherrscht, sondern nur einen Teil derselben, und drittens,
wo zu der letzteren Bedingung noch die fernere dazutritt,
daß die untersuchte Wassermasse allseitig begrenzt ist.
Die so umschriebenen Probleme entbehren größtenteils
noch einer exakten analytischen Behandlung.
    Den Fall, daß ein Strom mit gegebener Breite und
konstanter Geschwindigkeit, aus der Unendlichkeit kommend, auf eine geradlinige vertikale Wand stößt, hat
Zöppritz in Anlehnung an Kirchhoff untersucht
(Wiedemanns Annalen VI, 599 f; Ann. d. Hydr. 1879,
155 f.). In gewissen einfachen Fällen läßt sich die Form
des Strahls nach dem Stoße berechnen, so z. B. wenn
die Wand senkrecht gegen die Richtung der Stromaxe
und symmetrisch zu ihr steht. Der Strom teilt sich in
diesem Falle in zwei Hälften von gleicher Breite und
symmetrischer Lage gegen die Achse. Wenn die Wand
XX von unbegrenzter Länge ist, so bewegen sich beide

Stromäste in entgegengesetzter Richtung längs der Wand
hin fort und es entsteht eine Strombegrenzung, wie sie beistehende Fig. 49 darstellt, welche auch die vollkommen

Fig. 49.

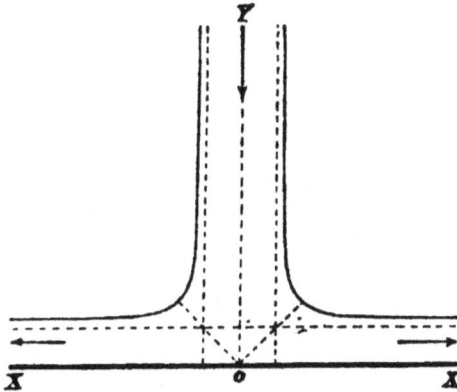

symmetrische Halbierung der Stromhälften zeigt. Jede
dieser letzteren hat in einiger Entfernung vom Teilungs-
punkt genau die halbe Breite des Mutterstroms und dann
auch die gleiche Geschwindigkeit.

Indem man sich die Pfeile der Figur umgekehrt denkt,
erhält man dasjenige Strombild, welches beim Zusammentreffen
von zwei gleich starken und breiten Strömen entgegengesetzter
Richtung, aber parallel entlang der Wandung, zustande kommt.
Ebenso kann man sich leicht zwei auf die Wandung senkrecht
gerichtete Ströme denken, welche in zwei sehr weit voneinander
entfernten Punkten das Ufer treffen, dann sich halbieren und, mit
je einer Hälfte der Wand entlang strömend, in der Mitte zwischen
den beiden Mutterströmen aufeinander treffend, einen Gegenstrom
zusammensetzen. Das sind, wie man sieht, sehr einfache Bewegungen.

Schwieriger wird die Untersuchung, wenn der Strom
unter einem spitzen Winkel auf die Wand trifft, welchen
Fall Zöppritz nicht weiter untersucht hat, wohl aber
P. Hoffmann (Mechanik der Meeresströmungen S. 7),
ohne indes die reiche, über dieses Problem vorhandene
(technische) Litteratur zu erschöpfen, wie ein Vergleich
mit Günther (Geophysik II, 422) zeigt. Ein Fortfließen

des auftreffenden Stroms, vornehmlich nach der Seite des
stumpfen Winkels hin, ist von vornherein anzunehmen.
Aber da Wasserstrahlen nicht Lichtstrahlen sind, so wird
auch ein beträchtlicher Teil des Stromes nach dem spitzen
Winkel hin ausweichen.

Die Formeln für den Stoß des Wassers ergeben, daß der
Druck, denjenigen bei rechtwinkligem Stoß als Einheit gesetzt,
eine Funktion des Winkels α ist, unter welchem der Strom auf-
trifft, und zwar (auf der Flächeneinheit)

$= 2 \sin^2 \frac{1}{2} \alpha$, wenn das Wasser nur nach einer Seite,

$= \sin^2 \alpha$, wenn das Wasser nach beiden Seiten
ausweichen kann, im letzteren Falle im Mittel etwa 0,4 weniger
als im ersteren (vgl. dasselbe Problem in anderem Zusammenhange oben S. 70, Anm.).

Noch gar nicht untersucht ist das Verhalten von
Triftströmen von geringer, endlicher Breite in einer allseitig begrenzten Wassermasse, und da der Weg der
Rechnung vielleicht ganz ungangbar ist, empfiehlt sich
dafür das Experiment als der einzige Ausweg.

Die im folgenden beschriebenen Versuche wurden in einer
rechteckigen Wanne von 30 cm Breite, 60 cm Länge und 6 cm
Höhe angestellt. Zur Erzeugung des trifterregenden Luftstroms
diente ein kleiner Dampfkessel, wie er an Inhalirapparaten sich
befindet. Der aus einem feinen Mundstück ausströmende Dampf
traf, wenn der Apparat passend eingestellt wurde, einen Wasserstreifen von ovaler Fläche mit einer so mäßigen Stärke, dass
Wellen niemals entstanden, sondern eine Trift von etwa 0,1 bis
0,25 m in der Sekunde. Die Bewegungen der Oberfläche ließen
sich durch aufgestreutes Sägemehl, die der tieferen Schichten
durch einen eingeführten Tropfen Tinte leicht und deutlich sichtbar machen. War gleichzeitig noch ein zweiter Luftstrom nötig,
so wurde dieser durch Anblasen einer gebogenen, engen Röhre
erzeugt, doch war einige Uebung erforderlich, bis der so hervor-
gebrachte Luftstrom gerade stark genug gehalten werden konnte,
daß er eine deutliche Trift, aber daneben keine Wellen erzeugte.
Durch Ansatz von Gummihütchen (Säugern von Kindertrink-
flaschen), in welche passende Löcher eingebrannt waren, ließen
sich auch zwei Luftströme von beliebig divergenter Richtung herstellen. — Wurde nicht die ganze Wasserfläche gebraucht, so
konnten beliebige Teile derselben durch aus Blech gefaltete, bewegliche Wände von ⊥-artiger Gestalt abgeschützt werden, wobei
auch gebogene Uferlinien sich durch Einschieben von Blechstreifen
in die senkrecht stehende Falte des Schützes beliebig formen
ließen.

Eine Reihe zu diesem Zwecke angestellter Versuche ergab folgende Resultate.

Ein Luftstrom, welcher nahe der luvwärts gelegenen Wand das Wasser traf und dasselbe von der Wand hinweg in das Becken hinaustrieb, erregte mit dem „gezwungenen" Strom, den wir kurzweg die Trift nennen wollen, zugleich ein ganzes System anderer Strömungen. Zunächst bewegte sich von allen Seiten in den Rücken der Trift Wasser herbei, um das davongetriebene zu ergänzen. Dieses selbst breitete sich schnell garbenartig aus, indem die äußersten Stromfäden sehr frühe, nach erst kurzer, zurückgelegter Strecke, rückwärts umbogen und in den Rücken der Trift zu gelangen suchten. Die mittelsten Stromfäden setzten geradlinig ihren Weg bis zur gegenüberliegenden Wand fort, wo sie sich teilten, um entlang den Rändern des Gefäßes Gegenströmungen zu bilden, welche ebenfalls in den Rücken der „gezwungenen" Trift einlenkten.

Dieser einfachste Versuch, der in den nachstehenden Abbildungen mehrfach in Variationen wiederkehrt, zeigt also, wie lediglich durch eine „gezwungene" Trift eine doppelte horizontale Zirkulation an der Wasseroberfläche zum Vorschein kommt: rechts von der Trift ein Stromring sich drehend in gleichem Sinne mit dem Zeiger der Uhr, links von der Trift ein entgegengesetzt drehender Ring. Es ist die Kontinuitätsbedingung, welche das veranlaßt. Wasser ist eben eine zusammenhängende, unelastische Flüssigkeit, für welche die von Varenius schon sehr klar vorgeschriebenen Gesetze der Kompensation jeder teilweisen Verschiebung der Oberfläche gelten: *cum pars Oceani movetur, totus Oceanus movetur!* Namentlich wurde auch die Bemerkung desselben alten Geographen klar bestätigt, daß die Geschwindigkeit, mit der die Teilchen in Strömung sich versetzen, abnimmt mit dem Abstande von der „gezwungenen" Trift, welche den störenden Antrieb repräsentierte. So waren da, wo der Luftstrom die Wasserfläche zuerst berührte, die Strömungen von den Seiten her überaus lebhaft, dagegen erfolgten die Bewegungen an der entfernt gegenüberliegenden Wand sehr träge und

langsam, nur wenige Millimeter in der Sekunde betragend.

Dieses Bedürfnis der Kompensation im Rücken der
eingeleiteten Bewegung trat am klarsten auf, wenn zwei
nur wenig divergierende Luftströme gleichzeitig zwei gezwungene Triften erregten. Beistehende Figur 50 gibt

Fig. 50.

ein Schema der alsdann in der Wanne eintretenden Bewegungen; wobei hinzugesetzt sein mag, daß hierfür nur
die halbe Wanne, durch Einsetzen passender Blechstreifen,
benutzt war. Die beiden starken Pfeile bedeuten die beiden
eigentlichen „Triften", die kurzen Pfeile die dadurch erregten Kompensationsströme. Man bemerkt, wie in dem
Raume zwischen den zwei nur wenig divergierenden Triften
sich eine sehr lebhafte Gegenströmung entwickelt, die
ihre Zufuhr nicht etwa erst von der fernen Gegenwand
leewärts her bezieht, sondern aus den Seitenpartien der
gezwungenen Trift selbst. An jeder äußeren Flanke der
beiden Triften bemerkt man dann wieder die beiden Stromkreise, symmetrisch angeordnet, aber in entgegengesetztem
Sinne rotierend. Nur die Räume inmitten dieser beiden
äußeren Zirkulationen enthielten völlig ruhendes Wasser;
ebenso zwei nahe der Ursprungsstelle der eigentlichen

Triftströme nach innen zu gelegene zentrale Strecken von geringerer Ausdehnung. Sonst war diese ganze, abgeschlossene Wassermasse überall in Strömung versetzt, die sich noch minutenlang konservierte, nachdem die Luftströme aufgehört hatten.

Durch entsprechend in der Wanne abgeschützte Gliederungen der Wassermassen ließen sich eine ganze Reihe von Strombildern erzeugen, die aus dem allgemeinen Gesetz der Kontinuität auch leicht zu erklären waren. Schon Isaac Vossius hatte die hauptsächlichste Folgerung aus diesem Gesetze gezogen: daß die Stromgeschwindigkeit im umgekehrten Verhältnis stehe zum Querschnitt des Strombettes, und den Satz auf die Meeresströmungen und ihre Verstärkung in allen Verengungen ihres Bettes, so auch an allen vorspringenden Vorgebirgen und Festlandspitzen angewendet (*de motu marium etc.* p. 28: *ipsa rerum natura exigit, ut ubi angustior sit canalis, ibi intensior sit aquarum cursus*). Indem die Wanne durch eingesetzte Schütze die in nachstehender Figur 51 abgebildete Gliederung erhielt (wo die starken Linien die festen Wände bedeuten), ließ sich zwischen *A* und *b* eine Strömung von außerordentlicher Kraft herstellen. Auf dieser bezeichneten Strecke war die Stromstärke übrigens beinahe ebenso groß, wenn die aspirierende Trift bei *B* ganz fehlte. Diese Figur enthält eine Nachahmung eines Teils des nordatlantischen Strömungsgebietes und wird uns später noch einmal beschäftigen.

Dasselbe gilt von der folgenden Figur 52, in der man unschwer eine experimentelle Nachahmung des Stromsystems im zentralen Teil des Atlantischen Ozeans wieder erkennt. An der vorspringenden Spitze des an der rechten Seite der Wanne angedeuteten Festlands war die Stromstärke ebenfalls eine ganz außerordentlich große.

Endlich wurde auch der Fall untersucht, wo zwei Strömungen kollidierten. Erzeugen wir in Figur 53 einen Oststrom in schmalem Bette, das nur von Norden her im Rücken der Trift eine Kompensation gestattet, so ist durch diese seitliche Verengung der Strom ein sehr abgegrenzter, wenn er die südliche Wand ostwärts verläßt.

Fig. 51.

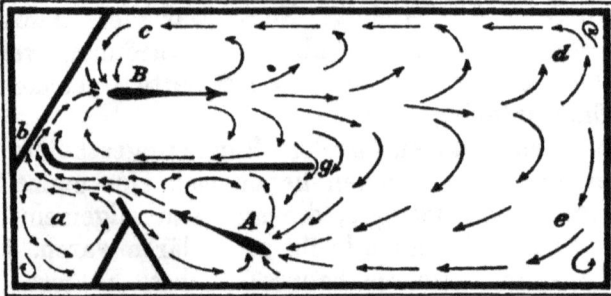

Fig. 52.

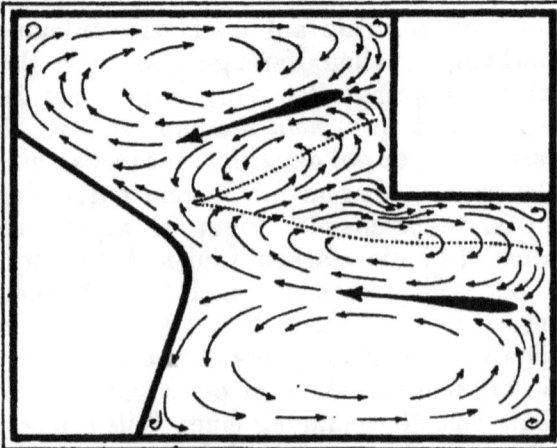

Fig. 53.

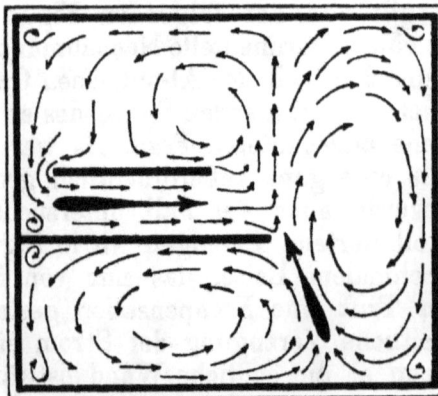

Wird nun an dieser Stelle eine Trift in der Richtung nach *NNW* erzeugt, so wird der Oststrom abgelenkt und zwar je nach dem Verhältnis der Stärke dieser beiden Komponenten, mehr oder weniger recht nach Norden. Auch hierfür bieten sich mehrere Strömungen der irdischen Meere zum Vergleich dar.

Die Kontinuitätsbedingung, welche verhindert, daß im Wasser leere Räume entstehen, gibt auch die Erklärung für die zahlreichen Gegenströmungen, welche in seitlich von Hauptströmen gelegenen Winkeln auf unseren Stromfiguren sehr klar zum Vorschein kommen. Der Seemann nennt solchen Strom „eine Neer", ein Ausdruck, der verdient in die wissenschaftliche Terminologie aufgenommen zu werden (ich finde denselben bereits in dem Hamburgischen Handbuch der Schiffahrtskunde vom Jahre 1819, S. 394 empfohlen; auch die Gezeitentafeln der Kaiserlichen Admiralität bedienen sich desselben mehrfach). Eine schöne „Neer" zeigt Fig. 51 in dem südwestlichen Seitenbecken südlich *a*; auch Fig. 53 zur Linken der die Ablenkung erzeugenden Trift. Ihr Vorkommen an den ozeanischen Küsten ist ein ganz allgemeines, sie haben große und kleine Dimensionen, wie im fünften Teil dieses Kapitels vielfach darzulegen sein wird.

Die Neerströme in unregelmäßig und die Kompensationsströme in regelmäßig gestalteten Wasserbecken fallen zum Teil zusammen mit den von Ekman beschriebenen sogen. Reaktionsströmen (*Nova acta Reg. Soc. Upsal.* Ser. III, 1876). Mit hydrotechnischen Untersuchungen an schwedischen Flußmündungen beschäftigt, fand er diese seitlichen Kompensationsströme bezw. Gegenströme in Mündungsbuchten oder in Binnenseen sehr deutlich ausgeprägt. Indes zeigte sich ihm vor der Mündung der Göta-Elf in den Elfsborgsfjord eine Erscheinung, welche beweist, daß bei starkem Kompensationsbedürfnis eine seitliche Zufuhr allein nicht genügen kann, sondern auch der Auftrieb von unten her eingreift, sodaß dann weiter in See sogar eine dem ausfließenden Flußwasser entgegengesetzte Tiefenströmung vorhanden war. So deutlich war diese Erscheinung, daß sie sich sowohl

in der Verteilung des Salzgehalts in den verschiedenen
Tiefen, wie direkt mechanisch durch Treibbojen kennt-
lich machte. Das aus der Tiefe innerhalb des Mündungs-
gebietes geschöpfte Wasser war nicht nur salziger, sondern
auch durchsichtiger als das fast süße, an Sinkstoffen sehr
reiche Wasser der Göta-Elf. Aus der Verteilung des
Salzgehalts, wie nachfolgende Tabelle (nach den Befunden
Ekmans am 5. August 1875) sie zeigt, erkennt man den
Auftriebstrom unterhalb der eigentlichen Mündung von
1,8 m abwärts bis zum Boden sehr deutlich. (Der Salzgehalt ist in Promille angegeben, Tiefen und Distanzen
aus schwedischen Faden und Fuß in Meter und Kilometer
umgewandelt; man beachte, daß der Salzgehalt im gleichen
Abstand von der Oberfläche näher der Mündung wächst.)

| Tiefe | Abstand von der Mündung (km) | | | | | | | | | |
| | Seewärts | | | | | Stromaufwärts | | | | |
(m)	5,6	4,2	3,0	1,8	0,5	0,9	2,1	3,3	4,5	5,5
0	18,77	16,07	14,30	17,28	9,15	5,59	4,47	2,25	0,83	0,27
1,8	19,44	17,08	18,53	17,80	20,97	19,48	16,24	7,13	3,38	1,26
3,6	20,13	20,26	20,48	21,16	21,16	20,85	20,60	20,27	20,03	19,89
5,3	20,69	21,10	21,10	21,51	21,44	21,07	20,97	20,97	20,66	
7,1	20,89	20,96	21,76							
8,9	21,56	21,93			(in 5 m Tiefe)					
12,5	22,59									

Auch dieser Fall ließ sich experimentell, mit einer
Modifikation freilich, nachahmen. In dem Wasserbecken
wurde durch zwei lange Schütze ein Kanal von 5 cm

Fig. 54.

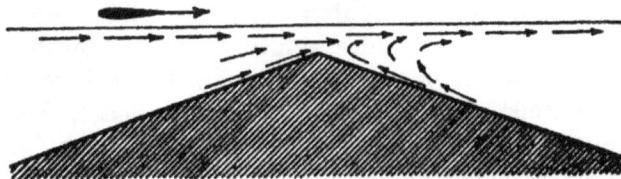

Breite hergestellt, dessen Boden durch einen entsprechend
gebogenen Blechstreifen die in Fig. 54 im Querschnitt

gegebene dachförmige Böschung erhielt. Wurde nun,
nachdem je ein Tropfen Tinte zu beiden Seiten des unter
Wasser liegenden Firstes angebracht war, ein Luftstrom
über den Kanal hin geführt, so zeigten sich die in der
Figur angegebenen Stromvorgänge: das Bedürfnis nach
Kompensation war leewärts der Bodenschwelle so stark,
daß Wasser aus der Tiefe aspiriert wurde. Dieser Auftriebstrom der Tiefe war so kräftig, daß kleine, auf dem
Abhang angebrachte Farbenkörnchen (Preußischblau, Kar-
min) von der windwärts gelegenen Seite aus bergauf
wanderten und den Kamm überschritten, wo sie dann,
durch den Gegenstrom aufgehalten, liegen blieben. Es
ist danach nicht zu bezweifeln, daß bei unvollständiger
Kompensation der Trift von den Seiten her, eine solche
aushilfsweise von unten her, durch Erzeugung eines Auf-
triebstroms erreicht wird.

Triften mit aufsteigender Kompensation ließen sich
auch so erzeugen, daß zwei Luftströme nach zwei entgegengesetzten Seiten hin gleichzeitig in einem Kanal
(von gleicher Wassertiefe) auf die Oberfläche einwirkten
(Fig. 55). Farbenkörnchen oder Tintentropfen am Boden

Fig. 55.

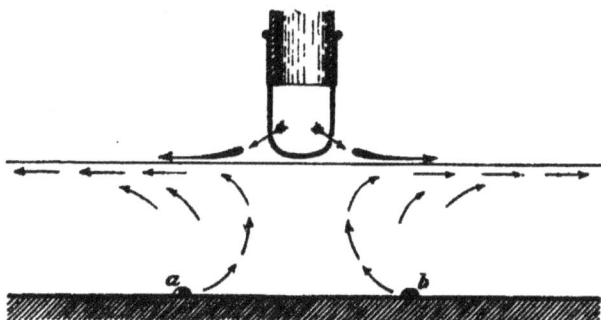

bei *a* und *b* angebracht zeigten sehr bald eine aufsteigende
Bewegung im Wasser an, wie die Strompfeile andeuten.
(Die Luftströme wurden durch Anblasen einer Röhre erzeugt, die mit einem Gummihütchen verschlossen war, in
welchem an zwei gegenüberliegenden Stellen Löcher eingebrannt waren.)

Auch für diese Experimente glauben wir später Beispiele aus den Ozeanen beibringen zu können. Für das erstere (Fig. 54) berufen wir uns auf gelegentliche Beobachtungen von Alexander von Humboldt im Karibischen Meere, wo er beim Passieren von Bänken zwischen Inseln die Wassertemperaturen an der Meeresoberfläche sinken sah, was er schon in derselben Weise erklärte, wie die obige Figur ersehen läßt: durch Mischung der Oberflächenschichten mit aufgestiegenem Tiefenwasser (Reise, deutsch von Hauff, Taschenausgabe, Bd. VI, 363). Wenn Humboldt aber diese Beobachtung dahin verallgemeinerte, daß solche aufsteigende Wirkung auch überall über und an isolierten Bänken oder entlang den Küsten vorkomme, so ist das nicht durch die Beobachtung bestätigt worden. Während der Weltumsegelung der französischen Fregatte „Vénus", Kapt. Du Petit-Thouars, wurde gerade diesem Punkte eine besondere Aufmerksamkeit zugewendet (*Voyage, tome* IX, Paris 1844, p. 353 f., bes. 367), und sind mehrfach Beispiele beigebracht, wo die Berührung und das Ueberschreiten von sehr flachen Bänken keine merkliche Erniedrigung der Oberflächentemperatur zur Folge hatte. Solche ist nur da zu erwarten, wo die seitliche Kompensation unzureichend ist, sei es, daß die Strombreite sich zu stark verringert, sei es, · daß die Stärke der Strömung besonders groß wird. Letztere Fälle führen dann hinüber zu den Auftrieberscheinungen in Lee von Inseln, die wir bei anderer Gelegenheit dargelegt haben (s. S. 311).

3. Ablenkung der Strömungen durch die Erdrotation.

Wie schon bei früheren Gelegenheiten berührt wurde (S. 254, 332), werden alle horizontalen Bewegungen auf der Erdoberfläche, wofern der zurückgelegte Weg lang genug ist, eine Ablenkung durch die Erdrotation erfahren, welche das bewegte Teilchen auf der nördlichen Hemisphäre nach rechts, auf der südlichen nach links aus seiner geradlinigen Bahn herausdrängt. Dieses Eingreifen der Erdrotation ist ganz unabhängig von dem Azimuth der Bewegung, erfolgt also nicht nur bei nordsüdlicher, sondern ebensogut auch bei ostwestlichen Bewegungen; und zwar wird diese „Rotationskraft" ausgedrückt durch die Formel

$$N = 2\,\omega\,v\,sin\,\beta,$$

wo ω die Winkelgeschwindigkeit der Erde ($= 360^0 : 86164$ Sekunden $= 0,00007292$), v die Geschwindigkeit der Bewegung (in Meter pro Sekunde) und β die geographische Breite bedeutet. Die Rotationskraft ist also abhängig von der Geschwindigkeit der bewegten Teilchen und wächst außerdem polwärts mit dem *Sinus* der Breite. Am Aequator selbst ist sie Null, am Pole erreicht sie ihr Maximum mit dem Werte $2\,\omega v$.

Den elementaren Beweis dieses Satzes gab Zöppritz in den Verh. des II. deutschen Geographentages in Halle (1882), S. 47; vgl. ferner Günther, Geophysik I, 221; Sprung, Meteorologie, S. 21; Hoffmann, Meeresstr. 10 f.

Daß eine solche Tendenz der Bewegungen, aus ihrer Bahn abzulenken, auch für die Meeresströmungen im Princip gelten müsse, darüber kann gegenwärtig irgend welcher Zweifel nicht ausgesprochen werden, denn der Satz hat eine ganz allgemeine Geltung. Aber es fragt sich, in welchem Maße diese Tendenz überhaupt bei den sehr langsamen Meeresströmungen wahrnehmbar werden kann gegenüber den sehr viel kräftigeren Anforderungen der Kompensation und gegenüber den stetig neu wirksamen Impulsen seitens der Winde in den Triften. Bei Geschossen kann diese Tendenz nicht wahrnehmbar werden, weil die zurückgelegte Wegstrecke und die währenddem verstrichene Zeit zu kurz ist. Bei den Winden dagegen ist sie eine Erscheinung, welche unbezweifelte Geltung besitzt und auch nur in solchen Fällen unmerklich wird, wo bei geringer Windstärke (v) jede Bewegung überhaupt durch die starke Reibung an der rauhen Erdoberfläche behindert wird. Aber schon die Thatsache, daß alsdann der Wolkenzug gegenüber dem so aufgehaltenen Unterwinde meist sehr deutlich die von der Theorie geforderte Ablenkung demonstriert, beseitigt alle Bedenken, die etwa hieraus genommen werden könnten. Ueberall tritt diese Rotationskraft aber da zutage, wo auf der Erdoberfläche ein bewegter Körper ihr ausschließlich folgt;

er bewegt sich alsdann in einer sogenannten „Trägheitskurve", die sehr nahe einem Kreise gleicht und deren
Krümmungsradius durch die Formel

$$r = \frac{v}{2\,\omega\,\sin\beta}$$

bestimmt ist. — Ueberhaupt aber kann die Rotationskraft
bei den Meeresströmen nur ein geringes Maß erlangen,
weil die Größe v immer sehr klein bleibt. Bei den
Aequatorialströmen macht sie 0,5 m in der Sekunde, im
Floridastrom außerhalb seiner Engen 2 bis höchstens 2,5 m,
bei vielen anderen Strömungen noch nicht 0,2 m in der
Sekunde (= 10 Seemeilen täglich) aus, während Luftbewegungen von solcher Ordnung nicht einmal als Stärkegrad 1 der Beaufortskala (= 3 m nach Köppen) und als
„Stille" oder „ganz leichter Zug" registriert werden würden,
für welche eine ablenkende Einwirkung durch die Erdrotation kaum zu konstatieren ist.

Hoffmann gibt für den Fall, daß die Geschwindigkeit v konstant bleibt und es sich nur um kleine Weg-
strecken handelt, den linearen Betrag d der Ablenkung
für den zurückgelegten Weg b:

$$d = \frac{b^2}{v}\,\omega\,\sin\beta.$$

Nehmen wir eine Geschwindigkeit von 0,5 m und
eine Wegstrecke von einer Seemeile (1852 m), so ist die
Ablenkung aus der geradlinigen Bahn auf der Trägheitskurve darnach anzusetzen:

in	5°	Breite =	43,6 m,
„	15	„ =	129,5 „
„	30	„ =	250,0 „
„	50	„ =	383,0 „
„	70	„ =	470,0 „

Diese Ablenkung bezieht sich aber, wohlgemerkt, nur auf
einen Massenpunkt, der sich mit konstanter Geschwindigkeit über die Erdoberfläche hin bewegt, ohne anderen
Kräften zu gehorchen. Die Wasserteilchen dagegen werden
stetig und überall entweder geschoben oder gezogen und
diese aus der Natur der Flüssigkeit selbst sich ergebenden

an sich schwachen Bewegungen wird die Erdrotation kaum stark deformieren können.

Es ist außerordentlich schwer, Beispiele von Strömungen aufzufinden, wo diese Ablenkung seitens der Erdrotation klar und unverdeckt zutage kommt, auch nicht unter höheren Breiten. Selbst der allgemeine Fall, den Hoffmann hierfür speziell geeignet erklärt, daß ein Meeresstrom aus dem Bereiche derjenigen Kraft herausgetreten ist, welche ihn hervorgerufen hat, und nunmehr seinen weiteren Weg nach der Trägheitskurve richte, scheint nirgends in reiner Form vorzukommen, denn überall macht sich alsbald vor solchem „freien“ Strom ein neuer Zwang geltend, nämlich im Rücken eines benachbarten „gezwungenen“ Stroms Kompensation zu leisten. Man kann hierbei dann aber annehmen, daß die Rotationskraft solchen Strom aus dem geraden Weg zu dieser kompensationsbedürftigen Stelle seitlich abdrängt, auf der nördlichen Halbkugel nach rechts, auf der südlichen nach links.

So würde in Fig. 52 die durch die punktierten Linien abgegrenzte östliche Kompensationsströmung, wenn sie ganz auf der nördlichen Halbkugel verläuft, mit dem nördlichen Aste stetig an das Land, mit dem südlichen an die benachbarte Triftströmung gedrängt werden. Und den Fall gesetzt, daß in Fig. 50 der Aequator zwischen der linken Trift und der zentralen Gegenströmung läge, die linke Trift also auf der südlichen Hemisphäre nach *WSW*, die rechte Trift auf der nördlichen nach *WNW* strömte, so würde die Gegenströmung stets stark gegen den Aequator und die *WSW*-Trift andrängen, also gegen diese eine sehr scharfe Kontur (Stromkante) bilden, dagegen von der benachbarten *WNW*-Trift sich weniger stark abheben. Wird endlich für Fig. 53 eine Lage auf der südlichen Halbkugel angenommen, so würde in einigem Abstande von der Kollisionsstelle die zusammengesetzte Strömung vielleicht mehr nach links gedrängt erscheinen, als die Zeichnung angibt. Wir werden später im einzelnen zu erörtern haben, wie weit solche Einwirkungen in der Natur erkennbar sind.

Wenn also der Einfluß der Erdrotation auf die eigent-

lichen Strombahnen nur schwer erkennbar sein dürfte, so
ist er doch von merklicherem Einfluß auf die Gestaltung
der Meeresoberfläche über dem Stromgebiet. Es werden
dadurch Abweichungen von der Niveaufläche hervorgerufen,
welche sich berechnen lassen, wie Mohn kürzlich gezeigt
hat (Pet. Mitt. Ergh. 79, Gotha 1885, S. 10).

Die Niveaufläche ist bekanntlich gegeben durch die
Richtung der Schwere an dem betreffenden Orte, indem
jene sich überall senkrecht gegen diese, die Lotrichtung,
einstellt. Die Rotationskraft aber zieht ein jedes die
Oberfläche bildendes Wasserteilchen der Trift seitwärts
mit einer Kraft $= 2\omega v \sin \beta$. Die Resultierende dieser
Rotationskraft und der Schwere bildet einen Winkel η
mit der Vertikalen, und die Oberfläche des Wassers stellt
sich nunmehr senkrecht zu dieser Resultante, bildet also
einen Winkel η mit der Niveaufläche. Auf der nördlichen
Hemisphäre hebt sich die Oberfläche des Wassers nach
der Rechten hin, wenn man in der Richtung mit dem
Strome sieht. Solange die Bewegung andauert, hält in
der schiefen Wasseroberfläche die Komponente der Rotationskraft derjenigen der Schwere das Gleichgewicht, da von
anderen Kräften, wie Zentrifugalkraft, Reibung u. dergl.
hier abgesehen werden darf. Es ist also

$$2\omega v \sin \beta \cdot \cos \eta = 2g \sin \eta; \; tang\, \eta = \frac{\omega \sin \beta}{g} v,$$

wo g die oben S. 7 gegebene Bedeutung hat. Dieser
Winkel η wird also von der Stromstärke und geographischen Breite abhängig sein, übrigens im ganzen den
Wert einer Bogensekunde selten überschreiten. Die so
erhaltene, unregelmäßig gebogene Fläche nennt Mohn die
Windfläche. Er konstruierte sie, indem er von den
stromlosen Punkten inmitten zweier Strömungen des Nordmeeres ausging, wo die Windfläche am tiefsten steht, und
nach den Küsten zu Linien zog, welche die Strombahnen
senkrecht trafen. Entlang diesen Profillinien erhebt sich
alsdann die Wind- oder Triftfläche.

Der Betrag dieser Erhebung wurde stufenweise berechnet,
indem, bei gegebenem Neigungswinkel η zwischen zwei um die
Strecke a voneinander entfernten Punkten der Profillinie, der

rechts liegende Punkt höher liegt um $h = a\,tang\,\eta$ (den Wert von tang η gibt obige Formel direkt). Für den innersten, tiefsten Teil, wo der Abstand von dem (stromlosen) Ausgangspunkte der ganzen Profillinie zu rechnen ist, bediente sich Mohn der parabolischen Formel $h = \frac{1}{2} a\,tang\,\eta$, wo dann η nach dem Werte am rechten Endpunkte von a bemessen ist. So wurde die ganze Wasseroberfläche entlang einer größeren Zahl von Profilen nivelliert und die gefundenen Niveauunterschiede in eine Karte eingetragen, wo sich aus denselben Isohypsen konstruieren ließen, welche die Abweichungen der Triftfläche von der Niveaufläche zeigen. (Vgl. a. a. O. Taf. II, Fig. 4, eine Triftfläche vom europäischen Nordmeer, wo der höchste Niveauunterschied 2 m beträgt, indem am Ausgange des Skagerrak die Meeresoberfläche um soviel höher steht, als in der Mitte des stromlosen Gebiets in ca. 68° n. Br. und 2° ö. L.)

Aus der oben schon ausgesprochenen Bemerkung, daß bei diesem Eingreifen der Rotationskraft, nachdem die Niveauerhöhung erlangt ist, Gleichgewicht vorhanden sein muß, erledigen sich die Erörterungen über vertikale Wasserzirkulationen, welche Witte mehrfach von diesen Niveauunterschieden abgeleitet hat (Ann. d. Hydr. 1880, 192; Zeitschr. für wiss. Geogr. 1880, 52); die von demselben Autor als daneben bedeutsam gedachte Windwirkung erklärt diese Thatsache allein hinreichend.

4. Rückblick. Konstruktion von Stromsystemen.

Fassen wir die im vorigen erlangte Resultate kurz zusammen, so lassen sich dieselben etwa so formulieren:

1. Ein hauptsächlicher Teil der Meeresströmungen ist aufzufassen als „gezwungene" Triftbewegung, veranlaßt durch den am Orte herrschenden Wind, dessen mittlere Richtung und Stärke für die mittlere Stromrichtung und -Stärke maßgebend ist.

2. Eine andere Gruppe von Strömungen und ein integrierender Bruchteil aller Strömungen besteht in Kompensationsströmungen, welche den Abgang des abgetrifteten Wassers in den luvwärts gelegenen Partien des Triftgebiets decken sollen.

3. Eine dritte Gruppe von Strömungen beruht auf Ablenkungen der Triften durch das Festland; wir nennen sie freie Ströme, die indes sehr schnell in Kompensationsströme übergehen.

4. Die ablenkende Kraft der Erdrotation kann im ganzen für die so langsamen Stromphänomene der Meere nur von untergeordneter Bedeutung sein, dürfte indes auf diejenigen Strömungen, welche ganz oder teilweise zu den „Kompensations-" und „freien" Strömen zu rechnen sind, Anwendung finden.

Wenn wir diese Grundsätze als maßgebend annehmen, so wäre die Aufgabe nicht aussichtslos, für einen beliebigen Ozean von gegebener Konfiguration und bekannten Windverhältnissen angenähert die Stromvorgänge zu konstruieren. Ein erster Versuch nach dieser Richtung liegt in der That bereits vor, ein Meister der Geophysik, Mohn hat ihn angestellt, indem er so die Strömungen im europäischen Nordmeer entwarf (Pet. Mitt. Ergh. 79, S. 8).

Um die mittleren Windverhältnisse zu finden, empfiehlt Mohn die mittlere Luftdruckverteilung im Jahre aus den Barometerbeobachtungen an Küsten und an Bord von Schiffen festzustellen. Die danach für das betreffende Gebiet entworfene Isobarenkarte ergibt dann aus den Formeln für das barische Windgesetz die örtlichen Windrichtungen und Windstärken für eine größere Anzahl passend gewählter, über das ganze Gebiet verteilter Punkte. Auch diese Werte werden dann kartographisch eingetragen. Um nun die Triftgeschwindigkeit von der Windstärke abzuleiten, sucht Mohn empirisch die im zentralatlantischen Passatgebiet für eine gewisse mittlere Windstärke sich ergebende mittlere Stromstärke und setzt diesem Wert proportional auch die Effekte der anderen Windstärken fest. Die Stromrichtungen werden dann nur nach der Küstenkonfiguration des untersuchten Meeresgebietes, wo nötig umgeändert, aber im ganzen mit denen der Winde laufend angenommen, bis auf geringe Modifikationen, welche durch lokale Dichteunterschiede im Meerwasser bedingt sind.

Im einzelnen mögen späterhin an dieser Methode Aenderungen erforderlich scheinen, doch ist sie im ganzen als ebenso kühn wie glücklich gefunden zu bezeichnen. Die Formeln, aus denen Richtung und Geschwindigkeit der herrschenden Winde gefunden werden, lauten:

$$\frac{\mu}{\rho} \, G \sin \alpha = 2 \, \omega w \sin \beta,$$

$$\frac{\mu}{\rho} \, G \cos \alpha = kw,$$

$$tang \, \alpha = \frac{2}{k} \, \omega \sin \beta.$$

Hierin bedeutet μ die Konstante 0,00012237; G den barometrischen Gradienten in Millimeter Quecksilberdruck auf einen Meridiangrad (60 Seem., 111 km); α den Ablenkungswinkel des Windes von der Richtung des Gradienten; w die Windgeschwindigkeit (m pro Sek.); ρ den Druck eines Kubikmeters Luft (in Kilogramm), dividiert durch die Beschleunigung der Schwere ($2\,g$), d. h. also für trockene Luft von 0^0 bei 760 mm Luftdruck am Meeresniveau unter 45^0 Br. $= 0,1319$; für feuchte Luft ist der Wert ρ veränderlich mit dem Barometerdruck b, dem Dunstdruck e (beide in mm) und der Temperatur t^0 C. nach der Formel:

$$\rho = 0,04737 \cdot \frac{b - 0,3779\,e}{273 + t}.$$

Weiter bedeutet k den Friktionskoeffizienten für das offene, wellenbewegte Meer gleich 0,000035; für eisbedecktes Meer ist derselbe größer, etwa 0,00008 (über ω vgl. S. 363). — Danach ließen sich auf der Isobarenkarte die herrschenden Winde mit zugehöriger Stärke eintragen, und Mohn erhielt so in der That das, was er zunächst brauchte, die Resultante der im Jahre durchschnittlich wehenden Winde (vgl. auch Sprung, Meteorologie, S. 119 f.). Um nun das Maß für die stromerzeugende Kraft des Windes zu finden, entnahm er den mehrfach erwähnten meteorologischen Tabellen für die Aequatorialregion des Atlantischen Ozeans (*Square 3* und *Nine ten-degree Squares between 20⁰ n. lat. and 10⁰ south. lat. etc.*) diejenigen Fälle, in denen der Strom in derselben oder nahezu derselben Richtung als der herrschende Wind ging, dessen Stärke durch die Beaufortskala ausgedrückt war. Für jeden Monat wurde das Mittel aus allen Zahlenreihen genommen und schließlich daraus ein Mittelwert für das Jahr berechnet. Das Resultat war für die untersuchten neun Zehngradfelder folgendes, wobei betont sei, daß die Mittel mit Rücksicht auf die Anzahl der benutzten Fälle und nach entsprechend verteilten Gewichten berechnet wurden.

Zehngradfelder	Windstärke (Beaufort)	Stromstärke Seem. in 24 St.	Zahl der Fälle
2 . . . 4	3,5	18	103
3	3,3	15	142
38 . . 39 . . 40 . .	4,1	11	198
301 . . 302 . . 303 . .	4,1	16	215
Mittel	3,9	15	658

Nach den bekannten englischen Tafeln (s. oben S. 68) entspricht ein Stärkegrad 3,9 Beaufort einer Windgeschwindigkeit von 10 m pro Sek.; und so erhält Mohn das Resultat, daß eine Windgeschwindigkeit von 1 m einen Stromeffekt von 1,5 Seem. in 24 Stunden ergibt (oder 0,0322 m pro Sekunde). Rechnen wir hingegen nach Köppens Reduktionsvorschrift, so erhalten wir für den Stärkegrad 3,9 Beaufort nur 6,85 m; somit für jeden Meter Windgeschwindigkeit einen Trifteffekt von 2,19 Seemeilen in 24 Stunden. Für die eisbedeckte Ostgrönlandsee setzte er den Effekt von 1 m Windgeschwindigkeit nach den Befunden bei verschiedenen Eistriften geringer, und zwar von der Eiskante mit 1,5 Seem. landwärts westlich kontinuierlich abnehmend bis 0,4 Seem. an der Küste Ostgrönlands.

Die Methode wird nicht leicht schärfer zu präcisieren sein, als Mohn gethan; uns will scheinen, als wenn sie dann schließlich doch bei der Ermittlung der eigentlichen Trifterzeugung durch den Wind mit so großen Fehlerquellen zu rechnen hat, daß sie im ganzen für den gegenwärtigen Standpunkt unserer Kenntnis noch zu scharf sein dürfte. Auch wäre es ratsamer, statt die Windstärke aus den analytischen Formeln des barischen Windgesetzes zu berechnen, rein empirische Beziehungen zwischen Gradient und Windstärke aus den synoptischen Karten der Seewarte zu entnehmen, wozu Vorarbeiten vorliegen (Der Pilote I, S. 19). Kapitän Dinklage fand nämlich für den Nordatlantischen Ozean den Gradienten:

Für die Windstärke (Beaufort)	9	8	7	6	5	4
In 30° bis 40° Br. = ...	2,8	2,3	1,8	1,5	1,1	0,8
In 40° bis 50° Br. = ...	3,3	2,7	2,2	1,7	1,4	1,1

Auch weiterhin läßt sich der Gradient sehr genähert dem *Sinus* der Breite proportional annehmen. Man hätte demnach den Gradienten für Windstärke 9 auf 58° Br.

$$G = 3,3 \text{ mm} \cdot \frac{\sin 58°}{\sin 45°} = 3,9 \text{ bis } 4,0.$$

Jedenfalls aber ist das Verfahren Mohns erheblich einem viel älteren vorzuziehen, auf welches Hoffmann bereits hingewiesen hat und das von dem französischen Hydrographen *de Goimpy*, wie es scheint, zuerst (1765) angegeben worden ist (nach Cialdi, § 1086): Darnach soll nämlich die Geschwindigkeit des Wassers sich verhalten zu der des Windes umgekehrt wie die Quadratwurzeln aus den Dichtigkeiten. Da Wasser 776 mal schwerer ist als Luft, so würde man darnach immer als Trift etwa 1/28 oder 0.036 der Windgeschwindigkeit erhalten. Also für die Windstärke des frischen Passats von 8 m in der Sekunde eine

Triftströmung von 0,29 m in der Sekunde oder von noch nicht 10 Seem. in 24 Stunden. Wie Hoffmann hier richtig bemerkt, sollte damit ausgedrückt werden, daß die lebendige Kraft der Wasserbewegung die des Windes nicht übersteigen könne, was aber darum ohne Wert ist, weil der Zeitdauer der Windwirkung dabei nicht Rechnung getragen wird. Allerdings ist erfahrungsgemäß dieser Windwirkung eine gewisse Grenze gesetzt, indem auch bei heftigem Winde im offenen Ozean Oberflächenströmungen von mehr als 2 m in der Sekunde (100 Seemeilen in 24 Stunden) nur in den seltensten Fällen zur Beobachtung gelangt sind. Es mag dies, in übrigens nicht näher aufzuklärender Weise, mit der Wellenbewegung zusammenhängen.

Wenden wir uns nunmehr nach diesen orientierenden Ausführungen unserer Aufgabe zu, für einen einfach begrenzten Ozean, der zwischen zwei um ca. 90° von einander abstehenden Meridianen sich von Pol zu Pol ausdehnen soll, das Stromsystem zu finden, so würde die Untersuchung etwa folgendes ergeben.

Das System der Winde wäre, vorausgesetzt daß die begrenzenden Meridiane nicht die Küstenlinien von sehr breiten Festlandflächen vorstellten, so angeordnet, daß jederseits zwischen 25° und 5° Br. Passate, jenseits 35° Br. Westwinde herrschen. In höheren Breiten als 65° dürfte man, entsprechend den theoretischen Untersuchungen von Ferrel und übereinstimmend mit den Befunden von Cook und J. C. Roß im hohen Süden wieder östliche Winde als dominierend annehmen; ferner unter dem Aequator die Kalmen des aufsteigenden, in 30° Br. die des absteigenden Luftstroms, im letzteren Falle mit dem Maximum des Luftdrucks im Osten der Zone.

Die Passate werden Triftströmungen von gleicher Richtung, wie sie selber befolgen, erzeugen, also polwärts von 5° Br. westgehende Bewegungen. Dazwischen wird, wie Fig. 50 lehrt, eine östliche Gegenströmung auftreten, welche in den Rücken der Passattriften das zur Kompensation erforderliche Wasserquantum wenigstens zu einem Teil zurückliefert. Bei dem Anprall der Passattrift gegen das Westufer werden die Strömungen polwärts abgelenkt, aber nach der Verteilung des Luftdrucks sind dort gleichgerichtete Winde (auf der nördlichen Hemisphäre südöstliche, auf der südlichen nordöstliche) zu

erwarten. Indes macht sich obendrein das Kompensationsbedürfnis im Rücken der vom Westwinde jenseits 40° Br.
erzeugten ostgehenden Trift fühlbar, welches bei der
großen mittleren Kraft dieser Winde ein sehr intensives
Einströmen auch von der polwärts gelegenen Seite dieser
Trift her veranlassen wird. Weiterhin werden die West-
windtriften an der Ostküste sich teilen und mit ihrem
Hauptarm ebenfalls kompensierend zur Passattrift zurückkehren. Die Stromzirkel in den höheren Breiten sind
danach so leicht wie das ganze Strombild verständlich,
welches wir auf unserer schematischen Figur 48 oben
dargestellt haben. Wie so im allgemeinen, so werden
wir auch im letzten Abschnitte dieses Kapitels die meisten
Stromfiguren unserer irdischen Ozeane im Hinblick auf
die gegebenen Windverhältnisse und Kompensations-
bedürfnisse „in den Bereich des Notwendigen zurückführen", d. h. erklären können.

IV. Methoden der Strombeobachtung.

Bevor wir in eine ausführliche Darlegung der Meeresströmungen der einzelnen Ozeane eintreten, haben wir
uns Rechenschaft abzulegen über die Methoden, mit deren
Hilfe die Kenntnisse von diesen ozeanischen Bewegungen
erlangt werden. Wir erhalten erst dann einen gesicher-
ten Standpunkt, von dem aus die überlieferten Daten für
die örtlichen Stromrichtungen und -Stärken kritisch sich
würdigen lassen.

Das gewöhnlichste Verfahren, Meeresströmungen im
offenen Ozean zu konstatieren, beruht auf der sogenannten Schiffsrechnung. Jeder Schiffsführer ist verpflichtet,
alltäglich des Mittags die geographische Position seines
Schiffes nach Breite und Länge in das Tagebuch einzu-
tragen. Bei hellem Wetter wird durch Beobachtung der
Sonne und des Chronometers diese Position leicht gewonnen. Gleichzeitig aber läßt sich aus den seit dem
letzten Mittag notierten Angaben über den gesteuerten
Kurs und die Fahrtgeschwindigkeit des Schiffes durch

eine einfache Rechnung mit Benutzung geeigneter Tafeln
der gesteuerte mittlere Kurs und die auf diesem zurückgelegte gerade Distanz seit dem vorigen Mittage schnell
finden. Diese aus der Schiffs- oder Loggerechnung sich
ergebende zweite Position, auch das „gegißte Besteck"
(*gissen* = schätzen) genannt, wird sich nun gewöhnlich
nicht vollkommen decken mit dem „astronomischen Besteck". Indem man nun die Richtung, in welcher das
astronomische Besteck vom gegißten liegt, als „Stromrichtung", die zwischen beiden Punkten vorhandene
Distanz als Stromstärke während des „Etmals", d. i. der
Zeit von einem Mittag bis zum andern, ansieht, erhält
man die sogenannte „Stromversetzung", welche dann
ebenfalls im Schiffstagebuch notiert wird.

Dieses Ergebnis ist natürlich, wie man leicht einsieht, nur *cum grano salis* als richtig zu verwenden. In
Wahrheit enthält die „Stromversetzung" die Summe aller
Fehler, welche bei der Loggerechnung mit untergelaufen
sind. Diese Fehler setzen sich zusammen einmal aus der
wirklichen Strömung, zweitens aus den Irrtümern in
Kurs und Distanz, und den Fehlern der astronomischen
Ortsbestimmungen, namentlich im Gange des Chronometers.
„Wie groß diese Fehler," bemerkt dazu P. Hoffmann
auf Grund eigener Erfahrung, „unter Umständen, namentlich beim Kreuzen und Beiliegen werden können, ist
schwer zu schätzen. Schon der Umstand, daß verschiedene Knotenlängen für das Logg in Gebrauch sind, beweist die Unsicherheit der Messung. Beispielsweise
würden die geloggten Distanzen eines englischen und
eines deutschen Kriegsschiffes bei einer Geschwindigkeit
von 10 Seemeilen pro Stunde eine Differenz von 4,7 Seemeilen nach Ablauf von 24 Stunden ergeben. Da ferner
von ersteren die stündlichen Notierungen (der Fahrtgeschwindigkeit) auf Achtel, von letzteren auf Zehntel
eingetragen werden, so wird der Unterschied schwankend
und kaum scharf zu erkennen sein. Zwischen den Logge-
abmessungen der Kauffahrteischiffe bestehen noch viel
größere Differenzen." Das gilt von dem gewöhnlichen
Logg; das Patentlogg mag diesen Bedenken nicht unter-

liegen, verliert aber dafür bei geringer Fahrtgeschwindigkeit sehr leicht seine Verläßlichkeit.

Der gesteuerte Kurs ist abhängig von der Annahme,
die man macht über die abtreibende Einwirkung des
Windes auf das seinen Kurs verfolgende Schiff: „Diese
Schätzung," sagt P. Hoffmann, „entzieht sich jeder Kontrolle und ist lediglich individuell." Dazu kommen
Fehler im Steuern, beruhend auf widrigem Seegang oder
nicht gehörig erkannter Deviation auf eisernen oder
armierten Schiffen. Endlich darf auch die astronomische
Position nicht als absolut genau angesehen werden; nach
einer neueren Diskussion dieses Gegenstandes von Professor Rogers berichtet Hoffmann, daß der mittlere Fehler
einer einzelnen Beobachtung auf See nahezu 3 Seemeilen
beträgt.

Aus alledem ergibt sich, daß Stromversetzungen von
weniger als 10 Seemeilen im Etmal schon als sehr un-
sicher erscheinen und nur dann Interesse gewinnen, wenn
die Besteckführung an Bord eine über allen Zweifel
sorgfältige ist, was nur von einigen wissenschaftlichen
Expeditionen gelten kann. Ueberhaupt aber wird eine
Stromversetzung von weniger als 5 Seemeilen mit Recht
immer als „kein Strom" notiert. Außerdem wird bei
sehr großen, während eines Etmals zurückgelegten Distanzen, wie bei den modernen Dampfern, die erhaltene
Stromversetzung auf das ganze durchmessene Gebiet sich
beziehen, was der Ermittelung von Stromgrenzen und
lokalen Strömungserscheinungen überhaupt ungünstig ist.

Da man nun aber mit Admiral Fitz-Roy annehmen
darf, daß die meisten der eben aufgezählten Irrtümer der
Loggerechnung zufällige sind, d. h. ebenso oft nach der
einen, wie nach der andern Richtung fallen können, so
würden sie sich von selbst eliminieren, wenn man für
eine und dieselbe Stelle im Meer eine sehr große Anzahl von solchen „Stromversetzungen" sammeln könnte,
denn dann würde die wirkliche Strömung zutage kommen,
wenn aus sämtlichen Einzelfällen ein Mittelwert für Richtung und Stärke berechnet würde. Das setzt allerdings
voraus, daß die Strömung an sich etwas konstantes ist,

während doch sehr viele Strömungen notorisch gewissen Variationen sowohl nach Richtung wie Stärke mit den Jahreszeiten unterliegen, die zum Teil in eine völlige Umkehr des Stroms übergehen können: dann würde eine „mittlere jährliche Stromrichtung" für solchen Raum etwas ganz Abstraktes, in Wirklichkeit niemals Vorhandenes ergeben. Daher muß bei solchen statistischen Zusammenstellungen auf die Jahreszeit oder den einzelnen Monat zurückgegangen werden.

Will man dieses statistische Verfahren einschlagen, so steht man vor der neuen Schwierigkeit, wie denn der mittlere Strom nach Richtung und Stärke aus einer großen Zahl von Einzelfällen zu berechnen sei. Eine hierfür wirklich alle Bedenken vermeidende Regel ist noch nicht gefunden worden. In vielen Fällen empfiehlt sich als das einfachste eine kartographische Verwertung der einzelnen Stromangaben, indem diese entsprechend der Mittagsposition für das Ende des Etmals (bisweilen auch nach der Position des Schiffs um Mitternacht) in die Karte eingezeichnet werden. Es läßt sich dann meist am einfachsten eine mittlere Stromrichtung von der Karte ablesen, wofern es sich um Gebiete bezw. Monate mit einigermaßen konstantem Strom handelt.

Zu letzterer Verwendung geeignet und bestimmt sind die Strombeobachtungen, welche in den von der deutschen Seewarte herausgegebenen Heften „Resultate meteorologischer Beobachtungen von deutschen und holländischen Schiffen für Eingradfelder des Nordatlantischen Ozeans" enthalten sind. Auf eine Mittelberechnung ist ausdrücklich daselbst verzichtet (A. d. Archiv der deutschen Seewarte, I. Jahrg. 1878, S. 76, 6). Indes geht bei dieser Methode völlig ein Urteil darüber verloren, wie oft in dem betreffenden Eingradfelde kein Strom beobachtet wurde.

Sehr unvollkommen muß das Verfahren der einfachen arithmetischen Mittel genannt werden. Haben wir beispielsweise in irgend einem Eingradfeld die vier Stromversetzungen: *NW 10 Seemeilen, SW 8 Seemeilen, NO 4 Seemeilen, SO 6 Seemeilen*, so erhalten wir zunächst als mittlere Stromstärke 7 Seemeilen. Die mittlere Richtung finden wir am bequemsten, wenn wir die Striche der Kompaßrose numerieren (rechts herum zählend, also *NzO* mit 1, Nord mit 32 bezeichnend) und dann die jedem Strich zukommende Nummer in die Summe einfügen, also hier $\frac{1}{4}(28 + 20 + 4 + 12) = 16$, also = Süd. Das rohe arithmetische

Mittel aus obigen vier Stromversetzungen wäre also *S 7 Seemeilen*.
Es kommt hierbei nicht zum Ausdruck, daß die beiden Stromversetzungen mit westlicher Komponente die kräftigeren waren,
am kräftigsten aber die erste der aufgeführten, welche sogar eine
Komponente nach *N*, also der mittleren Strömung entgegensetzt,
enthält.

Darum hat man vorgeschlagen, ein mechanisches Mittel
in- der Weise zu finden, daß man die Resultante aus einem System
von Kräften aufsucht, welche mit der Richtung und Stärke der
einzelnen Stromversetzungen auf einen Punkt einwirken, was also
eine einfache „Koppelrechnung" bedeutet, wie sie mit der sogenannten „Strichtafel" oder „Gradtafel" der Handbücher der
Steuermannskunst sich sehr schnell ausführen läßt (z. B. in
A. Breusing, Nautische Hilfstafeln, Tafel VII oder VIII). Obiges
Beispiel würde sich darnach so gestalten:

NW 10 *Seemeilen*	gibt	*N 7,1*	. . . .			*W 7,1*
SW 8	„	„	. . . *S 5,7*	. . . .		*W 5,7*
NO 4	„	„	*N 2,8*	. . . .	*O 2,8*	. . . .
SO 6	„	„	. . . . *S 4,2*	.	*O 4,2*	. . . .
	Summe:	*N 9,9*	*S 9,9*		*O 7,0*	*W 12,0*

Nord- und Südzug heben sich auf, und der Körper wird mit einer
Geschwindigkeit von 12,9 — 7,0 = 5,9 Seemeilen in 24 Stunden
nach Westen bewegt. — Hieran ist wieder auszusetzen, daß die
mittlere Stromstärke kleiner ausfällt, als in 3 von den 4 beobachteten Fällen, und vermutlich um so kleiner sich herausstellen
wird, je größer die Zahl der verkoppelten Einzelfälle ist. Dem
Seemann aber liegt sehr daran, zu erfahren, mit welcher durchschnittlichen Stärke überhaupt Stromversetzungen in dem betreffenden Gebiete zu erwarten sind. Darum schlug 1859 Strachan
vor, zwar die Stromrichtung durch Koppelrechnung zu ermitteln,
aber als mittlere Stromstärke das rohe arithmetische Mittel
aus allen einzelnen beobachteten Stromstärken einzuführen. Letzteres Verfahren ist denn auch mehrfach befolgt worden, so in
den *Currents and Surface Temperatures of the North Atlantic*,
herausgegeben vom *Meteorological Committee* 1872. Daselbst sind
aber auch in Gebieten stark wechselnder Stromrichtungen zwei
oder mehrere Gruppen aus der großen Zahl der Einzelfälle gebildet worden, um aus ihnen dann wieder gesondert zwei oder
mehrere mittlere Stromrichtungen zu berechnen.

P. Hoffmann findet auch an diesen Methoden den großen
Nachteil, daß die Fälle, wo kein Strom beobachtet ist, nicht
ersichtlich werden. „Die beste Art," meint er, „aus einer großen
Zahl von Einzelbeobachtungen zu einem Ueberblick über die that-
sächlichen Verhältnisse zu kommen, dürfte sein: alle Beobach-
tungen zusammenzustellen, der Richtung nach getrennt nach
Quadranten; aus den Quadranten das arithmetische Mittel für die
Geschwindigkeit zu berechnen und die Stromrichtung nach vier
Quadranten neben den Stromstillen anzugeben nach Prozenten

aus der Gesamtzahl der Beobachtungen (welche aufzuführen ist).
Die in der Sammlung der oft erwähnten *Nine ten-degree squares*
befolgte Methode nähert sich dieser Anordnung und läßt an Ueber-
sichtlichkeit der Resultate, unbeschadet der weiteren Verwendbarkeit der Einzelbeobachtungen, nichts zu wünschen übrig." In
den meisten Fällen, auch wo stark divergente Stromversetzungen
vorkommen, wäre die von der deutschen Seewarte in dem Atlas
des Atlantischen Ozeans (Taf. 22—25) zur Darlegung der mittleren
Windverhältnisse (mit Beachtung der Stillen!) gebrauchte, graphische Methode mindestens .ebenso übersichtlich und jedenfalls
einfacher auszuführen, wofern nur ein reichliches Material vorliegt, so daß das Zukommen neuer Einzeldaten das Gesamtbild
nicht erheblich modifiziert.

Nur unter besonderen Umständen sind noch einige
andere Methoden zu verwenden, um Strombeobachtungen
zu erhalten. Liegt ein Schiff in flachem Wasser vor
Anker, so kann die Strömung durch Auswerfen des
Loggs oder eines anderen Treibkörpers, der dem Winde
keine merkliche, über das Wasser hervorragende Fläche
darbietet, gefunden werden. In offener See hat man wohl
bei Tieflotungen die bis zum Meeresgrunde reichende,
mit einem mehrere Zentner wiegenden Lote beschwerte
Leine einem ausgesetzten Boote übergeben, von dem aus
dann ebenfalls die Strömung beobachtet werden konnte,
wie von einem verankerten Schiffe aus.

. Schon sehr früh, vermutlich schon vor Beginn der
großen überseeischen Entdeckungen im 15. Jahrhundert,
scheint den Seeleuten bekannt geworden zu sein, daß
Meeresströmungen nicht mit gleicher Geschwindigkeit in
der Tiefe sich bewegen wie an der Oberfläche. In der
Lebensbeschreibung des Kolumbus von seinem Sohne
findet sich die Thatsache überliefert, daß der Entdecker
Amerikas am 13. September 1492, etwa in 27° N. Br.
und 40° W. Lg. sich mit Hilfe des Senkbleis überzeugt
habe, daß die Strömungen daselbst nach Südwesten
setzten. Schon Sir Humphrey Gilbert beschreibt ausführlich ein solches Experiment, als zu seiner Zeit (ca.
1570) etwas sehr gewöhnliches; nur daß statt des einfachen Bleilotes ein schwerer Körper (ein großer Kessel
oder zwei an den Zipfeln eines Segels befestigte Kanonen-
läufe oder dergl.) an der Leine in die Tiefe hinabgelassen

wurde, während man das freie Ende der Leine einem
ausgesetzten Boote übergab. Natürlich kann so nur die
Differenz zwischen der unteren und der oberflächlichen
Stromstärke zur Wirkung kommen, doch reichte sie wohl
vielfach aus, die Leine in eine schiefe Stellung zu bringen,
woraus dann die Richtung des Stromes sich entnehmen
ließ (vgl. Kohl, Geschichte des Golfstroms, S. 25).

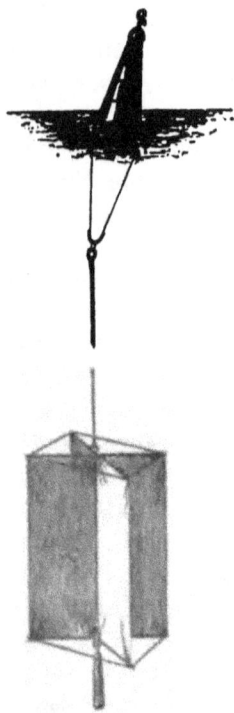

Einen besonders für Strombeobachtungen sowohl an
der Oberfläche, wie in irgend einer beliebigen Tiefenschicht bestimmten Treibkörper zeigt
die in beistehender Figur abgebildete
Stromboje, welche ursprünglich von
der Kieler Kommission zur Untersuchung der deutschen Meere und
später von der „Challenger"-Expedi-
tion (Thomson, *The Atlantic*, I, 363)
systematisch angewendet worden ist.
Eine aus Eisenblech gefertigte doppel-
konische Boje trägt an einer Leine
unter sich den eigentlichen, mit dem
Bleilot beschwerten Treibkörper, zwei
einander durchdringende, mit geöltem
Segeltuch überspannte Rahmen, welche
sich, während der Apparat nicht in
Gebrauch ist, zusammenklappen lassen.
Indem man die Leine zwischen der
Boje und dem Rahmen entsprechend
lang nimmt, kann man auch die
Strömung in der Tiefe beobachten,
die, wenn ihrer Richtung nach vom
Oberflächenstrom verschieden, sich aus
einer einfachen Rechnung finden läßt,
da ja die Boje der Resultierenden aus
den beiden auf das Ganze einwirken-
den verschiedenen Strömen folgt. Da indes bei diesem
Apparat die Flächen der beiden Treibkörper, der Boje
und des Rahmens, nicht gleich sind, also auch der Druck-
effekt der Strömungen auf beide verschieden ausfällt, so
empfiehlt Sigsbee (*Deep Sea sounding and dredging*,

Fig. 56.

pl. 5) die auf Fig. 57 abgebildete Modifikation von Professor Mitchell. Als Gewicht dient ein oben offenes
Gefäß aus emailliertem Eisenblech von 20 cm Durchmesser und 30 cm Höhe; als Schwimmer eine Flasche
von gleichen Dimensionen in ihrem cylindrischen Teil,
nur daß darüber ein Kegel von 8 cm Höhe den Flaschen-
hals bildet, der durch einen Kork verschlossen wird.
Das untere Gefäß, an einem entsprechend langen Drahte

Fig. 58.

Fig. 57.

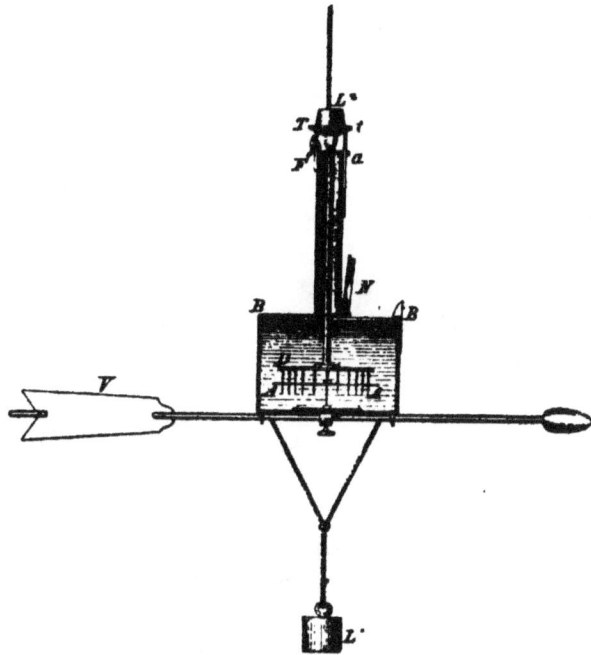

aufgehängt, wird solange mit Schrotkörnern beschwert,
bis (im Seewasser) der Schwimmer ganz mit seinem
cylindrischen Teil eingetaucht ist. Mit diesem Apparat
erlangte Sigsbee im Floridastrom und im Golf von Mexiko
sehr befriedigende Resultate.

    Um die Stromrichtung in größeren Tiefen auf hoher
See zu messen, hat Aimé eine andere Vorrichtung konstruiert (Fig. 58; *Annales de chimie et phys.*, 3me sér.,

t. XIII, 1845, p. 461, und Zeitschr. f. allg. Erdkunde,
N. F., III, 1854, S. 170 und Taf. 3). Der Apparat besteht im wesentlichen aus einer Art Windfahne V, die
fest an einer cylindrischen Büchse BB befestigt ist und
welche, durch ein Lot L an der Leine versenkt, sich
unter der Einwirkung des Stroms einstellt wie eine
Wetterfahne zum Wind. Die Büchse enthält an ihrem
Boden eine Strichrose, in deren Mitte die Kompaßnadel AA
auf einer Spitze balanciert. Nachdem der Apparat, in
die Tiefe versenkt, sich zum Strome eingestellt hat, so
gibt die Achse der Fahne im Verhältnis zur Nordrichtung der Magnetnadel die Richtung des Stromes an, die
nun fixiert werden muß, bevor man den Apparat auf-
holt. Zu diesem Zwecke ist über der Kompaßnadel ein
Reif D mit 32 Zähnen angebracht, der durch eine Führung mit einem Stab verbunden ist, welcher nach oben
hin aus der Büchse herausführt und sich oben zur Fläche T
verbreitert. Läßt man nun an der Lotleine ein Gewicht L^2
herabgleiten, so drückt dieses den Zahnreif auf die Kompaßnadel herab und arretiert diese in der Stellung, welche
sie im Momente einnimmt. Durch die mit einem Deckel N
verschlossene Oeffnung der Büchse wird diese Richtung
nach dem Aufholen des Apparates abgelesen. — Das
Instrument hat noch bei weitem nicht die Anwendung
gefunden, die es verdient; es ist auch gewiß noch in
mancher Weise verbesserungsfähig. Schon die Anwendung von Draht würde die vielfach sehr störende Torsion
der Leine vermindern. Selbstverständlich darf beim Loten
mit diesem Apparat das Schiff selbst keine Fahrt haben,
weshalb er früher nur bei völliger Windstille angewendet
wurde.

Befindet sich das Schiff in geringen Tiefen vor Anker,
so lassen auch die verschiedenen hydrometrischen Regi-
strierapparate sich zur Messung von Stromrichtung und
-Geschwindigkeit ebenso gut in See verwenden, wie in
Flußläufen des Landes (vgl. Beschreibung derselben von
A. R. Harlacher, Hydrometrische Apparate und Methoden, Leipzig 1881).

Nur als rechnerischer Versuch von Interesse ist die Anleitung von de Tessan (in Du Petit-Thouars, *Voyage autour du monde sur la Frég. La Vénus*; tome X, p. 168) aus der Neigung der Lotleine bei Tieflotungen die Geschwindigkeit des Stromes zu berechnen. Für den Fall, daß Klavierdraht verwendet wird, wo man den Unterschied zwischen dem Gewicht des Drahts und des von diesem verdrängten Wassers, ebenso wie die Reibung, vernachlässigen darf, bedarf es nur der Messung des Winkels α des Drahts mit der horizontalen, der abgelaufenen Länge L des Drahts, das Gewicht des Lotes P und des Umfangs des Drahts c, um nicht nur die gelotete Wassertiefe p, wie auch die Geschwindigkeit der ganzen Wassermasse v zu finden. Es ist dann sehr genähert

$$p = L \sin\alpha \left\{ 1 + \frac{1}{3} \cos^2\alpha + \frac{1}{5} \cos^4\alpha + \cdots \right\}$$

$$v^2 = P : (kc\,L\,tang\,\alpha),$$

worin k eine Konstante, in Metermaß ungefähr 5, bedeutet.

Hieran lassen sich passend die Versuche anreihen, durch ausgeworfene schwimmende Gegenstände, die man dem Strom zum Forttragen überläßt und die dann von diesem irgendwo einer Küste oder einem andern Schiffe in See zugeführt werden, die Richtung desselben festzustellen. Es soll dann die Verbindung des bekannten Ausgangs- mit dem Fundpunkte einen ungefähren Anhalt für die von dem Gegenstande unter Einwirkung des Stroms zurückgelegte Richtung und Strecke gewähren. Man bedient sich dazu einfacher Flaschen, in welche ein Zettel mit darauf verzeichnetem Datum und Schiffsort (und sonstigen Angaben) verschlossen wird, und die man bisweilen, um sie der Wirkung des Windes zu entziehen, mit Sand beschwert, während von anderen dies darum für unpraktisch gehalten wird, weil kleine Seetiere an solchen treibenden Flaschen sich festsetzen und deren Gewicht ohnehin vergrößern, so daß sie schließlich ganz versenkt werden könnten. Für jedes deutsche Kriegsschiff besteht die Verpflichtung, allmittäglich eine solche Flasche über Bord zu werfen. Viele Führer von Handelsfahrzeugen befolgen diesen Gebrauch freiwillig, und die den aufgefundenen Flaschen entnommenen Zettel, vom nächsten deutschen Konsulat an die Seewarte übersandt, werden von dieser regelmäßig als „Flaschenposten" in den „Annalen der Hydrographie" publiziert. Die Richtung, welche eine solche Flasche unter der Einwirkung des Oberflächenstroms genommen hat, kann nun freilich nur in den allerseltensten Fällen, wenn das Land sehr nahe ist, mit der geraden Linie vom Abgangs- zum Fundorte identisch sein. Demnach sind solche Flaschenposten nur *cum grano salis* als Indizien für die Stromrichtung zwischen den zwei gegebenen Punkten anzusehen, obgleich sie unter Umständen ganz interessante Resultate liefern können (vgl. das richtige Urteil Petermanns in dessen Geogr. Mitteil. 1870, 240). Zur Ermittelung der Stromgeschwindigkeit sollten sie aber nur dann verwendet werden, wenn sie in See, außer dem Bereich jeder Gezeitenströmung aufgefunden wurden; am Strande und in dessen Nähe können sie nicht nur Tage, sondern Wochen hindurch hin- und hergetragen sein, ehe sie jemand findet, zumal an den außereuropäischen und spärlich bewohnten Küsten. Weitaus die Mehrzahl solcher ausgeworfener Flaschen pflegt denn auch überhaupt nicht wiedergefunden zu werden.

Will man solche Flaschentriften systematisch zur Feststellung eines Stromes verwenden, so ist also jedenfalls erforderlich, auf einmal große Mengen derselben gleichzeitig auszusetzen. Vgl. die von dem Pariser Professor Pouchet in dieser Hinsicht angestellten, zum Teil sehr originellen Versuche, in den *Comptes rendus* 1885, II, tome 101, p. 1029; er verwendete 10 Kupferhohlkugeln von 30 cm Durchmesser mit eigentümlichem Ballast, 20 Bierfäßchen zu je 16 Liter, gefüllt mit Haferspreu, und 150 gewöhnliche Flaschen, sämtlich mit dem üblichen (polyglotten) Zettel darin, die er am 27. und 28. August 1885 nordwestlich von den Açoren über Bord setzte.

Weiterhin liefern wichtige Indizien für die Stromrichtung der Meeresoberfläche alle Arten von zufällig in das Meer gelangten Treibkörpern, losgerissene Bojen, Schiffsteile, Fischlaich, Quallenzüge, Treibholz aller Art, Früchte (besonders aus den Tropen) und namentlich abgerissene Tangzweige, und in den höheren Breiten die Eisberge, die bei ihrem großen Tiefgang so gut wie ganz unabhängig von der Windwirkung bleiben und dem Strom der obersten Wasserschichten sehr getreu folgen dürften.

Ein sehr wichtiges Hilfsmittel, auf indirektem Wege
Strömungen festzustellen, gewährt aber das Thermometer.
Der Strom bewegt ja mit den Wasserteilchen auch die
ihnen anhaftende Temperatur fort, so daß eben dadurch
die meisten Meeresströmungen, besonders die meridional
verlaufenden, auf Karten der Oberflächenisothermen unmittelbar abzulesen sind. Namentlich wo kalte und warme
Ströme miteinander in nahe Berührung kommen, ist das
Wasserthermometer für den Schiffsführer ein getreuer
Berater geworden, wenn auch die großen Hoffnungen,
welche einst Franklin und Blagden an die *thermometrical navigation* knüpften, nur übertrieben sein konnten.

Kohl, in seiner Geschichte des Golfstroms S. 68 und 108 f.
hat sehr fleißig die Berichte älterer Seefahrer über die großen
Temperaturgegensätze in der Gegend der Neufundlandbank gesammelt. Danach war der französische Geograph *Marc Lescarbot*,
der Begleiter von *Poutrincourt*, im Jahre 1606 der erste, welcher
hierauf die Aufmerksamkeit lenkte, während erst 1768 der Astronom
Chappe d'Auteroche auf der Fahrt von Frankreich nach Mexiko
systematisch das Wasserthermometer gebrauchte. Franklin hat
dann auf seinen mehrfachen diplomatischen Reisen nach Europa
seit 1775 zuerst die Grenzen des „Golfstroms" thermometrisch
fixieren gelehrt, während gleichzeitig 1775 der britische Schiffs-
arzt Dr. *Charles Blagden* dasselbe Verfahren, wie es scheint selbständig, auffand und mehrfach wiederholte. Sein erster Bericht
erfolgte 1782 (*Philos. Transactions*, vol. 71, part II). Als Humboldt seine Reise nach dem tropischen Amerika ausführte, konnte
er die sorgfältige und regelmäßige Beobachtung der Meerestemperaturen für „eine der ersten Pflichten eines reisenden Physikers"
erklären.

Das erste Flaschenexperiment, von dem Kohl Kenntnis hat,
rührt aus dem Jahre 1802 her, wo das englische Schiff „Rainbow"
einige Flaschen auswarf, „in der Absicht, die Bestimmung von
Meeresströmungen dadurch zu befördern"; daraus ist zu entnehmen, daß das Verfahren damals schon allgemein bekannt
war. — Daß schon Kolumbus das Antreiben fremdartiger Hölzer
und Früchte an den Kanarischen Inseln als ein Indizium von
Strömungen über den Atlantischen Ozean hin betrachtete, ist
bekannt.

V. Die Strömungen in den einzelnen Ozeanen.

Indem wir nunmehr zu einer systematischen Beschreibung der lokalen Stromphänomene in den verschiedenen Meeresgebieten übergehen, kann es nicht unsere
Aufgabe sein, das über dieselben vorhandene (notorisch
sehr ungleichwertige!) Material durchweg erschöpfend
wiederzugeben. Es würde das gegen Zweck und Umfang des vorliegenden Werkes streiten. Vielmehr soll
darauf das Augenmerk gerichtet sein, aus den vorhandenen Quellen, nach gehöriger Kritik derselben, ein über-
sichtliches Bild der thatsächlichen Stromvorgänge aufzusuchen und alsdann nachzuweisen, wie die Theorie
dem thatsächlichen Befunde gegenübersteht.

1. Die atlantischen Strömungen zwischen 30° N. und 30° S. Br.

Wir beginnen mit dem besterforschten der drei
großen Ozeane und wollen zuerst die Strömungen desselben innerhalb der Tropen abhandeln.

1. Die Nordostpassattrift oder der nördliche
Aequatorialstrom ist zuerst durch A. G. Findlay
klar erkannt und auf seinen Strömungskarten nieder-
gelegt worden, am frühesten, soviel ich sehe, im Jahre 1850,
dann 1853 auch mit der Bezeichnung als „nördlicher
Aequatorialstrom" (*Journ. R. G. Soc.* vol. 23, London
1853, p. 218). Rennell kannte diese Strömung noch
nicht, ebenso Heinrich Berghaus, der überhaupt in der
Strömungskarte des Atlantischen Ozeans seines Physikalischen Handatlas sich sehr nahe an Rennell anschloß.
Indes läßt sich aus den auf Rennells Karte enthaltenen
Einzelbeobachtungen die westgehende Trift im Bereiche
des Nordostpassats leicht ablesen, wie ich schon bei
anderer Gelegenheit zu zeigen versuchte (Aequator.
Meeresstr. S. 23), und Berghaus war in der That nahe
daran, sie aus den Stromversetzungen der preußischen
Seehandlungsschiffe zu konstatieren (Allgem. Länder- u.
Völkerkunde I, 543 f.).

Der nördliche Aequatorialstrom gehört zu den veränderlichen Strömen, insofern das von ihm eingenommene Areal in den verschiedenen Jahreszeiten zwischen verschiedenen Breiten hin und her schwankt. Aus den „Neun Zehngradfeldern" etc. entnehme ich als südliche Grenze dieses Stromes folgende mittlere Lagen zwischen 20° und 25° W. Lg.:

im Januar ca. 8° N. Br.,			im Juli	ca. 11° N. Br.,	
„ März	„ 6° „ „		„ September „	12° „ „	
„ Mai	„ 6° „ „		„ November „	9° „ „	

Eine nördliche oder polare Grenze des Stroms ist schwieriger festzustellen, da die Stromstärken nördlich von 20° Br. sehr langsam abnehmen. Als mittlere Stromstärke südlich 20° N. Br. kann man 15 bis 17 Seemeilen im Etmal, nördlich dieser Breite bis ca. 28° Br. langsam abnehmend bis unter 10 Seemeilen, rechnen. Stromstillen werden häufig gefunden, bei $^1/_4$ bis $^1/_3$ aller Beobachtungsfälle. Evans' Stromkarte kennt Schwankungen zwischen 8 und 30 Seemeilen; unter Land an der afrikanischen Küste wird die Trift schwächer, näher den westindischen Inseln stärker, als der Durchschnitt angibt. Das Maximum sind 36 Seemeilen, doch tritt der Strom anscheinend öfter auf der ganzen Strecke zwischen den Kapverden und Westindien mit kaum $^1/_4$ dieser Maximalstärke auf. Als im Jahre 1885 das deutsche Schulgeschwader vom 30. November bis 14. Dezember die genannte Strecke (von Porto Grande bis Barbados) mit schwachem Passat durchsegelte, fand man die Richtung des Stroms südlicher als West (im Mittel *S 49° W*) und die Stärke durchweg unter 15 Seemeilen im Etmal, an 7 Tagen (von 14 insgesamt) sogar weniger als 10 Seemeilen; es sind hierbei die gleichzeitigen Beobachtungen aller vier Schiffe des Geschwaders zu Grunde gelegt (Ann. d. Hydr. 1886, 127).

Die Richtung des Stroms ist durchschnittlich in dem östlich von 35° W. Lg. gelegenen Gebiet *WSW* bis *W*, von da bis 55° Lg. recht West und näher an den kleinen Antillen *WNW* (nach den *Pilot charts for Atlantic Ocean*). Vergleichen wir damit die Richtungen des Passats ent-

lang der Linie Porto Grande und Barbados, wie sie sich
aus der Isobarenkarte im „Atlas des Atlantischen Ozeans"
herausgegeben von der Seewarte (Taf. 16) konstruieren
lassen, indem wir den „Ablenkungswinkel" nach Mohns
Formel (S. 369) für die mittlere Breite von $\beta = 14{,}7^0$
zu $\alpha = 46{,}6^0$ berechnen, so erhalten wir

östlich 35° Länge: Wind = *NOzN*, dagegen Strom = *WSW*,
zw. 35° und 50°: „ = *NOzO*, „ „ = *W*,
westlich 50° Länge: „ = *NO*, „ „ = *WNW*.

Zwischen Windrichtung und Strom ist sonach eine Abweichung nach rechts von 3 bis 6 Strich vorhanden,
was also eine sehr auffällige und der Trifttheorie sehr
ungünstige Thatsache wäre. Indes verhilft uns hier die
wagerechte Konfiguration des centralatlantischen Gebiets
zu einer vorläufigen Erklärung, indem nämlich westlich
von 40° Länge die große nordatlantische Abzweigung
des südlichen Aequatorialstroms durch das südamerikanische Festland in eine Richtung nach *NW* gezwungen
wird, was dann auch die Strömungen in der Nachbarschaft beeinflussen muß (vgl. Fig. 52, S. 358). Die ganze
nördliche Aequatorialströmung, auch noch östlich von
40° W. Lg., erscheint so ihrer Richtung nach nicht ganz
frei entwickelt. Wir kommen indes weiter unten noch
darauf ausführlicher zurück.

2. Die südliche Aequatorialströmung, auch
Hauptäquatorialstrom, oder die Südostpassattrift
genannt, erscheint auf allen Strömungskarten seit Kircher
und Rennell als ein den Aequator auch noch östlich von
30° W. Lg. nordwärts überschreitender und nach Süden
bis ca. 15° S. Br. sich ausdehnender, kräftiger Weststrom
von großer Konstanz in Richtung, Stärke und Areal.
Im fernen Osten, westlich von der Insel St. Thomé schon
läßt ihn Evans nördliche Breite erreichen, unter dem
Meridian von Greenwich liegt die Nordkante in ca. 1°
bis $1\frac{1}{2}^0$ N. Br., steigt dann in 10° W. Lg. bis 3° und
4° Br. nordwärts und hält sich in dieser Lage, bis sich
westlich von 30° einerseits die Nähe des Landes fühlbar macht, andererseits die Aequatorialgegenströmung
den rechten Rand deformiert, indem sie von daher be-

trächtlichere Wassermassen an sich zieht. Die Jahreszeitlichen Schwankungen der Nordkante sind bei weitem nicht so ergiebig, wie bei der Trift des Nordostpassats: nach der übersichtlichen Zusammenstellung von Kapitän Koldewey (Ann. d. Hydr. 1875, 136 f.) ergibt sich sowohl nach englischen Beobachtungen (*Square* 3), wie aus den deutschen Schiffsjournalen, daß nur von Februar bis Mitte April die Nordkante des Stroms öfter südlich von 3°, bisweilen sogar von 2° N. Br. gefunden wurde, während sie im übrigen Jahr, besonders von Juni bis September im *Square* 3 durchweg nahe an 4° Br. lag. Nur im Oktober ist sie wieder vorübergehend, wenn auch nicht ganz selten auch bei 3° N. Br. beobachtet.

Die Stärke dieser Aequatorialströmung ist eine sehr bedeutende. Kapitän Hoffmann hat sich der Mühe unterzogen, aus den „Neun Zehngradfeldern" die mittlere Stärke, sowie die Häufigkeit (in Prozenten aller Beobachtungen) der Westströmungen und der Stromstillen für je zwei Monate und für Zweigradzonen zwischen 25° und 30° W. Lg. zu berechnen. Wir geben in der nachstehenden Tabelle die Daten für die Breiten zwischen 10° S. und 4° N. Die Stromstärke ist in Seemeilen für 24 Stunden in der Kolumne *Sm*, die Prozente der Stromstillen in der Kolumne *St.* angegeben. Die Stromstärke zeigt sich räumlich wie zeitlich ungleich verteilt.

| Breiten-zone | Dez.-Jan. | | | Febr.-März | | | April-Mai | | | Juni-Juli | | | Aug.-Sept. | | | Okt.-Nov. | | |
| | Weststr. | | St. | Weststr. | | St. | Weststr. | | St. | Weststr. | | St. | Weststr. | | St. | Weststr. | | St. |
	Prz.	Sm	Prz.	Prz.	Sm	Prz.	Prz.	Sm	Prz.	Prz.	Sm	Prz.	Prz.	Sm	Prz.	Prz.	Sm	Prz.
4°—2°	74	21	10	77	19	17	72	19	14	80	25	9	89	21	9	69	19	21
2°—0°	86	25	9	80	22	16	76	23	13	95	31	1	79	21	12	77	18	10
0°—2°	70	19	19	67	16	21	72	17	15	79	21	15	77	21	12	68	17	18
2°—4°	87	22	9	77	20	18	82	20	7	86	26	5	74	22	18	75	19	19
4°—6°	79	22	13	83	17	14	89	19	7	85	22	12	67	21	20	82	18	14
6°—8°	78	15	19	86	18	12	71	19	18	64	20	19	70	17	23	83	13	18
8°—10°	47	13	54	55	16	27	69	15	16	78	15	9	77	18	19	74	20	17

In allen Monaten, mit Ausnahme des Oktober und November, ist der Strom am stärksten in der Zone vom Aequator

bis 2 ⁰ N. Br., während unmittelbar südlich vom Aequator
ausnahmslos die Stromstärke nachläßt, um zwischen 2 ⁰
und 6 ⁰ S. Br. wieder anzusteigen und noch weiter südlich wieder abzufallen. Danach hat also diese Aequatorialströmung einen doppelten „Stromstrich", deren einer in
ca. 1 ⁰ N. Br., der andere in ca. 4 ⁰ S. Br. (in den Längen
zwischen 25 ⁰ und 30 ⁰ W.) anzunehmen ist.

Andererseits äußert sich der Strom nach Stärke wie
Frequenz am intensivsten im Juni und Juli, wo seine
durchschnittliche Stärke zwischen 8 ⁰ S. und 4 ⁰ N. Br.
auf nicht unter 20, meist über 24 Seemeilen im Etmal
anzunehmen ist. Doch ist schon in Einzelfällen im nördlichen Stromstrich die dreifache Stärke empfunden worden,
nach Kapitän Koldewey einmal 72 Seemeilen, welches
Maximum auch im südlichen Stromstrich nahezu mit
71 Seemeilen erreicht wird. Die große Regelmäßigkeit
dieses Stromgangs tritt auch in diesen beiden Monaten
dadurch hervor, daß die Stromstillen alsdann das Minimum
ihrer Frequenz erreichen und im nördlichen Stromstrich
fast ganz verschwinden.

Oestlich von 20 ⁰ Lg. ist die mittlere Stromstärke
geringer als in dem auf der Tabelle dargestellten Gebiet,
nach Koldewey und Evans zwischen den Extremen
18 und 50 Seemeilen schwankend; dagegen wird westlich von 40 ⁰ Lg., wegen der seitlichen Einengung des
Stroms durch das südamerikanische Festland, im nördlichen
Stromstrich die Geschwindigkeit bisweilen abnorm groß
gefunden, Evans notiert viele Fälle über 50 Seemeilen,
Strachan zwei, welche bezw. 72 und 108 Seemeilen
(3,7 ⁰ N. Br., 43,5 ⁰ W. Lg.) erreichten und Sabine erzählt
von seiner Reise mit Kapitän Clavering, daß er am
9. September 1822 in 2 ⁰ 59' N. Br. und 48 ⁰ 7' W. Lg.
sich seit dem vorigen Mittag um 99 Seemeilen nach
$N 5 ⁰ W$ versetzt gefunden habe. Beim Kap San Roque
teilt sich die Aequatorialströmung, wie es scheint mit ihrem
südlichen Stromstrich, in zwei Hälften, deren eine nach
Süden, die andere noch Nordwesten ablenkt. Letztere
vereint sich dann etwa auf der Höhe der Amazonasmündung mit dem inzwischen ungeteilt westlich weiter

vorgeschrittenen nördlichen Stromstrich, sehr bald tritt
dann noch die Fortsetzung der nördlichen Aequatorialströmung dazu und alle drei Komponenten liefern alsdann
die sogenannte „Guyanaströmung". Beim Kap San
Roque sind nach Nordwesten gerichtete Stromversetzungen
von 30 bis 60 Seemeilen im Etmal nicht ganz selten
gefunden und ihre Nichtbeachtung hat früher Schiffen
von schlechter Segelqualität manchen wochenlangen Aufenthalt verursacht. Auch weiter nordwestlich äußert der
Strom sich meist ebensosehr kräftig wie auch konstant
in der Richtung, und Fälle, wo er unerwartet schwach
wird oder ganz ausfällt oder in abnormen Richtungen
sich äußert, sind offenbar selten und nur nahe dem Lande
zu erwarten (vgl. die Erfahrungen S. M. S. „Luise",
Dez. 1881 in den Ann. d. Hydr. 1882, 127; auch 1885,
310). —

Konstruieren wir nunmehr auch hier aus der Isobarenkarte die herrschende Richtung des Passats, so ergibt
sich diese aus der Mohnschen Formel und den Ueber-
sichtskarten Köppens (Meteorol. Zeitschr. 1885, Taf. 3;
Segelhandb. für den Atl. O. S. 41) südlich vom Aequator:

östlich von 0° Länge:	Wind S bis SzW;	Strom aber nach WNW,
zwischen 10° und 30°:	„ SO	„ „ „ W,
„ 30 „ 50:	„ SO bis $SOzS$	„ „ „ WNW.

Auch hier beträgt der Unterschied zwischen Windrichtung und zugehöriger Trift im Osten 7 Strich, weiter
westwärts abnehmend bis zu 3 oder 2 Strich, und zwar
erscheint der Strom links abgedrängt. Soll man nun,
wie Kapitän Hoffmann geneigt ist, ohne weiteres annehmen, daß sowohl hier wie bei der Trift des Nordostpassats, wo die Abdrängungen nach rechts stattfinden,
eine einfache Wirkung der Rotationskraft vorliegt? Wir
wollen die Entscheidung hierüber aufschieben, bis wir
uns einen weiteren Ueberblick über die Windverhältnisse
im westindischen und brasilischen Stromgebiet verschafft
haben.

3. Die karibische Strömung ist die Fortsetzung
der Guyanaströmung und des Hauptteils des nördlichen
Aequatorialstroms. Schon Rennell beschreibt die lebhafte

Trift zwischen den kleinen Antillen und nennt dieselbe
weiter westlich nicht nur einen Meerstrom, sondern eine
ganze See in Bewegung (*not a stream, but a sea in motion*).
Bartlett berichtet von seinen Aufnahmen in den westindischen Gewässern, daß an den Küsten der Strom stark
nach Westen setze, er aber in der Mitte der Durchfahrten
den starken Strom nicht gefunden habe. Evans (und
ebenso die *Pilot charts*) geben dem Strom nahe der festländischen Küste eine Geschwindigkeit von 24 bis 72 Seemeilen im Osten, 12 bis 36 weiter im Westen. Dort
trifft er auf die nordsüdlich verlaufende Küste von Honduras, an welcher entlang nach Süden segelnd Kolumbus
auf seiner vierten Reise den hierdurch nach Norden
abgelenkten Strom sehr unangenehm empfand; er beklagt
sich sogar, daß er zu keiner Zeit mit dem ausgeworfenen
Bleilot den Boden habe finden können, weil durch die
starke Strömung dasselbe immer vom Grunde aufgehoben
worden sei (Kohl, Golfstrom 30). In der Bucht von
Chiriqui und Darien, wie dann weiterhin im Golf von
Honduras (Belize) werden sich der Theorie nach Neerströme entwickeln müssen, die in der That auch auf den
Karten eingetragen sind.

Endlich tritt der Strom in die Engen zwischen
Yucatan und Kuba ein, welche zwischen Kap San Antonio
und Catoche nur wenig über 100 Seemeilen Breite besitzen, so daß daselbst seine Bahn auf nahezu $^1/_7$ eingeengt erscheint. Eine Zunahme der Geschwindigkeit
bis 50 und gelegentlich noch mehr Seemeilen täglich ist
daher die erste Folge, andererseits aber werden südlich
unter Kuba Neerströme nicht ausbleiben. Die englischen
Stromkarten kennen solche angeblich nur zur Zeit der
Syzygien und der Tag- und Nachtgleichen, aber überall
entlang den Südküsten der größeren Antillen bis nach
Puerto Rico hin (Evans; *Pilot charts*). Man wird aber
nicht fehlgreifen, wenn man sie nur als Neerströme auf-
faßt, obwohl sie im Winter auch als Folge der häufigen
und starken Norder im Golf von Mexiko auftreten könnten,
welche den Strom bei Kap San Antonio bisweilen ganz
umkehren (Segelhandb. f. d. Atl. O. S. 510), was indes

nur für die Oberfläche wird gelten können (vgl. auch
Ann. der Hydr. 1874, 92, 189). — In den Passagen
zwischen den Antillen erscheinen wechselnde Strömungen:
unter Land sind sie oft denen inmitten der Straße entgegengesetzt. Doch wird angenommen, daß in der Wind-
wardpassage zwischen Kuba und Hayti der Strom meist
südlich, dagegen in der Monastraße zwischen Hayti und
Puerto Rico nördlich setzt: eine Annahme, welche durch
das Auftreten der erwähnten Neerströme nur gestützt
wird.

4. Außerhalb der westindischen Inseln biegt ein
großer Ast, wenn nicht die Hauptmasse, der nördlichen
Aequatorialströmung nach Westen und Nordwesten um,
die Antillenströmung unserer Karte. Dieselbe erscheint
zwar schon bei Findlay (*Journ. R. G. Soc.* 1853, 220),
aber hat sich auf den Strömungskarten noch nicht recht
eingebürgert. Ich habe mehrfach auf ihre Existenz hingewiesen (Aequator. Meeresstr. S. 9), die sowohl durch
direkte Strombeobachtungen wie durch den Verlauf der
Oberflächenisothermen bewiesen ist. Die englischen Stromkarten zeigen zwischen den östlicheren Antillen und den
Bermudasinseln zahlreiche Westströmungen, allerdings
nur in der Stärke zwischen 8 und 20 Seemeilen; die
Challengerexpedition fand auf der Ueberfahrt von St. Thomas
nach den Bermuden im März 1873 folgende Stromversetzungen:

26. März, in 19° 41′ N. Br., 65° 7′ W. Lg.: $N\,37°\,W$ . . 14 Seem.,
27. „ „ 21 21 „ „ 65 12 „ „ : $N\,55\,W$ . . 14 „
28. „ „ 22 49 „ „ 65 19 „ „ : $N\,44\,W$ . . 24 „
29. „ „ 24 39 „ „ 65 25 „ „ : $N\,47\,W$ . . 20 „
30. „ „ 26 26 „ „ 65 18 „ „ : $N\,30\,W$ . . 16 „
31. „ „ 27 49 . „ „ 64 59 „ „ : $N\,55\,O$ . . 14 „
1. April „ 29 5 „ „ 65 1 „ „ : $N\,61\,O$ . . 4 „
2. „ „ 29 42 „ „ 65 7 „ „ : $N\,8\,W$ . . 22 „
3. „ „ 31 49 „ „ 64 55 „ „ : $N\,11\,W$ . . 5 „

Als (mechanisches) Mittel aus diesen neun Strombeobachtungen ergibt sich die Richtung $N\,23°\,W$ oder NNW
mit 12 Seemeilen; nehmen wir aber nur die ersten fünf
Tage, wo der Strom sehr regelmäßig sich fühlbar machte,
so erhalten wir als (mechanisches) Mittel $N\,39°\,W$ mit

17,4 Seemeilen. — Klimatisch äußert der Strom sich in der tropischen Wärme, die er den Bahamainseln bringt, deren Treibhausklima die ganze civilisierte Welt mit Ananas versorgt. Schon Maury (*Phys. Geogr. of the Sea* § 129 und 141) und die Mitglieder der Challenger-Expedition (Wild, Thalassa 65) erkannten in dieser warmen Strömung die Fortsetzung des nördlichen Aequatorialstroms. Daß diese Nordwestbewegung eine sehr tiefgehende ist, hat schon Irminger bewiesen, indem er mit Aimés Stromzeiger in 25 ⁰ 4′ N. Br., 65 ⁰ 41′ W. Lg. in 900 m Tiefe (durch wiederholten Versuch bei Windstille) die gleiche Strömung feststellte (Ztschr. für allg. Erdk. N. F. III, 1854, S. 172 f.).

Die Windverhältnisse über diesem Teil des Nordatlantischen Ozeans sind kurz dahin zu charakterisieren, daß über dem Antillenstrom zwischen Puerto Rico und den Bermudasinseln bei einer Richtung des Gradienten nach $S\ 24\ ^0\ W$, der mittl. geogr. Breite von 25 ⁰, und einem Ablenkungswinkel α = 60 ⁰ eine mittlere Windrichtung von fast genau Ost ($N\ 84\ ^0\ O$) sich ergibt, so daß also hier zwischen Wind und Trift ein Winkel von vier Strich vorhanden ist. Im Karibischen Meer ergibt die Isobarenkarte (bei β = 18 ⁰, Gradient nach $S\ 27\ ^0\ W$, und α = 52 ⁰) eine mittlere Windrichtung von OzN ($N\ 79\ ^0\ O$), bei einer Stromrichtung nach WNW, also eine Abweichung von drei Strich.

5. Die Fortsetzung des südlichen Stromstrichs der südlichen Aequatorialströmung ist der entlang der südamerikanischen Küste nach SW sich bewegende Brasilienstrom. Die Stärke desselben ist immer sehr mäßig und mehr als 24 Seemeilen im Etmal sind selten gefunden worden, meist bringt er den nach Süden segelnden Kap-Horn-Fahrern nicht mehr als 20 Seemeilen täglich. „In der Nähe der Küste, bis zu 200 Seemeilen davon ist die Strömung außerdem wechselnd und folgt den hier monsunartigen Küstenwinden mit den Jahreszeiten" (Hoffmann). Darum sind in den Monaten Juli bis September nördlich von Bahia unter Land sogar nördliche Stromversetzungen nicht gerade selten gemeldet worden.

Die Windrichtungen weiter in See sind im Jahresdurchschnitt nach der Isobarenkarte:

in 12° S. Br., 33° W. Lg. bei $\alpha = 41°$: *OSO*,
„ 25 „ „ 40 „ „ „ $\alpha = 60$: *ONO*.

Wir bemerken hier also eine Wendung der Luftströmung
in dem Sinne, daß sie in der niederen Breite mehr auf
das Land zu, in der höheren aber parallel dem Land
entlang weht. Im letzteren Falle läuft der Strom beinahe wie der Wind, nur zwei Strich links von demselben.

6. Theorie dieser Strömungen. Bei fast allen
Fällen, wo Strom und mittlere Windrichtungen verglichen wurden, zeigte sich, daß der Strom auf der nördlichen Hemisphäre nach rechts, auf der südlichen nach
links von der aus dem Winde abzuleitenden Trift abgelenkt war. Daß hierfür die Erdrotation nicht ohne
weiteres verantwortlich gemacht werden kann, ist zunächst
schon aus dem Umstande zu entnehmen, daß der Betrag
dieser Ablenkung größer war in niederen Breiten als
in höheren. Aber es wäre doch überhaupt übereilt,
hierin lediglich Wirkungen der Rotationskraft zu suchen.
Die Luftströmungen bewegen sich unbehindert durch
solche seitliche, ihren Bahnen sich quer entgegenstellende
Uferwände, wie sie die Meeresbecken umschließen. Nicht
überall kann in den Randgebieten der Meeresräume die
Trift vor dem Winde herlaufen, sondern sie befolgt bei
auflandigem Winde solche Richtung, wie sie aus einer
in der Luftströmung enthaltenen, der Küste parallelen
Komponente sich ergibt. Zu dem Zwecke muß man
auch die Windgebiete an den äußersten Grenzen der
Tropen in Betracht ziehen. Um zunächst bei der Brasilienströmung zu bleiben, wird also südlich von ca. 25° S. Br.
der hier von *NO* wehende Wind eine Trift erzeugen
können, welche nach *SW* geht. Dadurch wird alsdann
ein Kompensationsbedürfnis an dieser Stelle geschaffen,
welches eine gerade auf die Küste zu gerichtete, in etwa
10° bis 15° Br. vom *ONO*-wind geschaffene Trift ebenfalls nach *SW* zieht, diese greift dann noch weiter rückwärts, und so kommt schließlich entlang dieser brasilischen

Küste eine den Passat im rechten Winkel durchschneidende Meeresströmung zustande.

Man muß indes noch weiter ausblicken. Wenn noch in 25 ⁰ S. Br. nahe der südamerikanischen Küste der Gradient fast nach *NW* (genau *N 54 ⁰ W*) gerichtet erschien, so ist er in kurzem Abstande davon, an einem Orte etwa 33 ⁰ S. Br., 42 ⁰ W. Lg. schon nach *SSW* gerichtet, was bei dem großen Ablenkungswinkel (66 ⁰) hier als Richtung der mittleren Windtrift genau *SO* ergibt: damit haben wir also schon eine Komponente, welche das Wasser von der Küste hinwegzieht (und zwar der Größe dieses Gradienten wegen mit großer Kraft), dort also die Kompensation nur um so verstärkter auftreten lassen muß.

Ebenso ist es im Nordatlantischen Ozean. Ueber dem Antillenstrom war der Luftdruckgradient nach *SSW* gerichtet. Die Isobarenkarte aber zeigt, daß über den Bermudasinseln der dort übrigens auch sehr große Gradient nach Nord (genau *N 6 ⁰ O*) zielt, was eine Strombewegung in Luft und Wasser nach *N 72 ⁰ O* (fast *OzN*) erzeugen muß. Wir sehen also auch hier die Antillenströmung sowohl durch das sich entgegenstellende Festland, wie durch die im Norden der Bermudasinseln zu leistende Kompensation in diejenige Richtung gedrängt, die der Strom thatsächlich zeigt. Die Karibenströmung, wie der Guyanastrom, der sie wesentlich kompensiert, erscheinen ganz durch die Konfiguration des Landes in ihrer Richtung bestimmt. Man könnte nun danach auch die starke Westbewegung, welche die beiden Aequatorialströme zeigen, also eine Richtung, um 3 bis 7 Strich von der normalen Windtrift abstehend, zurückführen auf solches Kompensationsbedürfnis, welches an den Grenzen der Tropenzone an der Westseite der Ozeane erzeugt ist. Aber so einfach ist der Vorgang nicht.

Ist nämlich der Strom in der angedeuteten Weise eingeleitet, so werden auch die örtlichen Windimpulse eine Komponente zur Verstärkung derselben gewähren können. Die Passattriften sind also nach dieser Darlegung nur mit diesem Bruchteil auf den unmittelbaren

Windeffekt zurückzuführen, sie haben außerdem auch noch die Funktion von Kompensationsströmen. Als solche indes werden sie in gesetzmäßiger Weise der Rotationskraft folgen müssen (s. oben S. 365): sie werden unter nördlichen Breiten nach rechts, unter südlichen nach links vom geraden Wege zum kompensationsbedürftigen Orte abgedrängt werden. Das gibt uns vielleicht einen Anhalt, nunmehr die Bahn der Strombewegungen noch genauer zu analysieren.

Die Aspiration (um diesen Ausdruck zur Abwechslung zu gebrauchen im Sinne von allen eine Kompensation bezweckenden Strombewegungen, die ihr Motiv vor sich haben), die Aspiration zieht alles Wasser auf der Höhe der brasilischen Küste, welches nordwärts von 15° liegt, unbedingt nach SW. Indem nun letzteres dieser Bewegung folgen will, wird es vom Passat auf die Küste zu nach W gestoßen, von der Rotationskraft aber nach links, also nach SO gezogen: man sieht, die Resultierende aus beiden Kräften wird in eine Richtung nach S bis SW fallen, also in gleichem Sinne wirken, wie die durch die Aspiration eingeleitete Bewegung.

In dem Streifen zwischen Ascension und Fernando Noronha unterliegt zunächst die Meeresoberfläche der Einwirkung des Passats, die sie nach NW triften läßt. Aber zur Linken ist die Aspiration nach der Brasilienströmung hin unwiderstehlich: der dadurch geforderte Kompensationsstrom hat eine Richtung nach WzS, die Rotationskraft zieht diesen nach SzO, die Resultierende wird einen Weststrom geben.

Ein Teil des Südostpassats aber weht an der Küste Brasiliens westlich vom Kap San Roque parallel dieser Küste nach NW bis zur Mündung des Amazonenstroms: er wird also eine Trift erzeugen, welche dieser Richtung folgt. Weiterhin an der Küste von Guyana weht ein auflandiger Nordostpassat, doch kann das Wasser nach dem Karibischen Meer hin entweichen. Indem es dieses thut, schafft es dem nördlichen Arme des vom Kap San Roque geteilten Stroms eine nahe Aspiration, welche dieser folgt. Die Erdrotation drängt ihn nach NO, der

Passat schiebt ihn nach *SW*, der Strom wird also im wesentlichen seine Nordwestrichtung beibehalten.

Aber auch nördlich vom Aequator gelegenes Wasser wird durch diese an der Guyanaküste eingeleitete Bewegung in Strömung versetzt. Zunächst wird der nordbrasilische Strom von rückwärts her sich Ersatz zu schaffen suchen. Da südlich von Fernando Noronha die südliche Brasilienströmung alles beherrscht, so bezieht er seinen Ersatz entlang dem Aequator. Der Passat, hier meist aus südlicherer Richtung als *SO* kommend, drängt den Kompensationsstrom auf die nördliche Hemisphäre hinüber, wo dann trotz der niedrigen Breite die Rotationskraft in gleichem Sinne wirksam wird. Das hat einmal zur Folge, daß diese Partie des „Aequatorialstromes" ein Bestreben hat, sich nach nördlichen Breiten hin auszudehnen, andererseits, da die Aspiration von Westen her bestehen bleibt, dennoch der westlichen Richtung möglichst treu zu bleiben: daher die nördlich von *W* liegende Stromrichtung des nordhemisphärischen Teils dieser Strömung.

Noch eine andere auffallende Eigentümlichkeit der südlichen Aequatorialströmung scheint in den so skizzierten Vorgängen ihre Erklärung zu finden: der doppelte „Stromstrich" derselben (s. Tabelle S. 387). Wir greifen wohl kaum fehl, wenn wir den nordhemisphärischen Stromstrich dem zur Amazonasmündung hinstrebenden, den südlichen dem zur Laplatamündung hin aspirierten Kompensationsstrom zuschreiben: die Stromstriche sind getrennt durch den Aequator, weil hier die Rotationskraft ihr Vorzeichen wechselt, indem sie den nördlichen nach rechts, den südlichen nach links abdrängt.

Das Verständnis der Bewegungsvorgänge im nördlichen Aequatorialstrom wird nach diesen systematischen Darlegungen Schwierigkeiten nicht mehr begegnen. Auch dieser Strom hat neben seiner Entstehung als Trift auch eine Funktion als Kompensationsstrom, der das im Bereiche und nördlich von den Antillen nach Westen und nördlich von den Bermuden sogar mit sehr großer Kraft nach Norden und Nordosten getriebene Wasser zu ersetzen sich bemüht. Die Rotationskraft wirkt hier aber in gleichem Sinne auf die Trift, wie die Aspiration, indem beide die Stromfäden nach rechts ziehen: das Resultat ist die Westströmung der Karten.

Unschwer sind dann auch die jahreszeitlichen Schwankungen dieser Strömung zu verstehen. Sowie der Passat seine Aequatorialgrenze verschiebt, so ändert sich auch die Südgrenze des Stroms, wenn auch beide sich nicht gerade ganz genau decken. Aber im Winterhalbjahr ist die Kraft des Nordostpassats erheblich größer als im Sommer (im Verhältnis von etwa 9 bis 10 zu 6 bis 7 m, an der Südgrenze wie 8 zu 5 m, vgl. Köppens Windkarten), was zur Folge haben muß, daß die Erfüllung der Kompensationsfunktion im Winter mehr erschwert wird als im Sommer, wodurch dann der ganze nördliche Aequatorialstrom im Sommer in nördlicheren Breiten sich halten kann als im Winter, wo er mehr seiner Triftnatur zu folgen genötigt wird. Es kommt dazu, daß in dem Gebiete der Wendung des Antillenstroms aus der West- in die Nordrichtung zwischen den Bahama- und Bermudasinseln im Sommerhalbjahr die Winde südlich von Ost kommen, während sie im Winter nördlicher als Ost sind. Danach funktioniert denn auch der Antillenstrom im Sommer stärker aspirierend, während derselbe im Winter mehr durch die starken Westwinde der Breiten nördlich von 30° N. im Gange gehalten wird, also im ganzen mehr als Kompensations- wie als Triftstrom sich verhält.

Auch die jahreszeitliche Schwankung der Stromstärke im südlichen Aequatorialstrom läßt sich vielleicht aus den gleichzeitigen Windverhältnissen ungefähr folgendermaßen erklären. Das Maximum der Stromkraft findet im Nordsommer statt. Köppens Windkarten zeigen, daß gleichzeitig in dem Streifen zwischen dem Aequator und 5° S. Br. westlich der Länge von St. Paul die Windstärke etwa 8 bis 10 m beträgt, während sie im Nordwinter in derselben Meeresgegend vielfach unter 5 m sinkt. Daraus würde sich folgern lassen, daß die nordbrasilische Trift im Nordsommer ungefähr auch doppelt so lebhaft und das durch sie nach Osten hin erregte

Kompensationsbedürfnis auch wohl ungefähr doppelt so
anspruchsvoll auftreten wird, wie im Südwinter. Gleichzeitig aber ist der sonst sehr mäßige Nordostpassat gerade
da am kräftigsten, wo er die Guyanaströmung am ehesten
beschleunigen kann, nämlich unmittelbar östlich von den
kleinen Antillen: das muß die Aspiration entlang der
Nordostküste Südamerikas noch mehr verstärken und in
Verbindung mit der vorher angedeuteten Ursache eine
merkliche Beschleunigung des südlichen Aequatorialstroms
bewirken. Das würde aber doch nur genügen, nach
unserer obigen Darlegung, das intensivere Strömen im
nördlichen Stromstrich zu erklären. Die indes gleichzeitig auftretende Beschleunigung des südlichen Stromstrichs wäre dagegen mit ebenso viel Berechtigung auf
das Ansteigen der Windstärke in dem Fünfgradfeld zwischen
15 ⁰ und 20 ⁰ S. Br., 40 ⁰ bis 35 ⁰ W. Lg. zurückzuführen:
woselbst nach Köppens Karten in den Monaten Januar-
Februar die Windstärke etwa 3 bis 5, im Juli-August
dagegen etwa 6 bis 8 m in der Sekunde erlangt, womit
dann die dort erzeugte Aspiration entsprechend sich verstärken dürfte.

7. Der nordafrikanische oder Kanarienstrom
von ausgeprägt meridionaler Richtung beherrscht die östlichste Partie des Nordostpassats zwischen Madeira und
den Kapverdeschen Inseln. Seine Stromstärke ist im
allgemeinen eine mäßige, nach den englischen Stromkarten zwischen 8 und 30 Seemeilen im Etmal schwankend;
doch sind Versetzungen von mehr als 15 Seemeilen selten.
Der Strom führt Wasser aus höheren Breiten in die
Tropen, ist also ein relativ kalter Strom und als solcher
unmittelbar von den Isothermenkarten der Wassertemperaturen abzulesen.

Seit den Zeiten des Varenius und Kircher bis nach
Rennell und Heinrich Berghaus, wo der nördliche
Aequatorialstrom auf den Karten nicht gehörige Beachtung fand, wurde der Kanarienstrom nicht durch die
Kapverdeschen Inseln hindurch nach Südwesten und Westen
weitergeführt, sondern zwischen dieser Inselgruppe und
dem gleichbenannten Vorgebirge recht südwärts und dann

um Kap Palmas herum nach Osten. Man leitete also den Guineastrom aus dem Kanarienstrom ab. Findlay hat in Wort und Bild diese Auffassung zunächst dahin modifiziert, daß er den größeren Teil (*the main body*) des Kanarienstroms in die nördliche Aequatorialströmung überführte, und nur einen kleinen Bruchteil den altüberlieferten Weg entlang der afrikanischen Küste nach Südost und Ost fortsetzen ließ. Es geschah dies trotz der allen Seefahrern und daher auch Rennell und Findlay sehr wohlbekannten Thatsache, daß südlich vom Kap Verde die Wassertemperaturen durchweg viel höhere sind als im Norden davon: während doch ein an der Küste entlang nach Süden gehender Strom seine kalten Temperaturen von Kap Blanco her weithin nach Süden mitbringen müßte. Andererseits ließ Findlay in etwa 10^0 N. Br. auf der Höhe von Sierra Leone den von Westen kommenden Aequatorialgegen- oder Guineastrom sich mit jenem nordafrikanischen Strom vereinigen. Der eine ist fern von dieser Stelle ein notorisch warmer, der andere ein kalter Strom, es müßten also bei diesem Zusammenfließen sehr starke Gegensätze in den Wassertemperaturen örtlich sich geltend machen. Davon aber ist den Seefahrern nun wieder nichts bekannt, vielmehr ist südlich des Kap Verde das Küstenwasser wie das Wasser weiter in See in allen Jahreszeiten warm und immer viel wärmer als im Kanarienstrom bei den Kapverdeschen Inseln, wo derselbe in den Aequatorialstrom übergeht. Auf diesen Punkt wird noch zurückzukommen sein.

Entsprechend den räumlichen Schwankungen des nördlichen Aequatorialstroms ist auch das Südende des Kanarienstroms im März in sehr viel südlicherer Lage zu finden als im September, worüber ebenfalls bei der Beschreibung des Guineastroms Einzelheiten beigebracht werden sollen.

Die Entstehung des nordafrikanischen Stroms ist leicht verständlich. Aus der Isobarenkarte ergibt sich

in 31^0 N. Br., 15^0 W. Lg.:
    der Gradient nach *S 36° O*, die Trift nach *S 29° W*,
in 19^0 N. Br., 20^0 W. Lg.:
    der Gradient nach *S 37° O*, die Trift nach *S 17° W*.

die thatsächliche Strömung dürfte im ersten Falle genau
die der Trift entsprechende sein, im zweiten aber ist sie
entschieden um mindestens zwei Strich mehr nach rechts
abgelenkt. Hierauf wirkt die Aspiration der nördlichen
Aequatorialströmung ein, und die dann eingreifende Rotationskraft.

8. Das südatlantische Ebenbild der Kanarienströmung
ist auf den Karten der südafrikanische oder Benguelastrom. Von den Breiten der Kapstadt an nordwärts bis über die Congomündung hinaus ist dieser
ebenfalls kalte Strom mit einer Kraft von meist mehr als
12, aber selten mehr als 30 Seemeilen täglich nach Norden
gehend erkennbar. Nahe unter Land ist der Strom fast
stets sehr viel schwächer und unregelmäßig, was offenbar mit den dort herrschenden Auftrieberscheinungen
zusammenhängt. Doch ist er an der Congomündung
stark genug das rotbraune Wasser dieses wasserreichsten
afrikanischen Flusses, samt den von diesem losgerissenen
schwimmenden Mangroveinseln und Baumstämmen nord-
westwärts weit in den Ozean hinauszuführen, wo sie
gelegentlich bis in die Nähe von St. Thomé vertreiben
(Ann. d. Hydr. 1874, 299; 1878, 468). Im System der
südatlantischen Strömungen erfüllt er, gleich dem analogen Kanarienstrom, die Funktion, hauptsächlich der
großen Aequatorialströmung Ersatz für das westwärts
entführte Wasser zu bringen. Die wenn auch schwachen
Südwinde tragen natürlich ebenfalls bei, ihn zu erzeugen
und zu verstärken, wobei sie in höheren Breiten je weiter
vom Lande desto weniger aus Süd und mehr aus Ost, in
niederen Breiten dagegen wie unter Land mehr aus West
als aus Süd wehen. Unter dem Wendekreis des Steinbocks
in 10^0 O. Lg. zeigt der Gradient des Luftdrucks genau
nach Nordost, die Luftströmung geht nach NzW, wie der
Strom parallel der Küste. Unter gleicher Länge auf der
Höhe der Congomündung aber zeigt der Gradient nach
$N\,18^0\,O$, der Luftstrom von $S\,38^0\,W$ würde eine Trift nach
$NOzN$ erfordern. Das links (westlich) von dieser Stelle sehr
starke Kompensationsbedürfnis zieht aber den Strom nach
Westen, wobei die Erdrotation in gleichem Sinne eingreift.

9. Die Guineaströmung nimmt zu allen Zeiten denjenigen Raum ein, welcher zwischen den beiden Aequatorialströmungen liegt. Wir sahen oben, daß Findlay sie zuerst so aufgefaßt hat (nach einer vom 4. Oktober 1850 datierten, in der Perthes'schen Sammlung in Gotha befindlichen Karte), nachdem schon vorher Heinrich Berghaus die östlichen Stromversetzungen der preußischen Seehandlungsschiffe dahin gedeutet hatte, daß nördlich vom Aequator eine „vorher unbekannte, warme östliche Trift auf die afrikanische Küste zu" vorhanden sei. Rennell kannte ebenfalls östliche Versetzungen in jener Gegend, wußte sie aber nicht zu deuten. — Gemäß ihrer Lage zwischen den beiden Aequatorialströmen ist die Guineaströmung in ihrer Ausdehnung beträchtlichen Schwankungen mit den Jahreszeiten ausgesetzt. Schon Kapitän Koldewey hat indes darauf hingewiesen, daß die von Hermann Berghaus und den englischen Strömungskarten angegebene westliche Erstreckung des Guineastromes bis in 51 ⁰ W. Lg. (nur 200 Seemeilen von Cayenne abstehend!) übertrieben sei, da selbst im September westlich von 35 ⁰ Lg. solche dem Guineastrom zuzuschreibende östliche Stromversetzungen selten und westlich 40 ⁰ überhaupt nicht gefunden würden. In den „Neun Zehngradfeldern etc." sind in der That Beobachtungen für die Monate Juni bis September in diesem Raume westlich von 30 ⁰ Lg. sehr spärlich, so daß sich eine positive Bestimmung derjenigen Stelle, wo die Randgewässer der beiden Aequatorialströme nach Osten abkurven, um das westlichste Ende des Guineastroms zu bilden, vorerst nicht geben läßt. Doch ist kaum anzunehmen, daß im September die Stelle westlicher liegt als in 40 ⁰ Lg. In den anderen Monaten ist diese „Wurzel" des Guineastroms sicherer festzustellen: sie liegt

im November in ca. 38 ⁰ W. Lg. | im März in ca. 25 ⁰ W. Lg.
„ Januar „ „ 27 ⁰ „ „ | „ Mai „ „ 28 ⁰ „ „

Im Einzelfalle mögen natürlich Verschiebungen dieses Punktes erfolgen, der sich ja nach dem Verhalten der beiden Aequatorialströme richtet. Hiervon ist auch die

geographische Breite dieser Stelle abhängig, die im Sommer
nahe an 8° bis 10° N. Br., im Winter dagegen in 4° bis
5° N. Br. liegen dürfte.

Von dieser „Wurzel" nach Osten wird der von der
Ostströmung beherrschte Raum stetig breiter, was an
sich ein Beweis dafür ist, daß entlang dem Rande der
Aequatorialströmungen überall Wasser nach diesem Innen-
raume abkurvt. In diesem selbst ist die Stromrichtung
nach Osten hin aber keineswegs nach ihrer Häufigkeit
eine so dominierende, wie die Westrichtung in den beiden
Aequatorialströmungen, namentlich der südlichen. Nachstehende Tabelle, von Kapitän P. Hoffmann aus den
„Neun Zehngradfeldern" zusammengestellt, wird das Verhalten der Guineaströmung in den Längen zwischen 30°
und 25° W. verdeutlichen.

Nördl. Breite	Febr.-März			April-Mai			Juni-Juli			Aug.-Sept.			Okt.-Nov.		
	Oststr.		St.	Oststr.		St.	Oststr.		St.	Oststr.		St.	Oststr.		St.
	Prz.	Sm.	Prz.	Prz.	Sm.	Prz.	Prz.	Sm.	Prz.	Prz.	Sm.	Prz.	Prz.	Sm.	Prz.
12°—10°	—	—	—	—	—	—	—	—	—	39	15	29	28	14	20
10°—8°	—	—	—	—	—	—	34	17	24	68	21	17	47	16	29
8°—6°	—	—	—	12	13	27	53	22	26	75	21	18	46	17	22
6°—4°	23	14	23	20	20	25	58	22	18	46	16	20	33	18	23
4°—2°	—	—	—	15	18	14	11	17	9	—	—	—	11	13	21

Die Häufigkeit des Oststroms ist wie die der Stromstillen
(St.) in Prozenten aller Beobachtungen, die Stromstärke
in Seemeilen (Sm.) für das Etmal angegeben. Am regelmäßigsten ist danach das Phänomen im Hochsommer
zwischen 10° und 6° Br. ausgebildet, während in den
übrigen Monaten auch zwischen 4° und 6° N. Br. Ostströme nicht so häufig gefunden werden, wie etwa westlicher Strom in der nördlichen Aequatorialströmung; unter
4 Fällen ist sogar immer einmal auf gar keine Stromversetzung zu rechnen. Der Strom ist in dieser Gegend
also mannigfachen Störungen ausgesetzt, mit gelegentlich
auch sehr heftigen Kabbelungen (Ann. d. Hydr. 1878,
565), tritt aber, wenn er normal sich ausbilden kann,
mit nicht zu unterschätzender Kraft auf. Durchschnitt-

lich mögen 18 Seemeilen, als Maximum 40, auch 50 Seemeilen anzunehmen sein. Ganz besonders kräftig pflegt der
Strom an seiner Südgrenze sich zu äußern: Schiffe, welche
in nordsüdlicher Richtung 3° N. Br. passieren, pflegen
nicht selten an dem einen Tage ebensoviel nach Osten,
wie am nächstfolgenden nach Westen versetzt zu werden.
Schon Strachan bringt dafür von vielen anderen folgendes eine klare Beispiel:

Datum	N. Br.	W. Lg.	Strom	im Etmal
1857, Januar 8.	4° 41';	23° 25'	„ *S 87° O*,	19 Seemeilen
„ „ 9.	3 56 ;	23 32		
„ „ 10.	2 0 ;	23 28	„ *N 87 W*,	16 „

Zu einer andern Jahreszeit durchschnitt der „Challenger"
den Guineastrom weiter östlich; die beobachteten Stromversetzungen waren:

Datum	N. Br.	W. Lg.	Strom im letzten Etmal	Tagesmittel der Wasser- temperatur
1873, August 10	13° 36'	22° 49'	*S* 27° *W*, 7 Sm.	26,1°
„ „ 11	12 15	22 28	*S* 37 *W*, 16 „	25,9
1873, August 12	11° 59'	21° 12'	*N* 38° *O*, 33 Sm.	26,1°
„ „ 13	10 25	20 30	*S* 67 *O*, 26 „	25,5
„ „ 14	9 21	18 28	*S* 32 *O*, 13 „	25,7
„ „ 15	8 25	18 2	*S* 45 *O*, 27 „	25,6
„ „ 16	7 3	16 3	*S* 45 *O*, 28 „	26,1
„ „ 17	6 44	16 42	*N* 66 *O*, 10 „	26,1
„ „ 18	6 11	15 57	*N* 7 *O*, 17 „	26,0
„ „ 19	5 48	14 20	*N* 44 *O*, 33 „	26,2
„ „ 20	4 29	13 52	*N* 86 *O*, 28 „	26,2
1873, August 21	3° 8'	14° 49'	*S* 72° *W*, 9 Sm.	25,6°
„ „ 22	2 49	17 13	*N* 38 *W*, 23 „	25,8

Die während der neuntägigen Fahrt im Guineastrom er-
fahrene Stromversetzung ergibt als mittlere Richtung
(mechanisches Mittel) fast genau Ost (*N 86° O*) und als
mittlere Stärke (arithmetisches Mittel) 24 Seemeilen.

Noch weiter östlich wird die Stromgeschwindigkeit

noch größer. Deutsche Segelschiffe haben namentlich
auf der Höhe von Kap Palmas (4,5 ° N. Br.) nicht ganz
selten Versetzungen von 48, in Einzelfällen noch mehr
(bis zu 85) Seemeilen im Etmal notiert (Ann. d. Hydr.
1877, 532; 1878, 56, 63, 65, 111, 255, 565; 1879, 80,
239, 298, 350; 1883, 555 u. s. w.). Diese Beschleunigung
des Stroms erklärt sich durch Einengung des nordwärts
vom Aequatorialstrom verfügbaren Raumes bis auf 150
bis 200 Seemeilen durch das Vortreten der afrikanischen
Küste nach Süden hin. Dadurch wird der Strom von
Westen her gleichsam wie in einen Trichter hineingetrieben und die Stromstärke muß in demselben Verhältnisse zunehmen wie die Strombreite abnimmt. — Auch
in dem Gebiete östlich vom Kap Palmas ist der Oststrom
vorhanden (sein Südrand liegt daselbst in etwa 1 $1/_2$ ° N. Br.),
wenn er sich auch erheblich abschwächt und östlich vom
Greenwich-Meridian sogar nicht selten ganz vermißt wird.
Oestlich von ca. 3 ° O. Lg. reicht er südlich über den
Aequator. Bei Fernando Po sind nach Strachan starke
Wirbelbildungen, in den flach einschneidenden Buchten
der Zahn- und Sklavenküste sind Neerströme nach W
konstatiert (Ann. d. Hydrogr. 1882, S. 263, 316; 1885,
S. 424, 495), welche indes zum Teil auch auf dem Abfluß des Flußwassers aus dem Niger bezw. den anderen
mehr oder weniger wasserreichen Flüssen von Oberguinea beruhen dürften. Nach Buchanan nämlich nimmt
der Salzgehalt des Seewassers stetig bei Annäherung auf
die Küste hin ab, und zwar ist diese Erscheinung im
W der Küste bis nach Monrovia hinauf besonders deutlich ausgeprägt. Das leichte Landwasser sollte in der
That durch die Erdrotation nach W abgelenkt werden,
indem es nach der offenen See hin abströmen will. Nach
den Beobachtungen von Dr. Pechuël-Lösche reicht
der letzte Ausläufer dieses klaren, warmen, blauen Tropen-
stroms an der Küste entlang nach Süden sich wendend
regelmäßig bis Kap Matuti (3 $1/_2$ ° S. Br.), vielfach bis
zum Kuillu (5 $1/_2$ ° S. Br.), ja bisweilen über den Kongo
hinaus, dort scharf an den trüben, kalten, grünen Benguelastrom angrenzend (Loango-Expedition, Abt. III, 1, 17).

Bei dem Anlauf des Guineastroms auf das afrikanische Festland biegt aber, wie sich das aus der dreieckigen Gestalt der von diesem Strome beherrschten Stillenregion von selbst ergibt, ein Ast auch nach Norden um. Schon Strachan (im Texte zu den *Currents and Surface Temperatures of the Northatlantic*) hat diesen Umstand hervorgehoben, der Verfasser hat mehrfach darauf aufmerksam gemacht (Aequator. Meeresstr. 24; Ztschr. f. wiss. Geogr. IV, 1883), doch halten noch immer neuere Hydrographen und Kartenzeichner an der seit Kirchers Stromkarte aufgenommenen Südströmung an der Sierra-Leone-Küste fest (so Hermann Berghaus, die englischen Stromkarten, die Stromkarte im Atlas der Seewarte, P. Hoffmann u. a.). Wir fassen darum alle Beweise, welche für unsere Auffassung des Strombildes sprechen, noch einmal im folgenden kurz zusammen.

Schon aus den Stromdaten von Strachan läßt sich für das Quadrat zwischen $7\frac{1}{2}^0$ und 10^0 N. Br., 15^0 bis $17\frac{1}{2}^0$ W. Lg. für die Hälfte aller vorhandenen Beobachtungen eine nordöstliche Richtung konstatieren. Diese Folgerung wird durch die wenig zahlreichen Angaben der „Neun Zehngradfelder" nicht gerade gestützt, da in dem Gebiet nördlich 6^0 N. Br. und östlich 20^0 W. Lg. die südöstlichen Strömungen im Jahresdurchschnitt eher etwas zahlreicher erscheinen als Strömungen nach dem Nordostquadranten. Dagegen reden die Temperaturen der Wasseroberfläche in der Hinsicht deutlicher (s. die Tabelle auf S. 406). Wir reproduzieren für 6 Monate die Mitteltemperaturen (in ^{0} C.) für Streifen von 2^0 Breite und 5^0 Länge; neben jede Temperaturzahl ist in [ ] die Zahl der Beobachtungen aus dem betreffenden Streifen aufgeführt. Ein Vergleich mit einer lediglich graphischen Reproduktion dieser Daten (Ann. d. Hydr. 1877, Taf. I bis IV) wird zeigen, daß die zwischenliegenden Monate sich in den Punkten, worauf es ankommt, gerade so verhalten wie die hier dargestellten.

Die Uebersicht zeigt, daß südlich von 10^0 N. Br. und in den Sommermonaten auch südlich von 18^0 bis 20^0 N. Br. das ganze Jahr hindurch die Meeresober-

Temperaturen im Guineastrom.

Die Werte sind als „Temperatur [Anzahl der Beobachtungen]" angegeben; „Land" bezeichnet Küsten- bzw. Landfelder.

Januar

w. Grw.	20°	18°	16°	14°	12°	10°	8°	6°	4°
30°	22,1 [79]	22,7 [95]	23,2 [104]	24,1 [110]	24,8 [122]	25,5 [109]	26,1 [143]	26,7 [190]	
25°	21,6 [47]	21,3 [26]	22,6 [32]	23,8 [33]	24,9 [41]	26,0 [65]	26,6 [107]	26,8 [236]	
20°	21,3 [8]	22,8 [14]	23,1 [9]	22,8 [15]	24,8 [16]	27,1 [22]	27,7 [40]	27,1 [26]	
15°	Land	Land	Land						
10°	—	28,1 [33]	28,1 [33]						

März

w. Grw.	20°	18°	16°	14°	12°	10°	8°	6°	4°
30°	21,2 [84]	21,8 [103]	22,4 [100]	23,2 [107]	24,0 [110]	25,1 [148]	26,0 [200]	26,5 [190]	
25°	20,2 [40]	20,2 [39]	21,3 [43]	21,9 [45]	23,9 [70]	25,2 [108]	26,3 [176]	27,1 [372]	
20°	18,7 [5]	19,6 [4]	19,7 [15]	21,1 [31]	23,1 [17]	23,9 [18]	25,9 [12]	27,5 [10]	
15°	Land	Land	Land						
10°	24,7 [6]	26,4 [19]	28,1 [18]						

Mai

w. Grw.	20°	18°	16°	14°	12°	10°	8°	6°	4°
30°	22,0 [50]	22,7 [54]	23,2 [98]	24,1 [100]	24,8 [118]	25,7 [160]	26,6 [194]	27,2 [208]	
25°	21,4 [82]	21,6 [50]	22,2 [57]	22,9 [46]	24,2 [55]	25,4 [82]	26,8 [212]	27,4 [388]	
20°	18,5 [5]	20,1 [6]	21,3 [7]	22,2 [7]	24,0 [10]	26,1 [15]	27,9 [89]	27,4 [74]	
15°	Land	Land	Land						
10°	27,1 [9]	28,3 [15]	28,6 [60]						

Juli

w. Grw.	20°	18°	16°	14°	12°	10°	8°	6°	4°
30°	23,1 [74]	24,1 [67]	25,3 [43]	26,2 [148]	26,4 [280]				
25°	23,5 [153]	24,3 [314]	25,3 [383]	26,2 [461]	26,4 [484]				
20°	26,5 [3]	24,3 [10]	26,1 [33]	26,8 [16]	26,3 [97]	26,0 [39]	26,2 [119]	26,1 [107]	
15°	26,1 [19]	25,8 [22]							
10°	Land	Land	Land						

September

w. Grw.	20°	18°	16°	14°	12°	10°	8°	6°	4°
30°	25,5 [73]	26,3 [41]	27,0 [58]	27,0 [154]	27,0 [195]				
25°	25,6 [195]	26,1 [216]	26,9 [278]	27,1 [311]	27,1 [387]				
20°	26,6 [390]	26,6 [225]	26,7 [175]	27,3 [10]	26,4 [14]				
15°	—	—							
10°	Land	Land	Land						

November

w. Grw.	20°	18°	16°	14°	12°	10°	8°	6°	4°
30°	24,4 [86]	25,1 [57]	26,2 [57]	26,9 [57]	27,2 [90]	27,1 [289]	26,9 [304]	26,7 [304]	
25°	24,7 [87]	25,5 [171]	26,1 [188]	26,4 [218]	26,9 [194]	27,0 [306]	27,1 [188]	26,9 [104]	
20°	23,2 [6]	25,7 [7]	26,2 [9]	27,0 [21]	28,0 [31]	26,7 [40]	26,6 [74]	26,3 [159]	
15°	26,2 [16]	26,3 [38]	26,2 [47]						
10°	Land	Land	Land						

fläche erheblich wärmer ist, als nördlich davon. Geht
man die Kolumne zwischen 15 ° und 20 ° W. Lg. herunter,
so ist es nicht schwer, mit Ausnahme der Sommermonate,
die ungefähre geographische Breite des größten Tempe-
ratursprunges zu finden. Nach den „Neun Zehngradfeldern" liegt dieselbe:

Oktober	in ca. 16° N. Br.	Januar	in ca. 10° N. Br.
November	„ „ 15 „ „	Februar	„ „ 8 „ „
Dezember	„ „ 12 „ „	März	„ „ 7 „ „
		April	in ca. 8° N. Br.
		Mai	„ „ 10 „ „
		Juni	„ „ 12 „ „

Für die Monate Juli bis September reichen die britischen Beobachtungen zu einer Bestimmung dieser Nordgrenze nicht aus, da sie nördlich 16° N. Br. sehr spärlich
werden und mit 20° N. Br. nach Norden hin überhaupt
abschließen; aber langjährige Temperaturbestimmungen,
welche durch die französischen Postdampfer der „Mes-
sageries" angestellt und kürzlich veröffentlicht worden
sind, zeigen sehr deutlich, daß das warme Wasser in
diesen drei Monaten seine Nordgrenze erst in 18° bis
20° Br. findet. Vgl. Annalen der Hydrographie 1883,
S. 473, z. B. für August und 18° mittlere Länge:

•N.-Br.	Temperatur 0	N.-Br.	Temperatur 0
25°	22,2	15°	27,4
22½°	21,5	12½°	27,1
20°	24,5	10°	27,0
17½°	25,6	7½°	27,4

Gehen wir über den 20. Meridian hinaus westlich,
so verblaßt die erwähnte Grenze zwischen dem warmen
und kalten Wasser mehr und mehr, und westlich von
30° Lg. erfolgt die Zunahme der Temperaturen von
Norden nach Süden hin recht regelmäßig. Die Nordgrenze des warmen Wassers verschiebt sich also periodisch;
sie liegt zur wärmsten Jahreszeit in der Nähe des 20. Breitengrades, zur kältesten aber bei 7° Br.

Erinnern wir uns nunmehr, was oben über die Verschiebung des Kanarien- oder Nordafrikanischen Stroms
gesagt worden ist (S. 399), so meinen wir deutlich die
Folgerung bewiesen zu haben, daß zwischen den Kapverdeschen Inseln und dem afrikanischen Festland bis
Monrovia kein Südstrom vorhanden sein kann. Denn sonst
würden die Temperaturen südlich der genannten thermo-
metrischen Grenzbreiten nicht so schroff zunehmen können
als es der Fall ist. Daß nördlich von 6° Breite die
Stromrichtung eine nordöstliche ist, kann man aus dem
Umstande entnehmen, daß unter Land im warmen Strom
die Temperaturen höher sind als in See unter gleicher
Breite; wenn im Juli, August und September die Wasserwärme südlich von 12° N. Br. unter Land etwas geringer
ist als in See, so ist das eine Folge der um diese Zeit
hier stattfindenden Regenfälle, wie ich an anderem Orte
ausführlicher gezeigt habe (Ztschr. f. wiss. Geogr. 1883,
S. 155). Damals wurde auch schon darauf hingewiesen,
daß der Raum nördlich von 6° N. Br. und östlich von
20° W. Lg. bis zu den oben genannten thermischen Grenzbreiten nördlich hinauf zwar von dem warmen Wasser
des Guineastroms beherrscht werde, aber nicht auch von
den nördlichen Stromrichtungen desselben. Die
„mechanische" Grenze dieses warmen Stroms reicht niemals so weit nach Norden wie die „thermische". Man wird
nämlich annehmen müssen, daß die benachbarte nordafrikanische Strömung, in welche ja das nördlich von
10° Br. auf die Küste bewegte und von dieser reflektierte
Wasser einlenkt, dieses warme Wasser an ihrer Südgrenze
nach Westen hin mit sich fortträgt, also gewissermaßen
von der Guineaströmung einen warmen Saum erhält.
Sehr schön kommt diese Anlagerung des warmen Wassers
in der Reise der „Challenger"-Expedition vom 10. bis
14. August 1873 zum Vorschein, wie obiger Auszug aus
dem Journal derselben zeigt. (S. oben S. 403.) Die
thermische Grenze des Guineastroms haben wir für den
Monat August (für 15° bis 20° W. Lg.) in ca. 19° N. Br.
anzunehmen; wie diese Reise zeigt, wird die mechanische
Grenze desselben vom Challenger erst in ca. 12° N. Br.

(allerdings in 22⁰ W. Lg.) überschritten, obwohl am 10. August die Wassertemperatur schon ebenso hoch war, wie am 12. August. — Aehnliche Beobachtungen sind auch von deutschen Kriegs- und Segelschiffen mehrfach gemacht worden (Ann. d. Hydr. 1884, 489).

Dasselbe wie diese Wärmeanordnung beweist eine Reihe von Flaschentriften, welche Kapitän Dinklage, Abteilungsvorstand der Seewarte, dem Verfasser kürzlich mitgeteilt hat in Gestalt einer Karte, aus welcher die beigegebene Fig. 59 (S. 410) ein Ausschnitt ist. Die Ausgangspositionen tragen immer dieselben Nummern wie die Fundorte, beide sind durch die mutmaßliche Triftlinie verbunden. (Die Nummern selbst beziehen sich auf die Flaschenpostzettel im Archiv der Abt. I der Seewarte.)

Man bemerkt zunächst nördlich von den Kapverden eine Gruppe von Ausgangsorten Nr. 39, 42, 106, 109), welche, wenn die Strombilder von Evans, Berghaus u. s. w. richtig wären, Triften nach Süden und Fundorte an der Küste von Oberguinea ergeben müßten. Doch liegen alle Fundorte in Westindien, ebenso wie die einer Gruppe von Flaschen, die südlich von den Kapverden ausgingen (43, 44, 45, 47).

Eine zweite Gruppe von Flaschen ist im Guineastrom selbst ausgeworfen (54, 58, 59, 60, 61): die Fundpunkte liegen außer bei einer Trift (60) sämtlich nördlicher als die Ausgangspositionen.

Eine dritte Gruppe von Flaschenposten begann im Bereiche des südlichen Aequatorialstroms westlich von 22⁰ W. Lg. und im benachbarten Teil des Guineastroms (55, 56, 57, 111), diese wie die weiter östlich ausgesetzten Posten (62, 109) folgten jedenfalls zunächst einer Westrichtung und bogen dann erst nordwärts in die Ostströmung ein. Auch von diesen sind einige nach Nordost fortgetragen (57, 55).

Alle diese Bahnen finden ihre einfachste Erklärung durch eine Anordnung der Strömungen, wie sie oben von uns dargelegt und auf der Uebersichtskarte zu ersehen ist.

Auch das Experiment (s. Fig. 52, S. 358) bestätigt unsere Auffassung und zeigt, daß die Guineaströmung nichts ist, als eine Kompensationsströmung im windstillen

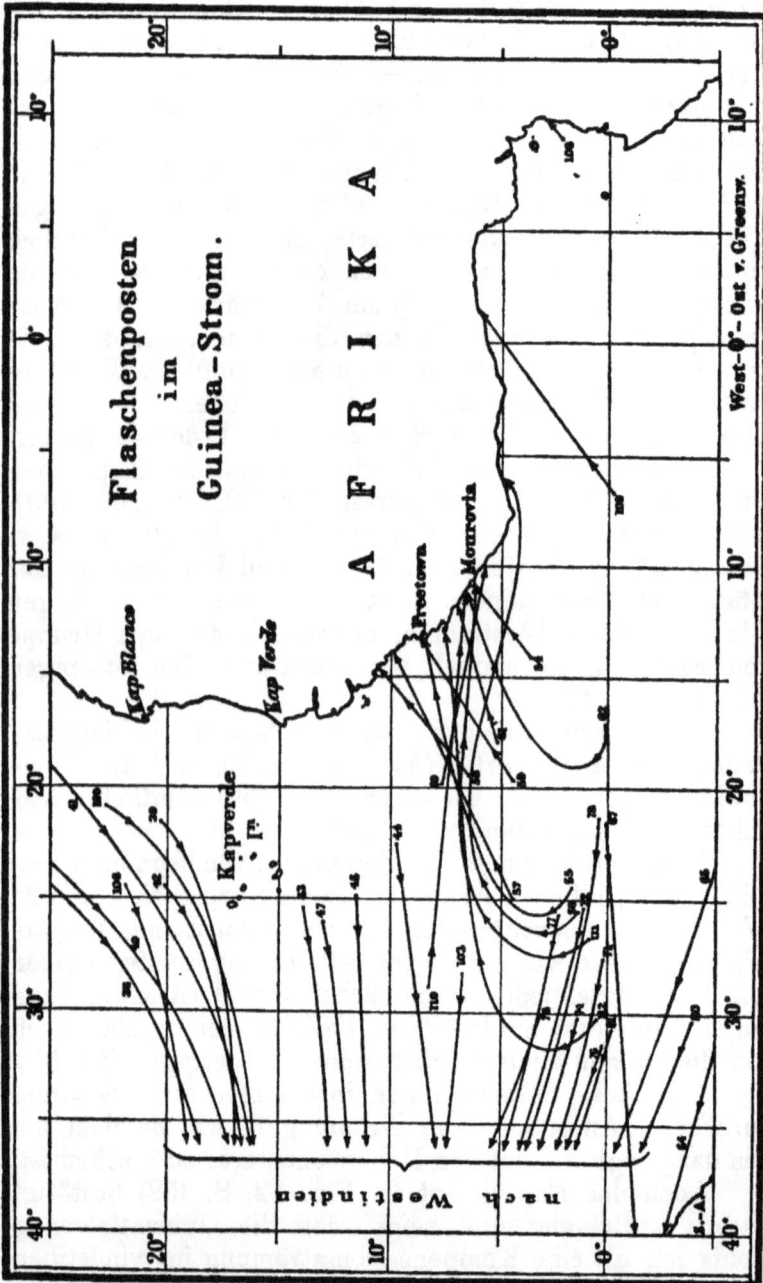

Flaschenposten im Guinea-Strom.

Raum zwischen den beiden primären parallelen Triftströmen. Indem die beiden Aequatorialströmungen große
Wassermengen von der afrikanischen Küste hinweg westwärts entführen, wird der Ersatz von allen Seiten aspiriert:
er wird also nicht nur durch die nordafrikanische und
Benguelaströmung aus höheren Breiten zugeführt, sondern
auch aus dem ganzen Küstengebiet zwischen 10° N. Br.
und dem Aequator. Das erzeugt Nordost- und Nord-
strömungen zwischen Monrovia und dem Grünen Vorgebirge, Südströmungen zwischen der Sklavenküste und
dem östlichsten Ende des südlichen Aequatorialstroms.
Da die Kontinuitätsgleichung allein also ausreicht, die
Guineaströmung in den Bereich des Notwendigen zurückzuführen, so sind andere Ursachen, welche in gleichem
Sinne wirken, nur von accessorischer Bedeutung. Solche
sind erstlich die Südwestwinde, welche doch nur im
Sommer in dem östlichen Teil des Interpassatraums auftreten, und zweitens die in allen Monaten geringere
Dichtigkeit des Seewassers an der Oberfläche des Guineastroms. Diese reicht nach Buchanan aber nicht tiefer
als 200 m hinab, kann also erhebliche Druckunterschiede
nicht erzeugen. Nach Toynbee (im Text zu den „Neun
Zehngradfeldern") ist für 15,56° C. das mittlere spezifische
Gewicht (in Tausendsteln *plus* 1 ausgedrückt):

im nördlichen Aequatorialstrom 27,0,
im Guineastrom 26,6,
im südlichen Aequatorialstrom . . . . . 27,1.

Aus der vollständigen Zusammenstellung der Aräometer-
ablesungen der Challenger-Expedition von Buchanan ergibt sich als absolutes, nicht auf die Temperatur korri-
giertes, spezifisches Gewicht (wiederum in Tausendsteln):

	an der Obfl.	in 50 Fad. Tiefe	Mittel a. beiden
im nördl. Aequatorialstr.	24,62	26,52	25,57
im Guineastrom . . .	22,72	26,03	24,37
im südl. Aequatorialstr.	24,50	25,88	25,19

Daraus ergibt sich unter der Annahme, daß die Dichtigkeiten in der obersten Wasserschicht von 200 m Tiefe
dieselben sind, wie sie in obigem Mittelwert zwischen der

Oberfläche und 50 Faden sich herausstellt, ein Gradient
vom Guineastrom

$$\text{nordwärts} = 200\,(1,02557 - 1,02437) = 0,24\,\text{m},$$
$$\text{südwärts} = 200\,(1,02519 - 1,02437) = 0,16\,\text{m},$$

welche Gradienten an sich nicht stark genug sein dürften,
die Guineaströmung allein oder auch nur im wesentlichen
zu erzeugen, wie man wohl bisweilen angenommen hat
(vgl. auch Ann. d. Hydr. 1875, 69).

Mit Benutzung der Idee, daß die Guineaströmung
ihrem Wesen nach nichts sei, als eine Kompensationsströmung, läßt sich auch versuchen, einige merkwürdige
Temperaturverhältnisse zu erklären, die in ihrem Bereiche
vorkommen (vgl. Zeitschr. f. wiss. Geogr. 1887, S. 38 f.
und Karten 2 und 3).

Auf dem Atlas der Oberflächentemperaturen, welche
das britische Meteorologische Amt 1884 herausgegeben
hat, zeigen sich für den Monat August an zwei Stellen
des Atlantischen Ozeans isolirt auffallend niedrige Temperaturen: an der Küste von Oberguinea und mitten im
südlichen Aequatorialstrom. In letzterem hat das Zwei-
gradfeld 0° bis 2° S. Br., 18° bis 20° W. Lg. die Oberflächentemperatur von nur 21,7°, gegen 22,8° im östlichen
(luvwärts gelegenen!), 23,9° im westlichen, 25,6° im nördlichen, 23,3° im südlichen Nachbarfelde. Jenes Zwei-
gradfeld mit 21,7° ist also inselartig in wärmeres Wasser
eingelagert, repräsentiert darum sozusagen die mittlere
Position einer der „Kaltwasserinseln", wie solche auch
sonst gelegentlich an anderen Stellen dieser Aequatorialströmung wohl vorkommen. Gleichzeitig hiermit treten
nämlich auch weiter östlich (allerdings nicht durch Mittelwerte garantiert, sondern nur in Gestalt einzelner Beobachtungen) zu beiden Seiten des Aequators zwischen 10°
und 7° W. Lg. andere Kaltwasserflecken auf, welche 20,0°
und 21,1° ergeben, während auch hier im Umkreise viel
höhere Temperaturen, luvwärts im Osten sogar 24° bis
25°, in den Karten aufgeführt sind.

Was nun das kalte Küstenwasser entlang der Gold-
und Sklavenküste betrifft, so hat bereits P. Hoffmann
die Aufmerksamkeit darauf hingelenkt, indem er sich auf

die Beobachtungen des englischen Kapitäns Bourke bezog. „Kaltes Wasser," berichtet dieser, „erscheint vorübergehend zu allen Jahreszeiten an der Küste von Guinea, aber während der Monate Juli, August und September ist die Temperatur des Meeres bei Kap Coast-Castle häufig tagelang 19° bis 20°. Wenn man die Küste verläßt und in tiefes Wasser gelangt, steigt die Temperatur auf 25,5° bis 26,5°, der normalen Temperatur des Guineastroms in dieser Jahreszeit." Die englische Temperaturkarte ergibt nun in der That an der Küste zwischen 7° und 4° W. Lg., also östlich vom Kap der drei Spitzen, und dann wieder an der ganzen Sklavenküste bis 2° O. Lg. (etwa vom deutschen Lome bis Lagos) Temperaturen zwischen 20° und 22°, und erst in ziemlichem Abstande von der Küste werden 24° und mehr angetroffen. Nebelbildungen begleiten auch hier dieses kalte Wasser, welches so niedrige Temperaturen besitzt, daß gleichzeitig entlang der ganzen Küste Nordafrikas bis zur Straße von Gibraltar wärmeres Wasser sich findet. Es ist nötig, diese Thatsache zu betonen, ebenso auch, daß in den Monaten Februar, Mai und November (welche allein in dem englischen Temperatur-Atlas dargestellt sind) an der Zahn- und Sklavenküste durchaus ganz so warmes Wasser sich findet, wie weiter in See im Guineastrom und wie entlang der Küste nach Westen hin bis über Sierra Leone hinauf. Man kann also in dem Auftreten so kalten Küstenwassers keine Einwirkung etwa des nordafrikanischen Stroms erkennen, sondern nur eine Auftrieberscheinung.

Die Erklärung für dieselbe ist vielleicht in der gleichzeitigen Verstärkung des südlichen Aequatorialstromes gegeben: indem dieser in den Monaten Juli-August eine größere Menge Wasser nach Westen entführt, muß auch der Ersatz ein größerer werden. Da aber in jenen Monaten die Nordkante dieses Stromes auch ihre nördlichste Lage hat, wird der um Kap Palmas ostwärts dirigierte Kompensationsstrom nicht allen Bedarf zu decken imstande sein, darum wird alsdann Wasser aus der Tiefe aspiriert. Ein dieser Auffassung nicht ungünstiges Indicium ist in der allgemeinen Abkühlung der Oberfläche

des Guineastroms im August in den Längen östlich von
Greenwich bis zu den Guineainseln hin enthalten. Obwohl
derselbe Strom von Monrovia ab bis nach Fernando Po
hin ostwärts geht, so sind doch vom Kap Palmas an die
Oberflächentemperaturen um 2^0 bis 3^0 niedriger (unter
26^0 bis 24^0 C.) als auf der Höhe von Monrovia (26^0 bis
27^0), und erst bei den Inseln Fernando Po und Principe
kommt wieder höher (über 26^0) temperiertes Wasser vor.
Es hat den Anschein, als wenn auf der ganzen Strecke
des Guineastroms zwischen 0^0 und 10^0 O. Lg. eine nicht
unwirksame aufsteigende Bewegung des Unterwassers auch
die Oberflächentemperaturen erniedrigt.

In irgend einer Verbindung mit diesen Vorgängen steht
dann auch das Auftreten einer kühlen Jahreszeit auf den Inseln
Principe und St. Thomé in den Monaten Juli bis September, von
welcher Greef (Peterm. Mitteil. 1884, 131) und schon 60 Jahre
vorher Oberst Sabine als einer auffallenden Erscheinung auf
diesen Inseln berichteten. Doch war letzterer wohl nicht ganz
im Recht, wenn er den Aequatorialstrom in diesen Monaten so
weit nördlich hinaufreichen läßt; es ist eben alsdann die auch
sonst hier herrschende Guineaströmung an sich in ihrem Wärmevorrat verkürzt. Dagegen ist die allezeit kühle Insel Annobom
wohl stets im Bereich des Aequatorialstroms belegen, wie aus
den Temperaturkarten klar hervorgeht.

Auf ebensolche Auftrieberscheinung will ich auch die
„Kaltwasserinseln" entlang dem Aequator westlich vom
Greenwich-Meridian zurückführen. Die oben näher loka-
lisierte Stelle niedrigster Wassertemperatur am Aequator
bei 18^0 bis 20^0 W. Lg. trifft nämlich genau zusammen
mit dem Gebiete, welches gleichzeitig von dem nördlichen
Stromstrich der Aequatorialströmung stark nach *NW*, vom
Guineastrom aber nach *O* gezogen wird. Auch hier liegt
der Gedanke nahe, an das Aufsteigen von Wasser aus
der Tiefe unter Einwirkung dieser divergenten Kräfte zu
zu denken (vgl. oben Fig. 55, S. 361). Ueberhaupt aber
wäre ein Versuch nicht aussichtslos, die schon von Humboldt und Lentz vor einem halben Jahrhundert erkannte
schnellere Abnahme der Temperaturen mit der Tiefe nahe
dem Aequator (s. oben S. 285) auf solche Aspiration zurückzuführen: divergieren ja doch auch die den beiden

„Stromstrichen" angehörigen Teile des westlichen Aequatorialstroms nach *NW* und *S*.

Alles das läßt sich bei dem gegenwärtigen Standpunkte unserer Kenntnisse zunächst nur andeuten, und muß erst weiterer Prüfung unterzogen werden. Alsdann wird es auch möglich sein, die des öfteren in diesem Teil des Atlantischen Ozeans angestellten Versuche, den Meeresstrom in einiger Tiefe unter der Oberfläche festzustellen, kritisch zu würdigen. Einer der letzten Versuche ist von Buchanan auf der Fahrt zwischen Ascension und Sierra Leone gerade unter dem Aequator ausgeführt: er fand daselbst an der Oberfläche nur eine schwache westliche Versetzung, in der Tiefe von nur 30 Faden oder 55 m aber eine starke Strömung nach *SO*, welche zu mehr als eine Seemeile stündlich gemessen werden konnte, nachdem das Schiff (Buccaneer) mit der Dredgeleine in 3300 m Tiefe sich verankert hatte. Da dieses Experiment im März erfolgte, also zu einer Jahreszeit, wo die Nordkante der Aequatorialströmung ihre südlichste Lage zu haben pflegt, so wäre hier am ehesten daran zu denken, daß es eben die in der Tiefe in den Weststrom zurücklenkende Guineaströmung war, welche man hier antraf (*Proceed. R. G. Soc.* 1886, 761).

10. Wir haben die Stromvorgänge im amerikanischen Mittelmeer verfolgt bis zu der Straße von Yucatan, woselbst die Karibenströmung sich mit großer Kraft geltend macht. Das weitere Verhalten dieser so in den Golf von Mexiko eingetretenen Bewegung bietet dem Verständnis manche Schwierigkeiten.

Findlay, die englischen Stromkarten, Heinrich und Hermann Berghaus stimmen darin überein, daß unmittelbar nach dem Passieren der Yucatanstraße der Strom sich teilt: einen Ast nach Osten entlang der Nordküste von Kuba entsendend, einen zweiten nach Westen, der sich auf den älteren Darstellungen (Heinrich Berghaus, Findlay) dort fächerförmig auflöst ohne eine deutliche Fortsetzung zu finden, auf den neueren (Evans, *Pilot charts*, Herm. Berghaus) aber den ganzen Golf umkreist im Sinne des Uhrzeigers. Alle diese Kartographen führen dann

weiterhin von der Gegend bei der Mississippimündung beginnend einen teils unabhängigen, teils mit dem vorher
genannten kreisenden Strom verknüpften südöstlichen Zufluß in die Straße zwischen Kuba und den Floridariffen
hinein, wo er sich mit dem entlang der Nordküste Kubas
bewegenden Oststrom vereinigt. Das gibt dann die „Wurzel"
des Floridastroms.

Nach dem Experiment und der Theorie müßte ebenfalls ein Kreislauf im Golfe sich ausbilden, aber gerade in
der umgekehrten Richtung, als wie die Karten angeben:
der Kuba umfließende Hauptast des Stroms müßte zum
Teil nach Norden weiter strömen und alsdann westlich
umbiegend den Golf in einem Sinne gegen den Zeiger
der Uhr umkreisen. Das lehrt auch das Experiment (siehe
oben Fig. 51, S. 358 bei a). Nach neueren Untersuchungen
der Amerikaner jedoch ist überhaupt kein ausgeprägter
Strom in dem Golf vorhanden außer in seinem östlichsten
Teil gegen Kuba hin; im übrigen folgt der Strom lediglich dem Winde. Strachan (*Currents and Surface Temperatures of the Northatlantic*) kennt neben den, der
geläufigen Auffassung gemäß rechtsherum kreisenden
Strömungen doch auch nicht ganz wenige westliche Versetzungen in der Nordhälfte des Golfes, was also den
Erwartungen, zu denen das Experiment berechtigt, nicht
ungünstig sein würde. Aus der mittleren Luftdruckverteilung würden ebenfalls entlang der mexikanischen
Küste nördliche Winde, also südlicher Strom folgen, doch
ist hier vielleicht geratener, auf den Monsuncharakter der
Luftbewegungen zu achten. Danach sind in der Westhälfte des Golfs die Winde:

im Winter aus einer Richtung zwischen N und NO,
im Sommer „   „   „   „ ONO und OSO

zu erwarten. Unseres Erachtens ist das Strombild des
Golfs von Mexiko noch einer sorgfältigeren Diskussion auf
Grund des vorhandenen Materials im höchsten Maße be-
dürftig.

2. Die atlantischen Strömungen nördlich von 30° N. Br.

11. Der Floridastrom. Es war zwanzig Jahre nach der Entdeckung der Neuen Welt, daß der spanische Gouverneur von Puerto Rico, Juan Ponce de Leon, durch Diego Colon aus seinem Amte verdrängt, mit einem kleinen Geschwader von drei Schiffen auszog, um in den damals noch immer unerforschten Gebieten im Westen der Bahamainseln den märchenhaften Jungbrunnen zu suchen, welchen die Eingeborenen dieser Inseln in ein Land nach jener Richtung hin verlegten. Bei dieser Fahrt, welche zur Entdeckung der Halbinsel Florida am Ostersonntag (*Pascua Florida*) des Jahres 1513 führte, durchschnitt das Geschwader, dessen nautischer Leiter der Pilote Francisco de Alaminos war, mehrfach die starke, nach Norden hin aus dem engen Kanal zwischen dem Festland und den Bahamainseln herausbrechende Strömung. Am deutlichsten wurden sie derselben gewahr, als sie entlang der Ostküste von Florida südwärts segelten. „Als wir dabei etwas mehr von der Küste abkamen," heißt es im Tagebuch der Reise, „gewahrten alle drei Schiffe am folgenden Tage (22. April) eine Strömung, gegen welche sie nicht an konnten, obwohl sie den Wind mit sich hatten. Es hatte zwar den Anschein, als ob sie gut vorwärts kämen. Aber sie erkannten bald, daß sie zurückgetrieben würden und daß der Strom mehr Gewalt habe als der Wind. Zwei von den Schiffen, welche etwas näher bei der Küste waren, konnten vor Anker gehen, aber die Strömungen waren so gewaltig, daß sie das Kabeltau mit vibrierender Bewegung erzittern und schwingen ließen. Das dritte Schiff, eine Brigantine, welches ein wenig mehr in die See hinausgesegelt war, konnte keinen Ankergrund finden, wurde vom Strom überwältigt und wir verloren es aus dem Angesichte, obwohl es ein ruhiger und heller Tag war." Als derselbe Alaminos mit Cortez das Goldland Mexiko entdeckt hatte, wurde er nach Verbrennung der übrigen Schiffe mit dem schnellsten Fahrzeug des Geschwaders entsandt, um die Botschaft von dieser Entdeckung in die Heimat zu tragen. In der Absicht, den neidischen Gouverneuren der Antillen zu entgehen, nahm Alaminos seinen Weg auf dem damals noch unversuchten Wege nördlich von Kuba vorbei durch den starken Strom der Floridastraße und konnte, von diesem schnell nordwärts davongetragen, nach kurzer Fahrt die Açoren und Spanien erreichen, dort die Nachricht von der glänzenden Entdeckung des goldreichen Festlandes verkündend. So ist dieser Meeresstrom seit den ersten Tagen seiner Entdeckung allezeit von dem mächtigsten Einfluß auf die Schiffahrt in seinem Bereiche geblieben.

Jahrhunderte hindurch hieß der Strom nach der benachbarten Halbinsel der Floridastrom; erst Benjamin Franklin hat seit dem Jahre 1772 die Abkunft desselben aus dem Golf von Mexiko und seine Ausdehnung bis weit nach Nordosten hin nachgewiesen und demgemäß für den Namen „Golfstrom" Propaganda gemacht, womit er solchen Erfolg hatte, daß heute alle Seeleute der Welt diesen Strom nur unter solchem Namen kennen (auch wohl ganz abgekürzt bloß „der Golf" genannt). Aus Gründen, die weiter unten klarer hervortreten werden, bedienen wir uns aber für die aus den Engen der Floridastraße nördlich hervorbrechende Meeresströmung in diesem Buche ausschließlich des alten Namens „Floridastrom".

Die Untersuchungen der amerikanischen Seeoffiziere seit der Mitte dieses Jahrhunderts haben uns die Eigenschaften dieser einzig in ihrer Art unter allen Meeresströmen dastehenden Erscheinung kennen gelehrt; über die älteren Forschungen hat im allgemeinen Maury, mehr ins Einzelne gehend Kohl, über die neueren, vielfach in wesentlichen Punkten abweichenden Ergebnisse hat Bartlett berichtet. Mit Zuhilfenahme auch anderer Nachrichten ergibt sich etwa folgendes Bild dieses Stroms.

In den Engpässen der Floridastraße, besonders der engsten Stelle westlich von den kleinen Biminiriffen der Bahamagruppe, besitzt der Strom eine Geschwindigkeit, die sonst nirgends ihresgleichen findet: im jährlichen Mittel ist sie nach Bartlett und Sigsbee zu 72 Seemeilen, in vielen Fällen, besonders in der kältesten und wärm-

sten Jahreszeit, besonders aber in der letzteren, über 100
bis 120 Seemeilen im Etmal gemessen worden. Das sind
auf die Zeiteinheit der Sekunde übertragen 1,5 bis 2,5 m,
also Geschwindigkeiten, die der Rhein in seinem Unter-
laufe bei Hochwasser kaum erreicht[1]. Doch kommen
auch Fälle vor, wo der Floridastrom den Schiffen, die
ihn für ihre Fahrt nach N benutzen wollen, nur eine
sehr geringe Förderung gewährt; daß er an jener Stelle
aber jemals ganz gefehlt habe, ist indes nicht gehörig
verbürgt. Weiter nordwärts ist diese Stromstärke ungefähr
die gleiche bis auf die Höhe von Charleston (32 ° N. Br.).

In den Engpässen hat der Strom eine Breite von
etwa 30 Seemeilen, auf der Höhe des Kap Cañaveral
(28 1/2 ° N. Br.) etwa das Doppelte, bei Charleston aber
schon 120 bis 150 Seemeilen. Diese Ausbreitung des
Stromes greift nun weiter nach N stetig mehr Platz und
zwar erfolgt sie immer an der östlichen Flanke, während
die Westkante des blauen, klaren und warmen Stroms
im allgemeinen dem Abfall der Küstenbank, wie er durch
die 200 m-Linie dargestellt ist, getreu bleibt. An der
Westseite ist die Stromstärke ganz nahe der Kante meist
noch eine so große und die Grenze gegen das grüne und
kalte Nachbarwasser eine so scharfe, daß sie vom Deck
weithin deutlich im Wasser zu erkennen ist und ein Schiff
im Moment, wo es die Grenze überschreitet, nicht selten
aus dem Kurs geworfen wird.

Mit der fortschreitenden Verbreitung geht eine Abnahme der Stromstärke Hand in Hand. Schon auf der
ältesten Spezialkarte dieses Stroms, welche von Franklin

---

[1] Nach einer Zusammenstellung bei Frantzius und Sonne,
der Wasserbau, S. 226, beträgt die Geschwindigkeit beim mittleren
Wasserstande des Rheins am Bingerloch 3,42 m, zu Werthausen
0,63, zu Mannheim 1,50 m; bei hohem Mittelwasserstande zu
Koblenz 1,88 m. — Ebenso wird angegeben als Geschwindigkeit
der Weichsel bei höherem Wasserstande 1,20 bis 1,90; des
Neckars oberhalb Mannheim im Mittel 0,90, bei Hochwasser über
3 m; der Donau zu Wien bei Hochwasser 1,94; des Mississippi
bei höchstem Wasserstande auf der Strecke vom Ohio zum
Arkansas 1,91, vom Bayou La Fourche bis zur Gabelteilung
1,76 m etc.

und Kapitän Folger gezeichnet wurde, ist dies zu erkennen.
Südlich von der Küstenbank, die auf der Höhe von New-
York weit nach Osten vortritt und auch die Stromrichtung in eine östliche umwendet, wird eine mittlere· Geschwindigkeit von 72 Seemeilen nicht mehr so häufig
gefunden und sogar auf mehr als 48 Seemeilen ist nicht
regelmäßig zu rechnen.   Doch geht auch noch östlicher
der Strom nicht gerade oft unter 30 Seemeilen herab.

Man kann die Grenzen des Stroms indes nur bis
etwa 45° W. Lg. noch einigermaßen erkennen, schon vorher beginnt seine Auflösung in Streifen stärkeren und
schwächeren Stroms, höherer und etwas niedrigerer Temperatur.   Ueber die Natur dieser Streifen und des „Kalten
Walls" an der linken Seite des Stroms, wie überhaupt
die Temperaturverhältnisse desselben, ist bereits an anderer
Stelle Ausführlicheres gegeben (Bd. I, 268 bis 276).   Ausdrücklich muß indes betont werden, daß weder die Befunde der „Challenger"-, noch die der „Blake"-Expedition
irgendwie die ältere Auffassung bestätigt haben, welche
in diesen „kalten Bändern" die Einwirkung eines arktischen Gegenstroms, oder in ihnen überhaupt Gegenströmungen anderer Art erblickte (vgl. die Strömungskarte in
dem von Attlmayr herausgegebenen Handbuch der
Ozeanographie etc. I, Taf. B und Hoffmann, Meeresströmungen S. 54).   Diese kalten Bänder haben stets
eine an sich noch hohe Temperatur, nur ist sie etwa
2° bis 3° niedriger als die der warmen Stromstreifen
(Ztschr. f. wiss. Geogr. 1883, S. 161 und Thomson,
the Atlantic I, 364, pl. XII).

Deutsche Kriegsschiffe, welche den östlichsten Teil
des Floridastroms zwischen Halifax und den Bermuden
sehr häufig kreuzten, haben äußerst wechselnde Verhältnisse vorgefunden (Ann. d. Hydr. 1875, 350; 1877,
449; 1878, 454; 1880, 488; 1881, 394; 1884, 322, 540;
1886, 415 u. s. w.).   In einigen Fällen war die Grenze
des Stroms gegen das kältere Wasser an der linken (hier
nördlichen) Flanke sehr scharf ausgeprägt, in anderen
weder durch Stromversetzung noch erhebliche Temperatursprünge markiert.   Im Bereiche des eigentlichen

Floridastroms waren die Stromversetzungen in hohem
Maße von den herrschenden Winden beeinflußt; auf starke
Winde aus *NO* folgten sogar Versetzungen nach *SW*.
Diese gelegentlichen Störungen werden je weiter nach
Osten desto häufiger, und beweisen, daß die Kraft des
starken Stroms östlich von 60° Lg. mehr und mehr ge-
brochen wird. Sogar näher seinem Ursprunge zu, auf
der Höhe des Kap Lookout 34 1/2° N. Br. konstatierte
Bartlett solche Einwirkungen des Windes. Das Schiff
„Blake" befand sich inmitten starken Nordstroms, als ein
steifer Sturm aus *NW* einsetzte: der Strom wurde hierdurch fast direkt nach *O* umgelenkt und während der
Dauer von 12 1/2 Stunden setzte er stündlich 4,9 Seemeilen nach *OzN*, während das Schiff mit Volldampf und
Vorsegel den Kurs *W* einhielt (Ann. d. Hydr. 1882, 655).
Maury berichtet gleichfalls schon von solchen Störungen,
die bisweilen nach lang anhaltenden Südoststürmen das
warme Wasser bis vor den Hafen von New-York hinüber-
treten lassen. In einem Gebiet so gewaltsamer Luftbewegungen, wie sie in diesem Teile des Floridastroms die
Regel sind, kann im Grunde genommen eine so große
Unregelmäßigkeit aller Stromvorgänge nur natürlich befunden werden. Auch hier sind die Durchschnittswerte
für die Oberflächentemperaturen der sicherste Führer, um
aus dem Wechsel der Einzelfälle ein Bild vom mittleren
Zustande zu konstruieren. Die Temperaturkarten von Petermann (Mitt. 1870, Taf. 12 und 13) sogut wie die des
neueren englischen Atlas der Wassertemperaturen zeigen
denn auch in der That, daß der eigentliche Floridastrom
niemals über 45° W. Lg. nach Osten vordringt.

Die Natur dieser ganzen Vorgänge ist seit Franklins
Zeiten oft genug Gegenstand ernsten Nachdenkens gewesen, ohne daß eine durchschlagende Erklärung derselben bislang gegeben worden wäre. Indes hat die
Meinung Franklins immer und zwar mit Recht am meisten
Vertreter gefunden, wonach in dem Druck der Passattrift
in das Westindische Binnenmeer hinein diejenige primäre
Kraft zu sehen ist, welche den Ausbruch der Gewässer
aus dem Golfe von Mexiko durch die Floridastraße zur

Folge hat. Diese Meinung findet eine unseres Erachtens durchschlagende Unterstützung in dem oben S. 358, Fig. 51 dargestellten Experiment. Die aus dem großen Becken in das kleinere südwestliche hineintriftenden Wassermassen zeigen rechts von *a* (die Yucatanstraße markierend) und namentlich bei *b* (die Engen von Bimini darstellend) eine solche Stromstärke, daß nicht nur an der Möglichkeit, sondern auch der Notwendigkeit einer solchen Entstehung des Floridastroms kein Zweifel mehr bestehen dürfte. Das ganze Karibische Meer westlich von der Insel Hayti ist eben in stetiger Strombewegung nach Westen hin begriffen und der weitaus größte Teil dieses Stroms muß durch die Yucatanstraße in den Golf von Mexiko hineintreten: da dieser Golf nur noch eine zweite Oeffnung in Gestalt der Floridastraße besitzt, so wird hier der Strom seinen „Ausfall" machen.

In dieser Hinsicht also ist der Floridastrom eine Wasserbewegung, die ihr Motiv ganz im Rücken hat, und es wäre sonach anzunehmen, daß derselbe nunmehr der Trägheitskurve folgte. Allein, wie überall im Meer, so tritt der Strom, ehe er recht „frei" geworden, schon in den neuen Zwang einer vor ihm notwendigen Kompensation. Wir sahen wie nördlich von den Bermudasinseln der Luftdruckgradient eine Luft- und Wasserbewegung nach OzN zur Folge hat, welche weiter im Osten überall herrscht und alsdann nördlich von 45° Br. eine nordöstliche Trift erzeugt. In 50° N. Br., 30° W. Lg. ergibt nämlich die Isobarenkarte genau einen Gradienten nach $N\,18°\,W$ und eine Trift nach $N\,55°\,O$ oder $NOzO$. Die Windstärke dieses ganzen nordatlantischen Gebiets sinkt im Jahresmittel kaum unter 6 m herab und beträgt im Winter durchschnittlich 10 und mehr Meter pro Sekunde. Das in der Meeresregion zwischen Neufundland und den Bermudas, im Rücken dieser kräftigen Trift, zum Ersatz erforderliche Wasser liefert zum großen Teil die Antillenströmung und sobald der Floridastrom die „Engen" passiert hat, gelangt er nicht minder in den Bereich dieser Aspiration. Aus der Wärmeschichtung des Wassers läßt sich abnehmen, daß der Floridastrom über die Antillenströmung sich hinüberlagert, nur eben mit zwei- bis dreifach größerer Stärke, aber in gleicher Richtung wie diese dahinströmend. Nördlich von 30° N. Br. kommen nun auch gleichgerichtete Windimpulse dazu — alles das wird zusammenwirken, den Floridastrom vom ausschließlichen Befolgen der Trägheitskurve abzuhalten. Allein die Erdrotation wird immerhin die schnell strömenden, zur Kompensation nach Norden enteilenden Gewässer nach Osten ablenken und dieser Umstand wird es erklären, weshalb die Ostflanke des Stroms sich mechanisch nirgends sehr scharf ausprägt; thermisch kann sie sich von der doch gleichfalls tropisch warmen Antillenströmung ohnehin nicht in gleicher Weise abheben, wie an der Westflanke entlang der ostamerikanischen Küstenbank von der um 10° bis 15° kälteren Labradorströmung.

Die Auflösung des Floridastroms in mehrere Stromstrahlen östlich von 60° Lg. ist wohl auf verschiedene Ursachen zurückzuführen. Zunächst wird die aus der Floridastraße mitgebrachte, in konzentriertem Strahl enthaltene lebendige Kraft bei der Verbreiterung des Stroms von 30 Seemeilen auf 150 und 200 Seemeilen entlang einer Strecke von 400 bis 500 Seemeilen und dem damit verbundenen Flacherwerden der gleichzeitig bewegten Wassermenge infolge der Reibung an dem Nachbarwasser sich mehr und mehr aufzehren. Die Reibung äußert sich hier wie immer in dem Widerstand des schwächer bewegten gegen das stärker bewegte Wasser und in der Mitteilung der Bewegungsimpulse vom Oberstrom an die Unterschichten. Dadurch könnte indeß wohl nur das allmähliche Flacherwerden des Stroms erklärt sein. Die Zersplitterung wird begünstigt durch ganz lokale Störungen, welche diese flache Warmwasserschicht durch starke Winde aus wechselnder Richtung erfährt, und durch das Eingreifen der Rotationskraft, welche solche stärker bewegte Stromstriche mehr und mehr rechts abdrängt und von der Umgebung isoliert. Zur vollen Erkenntnis dieser Prozesse wäre eine synoptische Darstellung des ganzen Floridastroms für eine zusammenhängende Reihe von Tagen sehr erwünscht. Es würde sich danach ersehen lassen, ob diese mehrfachen Stromstriche nicht schon in der „Wurzel" oder im „Ausfall" des Stroms vorhanden sind, wofür gewisse Beobachtungen Bartletts zu sprechen scheinen.

Wie jeder aus einem ähnlichen Kanal in offenes Wasser heraustretende Strom aspiriert auch der Floridastrom nachbarliches Wasser von außen zur Kanalmündung, ja seine eigenen Stromfäden kurven eine kurze Strecke von dem „Ausfall" entfernt schon wieder rückwärts ab. Doch ist diese Erscheinung nach Bartletts Untersuchungen wiederum hauptsächlich ausgeprägt an der östlichen Flanke des Stroms und nicht über 200 Seemeilen von den Bahamariffen in die offene See hinaus. An der linken, festländischen Seite des Stromes ist eine ergiebige Kompensation in Gestalt des später zu beschreibenden Kaltwasserstroms am Rande der Küstenbank und auf dieser selbst nach S hin thätig. — Es scheint mir unnötig, in dem erwähnten Abkurven der Stromfäden an der rechten Flanke lediglich Aeußerungen der Rotationskraft zu erblicken; jener Aspirationsvorgang ist jedenfalls das Maßgebende. Wenn in der Gegend nordöstlich von den Bermudas gelegentlich sehr starke Strömungen nach Südwest vorkommen, so sind diese ebenfalls nicht auf Rotationswirkung zurückzuführen, sondern wohl einfacher auf Windwirkung. Dagegen sind vielleicht in der Anordnung der Isothermflächen, die im ganzen Floridastrom noch Osten hin abfallen, Folgewirkungen der Rotationskraft zu erkennen, obwohl durch die Lagerung des Floridastroms über den Antillenstrom und durch die Nachbarschaft des kalten, zum Teil auf einem Auftriebphänomen beruhenden Labradorstroms sich die hauptsächlichsten Merkmale der Wärmeschichtung in diesem Teile des Nordatlantischen Ozeans einfach genug erklären lassen.

Ueber eine Reihe von Strombeobachtungen in verschiedener Tiefe, mit der gewöhnlichen Stromboje (Fig. 56) nahebei und im Westen von den Bermudas in 32° 18′ N. Br., 65° 38′ W. Lg. am 24. April 1874 von der Challenger-Expedition ausgeführt, berichtete W. Thomson (the Atlantic I, 365 f.): es ergab sich der Strom:

an der Oberfläche: . . . . . . N 60° O . . 0,24 Seem. in der Std.,

in 50 Faden =   90 m Tiefe: N 75 O . . 0,46   „   „   „   „

 „ 100   „   = 180 „   „ : N 87 O . . 0,36   „   „   „   „

 „ 200   „   = 370 „   „ : S 70 O . . 0,22   „   „   „   „

 „ 300   „   = 550 „   „ : S 40 O . . 0,08   „   „   „   „

 „ 400   „   = 730 „   „ : S 65 O . . 0,11   „   „   „   „

 „ 500   „   = 910 „   „ : N 65 O . . 0,06   „   „   „   „

 „ 600   „   = 1100 „   „ : Kein Strom mehr gefunden.

Aus diesen Beobachtungen würde sich, vorausgesetzt, daß sie gänzlich frei von störenden Einflüssen blieben, eine stetig mit

der Tiefe zunehmende Rechtsdrehung des Stroms bis 300 Faden
herab entnehmen lassen; aber die darauf in 400 Faden wieder
links drehende und in 500 Faden der Oberflächenströmung gleiche
Richtung nach *ONO* zeigt doch, daß diesem Wechsel der Stromrichtung nicht viel Bedeutung zukommt. Als mittlere Richtung,
nach welcher die ganze Wasserschicht von rund 1000 m Mächtigkeit sich bewegt, ergibt sich *N 84° O*, also fast recht *O*, was auch
den Stromkarten entsprechen dürfte.

12. Die nordatlantische Ostströmung oder
Westwindtrift, auch die „Golfstromtrift", oder der
„Golfstrom" genannt, beherrscht von 40° N. Br. an
nordwärts den größten Teil des Nordatlantischen Ozeans.
Die Karte zeigt die Divergenz der Richtungen östlich
vom 50° W. Lg. Die südlichen Partien dieser großen
Strömung bleiben zunächst östlich, bei den Açoren wenden
sie sich mehr nach *OSO* und von da ab noch mehr nach
S. Die mittlere Partie bewegt sich recht nach *NO* auf
die britischen Inseln, die Faröer und Island zu; die westlichsten Teile haben mehr eine Richtung nach *N*. Also
fächerförmig strahlen diese Strombahnen vorherrschend
nach nordöstlicher Richtung aus, überall das warme, der
Tropenzone entstammende Wasser mit seinen hohen Temperaturen dahintragend. Die Geschwindigkeit des Stromes
ist meist eine mäßige, Versetzungen der Schiffe auf der
Fahrt von den Vereinigten Staaten zum Kanal nach Osten
hin im Betrage von mehr als 48 Seemeilen im Etmal
sind sehr selten, um so seltener je weiter nach Osten;
vielfach werden überhaupt keine Stromversetzungen wahrgenommen, so daß im Mittel die Stärke der Strömung auf
etwa 12 bis 15 Seemeilen schon ziemlich hoch angesetzt
sein dürfte.

Für den Teil der Strömung südlich von 50° N. Br.
und östlich von 40° W. Lg. liegt in den meteorologischen
Tabellen der Seewarte (Resultate meteorologischer Beobachtungen von deutschen und holländischen Schiffen für
Eingradfelder des Nordatlantischen Ozeans, Heft I bis IV
und Heft VI) eine große Anzahl von Strombeobachtungen
vor, welche freilich zur Berechnung einer mittleren Stromrichtung und Geschwindigkeit nicht bestimmt sind, die
aber nach P. Hoffmanns Vorgange wenigstens nach den

vier Quadranten für jedes Fünfgradfeld geordnet einen
Einblick in die relative Häufigkeit der vier Hauptstromrichtungen gewähren könnten. Auf nachstehender
Tabelle ist dieselbe in den vier Ecken eines jeden Fünf-
gradfeldes in Prozenten aller Beobachtungen (deren Gesamtzahl in der Mitte des Feldes eingeklammert aufgeführt
ist) eingetragen. Es zeigt sich, wie variabel die Stromversetzungen in diesem Gebiete wechselnder Windrichtungen sind, aber es tritt doch schon zwischen 45° und
50° N. Br. eine Tendenz des Stromes, seine Richtung mehr
nach S hin zu dirigieren, unzweifelhaft hervor. In den
südlicheren Feldern macht sich die Nähe der portugiesischen
und afrikanischen Küste bis in die Nachbarschaft der Açoren
hin (bis 25° W. Lg.) fühlbar, indem die vorherrschende
Stromrichtung schon westlich von S liegt. Bei den Açoren
selbst dominiert indes doch der Strom nach den Richtungen zwischen Ost und Süd. Hierfür lieferten schon die
Rennell vorliegenden wenig zahlreichen Beobachtungen
einen deutlichen Aufschluß, und ganz neuerdings hat
Pouchet mit einem ziemlichen Aufwande von Mitteln
diesen SO-Strom durch Flaschentriften demonstriert, die
in ca. 42° bis 43° N. Br. und 31° bis 32° W. Lg. beginnend, also von einem Orte etwa 110 bis 170 Seemeilen
nördlich bis nordwestlich von der Insel Corvo, im Durchschnitt eine Richtung nach $S\ 30°\ O$ bis $S\ 45°\ O$ nahmen
(Ann. d. Hydr. 1886, 461).

Andere Flaschenposten zeigen, daß auch westlich von
40° W. Lg. schon der Strom nach einer Richtung südlich
von Ost gehen dürfte: so gelangte eine in 42° 4′ N. Br.,
52° 21′ W. Lg. (280 Seemeilen südöstlich von Kap Race
auf Neufundland) ausgeworfene Flasche ebenfalls zur
Açoreninsel Pico, trieb also in der Richtung nach OzS
(Ann. d. Hydr. 1885, 604). Ebenso werden auch Bojen,
welche aus den Häfen der Vereinigten Staaten vertrieben
sind, wenn sie lange genug ihre Schwimmkraft bewahren,
fast ausnahmslos in der Umgebung der Açoren wiedergefunden und zwar meistens im SW dieser Inseln. Dies
würde beweisen, daß in dem westlichsten Gebiete dieser
Strömung die herrschende Richtung jedenfalls nicht nörd-

Noch nicht veröffentlicht!

	50°	45°	40°	35°	30°
10°	24,0	15,0	13,5	20,3	
	85,0 [538]	29,0 [490]	34,0 [283]	29,7 [64]	
15°	16,0 / 28,0	20,0 / 20,0	14,0 / 15,1	12,5 / 18,8	
	25,0 / 85,0 [313]	29,0 / 81,0 [242]	88,5 / 48,8 [685]	87,5 / 23,2 [656]	
20°	17,0 / 88,0	20,0 / 19,0	18,8 / 18,7	18,3 / 9,7	
	20,0 / 86,0 [484]	45,0 / 20,0 [228]	26,6 / 30,2 [192]	44,7 / 16,1 [391]	
25°	14,0 / 82,0	16,0 / 30,0	24,5 / 26,0	30,2 / 21,1	
	82,0 / 19,0 [380]	86,0 / 21,0 [366]	82,7 / 24,0 [104]	30,7 / 26,3 [114]	
30°	17,0 / 27,4	13,0 / 81,9	17,3	21,9	
	88,1 / 16,9 [680]	30,5 / 17,7 [719]			
35°	26,6 / 24,2	27,8 / 14,2			
	82,6 [582]	86,9 [518]			
40°	16,5 / 22,6	19,9 / 21,2			

lich von O liegt, wie das ja auch vom Floridastrom nordwärts von den Bermudas konstatiert ist. Auch die Isothermenkarten zeigen, daß das warme Wasser, welches
der Florida- und der Antillenstrom bis nördlich von den
Bermudas getragen haben, von dem dort einsetzenden
Oststrom ziemlich unverändert zu den Açoren geführt
wird, worauf dann die weiter östlich nach S umschwen-
kende Strömung etwas kühleres Wasser von NW her an
sich zieht.

Aus alledem ergibt sich, daß zwischen den Breiten
von 40^0 bis 45^0 im Norden und etwa 10^0 im Süden der
Nordatlantische Ozean einen in sich geschlossenen Kreislauf besitzt, in welchem das Wasser von der nördlichen
Aequatorialströmung ausgehend nach W, dann durch
Florida- und Antillenstrom nach N, durch die nordatlantische Ostströmung zu den Açoren und nach Madeira und
von da durch die Kanarienströmung zu den Kapverden
und damit wieder an den Ausgangsort zurückgeführt wird.
Wir sahen, wie an der südlichen (rechten) Seite des Oststroms eine Tendeuz der Gewässer, nach Süden abzubiegen,
sehr früh fühlbar wird. Diesem Umstande verdankt der
schwach strömende Raum im Innern dieses Zirkels die
stetige Zufuhr von frisch abgerissenen Tangzweigen von
den Felsküsten Westindiens her, welche diese sogenannte
Sargassosee auszeichnen.]

Humboldts Beschreibungen dieser „ozeanischen Tang-
wiesen" als „eines der auffallendsten Beispiele der unermeßlichen
Ausdehnung einer einzigen Art von geselligen Pflanzen" waren
sicher übertrieben und enthielten in der Behauptung, daß die
„Fucusbank von Flores und Corvo" eine feste geographische Lage
innehalte, unzweifelhaft etwas Falsches (*Relation historique* I,
p. 202; Kritische Untersuchungen II, 47 ff.). Indes hat auch
O. Kuntze in einer radikal gedachten Untersuchung (Englers
Botan. Jahrbücher I, 191; auch Mitt. des Vereins für Erdk. zu
Leipzig 1880) die Frage keineswegs überzeugend entschieden, ob
nicht die losgerissenen Tangzweige auch viele Jahre lang einher-
treibend ihren Vegetationsprozeß ungestört fortsetzen können.
Erwägt man, daß an der inneren Seite des Stromzirkels die Strömung durchschnittlich kaum mit mehr als 5 bis 6 Seemeilen
täglich fortschreitet, so würde ein Tangzweig von der Gegend
der Bermudas bis in diejenige der Açoren allein rund ein Jahr
brauchen. Wenn derjenige Tang, der im Osten also luvwärts

der Westindischen Inseln ·nicht selten gefunden wird (so vom
Challenger in 21° N. Br., 50° W. Lg.), wirklich auch westindischen
Ursprungs ist, so triftet er demnach sicherlich schon über 2 Jahre
im Wasser umher. Wahrscheinlich dürften solche großen Tang-··
büschel im Salzwasser aber nicht allzu alt werden, weil eine
unglaublich formenreiche Fauna sie zur Zuflucht und Speisung
aufsucht, wobei das Pflanzengewebe dann schließlich zerstört
wird. Ueberdies kommt das *Sargassum vulgare*, welches nach
O. Kuntze mit *S. bacciferum* identisch ist, sowohl bei den Açoren,
wie an vielen westeuropäischen Küstenpunkten und an den westafrikanischen Inseln festgewachsen vor; kann also auch von diesen
Ausgangspunkten mit den Strömungen vertreiben. — Die Schiffstagebücher der Seewarte enthalten ein überaus reiches Material
zum Studium der geographischen Verbreitung dieses „Beeren-
tangs" inmitten des Nordatlantischen Ozeans; naturgemäß sind
aber die Daten aus den befahreneren Gebieten am häufigsten,
und so ist auch die „große Fucusbank von Flores und Corvo",
welche Humboldt, Rennell und Heinr. Berghaus auf den Karten
niederlegten, durchaus entlang dem Kurse der aus dem Südatlantischen Ozean nach Europa heimkehrenden Segelschiffe eingetragen. Diese Schiffe treffen die ersten Tangbüschel gewöhnlich
in ca. 19° N. Br. bei rund 30° W. Lg., also an der inneren Seite
des nördlichen Aequatorialstromes. Doch ist es keine regelmäßig
anzutreffende Erscheinung im ganzen „Sargassomeer", manche
Schiffe auf der Fahrt nach Westindien durchqueren dasselbe, ohne
ein einziges Büschel zu erblicken, während andere denselben mehr
oder weniger oft und reichlich begegnen. Den Portugiesen war
dieser Tang schon vor der Entdeckung der Açoren bekannt; von
ihnen rührt der Name *sargaço* her. Die deutschen Seeleute bezeichnen es mit „Golfkraut", die englischen mit *gulf-weed* oder
sea-weed.

13. **Der nordöstliche Zweig des nordatlantischen Stroms** führt auf die Britischen Inseln zu, an
Irland nach *N* hinauf und zwischen Schottland und Island
in das Nordmeer hinein setzend. Seine Kraft ist im ganzen
auf noch weniger als 12 Seemeilen täglich zu schätzen,
aber durch den gleichgerichteten Luftstrom unterhalten,
immerhin stark genug, diesen nordöstlichsten Teil des
Atlantischen Ozeans mit Wasser zu erfüllen, das zum
guten Teil dem Nordrande des vorher beschriebenen Oststroms entlehnt ist. Damit kann dann in der That tro-
pisches Wasser, allmählich abgekühlt, wenn auch keineswegs auf geradem Wege, über Schottland hinaus weit in
das Nordmeer bis nach Spitzbergen und Nowaja Semlja
gelangen. Jedoch ist es ein überwundener Standpunkt,

dieses auch im Winter laue Wasser der Faröer und des
Nordkaps als direkten Ausläufer des Floridastroms hin-
zustellen. Letzterer ist ein so oberflächliches Stromgebilde,
von so geringem Volum gegenüber der mächtigen Antillenströmung, daß er für die Wasserbewegungen und die
Fülle hoher Wärmegrade auch an der Oberfläche des
Atlantischen Ozeans östlich von 50 ° W. Lg. unmöglich
verantwortlich gemacht werden kann.

Eine einfache Rechnung mag dies zeigen. Die neueren
Untersuchungen Bartletts lehrten, daß in den „Engen" (in 27° N. Br.)
des Floridastroms mitten im Stromstrich bei 800 m Tiefe sich die
Temperatur von 6,7° findet, während die·Challenger-Expedition
im Bereiche des Antillenstroms zwischen Puerto Rico und den
Bermudas in derselben Tiefe noch 10° nachweisen konnte. Nach
den älteren Aufnahmen amerikanischer Seeoffiziere (vgl. *Proceed.
R. Geogr. Soc.* 1874, 400) ist die Isotherme von 15° in etwa
350 m Tiefe in den „Engen" anzusetzen. Die Geschwindigkeit
der Strömung beträgt an der Oberfläche durchschnittlich 3 Seemeilen (5,6 km) stündlich, die Breite des Durchflußprofils 63 km.
Nehmen wir die Tiefe des mit überall gleicher Geschwindigkeit
wie an der Oberfläche strömenden Warmwasserstrahls, etwas
reichlich bemessen, zu 400 m an, so erhalten wir als Maximum
des in einer Stunde durchfließenden Volums 140 cbkm. Dagegen
repräsentiert die Antillenströmung nördlich von Puerto Rico
einen Strom von 1000 km Breite (zwischen 19° und 28° N. Br.)
und, wieder die 15°-Isotherme als untere Grenze gesetzt, von
510 m Tiefe. Durch dieses Profil von 510 qkm Querschnitt bewegt sich der Strom an der Oberfläche mit einer Geschwindigkeit von 15 bis 20 Seemeilen in 24 Stunden. Geben wir der
ganzen Masse eine Stromstärke von nur 10 Seemeilen in 24 Stunden
(0,75 km stündlich), so bewegt der Antillenstrom also in einer
Stunde ein Volum von 383 cbkm, was aber als ein Minimalwert
anzusehen ist: also jedenfalls 2³/₄mal mehr als der Floridastrom
in maximo. Dazu kommt dann, daß bei dem Auseinandergehen
des letzteren seine mechanische Energie schnell abnimmt. Bei
einer Ausbreitung desselben von 34 Seemeilen (in 27° Br.) bis
auf 340 Seemeilen (in 68° W. Lg.) bei gleichzeitig auf höchstens
1,5 Seemeilen anzuschlagender mittlerer Geschwindigkeit in der
Stunde muß die Tiefe der bewegten Schicht bis auf 107 m abnehmen. Die Challenger-Expedition fand aber auf der Fahrt von
Halifax nach den Bermuden (zwischen 70° und 68° W. Lg.) die
Isothermfläche von 15° sogar in mehr als 600 m Tiefe, also 80
bis 100 m tiefer als im Antillenstrom südlich von den Bermuden:
es ist also dieser letztere Strom, welcher die Massen warmen
Wassers nördlich von 40° N. Br. im Nordatlantischen Ozean
liefert, nicht der Florida- oder der wirklich aus dem Golfe von

Mexiko kommende „Golfstrom". Natürlich gelangen auch sowohl
Teile von dessen Oberflächenwasser, als auch namentlich seine
Treibprodukte aller Art mit dem Wasser des Antillenstroms
so weit nach Osten und Nordosten wie dieser selbst, aber das dem
Golf von Mexiko entstammende Wasservolum, seine mechanische
Kraft und sein Wärmevorrat sind doch daselbst nur ein ganz
kleiner Bruchteil von dem in Betracht zu ziehenden Ganzen.

Die allgemeine Ostströmung des Nordatlantischen
Ozeans bewirkt auch ein Eindringen eines östlichen Stroms
in den Golf von Biscaya. Die unmittelbaren Beobachtungen an der Nordküste von Spanien bestätigen dies
freilich nur mit Entschiedenheit für den Winter, während
im Sommer, entsprechend der sich dann über Spanien
entwickelnden Luftdruckdepression und daraus folgenden
nordöstlichen Winden an der Biscayischen Küste, auch
Weststrom nicht ganz selten gespürt wird (vgl. *Sailing
Directions for the West-Coast of France, Spain und
Portugal*, London 1885). Aeltere Karten seit Rennell
haben niemals vermieden, diesen an sich so wenig beständigen Oststrom aus dem Biscayagolf nach Nordwesten
wieder hinauszuführen, so daß also ein solcher Strom entlang dem Abfall der hier weit vortretenden Küstenbank
quer vor dem Ausgang des Kanals vorbei auf die Westküste Irlands zu setzen soll. Schon Findlay hat über
die Regelmäßigkeit dieses sogenannten Rennellstroms
Zweifel geäußert. Hoffmann hat die Ansicht vieler
Schiffsführer der neueren Zeit getroffen, wenn er sagt:
Dieser „Strom" sei im wesentlichen auf Gezeitenströme
zurückzuführen und sei früher, wo man auf diese nicht
genug Obacht gegeben, erheblich überschätzt worden.
Dennoch findet auch er wie Findlay „Berichte genug, welche
an eine zeitweise Versetzung nach *NW* auch außerhalb
der Gezeitenströme kaum zweifeln lassen." Nach mündlicher Mitteilung von Kapitän Koldewey finden aber die
meisten derjenigen Fälle, wo Schiffe, welche mehrere Tage
keine astronomische Beobachtungen erhalten hatten, statt
in den Englischen, in den Bristol-Kanal gelaufen waren,
nachweislich ihre Erklärung in mangelhaft erkannter Deviation des Kompasses. — Gewiß machen die starken
Gezeitenströme über den „Gründen" vor dem Kanal ander-

weitige Strömungen wenig fühlbar; aber daß entlang beider
Küsten des Englischen Kanals die herrschende Strömung
nach Osten setzt, ergibt sich aus einer Reihe von Flaschentriften (im Archiv der Seewarte), wie aus den Beobachtungen französischer Ingenieure bei Hafenbauten. In
Burats geologischer Beschreibung der Küsten Frankreichs,
wie in Voisin-Beys „Seehäfen" finden sich Beispiele
genug dafür. Namentlich die von dem Kreidegestade
östlich der Seinemündung ausgehenden Feuersteine werden
ausnahmslos nach Nordosten, allmählich am Strande zer-
kleinert, über Dünkirchen hinaus vertrieben und bilden
dort die „Wandersände" (*sables voyageuses*), welche einerseits den Hafenanlagen äußerst lästig sind, andrerseits
den schönen Badestrand von Ostende zusammensetzen
helfen.

Die Stromvorgänge südlich von Island hat der dänische Admiral Irminger seit 1853 systematisch untersucht (Zeitschr. für allgem. Erdkunde III, 1854, 179 und
N. F. XI, 1861, 191). Eine Anzahl von Sommerreisen
dänischer Kriegsschiffe mit zusammen 87 Beobachtungstagen ergab auf der Strecke zwischen Faira und Island
durch Koppelrechnung eine mittlere Stromrichtung nach
$N 52^0 O$ mit 2,4 Seemeilen mittlerer Geschwindigkeit:
letztere so sehr gering, weil der Strom im einzelnen sehr
unregelmäßig sich erwies. Näher an den Shetland-Inseln
war dabei der Strom mehr östlich, näher Island mehr
nördlich als *NO*, wie folgende Zusammenstellung für die
vier Viertel der Strecke zwischen Faira und dem Süd-Kap
Islands ergibt. Auch hier ist die mittlere tägliche Stromstärke wegen der Koppelrechnung trügerisch klein aus-
gefallen.

	16° W. Lg.	12° W. Lg.	8° W. Lg.	4° W. Lg.
Strom:	$N 47^0 O$	$N 32^0 O$	$N 60^0 O$	$N 72^0 O$
Stärke:	3,1	0,8	2,5	4,7 Seemeilen
Beob.:	25	18	11	17 Tage.

Wie die Stromverhältnisse im Winter liegen, ist noch
nicht in ähnlicher Weise untersucht. Doch erfuhr Irminger auf den Faröer, daß von dem massenhaft zu
seiner Zeit dort (namentlich bei Kirkeböe auf der Süd-

strom-Insel) anlandenden Treibholz westindischer Abkunft das meiste im Februar und März ans Land geworfen werde. Da nach Köppens Windkarten in den Wintermonaten die Windstärke in dem Striche zwischen dem Ende des Floridastroms und Island durchschnittlich über 10 m in der Sekunde beträgt, so ist anzunehmen, daß in der That die Trift nach NO im Winter entsprechend lebhafter sein wird. Ebenfalls nur auf die Erfahrungen eines Sommers gestützt, berichtete Kapitän Tizard, daß er bei seinen Untersuchungen des Wyville Thomson - Rückens andere Strombewegungen als von den Gezeiten herrührende daselbst nicht habe nachweisen können (*Proceed. Roy. Soc.* XXXV, 1883, p. 208).

An der Südküste Islands biegt der Strom, durch das widerstehende Land abgelenkt, nach Nordwesten ab und scheint nach der Darstellung Irmingers die Insel nordwärts zu umströmen, jedenfalls bis über Kap Nord hinaus vorzudringen (vgl. weiter unten die Strömungen des Nordmeers).

14. Der Irmingerstrom. Zwischen Island und dem Eingange zur Davisstraße lehrte Irminger ebenfalls zuerst die Strömungen genauer kennen; die vorherrschende Richtung ist hier westlicher als Nord, die Stromstärke sehr gering, aber die Anwesenheit des Stroms unleugbar abzunehmen aus den Temperaturen der Oberfläche wie der Tiefe, welche letztere wir durch die neueren Untersuchungen von Nordenskjöld und Hamberg kennen gelernt haben (*Bihang til kong. Svenska Vet.-Akad. Handlingar*, 1884, IX, Nro. 16). Von Nordenskjöld ist diese Wasserbewegung auch mit dem Namen des Irmingerstroms belegt worden. Dieser erfüllt den ganzen Raum zwischen Island und Kap Farvel mit Ausnahme einer bald schmäleren, bald breiteren, vom kalten Ostgrönlandstrom eingenommenen Küstenzone.

15. Die Strömungen in der Davisstraße, zu denen auch ein Zweig dieses „Irmingerstroms" gehört, sind erst verständlich, nachdem die kalten Strömungen zur Seite des eigentlichen Warmwassergebiets im Nordatlan-

tischen Ozean dargestellt worden sind: der Ostgrönlandstrom und der Labradorstrom.

Während die bisher betrachteten Stromvorgänge größtenteils unmittelbar auf Triften der gleichgerichteten Winde
sich zurückführen lassen, welche das Luftdruckminimum
zwischen Kap Farvel und Island im Süden und Osten
umkreisen, müssen wir zum Verständnis der Strömungen
in der Davisstraße auf die mittlere Luftdruckverteilung
über dem nordamerikanischen Festland zurückgehen. Der
hohe Luftdruck über diesem erzeugt entlang der Küste
von Baffinland und Labrador einen Gradienten, der nach
NO gerichtet ist und bei dem durch die hohe Breite be-
dingten großen Ablenkungswinkel die Luft nach $SOzO$
wehen und das Wasser in gleicher Richtung, also parallel
der Küste, triften läßt. Dazu kommt, daß die große nordatlantische Ostströmung in ihrem Rücken und zu ihrer
Linken einer Kompensation bedürftig ist, also das Wasser
östlich von Neufundland nach Süden aspiriert, was dann
noch weiter nach N hin zurückwirkt. Alles dies erzeugt
dann einen Strom, der durch die Rotationskraft nach W
gedrängt sich enge an die Festlandsküste anschmiegt.

Andrerseits aber zieht dieser Labradorstrom auch aus
der Westhälfte der Davisstraße mehr Wasser nach S, als
ihm aus den Straßen der Nachbararchipele, zumal wegen
ihrer Eisbedeckung zugeführt werden kann. Das hat zur
Folge, daß in dieser Straße ein Teil des nötigen Quan-
tums von der Westküste Grönlands herübergezogen wird.
Diesem Umstande ist dann das Eindringen von atlantischem Wasser, dem Irmingerstrom entstammend, in die
Osthälfte der Davisstraße zuzuschreiben. Nach der hier
vorgetragenen Auffassung ist also der Labradorstrom das
primäre Motiv, der Westgrönlandstrom nur ein aspirierter
Strom.

Entlang der Ostküste Grönlands aber herrscht, weil
dieselbe auf der Nordwestseite der isländischen Luftdruckdepression gelegen ist, nördlicher Luftstrom und darum
südliche Trift im Wasser vor: letztere gewinnt Rückhalt
und Unterstützung durch die auch nördlich vom Polarkreise entlang der Ostgrönlandküste in gleicher Weise

angeordneten Verhältnisse. Zudem ist das Wasser zwar kälter, aber dafür als Eisberge führendes Schmelzwasser auch leichter als das wärmere, aber viel salzigere und darum dichtere Wasser des Irmingerstroms. Folglich wird es letzteren entlang der Ostküste Grönlands überlagern, über der Küstenbank sogar verdrängen. Weiter aber muß dieselbe Aspiration in der Davisstraße, welche Teile des Irmingerstroms an sich zieht, auch auf den Ostgrönlandstrom hinwirken. Dieser umströmt daher das Kap Farvel westlich und geht an der Westküste Grönlands so weit hinauf, als er seinem geringen Volum nach unvermischt vom Irmingerstrom sich erhalten kann. Die von ihm mitgeführten Eisberge schmelzen von unten ab, und so kommt es, daß zwar die südlichsten Häfen der Westküste, wie Julianehaab und Frederikshaab von Eis wochenlang abgesperrt sein können, während nördlich von 64° bis 65° N. Br. alle Häfen offen bleiben und die See östlich von 55° W. Lg. frei von Eis ist. Die Aspiration vom Labradorstrom her zieht aber sicherlich einen Teil des Ostgrönlandstroms quer über die Straße hinüber nach Westen, wie schon aus der Eiskarte Irmingers und aus den neuesten Berichten von Holm (Pet. Mitt. 1884, 471) zu entnehmen ist. Mit dieser Darstellung ist allein in Uebereinstimmung zu bringen, was Hamberg von der Wärmeschichtung der Davisstraße meldete: die ganze tiefere Wassermasse ist entschieden nordatlantischen Ursprungs, was allein schon aus dem hohen Salzgehalt (34,4 pro Mille) hervorgeht. Die älteren Ideen von einem Untertauchen des Ostgrönlandstroms unter den wärmeren Westgrönlandstrom sind nicht mehr aufrecht zu halten: ersterer enthält zu leichtes Wasser, um solches auszuführen.

Die Abkunft des Westgrönlandstroms aus dem warmen Irmingerstrom ist durch mehrfache interessante Treibholzfunde gesichert. So fand schon Löwenörn im Jahre 1786, mit Aufnahmen an der Südspitze Grönlands beschäftigt, in See einen Mahagonistamm treibend, und so wurde auch unfern der Insel Disco ein aus Mahagoni gefertigtes Loggholz nebst einem zweiten Mahagonistamm von so guter Erhaltung gefunden, daß sich der damalige dänische Gouverneur von Grönland daraus einen Tisch machen ließ (Z. für allgem. Erdkunde III, 1854, 430). — Daß

diese Treibhölzer mit jedem Jahrzehnt seltener gefunden werden
würden, hat schon Kant wegen der Zunahme der Kultur Amerikas
vorausgesehen.

Die Geschwindigkeit des Ostgrönlandstroms ist aus
einigen Schollentriften verunglückter Nordpolfahrer auf
etwa 5 bis 10 Seemeilen täglich zu schätzen: je näher
dem Lande, desto geringer war die Geschwindigkeit. Das
Eisfeld, auf dem sich die Besatzung des deutschen Polar-
schiffs „Hansa" befand, trieb im Mittel nur 4,6 Seemeilen
in 24 Stunden, die Fahrt ging ziemlich nahe der Küste
entlang. Schon Scoresby (*Account of arctic regions* I,
213) zählt eine größere Zahl anderer, doppelt bis dreifach schnellerer Triften von im Eis „besetzten" Schiffen
auf, die allerdings meist nördlich von der Dänemarkstraße
erfolgten (vgl. Bd. I, 379). — Die Geschwindigkeit des
Labradorstroms in der Baffinsbai und Davisstraße läßt
die Schollenfahrt der 19 Mann von Halls Polarexpedition
vom 15. Oktober 1872 bis 30. April 1873 ersehen: sie
erfolgte zunächst zwischen $74\,^0$ und $69\,^0$ N. Br. in der
Mitte der Baffinsbai, also in einem sicherlich schwächer
fließenden Teile des Stroms, aber immer nach *S*, mit
einer mittleren Geschwindigkeit von $6\,{}^1\!/_4$ Seemeilen täglich;
von $69\,^0$ N. Br. an bis zur Aufnahme der Mannschaft
durch den Dampfer „Tigreß" in $53\,^0$ N. Br. nahe der
Küste von Labrador offenbar näher dem Stromstrich mit
der fast doppelten täglichen Geschwindigkeit von 11,8
Seemeilen; darunter waren 10 Tage mit einer Trift von
sogar 32,2 Meilen in 24 Stunden (nach Pet. Mitt. 1873, 391).

So schreitet dieser kalte Labradorstrom weiter südöstlich fort, um die Insel und die Bänke von Neufundland östlich und dann südlich zu umfließen und endlich
seiner Bestimmung, der linken Flanke der Antillen-Florida-
strömung Kompensation zu leisten, auch entlang der Ostküste der Vereinigten Staaten nachzukommen. Auch hierin
unterstützen ihn noch die Windverhältnisse: nach der
Isobarenkarte besteht beim Kap Sable ein Gradient nach
SW, woraus sich eine Luftströmung und Wassertrift nach
N 64^0 W oder *WNW* berechnen läßt: die Küste, welche
nach *SW* verläuft, gestattet nur einen Abfluß nach der

gleichen Richtung. Der Kompensationsstrom wird überdies auch durch die Rotationskraft an die Küste gedrängt. Das erklärt vollauf das Auftreten dieser von Redfield schon 1838 auf der Küstenbank bis zum Kap Hatteras, dann von Bache 1848 auch darüber hinaus südwärts fortgeführten Strömung. Wenn Letzterer dieselbe hierbei allmählich unter den Florida-Antillenstrom untertauchen läßt, so ist das weniger wahrscheinlich, als daß die niedrigen Temperaturen auf der Küstenbank und an deren Rande durch einen Auftriebvorgang, also die entgegengesetzte Vertikalbewegung, zum Teil wenigstens hervorgerufen werden (S. oben S. 318).

Der Labradorstrom ist der eigentliche Eisstrom des Nordatlantischen Ozeans. Durch synoptische Eiskarten, welche von der deutschen Seewarte in den letzten Jahren regelmäßig für die Sommermonate ausgegeben wurden, läßt sich ziemlich scharf die Abgrenzung des kalten Stroms gegen den tropisch warmen Florida-Antillenstrom südlich von Neufundland feststellen, am besten für die Monate Mai und Juni 1882 (Segelhandb. für den Atlant. Ozean S. 28). Damals trat das eiserfüllte, unter 5⁰ warme Wasser in zwei Hauptströmen, teils durch die tiefe Rinne zwischen der Neufundlandbank und der Flämischen Kappe, teils über die Große Bank selbst nahe östlich von Kap Race vorüber, in nahe Berührung mit dem 10⁰ bis 15⁰ wärmeren Wasser des Oststroms, in welchen einige Kaltwasserzungen westlich von 47⁰ W. Lg. bis nahe an 40⁰ N. Br. eindrangen. Der Stromast bei der Flämischen Kappe biegt schon in 45⁰ N. Br. nach SO und O um, während am Südabfall der Großen Bank ein Hauptstrom von Eisbergen mit beträchtlichem Tiefgang sich nach Westen wendet. Am 6. Juni 1882 wurde ein einzelner Berg in 39⁰ 50′ N. Br. und 48⁰ 35′ W. Lg. gesichtet: die südlichste Position, welche in den letzten Jahren bekannt geworden ist. Redfield erwähnt dagegen nach Beobachtungen des Schiffes „Formosa" vom 18. Juni 1842 als südlichstes Vorkommen einen großen Eisberg in 38⁰ 45′ N. Br. und 48⁰ 50′ W. Lg.

3. Die atlantischen Strömungen südlich 30° S. Br.

16. Der Brasilienstrom südlich 30° S. Br. und
der Falklandstrom. Wir haben oben den Verlauf der
Hauptmasse des südlichen Aequatorialstroms entlang der
brasilischen Küste im Bereiche der Tropenzone beschrieben,
und nunmehr soll uns die Fortsetzung derselben weiter
nach S hin beschäftigen. Ich lege dabei eine Spezial-
untersuchung zu Grunde, welche ich im Jahre 1882 auf
der deutschen Seewarte ausführte (vgl. „Aus dem Archiv
der deutschen Seewarte Bd. V, 1882, Nr. 2 und die Aus-
züge in den Ann. d. Hydr. 1883, S. 453, Zeitschr. f.
wiss. Geogr. IV, 1883, 209; Segelhandb. für den Atl.
Ozean S. 29).

Nach den Strömungskarten von Petermann, Hermann Berghaus, Neumayer und den Darstellungen von
Mühry sollte der Brasilienstrom südlich von 30° S. Br.
sich in der Weise teilen, daß der eine Ast die patagonische Küstenbank betritt und auf dieser südwärts weiter
schreitend bis Kap Horn und darüber hinaus warmes
Wasser entführt, während der zweite Ast sich im Bogen
nach Osten wendet, um nördlich von 40° S. Br. als „südatlantischer Verbindungsstrom" den Ozean erst östlich
und dann nordöstlich zu durchqueren. Die englischen
Stromkarten (Findlay, Evans, *Pilot charts*) hingegen
lassen den Brasilienstrom in ca. 30° bis 35° S. Br. sich
verlieren, während sie über der patagonischen Bank einen
Zweig des aus dem Pazifischen Ozean eintretenden Kap-
Horn-Stroms nach N fließen lassen etwa bis 43° S. Br.,
also gerade in umgekehrter Richtung, wie die deutschen
Stromkarten annehmen. Daneben führen auch die englischen
Karten einen „Verbindungsstrom" in 30° bis 35° Br. im
Bogen über den Südatlantischen Ozean hinüber auf das
Kap der Guten Hoffnung zu. Dieser „Verbindungsstrom"
war zuerst von Rennell eingezeichnet worden, und zwar
ersichtlich entlang dem Kurse der auf der Ausreise nach
dem Indischen Ozean den Südostpassat im Westen durch-
stechenden und umgehenden Segelschiffe. Auch sonst

finden sich bei Rennell noch einige Daten, welche für die Auffassungen der deutschen Hydrographen seit Heinrich Berghaus und Petermann maßgebend geworden sind.

Auf Grund der Temperaturbeobachtungen, die in den Schiffstagebüchern zahlreicher Kap-Horn-Fahrer enthalten sind, ließ sich nun nachweisen, daß die Fortsetzung des warmen Brasilienstroms außerhalb der Küstenbank nach Süden setzt und von der Bank selbst durch Wasser getrennt ist, das in allen Monaten etwa 6^0 bis 10^0 kälter bleibt. Ueber der Bank selbst aber ist wieder etwas wärmeres Wasser als im kalten Strom. Schiffe, welche auf der Ausreise nach Kap Horn außerhalb der Küstenbank südwärts in langen Schlägen gegen den herrschenden Südwestwind aufkreuzen, überschreiten diese Grenzen verschieden temperierten Wassers bald in der einen, bald in der andern Richtung, und indem ich aus den Schiffstagebüchern die Orte solcher Temperatursprünge sammelte, wo das wärmere Wasser im Osten von dem kalten gefunden wurde, und für jeden Streifen von je ein Grad Breite eine mittlere geographische Länge für diese Temperatursprünge berechnete, erhielt ich einen Anhalt für die Lage der Westkante des Brasilienstroms; doch ergab eine Anzahl von Beobachtungen auch im Bereiche des letzteren selbst noch ein stufenweises Ansteigen der Temperaturen, so daß also danach dem Brasilienstrom höherer Breiten dieselbe Streifung eigen ist, wie wir sie oben beim Floridastrom beschrieben haben.

Des weiteren aber war an die von allen Kap-Horn-Fahrern gemeldete Thatsache anzuknüpfen, daß dieselben bei der Heimfahrt nordöstlich von den Falklandsinseln in der Nähe von 50^0 S. Br. bei ihrem nördlichen oder nordöstlichen Kurse innerhalb weniger Stunden aus dem kalten Wasser des Kap-Horn-Stroms in erheblich, oft 3^0, ja 5^0 wärmeres Wasser hineinkommen. Auch die hierfür in den Schiffsjournalen reichlich enthaltenen Daten wurden gesammelt und aus ihnen für jeden Meridiangradstreifen eine mittlere Breite bestimmt, welche alsdann die Lage der Südkante des Stroms anzeigte. Auch hier ergaben sich sekundäre Temperaturstufen weiter nord-

wärts.   Beigegebene Karte iṡt eine Verkleinerung der
danach entworfenen Uebersichtskarte, wobei bemerkt sein
mag, daß die Westkante des Brasilienstroms nur in dem
Raume zwischen 55° bis 57° W. Lg. und 48° bis 49° S. Br.
nicht durch Beobachtungen gesichert ist.   Allein es kann
keinem Zweifel unterliegen, daß der Strom wirklich, bevor

Fig. 60.

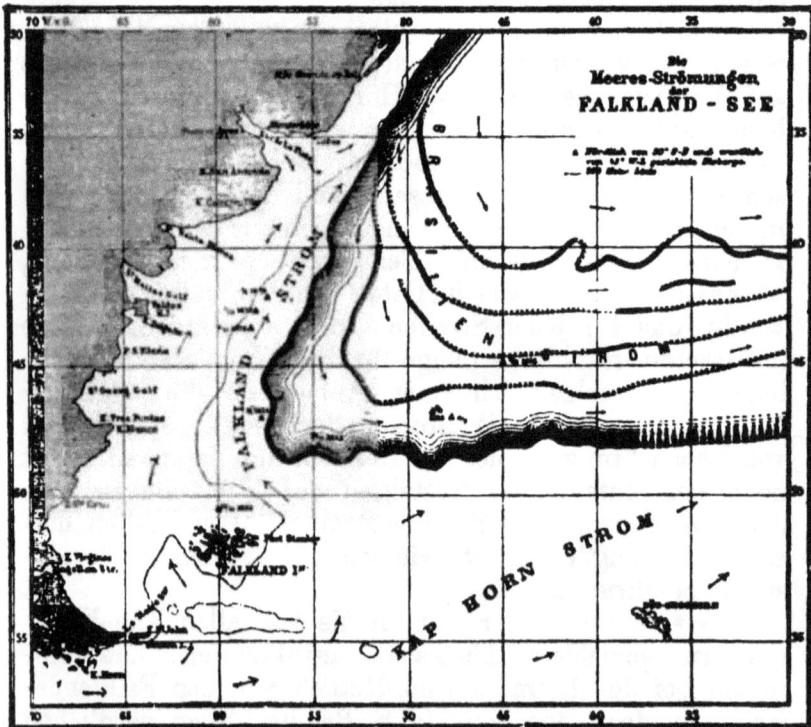

er 49° oder 50° S. Br. erreicht, nach Osten umschwenkt,
da von dieser geographischen Breite an südwärts und
bei den Falklandinseln ausnahmslos kaltes Wasser gefunden wird.
    Diese Darstellung ist seitdem durch den oft erwähnten
englischen Atlas der Oberflächentemperaturen aller Ozeane
in erwünschtester Weise bestätigt worden; dort ist sowohl

der Zusammenhang dieses warmen Wassers zwischen 40 ^{0} und 48 ^{0} S. Br. mit dem eigentlichen Brasilienstrom, wie auch seine Fortsetzung nach O und ONO hin bis über den Meridian von Greenwich hinaus unmittelbar an den Isothermen abzulesen.

Man könnte nun daneben doch noch die Ansicht vertreten, daß der Brasilienstrom sich auf der Höhe der Laplatamündung spalte, so daß ein schmaler Ast auf die Küstenbank übertritt und dort südwärts fortschreitet; derselbe könnte dann durch das sehr viel kältere Wasser eines von S entgegenkommenden Stroms vom Hauptkörper des Brasilienstroms abgetrennt erscheinen. Aber es läßt sich nachweisen, daß erstens das Wasser über der Küstenbank nach N strömt ebenso wie dasjenige des von den Falklandinseln heraufkommenden „kalten" oder „Falklandstroms", und zweitens daß auch die Temperaturen über der Küstenbank an der Oberfläche wie in der Tiefe nicht solche sind, wie sie einer Abzweigung des Brasilienstroms zukommen müßten.

Zunächst ergab eine Zusammenstellung sämtlicher Strombeobachtungen, welche in 65 Schiffstagebüchern von besonders guter Qualität für die Strecke zwischen 38 ^{0} und 55 ^{0} S. Br. für insgesamt 458 Beobachtungstage auf und an der Küstenbank enthalten waren, daß davon 321 Tage Stromversetzungen nach einer Richtung zwischen ONO und WNW zeigten, d. i. also 70 Prozent aller Beobachtungen. In einzelnen Fällen, besonders in dem eigentlichen Falklandstrom des tiefen Wassers, ergaben sich Stromversetzungen von auffallender Größe nach Nord und Nordost; so fand Kapitän Haltermann auf 19tägiger Fahrt zwischen 34,4 ^{0} S. Br. und der Lemairestraße an 7 Tagen mehr als 16 Seemeilen; Kapitän Knudsen in 10 Tagen südlich 42,1 ^{0} S. Br. 6mal über 20 Seemeilen; Kapitän Joneleith südlich 38 ^{0} S. Br. während 11 Tagen 6mal über 18, einmal 33 Seemeilen in 24 Stunden. — Von der Küstenbank selbst melden die Berichte der Kommandanten deutscher Kriegsschiffe, nahezu übereinstimmend seit der Fahrt der „Gazelle" unter Kapitän z. S. v. Schleinitz, nördlichen Strom, der nach den

Beobachtungen von Kapitän z. S. Hollmann näher unter
Land schwächer gefunden wurde als weiter in See, was
auch aus den Journalen der Seewarte sich ergibt.

Endlich läßt sich aus den zahlreichen, schon von Heinrich
Berghaus gesammelten, älteren Strombeobachtungen die gleiche
Richtung als vorherrschend entnehmen, indem von 62 westlich
einer Verbindungslinie zwischen den Lobos (Laplatamündung) und
der Nordspitze von West-Falkland eingetragenen Versetzungen
32 in eine Richtung zwischen *WNW* und *ONO* fallen. Vgl. die
Darstellung des Atlantischen Ozeans im Physikalischen Handatlas
und die sehr seltene Karte, betitelt: *Sailing Directory for the
southwestern part of the Atlantic Ocean, constructed by Henry Berghaus, Potsdam July 15, 1841.* Hier findet sich auch entlang der
Bahn unseres Falklandstroms die Bemerkung: *in this track the
Drift Current runs for the most part of the year northerly from
Cape Horn.*

Die Temperaturen über der patagonischen Küstenbank sind schon von Kapitän z. S. Hollmann durchweg wärmer nahe dem Land als weiter in See gefunden
worden; die Isothermkarten bestätigen das durchaus und
zeigen außerdem, daß dieses Küstenwasser in allen Monaten,
namentlich im Südwinter, erheblich (3 ⁰ bis 4 ⁰) kälter
ist als der Brasilienstrom unter gleicher Breite. Die Erwärmung ist in der That lediglich der überaus ·starken
Sonnenstrahlung in diesem heiteren, trockenen Klima zuzuschreiben (vgl. *South American Pilot*, I, 1874, 301) und
außerdem ganz oberflächlich, wie schon von Schleinitz
im Februar 1876 durch die in nachstehender Tabelle enthaltenen Messungen konstatierte:

Nr.	S. Br.	W. Lg.	Temperatur		Grund mit	Bemerkungen
			Oberfl.	Boden		
			$^{\circ}$	$^{\circ}$	m	
1	47⁰ 2′	63⁰ 30′	12,9	8,4	115	in 55 m Temp. = 8,8⁰
2	43⁰ 56′	60⁰ 52′	13,6	6,7	110	„ 55 „ „ = 8,5⁰
3	36⁰ 48′	55⁰ 35′	19,3	17,8	46	Am Eingange
4	35⁰ 0′	54⁰ 25′	22,0	17,4	46	des Laplata-Trichters.

Die zweite Gruppe von Lotungen zeigt den durchaus
warmen tropischen, die erste im Gegensatz dazu den am

Grunde kalten von Süden, vom Kap Horn heraufkommenden und nur ganz oberflächlich angewärmten Meeresstrom, und Freiherr von Schleinitz hat diese Folgerung damals schon entschieden daraus gezogen (Ann. d. Hydr. 1876, 367). Eine weitere Ursache, welche gerade das küstennahe Wasser des Falklandstroms wärmer macht als das weiter in See nordwärts fließende, wird bei der Beschreibung des Kap-Horn-Stromes zu erwähnen sein.

Endlich finden sich in dem Auftreten von Treibkörpern in diesem Teile des Südatlantischen Ozeans die deutlichsten Beweise für die Stromrichtung des kalten Falklandstroms. Schon D u p e r r e y (*Voyage antour du Monde de la Frég. „La Coquille“, Hydrographie* p. 91) sprach im Jahre 1822 seine Verwunderung darüber aus, auf der Höhe der Laplatamündung große Massen von S e e t a n g (namentlich *Laminaria* oder *Macrocystis pyrifera*, deutsch „Birnentang“) nach *NNO* treibend zu finden, und von gleichen Bemerkungen sind die deutschen Schiffsjournale voll: Tangbündel sind nach denselben mehrfach nahe 35° S. Br. gefunden worden, während *Macrocystis pyrifera* von Ch. D a r w i n entlang der felsigen Küste Ostpatagoniens spärlich noch bis 43° S. Br., am häufigsten aber im Magellanischen Archipel und bei den Falklandinseln beobachtet wurde. Nur durch einen Nordstrom können abgerissene Zweige dieser riesigen Alge in so niedrige Breiten gelangen. Von dem Falklandstrom in den Brasilienstrom hinübertreibend werden sie dann noch viel weiter östlich verfrachtet, wie das auf den Karten von Hermann B e r g h a u s richtig eingetragen ist.

Ein zweites Indizium für den Nordstrom ergeben die nördlichsten Punkte, welche Eisberge in diesem Meeresteile erreicht haben. Die Karte (S. 440) zeigt die betreffenden Positionen mit beigeschriebenem Datum; es kommt noch ein erst ganz neuerdings gemeldeter Fall dazu, wonach zwischen dem Eingang der Magellanstraße und den Falklandinseln am Rande der Küstenbank auf ungefähr 52,5° S. Br., 63,3° W. Lg. am 18. April 1885 zwei ziemlich große Berge gesichtet worden sind (Ann. d. Hydr. 1886, 416). Besonders beweiskräftig erscheinen die drei Beobachtungen von Eis in der Mitte der Strecke zwischen Montevideo und den Falklandinseln kurz vor und nach Neujahr 1879: es ist ganz unmöglich, daß ein Eisberg anders als durch eine Wasserbewegung nach Art des Falklandstroms in solches Meeresgebiet gelangt.

Wir sehen also eine kalte Meeresströmung, vom Kap-Horn-Strom südlich der Falklandinseln ausgehend, nach Norden sich bewegen und sowohl den breiten Raum über der Küstenbank, wie einen schmaleren Streifen östlich derselben beherrschen. Entlang der ganzen Küste von Uruguay und Südbrasilien bis nach Rio Janeiro und Kap Frio hin trägt dieselbe ihre niedrigen Temperaturen. Daß diese Abkühlung eine tiefgehende ist, ergeben die Lotungen der Gazelle-Expedition für das Meeresgebiet über der Bank. Aber auch außerhalb der Bank haben wir eine Tiefseelotung der Challenger-Expedition (Nr. 318), welche unzweifelhaft zeigt, daß hier der kalte Falkland-strom mit seinen niedrigen Temperaturen durch die ganze Wassersäule herrscht, also etwa keine oberflächliche, vom Südwestwind gelegentlich erregte Triftströmung ist: einer solchen Auffassung stellen sich auch schon die Eisberge, die im Bereiche des Falklandstroms angetroffen wurden, entgegen. Die Lotungen der Challenger-Expedition, der wir eine zweite im benachbarten Brasilienstrom gegenüberstellen (Nr. 319), ergeben folgendes:

| Nr. | S. Br. | W. Lg. | Ober-fläche | Lage der submarinen Isotherme von | | | | | | | Boden- | |
				10^0	5^0	4^0	3^0	$2,5^0$	2^0	1^0	Temp.	Tiefe
			^{0}	m	m	m	m	m	m	m	^{0}	m
318	$42^0\,32'$	$56^0\,27'$	14,2	55	120	145	165	180	230	2750	0,3	3730
319	$41^0\,51'$	$54^0\,46'$	15,3	75	240	330	915	1460	2010	2750	—0,4	4440

Daß auch hierbei eine Auftrieberscheinung im Spiele sein dürfte, ist früher schon bemerkt worden (S. 318).

Der Gegensatz der so nahe benachbarten Strömungen äußert sich in einer Reihe von Erscheinungen, die auch den analogen Strömungen der nördlichen Hemisphäre zukommen. Aehnlich dem Labradorstrom und japanischen Oyashio hat der Falklandstrom dunkelgrünes („flaschen-", „ostseegrünes") Wasser, während der warme Brasilienstrom stärker gesalzenes tiefblaues Tropenwasser führt. Das grüne kalte Wasser ist hier wie sonst ausgezeichnet durch einen enormen Fischreichtum, was dann wieder zur Folge hat, daß sich Seevögel (wie Kaptauben, Albatros, Pinguine) in großen Scharen, ebenso auch die Robbenarten (Seelöwen etc.) dieser Meere hier einstellen. Ganz wie im Bereiche der Neufundlandbänke lagern sich dichte Nebel, oft in Sprühregen übergehend bei östlichen und nördlichen Winden, die vom warmen Brasilienstrom herüberwehen, über das kalte Wasser, sogar bis zu den Falklandinseln hin. Und nicht minder ist das Gebiet des Brasilienstroms südlich 35° S. Br. eine Brutstätte stürmischer Winde, ein *stormbreeder* wie das Gebiet seines nordhemisphärischen Vetters, des Floridastroms.

17. Der südatlantische Verbindungsstrom ist sowohl die Fortsetzung des östlich umgebogenen Brasilienstroms, wie des aus dem Südpazifischen Ozean nordöstlich eingedrungenen Kap-Horn-Stroms. So hat ihn schon Rennell im Texte seiner Stromuntersuchungen aufgefaßt und zugleich in dem weiteren Sinne einen „Verbindungsstrom" genannt, als er eine gleichgerichtete Wasserbewegung in den höheren südlichen Breiten des Indischen und Pazifischen Ozeans verknüpft, so einen Stromring schaffend, der im gleichen Sinne wie die Erde rotierend, nur schneller als diese, von Westen nach Osten alles Wasser stetig in Zirkulation erhält.

Die mittlere jährliche Luftdruckverteilung ergibt über dem ganzen Südatlantischen Ozean südlich 35° S. Br. fast genau übereinstimmend einen Gradienten nach S; also für 40° Br. einen Wind, der das Wasser nach $S\,70°\,O$ oder nach OSO; für 55° Br. nach $S\,74°\,O$ oder O_2S triften läßt. Wir würden also danach allein Strömungen zu erwarten haben, welche in dem ganzen Verbindungsstrom südlicher als Ost sind. Thatsächlich aber haben übereinstimmend sowohl die Stromversetzungen wie die Triften der Eisberge eine Richtung nach NO bis ONO ergeben, also um etwa 5 Strich nördlicher oder mehr nach links. Die Ursache für diese Ablenkung ist auch hier eine zweifache: in erster Linie ist es die Aspiration zu dem nach *N* hin Wasser abführenden Benguelastrom, welche die östliche Trift mit einer Funktion als Kompensationsstrom versieht, sie also auch einer Ablenkung durch die Erdrotation unterwirft; zweitens aber wird eben die weiter ostwärts überall im Wasser auftretende und immer neu erzeugte Trift hinter sich eine Kompensation erfordern, durch welche derjenige Bruchteil der Ostströmung, der dieser Funktion und damit auch der Rotationskraft unterliegt, vergrößert wird. Das ist die Ursache, welche sowohl die Brasilienströmung aus der Tropenzone bis nahe an 48° S. Br. hinaufzieht, und andrerseits einen Teil des Kap-Horn-Stroms in den Raum zwischen Küste und Brasilienstrom sich einschieben läßt. Der Falklandstrom und der südliche Brasilienstrom sind also aspirierte Bewegungen und werden durch die Erdrotation nach links, d. h. voneinander gedrängt. Dazu kommt dann noch, daß gerade nahe der patagonischen Ostküste die herrschende Windrichtung mehr *W* oder etwas südlicher als *W* ist, was dann alles zusammenwirkend östlich von den Längen der Falklandinseln eine kräftige ablandige Bewegung an der Meeresoberfläche erzeugen wird.

Die Stärke des Verbindungsstroms ist eine schwankende, wie ja auch die Richtung der Winde zwar nicht ganz so variabel wie über dem analogen nordatlantischen Gebiet, aber doch immerhin nicht so konstant wie im Passat sich verhält. Nach Evans sind Versetzungen zwischen 6 und 33 Seemeilen im Etmal beobachtet. Die Challenger-Expedition fand in 36° bis 37° S. Br. von 20° W. Lg. über Tristan da Cunha bis zum Kapland östlich segelnd an 13 Beobachtungstagen die (mechanisch gemittelte) Stromrichtung zu *N 27° O*, die Stärke im (arithmetischen) Mittel zu 15,8 Seemeilen in 24 Stunden: hier also eine nordnordöstlich gerichtete Zufuhr zur nördlich gerichteten Benguelaströmung.

Nach der Art seiner Zusammensetzung aus tropischem und polarem, zum Teil antarktischem Wasser sind auch

die Temperaturen des Verbindungsstroms in seinen nördlichen Teilen höher als in den südlicheren. Da wo er
zwischen Tristan da Cunha und dem Kapland mit einem
starken Bruchteil seiner Masse sich nach Norden wendet,
ist derselbe Gegensatz, wenn auch abgeschwächt, noch
immer erkennbar, wie er nordöstlich von den Falklandinseln besteht. Die Ostindienfahrer, welche auf der Ausreise mit Kurs nach *OSO* das barometrische Maximum
des Südatlantischen Ozeans im Süden umschiffen, gelangen meist nach Ueberschreitung des Meridians von
Greenwich ziemlich rasch in 3 ⁰ bis 4 ⁰ kälteres Wasser,
bis sie dann, mehr östlich abhaltend, bei ca. 10⁰ O. Lg.
in den Bereich der warmen Fluten des Agulhasstroms
geraten (worüber später Ausführlicheres zu geben ist).

So entsteht auch im Südatlantischen Ozean ein Stromring, dessen Gewässer sich im Sinne gegen den Zeiger
einer Uhr drehen. Im Innern dieses Gebiets, zwischen
20⁰ und 35⁰ S. Br. liegt wiederum ein Raum mit schwachen
Winden und Strömungen, sowie hohem Luftdruck, gleich
dem analogen Gebiet der Sargassosee. Daß sich indes
im Innern dieses südatlantischen Ringes Treibprodukte in
ähnlicher Weise ansammelten, ist nicht bekannt, erscheint
auch darum nicht wohl möglich, weil kein Teil des eigentlichen Stromstrichs eine Inselwelt zu umströmen hat, wie
die westindische dem nordatlantischen Stromkreis sich
einlagert. Die mit Fucoideen umwachsenen Felsgestade der
Falklandinseln und der Tristan da Cunha-Gruppe liegen
schon zu sehr im Bereich der eigentlich immer in höheren
Breiten ostwärts fortgetragenen, niemals in den Stromkreis
der niederen Breiten eintretenden Wasserverschiebungen.

4. Die Strömungen der atlantischen Nebenmeere.

1. Das europäische Nordmeer. Wie schon oben
bemerkt, hat H. Mohn die Strömungen desjenigen Teils
des Eismeeres, der sich zwischen Island, den Faröer und
Schottland im *SO* bis Spitzbergen und dem Nordkap im
N ausdehnt, auf Grund einer ganz neuen Methode untersucht und dargestellt. Den einen Teil seines Verfahrens,

die Wind- oder Triftfläche zu berechnen, haben wir oben
(S. 366 f.) bereits auseinandergesetzt. Indes sind im
Nordmeer so bedeutende Unterschiede in der Dichte des
Seewassers vorhanden, daß auch diese bei der Analyse
der die Strömungen unterhaltenden Kräfte mit in Betracht
gezogen werden müssen. Der Weg, den Mohn hierbei ein-
geschlagen hat, läßt sich in Kürze vielleicht folgendermaßen
klarlegen; für die Einzelheiten verweisen wir auf das im Erscheinen begriffene Originalwerk (*Den Norske Nordhavs-Ex-
pedition: Nordhavets Dybder, Temperatur og Strömninger* [1]).

Da die Dichteunterschiede solche des Drucks bewirken, die
dann den Strom zum Ausgleich schaffen, so kommt es zunächst
darauf an, die Druckverteilung im Nordmeer zu ermitteln. Als
Maß dieses Druckes dient eine „Atmosphäre", d. i. der Druck
einer Quecksilbersäule von 0° Temperatur, 0,76 m Höhe an der
Oberfläche des Meeres in 45° Br. Nennen wir das spezifische
Gewicht des Seewassers S, so ist am Meeresniveau in 45° Br. der
Druck von einem Faden Seewasser

$$= 0{,}177\,S\,\text{Atm.} = a\,S\,\text{Atm.} \quad\quad\quad (1)$$

oder von einem Meter Seewasser:

$$= 0{,}0968\,S\,\text{Atm.}$$

Der Wert dieses Druckes ändert sich aber mit der geographischen
Breite und der Tiefe proportional der Schwere. Letztere ist von
der geographischen Breite Θ abhängig nach der Formel:

$$g\Theta = g_{45}\,(1 - 0{,}00259\cos 2\Theta), \quad\quad (2)$$

wo g_{45} die Beschleunigung der Schwere (= 9,8062 m) in 45° Br.
ist. Die Aenderung mit der Tiefe h folgt der Formel

$$g_h = g_0\,(1 + 0{,}0000004169\,h) = g_0\,(1 + bh), \quad\quad (3)$$

wo h in Fadenmaß gegeben sein muß, oder für Metermaß

$$= g_0\,(1 + 0{,}0000002279\,h) \quad\quad\quad (3a)$$

Um nun danach den Druck zu berechnen, muß das spezifische
Gewicht S gegeben sein. Dieses ist bekanntlich abhängig von
Salzgehalt, Temperatur und Zusammendrückung der aufeinander-
liegenden Wasserschichten. Die Zusammendrückbarkeit des Wassers
ist bekanntlich eine sehr geringe; wird der Koeffizient der Zusammendrückung $\eta = 0{,}000045$ gesetzt und das spezifische Gewicht
(bei gewöhnlichem Luftdruck, bei der örtlichen Temperatur des

Meerwassers) auf reines Wasser von 4° bezogen, also $S\!\left(\dfrac{t^0}{4^0}\right) = S_0,$

---

[1]) Die hierfür bestimmten Tafeln konnte ich, durch besondere Freundlichkeit des Herrn Verfassers, schon in den Probe-
abzügen benutzen.

so ist bei einem Wasserdruck von p Atmosphären das spezifische
Gewicht in der Tiefe h

$$S_h = \frac{S_0}{1 - \eta p} \quad \ldots \ldots \quad (4)$$

Bekanntlich würde, wenn der Ozean keine Strömungen besäße,
seine Oberfläche überall senkrecht zur Richtung der Schwere
stehen, also eine Niveaufläche bilden. Da nun die Schwere sich
mit der geographischen Breite und der Annäherung an den Erdmittelpunkt ändert, so werden also die Niveauflächen in der Tiefe
nicht parallel derjenigen der Oberfläche sein. Ist h_{45} die Tiefe
(unter der oberflächlichen Niveaufläche) einer Niveaufläche in
45° Br., h_Θ die Tiefe derselben Niveaufläche in der Breite Θ, so
ist in erster Annäherung:

$$h_\Theta = \frac{h_{45}}{1 - 0{,}00259 \cos 2\Theta} \quad \ldots \ldots \quad (5)$$

Es läßt sich danach berechnen, daß dieselbe Niveaufläche, die
unter 45° Br. in 3000 m liegt, sich unter dem Polarkreise (66½°)
in 2994,7 m, unter 80° Br. in 2992,7 m Tiefe befindet: die Fläche
hebt sich also bis zum Polarkreise um 5,3 m, bis 80° Br. um
7,3 m.

Nennen wir nun Σ das mittlere spezifische Gewicht des
Seewassers $\left(S\frac{t^0}{4^0} \right)$ von der Oberfläche bis zur Tiefe h, so ist der
Druck in derselben Niveaufläche für die Breite Θ:

$$p = a\Sigma \cdot \frac{1 + \frac{1}{2}bh}{1 - \frac{1}{2}\eta p} \cdot h \text{ Atm.} \quad \ldots \ldots \quad (6)$$

Um Σ zu finden, erachtete Mohn es vorerst genau genug,
aus sämtlichen Dichtebestimmungen im Bereiche des Nordmeers
$\left(\text{nach } S\frac{t^0}{4^0} \right)$ für gleiche Tiefenstufen von je 100 Faden Mittelwerte zu berechnen, die er in tabellarischer Uebersicht zusammen-
stellt. Daraus läßt sich alsdann für jede beliebige Tiefe das
mittlere spezifische Gewicht aller darüberliegenden Schichten,
also Σ, leicht bestimmen und danach dann p. Für Fadenmaß
erhält Mohn letzteres in Atmosphären, z. B.

in 300 Faden $= 54{,}5884 + 53{,}23 \, (\Sigma - 1{,}02679)$.

Hier zeigt sich übrigens, daß die Zusammendrückbarkeit des
Wassers, so gering sie im Vergleich zu anderen Körpern ist, doch
nicht vernachlässigt werden darf. Ohne Rücksicht auf dieselbe
ergibt sich für 2000 Faden Tiefe und dem aus der Tabelle entnommenen Mittelwert für Σ ein Druck von 363,9682 Atm.; mit
Berücksichtigung derselben aber 3,0304 mehr. Dieser Ueberschuß
im Druck entspricht einer Wasserschicht von der Dicke

$$x = \frac{3{,}0304}{a\Sigma} = 16{,}66 \text{ Faden} = 30{,}46 \text{ m}.$$

Um nun den Effekt der örtlich sehr ungleich dichten Wasser-
säulen zu finden, handelte es sich zunächst um Ermittelung des
spezifischen Gewichts $S\frac{t^0}{4^0}$ aus den vorhandenen Aräometermessun-
gen und Chlorgehaltsbestimmungen. Die Temperaturen wurden
für die Oberfläche bis 50 Faden hinab den Karten der mittleren
jährlichen Oberflächentemperatur entnommen, für die größeren
Tiefen aber den Befunden der Expedition, obwohl letztere nur
in den Sommermonaten beobachtete.

Aus den an anderer Stelle gegebenen Auseinandersetzungen
(s. oben S. 295 u. flg.) ist zu entnehmen, daß bei der Aneinander-
lagerung verschieden dichter Flüssigkeiten zwei Strömungen erweckt werden, eine obere von der leichteren Säule zur schwereren,
eine untere in umgekehrter Richtung. Die Grenzfläche zwischen
beiden setzt Mohn, da über der Faröer-Shetland-Rinne eiskaltes,
von N oder NO kommendes Wasser unter der nach NO setzenden
Oberströmung bis 300 Faden oder 550 m Tiefe aufsteigt (s. oben
S. 293), in dieses Niveau. Die also aus den Dichteunterschieden
herrührenden Druckunterschiede sind in dieser Niveaufläche gleich
Null. Dieselbe Verschiedenheit aber bewirkt, daß die Oberfläche
des Meeres sich in verschiedene Höhe stellt über der Niveaufläche
des tiefsten Punktes derselben. Diese Oberfläche nennt Mohn die
Dichtigkeitsfläche. Die Abstände derselben von der obersten
Niveaufläche berechnete er folgendermaßen. Zunächst wurden in
die oben für den Druck in 300 Faden angegebene Formel die
den örtlichen Beobachtungen entnommenen Werte für Σ eingesetzt und so der Druck in 300 Faden gefunden. Wiederum
eine mitten im Nordmeer gelegene Beobachtungsstation (Nr. 247)
als Ausgangspunkt nehmend, wurden die Druckunterschiede
zwischen dieser Station und den anderen ermittelt, welche dann
bald positiv, bald negativ ausfielen. Nennen wir diese Druckdifferenz (in Atmosphären) Δp und die diesem Werte entsprechende
Erhebung der Dichtigkeitsfläche am zweiten Orte Δx, so wird
letzteres gefunden aus der Formel

$$\Delta x = \frac{\Delta p}{aS_0 \dfrac{1+bh}{1-\eta p}} \quad \ldots \ldots \quad (7)$$

Für $h = 300$ Faden oder 550 m wird $\Delta x = 10{,}027 \cdot \Delta p$.

Die Dichtigkeitsfläche ist ebenfalls durch eine Isohypsen-
karte von Dezimeter zu Dezimeter zur Darstellung gebracht (Pet.
Mitt. Ergh. 79, Taf. II, Fig. 2 ist nach NO nicht so weit ausgeführt
wie in der definitiven Publikation). Im allgemeinen ist das Niveau
derselben an den Rändern des Nordmeers höher als in der Mitte:
an der Ostgrönlandküste um 0,5 und an der norwegischen bei
den Lofoten um 0,2 und dann südwärts steigend bis 0,6 m im
Skagerrak und 0,55 m beim Horns Riff-Feuerschiff in der Nordsee.
In der Mittelzone liegen drei Depressionen: eine große zwischen

Nowaja Semlja und dem Nordkap, mit — 0,04 m; eine zweite, kleinere, in ca. 74° N. Br. und 10° O. Lg., mit — 0,01 m, und eine dritte, größte Depression mit verschiedenen sekundären Einsenkungen zwischen Island und den Lofoten; das Hauptminimum nahe östlich von Island in 64° N. Br. und 8,5° W. Lg. mit — 0,11 m. — Es sind das Niveaudifferenzen, welche auffallend hoch ausfallen; hier also zeigt die Rechnung, daß die geläufige Behauptung, im offenen Meere seien die Dichteunterschiede jedenfalls irrelevant, auf das Nordmeer sicherlich nicht zutrifft.

Nachdem so die Dichtigkeitsfläche bestimmt worden, kombiniert Mohn dieselbe mit der wie oben gezeigt, berechneten Windfläche (S. 366), indem er die vertikalen Koordinaten beider algebraisch summiert, und die daraus sich ergebende neue Fläche nennt er Stromfläche. Von dieser ist die jährliche mittlere Richtung und Geschwindigkeit der Oberflächenströme abhängig. Die Richtung des Stroms verläuft immer senkrecht zum Gefälle, wofern die Nähe und Form der Küste das erlaubt. Die Geschwindigkeit berechnet Mohn aus der Formel

$$v = \frac{g\,tang\,\eta}{\omega\,sin\,\Theta},$$

welche Symbole oben (S. 366) erklärt sind: $tang\,\eta$ wird indes hier aus dem Niveauunterschied Δh längs der auf die Horizontale projizierten Distanz Δa (in Meter) der beiden verglichenen Punkte gefunden aus

$$tang\,\eta = \frac{\Delta h}{\Delta a}.$$

Mit Benutzung von Gleichung (2), wo $g = 9,8062$ m ist, erhält man den Strom darnach in Meter pro Sekunde:

$$u = \frac{\Delta h}{\Delta a} \cdot \frac{g_{45}\,(1 - 0,00259 \cdot cos\,2\Theta)}{2\,\omega\,sin\,\Theta} \quad . \quad . \quad (8)$$

Rechnet man h in Metern, a aber in Kilometern, und setzt man die Werte von g_{45} und ω ein, so erhält man den Strom in Seemeilen pro 24 Stunden zu:

$$u = [3,49652]\,\frac{\Delta h}{\Delta a} \cdot \frac{1 - 0,00259 \cdot cos\,2\Theta}{sin\,\Theta}, \quad . \quad (9)$$

wo der [eckig] eingeklammerte Koefficient ein Logarithmus ist.

Von der Reibung und dem Einfluß der Verdunstung
und der Niederschläge hat Mohn ganz abgesehen; diese
Effekte lassen sich in der That gegenwärtig auch noch
nicht bestimmen. Die Reibung darf übrigens als geringfügig angesehen werden, während Verdunstung und Niederschlag sich einigermaßen kompensieren dürften. Die aus
der „Stromfläche" berechneten und konstruierten Strömungen schließen sich den Beobachtungen ganz vorzüglich
an, wenigstens in den, einstweilen auch nur bekannten,
Hauptzügen.

Von der Mitte der tiefsten Depression dieser Stromfläche, die wiederum in ca 67° bis 69° N. Br. am Meridian von Greenwich liegt, nach den Küsten hin bestehen
Niveaudifferenzen, welche folgende Beträge erreichen:

zur Ostküste von Grönland	1,40 m
„ „ „ Island	0,50 „
zu den Faröer	0,36 „
zur Pentland Förde	1,00 „
zu Kap Skagen	1,40 „
zur Küste bei Bergen	1,28 „
„ „ „ den Lofoten	0,79 „
zum Nordkap	0,72 „
zur Küste von Nowaja Semlja	1,10 „
zur Westküste von Spitzbergen	0,76 „

Die größten Gradienten sind an der norwegischen Küste
bei Kap Statland mit einer Stromstärke von 16 bis (in
60° Br.) 22 Seemeilen, und entlang Spitzbergen von
18 Seemeilen.

Die Richtung der Strömungen ist zunächst dadurch
bestimmt, daß über dem Nordmeer eine Luftdruckdepression lagert, welche an ihrer Südseite durch Winde
aus *SW* das Wasser aus dem Nordatlantischen Ozean
herüberzieht. Der nordöstliche Ast der nordatlantischen
Ostströmung (*vulgo* „Golfstrom" genannt), tritt demnach
in der Umgebung der Faröer und nördlich von Schottland
in das Nordmeer ein, wendet sich zunächst nach *SO*, dann
nördlich von den Shetland-Inseln durch *O* nach *NO* und *N*
entlang der norwegischen Küste. Diese beherrscht er,
gut zusammenhaltend, über das Nordkap hinaus, erst in
dem südlichen Teile der Barentssee wendet der Strom

westlich von Nowaja Semlja durch N nach NW und W, umströmt Spitzbergen im S und W und noch über 80° N. Br. hinaus ist in 10° O. Lg. dieser Nordstrom sowohl aus der Wind-, wie aus der Dichtigkeitsfläche abzunehmen. Das ist also die Bahn des viel gerühmten und viel umstrittenen Ausläufers des „Golfstroms", der seine hohen Temperaturen und seine Treibprodukte den von ihm bestrichenen Küsten zuführt. Seine Anwesenheit in diesen hohen Breiten ist zunächst durch die Konfiguration des Landes bedingt, indem ein tiefes und breites Meer sich dem an den Westküsten Europas nach Norden abgelenkten nordatlantischen Oststrom öffnet. Da das Land in diesen hohen Breiten mit Notwendigkeit (wegen der starken winterlichen Ausstrahlung) im Jahresmittel niedrigere Temperaturen erhält als das Meer, so stellt sich von selbst eine cyklonale Luftbewegung über diesem Meeresgebiete ein, welche dann, wieder durch die eigentümliche Konfiguration des Landes (durch das langsame Zurückweichen Norwegens nach NNO und Umbiegen nach O erst in 71° N. Br.) bis nach Nowaja Semlja hin laue atlantische Lüfte und blaues „Golfstrom"-Wasser führen kann. Hier wie im Westen der Davis- und Labradorströmung ist also eigentlich der hohe Luftdruck über den Festlandflächen das maßgebende für die mittlere Luft- und Wasserbewegung; daß das zugeführte Wasser tropischen Ursprungs ist und einen enormen Wärmevorrat in sich birgt, ist ein nächstdem wichtiger und in gleichem Sinne wirksamer Umstand. Es mag nicht überflüssig erscheinen, diese Gedanken hier auszusprechen, denn es könnte leicht ein *circulus vitiosus* in der Form statuiert werden, daß man behauptet: das Luftdruckminimum im Nordmeer entstehe durch die warme feuchte Luft des „Golfstrom"-Ausläufers, und die cyklonale Luftbewegung um dieses Minimum bewirke die Zuführung dieses „Golfstrom"-Wassers ins Nordmeer.

Zwischen Franz-Josephsland und Spitzbergen bewirkt das flache und inselerfüllte Wasser einen Reichtum an großen Eisflächen, der hinsichtlich seiner Strahlungsverhältnisse nicht viel anders wirkt wie ein vereistes

Festland. Daher dort höherer Druck als im südlichen Barents - Meer, daher dort östlicher Wind und westliche Trift. Von Spitzbergen nach *SW* hin besteht der gleiche Gegensatz: Winde aus *SO*, Strom nach *N* beherrschen die Westküste; die spitzbergische Anticyklone lockt sogar noch solches atlantische Wasser weiter nach *NO*, wo Otto Torell an der Westspitze des Nordostlands den viel kommentierten nördlichsten Fundort einer Bohne vom westindischen *Entada gigalobium*, eines der gemeinsten Treibprodukte des „Golfstroms", constatierte: in 80° 8′ N. Br., 17° 40′ W. Lg., also an einem Punkte, soweit vom Nordpol entfernt wie Hamburg von Florenz, oder wie Trondhjem vom Nordkap.

Entlang dieser ganzen, vom Warmwasserstrom zurückgelegten Strecke sind die zahlreichsten Fundorte ähnlicher Tropenprodukte bekannt geworden. Schübeler, in seiner Pflanzenwelt Norwegens, hat ein Verzeichnis solcher tropischen Pflanzen aufgestellt, von denen Früchte und andere Teile an der norwegischen Küste angetrieben sind. Die nierenförmige Bohne von *Entada gigalobium* ist wohl die häufigste Frucht; auf den Faröer schon wurde sie seit alters als „Koboldsniere" gekannt und im vorigen Jahrhundert zu Tabaksdosen verarbeitet; die Lappen in Finmarken schreiben der Bohne medizinische Eigenschaften zu, ebenso die russischen Ansiedler der murmanischen Küste. Als nordöstlichster Fundort werden die „Golfstrom-Inseln" (76° 20′ N. Br., 63° 54′ O. Lg.) an der Nordküste von Nowaja Semlja bezeichnet. — Einer der deutlichsten Beweise des Zusammenhangs dieser warmen Gewässer des Nordmeers mit den Strömungen der Tropen ist durch eine von Sabine berichtete Trift gegeben. Als sich dieser im Sommer 1822 im Meerbusen von Guinea am Kap Lopez aufhielt, strandete daselbst ein Schiff, das Palmöl in Fässern geladen hatte. Ein Jahr darauf hatte er die Ueberraschung, in Norwegen, und zwar in Hammerfest (70° 37′ N. Br.), einige derselben Palmölfässer auffischen zu sehen, deren Identität durch eingebrannte Stempel außer allem Zweifel stand, obwohl für die durchmessene Entfernung von rund 11 000 Seemeilen die Triftzeit doch als eine sehr kurze erscheinen muß (vgl. das Triftregister von Gumprecht in Ztschr. für allgem. Erdk. III, Berlin 1854, 420 f.).

Diesem warmen Strom steht in der Westhälfte des Nordmeers ein südlich gerichteter kalter, mit Treibeis und Eisbergen beladener Südstrom gegenüber. Erzeugt als Trift der ostgrönländischen Nordwinde, deren große Kraft und Konstanz uns Kapitän Koldewey so anschaulich

geschildert hat, und weiterhin unterhalten durch geringere
Dichte einerseits und durch Aspiration vom Ostgrönlandstrom des eigentlichen atlantischen Gebiets, repräsentiert
er eine Wasserbewegung, welche aus unbekannten hohen
Breiten, vielleicht nahe am Pol vorüber, sich bis zum
Kap Farvel nach *S* bewegt. Die Geschwindigkeit des
Stroms ist auf ca. 10 bis 12 Seemeilen in 24 Stunden
anzusetzen, näher dem Lande wegen des größeren Eis-
reichtums etwas unter, näher seiner östlichen Kante bei
Jan Meyen vielleicht etwas über dem Mittel; doch wird
östlich von Jan Meyen wegen der Nähe der Stromgrenze
des entgegengesetzten Nordstroms eine Abschwächung der
Geschwindigkeiten durch Theorie und Erfahrung gewähr-
leistet.

Im Norden von Island werden die Wasserverschiebungen einerseits durch die anticyklonale Luftbewegung
über dieser Insel, andererseits durch das relativ leichte, von
den Flüssen angesüßte Wasser an den Küsten derselben,
reguliert. Beide Umstände wirken, wie Mohn an der
Hand seiner Isobarenkarte zeigt, im Süden, Osten und
Westen von Island in gleichem Sinne. Dagegen an der
Nordküste stehen die Luftbewegungen noch unter dem
Einfluß der ostgrönländischen Anticyklone, welche, wegen
des höheren Luftdrucks im Norden der Insel, hier östliche Winde erzeugt. Danach würde also das Wasser
nach *W* triften. Indes kennen sowohl Löwenörn wie
Irminger entlang der Nordküste Islands nur Strömungen
nach Osten. Sowohl Eisfelder wie Treibhölzer aus dem
Ostgrönlandstrom kommen von *NW* an die Landzungen
des Nordlands und bewegen sich östlich weiter. In dieser
Hinsicht läßt nun Mohn die geringe Dichtigkeit des gerade
in dem Nordland durch die größten Flüsse der Insel an-
gesüßten und weit in See ziemlich seichten Küstenwassers
einen Gradienten erzeugen, welcher demjenigen des Luftdrucks entgegengerichtet, aber von größerem Effekt ist
als dieser. Dadurch geschieht es dann, daß ein Arm
des kalten Stroms den die Insel im *NW* umgehenden
Teil des Irmingerstroms überlagert und mit ihm an der
Nordküste entlang erst östlich, dann südöstlich weiter-

geht, so die Insel fast ganz umkreisend. Mit diesem
Ausläufer des Ostgrönlandstroms sind wohl in vereinzelten
Fällen (z. B. Mai 1840) von *NNW* her Eisberge bis 64°
N. Br., 10° W. Lg., oder gar auch an die Südküste Islands
(bis Vestmanö 1826, 1834, 1859) gelangt, wie Irminger
in seiner Abhandlung über die Meeresströmungen bei
Island (Ztschr. f. allg. Erdk., N. F. XI, 1861, S. 198 f.)
berichtet. Indem diese Strömung aber nördlich von den
Faröer vom „Golfstrom" erfaßt wird, bleibt sie mit ihren
Wirkungen stets auf den innersten Teil des Nordmeeres
nördlich von 61° und westlich vom Meridian von Greenwich beschränkt.

Aber auch die Bewegung des Wassers in der Tiefe unter-
zog Mohn einer ausführlichen Untersuchung. Hier stellt sich
einer freien Entfaltung der Strombewegungen die Konfiguration
des Meeresbodens oft hindernd entgegen, so daß, wenn man die
in bestimmten Niveauflächen der Tiefe herrschende, thatsächliche
Druckverteilung auch kennt, doch die wirklich aus der Strombewegung der Oberfläche und den lokalen Verhältnissen der Tiefe
resultierende Strömung sich nicht immer ihrer Richtung nach,
am wenigsten ihrer Stärke nach abschätzen läßt; letzteres schon
darum nicht, weil die Geschwindigkeit vom wechselnden Querschnitt der Durchflußprofile gegeben ist.

Die Druckverhältnisse in der beliebigen Tiefe h sind nach
der obenstehenden Formel (6) zu finden, wozu man alsdann noch
die vertikale Koordinate der Stromfläche, in Atmosphärendruck
ausgedrückt, zu addieren hat. Uebrigens entspricht ein Meter
Wasserhöhe ziemlich nahe einem Zehntel Atmosphäre (genau
0,0994). Bezeichnet man mit S das ausgeglichene spezifische Gewicht für die gegebene Tiefe (vgl. die Erläuterung zur obenstehenden Formel 6), so ergibt sich mit Benutzung der für atmo-
sphärische Bewegungen geltenden Formeln (s. oben S. 369) die
Geschwindigkeit in Meter pro Sekunde:

$$u = [5,84183] \frac{\Delta p}{\Delta a} \cdot \frac{(1 - 0,00259 \cos 2\Theta + bh)}{S \sin \Theta}, \quad . \ . \ (10)$$

wo der [eingeklammerte] Koefficient ein Logarithmus ist, die
anderen Symbole aber dieselben sind, wie in Gleichung (8) und
(3a). Rechnet man mit Differenzen der Druckhöhe, so kann
auch ebensogut Formel (8) benutzt werden, wie für Strömungen
der Oberfläche.

Nach der bei früherer Gelegenheit (Bd. I, S. 433 ff., bes.
437) beschriebenen Wärmeschichtung des Nordmeers ergibt sich
folgende Darstellung der Stromvorgänge in verschiedenen Niveaus.

1) In 300 Faden oder 550 m, in der „Grenzfläche", ist der
Druck der Vertikalsäulen zwischen dieser und der Dichtigkeits-

fläche überall derselbe; folglich sind die Druckunterschiede allein
durch die Windfläche bestimmt. Die Temperaturkarte für die
Tiefe von 550 m (Pet. Mitt. Ergh. 63, Taf. 2) lehrt danach die
Strombewegung erkennen. Der in der Oberschicht nach *NO*
strebende Warmwasserstrom aspiriert nach Ueberschreitung des
Thomson-Rückens zu seiner Linken kaltes Wasser vom Ostgrönlandstrom herüber, ja dieses steigt sogar in Lee des Rückens ein
wenig zur Oberfläche hinauf, nach Analogie unserer Stromfigur 54
(oben S. 360): also ein echter Ekmanscher Reaktionsstrom. In
der Spitzbergentiefe ruft der südlich gerichtete Wind- und Oberflächenstrom ebenso wie an der Westküste dieser Inselgruppe
nach *N* setzende, warme Triftstrom eine Aspiration von „Golf-
stromwasser" östlich von dem Abfall der durchweg weniger als
500 m tiefen Barentssee hervor. Die Stromstärken der Tiefe berechnet Mohn zu nur 6,5 Seemeilen in 24 Stunden.

2) In der Tiefe von 500 Faden oder 910 m herrscht an
Fläche der kalte Ostgrönlandstrom bedeutend vor, der warme
Strom ist auf eine schmale, östliche Zone, aber mit relativ großer
Geschwindigkeit beschränkt. Ein Gebiet in ca. 68° N. Br., 8° O. L.
ist stromlos, um dasselbe herum erfolgt eine Drehung im cyklonalen Sinne, nördlich davon scheint warmes Wasser zur Tiefe
hinab sich zu bewegen. In der Shetlandrinne und entlang dem
norwegischen Küstenplateau steigt dagegen kälteres und salz-
ärmeres Wasser auf. Die horizontale Maximalgeschwindigkeit
erreicht hierbei 9 Seemeilen in 24 Stunden.

3) In 1000 Faden oder 1830 m Tiefe ist die Druckverteilung
unregelmäßiger angeordnet: im *N* und im *S* der Nordmeertiefe
zwei ausgeprägte Maxima, in der Mitte, und zwar in 71° bis
72° N. Br., ein drittes, sekundäres Maximum, welches zwei Minima
trennt. Beide letztere sind von den Strömungen im cyklonalen
Sinne umkreist. Auch hier ist im *N* und *S* von dem südlicheren
Minimum das Wasser noch etwas wärmer als im *O* und *W* davon:
das Aufsaugen kalten Tiefenwassers am norwegischen Plateau
findet also auch hier statt. Die größte Geschwindigkeit wird mit
9 Seemeilen in 24 Stunden berechnet.

4) In 1500 Faden oder 2740 m Tiefe endlich sind am Meeresboden, wofern überhaupt die Lotungen ausreichenden Aufschluß
ergeben, wahrscheinlich zwei gesonderte Becken vorhanden; in
beiden findet wiederum eine cyklonale Bewegung statt. Im südlichen Becken tritt abermals in 70° wie in 65,5° N. Br. höhere
Temperatur auf; im nördlichen bei den daselbst vorhandenen
großen Gradienten eine Stromstärke von 12 Seemeilen in 24 Stunden,
überraschend viel, muß man sagen.

5) In noch größeren Tiefen bis zum Meeresboden hinab
zeigt das nördliche Becken dieselben Verhältnisse. Im südlichen
Becken reicht die absteigende Bewegung mit hohen Temperaturen,
hohem Salzgehalt, aber minimalem Stickstoffgehalt bis in 3200 m
hinab zum Boden. Kaltes, aus dem Ostgrönlandstrom kommendes
Wasser umgibt dieses Centrum.

Die vertikalen Komponenten der Strombewegungen in den tieferen Schichten lassen sich auf den Querschnitten durch das Nordmeer, welche die Wärme- und Dichteschichtung darstellen, unmittelbar ablesen.

2. Die Strömungen im sibirischen Nordmeer sind noch wenig bekannt und auch bei der unzureichenden Kenntnis der Luftdruckverteilung schwer zu konstruieren. Einige Indizien, aus Triften von im Eis „besetzten" Schiffen (Tegetthoff, Jeanette) und von sibirischem Treibholz abgeleitet, gewähren jedoch einen ungefähren Anhalt neben den älteren Beobachtungen Wrangells und den neueren, die Palander und Nordenskjöld bei ihrer Küstenfahrt im Sommer 1878 auf der „Vega" angestellt und über welche Petterson und Mohn berichtet haben (Pet. Mitt. 1884, 250).

Aus diesen spärlichen Thatsachen ist zu folgern, daß im Abstande von etwa 200 Seemeilen entlang der ganzen Festlandküste eine schwache Strömung aus leichtem, von den großen sibirischen Flüssen angesüßtem Wasser sich nach O bewegt, während nördlich davon ein entgegengesetzter Weststrom vorhanden ist, der die „Jeanette" in etwa 10 Monaten (vom September 1880 bis Anfang Juni 1881) um rund 600 Seemeilen nach NW versetzte und zwar je nördlicher das Schiff stand, mit desto größerer Kraft. Die zu Schlitten vom gesunkenen Schiff (in ca. 77,6° N. Br.) dem Festlande im Süden zustrebende Mannschaft trieb in acht Tagen um 27 Seemeilen nach NW. Indes zeigte das zwischen den Schollen häufige Treibholz (Fichten und Birken), daß dieses Eis aus südlicheren Gegenden stammte. Aehnlich sah schon Lieutenant Anjou im März 1822 nördlich von der neusibirischen Kesselinsel das Eis nach W treiben, obwohl der Wind westlich war (Pet. Mitt. 1879, 170). Diesen Thatsachen gegenüber verliert die Angabe Wrangells, daß im sibirischen Nordmeer der Strom im Sommer nach W, im Herbst dagegen nach O setze, erheblich an Gewicht.

Die Trift des „Tegetthoff", in 12 Monaten von Nowaja Semlja nach Franz-Josephsland hinüber, ist nach der klaren Analyse von Wüllerstorfs in zwei Partien zu zerlegen:

die erste mit Trift nach Ost und Nordost bis etwa 78°
N. Br. (60 Seemeilen nördlich vom großen Eiskap), wobei
die Stärke des Stroms 2¼ Seemeilen in 24 Stunden betrug; die zweite Hälfte der Trift geschah im Weststrom,
dessen Geschwindigkeit auf rund eine Seemeile täglich
zu schätzen ist, und erfolgte nördlich von 79° Br. In
der Zwischenzone herrschten variable Triftrichtungen von
sehr geringer Stärke aber vorherrschend nördlicher Richtung.

Aus dieser Trift, wie derjenigen der „Jeanette", ließe
sich also folgern, daß der Weststrom der höheren Breiten
Teile des nachbarlichen Gegenstroms aspiriert. Daß ersterer
der primäre Motor ist, läßt sich aus den über diesem
ganzen Gebiet, wie es scheint, vorherrschenden Winden
aus O bis NO folgern. In Nowaja Semlja übrigens sind
nach Mohn noch Winde aus SO anzunehmen. In der
Lenamündung (Sagastyr in 73° 22′ N. Br.,¦126° 35′ O. Lg.)
herrschen von November bis Februar südliche, in der
übrigen Zeit östliche Winde vor. Trotz dieser Windrichtung setzt also der Strom im küstennahen Gebiet
nach Osten gegen den Wind.

Auch hier ist die Dichteverteilung nach Mohn die
Ursache für den Küstenstrom. Die wasserreichen sibirischen Flüsse entsenden wenigstens im Sommer jedes Jahr
von neuem große Quantitäten von Süßwasser in die See,
welche bei der großen Flachheit des Küstenwassers sich
auch den Winter über dort halten dürften. Der nach N
hin auftretende Dichtegradient bewirkt einen gleichgerichteten Strom, den dann die Erdrotation ein wenig nach
rechts ablenkt. Es gelangen durch diese so modifizierte
Strömung jedenfalls die Treibhölzer sibirischen Ursprungs
aus dem östlichen Küstenstrom hinüber in den westlichen
Meeresstrom. Andererseits aber sind die Strömungsverhältnisse doch auch nicht zu verstehen, wenn man das
sibirische Nordmeer für sich isoliert betrachtet. Es steht
im Zusammenhang mit dem europäischen Nordmeer, und
die dort sich vollziehenden Strombewegungen wirken daher aspirierend zurück bis in die Gegend westlich der
Beringstraße.

Der Ostgrönlandstrom ist es, der hier hauptsächlich
in Betracht kommt. Indem er, wie eine Karte in Polar-
projektion leicht überschauen läßt, den Ersatz für das
durch die Nordwinde nach *S* geschobene Wasser von
rückwärts heranzuziehen hat, greift er durch den Archipel
von Spitzbergen und Franz-Josephsland bis zu den sibirischen Inseln hinüber; die nordwestliche Trift der „Jeanette"
war geradeswegs auf Spitzbergen zu gerichtet. Andererseits aber läßt sich aus dem Umstande, daß diese Triften
sehr schwach sind (nur $1/2$ bis $1/3$ der Stärke des Ostgrönlandstroms wird erreicht), entnehmen, daß eine weite
Wasserfläche an diesem Ersatz sich beteiligt. Mögen auch,
wie Hoffmann als Hypothese es ausspricht, im Norden
der „Jeanette"-Trift Landflächen liegen, weil der Strom
zu seiner Rechten wegen Eingreifens der Rotationskraft
einer Anlehnung bedürfe, mögen auch um den eigentlichen Pol noch Inseln sich finden, jedenfalls sind solche
zwischen Nordgrönland und dem Pole nicht reichlich vorhanden, wie aus den Gezeitenbeobachtungen im Robesonkanal mit Sicherheit sich folgern läßt. So ist der Zufluß
zum Ostgrönlandstrom wegen der großen Breite des verfügbaren Durchflußprofils ein sehr langsamer. Aber auch
dieser Kompensationsstrom, der wie oben gezeigt, vom Ost-
winde gestützt wird, wirkt aspirierend ein auf seine Nachbarschaft und wird entlang der Nordküste Sibiriens eine
östliche Strömung zu seiner Speisung bedürfen. Und diese
Verhältnisse dürften im Norden von Nowaja Semlja beginnend bis nach Wrangell-Land hin ziemlich gleichartig
bleiben.

Daß die Strömung vom sibirischen Küstenmeer aus in den
Ostgrönlandstrom hinüberleitet, beweisen die zahlreichen sibirischen Treibhölzer, welche im Norden von Spitzbergen, wo Parry
gegen den Nordstrom auf seiner Schollenreise nichts gewann, so
gut wie an der Küste Ostgrönlands selbst reichlich bekannt geworden sind. Unter 25 Treibholzfunden von der zweiten deutschen
Nordpolexpedition unter Kapitän Koldewey gehörten 17 der
sibirischen Lärche, 5 einer nordischen Fichte (wahrscheinlich
Picca obovata), zwei der Gattung *Alnus* (*A. incana?*) und einer
dem Genus *Populus* (*P. tremula?*) an. Daß nach Grönland auf
solchem Wege eine Reihe sibirischer Pflanzenformen eingewandert
seien, hat Grisebach ziemlich überzeugend dargestellt (Veget.

d. Erde I, 62). — Dieses sibirische Lärchenholz treibt übrigens
bis zur Nordküste Islands herab und mischt sich daselbst unter
die vom Irmingerstrom herzugeführten westindischen Hölzer. Daß
dann entlang der Ostküste Grönlands auch in niederen Breiten
noch alles Treibholz der gleichen sibirischen Abkunft sei, hat
schon der alte Crantz in seiner Beschreibung Grönlands ausgesprochen, indem er in demselben Lärchen, Tannen, Zirbeln und
Espen erkannte, wie sie auf amerikanischem Boden nirgends,
wohl aber in dieser Vergesellschaftung im nördlichen Sibirien
wüchsen.

Wenn schon in dem sibirischen Nordmeer vieles
Hypothetische von den Stromvorgängen gesagt werden
mußte, aber doch im ganzen und großen die Anordnung
derselben hervortrat, so sind wir über die Wasserbewegungen
des „amerikanischen Nordmeers" so wenig unterrichtet, daß es sich nur eben lohnt, das wenige Thatsächliche zusammenzutragen.

In deutlichen Beziehungen zum Labradorstrom und
dessen Zufuhrstrom in der Baffinsbai stehen offenbar
die Strömungen im Parryarchipel. Als Kapitän Kellett
am 15. Mai 1854 am westlichen Ende der Barrowstraße
in 74° 40′ N. Br. und 101° 15′ W. Lg. sein Schiff „Resolute", auf Befehl des Geschwaderchefs Sir Edward Belcher
im Eise verließ, ahnte er nicht, daß am 14. September 1855
dasselbe Schiff wohlbehalten unweit des Cumberlandsundes
in der Davisstraße (in 64,5° N. Br. und 62° W. Lg.) von
einem amerikanischen Walfischfänger treibend angetroffen
werden würde; das Schiff hatte also in 16 Monaten mindestens 1200 Seemeilen unter Einwirkung des Stroms
zurückgelegt.

Beweise für eine Aspiration der Gewässer nach gleicher
Richtung gewährten die Strombeobachtungen Sir Edward
Belchers im Northumberlandsund der Pennystraße: der
Strom setzte (ebenso wie die Flut) in derselben südwärts,
auch die Windrichtung war vorherrschend dabei *NW*.
— Unter dem zu beiden Seiten der Pennystraße spärlich
gefundenen und meist sehr gealterten Treibholz wollte
man Lärchenholz erkennen, welches Belcher aus dem
Mackenzieflusse ableitete. Auch die weiteren Treibholzfunde sind einer Trift von *W* und *NW* her am günstigsten: so an der Nordseite der Melvilleinsel im innersten

Teile der Heclabai bei Nias Point; an der Nordwestküste
der Prinz-Patrick-Insel und ebenso, in schon subfossilem
Zustande in einiger Höhe über dem Meeresspiegel bei
Kap Manning und im Hintergrunde von Walker Inlet,
sämtlich Lärchenstämme von großen Dimensionen, aber
unter der Rinde völlig verwittert (vgl. Pet. Mitt. 1855,
S. 107 f.).

Aus diesen Daten wie aus der Trift der „Resolute"
läßt sich ein Oststrom im Bereiche des Parryarchipels
folgern. In der inselfreieren See im W dieses Gebiets,
der „Beaufortsee", aber sind nur sehr widersprechende
Daten aufzuführen. Aus zahlreichen Berichten von Wal-
fängern entnahm Petermann (Mitt. 1869, 35), daß von
Kap Barrow der Strom nach Südosten gehe, während (im
Sommer wenigstens) ein Nordweststrom von Point Hope
auf die Heraldinsel setzt; letzterer, außerdem noch durch die
Trift des Schiffs „Gratitude" im Jahre 1865 bezeugt,
würde einen Anschluß an die gleiche Strömung gewinnen,
welcher die „Jeanette" verfiel. Ich verzichte darauf, Beziehungen zwischen dieser Strömung und der im Parry-
archipel angeblich Treibholz aus dem Mackenziefluß (?)
ansammelnden Ostströmung aufzusuchen, und begnüge
mich hinzuzufügen, daß die vorherrschenden und dabei
auch am stärksten auftretenden Windrichtungen in der
amerikanischen Polarstation Uglamie bei Point Barrow
(71 ⁰ 17′ N. Br., 156 ⁰ 23′ W. Lg.) in 15 von 21 Monaten
östliche waren. Nordenskjöld dagegen hat in diesem
Gebiet eine kreisende Meeresströmung finden wollen, indem er von der Beringstraße einen Strom nach NO zum
Kap Barrow führt, während im Westen der „Beaufortsee" ein kalter Strom nach Süden fließen und längs der
Küste des Tschuktschenlandes ostwärts sich wendend in
die Beringstraße von Norden eintreten soll.

3. Strömungen der Nordsee und Ostsee. Wie
die Nordsee ihre Hauptöffnung zum eigentlich ozeanischen
Gebiet nördlich von Schottland besitzt, so empfängt sie
von dort her außer Salzgehalt und Flutwelle auch ihre
Strömungen, wenigstens diejenigen, welche den nördlichen
tieferen Teil, polwärts von der Doggerbank beherrschen.

Mohn hat dieselben im Anschluß an die Strömungen des Nordmeers behandelt. Die Bewegung erfolgt im allgemeinen an der Ostküste Englands entlang nach S, an der cimbrisch-norwegischen Küste nach N. Diese Wasserverschiebungen sind auch hier sowohl die Wirkungen der herrschenden Luftströmung, wie der Dichteunterschiede. Nach der durchschnittlichen Luftdruckverteilung herrscht im Jahresmittel über der Nordsee ein Gradient nach $N\ 13^0\ W$, was für eine Breite von 56^0 eine Luftströmung nach $N\ 63^0\ O$ oder ONO zur Folge haben müßte. An der ostenglischen Küste ist das ein ablandiger Wind, dessen Trift von N her, um Schottland herum Wasser aspiriert. Dagegen kann diese Trift im südlichen Teil der Nordsee sich freier entfalten und in der That entsprechen die Triftbahnen von vielen Flaschen und Wrackstücken, deren Ausgangspunkt auf der Höhe der Rheinmündungen lag, dieser Stromrichtung. Weiter in die deutsche Bucht hinein wendet der Strom nach N. Von sämtlichen Feuerschiffen derselben wurden alltäglich mehrere Monate hindurch Flaschenposten über Bord gesetzt, und von 244 wiedergefundenen Flaschen waren angetrieben:

14 an der W- und N-Küste von Norwegen,
3 „ „ S- und SO- „ „ • „
5 „ „ W-Küste von Schweden,
25 „ „ W-Küste Jütlands und der davorliegenden Inseln,
134 „ „ W-Küste von Schleswig-Holstein u. d. davorlieg. Inseln,
39 „ „ N-Küste von Deutschland „ „ „ „
5 „ „ niederländischen Küste,
3 „ „ englischen Ostküste,
2 „ „ schottischen „
4 auf Helgoland,
10 wurden in See, davon 7 nördl. 58^0 Br. gefunden.

Weiterhin ergibt sich nach den dänischen Beobachtungen auf Horns Riff-Feuerschiff eine merkliche Beschleunigung des dort nach NNW setzenden Ebbestroms, und die durchschnittliche Richtung des daraus berechneten Stroms war 1880 und 1881 $N\ 38^0\ W$ mit einer Geschwindigkeit von 4,1 Seemeilen in 24 Stunden.

Dieser Nordstrom setzt aber nicht direkt hinüber zur norwegischen Küste. Wie schon in den südlicheren

Teilen der Nordsee stetig von dieser Strömung Wasser
quer über die Wasserfläche hinüber von W^r her aspiriert
wird, so kommen im Skagerrak Verhältnisse zustande,
welche die Bewegung von Hanstholm ab sehr entschieden
nach O ablenken. Es ist das die Folge des Ostseestroms.
Wie oben bemerkt (S. 300), setzt aus den dänischen
Straßen im allgemeinen ein sehr schwach salziger Strom
nordwärts hinaus. Dieser wird aber durch die herrschende
Windrichtung, und weil er ein „freier" Strom ist, durch
die Rotationskraft schon von Marstrand ab an die schwedische Küste hinübergedrängt, wo er im Abstande von
4 bis 6 Seemeilen vom Lande selbst bei ruhigem Wetter
eine Stärke von über 24 bis 48 Seemeilen in 24 Stunden
erlangt, bei Südweststürmen sogar das Drei- bis Vierfache.
Dieser kräftige Nordstrom wendet sich dann an der norwegischen Küste von den Koster-Inseln ab westlich und
äußert sich daselbst, wieder in einiger Entfernung vom
Lande, als sehr starke Strömung, die im Maximum nach
norwegischen Angaben schon 80 bis 100 Seemeilen in
24 Stunden erlangt haben soll. Hier geht der Strom,
wie man sieht, gegen den herrschenden Wind, und nur
wenn es stark aus W oder SW stürmt, kann nach Vibe
der Strom vorübergehend nach O umsetzen. Den Seefahrern ist der Strom wohlbekannt. Mit gerefften Segeln
können sie, nach Mohn, gegen den Südwestwind auf-
kreuzend, die Strecke vom Christianiagolf bis Lindesnes
in wenigen Tagen zurücklegen. Auf diesem Wege empfängt
übrigens der Strom noch norwegisches Landwasser aus
den dort mündenden zahlreichen Flüssen. Aus alledem
ist die starke Niveauerhöhung, welche die Dichtigkeitsfläche an dieser Strecke zeigt, wohl erklärlich.

Dieser norwegische Strom aber wirkt mächtig aspirierend auf die Nordsee ein. Der cimbrische Nordstrom
wird an der jütischen Nordküste, durch salzreiches Nordseewasser von W her verstärkt, nach O abgelenkt und
umströmt Kap Skagen mit beachtenswerter Kraft: nach
einjährigen Beobachtungen auf dem dort liegenden Feuer-
schiff ergeben sich als vorherrschende Richtungen und
Stromstärken für 24 Stunden:

37 Proz. Strom nach O, Stärke 33,6 Seemeilen,
18 „ „ „ NO, „ 26,4 „
34 „ „ „ N, „ 31,2 „
7 „ „ „ anderen Richtungen,
· 4 „ Stromstillen.

In jeder zehntägigen Beobachtungsperiode kamen Geschwindigkeiten von 48 bis 72 Seemeilen vor. — Aus den Stromrichtungen ist zu entnehmen, daß auch im Skagerrak der norwegische Strom stetig Wasser aus S über die schmale Straße hinüber aspiriert. Nach den Aräometerbestimmungen bei Skagen scheint sogar damit ein Auftrieb von salzigem Wasser aus der Tiefe verbunden, denn je massiger und reiner das Ostseewasser aus dem Kattegatt an der Oberfläche entströmte, desto salziger war das Wasser in der Tiefe von 38 m (Segelhandbuch für die Nordsee S. 76). — Auch diese Nordseeströmungen sind also, wie man sieht, außer von den lokalen Winden noch von Dichteunterschieden und den Bewegungen der Nachbarmeere beherrscht.

Von den Strömungen im Bereiche der eigentlichen Ostsee ist wenig bekannt. Im Sommer, wo die Landwasser reichlicher vorhanden sind, und im Winter bei ruhigem Wetter setzt ein kräftiger Nordstrom durch den Sund und aspiriert in seine trichterförmige Südöffnung das Wasser, an der schwedischen Küste entlang bis nach Bornholm hin zurückgreifend. Hingegen scheint es, als wenn an den deutschen Küsten der entsprechende Kompensationsstrom nach O mit einer nördlichen Komponente, entsprechend der vorherrschenden Windrichtung, auftritt; es geht das aus der Verbreitung des Salzgehalts hervor und der nach gleicher Richtung erfolgenden Verschiebung der Wandersände. An einzelnen Molenhäfen der pommerschen Küste ist gelegentlich der Oststrom so stark, daß die Schiffe bei der Aus- oder Einsegelung dem Ruder versagen und an den Molenköpfen Beschädigungen erleiden. — Im Winter dagegen und überhaupt bei unruhiger Witterung wechselt der Strom mit dem Winde. — Für die Ostsee scheinen übrigens die Daten genügend vorhanden, um nach Mohns Methode die Dichtigkeitsfläche zu ermitteln, die hier für die Strömungen vor allen maßgebend ist.

4. Die Strömungen im Mittelmeer sind zuerst im Ueberblick von Smyth (*Mediterranean* p. 161 f.) behandelt worden, für einige Küstenstriche gaben später Cialdi, Theob. Fischer und der *Mediterranean Pilot* der britischen Admiralität ausführliche Aufschlüsse.

Wir sahen, wie an der Oberfläche in der Gibraltarstraße ein Oststrom aus dem Atlantischen Ozean in das Mittelmeer eintritt: ein wahrer Gefällestrom, als solcher der Rotationskraft folgend und darum nach rechts an die afrikanische Küste hinüberdrängend. Die mittlere jährliche Luftdruckverteilung über dem Mittelmeer ist noch mangelhaft bekannt, aber gesichert erscheint der höhere Barometerstand über Spanien und Südfrankreich im Vergleich zu demjenigen über dem hesperischen Becken des Mittelmeers. Daraus ergeben sich die bekanntlich sehr dauerhaften NW-Winde, welche die Küste Kleinafrikas bestreichen und eine Fortführung des atlantischen Wassers nach Osten hin, auf Sizilien zu, besorgen.

Im übrigen scheint mir Partsch das Rechte getroffen zu haben, wenn er über den abgegliederten Teilen des Mittelmeeres jedesmal eine cyklonale Bewegung in der Atmosphäre sich entwickelt denkt. Es würde das entsprechende Triftbewegungen im Wasser zur Folge haben. Indes ist wieder aus allen vorliegenden Berichten sehr übereinstimmend zu entnehmen, daß die Strömungen etwas außerordentlich Wechselvolles sind und die Navigation nur mit der Trift, die der jedesmalige Wind erzeugt, zu rechnen pflegt. So besteht denn vielleicht nicht einmal für die Hälfte aller Fälle die kreisende Wasserbewegung, welche Smyth für das Mittelmeer angegeben hat. Nach ihm und neueren Quellen würde sie so verlaufen, daß der atlantische Strom auch südlich an Sizilien und Malta vorbei auf Barka zu setzt, und einen Neerstrom in der Bucht der beiden Syrten erzeugt. Weiter an der Küste der Marmarica östlich setzend, bedroht er mit seinen Wandersänden die Einfahrt in den Molenhafen von Port Said, wendet dann an der syrischen Küste nach *N*, wo er schon den phönizischen Seefahrern die Ueberfahrt nach Cypern hinüber erleichterte, und, entsprechend der cyklonalen Luftbewegung im levantinischen Becken des Mittelmeers, entlang der Südküste Kleinasiens nach Westen.

Im griechischen Archipel und Aegäischen Meer haben wir etwa ein ähnliches Strombild wie in der Nordsee. Der leichtes Wasser führende Strom der Dardanellen stößt aus der *SW*-Richtung rechts abdrängend auf Lemnos, welches er zu beiden Seiten umströmt. In der thrakischen Bucht nördlich der Linie Athos-Imbros entsteht dadurch ein Neerstrom. Von Lemnos setzt dann der Hauptstrom, mehr und mehr durch die Rotationskraft und die vorherrschenden *NO*-Winde westlich gedrängt, nach *S*, ist in den Kanälen zu beiden Seiten von Andro, namentlich nach Tino hin durch Verengung des Strombettes, ziemlich kräftig und vereinigt sich im Bereiche der Cykladen mit der von Kleinasiens Südküste herüberkommenden westlichen Wasserverschiebung, die auch Kretas Küsten beherrscht. Bei Kap Malia und Matapan drängt der Strom dann mit der Geschwindigkeit von einer Seemeile stündlich nach *W*. Aehnlich wie an der Ostenglandküste zieht sich an der Ostküste Kleinasiens, durch Aspiration erweckt, ein Nordstrom hinauf, der aber ebenfalls dem primären Strom im *W* des Archipels stetig quer hinüber Zufuhr sendet, zwischen den Inseln und Halbinseln aber lokal sehr beträchtliche Ablenkungen erfährt. (Nach *Mediterranean Pilot* IV, p. 4 bis 7).

Im Adriatischen Meer geht an der dalmatinischen Küste der Strom nach *N*, an der italienischen schon im Golf von Venedig mit Wandersänden beladen, nach Süden. Unklar sind die Stromverhältnisse an den Südküsten Italiens und im Tyrrhenischen Meer, auch von der südfranzösischen Küste liegen widersprechende Nachrichten vor, welche nur die eine sichere Thatsache enthalten, daß westlich von dem Rhonedelta bis Cette der Küstenstrom noch westlich setzt. Weiterhin ist jedoch aus der Kontinuitätsbedingung zu folgern, daß wenigstens an der spanischen Mittelmeerküste der Strom nach *SW* gehen

muß, aspiriert vom kleinafrikanischen Oststrom und diesem
südwärts stetig die Hand reichend.

5. Die Strömungen des Indischen Ozeans.

Wenn wir uns nunmehr der Darstellung der Strombewegungen auch der anderen Ozeane zuwenden, so werden
wir uns hier in den meisten Fällen kürzer fassen können,
weil die theoretischen Betrachtungen und Versuche einer
Erklärung oder gar einer synthetischen Konstruktion der
Strömungen sich meist durch Hinweise auf analoge Vorgänge im Atlantischen Ozean und dessen Nebenmeeren
werden vermeiden lassen. Ueberdies ist die Kenntnis von
der Luftdruckverteilung über dem Meer, wie von der Dichte
im Wasser auch für den Indischen Ozean wie für seine
Nebenmeere noch eine ziemlich lückenhafte.

1. Der Indische Ozean ist in seinen nordhemisphärischen Teilen der Schauplatz von sehr klar ausgebildeten
Monsunbewegungen in der Luft, und dementsprechend
auch im Wasser. Deshalb mußte auf der Uebersichtskarte eine doppelte Darstellung der Strömungen erfolgen,
die im Arabischen und Bengalischen Golf, sowie in der
Chinasee im Sommer diametral entgegengesetzte Richtungen
verfolgen wie im Winter. Nach den Stromkarten von
Evans und Findlay, die indes nur auf der Kombination
einzelner Daten beruhen, bewegt sich zur Zeit des Nordostmonsuns das Wasser im Bengalischen Golf im allgemeinen nach Südwesten entlang der Koromandelküste,
während der ablandige Wind an der barmanischen Küste
Wasser von *SO* her aspiriert. Der Strom ist inmitten
des Golfs daher allgemein westlich. Bei Ceylon wird er
seitlich eingeengt und nimmt im *O* und *S* der Insel Geschwindigkeiten an, welche gelegentlich 80 Seemeilen in
24 Stunden übersteigen und als deren Maximum Evans
108 Seemeilen verzeichnet. Ganz analog sind im Arabischen Golf an der Malabarküste mäßige nordöstliche, an
derjenigen Belutschistans westliche, der arabischen Küste
südwestliche Stromversetzungen vorherrschend. Im freien
Wasser scheint die Trift nach *SW* zu überwiegen.

Der Nordostmonsun treibt das Wasser in den Golf von Aden hinein und somit auch durch die Straße von Perim ins Rote Meer. An der nördlichen Küste von Somaliland erscheint ein Neerstrom. Südlich von Socotra geht die Trift mehr nach *SW* zur afrikanischen Küste hinüber und bewirkt an dieser entlang bis über den Aequator hinaus Versetzungen, welche meist 24, vielfach 48 und 60 Seemeilen im Etmal erreichen (s. oben S. 327).

Zur Zeit des Südwestmonsuns ist die Bewegung im Arabischen Meer vorherrschend nordöstlich; dieser Strom, an der Südküste Arabiens entlang setzend, bedingt im Golf von Aden wieder an der Nordseite des Somalilands einen westlichen Reaktionsstrom, ebenso bewirkt er, daß das Wasser des Roten Meers sich wieder nach *S* ergießt, was sogar bis in den Suezkanal hin wirksam wird, dort südlichen Strom aus dem Mittelmeer erzeugend. An der Malabarküste geht der Strom mit zunehmender Geschwindigkeit nach *S*, bei Ceylon abermals das Maximum derselben erlangend mit 48 bis 78 Seemeilen (nach Evans). Im Andamanischen Meer wird der Stromvorgang sehr wechselvoll; es scheint als wenn die Hauptmasse des angestauten Wassers um die Nordwestspitze Sumatras herum nach *S* sich wendet.

2. Im südhemisphärischen Teil haben wir analog dem südlichen Aequatorialstrom des Atlantischen Ozeans zwischen 7° und etwa 20° S. Br. ebenfalls eine westlich setzende Aequatorialströmung. Zur Zeit des Südwestmonsuns durchströmt sie den Chagosarchipel, im Nordwinter dagegen scheint sie sich mehr nach *S* zu ziehen. Die Geschwindigkeiten sind zwischen 12 und 36 Seemeilen, bis zu 60 ansteigend, verzeichnet. Indem diese große Westbewegung zunächst auf Madagaskar trifft, wird sie durch die Insel geteilt. Nordwärts von 20° S. Br. scheinen die Stromfäden nach *N*, südwärts davon nach *S* auszuweichen; jedenfalls herrscht an der Nordspitze der Insel ein kräftiger (18 bis 48 Seemeilen laufender) Strom, der das Kap d'Ambre von *SO* her nach *W* umspült. Nordwärts hiervon, im Südwestmonsun sogar bis zu den Almiranten und Seychellen hin, herrscht der ungestörte Weststrom, der

in die weite Bucht von Sansibar hineingelangend mehr
und mehr nach N umbiegt und zur Zeit des Südwestmonsuns dem Triftstrom des Arabischen Meeres Zufuhr
gewährt, im Nordostmonsun aber den gleich zu beschreibenden Aequatorialgegenstrom speist. Ein anderer Teil
des um Madagaskar gelangten Wassers strömt aber nach
S ab, Kap Delgado in ca. 10° S. Br. ist die Stromscheide,
um in den Mosambikkanal einzutreten. Da der herrschende
Wind eine auflandige Komponente enthält, drängt er
den Strom mehr auf die festländische Seite hinüber und
bewirkt an den vorspringenden Punkten derselben lokale
Verstärkungen, welche der Schiffahrt seit mehr als zwei
Jahrtausenden bekannt sein dürften (s. oben S. 328).
Nach den Zusammenstellungen der Seewarte (Ann. d.
Hydr. 1886, Taf. 14) kommen namentlich südlich von
Mosambik und beim Kap Corrientes Versetzungen von
über 40 bis zu 69 Seemeilen in allen Jahreszeiten vor.
Entlang der Westküste von Madagaskar setzt ein Neerstrom nordwärts, beim Kap St. André ebenfalls gelegentlich 48, im Maximum 59 Seemeilen in 24 Stunden er-
langend. Vom Mosambikstrom links abkurvendes Wasser
unterhält diese nicht auf allen Karten verzeichnete Strömung.

3. Unter dem Aequator entsteht die hauptsächlich
der Kompensation im Rücken des großen Weststroms
dienende östliche Aequatorialgegenströmung. Während des Nordostmonsuns funktioniert sie auch als Kompen-
sator im Rücken der nordhemisphärischen Westbewegung
und ist alsdann unmittelbar der Guineaströmung zu vergleichen. In dieser Zeit herrscht sie, ungefähr im Bereiche des sogenannten Nordwestmonsuns (des nach Ueberschreitung des Aequators durch die Erdrotation nach links
gedrehten Nordostmonsuns) und der in demselben überaus häufigen Stillen in der Zone etwa zwischen 7° S. Br.
und dem Aequator, von den Almiranten im W bis Sumatra
im O. Nach Evans überschreitet sie den Aequator in
der Gegend der Maldivgruppe, deren südlichste Atolle
dann im Oststrom liegen, während die nördlicheren (jenseits 2,5° N. Br.) im Weststrom sich befinden. An der
Küste von Sumatra und am Mentawiearchipel wendet der

Strom nach N, auf der Höhe der Sundastraße nach S ab.
Seine Stärke beträgt im Mittel etwa 12 bis 18, im Maximum bis zu 54 Seemeilen in 24 Stunden.
Während des Südwestmonsuns herrscht unter dem Einfluß dieses Windes die Ostbewegung im ganzen Indischen Ozean nördlich von 4^0 bis 5^0 S. Br., indem die Nordkante des Aequatorialstroms etwa bei den Seychellen in die Südkante dieses Gegenstromes umbiegt und wiederum unter der Küste von Sumatra in den Rücken des ersten zurückkehrt. Unter dem Aequator sind dabei Stromgeschwindigkeiten von mehr als 48 Seemeilen sehr häufig gefunden, im Maximum bis zu 72. Auch hier scheint die Verengung der Stromstraße durch das Vortreten der Insel Ceylon eine Beschleunigung des Stroms zu bewirken, die bis über den Aequator hinaus fühlbar wird.

4. Der Agulhasstrom ist die unmittelbare Fortsetzung des Mosambikstroms. Ohne Frage ist derselbe eine der interessantesten aller Stromerscheinungen im Ozean, und wie er schon seit den Tagen der portugiesischen Entdecker bekannt ist, so ist auch über denselben eine der ersten Monographien unter allen Meeresströmungen geschrieben und zwar von Rennell (*Philosoph. Transactions* 1778). Es folgte darauf die aus den Schiffsjournalen geschöpfte Darstellung von Andrau (1857 herausgegeben vom Meteorologischen Institut in Utrecht), die erst neuerdings durch eine sehr ausführliche Untersuchung Toynbees überholt wurde (s. den Auszug in Ann. d. Hydr. 1883, 63). Das Strombild gestaltet sich danach folgendermaßen.

Der Agulhasstrom bewegt sich südlich von Kap Corrientes in der Richtung nach SW mit erheblicher Geschwindigkeit fort; das Maximum liegt zwischen 80 und 110 Seemeilen in allen Monaten. Als mittlere Geschwindigkeit im wärmsten Monat (Februar) findet Toynbee 51 Seemeilen, im kältesten Monat (Juli) 46 Seemeilen in 24 Stunden. — Dabei hält der Strom sich auch südwärts von 31^0 S. Br. außerhalb der von da an breiter werdenden Küstenbank, höchstens überspült er ihren Rand. Auf der Bank selbst aber kurvt das Wasser nach rechts ab und bildet schließlich einen Neerstrom (*backdrift*), der, obwohl schwächer als der Agulhasstrom, immerhin für die Navigation an diesen Küsten nicht ohne Bedeutung ist. Kapitän Gordon fand, als er an der südöstlichen Ecke der Bank in 100 Faden Tiefe ankerte, den Strom mit einer Stärke von einer Seemeile stündlich nach *NO* setzend; 20 Seemeilen weiter nach Süden wurde dann der gewöhnliche Strom nach *SW* gefunden. Schiffe, welche beide Strömungen abwechselnd passieren, nehmen als Stromversetzung nur den Effekt der stärkeren wahr, weil eben jene Neer nur $1/2$ bis $1/4$ der Geschwindigkeit des Hauptstroms erreicht.

Bei weiterem Fortschreiten nach *SW* trifft der Agulhasstrom, der, aus tropischem Wasser bestehend, ein gegenüber dem Nachbarwasser um 4^0 bis 5^0 wärmerer Strom ist, auf einen nahezu in entgegengesetzter Richtung sich bewegenden kalten Strom: die Fortsetzung der großen südatlantischen Ostströmung. Die Kollision oder Vereinigung beider Wasserbewegungen ist es hauptsächlich gewesen, welche durch die daraus folgende Nebeneinanderlagerung warmer und kalter Wasserstreifen seit Alters die Aufmerksamkeit der Seefahrer erregt hat. Der Agulhasstrom zersplittert dabei, und zwischen die so divergierenden Zungen wärmeren Wassers schiebt sich das kalte der ostgehenden Strömung nach Toynbees Vergleich ein, wie die Finger zweier in der Weise flach auf den Tisch gelegter Hände, daß die Finger der einen Hand genau zwischen die der anderen zu liegen kommen. Die Ostindien- und Chinafahrer, welche, aus dem Atlantischen Ozean kommend, in der Nähe von 40^0 S. Br. nach Osten steuern („ihre Längen ablaufen"), treffen auf die großen Temperatursprünge jedoch sehr häufig schon in 10^0 O. Lg., während die Länge der Südspitze Afrikas, bis zu welcher die Karten meist den Agulhasstrom führen, bekanntlich 20^0 O. von Greenwich ist. Die Unterschiede der in kurzen Fristen notierten Temperaturen der Meeresoberfläche erreichen zwar nicht ganz die hohen Beträge, wie sie südlich der Neufundlandbank (15^0) oder südöstlich der Laplatamündung vorkommen; aber Differenzen von 8^0 und darüber bei

zurückgelegten Distanzen von 20 bis 30 Seemeilen sind keineswegs selten.

Aus den Schiffsjournalen der Seewarte ließe sich eine reiche Sammlung von solchen Beobachtungen zusammenstellen; einen Auszug gab ich im „Segelhandbuch des Atlantischen Ozeans, herausgeg. von der Direktion der Seewarte" S. 36 f. Die größte Differenz war einmal 7,2° auf 8 Seemeilen Distanz. — Die am weitesten nach *SW* und *W* gelangten Teile des Warmwasserstroms finden sich nach den deutschen Schiffsjournalen bisweilen sogar westlich von 10° O. Lg. Im Durchschnitt liegt diese äußerste Grenze, wenn wir eine Differenz der Wasserwärme von mehr als 1° C. innerhalb einer „Wache" (4 Stunden) überhaupt als „Sprung" notieren, im Mittel für 37 Reisen aus allen Jahreszeiten in 10,6° O. Lg., im Südwinter etwas westlicher (nach 13 Reisen in 10,0°), im Südsommer östlicher (nach 11 Reisen in 11,5°). Um ein Beispiel für dieses Phänomen zu geben, lasse ich hier einen Auszug aus dem Journal Nr. 1317, Bremer Vollschiff „Kaiser", Kapitän Ruhase, folgen. Der Kurs des Schiffes

Datum 1880	Mittagsposition		Wassertemperatur um					
	S. Br.	O. Lg.	4ᵃ	8ᵃ	Mitt.	4ᴘ	8ᴘ	12ᴘ
			°	°	°	°	°	°
Mai 29	40° 12′	4° 4′	—	—	—	11.5	11,6	12,0
„ 30	40 44	11 56	14,8	16,6	16,3	15.2	13.0	12,8
„ 31	40 49	15 53	12,0	14,5	16,0	15.0	15.5	14,5
Juni 1	40 18	20 32	14,5	19.0	17,3	13,9	16,0	15,0
„ 2	40 23	25 39	15,8	15.0	14,1	13.4	12.0	13,0
„ 3	40 22	30 31	13,1	13,3	14,0	14,5	15,3	15,0

war während der dargestellten Tage fast genau östlich; die erste beträchtliche Differenz wurde in der Frühe des 30. Mai beobachtet, während das Schiff in ca. 9° O. Lg. stand: die Wasserwärme stieg in 24 Stunden um 2,8°, fiel dann am Abend des 30. Mai wieder, stieg am 1. Juni 8 Uhr früh plötzlich um 4,5°, fiel bis Nachmittag 4 Uhr um 5,1° u. s. f. Kapitän Ruhase fand den Seegang auf dem warmen Wasser stets hohler laufend als im kalten, was jedenfalls der dem Winde entgegengesetzten Strömung zuzuschreiben ist (s. oben S. 83). Wie sonst, so ist auch hier das warme Wasser des Agulhasstroms durch tiefblaue, das kalte durch grüne Farbe gekennzeichnet; ebenso stellen sich Nebel über den kalten Streifen leicht ein, namentlich bei Nordwinden. Ueber den Warmwasserstreifen ist die Luft diesig, im ganzen Gebiet aber äußerst unruhig, zu Gewitterböen und Stürmen geneigt. Auch scheint sich, wie in dem oben beschriebenen Ge-

biet südöstlich von der Laplatamündung, über dem kalten Wasser
die Vogelwelt mit Vorliebe anzusammeln.

5. Die westaustralische Strömung ist eine der
Benguelaströmung ganz analoge Bildung. Sowohl auf den
Temperaturkarten, wie auf denen der Strömungen wird
sie übereinstimmend als breite Nordströmung erkennbar,
welche freilich an Kraft und Konstanz sich mit der Agul-
hasströmung nicht messen kann. Evans gibt als Stärke
derselben 18 bis 36 Seemeilen an, doch vermochte die Gazelle-
Expedition so gut wie nichts von ihr wahrzunehmen. Indes
gestattet die Spärlichkeit der vorliegenden Beobachtungen
noch nicht, etwa eine besonders geringe durchschnittliche
Geschwindigkeit für sie festzusetzen.

Wie wir oben (S. 315) schon aussprachen, ist diese
Strömung nicht durch die gleichen niedrigen Temperaturen
an ihrem Küstenrande ausgezeichnet, wie die analogen
atlantischen Phänomene sie zeigen. Wir bezeichneten
als Ursache dieses Verhaltens die abweichende Konfiguration des australischen Festlands, welche einem von
N und *NO* her kommenden warmen Strom entlang der
Küste einen Weg nach Süden und somit in den Rücken
des Südostpassats gestattet. Dieser Strom ist zwar auf
der Karte von Evans eingetragen; aus der Timorsee
kommend und in den Buchten Nordwestaustraliens Neerströme entwickelnd, geht er nach *SW*, um anscheinend
bei der Dirk-Hartoginsel, dem westlichsten Punkte des
Festlandes, nach *S* umzubiegen und nach dem Befund der
Gazelle-Expediton 16 Seemeilen in 24 Stunden nach *SO*
zu laufen (Ann. d. Hydr. 1876, 48). Wieweit südlich
aber dieser Strom vordringt, ist nicht festzustellen; Evans'
Karte kennt wohl noch in der Bucht von Perth einen
Fall von Südstrom mit 30 Seemeilen Stärke, während das
britische Segelhandbuch für Westaustralien (*Australia Directory*, III, 1881, 216, 220) nur nördliche Strömungen
als vorherrschend bezeichnet, welche durch entgegengesetzte Stürme im Winter wohl umgewendet würden.
Diese Dinge sind also weiterer Prüfung durchaus bedürftig.

6. Der Oststrom oder die Westwindtrift der
höheren Breiten des Indischen Ozeans ist in jeder Be-

ziehung dem südatlantischen Verbindungsstrom vergleichbar. Wir sahen, wie letzterer östlich vom Greenwich-
Meridian in ca. 35° bis 40° S. Br. eine stark nördliche
Richtung annahm; so fand dann auch Toynbee, daß
derselbe bei seiner Vereinigung mit dem Agulhasstrom
als ein ausgeprägter Nordoststrom auftritt, der erst weiter
östlich in die reine Ostrichtung übergeht. Hier im Süden
von Afrika zeigt der Strom in seiner Geschwindigkeit eine
gewisse Schwankung nach den Jahreszeiten: im Südsommer ist er kräftiger, als im Südwinter. Wir sahen
auch oben, nach den Beobachtungen deutscher Schiffsführer, die Warmwasserkontur dementsprechend im Südwinter weiter im *W* als im Südsommer. Ferner aber
fand auch Toynbee die Richtung im Sommer mehr nach
N, im Winter mehr nach *O* abweichend, worauf später
zurückzukommen sein wird.

Im weiteren Verlauf ist diese Ostströmung durch den
ganzen Indischen Ozean südlich 35° S. Br. gesichert. Von
den Felsküsten der Prinz-Edward- und Crozetinseln trägt
sie losgerissene Tangzweige weit hinaus nach *O*, und Schiffe,
welche vom Kap nach Australien segeln, gewinnen bis
zur Baßstraße auf dem ganzen Wege durch diesen Strom
nicht selten 7 volle Grade in Länge, doch ist auch dabei
stetig eine nördliche Komponente in den Stromversetzungen enthalten. Daß diese große Ostströmung eine kontinuierliche Verbindung zwischen dem Kap-Horn-Strom und
dem Oststrom der Baßstraße repräsentiert, beweisen manche
Flaschentriften, von denen eine der berühmtesten der
Zettel Nr. 85 im Archiv der Seewarte enthält. Am
14. Juli 1864 wurde dieser Zettel südlich vom Kap Horn
in 56° 40′ S. Br., 66° 16′ W. Lg. durch Dr. Neumayers
Diener an Bord der „Norfolk" in einer Flasche ausgeworfen, die am 9. Juni 1867 bei dem Orte Jambuck
an der Küste von Victoria (Australien) in 38° 20′ S. Br.,
142° 11′ O. Lg. wiedergefunden wurde. Den mutmaßlichen Weg dieser Flasche verfolgend bestimmte Dr. Neumayer deren mittlere tägliche Geschwindigkeit zu 9 Seemeilen. — Eine zweite Triftpost nahm ihren Ausgang
von den südlich von Kerguelen gelegenenen Mc.-Donald-

inseln, woselbst im Jahre 1859 in ca. 53⁰ S. Br., 73⁰
O. Lg. der Walfischfänger „Ely" scheiterte; ein Faß mit
Walfischthran, von diesem Schiffe stammend, wurde im
April 1861 von einem anderen Walfänger „Pacific" in
der Nähe der Chathaminseln in 43⁰ 18′ S. Br., 178⁰ 56′
W. Lg. in See aufgefischt, nachdem es, ebenfalls nach
Dr. Neumayers Berechnung in 510 Tagen 4380 Seemeilen,
also täglich 8,5 zurückgelegt hatte (Pet. Mitt. 1868, 99).
Auch die Triftbahn dieses Fasses hat, wie man sieht, eine
stark nördliche Komponente. Dazu kommt noch als dritte
Trift Nr. 87 im Archiv der Seewarte, die von 43⁰ S. Br.
19⁰ O. Lg. (also südlich vom Kapland) ausgehend, ebenfalls an der Küste von Victoria in Australien strandete.

In seiner nördlichen Hälfte ist dieser südindische
Oststrom nicht nur südlich vom Kapland, sondern noch
bis 2500 Seemeilen östlich vom Meridian des Nadelkaps,
bis in die Längen von Kerguelen in 38⁰ bis 44⁰ S. Br.
ausgezeichnet durch seine örtlich schnell wechselnde Wasserwärme. Der oft erwähnte englische Atlas der Oberflächentemperaturen läßt, ebenso wie die älteren holländischen
Zusammenstellungen, diese Zone abwechselnd warmer und
kalter Wasserflecken bis nach etwa 70⁰ bis 75⁰ O. Lg.
reichen; nach den Schiffsjournalen der Seewarte sind sogar sehr häufig dabei die Temperaturgegensätze in 65⁰
bis 75⁰ Länge größer und schroffer, die angetroffenen
Wärmegrade erheblich höher, als zwischen dieser Region
und dem eigentlichen Agulhasstrom.

Das deutsche Schiff „Vega", Kapitän Leopold, fand im
August 1881 in ca. 43⁰ S. Br., 69⁰ O. Lg. auf 11 Seemeilen Abstand die Temperatur mehrfach um 2⁰ und 3⁰ sich ändernd und
von einer Wache zur anderen von 10,7⁰ auf 6,5⁰ fallend, gleich
darauf bis 11,0⁰ und 12,7⁰ steigend; erst östlich von 74⁰ O. Lg.
sank die Wasserwärme wieder vorübergehend auf 8⁰, erhob sich
in einer Stunde (bei 10 Seemeilen Fahrt) wieder auf 11⁰, auf
welcher Höhe dieselbe dann weiterhin sich erhielt. — Der britische
Atlas der Temperaturen ergibt für die Zweigradfelder zwischen
42⁰ und 44⁰ S. Br. in 40⁰ bis 80⁰ O. Lg. in den vier dargestellten
Monaten nachstehende Temperaturmittel:

	40° O. Lg.																	80°
Februar	10,6	11,1	10,0	9,4	10,0	11,1	12,2	13,9	14,4	15,6	15,0	18,9	18,3	13,9	13,3	12,8	12,2	12,2
Mai	8,9	8,9	8,3	7,8	8,3	7,2	8,3	11,1	12,8	15,0	14,4	18,9	13,3	13,1	12,8	12,2	11,7	11,7
August	6,1	5,6	6,7	5,6	6,1	7,2	7,2	8,3	11,1	12,2	12,2	11,7	11,7	11,1	10,6	11,1	11,7	11,7	10,0
November	7,8	6,7	6,7	6,1	6,7	7,2	8,3	10,6	12,2	11,7	11,7	11,1	11,1	11,7	11,7	11,1	10,6	10,0	10,0

Es geht daraus hervor, daß östlich von 58° O. Lg. eine neue Zufuhr wärmeren Wassers von Norden her sich geltend macht, und wir leiten, wie zuerst Andrau auf seiner Uebersichtskarte der Meeresströmungen südlich vom Kapland es auffaßte, dasselbe von dem oben erwähnten, an Madagaskars Ostküste nach *SW* sich abzweigenden Teil des Passatstroms her (vgl. Zeitschrift f. allgem. Erdk. N. F. VI, 1859, Taf. 1). Dieser wendet sich nach *S* und *SO*, um in den Längen östlich 58° O. von der Westwindtrift der höheren Breiten in Empfang genommen zu werden.

Die auffallende Erscheinung, daß sich hier wie im Agulhasstrom derartige Temperaturgegensätze auf so engem Raum so kontinuierlich erhalten, ohne durch lokale Strömungen sich schnell gegenseitig auszugleichen, findet nach Frhr. v. Schleinitz darin seine Erklärung, daß die absolute Dichte $\left(S\dfrac{t^0}{4^0}\right)$ dieser so verschieden temperierten Wasserflecke doch fast genau die gleiche ist. Das von *S* kommende kältere Wasser kompensiert seinen geringeren Salzgehalt durch die niedrige Temperatur, das Wasser des Agulhasstroms umgekehrt die hohe Temperatur durch den hohen Salzgehalt. So fand derselbe:

bei 36° O. Lg. und 42,4° S. Br. die Temperatur 9,4°, den Salzgehalt 34,6 Promille;
bei 36° O. Lg. und 44,1° S. Br. die Temperatur 5,5°, den Salzgehalt 33,9 Promille.

Die Dichte $\left(S\,\dfrac{t^0}{4^0}\right)$ war bei beiden Proben = 1,0277
(Ann. d. Hydr. 1875, 410).

Seitdem Dr. Neumayer auf seiner physikalischen
Karte der Südpolarregionen einen warmen Strom aus der
eben berührten Region noch weiter südwärts geführt hat,
über Kerguelen und die Mc.-Donald-Inseln hinaus in das
antarktische Gebiet hinein, pflegen alle deutschen Stromkarten dieses Bild zu acceptieren. Dr. Neumayer folgerte
diesen relativ warmen Südstrom aus der notorischen Armut an Eisbergen in den höheren Breiten südwestlich
von Kerguelen, wie dies auch in dem Verlaufe der Eis-
grenze zum Ausdruck kommt, welche in den Längen von
Kerguelen bis 61° S. Br. zurückweicht, während weiter
im W und O sie in viel niedrigere Breiten zu verlegen
ist (Ztschr. d. Ges. f. Erdk. zu Berlin VII, 1872, 150 f.).
Auch aus den wenigen Schiffsjournalen, welche der deutschen Seewarte von solchen Australienfahrern vorliegen,
deren Kurs über 50° S. Br. hinausging, lassen sich Indizien für eine etwas höhere Temperatur zwischen 60°
und 70° O. Lg. entnehmen; indes bedarf diese Frage einer
sehr umständlichen Untersuchung, ehe sich ein Urteil
darüber wird abgeben lassen.

Aus den Beobachtungen der Challenger-Expedition berechnet
sich für die Fahrt zwischen 45,5° O. Lg. bis zu den Crozetinseln
(immer zwischen 46° und 47° S. Br.) aus 4 Tagen eine mittlere
Stromrichtung nach $S\,55°\,O$ und eine durchschnittliche Stromstärke von 14 Seemeilen. Von den Crozetinseln aber nach Kerguelen wurde im Mittel aus drei Tagen das Schiff nach $N\,34°\,O$
($NOzN$) mit einer durchschnittlichen Stärke von 15 Seemeilen
versetzt. Zwischen Kerguelen und den Mc.-Donald-Inseln herrschte
mäßiger Nordweststrom, südwärts davon aber bis 61° S. Br. in
80° O. Lg. entschiedener ONO-Strom mit 19,5 Seemeilen Stärke,
noch südlicher wieder sehr schwacher Weststrom.

Die Befunde der Gazelle-Expedition, über welche Freiherr
v. Schleinitz (Ann. d. Hydr. 1875, 412 f.) in sehr lehrreicher
Weise sich ausführlich äußert, geben ebenfalls kein entscheidendes
Resultat; immerhin sind in der Nachbarschaft von Kerguelen
doch auch südliche Strömungen, sowohl an der Oberfläche, wie
in geringen Tiefen damals einigemal gefunden worden. Die Eis-
armut der Kerguelensee erklärt sich nach Freiherrn v. Schleinitz vielleicht durch das Vorhandensein eines wenig Eis erzeu-

genden Meeresteils im *SW*. — Dagegen hält er weiter im *O* das
Auftreten einer relativ warmen Südströmung für wahrscheinlicher,
wo auch Roß in ca. 48° S. Br., 83³/₄° O. Lg. die Wasserwärme
schnell von 2,8° auf 6,7° steigen und sich einen Tag lang weiter
östlich auf gleicher Höhe halten sah (24. und 25. Juli 1840).

Bei Kap Leeuwin tritt eine Teilung dieses Oststromes
ein, indem ein Arm nach *N* zur westaustralischen Strömung ablenkt, während die Hauptmasse den Weg nach *O*
fortsetzt. Auf der Höhe von King George Sund läuft
der Strom oft 36 Seemeilen in 24 Stunden, in der großen
Australbucht ist er schwächer. In der Baßstraße, wo indes
Gezeitenströme ihn zeitweilig verdecken, rechnet man noch
auf 24 Seemeilen, ebenso groß ist die Geschwindigkeit
bei Kap Howe, dem südöstlichen Vorgebirge Australiens,
und die Richtung fortgesetzt östlich (*Australia directory* I,
1876, 576). Grade dieser starke aus der Baßstraße hervorbrechende Oststrom leitete zuerst den Admiral Hunter
auf den Gedanken, daß eine Oeffnung zwischen Tasmanien und Neusüdwales vorhanden sei. Nach Evans setzt
der Strom, Tasmanien auch im Süden umfließend, in breiter
Entwicklung in den Südpazifischen Ozean hinein, wo wir
ihn später in seiner Fortsetzung aufsuchen werden.
Während die übrigen Strömungen des Indischen
Ozeans der Erklärung geringe Schwierigkeiten bereiten,
denn teils sind es Monsunströme, teils genaue Abbilder
der südatlantischen, so ist in der großen Ostströmung der
höheren Breiten doch einiges rätselhaft. So die überall
erkennbare nördliche Komponente in der vorherrschenden
Stromrichtung, welcher Umstand einst Petermann veranlaßte, auf seiner Stromkarte der Südpolarregionen südlich 40° S. Br. überhaupt lauter *NO*-Strom einzuzeichnen,
was mit der Kontinuitätsbedingung nur in Einklang zu
bringen wäre, wenn auf submarinem Wege der erforderliche Ersatz beschafft würde. Toynbee ist der Ansicht,
daß in dieser Neigung des Stroms, von *O* nach *NO* abzuweichen, eine Rückwirkung der Schmelzwässer hoher
Breiten zu erblicken sei; denn im Sommer sei der Strom
durchweg nicht nur stärker, sondern setze auch nördlicher
als im Winter: eine Hypothese, die sehr ansprechend

genannt werden muß. Aus dem Verlauf der submarinen Isothermfläche von $+ 1°$ C. zwischen Kerguelen und dem antarktischen Polarkreis (Wild, *Thalassa* p. 90 und Taf. 13; Segelhandb. f. d. Atl. Ozean S. 38) ließe sich in der That für die Tiefe von 200 bis 300 m ein ausgeprägter Abfluß kalten und leichten Schmelzwassers von der Packeiskante nordwärts ablesen. Dieser Strom erfaßt die Eisberge und drängt sie entlang den Meridianen in niedere Breiten; die Rotationskraft würde die Richtung derselben sogar zu einer westlich von N liegenden machen müssen. Wenn die thatsächliche Bahn derselben wie dann auch der Strömung selbst nach NO führt, so bewirken das die Winde, welche in diesem ganzen Gebiet wie im Südatlantischen Ozean unter gleicher Breite mit großer Kraft die Meeresoberfläche nach SO bis OSO treiben. In der Tiefe scheint unterhalb 400 bis 500 m kein Unterschied in den Dichten zwischen den Gewässern dieser hohen Breiten zu bestehen. Um indes diese Darlegungen aus dem Gebiete des Hypothetischen zu erheben, würden vor allem reichlichere und sorgfältigere Untersuchungen der Wärme- und Dichteschichtung in den Meeren jenseits 50° S. Br. erforderlich sein.

7. Die Strömungen des Australasiatischen Mittelmeeres lassen sich vielleicht denen des Indischen Ozeans am leichtesten anschließen, weil sie einen ausgeprägten Monsuncharakter zeigen, gleich den Bewegungen in der Atmosphäre. Wenigstens in der Chinasee zwischen Borneo und Formosa alternieren die Strömungen semesterweise dem Monsun folgend, dabei an den vorspringenden Landspitzen bis zu sehr beträchtlichen Stärkegraden anwachsend. (Vgl. die Darstellung derselben durch Kapitän Wagner, Ann. d. Hydr. 1876, 286 und Kapitän Polack in seinen Segelanw. für die Fahrten in den chinesischen Gewässern, Hamburg 1868). In den flacheren Gebieten indes verdecken die Gezeitenströme den Meeresstrom vielfach bis zur Unkenntlichkeit, und zwar gilt das nicht nur für die Küstenzone und die Meeresstraßen, sondern auch für die isoliert aus tieferem Wasser aufsteigenden Untiefen.

Im Nordostmonsun wird, um den Südweststrom im

Gange halten zu können, Wasser durch die Formosastraße aus dem Tung-hai, und südlich von Formosa aus dem Pazifischen Ozean, hier aus dem Kuro-Shio, herangezogen. Andrerseits dringt leewärts das an Malaka und Sumatra angestaute Wasser durch die Malakastraße nach *NW* ins Andamanische Meer, durch die Sundastraße in den Indischen Ozean.

Im übrigen herrscht alsdann in der eigentlichen Chinasee, die wir uns im *SW* durch eine Linie von Pulo Obi nach den Natuna-Inseln abgegrenzt denken wollen, ein nahezu vollständiger Kreislauf. Mit 20 bis 40 Seemeilen Geschwindigkeit strömt das Wasser an der Südküste Chinas nach *WSW*, zwischen den Pratas und Paracel-Riffen nach *SW* auf die Küste von Annam zu. An dieser wird der Strom eingeengt und erreicht südlich von Kap Varela, namentlich aber auf der Höhe von Kap Padaran, Geschwindigkeiten, welche 50 bis 80 Seemeilen täglich erlangen können. Bei den Sapata-Inseln, die am Rande der hier nur ca. 80 bis 90 m tiefen Lotungsbank liegen, wird der Strom an seiner linken Flanke abgelenkt, erst nach *S*, dann schnell nach *SO*, *O* und *ONO*. Nach den Angaben von Kapitän Polack bildet er sogar um einen Punkt in ca. 9° N. Br., 110° O. Lg. einen ausgeprägten Wirbel von etwa 180 Seemeilen Durchmesser, zwischen den Sapata-Inseln und den Prinz von Wales- und Vanguard-Bänken. Das in dem riffreichen Korallenmeer östlich von diesem Wirbel mit Vermessungen beschäftigte Kriegsschiff „Rifleman" fand daselbst den Strom immer gegen den Monsun laufend; und ebenso setzt im *NO*-Monsun entlang der Nordwestküste von Borneo, der Westküste von Palawan und der Philippinen der Strom mit 15 bis 25 Seemeilen Stärke im allgemeinen immer nach *N*, indem er zwischen Kap Bojador und den Pratasriffen nach *NNW* und *W* in den Hauptstrom zurücklenkt. — Der Strom beschreibt also, abgesehen von dem lokalen Wirbel bei Pulo Sapata, einen vollen Kreislauf in der ganzen Chinasee, mit einer Drehung gegen den Zeiger der Uhr.

Im Südwestmonsun ist die Stromrichtung im allgemeinen umgekehrt. An der Küste von Cochinchina geht der Strom nach NO, bei Kap Padaran 40 bis 70 Seemeilen Stärke erlangend, an der Küste von Annam nach N, an der südchinesischen Küste, mit vielen Unregelmäßigkeiten im einzelnen, im allgemeinen nach O; auch in der offenen See zwischen den Paracel-Inseln und Luzon scheint die NO-Richtung bei mäßiger Stromstärke zu überwiegen. Nach Polacks Angaben findet sich der volle Kreislauf erst südlich 12° N. Br. ausgeprägt, insofern alsdann an der Küste von Palawan und Borneo südliche Strömungen vorherrschen, welche durch das Korallenmeer von Kap Padaran und Pulo Sapata aus einen Zustrom erhalten, während von den Natuna- nach den Condore-Inseln ein nach N setzender Strom den Kreislauf abschließt. Noch bei den Vanguardbänken gibt Polack einen SW-Strom von 20 Seemeilen Stärke nach seinen Erfahrungen an. Es ist leicht einzusehen, wie durch den SW-Monsun einerseits Wasser aus der Javasee nach N getrieben wird, andererseits in der Formosastraße und zwischen Formosa und den Baschi-Inseln der Strom nach NO hinaussetzt. — Im ganzen aber wird für die Zeit des SW-Monsuns der Strom nicht so beständig beschrieben, wie in der anderen Jahreshälfte, weil eben der Monsun selbst sehr viel unregelmäßiger auftritt und häufig von Stillen abgelöst wird.

Besonders unregelmäßig sind die Strömungen in der Nähe und im Bereiche der in der Nordhälfte der Chinasee liegenden Riffe und Inseln (Paracel, Pratas, Scarborough), indem diese, nach der Ausdrucksweise der Seeleute, „anziehend" wirken sollen, was wohl zum Teil den Gezeitenströmen (der Flutstrom wird auf die Inseln zu setzen), zum Teil aber auch Neerströmen zuzuschreiben ist, welche sich an der Leeseite der Inseln oder Untiefen entwickeln. (Vgl. über die Paracelinseln den Bericht der deutschen Kriegsschiffe „Freya" und „Iltis" in den Ann. d. Hydr. 1885, S. 29.)

Die Stromvorgänge in den östlicheren, inselerfüllten Becken dieses Mittelmeers sind sehr verwirrte. Offenbar entstehen unter der Einwirkung der Monsune in den breiteren Straßen Triftströme, die dann zwischen den Inseln, in Buchten und hinter den sonst vorspringenden Halbinseln allerhand komplizierte Neerströme zur Folge haben. Ohne Einwirkung auf den Stromgang können auch die benachbarten Strombewegungen im Pazifischen Ozean nicht bleiben, namentlich für die Celebessee und Molukken-passage. Dagegen scheint die Arafura- und Bandasee in einiger Abhängigkeit von den Strömungen nordwestlich von Australien zu stehen: westliche Versetzungen sind von der Torresstraße an bis auf Timor zu und noch weiter in den Indischen Ozean hinaus die häufigsten. Ob auch beim Westmonsun im Südsommer, erscheint mir indes noch nicht ausgemacht. — Auch hier sind die vorliegenden Thatsachen sehr widersprechend, und soweit ich das vorhandene Material kenne, gestattet es zur Zeit überhaupt noch keine Entscheidung. Namentlich ist das Eingreifen der Gezeitenströme in den flacheren Teilen dieser Meere gegenwärtig noch gar nicht zu eliminieren.

6. Die Strömungen des Pazifischen Ozeans.

Die erste bildliche Darstellung der pazifischen Meeres-strömungen, gegründet auf die damals vorliegenden Strom-versetzungen, hat Duperrey gegeben (*Carte du mouvement des eaux à la surface de la mer dans le Grand Océan austral*, Paris 1831). H. Berghaus sagt von dieser Karte, die ich nicht einsehen konnte, daß sie nordwärts mit dem Parallel der Sandwich-Inseln abschließt, ihm aber als Vorbild für die Strömungskarte im Physikalischen Handatlas (1836) gedient habe, welche dieser verdiente Kartograph in der That als eine Darstellung bezeichnen konnte, „gegründet auf die Beobachtungen, welche seit Magellans Zeit bis auf die preußischen Weltreisen (der Seehandlungsschiffe) gemacht sind". Der Berghausschen Karte kommt für diesen die Hälfte der irdischen Meeres-fläche umfassenden Ozean der gleiche Rang zu, wie den Karten Rennells für den Atlantischen. Von neueren zusammenfassenden Darstellungen sind die Arbeiten von Findlay (*Journ. R. G. Soc.* 1853), de Kerhallet (mir vorliegend in der engl. Uebersetzung, Washington 1869) und Hoffmann hier besonderer Erwähnung wert. Diese

sind im wesentlichen auch die Basis der nachstehenden
Darstellung, die, wo nötig, die englischen und französischen
Küstenbeschreibungen herangezogen und in einem beson-
ders wichtigen Falle auch umfassendes handschriftliches
Material der Seewarte benutzt hat.

1. Die nördliche Aequatorialströmung erscheint
bei Duperrey und Heinr. Berghaus als ein Teil der
„allgemeinen äquatorialen Westströmung zwischen 24 ⁰ N.
und 26 ⁰ S. Br.", welche beide als ein Erbteil früherer
Jahrhunderte im ganzen beibehielten. Aus den Wahrnehmungen der preußischen Seehandlungsschiffe auf der
Fahrt von Chile nach den Sandwich-Inseln und einiger
anderer Reisen nach der Nordwestküste Nordamerikas
hatte Berghaus indes schon entnehmen können, daß
diese allgemeine Westbewegung des Tropenmeeres in den
Längen 130 ⁰ bis 140 ⁰ W. in der Zone zwischen 5 ⁰ und
10 ⁰ N. Br. durch kräftigen Oststrom, die „Nordäquato-
riale Gegenströmung", unterbrochen werde. Darum erscheint zunächst an dieser Stelle eine Zweiteilung des
Aequatorialstroms. Im W des Nordpazifischen Ozeans
entnahm er aus Hunters und Krusensterns älteren,
sowie Duperreys neueren Beobachtungen im Juli 1824
südlich von den Karolinen, ebenfalls östlichen Strom, dem
er indes nur einen Monsuncharakter zuschrieb. Doch läßt
er eine „konstante Verlängerung" der Aequatorialströmung, an der Südseite abgegrenzt durch eine Linie von
Namonuito (Karolinen) nach Kap Engaño (Luzon) auf
Formosa zu sich bewegen, wo sie nach N umlenkend bei
den Liukiu-Inseln zum „Japanischen Strom" übergeht. —
Findlay hat dann die völlige Isolierung der nördlichen
Aequatorialströmung auch in diesem Ozean durchgeführt
und sie im S durch 10 ⁰ N. Br. begrenzt. So ungefähr
erscheint sie auch seitdem auf allen Karten.

Diese vom Nordostpassat getriebene Westströmung
umfaßt die ganze Breite des Ozeans vom Meridian der
Revilla-Gigedos-Inseln bis zu den Philippinen hinüber in
einer Ausdehnung von etwa 130 Längengraden (7500 Seemeilen). Die Stromstärke ist im allgemeinen immer mäßig
gefunden worden, 12 bis 18 Seemeilen in 24 Stunden;

sehr viel geringer, in Stromstillen übergehend, oder auch zu Nord- und Nordostströmen abkurvend entlang ihrem Nordrande. Aber weiter im W bei den Marshallinseln und nördlichen Karolinen sind schon von Kotzebue auffallend starke und zwischen den Inseln auch in ihrer Richtung wechselnde Strömungen gefunden worden, was von Neueren bestätigt wird (s. Ann. d. Hydr. 1886, 153 ff.). Bei den Philippinen setzt der Strom stark nach N (18 bis 42 Seemeilen nach Evans).

2. Der südliche Aequatorialstrom tritt uns als eine dem analogen Strom des Atlantischen Ozeans in vieler Hinsicht sehr ähnliche Erscheinung entgegen. Wie dieser, erreicht er nahe und nördlich vom Aequator, den er um 3 bis 6 Breitengrade nach N überschreitet, seine größte Geschwindigkeit und Konstanz. Doch gilt dies nur für seine östliche Hälfte. Hier eilt er nach Kerhallet mit einer mittleren Geschwindigkeit von 24 bis 25 Seemeilen dahin, doch ist auch das Doppelte nicht selten. In einzelnen Fällen sind schon 79 Seemeilen (S. M. S. Albatros 1879), ja über 100 vorgekommen (Ann. d. Hydr. 1879, 292; 1880, 417). Namentlich entlang seinem Nordrande entfaltet er diese großen Geschwindigkeiten, die allen häufig ihn durchquerenden Südseefahrern sehr geläufig sind und Grund zu der Vermutung geben, daß der oben geschilderte sogenannte „nördliche Stromstrich" seines atlantischen Ebenbildes hier wiederkehrt (vgl. namentlich auch die Berichte im „Piloten" der Seewarte). Südlich vom Aequator scheint dagegen die Stromstärke rasch abzunehmen und die -Richtung nach S umzulenken; nach Hoffmanns Ansicht ist in dem inselfreien Gebiet südlich von 15° S. Br. auf einen Weststrom nicht mehr zu rechnen, obschon er gelegentlich auch vorkommen mag. Nahe den Marquesasinseln wird die südlich von W neigende Richtung in einigem Abstande vom Aequator bisweilen sehr ausgeprägt. Der „Challenger" fand auf der Reise von Honolulu nach Tahiti schon von 5° S. Br. ab solchen südwestlichen Strom (im Mittel aus 9 Tagen zwischen 5° und 15° S. Br. in ca. 150° W. Lg. als Richtung S 50° W und als Durchschnittsstärke 18 Seemeilen);

die „Novara" fand südlich von den Gesellschaftsinseln bis
südlich Pitcairn (zwischen 14 ⁰ S. Br., 146 ⁰ W. Lg. und
28 ⁰ S. Br., 130 ⁰ W. Lg.) als Mittel aus 20 Tagen die
Richtung schon $S\ 17\degree\ W$ (SzW) 12 Seemeilen, ja sogar
Abkurven der Stromfäden nach O scheint sowohl nach
den Beobachtungen von Cook wie von Hoffmann in
dieser Zone vorzukommen, in der auch der Passat nicht
selten durch starke Südwestwinde abgelöst wird.

In dem westlicheren Teile sind wiederum zwei Gebiete zu unterscheiden, die durch eine Linie von den
Samoa-Inseln nach Neukaledonien getrennt sind.

Nordwestlich dieser Linie sind die westlichen Strömungen als Fortsetzung des Aequatorialstroms im ganzen
sehr regelmäßig und entlang den Inseln, durch Einengung
des Bettes, auch ziemlich kräftig. Die Samoa-Inseln sind,
wie eine große Anzahl von darauf hin durchgesehenen
Schiffsjournalen der Seewarte ergeben, von einem entschieden westlichen Strom umspült, die Geschwindigkeiten
wechseln zwischen 6 und 26 Seemeilen in 24 Stunden,
im Mittel berechnen sie sich aus 18 Beobachtungen zwischen
12 ⁰ und 15 ⁰ S. Br., 170 ⁰ bis 174 ⁰ W. zu 14 Seemeilen.
Ebenso ist die gleiche Richtung und Stärke des Stroms
zwischen den Samoa-Inseln und Neuen Hebriden (S. M. S.
„Carola" und „Möwe" 1882 und 1883) gefunden worden,
während an der Südwestseite der Hebriden wie der Salomonen südöstliche Neerströme nicht selten angetroffen
werden (Evans; vgl. dagegen Ann. d. Hydr. 1876, 13).
Zwischen den Sta. Cruz-Inseln, nahe im O der Neuen
Hebriden und Salomonen entlang segelnd, nach der Duke
of York-Insel (Neu-Lauenburg) fand Duperrey im August
1883 als gesamte Stromversetzung in 11 Tagen 137 Seemeilen recht W, südlich von Neu-Pommern sogar einmal
29 Seemeilen nach SSW. In dem Georgskanal zwischen
Neu-Mecklenburg und Neu-Pommern ist die starke Nordströmung sehr regelmäßig entwickelt und erschwert eine
Durchsegelung der Straße nach S hin außerordentlich.
Derselbe Duperrey fand darauf von dieser Straße nach
dem Aequator in 135³/₄ ⁰ O. Lg. segelnd wiederum in
11 Tagen als mittlere Stromrichtung $N\ 78\degree\ W$ (WzN)

und an zwei Tagen nacheinander 48 und 63 Seemeilen Stromstärke (*Voyage autour du Monde; Hydrographie,* Paris 1829, II, 52). Den gleichen starken Weststrom konnten kürzlich entlang der Nordküste von Kaiser Wilhelmsland segelnd Finsch und v. Schleinitz im Wasser erblicken, indem das den größeren Flüssen der Insel entströmende und durch Sinkstoffe gefärbte Wasser stets in jener Richtung der Küste entlang geführt wurde.

Zwischen Neukaledonien und den Louisiade-Inseln fand Admiral de Rossel, als er die Beobachtungen von d'Entrecasteaux (1793) diskutierte, ebenfalls kräftige Nordwestströmungen, weshalb Berghaus dieselben als „Rossels Trift“ auf seiner Karte bezeichnet hat. Mit 10 Seemeilen mittlerer Geschwindigkeit führt diese in das Korallenmeer und in die Torresstraße hinein. Auf Dumont d'Urvilles Expedition (*Voyage au Pol Sud, Physique* I, 330) war hier die größte Stärke 23 Seemeilen, und fand man im *S* von Neu-Guinea einen östlichen Neerstrom.

Oestliche Stromversetzungen kommen, wie überall in den schwächeren Teilen der Aequatorialströme, so auch hier gelegentlich vor. Indeß dürfte ein Fall von so ausdauerndem Oststrom, wie ihn S. M. S. „Ariadne“ vom 28. Mai bis 17. Juni 1879 zwischen den Samoa-Inseln und der Torresstraße verzeichnete, doch wohl exceptionell sein. Obwohl, wenigstens westlich der Banksinseln, der Passat kräftig eingesetzt hatte, wurde fast stets östlicher Strom angetroffen, und zwar in der Stärke von 20 bis 30 Seemeilen im Etmal. Auch in der Arafurasee war durchgehends Oststrom, ebenfalls ganz abnormer Weise. „Mangelhafte Besteckführung“, berichtete damals der Kommandant, Kapitän von Werner, „kann nicht vorliegen, da Fehler in der abgelaufenen Distanz im Betrage von 40 bis 50 Seemeilen an Bord eines Kriegsschiffs nicht vorkommen. Außerdem muß hier als triftiges Gegenargument das Faktum eintreten, daß während der Fahrten S. M. S. ‚Ariadne‘ im Bereiche der Ellice- und südlichen Gilbertinseln, sowie östlich vom Kap St. George große Felder von treibendem Bimsstein angetroffen wurden, welcher zweifellos von den im St. Georgskanal neuerdings (Februar 1878) stattgefundenen Eruptionen herrühren mußte. Wie aber konnten die Bimssteinmassen dorthin anders gelangen als durch östliche Strömung? Auch im St. Georgskanal hatte das Schiff (abnormer Weise) südöstlichen Strom von 0,3 bis 0,7 Seemeilen die Stunde getroffen; mit diesem mußten die Massen zunächst südlich treiben und

konnten dann östlich der Salomo-Inseln und zu den Ellice-Inseln
nur durch Oststrom gelangen. Dies scheint jedenfalls ein hin-
reichender Beweis für die Existenz östlicher Gegenströmung süd-
lich von 8° S. Br. zu sein." (Ann. d. Hydr. 1879, 283 und 523.)
— Ohne Frage ist das Auftreten so lange anhaltender östlicher
Strömungen in diesem Gebiete auch von hohem Interesse für die
Beurteilung der Wanderungen der Inselvölker. Gerade solche
Störungen scheinen die erste Veranlassung, von ostwärts liegenden
Inseln Kunde zu erhalten, die dann bei ähnlicher Gelegenheit zur
Besiedelung ausersehen werden konnten. Ueberdies sind auch
Westwinde in diesem Gebiete, namentlich im Südsommer, eine
häufige Erscheinung.

Die südlich von der Linie Neukaledonien-Samoa-Inseln
vorkommenden Strömungen erschienen in Karten und
Büchern so wenig geklärt, daß eine eingehende Untersuchung derselben auf Grund der Schiffsjournale der Seewarte nötig wurde; die Untersuchung erstreckte sich
schließlich südwärts über Neuseeland hinaus und umfaßte
den ganzen Raum zwischen 10° bis 50° S. Br., 160° O.
bis 130° W. Lg.; mehr als 50 Schiffsjournale mit über
100 Reisen durch dieses Gebiet waren außer einigen Berichten von Kriegsschiffen zur Verfügung (S. M. S. „Carola"
1882 und 1883; „Möwe" 1882; „Nautilus" 1879 und 1880).
Für die hier in Betracht kommende Region ergab sich
folgendes.

Zwischen den Samoa- und Tonga-Inseln bis zu den
Cooksinseln hin ist Südweststrom durchaus vorherrschend.
In dem Raume zwischen 15° bis 21° S. Br., 168° bis 175°
W. Lg. waren 63 Beobachtungen zu verzeichnen; davon
entfallen auf den Quadranten zwischen S (excl.) und W
(incl.) 35 (= 57 Prozent); nördlicher als W waren 7 Fälle,
rein S waren 6, SO 7, O 4, NO 2 Fälle. Zwischen
170° und 160° W. Lg. überwiegen die südlichen Versetzungen, die nächstdem häufigsten sind die nach SO.
— Zwischen den Tonga- und Kermadecinseln ist sehr
wechselnder Strom gefunden, doch überwiegt Südstrom
zu beiden Seiten von 170° W. Lg., östlich nahe den Kermadec-
inseln sind östliche Versetzungen häufiger. Südlich von
30° S. Br. ist dann ein Herrschen des Südoststroms wieder
besser zu erkennen. Aus der Uebersichtskarte, in welcher
sämtliche den Journalen entnommene Stromversetzungen

eingetragen wurden, ist mit großer Gewißheit zu ersehen, daß der Aequatorialstrom von den Samoa-Inseln nach SW abbiegt und je weiter er in dieser Richtung fortschreitet, desto mehr Stromfäden nach S abkurven läßt. Die beobachteten Stromgeschwindigkeiten sind meistens mäßige, der Durchschnitt auf ca. 12 Seemeilen in 24 Stunden anzusetzen; Versetzungen über 20 Seemeilen sind selten, über 30 nur zweimal notiert. — Aus dem Gebiete zwischen Neukaledonien und den südlichen Tonga-Inseln lagen nur sehr wenige Beobachtungen vor.

Wir sehen also sowohl im S der Niedrigen Inseln wie der Cook- und der Samoa-Inseln den südlichen Aequatorialstrom mit einem Teil seiner Gewässer successive nach SW und S abkurven. Das Gleiche ist nun auch an der ostaustralischen Küste der Fall, worauf indes weiter unten noch besonders zurückzukommen sein wird.

3. Der Aequatorialgegenstrom, zwischen den beiden Westströmungen nach O gehend, ist in seiner ganzen Ausdehnung von Mindanao und Halmahera im W bis zum Golf von Panama (fast 8000 Seemeilen!) zuerst von Findlay aufgestellt worden. Spezieller untersucht aber hat ihn erst, nachdem Kerhallet die Frage seiner Existenz und seiner Ausdehnung nicht viel weiter gefördert, 30 Jahre später P. Hoffmann (Meeresstr. S. 42 bis 48 und 94 bis 96), indes ohne auch seinerseits bei dem unzureichenden Material zu ganz einwandfreien Resultaten zu gelangen.

Gesichert ist jedenfalls durch eine ganze Reihe von Daten von der Ostküste von Mindanao an bis in den Golf von Panama hinein das Auftreten starker Ostströme in den Monaten Juni bis Oktober, so daß einzelne Walfänger dieselben wohl benutzt haben, um darin nach O hin vorzudringen, was in den benachbarten Passatgebieten unmöglich wäre. Dagegen ist es nicht ebenso sicher anzunehmen, daß der Oststrom auch in der anderen Jahreshälfte die gleiche Breite und Kraft erlangt. Daß zwischen beiden Aequatorialströmen im Stillengürtel ein Gegenstrom sich ausbilden muß, folgt einfach aus der Kontinuitätsbedingung (s. oben Figur 50). Und wenn dieser Ost-

strom in der Westhälfte des Gebiets nicht nördlich vom
Aequator vorkommt, so ist anzunehmen, daß er alsdann
südlicher sich verschiebt. Die starke kontinuierliche Westbewegung des südlichen Aequatorialstroms würde einer
solchen Südwärtsverlegung des Gegenstroms nur in der
Strecke zwischen dem Bismarckarchipel und den Gilbert-
inseln günstig sein, zumal im Südsommer, wo dann Stillen
und westliche Winde in dem ganzen inselreichen Gebiet
südlich vom Aequator vorkommen; das aber sind gerade
die Monate, in welchen die Ostströmung bei den Karolinen und südlichen Marshallinseln so häufig vermißt
wird. Möglich, daß dieser Zustand von einem Jahr zum
andern wechselt. Denn gänzlich fehlen auch in der Zeit
von November bis Mai diese Ostströmungen in ca. 5°
N. Br. nicht, obschon sie allemal schwächer auftreten,
als in den Sommermonaten, wo Versetzungen der Schiffe
nach O um 60 bis 80 Seemeilen nicht gerade vereinzelt
vorkommen. So muß das Verhalten dieser höchst interessanten Ostströmung noch weiterer Untersuchung empfohlen bleiben, wofür wiederum in den Wetterbüchern
deutscher Kriegs- und Handelsfahrzeuge ein reichliches,
zum guten Teil noch ungehobenes Material zur Verfügung steht.

Eine der merkwürdigsten Reisen durch dieses Aequatorial-
gebiet hat Dumont d'Urville im Winter 1838 zu 39, also gerade
in der kritischen Jahreszeit ausgeführt. Sein Geschwader, aus
den Korvetten „Astrolabe" und „Zelée" bestehend, begab sich am
26. November aus dem Astrolabehafen (8° 31′ S. Br., 159° 40′ O. Lg.,
Isabelinsel der Salomonen) nordwestlich in See und begegnete
dabei zunächst den in Lee dieser Insel nicht selten anzutreffenden
östlichen Neerströmen. An der Ostseite der Choiseulinsel und
Bougainville-Insel waren die Stromversetzungen auf beiden Schiffen
gering, angesichts der Grünen Insel und ebenso im Osten von
Neu-Mecklenburg herrschte starker Nordstrom, der sehr bald eine
Neigung nach O abzulenken zeigte. Vom 9. Dezember an waren
die auf den beiden Schiffen, wie man sieht, keineswegs gleich
beobachteten Stromversetzungen folgende:

Datum 1838	Breite	Länge	Stromversetzung der "Astrolabe"		"Zelée"	
Dez. 9	3° 48′ S	153° 42′ O	N 19° W,	25 Sm.	N 29° O,	26 Sm.
„ 10	3 31 „	153 44 „	„ 17 O,	17 „	„ 51 „	21 „
„ 11	3 25 „	154 39 „	„ 42 „	25 „	„ 47 „	23 „
„ 12	1 1 „	155 27 „	„ 59 „	29 „	„ 86 „	20 „
„ 13	0 46 N	155 44 „	„ 58 „	29 „	„ 82 „	41 „
„ 14	2 5 „	156 35 „	„ 54 „	30 „	N	14 „
„ 15	2 37 „	156 35 „	„ 71 „	16 „	„ 68° „	5 „
„ 16	3 7 „	156 2 „	„ 53 W,	10 „	S 31 W,	9 „
„ 17	3 49 „	155 2 „	„ 59 „	9 „	„ 52 „	6 „
„ 18	4 30 „	154 44 „	„ 60 „	7 „	N 45 „	4 „
„ 19	6 13 „	154 13 „	„ 20 „	9 „	„ 70 „	15 „
„ 20	7 16 „	153 31 „	„ 44 O,	28 „	N 11 O,	10 „
„ 21	6 56 „	152 30 „	O	7 „	S 65 „	17 „

Die östlichen Stromversetzungen überwiegen an Frequenz und Stärke bei beiden Schiffen durchaus, und zwar schon von 3° S. Br. an. Nachdem das Geschwader bis zum 9. Januar erst bei Guam, dann bei der Rukinsel geankert hatte, wurde auf Mindanao zu gesegelt. Die hierbei vom 10. bis 15 Januar 1839 bis zu den Palaosinseln erfahrenen Stromversetzungen waren durchweg westliche, mit einer durchschnittlichen Stärke von 29 Seemeilen täglich; jedenfalls führte der Weg überhaupt zu nördlich (zwischen 12° und 7° N. Br.), um den Oststrom zu berühren. Von den Palaos bis nach Mindanao blieb der Strom zunächst westlich (im Mittel 11 Seemeilen), bog dann aber in der Nähe von Mindanao nach *S* und *SO* um, wie das auch der „Challenger" fand. (*Voyage au Pole Sud, Physique I*, 154 bis 168.)

Das Verhalten des Aequatorialgegenstroms an seinem östlichen Ende scheint auf den Karten nicht immer so aufgefaßt, wie auf der unsrigen, die hierin der Darlegung Findlays folgt (a. a. O. S. 235, seine Karte weicht davon ab). Bei der Kokosinsel fand schon Vancouver außerordentlich starken Oststrom (Dezember 1794), der 60 Seemeilen in 24 Stunden lief; was aber mit so kräftigem Oststrom in dem geschlossenen Raume zwischen Centralamerika und dem Aequator werden, wohin dieser abfließen soll, darüber scheinen die Kartographen nicht immer nachgedacht zu haben. Die Temperaturkarten zeigen uns hier am klarsten, daß jenes warme, monatelang unter

senkrechter Sonne ostwärts geflossene Wasser sowohl entlang der Küste von Neugranada nach *S* hin ausweicht
(wie schon Fitz-Roy angibt und S. M. S. „Nymphe“,
Kapitän z. S. von Blanc 1872 von neuem bestätigte)
als auch entlang der centralamerikanischen Küste nach
N hin abfließt. Der Hafen von Acapulco ist, seitdem
Du Petit Thouars seine merkwürdig hohen Temperaturen kennen lehrte, jedenfalls im Bereiche dieser nordwärts ausweichenden Strömung anzunehmen; der Gegensatz in den Wassertemperaturen nördlich und südlich vom
Kap S. Lucas ist bereits oben, (S. 309) berührt. Die
Küstenbeschreibungen geben vielfältig in kurzer Zeit
wechselnde Ströme an (Imray, *North Pacific Pilot*, I,
1881, p. 25, 79 etc.; vgl. die Beobachtungen S. M. S.
„Elisabeth“ Ann. d. Hydr. 1878, 369), so daß es wohl
verständlich ist, wenn vielen Kartographen die südöstlichen Ströme vorherrschend scheinen, anderen hier ein
Monsunphänomen vorschwebt. So schon Heinrich Berghaus, der nur von Mai bis Dezember (der Zeit kräftigsten
Oststroms weithin nach *W* in der Aequatorialregion!)
nordwestliche Strömungen, von Dezember bis April aber
vom Kap San Lucas an bis an die Küsten von Costa
Rica hin südöstliche Wasserversetzungen annimmt. Wie
trotz der letzteren das Wasser entlang der Westküste
Centralamerikas auch im Februar nie unter 28° sinken
kann, ist offenbar nicht in Erwägung gezogen worden.

Kapitän Hoffmann hat zuerst die Aufmerksamkeit gelenkt
auf das überraschende Vorkommen von sehr niedrigen Küstentemperaturen nahe bei Panama, nach den Beobachtungen S. M. S.
„Vineta“ im März 1880. Als Tagesmittel der Wassertemperaturen
für 6 Tage ergab sich daselbst 22,9°, während die Luftwärme
gleichzeitig 25,8° war; und unmittelbar nach Verlassen des
Hafens wiederum im Mittel aus 6 Tagen (zwischen 7° 3′ N. Br.,
81° 40′ W. Lg. und 12° 4′ N. Br., 96° 32′ W. Lg.) für das Wasser
26,7°, die Luft 27,1°. Seitdem hat dann Buchanan diese merkwürdige Erscheinung bestätigt (*Proceed. R. G. Soc.* 1886, 765) und
in Panama selbst erfahren, daß dort von Januar bis Mai die See-
temperatur erheblich niedriger sei, als die der Luft, und erstere
an einzelnen Tagen sogar des Mittags merklich kälter sein soll,
als um Mitternacht (?). — In anderen Monaten scheint dieser ganz
litorale Temperaturabfall nicht wahrnehmbar geworden zu sein.
Derselbe ist dem ähnlichen Vorkommen an der Zahn- und Sklaven-

küste anscheinend vergleichbar, doch muß seine Ursache einstweilen noch außer Diskussion bleiben, bis reichlichere Beobachtungen vorliegen.

4. Der Japanische Strom ist die Fortsetzung der nördlichen Aequatorialströmung nach N und NO hin und in jeder Hinsicht das Aequivalent des Antillen-Florida-Stroms. Der entlang den Philippinen erwähnte Nordstrom setzt sich auch über Kap Engaño, die Nordostspitze von Luzon, hinaus nördlich fort; nach den spanischen Küstenbeschreibungen „breitet derselbe sich von da ab fächerförmig über die Striche N bis NW aus, nimmt einen aus der Chinasee um Kap Bojador herumschwenkenden Strom auf (ob auch im Winter?) und läuft in der Regel außerhalb der Insel Babuyan vorbei. Nördlich davon, im Balintang-Kanal läuft der Strom meist westlich, wird aber auch, wenn der Strom von Kap Bojador kräftig läuft, nördlich gedrängt. Nördlich von 20^0 N. Br. und westlich vom 130. Meridian finden sich nach den holländischen Zusammenstellungen, welche von deutschen Berichten (von Wickede, S. M. S. „Elisabeth") bestätigt werden, überall Stromrichtungen zwischen W und N bis zu den Liu-kiu-Inseln, Maiaco-Shima und der Südspitze von Formosa. Westlich von dieser Linie und zwischen den Inseln wird nördlicher und nordöstlicher Strom vorherrschend" (Hoffmann S. 57).

Besonders stark und regelmäßig läuft der Nordstrom entlang der Ostküste von Formosa: nach den britischen Karten von Mai bis September 24 bis 42 Seemeilen, Oktober bis April 24 bis 36 Seemeilen. Hier ist er auch nach O hin einigermaßen abgegrenzt und nach dem *China Sea Directory* zwischen Formosa und Maiaco-Shima auf 200 Seemeilen eingeengt. Weiter nördlich aber ist seine Ostkante schnell · verwischt; ähnlich dem Floridastrom nördlich von den Bahama-Inseln kurvt das Wasser beständig nach O und S zurück. Die größte Kraft erlangt der Strom zwischen der Vandiemenstraße und dem Meridian der Yedobai: nach englischen Angaben im Sommer nicht unter 48, im Winter nicht unter 24 Seemeilen. Doch hat auch im Februar S. M. S. „Hertha", Kapitän z. S.

Kall, zwischen der Vandiemen- und Kiistraße einmal
91 Seemeilen, S. M. S. „Prinz Adalbert", Kapitän z. S. Mac
Lean im April 53 Seemeilen gefunden. Der große Einfluß der Gezeiten auf die im Einzelfalle in Landnähe angetroffenen Stromversetzungen ist in den Berichten der
Kommandanten deutscher Kriegsschiffe mehrfach betont.
Diese Berichte, welche Kapitän Hoffmann benutzt hat,
sowie eine sehr große Zahl von Schiffstagebüchern der
Seewarte gewähren ein ebenfalls noch ungehobenes, zu
einer erschöpfenden Monographie dieses Stroms völlig
ausreichendes Material.

Scharf begrenzt, wie beim Floridastrom, und mit dem
Wasserthermometer leicht festzustellen, wofern nicht die
Wasserfarbe schon Anhalt genug gewährt, verläuft dieser
„blaue Strom" (*Kuro Shio*, wörtlich „blaues Salz") der
Japaner stets in einigem Abstande von der Ostküste Si-
kokus und Nippons nach *NO*. Das Küstenwasser ist kalt,
im Winter vor Yedobai 11° kälter als im warmen Strom;
alsdann kann daselbst nach Kapitän Frhr. von Reibnitz
der Redfield-Felsen (33° 56′ N. Br.) als Marke für die
Stromgrenze gelten. Doch sind südliche Winde hier noch
mehr wie im Floridastrom thätig, die Westkante näher
an das Land zu drücken, besonders häufig scheint das
im Sommermonsun vorzukommen, wo dieselbe bis 38°
N. Br. (Kap Kinghasan) in Sicht des Landes verfolgt
worden ist. Ueberhaupt vermögen die Winde diesen an
Konzentration seiner lebendigen Kraft bei weitem hinter
dem Floridastrom zurückstehenden Kuro Shio ganz außerordentlich zu beeinflussen, und zwar je weiter nach *NO*,
desto mehr (cf. Ann. d. Hydr. 1882, 59).

Im Sommer scheint der Kuro Shio noch östlich von
150° W. Lg. bei 40° bis 42° N. Br. durch sein warmes
Wasser erkennbar, daselbst hat er eine ausgeprägt östliche Richtung. Aber jenseits 160° O. Lg. ist er
wenigstens in seiner charakteristischen Stromkraft so abgeschwächt, daß daselbst sein Uebergang in die allgemeine Osttrift der nordpazifischen Westwinde vollzogen
scheint. Auch hier sind an seiner Südseite abkurvende
Gegenströme gelegentlich vorgekommen.

Die Erklärung für das ganze Verhalten des Kuro-Shio hat Hoffmann schon dahin zutreffend gegeben, daß im Winter der Nordostpassat, im Sommer der Südostmonsun das Wasser des nördlichen Aequatorialstroms bei Formosa zum Abbiegen nach *N* zwingen. Da im Sommer ferner südliche bis östliche Winde bis über 50° N. Br. vorherrschen (vgl. Supan, Statistik der unteren Luftströmungen), so ist die jahreszeitliche Schwankung seiner Nordkante westlich von 160° O. Lg. leicht verständlich.

Nachdem schon Krusenstern die tropische Wärme dieses merkwürdigen Stroms auffallend gefunden, hat dann de Tessan auf der Weltumsegelung der „Vénus" im Jahre 1837 ziemlich klare Vorstellungen von demselben geäußert. Da Heinrich Berghaus nach diesen und anderen Nachrichten den Strom richtig auf seiner Karte einzeichnete, war Findlay im Jahre 1853 doch wohl nicht ganz im Rechte, wenn er denselben als seine neue Entdeckung proklamierte. — Schon die amerikanische Expedition nach Japan lehrte das kalte Küstenwasser im Westen dieses Stroms, den sogenannten *Oya Shio* der Segelanweisungen, mit seinen Nebeln und seinem Fischreichtum kennen. Im warmen Strom fand (nach Lieutenant Silas Bent) man Anzeichen von verschieden temperierten Streifen, wie im Floridastrom, auch sah man Fucuszweige in ihm treiben. Neuere Berichte hat dann Dall gesammelt (Pet. Mitt. 1881, 368).

5. Die nordpazifische Ostströmung oder Kuro-Shio - Trift oder Westwindtrift findet ebenfalls im Atlantischen Ozean ihre Parallele. Aus den Isothermkarten und den spärlich vorliegenden Berichten von Entdeckungsreisen läßt sich zunächst schließen, daß wenigstens im Sommer der Teil dieses Oststroms, der durch warmes Wasser seine Abstammung vom Kuro-Shio verrät, nirgends nördlicher als ca. 42° N. Br. angetroffen wird. So die Vénus-Expedition im Jahre 1837, welche am Morgen des 17. August die Wassertemperatur noch 22,0°, des Mittags in 40° 17′ N. Br., 163° 57′ O. Lg. aber nur 19,0° und um Mitternacht 15,0° fand; das Tagesmittel der Wasserwärme am 18. August (Mittagposition 42° 1′ N. Br, 163°

38′ O. Lg.) war dann 13,7⁰. Auf der Rückfahrt von Kamtschatka durchschnitt die „Vénus" diese Grenze weiter östlich. Die Tagesmittel der jede Stunde gemessenen Wassertemperaturen waren:

1837, Oktober 3: in 45⁰ 8′ N. Br., 163⁰ 27′ W. Lg.; 12,2⁰,

„	„	4:	„	43	48	„	„	161	13	„	„ ; 14,0
„	„	5:	„	42	5	„	„	160	18	„	„ ; 16,8
„	„	6:	„	41	17	„	„	161	6	„	„ ; 17,6
„	„	7:	„	41	4	„	„	158	18	„	„ ; 18,1

Weiter östlich bis 37⁰ N. Br., 130½⁰ W. Lg. blieb die Temperatur die gleiche, worauf sie bei der weiteren Annäherung an das kalifornische Festland langsam aber stetig fiel. Die mittlere Stromrichtung auf dieser Fahrt zwischen 163⁰ und 133⁰ W. Lg. ergibt sich zu $N 50⁰ O$, die Stärke zu 16 bis 18 Seemeilen. Was Dall an neueren Berichten hierüber mitteilt, bestätigt diese Verhältnisse vollkommen. — Die Challenger-Expedition segelte von 150⁰ O. Lg. bis 155⁰ W. Lg. 28 Tage, zwischen 35⁰ und 37⁰ N. Br. sich haltend, in diesem Strom und fand in ³/₄ aller Fälle östliche Stromversetzungen, im durchschnittlichen Betrage von 18 Seemeilen im Gebiete westlich vom ·180⁰ Länge, und von 10 Seemeilen östlich desselben.

6. Der Kalifornische Strom ist das Aequivalent des Nordafrikanischen oder Kanarienstroms und stellt wie dieser die Südbewegung im Wasser- und Luftmeer östlich von dem Gebiete hohen Luftdrucks in diesem nordpazifischen Ozean vor. Seine auffallend niedrigen Küstentemperaturen sind bereits oben schon erwähnt (S. 309). Trotz dieser sich auch weiter in See noch fühlbar machenden (durch Auftrieb von unten nach Fig. 47b zu erklärenden) Wärmeerniedrigung ist er als eigentlichste Fortsetzung des vorher beschriebenen Oststroms aufzufassen, wofür auch eine Reihe oft diskutierter Triftphänomene sprechen.

Im *U. S. Coast Pilot of California* (1869) wird nach Kotzebue erzählt, daß am 24. März 1815 die Brigg „Forester" von London, in 32⁰ 45′ N. Br., 126⁰ 57′ W. Lg., d. i. 350 Seemeilen südwestlich von Kap Concepcion eine japanische Dschonke antraf, welche 17 Monate nach Angabe der drei überlebenden Insassen von Osaka aus in See umhergetrieben war. Im Jahre 1832 erreichte ein eben solches Fahrzeug nach entsetzlichen Leiden der Mannschaft

Oahu, wie daselbst Sir Edw. Belcher erfuhr; 1833 war eine andere Dschonke bei Kap Flattery (Oregon) gescheitert, woselbst im Jahre 1851 ein großer Teil der Ladung (Wachs) noch am Strande bei der Küstenaufnahme vorgefunden wurde. Ganz neuerdings wurde dann auch in den Zeitungen (Augsb. Allgem. Ztg. 1881, Nr. 261) gemeldet, daß bei Victoria (Vancouver-Insel) eine große Boje angetrieben sei, die nach ihrer Bezeichnung von der Amurmündung herstammte. Andererseits sind Treibhölzer, namentlich Koniferen, aus den pazifischen Flüssen Nordamerikas stammend, nicht ganz selten im nördlichen Aequatorialstrom angetroffen worden, wo sie wie im Nordatlantischen Ozean vorzugsweise nach der rechten Seite hin abkurven und in dem wind- und stromstillen Meer unter dem Barometermaximum sich ansammeln; es ist das der nach Fleurieu benannte, in Marchands Weltreise zuerst erwähnte „Stromwirbel", in mancher Hinsicht ein Aequivalent der Sargassosee. (Vgl. Einzelheiten bei Maury, *Sailing Directions*, II, 801, z. B. von den Johnston-Islands in 17 ° N. Br., 169,5 ° W. Lg.)

Dieser kalifornische Strom ist im Winter unbeständig nach Richtung und Stärke, aber doch im ganzen Jahr aus den Isothermkarten sehr wohl zu erkennen. Im Durchschnitt werden ihm 14 Seemeilen Geschwindigkeit zugesprochen, doch verzeichnet Evans südlich der Revilla-Gigedos 30 bis 36 Seemeilen. Eine schärfere Abgrenzung gegen den warmen Gegenstrom nahe an 10 ° N. Br. ist nach dem vorliegenden Material nicht auszuführen.

7. Die Strömungen im Nordpazifischen Ozean und und seinen Nebenmeeren nördlich 45 ° N. Br. sind auf den Karten nicht in rechter Uebereinstimmung dargestellt; nach Dalls neuerer kritischen Untersuchung und anderen amerikanischen Quellen ist darüber folgendes zu bemerken. Die Kuro-Shio-Trift wird, gemäß den für Strömungen allgemein geltenden Gesetzen, bei ihrem Auftreffen auf die Westküste Nordamerikas sich teilen, indem vielleicht die Hauptmasse nach *S*, ein kleinerer Bruchteil aber nach *N* ausweicht. Dieser Strom ist denn auch den Seefahrern sehr wohl bekannt entlang der ganzen Fjordenküste nördlich Vancouver in den Aljaskagolf hinein, wo er sich nach *W* und *SW* wendet (*U. S. Coast Pilot of Alaska* I, 1869, 66 f.); er besitzt eine Stärke von 10 bis 20 Seemeilen täglich, nahe der Küste vielfach mehr, doch scheinen Ge-

zeitenströme dabei im Spiel. Irgendwo wird dieses entlang der Aljaskaküste und den Aleuten nach SW setzende
Wasser sich wieder mit dem wärmeren Mutterstrom vereinigen. Die Stelle, wo an der westamerikanischen Küste
die Teilung des Oststroms in diesen nördlichen und den
kalifornischen südlichen Ast vor sich geht, ist nicht leicht
auszumachen. Nach dem britischen Atlas der Oberflächentemperaturen liegt dieselbe etwa an der Mündung des
Columbiaflusses, während Evans noch nördlicher als bei
Vancouver südliche Strömungen annimmt, was ganz den
Wassertemperaturen widerspricht. Nach der Luftdruckverteilung und der daraus resultierenden Luftbewegung
zu schließen, könnte vielleicht dieser Trennungspunkt sich
mit den Jahreszeiten in der Weise verschieben, daß er im
Sommer nördlicher liegt als im Winter.

Das Luftdruckminimum über der südlichen Berings-
see und den Aleuten würde entlang der amerikanischen
Küste dieses Randmeeres südliche bis östliche, an der
asiatischen nördliche Windrichtungen verlangen. Dem
sehr schön entsprechend könnte man die Thatsache finden,
daß Lütke an der Ostküste des Tschuktschenlandes bis
nach Kamtschatka hin südliche Stromversetzungen durchaus vorherrschend fand. Südlich von 50° Br. aber war
der Strom nach Krusenstern (1805) östlich (entlang
160° O. Lg.), wie solches alles auch Heinrich Berghaus auf seiner Karte verzeichnet. Wenn seitdem aber
allgemein ein warmer Strom unter dem Namen „Kamtschatkastrom" gerade entgegengesetzt durch die Westhälfte dieses Gebiets hindurch nach NO bis in die Beringstraße geführt wird, so beruht derselbe lediglich auf den
Temperaturmessungen von Du Petit-Thouars bei seinem
Aufenthalte im Peterpaulshafen und der Awatschabai.
Eine so abgeschlossene flache Bucht wird in dieser Breite
(sie entspricht derjenigen von Bremen) sehr leicht im
Sommer so warmes Oberflächenwasser zeigen können, wie
die Vénus-Expedition fand (11° bis 12°); das Wasser im
freien Meer nahe der Küste war denn auch um 2° bis
3° kälter (*Voyage de la Vénus* X, 250 ff.). Diesen an-
geblichen Zweig des Kuro-Shio hat darum Dall auf Grund

seiner eingehenden Untersuchungen mit Recht als apokryph bezeichnen können. Er fand als Hauptströmung der Beringsee eine sehr langsame Bewegung des kalten Wassers nach *S*, die immer in der Tiefe vorhanden ist, wenn die erwärmten Oberschichten im Sommer auch wohl gelegentlich nach *N* treiben; indes trägt Dall Bedenken, eine so langsame und unbeständige Bewegung der Bezeichnung als Strom zu würdigen. Die Winde und im flachen Wasser die Gezeiten, daneben aber auch, so setzen wir mit Hoffmann hinzu, die Flußwasser der amerikanischen Küste, beherrschen die jeweilig angetroffenen Stromversetzungen. Das gilt auch für die Beringstraße.

Die Strömungen im Ochotskischen und Japanischen Meer hat von Schrenck (*Mém. Acad. Pétersb. VII. Sér., tome XXI*, Nro 3) untersucht, und seine Ergebnisse lassen sich etwa folgendermaßen darstellen und begründen.

Dichteunterschiede sind neben den Bewegungen im benachbarten offenen Ozean maßgebend für die Strömungen im Ochotskischen Meer. In den nordöstlichen Buchten, der Gishiginsk- und Penshinsk-Bai bildet sich jeden Winter reichlich Eis, welches im Sommer südwärts triftet und durch die Erdrotation rechts gedrängt mehr nach Sachalin und in die Schantarbucht hinüber gelangt, als entlang der Westküste von Kamtschatka. Dort sammelt es sich, in dem Winkel hin und her gedreht, bis in den Sommer hinein an, einen der (ehemaligen) Hauptfangplätze der Wale liefernd. Dieses Schmelzwasser, kombiniert mit den reichlichen Süßwassermengen, welche der Amur hinzufügt, geht immer rechts sich an das Land lehnend, an der Ostküste Sachalins nach *S* bis zum Kap der Geduld (50° 15′ N. Br.). Auch sonst geht nach Schrenck die allgemeine Oberflächenbewegung, wie schon Heinr. Berghaus angibt, im ganzen Ochotskischen Meer, auch entlang der Westküste Kamtschatkas (?), nach *S*. Zwischen den Kurilen kennt Schrenck vorherrschend südwestlichen Strom; es ist das die Fortsetzung der aus der Westhälfte der Beringsee nach *S* setzenden Kaltwasserbewegung. Diese teilt sich nun an der Nordostecke von Yeso und bleibt mit dem einen Zweig im Ochotskischen Meer, sich der Lapérousestraße zuwendend. Die Hauptmasse des Stroms aber setzt an der Ostseite der Japanischen Inseln südwärts, wo wir sie oben als *Oya Shio* schon erwähnten.

Die Verhältnisse in der Lapérousestraße selbst sind abhängig von den Wasserbewegungen des Japanischen Randmeers oder der Japanischen „Inlandsee", wie die Seeleute sie nennen. Auch hier ergießt sich von der Amurmündung her Flußwasser und leichtes Schmelzwasser des Wintereises entlang der Festlandküste Asiens weit nach S über Wladiwostok und die Possjetbai hinaus, ja höchst wahrscheinlich auch noch an der Ostküste Koreas sich fortsetzend: eine Strömung, welche bei Schrenck den etwas ungeschickt gewählten Namen des Limanstroms, weil aus dem Amurliman herkommend, trägt. An der Ostseite des Japanischen Meeres aber ist eine entgegengesetzte Wasserbewegung nach N im Gange, welche Schrenck nach den von ihr bespülten Inseln die Tsushima-Strömung nennt. Diese tritt in die Lapérousestraße von W her ein und bewirkt bei ihrem Zusammenstoßen mit der Kurilenströmung einen wirren Seegang und abwechselnd warme und kalte Streifung im Wasser. Nach den Temperaturmessungen Schrencks scheint sie dann auch in die südöstliche Bucht von Sachalin, südlich vom Kap der Geduld, einzulenken, woselbst das Wasser erheblich (im September um 4^0 bis 5^0) wärmer ist als nördlich von demselben. Die Tsu-shima-Strömung ist von Schrenck auch noch entlang der Südwestküste von Sachalin hinaufgeführt, wo sie nach W hin mehr und mehr zur Kaltwasserströmung der Festlandseite hinüber abkurvt. Dieselbe warme Strömung tritt auch weiter südlich durch die Sangarstraße, offenbar aspiriert durch die südwärts gehende Fortsetzung des Kurilenstroms. — Im Japanischen Randmeer ist also eine kreisende Bewegung der Oberflächenströme anzunehmen; die Drehung erfolgt in einem Sinne gegen die des Uhrzeigers.

Das Gleiche darf man, ebenfalls mit Schrenck (a. a. O. S. 43), für das Ostchinesische Randmeer oder

Tung-Hai annehmen. Zunächst besteht eine Strömung von warmem, dem *Kuro-Shio* entstammenden Wasser, an der Südwestseite von Kiushiu nach *N* und bei Quelpart (nach Abgabe des Tsu-shima-Stroms) nach *NW* entlang der Westküste Koreas fortschreitend. An der asiatischen Seite werden die reichlich den Flüssen entströmenden Süßwassermassen, welche an sich eine bloße Tendenz seewärts haben, durch die Erdrotation rechts gewendet, also nach *S* abfließen. Der koreanische Strom hat demnach seiner Abkunft nach die doppelte Funktion eines mechanisch erzeugten Teilstroms und eines Kompensationsstroms für das im Gelben Meer südwärts entführte Wasser. In die Formosastraße wird dieser ostchinesische Strom indes. nur durch den *NO*-Monsun im Winter hineingezogen; im Sommer biegt derselbe nördlich von Formosa in den Kuro-Shio zurück.

Auch für die Strömungsverhältnisse dieser Meere gilt die Wahrnehmung, daß allgemein die Winde ihre Stärke und ihre Richtung beeinflussen, im flachen Küstenwasser aber auch die Gezeiten. Die Temperaturen des Ostchinesischen Meeres zeigen auf den Isothermkarten (besonders im August) lokal starke Erniedrigungen, welche spezieller untersucht zu werden verdienen.

8. Der ostaustralische Strom wird in dem offiziellen Segelhandbuch folgendermaßen beschrieben (*Australia Directory* I, 1876, 578): „Es ist eine auffallende Thatsache, daß während die vorherrschenden Winde an der Ostküste Australiens von *NO* im Sommer, von *SW* im Winter wehen, dennoch der Strom meistens konstant entlang diesem Teile der Küste nach *S* setzt, in einem breitgeschlängelten Band, in einer Ausdehnung von 20 bis 60 Seemeilen vom Land und mit einer Geschwindigkeit zwischen $1/2$ und 3 Knoten wechselnd, wobei die größte Stärke nahe den hervorspringenden Punkten vorkommt. Jenseits der erwähnten Grenzen scheint keine Konstanz in der Richtung vorhanden; und ganz nahe der Küste, besonders in den Buchten, sind Neerströme sehr gewöhnlich, die dann mit $1/4$ bis 1 Knoten nach *N* setzen. Gerade entlang dem südlicheren Teile dieser Küste setzt der Strom

am stärksten und gegen Kap Howe hin wird er östlicher
als Süd, während er sonst gewöhnlich der Küstenlinie folgt."

Durch diese klare Darstellung, auf welche schon Hoffmann hingewiesen hat, erledigen sich alle abweichenden
älteren Auffassungen, zwischen denen noch Kerhallet
sich nicht anders zurechtfinden konnte, als indem er
einen stetigen „allgemeinen" Strom und einen nahe unter
Land monsunartig wie der Wind alternierenden, periodischen Strom annahm. Der erstere ist für ihn die
Fortsetzung des südlichen Aequatorialstroms, welcher südlich von Sandy Cape in der Breite von 300 bis 400 Seemeilen südwärts setzt und mit einem kleinen Zweig Tasmanien nach *W* hin umströmt, zufolge einiger im Grunde
ganz unverfänglicher Temperaturablesungen von Du Petit-
Thouars (*Voyage de la Vénus* VII, p. 280 f.), der vom
7. bis 9. Januar 1839 nämlich südwestlich und südlich
von Tasmanien schwach ausgeprägte Streifen wärmeren
und kälteren Wassers, offenbar teilweise aus der australischen Bucht herrührend, antraf, während die Stromversetzungen den Tag vorher und nachher östliche, also
normale waren. Außer dieser tasmanischen Abzweigung
geht aber die Hauptmasse nach *SO* in die allgemeine
Osttrift der höheren pazifischen Breiten ein. Den „periodischen" Strom hatten schon Krusenstern und Jeffreys
offenbar aus der Kombination der Neerströme mit dem
Hauptstrom konstruiert.

Die Erklärung dieses Stromes, den Findlay dem
Wesen nach richtig der Brasilienströmung zur Seite stellt,
ist einerseits gewiß in dem Drängen des südlichen Aequatorialstroms auf das australische Festland zuzuschreiben.
Wie überall in solchen Fällen ist die Stromstärke an den
Küstenvorsprüngen und überhaupt entlang der Küste ge-
steigert. Andererseits aber kann eine so regelmäßige und
durch kräftige Winde unterhaltene Strömung, wie die zu
beiden Seiten von Tasmanien nach *O* laufende, nicht ihren
Weg fortsetzen, ohne nach Kap Howe von *N* her Wasser
zu aspirieren. Auch hier wie überall muß eben die Bewegung in den nächst benachbarten Meeresteilen mit in
Rechnung gezogen werden.

Der Ostaustralstrom ist übrigens, wie aus den Isothermkarten zu erkennen und aus seinem Entstehen zu schließen, ein relativ warmer Strom. Auch in die Tiefe hinab zeigt er sich so durchwärmt, wie es einer Strömung tropischen Ursprungs zukommt. Die Challenger-Expedition fand östlich von Sydney die Isothermflächen von 15° in 223 m, 10° in 470 m (im Mittel aus den Sondierungen Nr. 163 und 164 A), d. h. nahezu so tief wie in der Nähe der Vitiinseln.

9. Die große südpazifische Ostströmung oder Westwindtrift hat Kerhallet schon richtig charakterisiert, indem er sie eine von der Südspitze Tasmaniens nach Osten quer hinüber bis zum südamerikanischen Festland reichende Strömung nennt. Auch ihre teilweise Zusammensetzung aus tropischem Wasser, das ihr von N her durch den ostaustralischen Strom zugeht, hat er hervorgehoben. Findlay und Petermann kennen nur dieselben nordöstlichen Stromrichtungen, wie wir sie oben nach ihnen schon für den südlichsten Indischen und Atlantischen Ozean anführten. Duperrey und diesem folgend Heinr. Berghaus hatten nur zwischen 180° und 130° W. Lg. (in 50° S. Br.) solches einer antarktischen Triftströmung entstammende kalte Wasser nach NO und dann O strömen lassen, was auch Hermann Berghaus auf seinen Weltkarten annimmt. Andererseits soll nach dem letzteren und Dr. G. Neumayer entlang der Ostküste Neuseelands ein (vom südlichen Aequatorialstrom bei den Cooksinseln südwärts abzweigender) warmer Strom nach S vordringen, sich zwischen der Campbell- und Macquarie-Insel mit einem von Tasmanien (bei Neumayer von Ostaustralien) herkommenden ebenfalls relativ warmen Strom vereinigen, um dann das Südpolarmeer im NO von Ross' Victorialand offen und eisfrei zu machen. Quer über dieses System hinweg setzt aber noch eine Ostströmung, welche bei Neumayer vom Südkap Tasmaniens bis nach der Westküste Südamerikas zwischen 45° und 50° S. Br. verläuft, bei dem jüngeren Berghaus aber schon entlang der Westküste von Neuseeland nach NO und N ausweicht. Bei Berghaus taucht die kalte Ostströmung unter den

warmen, so weit südwärts verlängerten Ostaustralstrom,
bei Neumayer geht letzterer unter der kalten Ostströmung hindurch. Ein Strombild, so kompliziert, daß es
schon dadurch allein die Kritik herausfordert. — Evans'
Darstellung ist ganz lückenhaft und Hoffmann beschränkt
sich darauf, seine Bedenken gegen diese Anordnung auszusprechen und darauf hinzuweisen, daß nach den ihm
vorliegenden Daten ganz Neuseeland zu beiden Seiten von
nördlich gerichteten Strömungen umgeben sei.

Eine auf Grund des (oben S. 486 schon erwähnten)
reichhaltigen Materials der Seewarte vorgenommene Untersuchung führte zu sehr viel einfacheren Vorstellungen,
welche auf der diesem Bande beigegebenen Uebersichtskarte ersichtlich gemacht sind.

Beginnen wir im W bei Tasmanien, so sind daselbst
die östlichen Strömungen durchaus überwiegend; von
warmen Querströmen zeigen die Schiffsjournale keine Spur.
Ebenso herrschen östliche Strömungen südlich Neuseeland
und in der Nachbarschaft von 50° S. Br. so weit hinaus
nach Osten, wie das Material nur vorliegt. An der Kontinuität der großen Ostbewegung dieses Ozeans mit derjenigen des südlichen Indischen Ozeans von Kerguelen ab
ist für mich kein Zweifel.

Der von Tasmanien kommende Oststrom trifft auf
die Südinsel Neuseelands (Tewahi Punamu) und erleidet
hier eine interessante Spaltung, nicht wie man erwarten
sollte, am südwestlichsten Kap Providence (46° S. Br.),
sondern erst in ca. 44° S. Br. zwischen Milfordsund und
Jacksonbai: südlich von dieser Breite setzt der Strom mit
24 Seemeilen Geschwindigkeit nach S um die Insel herum,
den Schiffen trotz günstiger Südwestwinde nicht selten
das Vordringen nach N hin erschwerend; nördlich von
Jacksonbai (43° 58′ S. Br.) geht der Strom entschieden
nach Nordosten (*New Zealand Pilot* 1875, 288). Diese
Stromteilung ist vielleicht darum nicht ganz ein klassisches Beispiel für das Ausweichen der durch den Widerstand des Landes getrennten Strahlen auch in der Richtung des spitzen Winkels, weil die starke Ostströmung
südlich der Südinsel und von Stewartinsel aspirierend nach

N hin einwirkt. Der Nordstrom umspült, wie schon
Hoffmann richtig bemerkt, die ganze Westküste der
Südinsel und biegt dann in der Cookstraße ostwärts. Die
Ostküste der Südinsel ist, wie aus den von Hoffmann schon
angeführten Beobachtungen bei Nuggets Point (*N. Z. Pilot*
p. 228) und der Bankshalbinsel (p. 211) hervorgeht, ebenfalls von nördlichem Strom bestrichen. Auch weiter in
See bestätigen denselben deutsche Schiffstagebücher vielfach in ungefähr der gleichen Stärke (20 bis 24 Seemeilen), wie an der Küste.

Der Ostaustralstrom muß daher nach diesen Auseinandersetzungen, wie schon oben angegeben, von Kap
Howe ab nach *O* umbiegen und den von Tasmanien kommenden Strom an dessen linker Seite begleiten. Die so
kombinierte Ostströmung trifft dann auf die Nordinsel
Neuseelands (Ika na Maui), an deren Westküste bis zur
Cookstraße hinunter südöstlicher Strom nach deutschen
und englischen Angaben vorzuherrschen scheint. Die Nordwestspitze der Nordinsel, Kap Vandiemen und die Drei-
königsinseln liegen im Bereiche sehr deutlicher Nordost-
strömungen; abweichende Richtungen sind unter 11 Fällen
zweimal beobachtet. Die mittlere Stromstärke beträgt
16 Seemeilen, ansteigend bis zu 24. An der Nordostküste der Nordinsel biegt der Strom dann zum . Teil
nach *SO* um und geht in dieser Richtung auch um das
Ostkap weiter, endlich bei den Chathaminseln sich mit den
um die Südinsel und durch die Cookstraße gegangenen
Stromfäden zu einem fortgesetzt östlichen Strom ver-
einigend.

Ein anderer Teil der um Kap Vandiemen gelangten
Ostströmung setzt in Ost- und Nordostrichtung auf die
Kermadecgruppe zu und vereinigt sich dabei und noch
weiter östlich mit den ihm stetig von *N* zukommenden
links abgeschwenkten Stromfäden des Aequatorialstroms
(s. oben S. 486). In einigen Fällen sind im Osten der
Kermadecinseln bis nach 170° W. Lg. hin Stromkabbelungen,
ebenso auch Temperatursprünge von mäßigen Beträgen,
in den Schiffsjournalen notiert. Doch sind hier die Verhältnisse in keiner Weise so charakteristisch und auffallend

entwickelt, wie etwa an den analogen Punkten im Brasilien-
oder Agulhasstrom.

Von dieser Stelle an sind südöstliche Strömungen
vorherrschend, südlich von 32° S. Br. und östlich von
170° W. Lg. sogar östliche. Die Stromstärke hält sich
überall in mäßigen Grenzen, über 24 Seemeilen kommen
selten vor, der Durchschnitt beträgt 10 bis 15. Das gilt
auch für das Gebiet weiter östlich, wo südwärts von 40°
S. Br. östliche Strömungen, nordwärts davon sogar nordöstliche, also links abkurvende, herrschend gefunden werden.

Diese Darstellung der Strömungen bei Neuseeland
wird noch gestützt durch zwei Triftbahnen; die eine ist
bereits oben erwähnt: das von den Mac Donaldinseln bis
in die Nähe der Chathamgruppe geschwommene Faß Walfischthran (S. 476). Eine zweite Trift hat Maury (Sailing Directions II, 607) gemeldet, eine Flasche vom Schiffe
„Tuskinaw", die in 22½° S. Br., 169° O. Lg. (südöstlich
von Neukaledonien) ausgesetzt, an der Nordostküste von
Ika na Maui in 36,2° S. Br., 175,3° O. Lg. ans Land trieb.
— Ebenso findet durch unser Strombild die pflanzen-
geographische Thatsache leichte Erklärung, daß die Chathaminseln wie auch die Kermadecgruppe so vielfältige
Verwandtschaft in ihrer Flora mit derjenigen Neuseelands
zeigen. Auf den Chathaminseln fand übrigens Travers
auch Treibholz, aus neuseeländischen Waldungen stammend (Peterm. Mitteil. 1866, 65. Grisebach, Veget.
der Erde II, 538).

Auch weiter nach O hin empfängt der Oststrom noch
stetigen, wenn auch schwachen Zufluß von N her, also
aus dem Aequatorialstrom. Wie schon Hoffmann hervorhebt, hatte der „Challenger" von Tahiti bis zu einem
Punkte in ca. 40° S. Br., 133° W. Lg. südliche Strömungen, und östlich von diesem Meridian fanden sowohl
die Challenger- wie die Gazelle-Expedition die Stromrichtungen zunächst südlicher, bei weiterer Annäherung an
das südamerikanische Festland aber nördlicher als O.

Eine ebenfalls von Hoffmann wieder betonte, aus
Maurys Segelanleitung (Sail. Dir. II, p. 801) entlehnte
Beobachtungsreihe eines von Australien um Kap Horn

segelnden Schiffes ließ in ca. 48 ½ ⁰ S. Br., 130⁰ W. Lg.
eine Temperaturerniedrigung erwarten, ähnlich derjenigen,
wie sie den Ostindienfahrern zwischen Tristan da Cunha
und dem Agulhasstrom begegnet. Jedoch enthielten über
50 gute Schiffsjournale der Seewarte, welche diese Gegend
berührten, nicht die geringste Andeutung eines solchen
Wärmegegensatzes, wie das Maurysche Schiff ihn meldet:
dasselbe wollte westlich jener Grenze eine Wassertemperatur von 16⁰ bis 17⁰, östlich derselben aber nur von 6⁰
bis 7⁰ wahrgenommen haben.

In den höheren Breiten zeigt das Auftreten von zahlreichen Eisbergen eine nördlich gerichtete Stromkompo-
nente an, welche hier ebenso wie im Indischen Ozean
sich erklären lassen dürfte.

An der amerikanischen Küste angelangt, erleidet der
Oststrom eine Spaltung, die schon Duperrey und Heinrich
Berghaus in ca. 45⁰ S. Br. verlegen.

10. Der Kap-Horn-Strom ist die südliche Abzweigung, welche sich entlang der patagonischen Westküste gemäß Fosters Untersuchungen nach *S*, weiter in
See mehr nach *SO* und südlich vom Feuerland recht nach
O und *ONO* bewegt. Bei Staaten-Land sind die Stromversetzungen wohl noch mehr nördlich und leiten hinüber
zum Falklandstrom, wie denn auch Treibhölzer von den
Küsten des Feuerlands auf den Falklandinseln nicht selten
stranden. Was diesen Oststrom hier südlich Kap Horn
so kräftig auftreten läßt, ist die Verengung des Bettes
von *N* her. Westwärts von Kap Horn und östlich von
demselben sind starke Ostströme vorhanden, diese müssen
beim Durchgang durch ein engeres Stromprofil notwendig
ihren Lauf beschleunigen; daher hier gar nicht selten
Versetzungen im Betrage von 36 bis 42 Seemeilen notiert
werden, von größeren Einzelfällen ganz abgesehen.

Da die Stromfäden, welche der Küste entlang streichen,
aus etwa 10 Grade niedrigerer Breite stammen, in der
Mitte der „Kap-Horn-Straße" näher nach Grahams-Land
hinüber, nahe 60⁰ S. Br. aber antarktisches Wasser sich
dazwischen mengt, so ist es eine allen Südseefahrern geläufige Thatsache, daß sie beim Kreuzen gegen die herr-

schenden westlichen Winde näher an Land wärmeres (oft
um 3°) Wasser treffen als weiter in See. Dieses leicht
erklärliche Faktum hat zu der merkwürdigen Eintragung
einer warmen Strömung geführt, welche von dem (nicht
vorhandenen) warmen ostpatagonischen Strom durch die
Le-Maire-Straße südwärts und dann dicht unter Land
westlich und nordwestlich setzend von Hermann Berghaus und Mühry angenommen wird. Schon ein Blick
in Heinrich Berghaus' Darstellung dieser Stromverhältnisse hätte diese beiden Hydrographen von ihrem Irrtum überzeugen müssen. „Nie," erzählt Kapitän Fitz Roy,
„sah ich die Strömung nach Westen laufen, immer hatte
sie eine östliche Richtung, der Wind mochte wehen aus
welcher Weltgegend er wollte; eben dieses finde ich in
den Tagebüchern der preußischen Schiffahrten (der See-
handlung) bestätigt; es ist eine Folge der herrschenden
Westwinde, die dem Wasserzuge eine Kraft mitteilen,
welche der dann und wann eintretende Ostwind nicht zu
überwältigen vermag" (Allgem. Länder- und Völkerkde.
I, 573). Krusenstern, King, Foster bestätigen das
durchaus. — Die Abkunft dieser küstennahen Stromfäden
aus niederen Breiten ist vielleicht auch die Veranlassung
dafür, daß gerade nahe Kap Horn Eisberge außerordentlich selten gefunden werden; der Hauptzug derselben
führt etwa 60 bis 100 Seemeilen südlich von dieser Insel
vorüber. Auf seinen zahlreichen Südseefahrten hat Kapitän
Haltermann, jetziger Assistent der Seewarte, nur zwei
kleine Eisberge in unmittelbarer Nähe des Feuerlandes
westlich vom Kap Horn erblickt, das ganze Aussehen
derselben aber gab ihm die Ueberzeugung, daß dieselben
irgend einem der Fjordgletscher in nächster Nähe ent-
stammten. — Die höhere Temperatur dieses Küstenwassers
begünstigt dann auch weiterhin nach Umströmung der
Staateninsel auf der patagonischen Bank das Auftreten
relativ hoher Oberflächenwärme in nächster Nähe des
Landes gegenüber dem mehr aus der Mitte der Kap-
Horn-Straße stammenden kalten Wasser des eigentlichen
Falklandstroms nahe östlich von der Küstenbank (s. oben
S. 443).

11. Der peruanische, auch Humboldtstrom genannt, ist die nördliche Abzweigung der großen Westwindtrift der südpazifischen Breiten. Eine sehr lehrreiche,
wenn auch in ihren Auffassungen heute vielfach nicht
mehr haltbare Monographie Alexander v. Humboldts
(abgedruckt in Berghaus' allgem. Länder- und Völkerkunde I, 575 ff.) gab zuerst ein umfassendes Bild von
dieser kalten Nordströmung, in der Humboldt ein kon-
trastierendes Gegenstück zum Florida-Golfstrom erblickte.
Daß nicht er die Strömung entdeckt hat, sondern daß sie
schon den Konquistadoren bekannt war, ist bereits oben
erwähnt; diesen selben spanischen Seeleuten war auch
die niedrige Temperatur seiner Küstengewässer schon so
geläufig, daß sie damals, wie das noch heute geschieht,
ihre Getränke in ihren Tiefen zu kühlen pflegten. Nur
daß in einer Breite, gleich derjenigen von Bahia an der
gegenüberliegenden Küste oder der nördlichsten Spitze
Australiens in der Torresstraße, das Seewasser kälter
werden könne als in unseren Nordseebädern im Sommer, das
konnte erst A. v. Humboldt erweisen, als er nach Ueberschreitung der Kordillere bei Truxillo das Thermometer
in das Wasser tauchte und nur 16,0° und bei Callao nur
15,5° fand. Wir wissen, daß dieses kalte Wasser nicht
an der Oberfläche, von hohen südlichen Breiten kommend,
hierher gelangt ist, sondern daß es diesen Weg nur in
der Tiefe durchmessen haben kann (S. 310). Die modernen Untersuchungen des Stroms haben auch ergeben,
daß er bei Valdivia und südlich davon, wie Alfred Hettner auf Grund der britischen Publikation über das Klima
des Kap-Horn-Meeres zeigte, nicht kälter ist als die Luft.
Die Darstellung von Heinrich Berghaus trifft darin
mit der modernsten bei Hoffmann zusammen, daß ein
ausgeprägter Nordstrom nur in einer schmalen, nicht viel
über 100 Seemeilen messenden, sich an die Küste an-
schmiegenden Zone angetroffen wird. In diesem Streifen
beträgt die durchschnittliche Geschwindigkeit 15 Seemeilen
in 24 Stunden. In einigem Abstande von der Küste aber
werden die Stromversetzungen unregelmäßig, so daß auch
solche nach SW und S vorkommen, immer aber sind sie

ganz schwach und für die Navigation ohne Bedeutung.
Wenn aber Heinrich Berghaus aus einer Reise des
preußischen Schiffes „Mentor" im Oktober 1823 eine
recht östliche Strömung zwischen 20⁰ und 30⁰ S. Br. in
einigem Abstande von der Festlandküste in seine Karten
eintrug, so hätte das schon, seitdem Findlay die Beobachtungen von Kotzebue, Lapérouse und Lütke dagegen anführte, zur Tilgung dieses Stromes auf den
neueren deutschen Karten führen müssen, was A. Hettner
gleichfalls schon hervorgehoben hat.

Der Perustrom ist also ein schwacher Strom; gelegentlich auftretende Nordwinde kehren ihn auf große
Strecken hin leicht um, aber es sind freilich die Südwinde, wie schon Varenius hervorhob, hier die herrschenden.   Nahe der Küste, in den Buchten und Baien,
werden Neerströme angetroffen, und in vielleicht durch
besonders lebhaften Auftrieb hervorgerufenen abnormen
Fällen hat man wohl auch weiter in See bei Südwind
noch Südströme gefunden: so nach Lartigues *De-
scription de la côte du Pérou* das Schiff „La Clorinde"
1822 und 1823.

In etwa 5⁰ S. Br. verläßt der Perustrom die Küste
und wendet sich mit zunehmender Geschwindigkeit, vom
südlichen Aequatorialstrom aspiriert, nach NW und bei
den Galápagos-Inseln nach W. Das Abbiegen des Stroms
hat Hoffmann schon richtig so erklärt, daß einmal die
Konfiguration der Küste den Strom von Arica ab nach
NW drängt, wobei auch die Erdrotation sein Rechtsab-
schwenken verhindert, während zweitens der außerordentlich kräftige und regelmäßige Südostpassat ihn ebenfalls
nach W hin aspiriert.   „Zwischen 5⁰ und 10⁰ S. Br.
wehen 90 % aller Winde in den kalten Monaten aus SO;
es gibt kaum irgend eine Passatregion der südlichen
Hemisphäre, wo der Passat so vorherrscht, und in der
nördlichen überhaupt keine," berichtet Wojeikof nach
Beobachtungen, die Coffin aus dem genannten Gebiet
zwischen 85⁰ und 98⁰ W. Lg. zugegangen waren. —
Auch im Südpazifischen Ozean besteht also ein Kreislauf um das barometrische Maximum, in einem Sinne

gegen den Uhrzeiger rotierend und den Raum zwischen 4⁰ N. Br. und 50⁰ oder 55⁰ S. Br. einnehmend. Wie überall in diesen merkwürdigen Zirkulationen liegt östlich von dem Gebiete hohen Luftdrucks der äquatorwärts, westlich der polwärts führende Teil derselben. Auf die große Aehnlichkeit dieser Anordnung mit der gleichen in dem Verlaufe der unteren Luftströmungen hat schon P. Hoffmannn mit Recht hingewiesen.

Nachdem wir so die durch die Ozeane dahinschreitenden Strombewegungen der Reihe nach uns vorgeführt haben, wird uns wohl die Behauptung gestattet sein, daß wir zu einem wirklichen Verständnis der für dieselben wirksamen Ursachen nur dann gelangen können, wenn wir sie in ihrem gesamten Zusammenhange betrachten, keinen Strom für sich allein, isoliert erklären wollen, sondern immer der Regel des alten Varenius eingedenk bleiben: *si pars Oceani movetur, totus Oceanus movetur.*

VI. Einwirkung der Meeresströmungen auf die Küstengestalt.

Wir haben bei früherer Gelegenheit (oben S. 101 ff.) in umständlicher Weise die mechanischen Einwirkungen der Brandungswelle auf die Ausgestaltung des Strandes und damit der Küsten überhaupt erörtert. Käme hierbei nur die Wellenbewegung allein in Betracht, so würde die wirklich vorhandene Küstengestalt, namentlich die so auffallend regelmäßige Form des Sandstrandes doch unerklärt bleiben. Ferner finden die von der Brandung am Abbruchgestade gelösten Materialien sich nicht bloß in der nächsten Umgebung der Ursprungsstelle, sondern werden, nach einiger Umgestaltung, an der Küste entlang sehr häufig auf große Entfernungen hin fortgetragen. Die Wasserbautechniker kennen diese Stoffe als „Wandersände" (franz. *sables voyageuses*) und sind genötigt, sie bei allen Ufer- und Hafenbauten am Meere auf das sorgsamste zu beachten. Die Kraft aber, welche diese Geschiebe oder Sände die Küste entlang fortträgt, nennen sie den „Küstenstrom".

Würden die Wellen genau senkrecht auf den Strand auflaufen, so würde jedes Sand- und Kieskörnchen mit der Welle wohl vor- und zurückgeschoben werden, aber im Grunde genommen seinen Platz nur in einer Richtung mehr nach seewärts verändern können. Das ist nun beinahe nirgends der Fall, sondern die Wellen laufen etwas schräge auf das Ufer hinauf, und der Rückstrom führt die Wasserteilchen nicht in derselben Bahn wieder zurück, sondern man bemerkt bei stärkerem Wellenschlage sehr deutlich, daß es auch beim Rücklauf noch eine dem Strand parallele Komponente in seiner (parabolischen) Bahn enthält. Die Geschiebekörnchen werden also in Zickzackbahnen nicht nur abwechselnd auf- und abwärts getrieben, sondern erleiden auch eine gewisse horizontale Verschiebung entlang dem Strande. Es ist hierbei gleichgültig, ob die Brandung von frisch erregten, „gezwungenen" Wellen, oder von Dünung, also „freien" Wellen, erzeugt ist. Der sogenannte Küstenstrom ist damit seiner Richtung und Stärke nach durchaus variabel; Stürme mit auflandiger Richtung können in einzelnen Fällen einen sehr heftigen Küstenstrom und damit ganz staunenswerte Massenverschiebungen von Sand und Kies erzeugen, so daß hier, wie bei der abradierenden Thätigkeit der Brandungswelle, die stürmischen Winde von größerer Bedeutung werden, wie die mittleren Windbewegungen und die davon abhängigen Trifterscheinungen. Die Handbücher für den Wasserbau (Hagen, Sonne und Frantzius) oder den Hafenbau (Voisin-Bey, Keller) enthalten die reichste Fülle von Beobachtungen über die hier in Betracht kommenden Vorgänge, die in der Ausbildung von Sandstrand, Bänken, Nehrungen u. s. w. bestehen. Auch in Richthofens Führer für Forschungsreisende ist alles Wesentliche dargelegt.

Die vorherrschende Richtung des „Küstenstroms" läßt sich nicht selten aus der Beschaffenheit des wandernden Materials unmittelbar entnehmen. Die Kreidegestade der französischen Kanalküste liefern ein viel citiertes Beispiel: die Feuersteinknollen bleiben, wie bereits oben (S. 109) bemerkt, in der Nähe des Strandes, während der feine Kalk vom Rückstrom der Welle in die Tiefe geschwemmt wird. Aber trotz ihrer bedeutenden Härte rollen, schieben und zerren die Wellen sie so kräftig hin und her, daß selbst dieses harte Flintgestein sich mehr und mehr abschleift und die Knollen an Volum stetig verkleinert werden. Wandert man von Dieppe aus entlang dem Strande ostwärts, so findet man das Strandmaterial stetig von feinerem Korn: westlich von Boulogne ist grober Kies, aus Feuersteinstücken bestehend, vorherrschend, doch ist er hier schon weniger grob als bei Dieppe. Bei Calais werden die Steinchen noch kleiner und es finden sich schon große Massen von Sand dazwischen; sie verschwinden beinahe ganz bei Dünkirchen und weiterhin sieht man nur Sandablagerungen. Ganz dieselbe Erscheinung wiederholt sich auf der Insel Rügen. Unter dem Vorgebirge Arkona besteht der schmale Strand wieder nur aus Feuersteinen, die den Kreideklippen entstammen. Verfolgt man das Ufer in südlicher Richtung, so tritt sehr bald der Sand auf, und wie die schmale Nehrung beginnt, welche als sogenannte Schaabe die Tromper Wieck von den Binnenseen trennt, findet man nur selten noch Feuersteine, und zwar bereits vollständig abgerundete (Hagen, Wasserbau III, 1, 215). Wir sehen, nebenbei bemerkt, an der von starken Gezeitenströmen bestrichenen Kanalküste also genau dieselben Aeußerungen des „Küstenstroms", wie in der fast gezeitenlosen Ostsee.

Da für den Küstenstrom und den Transport der Wandersände die stürmischen Winde, und zwar wegen der Dünung an ozeanischen Küsten nicht einmal die örtlich herrschenden, maßgebend sind, so erklärt sich auch, weshalb die regulären Meeresströmungen sehr häufig für gänzlich unbeteiligt an dem Aufbau und der Ausgestaltung der Küsten gelten müssen. Nur wo die Stürme aus der gleichen Richtung wehen, wie die vorherrschenden Winde überhaupt, hat man einen klaren Effekt vor sich: so an der altpreußischen Küste, wo die Oeffnungen der Haffe jedesmal sich am nördlichen Ende der Nehrungen befinden. Wenn in vielen anderen Haffen und Strandlagunen diese Oeffnung ganz der Einwirkung der normalen Meeresströmung entgegen an dem Luvende der Nehrung sich findet, so muß im einzelnen jedesmal erst festgestellt werden, ob der die Wandersände hauptsächlich transportierende „Küstenstrom", d. h. die ihn erzeugenden örtlichen Stürme oder vielleicht die an der Küste brandende Dünung nicht eine ganz andere Richtung haben. Da diese scheinbar abnormen Fälle meist an außereuropäischen Küsten liegen, von denen kaum Beobachtungen hierüber, ja oft nicht einmal detaillierte Karten zu haben

sind, so mag dieser Punkt späteren Studien empfohlen
bleiben.

Eine wertvolle Untersuchung nach dieser Richtung gab kürzlich Dr. Pechuël-Lösche im „Globus" Bd. 50, 1886, S.
39 und
55; doch ist die Unterscheidung von Küstenstrom und gewöhn-
licher Meeresströmung von ihm nicht klar genug erkannt. Dennoch
ist seine Ansicht, daß die an der westafrikanischen Tropenküste
brandende Dünung, namentlich die „Kalema" der südlichen Breiten,
Strandmaterial nach Norden transportiert und damit Sandzungen,
Nehrungen u. dgl. erzeugt, unzweifelhaft richtig.

Auch die feineren Sinkstoffe, welche durch die Flüsse
den Meeresströmungen übergeben werden, gelangen wohl
meist schon in der Nähe des Landes zur Abscheidung,
kraft jener merkwürdigen molekularen Prozesse, welche
dem Salzwasser eigentümlich sind (s. oben S. 114). Unzweifelhaft aber beweist das Auftreten roter Litoralsedi-
mente entlang solchen Tropenküsten, deren Flüsse Laterit-
flächen entwässern, daß solcher Transport doch immerhin
über hundert Seemeilen betragen kann (Bd. I, S. 67).

Wie schon Richthofen (Führer für Forschungsreisende S. 375) richtig bemerkt, gelangt zwar im Floridastrom selbst in Tiefen von 1000 m kein Schlamm zur
Ablagerung, sondern von 150 m Tiefe ab bis 600 m hin
und bis zu einer Entfernung von 100 bis 200 km von
der Küste ist sein Bett mit feinem Sande (nach Verrill
meist Quarz), Bruchstücken von Schaltiergehäusen, Korallen und Rhizopoden bedeckt. Aber das ist doch nur
eine ganz lokale Kraftäußerung, die sich nicht allzu häufig
wiederholt (vgl. die Beschreibung des Wyville-Thomson-
Rückens oben S. 293).

Wenn somit die aufbauende Thätigkeit der eigentlichen Meeresströmungen von sehr untergeordneter Art ist,
so darf dies noch mehr gelten von ihrer erodierenden
Wirkung. Diese wurde früher womöglich von den Geologen noch mehr überschätzt als die erstere. Schon
Kolumbus hat den Gedanken ausgesprochen, daß die Menge
der Inseln im Antillenmeer und ihre gleichförmige Gestalt bei vorherrschender Richtung von *O* nach *W* den
Meeresströmungen zuzuschreiben sei, und Humboldt fand
diese Ansicht „den Grundsätzen der positiven Geologie

angemessen" (Krit. Unters. II, 75 f.); unter den heutigen
Geologen dürfte indes wohl keiner gefunden werden, der
diese Anschauung in der gleichen Ausdehnung teilte.
Gegenüber einerseits den großen Dislokationen der Erdrinde, welche die moderne Geologie als Einbruchsgebiete
in den Nebenmeeren und als Bruchränder an den ozeanischen Festlandküsten kennen lehrt und andererseits gegenüber der Abrasionswirkung der Brandung kann auch
wieder nur der „Küstenstrom" als ein beachtenswerter
Faktor Geltung beanspruchen, während die eigentlichen
Meeresströme durch ihre sehr langsame und nach der
Tiefe hin schnell abnehmende Geschwindigkeit nur eine
lebendige Kraft von ganz verschwindendem Effekt repräsentieren. Schon die alternierenden Gezeitenströme
übertreffen sie darin bei weitem. So z. B. in der Straße
von Dover, deren Boden auf so große Strecken hin an-
stehendes Gestein zeigt. Ja es kann kaum ein Zweifel
bestehen, daß die Durchbrechung des ehemaligen Kreide-
Isthmus zwischen Dover und Calais, ebenso wie die Ab-
lösung der Insel Wight, hauptsächlich ein Werk der
Gezeitenströme ist, welche auch die Halbinselnatur von
Neuschottland durch die riesigen Fluten der Fundybai
untergraben, wie dies auch von Rütimeyer und Burat in
den Küsteneinschnitten (*Rias*) der Bretagne im einzelnen
beobachtet worden ist. Solchen Leistungen gegenüber
können die erodierenden Effekte des Küstenstroms schon
geringfügig genannt werden. Dennoch hält Richthofen
(Führer S. 375) es „angesichts der Offenhaltung von
Meeresstraßen, wie der Meerengen von Gibraltar, Bosporus und Dardanellen, für wahrscheinlich", daß auch die
gewöhnlichen Straßenströme erodierend wirken. Insbesondere nimmt er „als sicher an, daß sie das gelockerte
feine Korn von den Wänden solcher Tröge forttragen,
und als wahrscheinlich, daß die Corrasion eine nicht un-
bedeutende Rolle spielt". Allerdings ist die Länge der
Zeit hier ein Faktor, der auch minimale Wirkungen
schließlich zu einem nicht mehr zu vernachlässigenden
Endeffekt anwachsen lassen kann, obwohl sie doch den
anderen stärker wirkenden Erosionskräften noch mehr zu

gute kommt. Also auch hier würde nur eine sehr eingehende Untersuchung gestatten, genau abzuwägen, was an abtragenden Leistungen der Brandung und dem Küstenstrom oder dem Gezeitenstrom oder dem eigentlichen Meeresstrom zuzuschreiben ist.

Die Richtung, in welcher solche Untersuchungen sich zu bewegen haben, ist schon ziemlich klar vorgezeichnet in Theobald Fischers Studien über die Küsten von Algerien und Tunesien (Peterm. Mitteil. 1887, S. 1). Es ist darin die sehr zutreffende Ansicht ausgesprochen, daß die Stoffe, welche die Brandung an der Nordküste Kleinafrikas abradiert (durch den hier mit dem herrschenden Meeresstrom identischen „Küstenstrom", setzen wir hinzu), in den Golf von Tunis hineingetrieben sein dürften. In ähnlicher Weise putzt die im Winter herrschende Meeresströmung und der immer östlich setzende „Küstenstrom" an der asturisch-baskischen Küste die Abrasionsprodukte hinweg und führt sie den Dünenküsten der Landes zu; vielleicht hat auch der „Küstenstrom", den die Südoststürme des Golfs von Lion erregen, die Funktion, von der Riviera an bis nach Marseille und dann weiter in das flache Meer westlich der Rhonemündungen seine Wandersände zu transportieren, während gleichzeitig durch dieselben Stürme an der Küste von Roussillon die Abrasionsprodukte der Felsgestade der Ostpyrenäen nach Norden hin entführt werden, wo sie dann (nach Voisin Bey) bei Agde mit denen des Golfs von Lion zusammentreffen. Eine weitere Ausführung dieser Gesichtspunkte würde hier indes nicht am Orte sein.

Alphabetisches Namen- und Sachregister.

A.

Abbot II, 333.
Aberdeen I, 263.
Abflußströmung II, 340.
Abrasion II, 101 ff.
— A.sprozesse an den weichen Küsten II, 101 ff.
— am harten Felsgestade II, 110 ff.
— bei Niveauverschiebung II, 113.
Abstract log I, 188.
Acapulco I, 37.
— Stoßwelle von Iquique bis A. II, 122.
— hohe Temperatur im Hafen von A. II, 492.
„Achta", russ., Messungen von Lufttemperaturen im Atlantic und Pazific von E. Lenz I, 222 f.
Aconcagua I, 108.
Açoren s. Azoren.
Aden I, 119. 178 f. 315. II, 316.
— Golf von I, 119. II, 469.
— — — Temperaturmessung im II, 317.
Admiralitäts-Inseln I, 110. 281. 302.
— Korallenschlamm bei den A. I, 68.
— größte Tiefe zwischen ihnen und Japan I, 126.

Adour II, 270. 276.
Adriatisches Meer I, 90. II, 329.
— — Bodenbeschaffenheit I, 95 f.
— — Verteilung des spezifischen Gewichtes und Salzgehaltes I, 171 f.
— — Dichtigkeitsmaximum I, 237.
— — Temperaturverteilung I, 266.
— — Gezeiten II, 219 f.
— — Unterschied der Flutgröße an Ost- und Westseite II, 255.
— — Spiegel desselben liegt unter dem Ostseespiegel II, 295.
— — Strömungen II, 467.
„Advance", amer., Drift derselben I, 379.
Adventure-Bänke I, 90. 93.
Aegäisches Meer, Ableitung des Namens II, 36.
— — Strömungen II, 467.
— — Tiefenverhältnisse I, 94.
— — I, 172. II, 84, 143 f. 158 Anm. 1.
Aequatoriale Gegenströmung I, 153. 157 f. 191. II, 325. 330. 335. 368. 470. 489 ff.
Aequatorial-Kalmenregion I, 205. 219.
Aequatorialrücken I, 74. 77.
Aequatorialströmung, nördliche II, 384 ff. 484 f.

Aequatorialströmung, südliche
II, 386 ff. 485 ff.
— Theorie der atlantischen A.
II, 393 ff.
Aequinoktialfluten II, 218.
Aequinoktialstrom II, 322.
Afrika, Küstenvermessungen I,
42 f.
— Küstenentwickelung I, 43.
— Bänke an der Ostküste I, 48.
— Küstenablagerungen von Gui-
nea bis zur Kapstadt I, 67.
— Unterseeische   Verbindung
mit Sizilien I, 90.
— zwei unterseeische Verbin-
dungen mit Europa I, 91.
— Depression längs der Küste
im westl. Mittelmeerbecken
I, 92.
— Stürme an der Südspitze I,
217.
— Strömungen an der Mittel-
meerküste II, 466.
Agadir, Temperatur daselbst II,
307.
Agassiz, Ursache der Ausdeh-
nung der Floridariffe nach
Westen I, 270.
Agde II, 516.
Aggerminde II, 240.
Agulhasbank I, 48. II, 90.
Agulhasstrom, spez. Gewicht in
verschiedenen Jahreszeiten I,
157.
— Vergleichung seiner Tempe-
ratur mit der der Luft I, 225.
— Temperaturmessungen I, 312.
— kalte und warme Wasser-
streifen I, 320. II, 471 ff.
— von Fournier und Varenius
erwähnt II, 328.
— I, 248. 385. II, 84. 447. 471 ff.
506 f.
Aigion II, 117.
Aimé, Bestimmung des Luft-
gehaltes im Meerwasser I,135.
— Temperaturmessungen   im
Mittelmeer I, 269.
— Verhalten der Orbitalbahnen

d. Wasserteilchen bei Wellen-
bewegung in verschiedenen
Tiefenschichten II, 30 ff. 35.
Aimé, stehende Schwingungen
im Hafen von Algier II, 149.
— Vorrichtung zur Messung der
Stromrichtung in grösseren
Tiefen II, 379 f. 392.
Airy, unterscheidet forcierte und
freie Wellen II, 37.
— Steigerung der Wellenhöhe
durch den Wind II, 60 f.
74.
— Umgestaltung der Wellen bei
Abnahme der Wassertiefe II,
89.
— Brandung bei bedeutender
Wassertiefe II, 90.
— Beobachtungen von Bran-
dung II, 94.
— stehende Schwingungen des
Wasserspiegels bei Malta II,
147 f.
— stehende Schwingungen von
Swansea und Bristol II, 152.
— Einrichtung der Pegel nach
A. II, 162 f.
— Kanaltheorie der Gezeiten II,
191 ff. 224. 333.
— Erklärung der abnormen Ge-
zeiten von Courtown II, 204.
— Erklärung der rotatorischen
Strömungen II, 237 ff. 246.
248.
— Flutkurven von Christchurch,
Poole und Southampton II,
272. 274.
— Sprungwelle im Severn II,
276.
— sonst citiert II, 5 f. 14 ff. 23.
25. 27 f. 35. 175 f. 185 f. 208.
217. 219. 224. 232. 234. 252.
254.
Airysche Formel II, 18. 140. 205.
Alaminos II, 328, 417.
Alaska I, 45. 104. 308. 352. II,
320, 497 ff.
„Alaska", amer., Erforschung des
Pazific I, 101. 126.

„Alaska", Lotungen an der Küste von Peru I, 107 f.

„Albatros", Lotungen im nordatlant. Kessel südl. Neufundland II, 201.

— II, 485.

Albemarle-Insel II, 311.

Al Biruni II, 328.

Albrolhos- oder brasilische Bank I, 48.

Albrolhos-Inseln II, 35.

„Alert", amer., Erforschung des Pazific I, 101. 106.

„Alert",engl.,Nordpolexpedition unter G. Nares I, 124 f. 317.

— Messungen des spez. Gewichtes des Meerwassers I, 163 f.

— Temperaturmessungen im amerikan.-arktischen Archipel I, 355.

Aleuten I, 27. 103. 129. 277. 284. 352 f. II, 132. 320. 498.

— Verbindungsbrücke zwischen Amerika und Asien I, 49.

— Temperaturen zwischen Japan und den A. I, 286 f.

— Temperaturen zwischen den Kurilen und A. I, 286 ff.

— Bodentemperaturen bei denselben I, 308.

Alexander I.-Land I, 30.

Alexandria I, 94.

— Seebebenwellen in A. II, 116.

Algerien I, 92. 264. II, 149. 516.

— Brandung vor Djidjeli II, 90.

Algier I, 92. 264 f.

— Beobachtungen von Aimé auf der Reede von A. II, 30 ff.

— stehende Schwingungen im Hafen von A. II, 149. 151. 153.

Algoabai I, 48.

Alicante II, 151. 295.

Allmannbucht I, 163.

Altenfjord I, 334.

Amazonas I, 26. II, 160 f. 388. 395 f.

— seine Sinkstoffe durch den Aequatorialstrom fortgeführt I, 67.

Amazonas, mittl. Abflußmenge I, 131.

— Sprungwelle im A. II, 276 ff.

Amboina I, 111. 118. 179. 314.

Amerika, Küstenvermessungen I, 42.

— Küstenentwickelung I, 43.

— Stürme an der Südspitze I, 217.

— Wellengruppen an der Westküste Centralamerikas II, 52.

— Wahrnehmung der Stoßwelle vom Erdbeben von Lissabon in den atlantischen Küstenorten II, 118.

Amerikanisch-arktischer Archipel, Temperaturverteilung I, 353 ff.

— — Verhalten des Eises an Ost- und Westküsten I, 381.

— — I, 379.

Amerikanisches Mittelmeer I, 21.

— — Areal nach Krümmel I, 23.

— — Verhältnis der Inselflächen zur Meeresfläche I, 49.

— — mittlere Tiefe nach Krümmel I, 86.

Amerikanisches Nordmeer, Wasserbewegungen desselben II, 461 f.

Amiranten I, 28. 48. II, 469 ff.

Ammianus Marcellinus, Bericht über Seebebenwellen II, 116.

Ampanan, Brandung in der Bai von II, 97.

Amsterdam, Insel I, 117 f. II, 48.

— II, 295.

Amsterdamer Pegel I, 36.

Amtschitka II, 132.

Amur I, 26. II, 220. 497. 499 f.

Anachoreten-Inseln I, 46.

Andamanen I, 120. 217. II, 122.

Andamanisches Meer, Strömungen in demselben II, 469. 481.

Anden I, 108.

Andrau I, 193.

— Untersuchungen der Temperaturverteilung an der Oberfläche des Südatlantischen Ozeans I, 233.

Andrau, über den Agulhasstrom II, 471. 477.

Andries, schlägt für die Bore die Bezeichnung „Sprungwelle" vor II, 275.

Andros I, 94. II, 467.

Anemometer I, 200.

Anjer, Stoßwelle von Krakatau bei II, 124.

Anjou, Lieutenant II, 458.

Annam, Strömung an der Küste von II, 481 f.

Annapolis, Flutgröße in A. nach Herschel II, 161.

Annobom-Insel II, 414.

Antarktische Eisbarriere I, 67. 70.

Antarktischer Kontinent, hypothetisch I, 19.

Antarktischer Ozean (südl. Eismeer), Begrenzung I, 15.

— angenäherte Grösse mit den seitlichen Gliederungen I, 19.

— Areal nach Krümmel I, 23.

— äussere Umrisse I, 30.

— Tiefe I, 60. 62. 121.

— Verteilung des Luftdrucks I, 211.

— Luft- und Meerestemperaturen I, 226. 357 f.

— Eisverhältnisse I, 374 f. 385.

Antarktisches Becken, die Hauptmasse der Bodengewässer des großen Ozeans kommt aus demselben II, 289 f.

Antibes I, 40.

Anticyklonen I, 202 f.

Antigua, Stoßwelle vom Erdbeben von Lissabon II, 118.

Antillen I, 26. 75. 228. 100.

— II, 211. 313. 385. 390 f. 396. 398. 418.

Antillenmeer (Karaibisch. Meer) I, 18.

— Teil des amerikan. Mittelmeeres I, 23 Anm. 3.

— Tiefenverteilung und Bodengestaltung I, 96 ff. 126.

Antillenmeer, Temperaturverteilung I, 228. 266 f.

— I, 151. 188. II, 203. 211. 307. 329. 362. 392. 395. 422. 514.

Antillenströmung II, 391 f. 394. 397. 422. 424. 428. 430. 436 f.

Antoine, Sammlung von Wellenmessungen französischer Kriegsschiffe II, 45.

— Skala der Windgeschwindigkeit II, 68.

— Formeln für den Einfluß der Windstärke auf die Wellenhöhe II, 70 f.

Api-Insel I, 301.

Apia I, 110.

— Stoßwelle von Iquique bis A. II, 122.

Araber II, 328.

Arabien, Vermessung der Küsten I, 43.

— Kaltwassergebiet an der Süd- und Südostküste II, 316 f.

— Strömungen an der Süd- und Südostküste II, 468 f.

Arabisches Meer I, 28. 48.

— — Tiefen- und Bodenverhältnisse I, 119.

— — Beobachtung merkwürdiger Färbung des Meerwassers I, 179.

— — Winde in demselben I, 210.

— — Temperaturmessungen I, 315 f.

— Strömungen II, 468 ff.

Aräometer I, 141.

Arafurasee I, 300. II, 483. 487.

Arago II, 47 f. 68. 340.

— behauptet die polare Herkunft des Tiefenwassers II, 284 f.

Arbon II, 126 Anm. 1.

„Arcona", Kapt. v. Reibnitz, Beobachtung kalter und warmer Wasserstreifen am Nordrande des Kuroshiwo I, 285. II, 494.

„Arctic", engl., Lotungen im nördl. Polarmeere I, 125.

Arendal I, 167.

Arensburg I, 169.

Argentinien I, 108.
Arguin, Bucht von II, 308.
„Ariadne", Kapt. v. Werner, Strombeobachtungen im Pazific II, 487.
Arica I, 109. II, 510.
— Stoßwellen von dem Erdbeben von A. II, 120 f. 131.
— Stoßwellen von Iquique in A. II, 121 ff.
Arkansas II, 419 Anm. 1.
Arkona, Flutautograph bei A. II, 165 Anm. 1.
— II, 513.
Arktischer Archipel, Flächenraum I, 29.
— — Meer an seinen Küsten ganz flach I, 124.
— I, 317.
Arktischer Ozean (nördl. Eismeer), Begrenzung I, 15.
— — angenäherte Größe mit seinen seitlichen Gliederungen I, 19.
— — ist ein Mittelmeer I, 21 f.
— — Areal I, 23.
— — äußere Umrisse I, 28.
— — große Ausdehnung der Flachküsten I, 46.
— — Tiefen- und Bodenverhältnisse I, 122 ff.
— — Verteilung des spez. Gewichtes und des Salzgehaltes I, 158 ff.
— — Luftdruck- und Windverteilung I, 211.
— — Luft- und Meerestemperaturen I, 226. 317 ff.
„Armide", franz., Beobachtung merkwürdiger Meeresfärbung I, 179.
Arron-Inseln I, 111. 300.
Ascension I, 26. 74. 149. 175. 259. II. 395. 415.
— hohe Brandung bei A. II, 96.
Aschenborn, Kapt. z. S., Einfluß des Nebels auf die Wellenbewegung II, 82 Anm.
Asien, Küstenvermessungen I, 42.

Asien, Küstenentwickelung I, 43.
Asowsches Meer I, 169.
— — ist ein Gebiet starken Windstaus II, 303 f.
Aspinwall, Stoßwellen v. Krakatau bis A. II, 123 f.
Aspri Thalassa s. Weißes Meer.
„Assistance", engl., Kapt. Edw. Belcher, Temperaturmessungen im Northumberlandsund und der Disasterbai I, 354.
Assistancebai, Messungen der Eisdicke in der I, 370.
„Astrolabe", franz., Kapt. Dumont d'Urville, Weltumsegelung. Beobachtung von Luft- und Wassertemperaturen I, 226.
— Wellenbeobachtungen von Coupvent des Bois II, 50. 68 f.
— Strombeobachtungen im Pazific II, 490 f.
Astrolabehafen II, 490.
Astronomisches Besteck II, 373.
Atalante s. Talanti.
Athos II, 467.
Atlantis, mythische Insel I, 120.
Atlantischer Ozean, Benennung des bekannten Teils im Altertum I, 14.
— — Begrenzung I, 14.
— — Teilung in Nord- und Südatlantic I, 17.
— — angenäherte Größe des A. mit seinen seitlichen Gliederungen I, 19.
— — Areal I, 22.
— — äußere Umrisse I, 24.
— — vierfache Verbindung mit dem nördl. Polarmeere I, 24. 82.
— — schmalster Teil und größte Breitenausdehnung I, 25.
— — Menge der in ihn mündenden Ströme I, 26.
— — Inselarmut I, 26. 49.
— — Küstenvermessungen I, 42.
— — Niveauvermessungen I, 37 f.

Atlantischer Ozean, Verhältnis
der Inselflächen zur Meeresfläche I, 48 f.
— — Tiefen- und Bodenverhält-
nisse I, 58 f. 62. 69. 71 ff.
86 ff.
— — spezifisches Gewicht und
Salzgehalt I, 130. 148 ff.
— — der für den Seeverkehr
wichtigste Teil I, 191.
— — Winde I, 205 ff. Stürme
I, 215 ff.
— — Regenverteilung I, 220.
— — Luft- und Wassertemperaturen I, 224 f. 250 ff.
— — Treibeisgrenze im Süd-
atlantic I, 385 f.
— — Dünungen im A. II, 37.
— — Wellenmessungen v. Pâris
II, 43 f. 49 f. 66.
— — Stoßwellen II, 118. 123.
136.
— — stehende Schwingungen
an einzelnen Küstenpunkten
II, 152 f.
— — Börgens Untersuchungen
über die Gezeiten II, 205 ff.
— — Spiegel etwas höher als
der des Mittelmeeres II, 295.
— — warmes Stauwasser der
Leeküsten II, 312 f.
— — Strömungen II, 384 ff.
417 ff. 438 ff.
— — Strömungen der atlanti-
schen Nebenmeere II, 447 ff.
Atlantisches Plateau I, 74. II,
200. 211.
Atlas I, 265.
Atlas des Atlantischen Ozeans,
herausgegeben von der Deut-
schen Seewarte I, 60. 73.
148 f. 196. 206. 227. 383. II.
377. 386. 405.
Atschujew II, 304.
Attika, Seebebenwellen II, 115.
— II, 146.
Attlmayr cit. I, 375. II, 420.
„Aurora“, Messungen der Luft-
temperaturen im Atlantischen

und Stillen Ozean von L.
v. Schrenck I, 222 f.
„Ausgewachsene“ See II, 61. 74.
349 f.
Außenwellen II, 135 f.
Australasiatisches Mittelmeer I,
21.
— — Areal I, 23.
— — Verhältnis der Inselflächen
zur Meeresfläche I, 48 f.
— — tägliche Ungleichheit der
Gezeiten II, 220.
— — Strömungen II, 480 ff.
Australgolf, geringes Maß der
Abgliederung vom offenen
Ozean I, 17.
Australien, Küstenvermessungen
I, 42.
— Küstenentwickelung I, 43.
— Küstenablagerungen bei A.
I, 67.
— Stoßwellen an der Küste nach
den Erdbeben von Arica und
Iquique II, 120 ff.
— Meerestemperatur an der
Westküste II, 315 f.
— Strömungen an den Küsten
des Indischen Ozeans II, 474 ff.
— Strömungen an der Ostküste
II, 501 ff.
— I, 294 f. 300. 308. 314 f. II,
47. 50. 133. 137. 220 f.
Austral-(oder Tubuai-)Inseln I,
115 f.
Australmonsun I, 209.
Awatschabai II, 498.
Azoren I, 26. 74. 76. 87 f. 149.
198. 214. 224. 259. II, 382.
418. 425 f. 428 f.
— Messung der größten Wellen-
höhe bei den A. II, 48.
— Brandung bei Terceira II, 90.
Azorenrinne, östliche I, 75 ff.
81.
— westliche I, 74 ff. II, 212.
Azorenrücken I, 74. 76. II, 200.

B.

Baader, Fr., Strömungstheorie von II, 337.

Bab-el-Mandeb, Straße von I, 39. 316.

— spezifisches Gewicht ihres Wassers I, 172.

— Strömungen in derselben II, 297 f.

Babin, Beobachtungen der Euripusströmungen II, 143 f.

Babuyan-Insel II, 493.

Bache, Angaben über mittlere Tiefe des Stillen Ozeans I, 109.

— Berechnung der Seetiefen aus Stoßwellen II, 130.

— II, 437.

Backergunge-Cyklone, Höhe der Sturmflut bei derselben I, 40.

Bänke, Unterscheidung derselben I, 47.

— Farbe des Wassers in ihrer Nähe I, 176.

— Brandung im Bereiche der B. II, 89 f.

— Meerestemperaturen über und an ihnen II, 362.

Baer, Ursache des hohen Salzgehaltes des Karabugasgolfes II, 297.

— Wirkungen des Windstaus im Asowschen Meere II, 304.

Bären-Insel I, 123 f. 159 f. 330. 334 f. 337 ff. 341 f.

Baeyer, cit. I, 35.

Baffinland II, 434.

Baffinsbai I, 25. 317. 355. 379. II, 436. 461.

— Tiefe I, 125.

— Eisverhältnisse I, 382.

Bahamabank I, 47.

Bahamakanal I, 267.

— Tiefe desselben I, 99.

Bahama-Inseln I, 47. 228. II, 211. 328. 397. 417 f. 493.

— erhalten vom Antillenstrom tropische Wärme II, 392.

Bahamariffe II, 424.

Bahamasee, Teil des amerikan. Mittelmeeres I, 23 Anm. 3.

Bahia I, 68. II, 392. 509.

Baillie, Tieflot-von I, 56.

Balaena nupticetus I, 177.

Balboa, nach ihm Ausdruck „Südsee" I, 17.

Balearen I, 92. 264. II, 149.

Balintangkanal II, 493.

Baltisches Mittelmeer s. Ostsee.

Bandasee, Teil des australasiatischen Mittelmeeres I, 23 Anm. 4.

— grüne und blaue Thone auf dem Boden derselben I, 67.

— ist ein unterseeisch abgeschlossenes Meeresbecken I, 111 f.

— größte Tiefe I, 126.

— Temperaturverteilung I, 299 ff.

— I, 18. 118. II, 483.

Bankshalbinsel II, 505.

Banksinseln II, 487.

Barbados I, 266 f. II, 385 f.

— Stoßwelle vom Erdbeben von Lissabon II, 118.

„Barbarossa", Schiff II, 80.

Barcelona I, 92.

Barentsmeer I, 29. 317. 336. 339. II, 452. 454. 457.

— Tiefe I, 123.

— Temperaturverteilung I, 342 ff.

Barfleur, Flutkurve von II, 278 f.

Barischer Gradient I, 201. 215.

Barka II, 466.

Barmanische Küste II, 468.

Barren an Strommündungen, ihre Entstehung II, 113.

Barrierriff I, 42. 48. 301.

Barrowstraße I, 379. II, 461.

Bartlett I, 126. II, 390. 418. 421. 423 f. 430.

— s. auch „Blake".

Bartlett-Tiefe I, 100.

Barygaza, Sprungwelle im Flusse von B. im „*Periplus maris Erythraei*" beschrieben II, 276.

Baschi-Inseln II, 482.

Bas-Insel, Fluthöhe bei Spring-
  zeit II, 255.
Baskische Provinzen, Brandung
  an ihrer Küste II, 90 Anm.
Baßstraße II, 255. 475. 479.
Batang Lupar, Sprungwelle im
  II, 276 ff.
Batavia, Stoßwelle von Kraka-
  tau im Flusse von B. II, 124.
Bathybius-Schlamm (*Bathybius
  Haeckelii*), existiert in Wirk-
  lichkeit nicht I, 69.
Baumhauer, v., Dichte des
  Meerwassers in der Straße
  von Gibraltar I, 170.
Bayonne I, 37.
Bayou La Fourche II, 419 Anm. 1.
Bazin, Umgestaltung der Wellen
  bei Abnahme der Wasser-
  tiefe II, 87.
— Wellenuntersuchungen II, 134.
— Untersuchung der Sprung-
  welle in französ. Flüssen II,
  275.
— Erklärung der Sprungwelle
  II, 279 f.
Beachy Head II, 233. 236 f.
Beaufortsee II, 462.
Beaufortskala I, 200 f. 214. II,
  52. 67. 364. 369 f.
— Uebertragung ihrer Werte in
  absolute Geschwindigkeit II,
  68.
Beaumont, Elie de, Tiefen-
  wirkung d. Wellenbewegung
  auf Seetiere II, 34.
Bec d'Ambès II, 265 f. 268 f.
Bêche, de la II, 34.
Becker, A. v., Mächtigkeit eines
  Eisberges I, 375.
Beda II, 158.
Beechy, Kapt., Erklärung der
  Korallenbildungen I, 114.
— Gezeitenströme im englischen
  Kanal II, 232 ff.
— s. auch „Blossom".
Beetz I, 175.
Belcher, Edw. I, 377. II, 461.
  497.

Belcher, Edw., Beispiele von
  der Gewalt der Sturzseen II,
  83.
— s. auch „Assistance".
Belize II, 390.
Belknap, Kapt., Lotungen an
  der Küste von Peru I, 107.
— Lotungen im Nord- und Südpazific I, 126.
— s. auch „Tuscarora".
Bellinghausen I, 121.
Bellrock-Leuchtturm, Klippen-
  brandung an dem II, 85.
— Versuche mit Stevensons
  Wellendynamometer II, 79.
Belt, großer I, 90.
— Oberflächen- und Tiefen-
  strömung I, 167.
— kleiner I, 90.
Belte, Dichte und Salzgehalt I,
  165.
— Wassertemperatur I, 262.
Belutschistan, Küste von II, 468.
Bengalen, Meerbusen von I, 18.
  28. 194. 210.
— zahlreiche Bänke an der Ost-
  seite I, 48.
— Tiefen- und Bodenverhält-
  nisse I, 119 f.
— spezifisches Gewicht seines
  Meerwassers I, 156 f.
— Orkane I, 217.
— Regenverhältnisse I, 220.
— Temperaturmessungen I, 315.
— Stoßwellen nach dem Erd-
  beben im Dez. 1881 II, 122.
— Strömungen II, 468 f.
Benguela- (od. südafrikanischer)
  Strom II, 400. 411. 446. 474.
Beobachtungsjournale an Bord
  der Schiffe I, 8. 188.
Beobachtungsstationen an den
  deutschen Küsten I, 164 ff.
Bérard, blaue Farbe des Meeres
  I, 175.
— Durchsichtigkeit des Meer-
  wassers I, 184.
— Temperaturmessungen   im
  Mittelmeer I, 264.

Berchtesgaden I, 133.

Bergen I, 165. II, 452.

Berghaus, Heinr. (der ältere), schlägt die Bezeichnung „Isorhachien" vor II, 90.
— nimmt fälschlich ein Vorkommen der Sprungwelle in Elbe und Weser an II, 275.
— I, 179. 183. II, 97. 276. 309. 384. 398. 401. 409. 415. 429. 439. 442. 483 f. 487. 492. 495. 498 f. 493. 507 ff.

Berghaus, Herm. (der jüngere), II, 380. 405. 415. 438. 443. 508. 508 f.

Beringsmeer, Areal I, 23.
— Temperaturverteilung I, 352 f.
— Strömung II, 498 f.
— I, 283 ff. 308. 317.

Beringstraße I, 15. 24. 27. 64. 317. II, 459. 462. 498 f.
— Tiefe I, 124.
— Temperaturverteilung I, 351 ff.

Bermudas-Inseln I, 59. 68. 75 f. 87 f. 114. 214. 228. 253. 255. 273. 275. II, 313. 319 f. 391 f. 394. 396 f. 420. 422. 424. 428. 430.

Bernouilli, Dan., Gleichgewichtstheorie der Gezeiten II, 167.
— Fehler dieser Theorie II, 184 f.
— Auswertung der halbmonatl. Ungleichheit zur Vorausberechnung des Hochwassers I, 222.

Berry, Lieut., s. „Rodgers".

Bertin, über Wellenbewegung cit. II, 5 ff. 12. 17 f. 25. 27. 45 f.
— Versuche über die Wirkung der Abrasion II, 101. 104 ff. 109.

Bessels, E., I, 29. 356. 377.
— s. auch „Polaris".

Bibra, v., Analyse der Bestandteile des Meerwassers I, 127.
— Maximum des Salzgehaltes im Stillen Ozean I, 130.

Biedermann, cit. II, 165.

Biloculinen-Schlamm, im nördlichen Polarmeer I, 123.

Bimini, Engen von II, 402.

Biminiriffe II, 418.

Bimsstein, sehr häufig in den Tiefseethonen enthalten I, 71 f.
— Ablagerung von B. durch Erdbebenwellen II, 137.

Bingerloch II, 419 Anm. 1.

Biscaya, Meerbusen von I, 76. II, 94.
— — — spezifisches Gewicht in demselben I, 171.
— — — Wellenmessungen II, 47 f.
— — — alle Häfen desselben erhalten fast gleichzeitig Hochwasser II, 197. 212 f.
— — — Eindringen eines östlichen Stromes in den Golf II, 431.

Bischof, G., I, 127.

Bishop-rock, Klippenbrandung am Leuchtturm von B. II, 85.

„Bismarck", Lotung im Südpazific II, 314.

Bismarckarchipel II, 490.

Bitterseen des Suezkanals, Salzgehalt I, 173.

Blaavands Huk II, 240.

Blagden, Charles, II, 383.

„Blake", amer., I, 99. 126.
— Temperaturmessungen im karib. Meer unter Bartlett und Sigsbee I, 266 f.
— Temperaturmessungen im Golfstrom I, 272 ff. II, 420 f.

Blanc, v., s. „Nymphe".

Blanford, Verdunstungsbeobachtungen in Indien II, 297.

Blaue Berge auf Jamaika I, 100.

Blaye II, 266. 268 ff.

Blažek, Gabriel, seine Theorie der Meeresströmungen II, 336.

Block-Insel II, 197.

Blossevilleküste I, 84.

„Blossom", engl., Kapt. Beechey, Temperaturmessungen in der Beringstraße I, 353.
Board of Trade I, 146.
Boas, Farbe des Wassers I, 175.
Boavista II, 276.
Bodenablagerungen in den Ozeanen, fünf Gruppen der I, 66.
Bodengestaltung u. -Beschaffenheit der Ozeane und Einzelmeere I, 51 ff. 72 ff.
Bodensee II, 126 Anm. 1.
— rhythmische Niveauschwankungen desselben II, 142.
Böotien II, 143.
Börgen, Messungen der Dichte des Meerwassers I, 161.
— Geschwindigkeit der Eisdriften I, 380.
— gibt eine Zusammenfassung der Airyschen Kanaltheorie II, 191 ff.
— seine Gezeitenuntersuchungen II, 205 ff. 215. 219.
— „Flutstundenlinien" II, 190.
— „zusammengesetzte Gezeiten" und „Nebengezeiten" II, 217 f.
— Veränderung der Wellen bei Auftreten von Hindernissen II, 228.
— Berechnung der Maximalgeschwindigkeit des Gezeitenstromes II, 229 ff.
— Erklärung der Gezeitenströme im englischen Kanal II, 234 ff.
— II, 152. 199 f. 202 f. 218.
Böttger I, 73.
Bogdosee, Salzsee, sein Salzgehalt I, 173.
Boguslawski, v., I, 101. 330.
Bolivar I, 37.
Bombay I, 119. 315.
— merkwürdige Färbung des Meerwassers in und bei dem Hafen von B. I, 178 f.
Bona, Tiefe des Vorkommens der Korallen bei II, 34.

Bonin-Inseln I, 33. 102 ff. 110. 112 f. 280.
„Bonite", franz. Schiff, II, 135.
Boothia felix I, 370.
Bordeaux II, 264 ff. 268 f.
Bore s. Sprungwelle.
Bornholm I, 90. II, 66. 303. 465.
Borkum I, 262.
Borkumriff-Feuerschiff II, 247.
Borneo I, 64. 110. 129. 298. II, 480 ff.
— kontinentale Insel I, 49.
— Sprungwelle in den Flüssen an der Nordküste II, 276 f.
Bosporus I, 95. 196. 172. II, 515.
— durchschnittliche Tiefe I, 94.
— Strömung im B. II, 298. 299 Anm. 1.
Boston II, 48. 200.
Bottnischer Meerbusen I, 166.
— — Salzgehalt I, 169.
Bouc I, 37.
Bougainville-Insel II, 490.
Boulogne, Fluthöhe bei Springzeit II, 255.
— II, 513.
Bound Skerries, Kraftleistung der Wellen bei den II, 100.
Bouquet de la Grye, Untersuchung von Wasserproben aus dem Atlantic und dem Mittelmeere I, 37. 171.
Bourbon I, 28.
Bourdaloue, Niveaumessungen von I, 37.
Bourke, Commander II, 308. 413.
Boussinesq, cit. II, 6. 19 ff. 24 Anm. 25. 27 f. 35. 74.
Bove, Giac., I, 350.
Brake II, 265. 271.
Brandung II, 65. 86 ff.
— Erklärung des Brandungsvorganges II, 91 ff.
Brandungsküsten II, 94 ff.
Brasilien II, 136. 209 f. 329. 395. 444.
Brasilianisches Becken I, 75. 78.

Brasilianischer(Brasilien-)Strom
I, 249. II, 318. 392 ff. 438 ff.
502. 506.
Brault I, 196.
Bravais, Messungen von Tief-
seetemperaturen I, 238.
— Temperaturmessungen im
Nordmeere I, 341.
Brecher II, 84. 90 Anm. 91.
Bremen II, 264 f.
Bremerhaven II, 264 f. 271.
Brémontier, angeblicher Ein-
fluß des Nebels auf die Wel-
lenbewegung II, 82.
Brest I, 37. II, 209.
— Gezeitenbeobachtungen von
Laplace in B. II, 187.
Bretagne I, 321. II, 515.
— starke Flutgröße in der Bucht
von St. Michel II, 161.
Breusing, Erklärung des Wor-
tes „Gezeiten" II, 154 f.
— „Springzeit" und „taube" Ge-
zeit II, 156.
— von ihm Bezeichnung „Fluß-
geschwelle" II, 160 Anm. 1.
— cit. II, 376.
Brewer, W., Untersuchungen
über Abscheidung der fluvia-
tilen Sedimente an der Küste
II, 98. 114.
Bright, Ingenieur, Leiter der
ersten transatlantischen Ka-
bellegung I, 80.
Brighton, Fluthöhe bei Spring-
zeit II, 255.
Brindisi I, 96.
Brisbane I, 42. 104 f.
Bristol, Flutautograph bei II,
165.
— Gezeiten in B. II, 184.
— Golf von II, 152.
Bristolkanal, Klippenbrandung
im II, 85.
— Flutgröße II, 161.
— II, 108. 431.
Britische Admiralitätskarten I,
118. 268.

Britische Inseln, unterseeische
Verbindung mit dem Fest-
lande I, 63.
— — Flachheit des umgebenden
Meeres I, 76.
— — Bank der brit. Inseln I,
81 f. 92.
Britischer Kanal s. englischer
Kanal.
Britisches Hydrograph. Amt,
Herausgabe einer kartograph.
Uebersicht der Meeresströ-
mungen II, 380.
Britisches Meteorologisches Amt
II, 412.
Britisches Randmeer, geringe
Tiefe desselben I, 22.
— — Areal I, 23.
Britisch-Indien, Küstenaufnah-
men I, 42.
Britisch-Kolumbia, Vermessung
der Küsten I, 42.
— — Fjorde I, 45.
„British Consul", Wellenbeob-
achtung II, 80.
Broderip II, 34.
Broekhuyzen, v., s. „Willem
Barents".
Brooke, Lotapparat von I, 53.
80.
— brachte zuerst Proben von
Kalkschlamm vom Meeres-
boden herauf I, 66.
— Lotungen im Pazific I, 101.
Brouwershavenscher Gat II, 240.
Brown, Rob., Ursache der
olivengrünen Färbung eines
Teils des Grönländ. Meeres
I, 177.
Brückner, Wasserstands-
schwankung im Schwarzen
Meere II, 219.
Bruijne, de, s. „Willem Ba-
rents".
Bruns, Unregelmäßigkeiten der
Niveauflächen I, 32.
Brunsbüttel II, 265. 271 f.
Brunshausen II, 264 f. 270 f.
Buache, nach ihm die Be-

zeichnung „Großer Ozean“
I, 17.

„Buccaneer“, Schiff II, 415.

Buchan I, 238.

— s. auch „Dorothea“.

Buchanan, J. J., Mitglied der
Challenger-Expedition, Untersuchung des Globigerinen-
schlammes I, 69.

— Untersuchungen über die im
Meerwasser enthaltene Luftmenge I, 136 ff.

— Wasserschöpfapparat von B.
I, 142.

— spezifisches Gewicht d. Meerwassers I, 143. 147 f. 150 f.
II, 281 f.

— Salz im Seewassereis I, 360.

— Gegensatz der Luv- und Leeküsten der Ozeane äußert sich
in der geograph. Verteilung
der riffbauenden Korallen II,
312.

— niedrige Küstentemperaturen
bei Panama II, 492.

— cit. II, 307. 309. 404. 411.
415.

Buchwald, Kapt., s. „Fylla“.

Buff cit. II, 285.

Buffon II, 329.

Buist, Dr. G., Beobachtung
merkwürdiger Meeresfärbung
I, 178.

Bukkenfjord I, 89. II, 241.

„Bulldog“, Kapt. Mac Clintock,
Lotungen in der Davisstraße
I, 83 f.

Bullock s. „Serpent“.

Bunsen I, 135. 137. 238.

— spezifisches Gewicht d. Eises
I, 361 f.

Bunt, stellt den ersten Flutautographen bei Bristol auf
II, 165.

Buntehaus II, 265.

Burat II, 432. 515.

Burmeister, Ursache d. blauen
Farbe des Meeres I, 180.

Buys-Ballot I, 190. 196. 202.

C.

Cabot, Sebastian, II, 328.

Cadillac II, 266. 268 f.

Cadiz, Stoßwelle von dem großen
Erdbeben von Lissabon II,
117.

Cadgwith II, 94.

Caesar II, 158.

Calais, erste unterseeische Leitung zwischen C. und Dover
I, 6.

— Hafenzeit in C. II, 240.

— II, 513. 515.

— Straße von I, 47.

Caligny, Untersuchungen über
Uebertragungswellen II, 25 f.
134.

— Versuche über die Wirkung
der Abrasion II, 101. 104 ff.
109.

Callao I, 37. 107.

— Oberflächentemperaturen in
C. II, 309 ff. 509.

Calvados II, 227.

Calvert s. „Porcupine“.

Camdenbai I, 370.

Campbell, spezifisches Gewicht
des Meerwassers vor der
Kongomündung I, 156.

Campbell-Insel II, 503.

Canada I, 214. 227.

Candolle, Cas. de, Unter-
suchungen über Entstehung
der Wellenfurchen II, 322.

Canton II, 220.

Capim II, 276 f.

„Capricieuse“, Kapt. Trébuchet,
Beobachtung merkwürdiger
Färbung des Meerwassers I,
179.

Cardiff, Abrasion an dem Thonufer von C. II, 108 f.

„Carola“, S. M. S., Strombeobachtungen im Pazific II, 486.
488.

Carpenter, Ursache d. Fehlens
organischen Lebens in den
Tiefen des Mittelmeeres I, 95.

Carpenter, Bestimmung des Luftgehaltes im Meerwasser I, 185.
— spezif. Gewicht des Mittelmeerwassers I, 170. II, 299.
— Dichte und Salzgehalt des Schwarzen Meeres I, 172.
— Theorie der ozeanischen Zirkulation I, 244.
— bringt die vertikale Zirkulation der Ozeane in neuerer Zeit zur allgemeinen Anerkennung II, 287 ff.
— Temperaturmessungen im Mittelmeer I, 264 f.
— Temperaturverteilung im Pazific I, 276.
— warme und kalte Wasserstreifen am Nordrande des Kurosiwo I, 285.
— Reihentemperaturmessungen in der Davisstraße I, 318.
— Verhältnis der Menge des ausströmenden zum einströmenden Wasser im Bab-el-Mandeb II, 298.
— cit. I, 113. II, 322.
— s. auch „Porcupine“ und „Lightning“.
Carpentaria, Golf von I, 23 Anm. 4.
Cartagena I, 37.
Cartesius II, 331.
Casella s. Miller.
Casquets, Fluthöhe bei Springzeit II, 255.
Castets II, 264 ff. 268.
Catania I, 172.
Cat Island II, 221.
Cavaliani-Insel II, 146.
Cayenne I, 227. II, 401.
Caymans I, 267.
Ceara II, 209.
Cedar-Keys, Höhe der halbtägigen und eintägigen Gezeiten II, 203 f.
Celebes, kontinentale Insel I, 49.
— I, 64. 111. 299.

Celebessee, Teil des australasiatischen Mittelmeeres I, 23 Anm. 4.
— Gebrauch des Namens I, 18.
— grüne und blaue Thone auf dem Boden der C. I, 67.
— unterseeisch abgeschlossenes Meeresbecken I, 111.
— größte Tiefe I, 126.
— Temperaturverteilung I, 299. 301. 303.
— II, 483.
Ceram I, 111.
Cerigo-Insel II, 67.
Cerros-Insel I, 107.
Cette II, 467.
Ceuta I, 91.
Ceylon I, 28. 49. 178 f. II, 339.
— Tiefen bei I, 119 f.
— Monsunströme von C. von Fournier und Varenius erwähnt II, 328.
— Strömungen bei C. II, 468 f. 471.
Chagos-Archipel I, 48. 120.
— Strömungen in demselben II, 469.
Chagres I, 37.
Chalkis, Strömungen des Euripus bei Ch. und Niveauschwankungen im Nord- und Südhafen II, 413 ff.
„Challenger“, engl., Kapt. Sir G. Nares und Kapt. Frank Thomson, Verwendung von Baillies Tieflot I, 56.
— Arbeiten der Challenger-Expedition für die mittleren und südlichen Teile des Atlantic maßgebend I, 73.
— Lotungen, Temperaturmessungen und sonstige Beobachtungen im Atlantic I, 75 f. 86 ff. 171. 226 f. 271 ff.
— Erforschung d. Stillen Ozeans I, 101. 103 ff. 110. 114 ff. 276 ff. II, 314.
— Erforschung des Indischen Ozeans I, 117. 121.

„Challenger", Temperaturmes-
    sungen im Antarktischen
    Ozean I, 357 f.
— durchschnittliche Höhe der
    im antarktischen Gebiet an-
    getroffenen Eisberge nach
    Nares I, 375.
— Wellenmessungen II, 48.
— Methode der Strombeobach-
    tung II, 378.
— Beobachtungen von Meeres-
    strömungen II, 391. 403. 408.
    424 f. 430. 444. 478. 485. 491.
    496. 503. 506.
Challenger - Tiefe, Name von
    Petermann, Tiefenverhält-
    nisse I, 103.
Challis II, 333.
Chamisso, Erklärung der Ko-
    rallenbildungen I, 44.
Chanak (Tschanak) Kalessi, hier
    tiefste Stelle der Dardanellen
    I, 94.
Chappe d'Auteroche II, 383.
Charente, Flußgeschwelle der
    II, 267. 270. 274.
— Sprungwelle in der Ch. II,
    276. 278.
Charleston I, 99. 268. II, 202.
    419.
Chatanga I, 350.
Chatham-Inseln, Stoßwellen von
    dem Erdbeben von Arica II,
    120 f.
— Strömungen bei denselben
    II, 476. 505 f.
Chepodybai, berühmt durch ihre
    starke Flutgröße II, 161.
Cherbourg I, 184.
— Fluthöhe bei Springzeit II,
    255.
Chicago, Höhe der Springflut in
    II, 190.
Chile, Küsten genau vermessen
    I, 42.
— Bänke an der Küste I, 48.
— jäher Abfall der Küste I, 64.
— niedrige Temperaturen an
    der Küste II, 309 ff.

Chile II, 484.
Chiloë-Insel I, 45.
Chimmo s. „Nassau".
China, Küstenvermessungen I,
    42.
— Temperaturen an der Süd-
    küste II, 317 f.
— Strömungen an der Südküste
    II, 481 f.
Chinasee   s.   Südchinesisches
    Meer.
Chinesisches Meer s. Südchine-
    sisches Meer.
Chios I, 94.
Chiriqui, Bucht von II, 390.
Choiseul-Insel II, 490.
Christchurch, Flutkurve von II,
    272. 274.
Christianiafjord II, 241. 464.
Christiansand II, 241.
Chüden, Kapt., s. „Nautilus".
Cialdi, cit. II, 26. 48. 67 f. 80.
    370.
— Wellenmessungen im Golf
    von Biskaya II, 48.
— gibt eine reiche Sammlung
    beobachteter Wellenmaße II,
    52 f.
— Brandungen an verschiede-
    nen Küsten mit Angabe der
    Wassertiefen II, 90.
— Grundseen II, 91.
— Strömungen im Mittelmeer
    II, 466.
Clarke, Wirkung des Windstaus
    auf der Taganrogschen Reede
    II, 304.
Clavering, Kapt., große Aus-
    dehnung eines Eisfeldes I,
    363.
— II, 388.
Clevedon-Pier II, 161.
Coccolithen I, 132.
Cochinchina I, 297. II, 482.
Cochius, Beobachtung merk-
    würdiger Färbung des Meer-
    wassers I, 179.
Codiacfluß II, 161.
Coffin II, 510.

Colding, Professor A., Untersuchungen über die aufstauende Wirkung des Windes II, 301 ff. 321 f.

Cold wall s. kalter Wall.

Columbiafluß I, 26. II, 498.

Comoy, M., Stromwechsel in Port-en-Bessin II, 227.

— Berechnung der mittleren Stärke der Gezeitenströme II, 230 ff.

— Untersuchungen über Flußgeschwelle II, 256 ff.

— Untersuchungen der Sprungwelle in franzöz. Flüssen II, 275. 278 ff.

Concepcion, Erdbeben von C. 20. Febr. 1835 von Stoßwellen begleitet II, 119.

Conchaceen, nach ihnen der Kalifornische Meerbusen auch Purpurmeer genannt I, 177.

Condore-Inseln II, 482.

Congo (Kongo) I, 26. 175. II, 308. 400. 404.

— mittlere Abflußmenge I, 131.

— spezif. Gewicht des Meerwassers dicht bei seiner Mündung nach v. Schleinitz und Campbell I, 155 f.

„Congress“, Lotungen unter Parker I, 57.

Cook I, 14. 224. 238. II, 329. 371. 486.

Cook-Inseln II, 488 f. 503.

Cookstraße I, 105. II, 255. 505.

Copeland, Messungen d. Dichte des Meerwassers I, 161.

Coquimbo II, 120.

— Oberflächentemperaturen in II, 310.

Cornelissen, Segelanweisungen I, 193.

— Temperaturverteilung an der Oberfläche des Nordatlantic I, 231 f.

Cortez II, 417.

Corvo-Insel II, 426. 428 f.

Costa Rica II, 492.

Cotentin II, 232. 255.

Coudraye, de la, cit. II, 67.

Couesnon II, 276. 278.

Coupvent des Bois, Luft- und Wassertemperaturen I, 266.

— Formeln für den Einfluß der Windstärke auf die Wellenhöhe II, 68 ff. 72 f.

— s. auch „Astrolabe“.

Courtown, abnorme Gezeiten in II, 204.

Crantz II, 461.

Crocker, cit. II, 276.

Croll, J., gegen die Lehre von der Entstehung der Meeresströmungen durch Temperaturdifferenzen II, 286 ff.

— II, 340.

Cromer II, 232 f. 235. 246. 252.

Crozet-Inseln I, 117. 120. 249. 312. II, 48. 475. 478.

Cuba, kontinentale Insel I, 49.

— I, 99 ff. 267. II, 390 f. 415 f. 418.

Cumana I, 37.

Cumberlandsund II, 461.

Currituk I, 276.

Cuxhaven II, 220. 223. 246. 264 f. 270 ff. 276. 303.

— Beispiel einer Flutkurve von C. II, 165 f.

— Stromwechsel bei C. II, 226.

„Cyclops“, engl., Lotungen unter Dayman im Nordatlantic I, 80.

— Lotungen unter Kapt. Pullen im Indischen Ozean I, 119.

Cykloide II, 4 f. 8 f. 13.

Cyklonen I, 202 f. 215.

Cypern, steiler Abfall des Seebodens an den Küsten I, 94.

— II, 467.

D.

Dacht-el-Majun II, 298.

„Dacia“, Dampfer, Lotungen an d. Westküste von Südamerika I, 107.

Dänemarkstraße I, 25. 82. 228. 317. 320. II, 294. 436.
— Tiefenverhältnisse I, 84.
— Temperaturverteilung I, 270 f. 323 ff. 333. 339.
— Eisverhältnisse I, 378. 382 f.
Dagö, Stoßwelle am 15. Jan. 1858 bei der Insel D. II, 118 f.
Dall, Temperaturverhältnisse in Beringstraße und -Meer I, 352 f.
— II, 495 f. 497 ff.
Dallmann, Kapt., s. „Luise“.
Dalmatinische Küste, Flutgröße an derselben beträchtlicher als an der italien. II, 255.
— Strömung an derselben II, 467.
Dana, Korallen-Insel I, 45.
Danckelman, v., Darstellung der Regenverhältnisse des Indischen Ozeans I, 220.
— kaltes Küstenwasser in Westafrika II, 308.
Dangers I, 47.
Daniell, cit. II, 81.
Daniellssen I, 327.
Danziger Bucht II, 66.
Daphnus II, 116.
Dardanellen I, 172. II, 515.
— tiefste Stelle der D. I, 94.
— Strömung in denselben II, 298. 299 Anm. 1. 467.
Darien, Bucht von II, 390.
Darßerort I, 167.
Dartmouth II, 233.
Darwin, Ch., blaue Farbe des Meeres I, 175.
— Tiefe des Vorkommens der Korallen II, 34.
— Verbreitung des Birnentangs II, 443.
Darwin, G. H., der feste Erdkörper verhält sich den fluterzeugenden Kräften gegenüber nicht in meßbarer Weise nachgiebig II, 214.
— bildet die harmonische Analyse der Gezeitenbeobach-

tungen Thomsons weiter aus II, 215. 219.
Darwin, G. H., von ihm die Bezeichnung overtides II, 217.
— Untersuchungen über Entstehung der Wellenfurchen II, 322.
Darwin-Danasche Senkungstheorie I, 50. 112 f.
Davisstraße I, 24 f. 82. 213. 317. 369. 379. 382.
— Lotungen in derselben I, 82 f.
— Tiefe I, 125.
— Temperaturmessungen I, 318. 320.
— Strömungen II, 433 ff. 453. 461.
Davy, Farbe des reinen Wassers von ihm zuerst für blau erklärt I, 175.
Dayman, Lotungen im Mittelmeer I, 91.
— s. auch „Firebrand“ und „Cyclops“.
Deal, Hafenzeit in II, 236 Anm. 1.
Dedesdorf II, 271.
Delesse, geologische Karte des Meeresbodens an den Küsten Europas I, 66.
„Deli“, Jacht, Expedition in der Adria I, 171.
Denham, Kapt., Lotungen von I, 57. 101.
Depressionen s. barometrische Minima.
Depressionsgebiete der Ozeane I, 60.
Despretz, Untersuchung über die Ausdehnung des Meerwassers durch die Wärme I, 143.
— Temperaturen des Gefrierpunktes und des Dichtigkeitsmaximums des Meerwassers I, 235 ff.
Dhalak-Insel I, 316.
Diamond Point II, 278.
„Diana“, russ. Fregatte, durch Stoßwellen im Hafen von

Simoda wrack geworden II, 119.

Diatomeen, Ursache von Meeresfärbung I, 177.

Diatomeenschlamm I, 66.
— Beschaffenheit und Vorkommen I, 70.
— charakteristisch für den Boden des südindischen Ozeans I, 120 f.

Dichtigkeit des Meerwassers s. Meerwasser.

Diego Colon II, 417.

Diego Garcia-Insel I, 120.

Dieppe II, 233. 513.

Dinklage, Kapt., II, 370.
— Flaschenposten im Guineastrom II, 409 f.

Dirk-Hartog-Insel II, 474.

Disasterbai I, 354.
— Messungen der Eisdicke in derselben I, 370 f.

Disco-Insel I, 318. II, 435.

Discoloured Water I, 176.

„Discovery", engl., Nordpol-Expedition unter Leitung von Sir G. Nares I, 125. 317.
— Messungen des spezifischen Gewichtes des Meerwassers I, 163.
— Temperaturmessungen im amerik.-arktischen Archipel I, 355.

Discoverybucht I, 125. 369 f.

Discoverybai I, 355.

Djidjeli, Brandung vor II, 90.

Dnjepr I, 172.

Doggerbank, Beschreibung derselben I, 89.
— Salzgehalt des Meerwassers über derselben I, 165.
— klimat. Scheide zwischen der Nord- und Südhälfte der Nordsee I, 262 f.
— Flutwellen derselben II, 241 ff.
— II, 462.

Dolphin-Rise (Delphin-Rücken) I, 74.
— Lotungen auf demselben I, 87.

Don I, 172.

Donau I, 26. 95. 172. II, 419 Anm. 1.
— mittlere Abflußmenge I, 131.

Dordogne II, 267.
— Sprungwelle in der II, 277 f.

„Dorothea", Kapt. Buchan, Temperaturmessungen im Nordmeere I, 341.

Dorst, Menge des zwischen Grönland und Island nach Süden getriebenen Eises I, 380.

Dove, Kreistheorie der Wirbelstürme I, 218.
— von ihm Bezeichnung „Flutlinien" II, 190.
— Gezeiten sind „stehende Wellen" II, 224.
— cit. II, 196.

Dover, erste unterseeische Leitung zwischen D. und Calais I, 6.
— Gezeitenströme bei D. II, 232 ff.
— Hafenzeit in D. II, 236 Anm. 1.
— II, 94. 227. 240. 244. 246. 515.
— Straße von, II, 515.

„Drache", Kapt. Holzhauer, Untersuchung der Nordsee I, 263.
— Beobachtungen der Gezeiten auf und an der Doggerbank II, 242 ff.
— Kapt. P. Hoffmann, Beobachtung von Temperaturschwankungen bei Memel infolge vertikaler Zirkulation II, 305.

Dreikönigs-Inseln II, 505.

Drift currents II, 340.

Dublat II, 122.

Dubuat, Versuche über das zur Hervorbringung einer nachweisbaren Stromgeschwindigkeit nötige Minimalgefälle II, 286.

Duhil de Benazé, cit. II, 5.

Duhil de Benazé, Wellen-
messungen in See auf flachem
Wasser II, 27.
Duke of York-Insel II, 486.
Dumas, spezifisches Gewicht
des Eises I, 361.
Dumont d'Urville, Ent-
deckung festen Landes im
südlichen Polarmeer I, 121.
— Temperaturmessungen im
Mittelmeer I, 264.
— falsche Schätzung der Höhe
der von ihm am Kap der
guten Hoffnung gesehenen
Wellen II, 47 f.
— richtige Auffassung der Vertikalzirkulation des Meer-
wassers II, 285.
— Strombeobachtungen im Pa-
zific II, 487. 490 f.
— s. auch „Astrolabe".
Dunbar II, 99.
Duperrey, seine Untersuchun-
gen der Meeresströmungen
II, 443. 483 f. 486 f. 503.
507.
Du Petit Thouars, auf seiner
Weltumsegelung erste Ver-
suche mit einem vor Druck
geschützten Tiefseethermo-
meter I, 238.
— II, 381. 492. 498. 502.
— s. auch „Vénus".
„Dupleix", franz., Wellenmes-
sungen II, 43.
Durchsichtigkeit des Meeres s.
Meer.
Dünen I, 46.
Dünkirchen II, 233. 237. 432. 513.
— Fluthöhe bei Springzeit II,
255.
Dünung II, 36 f. 71. 83. 85. 89 ff.
97. 111.
— vor dem Sturme herlaufend
II, 75 ff.
Dwars-in-den-Weg-Insel, Stoß-
welle von Krakatau bei D.
II, 124.
Dwina I, 162.

E.

Earnshaw, cit. II, 6.
East Lothian II, 99.
Ebbe oder Ebbestrom II, 225 ff.
Ebro I, 26.
Eddystone, Klippenbrandung am
Leuchtturm von II, 85.
Edlund, Untersuchungen über
den Salzgehalt des Bottni-
schen Meerbusens I, 169.
Eger II, 295.
Egmont-Keys, Höhe der halb-
tägigen und eintägigen Ge-
zeiten II, 203.
Ehrenberg, cit. I, 182 f.
Eider II, 247.
Eingradfelder I, 192.
Eintagsfluten II, 220 f.
Einzelwelle II, 24 f.
Eisberge I, 358. 363. 374 ff. 382.
— südlichste bekannt gewor-
dene Position eines Eisberges
bei Neufundland II, 437.
Eiserne Küste II, 106.
Eisfelder I, 358. 363.
Eismeer, nördliches, s. Arkti-
scher Ozean.
— südliches, s. Antarkt. Ozean.
Eismeertiefe I, 60. 85. 159. 261.
328 f. 331. 333. 336.
— Tiefen- und Bodenverhält-
nisse I, 122 f.
— Bodentemperaturen I, 336.
338.
Eispressungen I, 365.
Eisströme und Menge des von
ihnen fortgeführten Eises I,
378 ff.
Eisverhältnisse der Meere I, 358 ff.
— Süßwasser- und Salzwassereis
I, 358 f.
— chemische Aenderung des
Seewassers beim Gefrieren.
Salzausscheidung I, 359 ff.
— spezifisches Gewicht des Eises
I, 361 f.
— Ausdehnung und Festigkeit
des Eises I, 362 f.

Eisverhältnisse der Meere, Feldeis I, 363.
— Umformung des Feldeises I, 364 ff.
— Grenzen der Zunahme des Eises I, 367 f.
— Dicke des Eises I, 368 f.
— Dicke des einjährigen Eises I, 369 ff.
— Gletschereis. Eisberge I, 374 ff.
— treibendes Eis I, 377. 382 f.
— Eisströme und Menge des von ihnen fortgeführten Eises I, 378 ff.
— Wirkung von Wind und Strömung auf die Eisbewegung I, 380.
— Verhalten des Eises an Ost- und Westküsten I, 381.
— günstige und ungünstige Eisverhältnisse I, 381 f.
— Südgrenze des arktischen Eises I, 382.
— in verschiedenen Jahren I, 383 f.
— Bewegung d. arkt. Eismassen nach Süden I, 384.
— Eis im Antarktischen, Stillen und Indischen Ozean I, 385 f.
— Treibeisgrenze im Südatlantic I, 385 f.
Eiswand, antarktische, Bruchfläche eines gewaltigen Gletschers I, 374.
Ekman, Wasserschöpfapparat I, 142.
— über Strömungen II, 337. 342. 359 f. 457.
Elbe I, 26. 46. 165. II, 161. 247. 251 f.
— Stromwechsel an der Mündung bei Cuxhaven II, 226. 228.
— Flußgeschwelle der E. II, 264 f. 270 ff.
— Sprungwelle fehlt der E. II, 275.
Elemente, chemische, im Meerwasser I, 127 ff.

Elfsborgsfjord II, 359.
„Elisabeth", Kapt. Livonius, Beobachtung merkwürdig. Färbung des Meerwassers I, 178.
— Beobachtung kalter und warmer Wasserstreifen am Nordrande des Kurosiwo I, 285.
— Kapt. Hollmann, Temperaturmessungen bei Callao II, 311.
— Kapt. v. Wickede, Strombeobachtung im Pazific II, 492 f.
Ellerbeck, Flutautograph bei II, 165 Anm. 1.
Ellice-Inseln II, 487 f.
Ellis, älteste Temperaturbestimmungen des Meerwassers in größeren Tiefen I, 237 f.
Elsfleth II, 271.
Eltonsee, Salzsee. Salzgehalt des I, 173. II, 297.
„Ely", Schiff II, 476.
Ems II, 247.
— Vorkommen der Sprungwelle in der E. nach Franzius II, 275.
Emy II, 25.
Enderby-Land I, 30.
England I, 318. II, 69. 158. 188. 463.
— Maximalhöhe der Wellen an der Ostküste nach Stevenson II, 51.
Englische Segelhandbücher für die großen Ozeane II, 330.
Englischer Kanal, zur Nordsee gerechnet I, 23 Anm. 5.
— — viele Bänke in ihm I, 47.
— — grüne Färbung d. Wassers an der englischen Küste I, 176.
— — Form der Gestadebildung an den Kreideküsten II, 109.
— — Stoßwelle vom Erdbeben von Lissabon II, 118.
— — Gezeiten II, 161. 188 f.
— — Gezeitenströmungen II, 224 ff.
— — Fluthöhe an der französischen Seite höher als an der englischen II, 254 ff.

Englischer Kanal I, 65. 193 f.
224. II, 80. 90. 431 f.
Englisches hydrograph. Amt II,
90 Anm. 1.
Entfärbtes Wasser I, 176.
Entomostraca I, 177.
d'Entrecasteaux II, 487.
Erdbebenflutwellen im Stillen
Ozean, Versuche, dieselben
zur Bestimmung der Tiefen
zu benutzen I, 109.
Erdkugel, Verteilung der Land-
und Wassermassen auf der
nördlichen und südlichen
Halbkugel I, 19.
— Scheidung in eine nordöst-
liche und südwestliche Halb-
kugel hinsichtlich der Ver-
teilung von Land und Wasser
I, 20.
Erdoberfläche, Gesamtareal nach
Behm und Wagner I, 19.
— Einteilung in Zehngradfelder
I, 190 f.
Erdrotation, Ablenkung der Ge-
zeitenströme durch die II,
253 ff.
— Ablenkung der Meeresströ-
mungen durch die E. II, 362 ff.
Erebus, Vulkan I, 30. 122.
Eregli I, 94.
Eretrischer Kanal II, 146.
Erman, Untersuchung über Aus-
dehnung des Meerwassers
durch die Wärme I, 143 f.
— Meerwasser ohne Dichtigkeits-
maximum I, 235 f.
— richtige Auffassung E.s von
der Vertikalzirkulation des
Meerwassers II, 285.
„Essex", Lotungen im „west-
lichen afrikanischen Becken"
I, 77.
— in der „Trinidad-Tiefe" I, 78.
126.
Etmal II, 373 ff.
Euböa, Seebebenwellen II, 115.
— II, 143. 146.

Euler, über die Theorie der
Gezeiten II, 167.
Euripus, Erklärung der Strömungen des II, 143 ff.
Europa, Küstenvermessungen I,
41 f.
— Küstenentwickelung I, 43.
— zwei unterseeische Verbin-
dungen mit Afrika I, 91.
— Küsten haben unter gleichen
Breiten eine höhere Tempe-
ratur als die von Nordame-
rika I, 222.
— mittlerer Wert der halb-
monatlichen Ungleichheit an
der Westküste II, 202.
— Küste E.s hat durchweg später
Hochwasser als die gegen-
überliegende amerikanische
II, 212.
Europäisches (oder Norwegi-
sches) Nordmeer I, 25. 29.
136 ff.
— — Name von Mohn I, 317. 327.
— — Tiefen- und Bodenverhält-
nisse I, 122 f.
— — Messungen des spezifischen
Gewichtes I, 158 ff.
— — Luftdruckverteilung I, 198.
— — Temperaturverteilung nach
Mohns Untersuchungen I,
327 ff.
— — anderweitige Temperatur-
beobachtungen I, 340 f.
— — Strömungen II, 447 ff.
Eustathius, Ableitung des
Wortes „Okeanos" II, 327.
Evans, Kapt., kartographische
Uebersicht der Meeresströ-
mungen II, 330. 385 f. 388.
390. 409. 415. 438. 446. 468 ff.
474. 479. 485 f. 497 f. 504.

F.

Faira Island (Faira-Insel) II, 90.
243 ff. 432.
Falklandsee, Meeresströmungen
der II, 440.

Falklands-Inseln I, 78. 249. II, 66. 439 ff. 507.
Falklandstrom II, 318. 438 ff. 507 f.
Fallendwasser II, 225.
„Falmouth", Schiff I, 187.
Falsepoint-Leuchte II, 122.
Falster I, 167.
Farbe des Meeres s. Meer.
Farge II, 265.
Faröer I, 25. 82 f. 85. 122. 159. 214. 317. 320 ff. 328 f. 337. 339. II, 91. 288. 292. 294. 320. 425. 430. 432. 447. 452. 454. 456.
Farö-Fischerbank I, 321.
Farö-Island-Bank, Temperaturen auf der I, 328 f. 339.
Farö-Shetlandrinne s. Lightning-kanal.
Faule-Insel II, 137.
Faules Meer (Siwas), große Teile bei anhaltendem Westwinde trocken gelegt II, 304.
Faye, Kreistheorie der Wirbel-stürme I, 218.
Fécamp II, 233.
— Fluthöhe bei Springzeit II, 255.
Fedderwardersiel II, 267.
Fehmarn, Wellenhöhe bei F. II, 67.
— Flutautograph auf F. bei der Marienleuchte II, 165 Anm. 1.
Feldeis I, 363.
— Umformungen desselben I, 364 ff.
Felsengebirge I, 213.
Ferdinandea I, 93.
Fernando Noronha II, 395 f.
Fernando Po II, 404. 414.
Ferrel, seine Gezeitentheorie II, 196 ff.
— Untersuchungen über die auf-stauende Wirkung des Win-des II, 301.
— Theorie der Meeresströmun-gen II, 332 f.
— Einwendungen gegen die

Windtheorie der Meeresströ-mungen II, 350.
Ferrel, cit. II, 185 ff. 190. 221 f. 253. 286. 371.
Ferro, Hafenzeit von II, 209.
Festland s. Land.
Feuerland II, 507 f.
Fidschi-Inseln (vgl. Viti-Inseln) I, 42. 104 f. 176. 294.
— Korallenschlamm bei den F. I, 68.
Findlay, A. G., cit. II, 276. 340. 384. 391. 399. 401. 415. 431. 438. 468. 483. 489. 491. 495. 502 f. 510.
— die von F. bearbeiteten engl. Segelhandbücher wertvoll II, 330.
Finnische Schären II, 66.
Finnischer Meerbusen, Salzge-halt I, 169.
Finnmarken I, 331. 342. II, 454.
Finsch II, 487.
Finschhafen II, 220.
„Firebrand", Schiff, Lotungen von Dayman im Meerbusen von Biscaya I, 76.
Firth I, 45.
Fischer, Theob., Untersuchun-gen der Küste von Algerien und Tunesien II, 113. 516.
— seine Schilderung des Mar-robbio II, 150 f.
— Strömungen im Mittelmeer II, 466.
Fitzroy, Admiral, Sammlung meteorolog. Beobachtungen aus dem Atlantic I, 191. 233.
— Gezeiten sind „stehende Wel-len" II, 224.
— I, 239 f. II, 196. 311. 374. 492. 508.
Fjorde I, 45.
Flachküsten I, 44. 46.
Flamborough Head II, 241.
Flamsteed, erste Gezeitentafel von II, 158.
Flarden I, 363. 377.
Flaschenposten II, 381.

Flaschenposten im Guineastrom II, 409 f.
Fleurieu II, 497.
Fliegende Aufnahmen I, 41.
Floeberg Beach I, 124. 163 f. 355. 370.
Florenz II, 454.
Flores I, 111. 315. II, 428 f.
Flores-Sea I, 18.
Florida I, 97 f. 276. II, 200. 204. 209. 221. 417 f.
Floridaengen II, 329. 418 ff. 430.
Floridariffe (oder Cays), dehnen sich allmählich nach Westen aus I, 270.
— I, 47. 97. II, 416.
Florida, Straße von, Tiefenverhältnisse I, 98.
— I, 267 f. 270 f. II, 202. 418. 421.
Floridastrom I, 272. II, 318. 320. 328. 364. 379. 416 ff. 428. 430. 433. 436 f. 493 ff. 514.
Flüsse, Abflußmengen einiger I, 131.
— spezifisches Gewicht des Meerwassers in der Nähe ihrer Mündungen I, 155 f.
Flußgeschwelle II, 160. 184. 192. 245. 256 ff.
— Eintritt der Flutwelle in die Flußmündung II, 257.
— Auftreten einer Uebertragungswelle II, 258 ff.
— Umformung der Flutwelle im Flußbett II, 260 ff.
— vordere Böschung der Flutwelle II, 264 f.
— absolute Höhe der Flutwellenscheitel II, 266 f.
— absolute Höhe des Niedrigwassers und Mittelwassers II, 268 ff.
— Gezeitenströme im Geschwelle II, 270 f.
— Flutkurven in einigen Flußgeschwellen II, 272 ff.
— die Bore oder Flutbrandung oder Sprungwelle II, 275 ff.

Flußwasser, Vergleich von Meer- und Flußwasser I, 130.
Flut oder Flutstrom II, 225 ff.
Flutautographen II, 164 f.
Flutbrandung s. Sprungwelle.
Flutgröße s. Gezeiten.
Flutkurven II, 164 ff.
Flutlinien, Bezeichnung v. Dove II, 190.
Flutstundenlinien, Bezeichnung von Börgen II, 188 ff. 206 f.
Flutwechsel s. Gezeiten.
Folger, Kapt. II, 420.
Folkestone, Riffe am Strande bei F. II, 107.
— Fluthöhe bei Springzeit II, 255.
Foraminiferen I, 66 ff. 86.
Forchhammer, grundlegende Arbeiten über die Chemie des Meeres I, 127. 129. 133.
— Maximum des Salzgehaltes im Atlantischen Ozean I, 130.
— Salzgehalt des Mittelländischen Meeres I, 170.
Forel, Durchsichtigkeit des Wassers im Genfer See I, 184.
— Erklärung der Seiches in Schweizer Seen und der Euripusströmungen durch uninodale Schwingungen II, 142 ff.
— Untersuchungen über Entstehung der Wellenfurchen II, 322 f.
„Forester", Brigg II, 496.
Formosa II, 480 ff. 484. 493. 495. 501.
„Formosa", Schiff II, 437.
Formosastraße II, 221. 317. 481 f. 501.
Fornäs II, 303.
Forster I, 14. 238.
— blaue Farbe des Meeres I, 175.
— Meeresleuchten I, 182.
Fort Clinch II, 221.
Forth River II, 272.
Fortpflanzungsgeschwindigkeit der Wellen II, 6. 11 ff. 42 ff. 62 ff. 129 ff.

Fortpflanzungsgeschwindigkeit der Wellen, Messung derselben II, 23 ff. 38.
— Untersuchungen über die F. von Lieut. Pâris II, 63.
— Einfluß der Windstärke auf dieselbe II, 74 ff.
Foster II, 507 f.
Foucault II, 336.
Fourier, seine Auffassung der Meeresströmungen II, 335.
Fournier, seine Kenntnis der Meeresströmungen II, 328.
Fowey, Fluthöhe bei Springzeit II, 255.
„Fox", engl., Kapt. Mac Clintock, Lotungen in der Baffinsbai I, 125.
— Drift derselben I, 379 f.
Foxkanal I, 24.
Franklin I, 238.
— s. auch „Trent".
Franklin, Benjamin, Hypothese über die Erregung der Wellen durch den Wind II, 56 f.
— wellenstillende Wirkung des Oels II, 81.
— erkennt zuerst in den Winden die Hauptursache aller Strömungen II, 340.
— fixiert zuerst thermometrisch die Grenzen des Golfstroms II, 383.
— bringt den Namen „Golfstrom" auf II, 418. 421.
— älteste Spezialkarte des Golfstroms von Fr. und Folger II, 419 f.
Frankreich, flaches Meer an der Westküste I, 76.
— an der Küste im Kanal die Fluthöhen größer als an der gegenüberliegenden Küste II, 254.
— Strömung an der Südküste II, 467.
— Aeußerungen des Küstenstromes an der Kanalküste II, 512 f.

Frank Thomson s. „Challenger".
Frantzius, L., cit. II, 264. 270 f. 275. 419 Anm. 1. 512.
Franz-Josephs-Land I, 29. 345. 360. II, 453. 458. 460.
— Gletscher I, 374.
— Verhalten des Eises an Ost- und Westküste I, 381.
Frederikshaab II, 435.
Freeden, v., Dichtigkeitsmaximum des Meerwassers über dem Nullpunkt I, 236.
Freetown I, 227.
Freie Wellen s. Wellen.
Fremy, Bestimmung des Luftgehaltes im Meerwasser I, 135.
Freundschafts-Inseln I, 71.
„Freya", deutsch, Bericht über die Paracel-Inseln II, 482.
Friedrichsort II, 60.
Friesische Küste, über den Watten fällt der Stromwechsel mit Hoch- oder Niedrigwasser zusammen II, 227.
— Gezeitenströme an derselben II, 244 ff.
Frile I, 327.
Fritz, S. II, 432.
Froude, Wellenmeßapparat II, 40 ff.
— cit. II, 6.
Fucusbank von Flores und Corvo II, 428 f.
Fünfgradfelder I, 192.
Funchal, Stoßwellen von dem großen Erdbeben von Lissabon II, 118.
Fundybai, berühmt ihrer starken Flutgröße wegen II, 161. 200 f. 515.
„Fylla", dän., Kapt. Jacobson, Lotungen in der Dänemarkstraße I, 84.
— Temperaturmessungen in derselben I, 271. 323. 325 ff. 333. 339.

G.

Galápagos-Inseln II, 132. 510.
— aufsteigendes kaltes Tiefen-
wasser an der Leeseite II, 311.
Galaxeidion II, 117.
Galeta-Insel I, 92.
Galveston, Höhe der eintägigen
und halbtägigen Gezeiten II,
203.
Gambia I, 26. II, 308.
Ganges I, 156. 217.
— Sprungwelle im II, 276 ff.
Garonne I, 37 f.
— Flußgeschwelle der G. II,
264 ff. 268 f. 278.
Gascogne, Meerbusen von I, 37.
Gaurisaukar I, 59.
Gay Lussac, nach ihm der
Ausdruck Volumeter I, 141.
„Gazelle“, Kapt. Frh. v. Schlei-
nitz, Beobachtung der steilen
Abhänge der Korallen-Inseln
I, 46.
— Verwendung des Tieflotes
von Baillie I, 56.
— Lotungen I, 58. 65. 77 f. 126.
— Erforschung des Atlantic I,
73. 86. 226 f. 250 ff. II, 313.
— Erforschung des Pazific I, 101.
105 f. 111. 114. 276 ff. II,
506.
— Erforschung des Indischen
Ozeans I, 117 f. 311 ff. II,
474. 478.
— Untersuchungen über die
Dichte des Meerwassers I,
147. 152. 154 f.
— Farbe des Meerwassers I,
176.
— Temperaturmessungen I, 247.
II, 288 Anm. 1.
— Lotungen im Falklandstrom
II, 441 f. 444.
Gegißtes Besteck II, 373.
Geinitz, Eugen, Berechnung
der Seetiefen aus Stoßwellen
I, 109. II, 121. 130.
Gelber Fluß s. Hoang-ho.

Gelbes Meer, Teil des ostchines.
Randmeeres I, 23 Anm. 6.
— — über den Namen I, 67. 117.
— — II, 501.
Genfer See I, 180.
— — rhythm. Niveauschwan-
kungen desselben II, 142 f.
147 f.
Genua I, 237. 264.
— höchste Sturmwellen im Golf
von Genua nach Smyth II, 51.
Geographische Gesellschaft zu
London, ihre Verdienste um
Benennung und Begrenzung
der fünf Ozeane I, 14.
Georgesbänke I, 99.
Georgia I, 98.
Georgskanal II, 486 f.
„Germania“, Kapt. Koldewey,
deutsche Nordpolfahrt, Tem-
peraturmessungen I, 341.
Gerstner II, 6.
Gesellschafts-Inseln I, 70. 115.
129. 152. II, 486.
„Gettysburg“, Lotungen im tief-
sten Depressionsgebiet des
Atlantic I, 75.
Gezeiten II, 154 ff.
— über das Wort G. II, 154 f.
— Ueberblick über die G.-Er-
scheinungen II, 154 ff.
— Springzeit und taube Gezeit
II, 156 f. 171. 177 ff.
— Wasserstandsmessung, Pegel
II, 162 ff.
— Theorie der Gezeiten, Gleich-
gewichtstheorie II, 166 ff. 219.
— elementare Ableitung der
Gleichgewichtstheorie, Mond-
und Sonnenfluten II, 167 ff.
— Zenithflut und Nadirflut II,
174.
— Flutgröße oder Flutwechsel
II, 175.
— die wichtigsten Kombinatio-
nen der Mond- und Sonnen-
flut nach Hann II, 178.
— halbmonatliche und tägliche
Ungleichheit II, 179 f.

Gezeiten, parallaktische oder elliptische Ungleichheit II, 181 f.
— Einwirkung der Mondstörungen auf die G.-Phänomene II, 182 f.
— G.-Theorien v. Laplace, Young und Whewell II, 184 ff. 219.
— Airys Kanaltheorie II, 191 ff. 219.
— Schwankungstheorie von Ferrel II, 196 ff.
— Untersuchungen von Börgen II, 205 ff.
— Untersuchungen von Sir William Thomson II, 213 ff.
— harmon. Analyse der G.-Beobachtungen II, 214 ff.
— zusammengesetzte u. Nebengezeiten II, 217 f.
— meteorolog. Gezeiten II, 218 f.
— ungelöste Probleme II, 219 ff.
— Vorausberechnung des Hochwassers II, 222 ff.
— die G.-Strömungen besonders im britischen Kanal und in der Nordsee II, 224 ff. 239 ff.
— Anwendung d. Wellentheorie auf die G.-Ströme II, 224 ff.
— Berechnung der Stromstärke II, 229 ff.
— rotatorische Strömungen II, 233. 237 ff.
— Ablenkung d. G.-Ströme durch die Erdrotation II, 253 ff.
— über die Flußgeschwelle s. Flußgeschwelle.
Gezwungene Wellen s. Wellen.
Ghunfura I, 316.
Gibraltar, unterseeische Bodenschwelle bei G. I, 64. 265.
— Strömungen bei G. I, 170. II, 296 f. 299 f. 466.
— Stoßwelle vom Erdbeben von Lissabon II, 117 f.
— Straße von I, 88. 90. 171. 413. 515.
— — — Tiefenverhältnisse I, 91.
— — — Dichte des Meerwassers in derselben I, 170.

Gibraltar, Straße von, Bodenschwelle derselben scheidet das Mittelmeerbecken von dem kalten Tiefenwasser des Atlantic ab I, 265.
Gilbert-Inseln II, 487. 490.
Gironde, Flußgeschwelle der II, 264 ff. 268 f. 271.
— Sprungwelle in der G. II, 276.
Gishiginskbai II, 499.
Gjedser I, 167.
Glasenapp, period. Schwankungen des Salzgehaltes im Rigaischen Meerbusen I, 169.
Gleichgewicht zwischen Wasser- und Landmassen nach Krümmel I, 62 f.
Gleichgewichtstheorie der Gezeiten s. Gezeiten.
Gletschereis I, 358. 363. 374 f.
Globigerina bulloides I, 66. 86.
Globigerinenschlamm I, 66.
— Beschaffenheit und Vorkommen I, 68 f.
— Vorkommen im Atlantic I, 86 ff.
— Vorkommen im Pazific I, 116.
— Vorkommen im Ind. Ozean I, 121.
Glückstadt, Stoßwelle vom Erdbeben von Lissabon bis nach Gl. fortgepflanzt II, 118.
— II, 265. 272.
Godavery I, 156.
Göta-Elf II, 359 f.
Goimpy, Einwirkung der Windstärke auf die Wellenhöhe II, 67 f., auf die Strömungen II, 370.
Goldküste, kaltes Küstenwasser entlang der G. II, 412 f.
Golfkraut II, 429.
Golfstrom I, 97 f. 151. 213. 216. 247. 281. 312. 356. 383. II, 79 f. 319. 383. 431. 452 ff. 456 f.
— Tiefe desselben I, 99.
— intensiveres Blau als das angrenzende Wasser I, 175.

Golfstrom, Temperaturvertei-
lung im G. I, 267 ff. 320.
322.
— Temperaturmessungen des
„Challenger" und des „Blake"
I, 272 ff.
— Vergleichung der Tempera-
turen im G. und im Kuro-
siwo I, 289.
— Verlauf desselben auf der
Kircherschen Strömungskarte
II, 329.
— über den Namen G. II, 418.
425.
— s. auch „Floridastrom".
Golfstrom-Inseln II, 454.
Golfstromtrift I, 255. 268. 320.
382. II, 425.
— s. auch „Nordatlantische Ost-
strömung".
Gordon, Kapt. II, 472.
Gorée-Insel II, 308.
Gorringe, Kommandant der
„Gettysburg". Auffindung der
Gorringebank durch densel-
ben I, 77.
Gorringebank I, 77.
Gotland-Insel, größte Tiefen der
Ostsee bei der I, 90.
Gough-Insel I, 26. 74. 78.
Gradient, barischer I, 201. 215.
Grahamklippe II, 150.
Grahamsland I, 30. 386. II, 507.
Grand-Cayman-Insel I, 100. 126.
Grantland I, 29.
„Gratitude", Trift des Schiffes
II, 462.
Grauer Schlammboden I, 67.
„Great Eastern", Kabellegung
zwischen Irland und Neu-
fundland I, 80.
Greef, cit. II, 414.
Greenwich II, 240.
Gregorief, Messungen d. Salz-
gehaltes im Murmanschen
und Weißen Meere I, 162.
— cit. I, 348.
Grenzengliederung der einzelnen
Meeresräume I, 22.

Griechenland, steiler Abfall des
Seebodens an den Küsten I,
94.
— Seebebenwellen II, 115 ff.
Griechische Inseln, Verbindungs-
brücke zwischen Europa und
Kleinasien I, 49.
— — Strömungen im griechi-
schen Archipel II, 467.
Grimsag-Insel I, 324.
Grinnellland I, 369.
Grisebach, cit. II, 460. 506.
Grönland, Flächeninhalt I, 28.
— Fjorde an der Ostküste I, 45.
— kontinentale Insel I, 49.
— kalte und warme Wasser-
streifen bei G. I, 320.
— Temperaturmessungen an der
Westküste I, 333.
— Gletscher I, 374.
— Eisströme an der Ostküste I,
378 f.
— Verhalten des Eises an Ost-
und Westküste I, 381.
— I, 80. 82 ff. 122 f. 125. 158.
198. 214. 216. 317 f. 323. 327.
330. 334. 336 ff. 340. 347.
355 f. 363. 368. 380. 382. II,
291 f. 370. 450. 452. 460 f.
Grönländisches Meer, Vergleich-
ung seines spezif. Gewich-
tes mit dem anderer Meeres-
teile I, 161.
— olivengrüne Färbung eines
Teils desselben I, 177.
— Strömungen bei Grönland
II, 433 f.
Großer Ozean, Bezeichnung für
den Stillen Ozean I, 17.
— Salzsee, sein Salzgehalt I,
173.
Grüne Insel II, 490.
Grünes Meer, Name des Persi-
schen Meerbusens bei den
Küstenbewohnern I, 177.
— Vorgebirge s. Kap Verde.
Grundseen II, 65. 91. 111.
Guadeloupe I, 267.
Guam II, 220. 491.

Guamá, Schilderung der Sprung-
welle im G. von Martius II,
276 f.
Guatemala, Brandung an der
Küste bei Istapa II, 90.
Guayaquil I, 42. II, 309 f.
— Stoßwelle vom Erdbeben von
Iquique in der Bai von G.
II, 122.
Gümbel, Prof., Untersuchungen
v. Meeresgrundproben I, 115.
Günther, S., cit. II, 153. 331.
336. 353. 363.
Gueydon, de, cit. II, 299 Anm. 1.
Guieysse, cit. II, 6.
Guinea I, 67. II, 404. 409. 413.
— Wellengruppen an der Küste
II, 52.
— die ständige Brandung heißt
hier „Kalema" II, 95.
— Küste von G. II, 136.
— Meerbusen von I, 18. II, 454.
— — — geringstes Maß der Ab-
gliederung vom offenen Ozean
I, 17.
Guinea-Inseln II, 414.
Guineaströmung, im Jahresmit-
tel weniger dicht als die
beiden Aequatorialströme I,
157 f.
— von den Portugiesen schon
im 15. Jahrhundert gefunden
II, 328.
— I, 191. 230. II, 308. 329. 399.
401 ff. 470.
„Gulnare", Kapt. Sherman, Tem-
peraturmessungen an der
Westküste von Grönland I,
333.
Gumprecht, cit. II, 454.
Guppy, Abflußmengen einiger
Flüsse I, 131.
Guyana I, 259. II, 395 f. 313.
— Sprungwelle in den Flüssen
des brasilischen G. II, 276.
— Brandung an der Küste II, 90.
Guyanaströmung II, 389. 394. 398.
Gwynn Jeffries s. „Porcupine"
und „Valorous".

H.

Häckel I, 69.
Hafenzeit II, 156.
— Verlauf der H. an den nordeuropäischen Küsten II, 189.
— theoretische Vorausbestim-
mung der H. ein ungelöstes
Problem II, 221 f.
— ordinäre und verbesserte H.
II, 222.
Haffe I, 46.
Hagen, Pegelbeobachtungen in
der Ostsee I, 35.
— Umgestaltung der Wellen bei
Abnahme der Wassertiefe II,
87 f.
— Erklärung des Brandungs-
vorganges II, 92 f.
— Beobachtungen von Bran-
dung II, 94.
— Versuche über die Wirkung
der Abrasion II, 101 ff.
— sonst seine Wellenunter-
suchungen cit. II, 2 f. 5 ff.
10. 13 ff. 19 ff. 25 ff. 31. 35.
45. 74. 129 ff. 231. 267. 306.
512 f.
Hainan II, 317.
Haines, Veränderlichkeit der
Strömungen von Bab-el-Man-
deb II, 298.
Haiti I, 99 ff. 267. II, 391. 422.
Hakodate, Stoßwelle von Iquique
bis H. II, 122. 132.
Halbmonatliche Ungleichheit der
Fluten s. Gezeiten.
Hales, Wasserschöpfapparat
von I, 238.
Halifax, Hafenzeit von II, 212.
— I, 67. 272 f. 275. II, 197. 420.
430.
Hall, Polar-Expedition auf der
„Polaris" I, 29. 125. 377.
— Messungen des spezif. Ge-
wichts des Seewassers auf
derselben durch E. Bessels
I, 163.

Hall, Schollenfahrt von 19 Mann dieser Expedition II, 436.
Halmahera II, 489.
Halpin, Kapt. I, 119.
Haltermann, Kapt. II, 441. 508.
Hamberg, cit. II, 292. 294. 433. 435.
Hamburg, Stoßwelle vom Erdbeben von Lissabon bis nach H. fortgepflanzt II, 118.
— II, 264 f. 270 f. 276. 454.
„Hamelin“, Kapt. de la Jaille, Wellenmessungen II, 46.
Hamilton Inlet I, 83.
Hammerfest I, 335. 339. II, 454.
Handbuch der nautischen Instrumente, cit. I, 141 f. 240. 242.
— — Ozeanographie, herausgegeben v. k. k. Reichs-Kriegsministerium, Wien, cit. I, 171. 362. II, 298 Anm. 1.
Handbücher der Navigation, cit. II, 222.
Hand- oder Bleilot I, 51 f.
Hang-tscheu II, 276.
Hann, I, 3 f. 38. 144. II, 315. 350.
— Vergleichung des spezif. Gewichtes einiger Meeresgebiete I, 161.
— wichtigste Kombinationen d. Mond- und Sonnenflut II, 178.
„Hansa“, Trift der Besatzung I, 379. II, 436.
Hanstholm II, 254.
Hardangerfjord I, 264. 337.
Harlacher, A. R. II, 380.
Harmonische Analyse der Gezeitenbeobachtungen II, 214 ff.
Hatt II, 186.
Hatteras-Inlet II, 197.
Hauptäquatorialstrom s. südliche Aequatorialströmung.
Havana I, 97.
Havbröen, Beschreibung derselben I, 85.
Haven, de, s. „Rescue“.

Havre II, 245. 267.
— Flutkurve von II, 273 f.
Hawaii-Inseln I, 27. 198.
— Stoßwelle von dem Erdbeben von Arica II, 121.
Hayes, Nordpolfahrer I, 29. 135. 368 f.
Heard-Inseln I, 117. 312. 357. II, 132.
Hebriden I, 320 f. II, 209. 319. 486.
Heclabai II, 462.
Heert, P. F. van I, 193.
Hegemann, Kapt. I, 194.
Heinrich, spezif. Gewicht des Eises I, 361.
Hela, spezif. Gewicht und Salzgehalt bei I, 168.
— Halbinsel II, 66. 306.
Helder II, 152. 234. 250.
— Flutkurve vom II, 244 f.
Helgoland, Salzgehalt bei I, 166.
— Beispiel einer Flutkurve von H. II, 165 f.
— I, 237. II, 51. 240. 242. 244 f. 303. 463.
Helgoländer Bucht, Gezeitenströme der II, 246 ff.
Helmert, cit. II, 296. 300.
Helmholtz II, 217.
Helsingör, Salzgehalt bei I, 167.
„Herald“, engl., Kapt. Kellet, Temperaturmessungen in der Beringstraße I, 354.
Herald-Insel II, 462.
Herkules, Säulen des I, 13.
„Hermes“, engl., Beobachtungen von Dr. Ord über den Einfluß starker Niederschläge auf das spezifische Gewicht des Meerwassers I, 156.
Herodot, erwähnt Gezeiten II, 157 f.
Herschel, Sir John, gebraucht die Bezeichnung „Südozean“ I, 16.
— Flutgröße in Annapolis II, 161.
— I, 236. II, 286. 340.

„Hertha", Jacht, Expedition in der Adria I, 171.
— Untersuchungen über die Durchsichtigkeit des Meerwassers I, 184 f.
„Hertha", S. M. S., Kapt. Kall, Strombeobachtungen im japanischen Strome II, 493.
Hertz, Heinrich, Beitrag zur Theorie der Meeresströmungen II, 333 f. 351.
Herz s. „Luise".
Hettner, A., II, 509 f.
Heuglin cit. II, 298.
Hilgard, Angaben über mittlere Tiefe des Stillen Ozeans I, 109.
— Berechnung von Seetiefen aus Stoßwellen II, 130.
Hilo, Stoßwellen von Arica und Iquique bis II, 121 f.
Himalaya I, 100, 108.
Hindostan I, 108.
Hirshals II, 240.
Hirth cit. I, 217.
Hoang-ho (gelber Fluss) I, 26.
— nach dem gelben Schlamm des H. erhielt das „Gelbe Meer" seinen Namen I, 67.
— mittlere Abflußmenge I, 131.
Hochstetter, Fr. v., Berechnung der mittleren Tiefe des Pazific aus Stoßwellen I, 109. II, 130 ff. 134.
Hochwasser, Vorausberechnung desselben II, 222 ff.
Höhenbestimmungen, bezogen auf das Meeresniveau I, 34 ff.
Höhenunterschiede zwisch. Berggipfeln u. Meeresgrund I, 108.
Hörnösand I, 169.
Hoff, K. E. v., Angaben alter Schriftsteller über seismische Erscheinungen im Mittelmeer II, 115 f.
— Stoßwellen vom Erdbeben von Lissabon II, 117 f.
— Stoßwellen des Pazific II, 119 Anm. 1.

Hoff, K. E. v., cit. II, 126 Anm. 1.
Hoffmann, P., cit. über Meeresströmungen. II, 345 f. 353. 363 ff. 370 f. 373 f. 376 f. 392. 405. 412 f. 420. 425 f. 431. 460. 483. 485 f. 489. 493. 495. 499. 502. 504 ff. 509 ff.
— Flutautographen in der Ostsee II, 165 Anm. 1.
— Eintagsfluten in der Chinasee II, 220 f.
— Temperaturen entlang der Westküste von Südamerika II, 310.
— Auftriebwasser in höheren Breiten II, 318.
— Stärke des südl. Aequatorialstromes im Atlantic II, 387.
— niedrige Küstentemperaturen bei Panama II, 492.
— II, 351. 389. 402. 494.
— s. auch „Möwe" und „Delphin".
Hoffmeyer, N., Kapt., Bahnen barometrischer Minima im Atlantic I, 214.
— Temperaturverteilung in der Dänemarkstraße I, 323 ff.
— I, 270.
„Hohle See" II, 64.
Holländische Küste, Gezeitenströmungen an derselben II, 251. 253 ff.
Hollmann, Kapt. II, 442.
— s. auch „Elisabeth".
Holm cit. II, 435.
Holsteinische Küste, Form der Gestadebildung II, 109.
Holzhauer s. „Drache".
Honduras, Golf von I, 100. II, 390.
Hongkong I, 179. II, 317.
Honolulu, Stoßwellen von Arica und Iquique in II, 121 f. 135.
— I, 68. 102. 109. 112. 115 f. 227. II, 485.
Horsburgh, Beobachtung merkwürdiger Färbung des Meerwassers I, 179.

Horner s. „Newa".

Horns Riff-Feuerschiff II, 240.
248. 450. 463.

Hornsund, Temperaturen im I,
344.

Hoskyn, Lieut., s. „Porcupine".

Hubbard, Untersuchungen über
die Ausdehnung des Meer-
wassers durch die Wärme I,
143. 145.

Hudsonsbai I, 28.

— Areal I, 23 Anm. 1.

Hudsonstraße I, 24. 82.

Hugli II, 122.

— Sprungwelle im H. II, 276.
278.

Hull II, 51.

Humboldt, Alex. v., Untersuchungen über Niveauunterschiede I, 37.

— Ursprung der Farbentöne des
Meeres I, 174.

— Wasser der tropischen Meere
dunkelblau I, 175.

— Meeresleuchten I, 181.

— Brandung an der Küste von
Peru II, 97.

— behauptet die polare Herkunft
des Tiefenwassers II, 284 f.

— niedrige Temperaturen entlang der Westküste von Südamerika II, 309 f.

— seine Ansicht über die Theorien der Meeresströmungen
II, 335 f.

— Temperaturen über und an
isolierten Bänken II, 362.

— Beschreibung der Sargassosee 428 f.

— cit. II, 306. 329. 383. 414.
509. 514.

Humboldtstrom s. Peruanischer
Strom.

Humphrey Gilbert II, 329.
377.

Hunt II, 107.

— Grundseen auf der Neufundlandbank II, 91.

— Untersuchungen über Ent-

stehung der Wellenfurchen
II, 322 f.

Hunter, Admiral II, 479. 484.

Hurrikane I, 217.

Huxley I, 69.

Hval-Inseln II, 241.

Hwang-hai s. Gelbes Meer.

„Hydra", engl., Kapt. Shortland,
Lotungen im Indischen Ozean
I, 119.

— Temperaturmessungen im
Arabischen Meere I, 315 f.

Hydrographische Aemter I, 10.
41.

Hydrographisches Amt in Berlin
I, 263.

— — zu Washington, maritim-
meteorologische Karten für
den Pazific I, 193.

Hydrometer I, 141.

Hydrometeore I, 219.

I.

Ika na Maui II, 505 f.

„Iltis", S. M. S., Bericht über
die Paracel-Inseln II, 482.

Imbros II, 467.

Imray cit. II, 492.

Indien, Ergebnis der Verdunstungsbeobachtungen in II,
297.

Indigirka I, 350.

Indischer Ozean, Benennung des
Nordrandes im Altertum I,
14.

— — Begrenzung I, 15.

— — angenäherte Größe mit
seinen seitlichen Gliederungen I, 19.

— — selbständiger Meeresraum
I, 21.

— — Areal I, 22.

— — äußere Umrisse I, 27.

— — Inseln I, 28.

— — Küstenaufnahmen I, 42.

— — zahlreiche Bänke I, 48.

— — Verhältnis d. Inselflächen
zur Meeresfläche I, 48 f.

Indischer Ozean, Tiefen- und Bodenverhältnisse I, 59 f. 62. 70 f. 116 ff. 126.
— — Tiefenkarte desselben von Krümmel I, 117.
— — spezif. Gewicht und Salzgehalt I, 130. 147. 154 f. II, 282.
— — milchweiße Färbung des Wassers I, 178 f.
— — geographische Verteilung des Luftdrucks I, 198.
— — Winde I, 209 ff.
— — Stürme I, 217.
— — Regenverteilung I, 220.
— — Temperaturverteilung I, 234. 243 f. 311 ff.
— — Eis in demselben I, 385.
— — Wellenmessungen v. Pâris II, 43. 47 f. 49. 66. 78.
— — — der Novara-Expedition II, 48.
— — Brandung in der Lombokstraße II, 97.
— — Stoßwellen II, 122 ff.
— — Anstauung von tropischem Wasser II, 312.
— — Auftrieb von kaltem Tiefenwasser II, 314 ff.
— — Strömungen II, 468 ff.
Indus I, 199.
— — mittlere Abflußmenge I, 131.
„Ingegera", schwed., Temperaturmessungen in der Davisstraße I, 318.
„Ingolf", dän., Kapt. Mourier, Lotungen in der Dänemarkstraße I, 84.
— Temperaturmessungen ebenda I, 323. 325 ff.
Inselklima I, 50.
Inseln, Verhältnis der Inselflächen zu den Meeresflächen nach Krümmel I, 48 f.
— kontinentale und oseanische I, 49.
— niedrige Inseln I, 50.
Insulosität I, 49.

Interferenzen II, 46.
Iquique I, 109.
— Stoßwellen vom Erdbeben von I. II, 121 ff. 132.
Irische Bank I, 81.
Irischer Kanal, Fluthöhe an der Waliser Seite größer als an d. gegenüberliegenden II, 254.
Irisches Meer, Flutwellen in demselben II, 188 f.
Irisch-Schottische See, zur Nordsee gezählt I, 23 Anm. 5.
Irland I, 73. 75. 80 f. 198. 231. 256. 321. II, 48. 197. 199. 209. 429. 431.
Irminger, Admiral I, 320. II, 392. 432 f. 435. 455 f. 461.
Irmingerstrom I, 270. 324. II, 292. 433 ff. 455.
Isabel-Insel II, 490.
„Isbjörn", österr., Expeditionen unter Weyprecht und Graf Wilczek, Temperaturmessungen im Barentsmeer I, 342 ff.
Isigny, Flutkurve von II, 273 f.
Island I, 25. 29. 45. 73. 80. 82 ff. 122 f. 159 f. 199. 213 f. 227 f. 270. 317. 322 ff. 326. 328 ff. 334. 336 ff. 347. 380. 382. II, 37. 294. 425. 429. 432 ff. 447. 451 f. 455 f. 461.
Island-Farö-Rücken I, 329. vgl. Wyville-Thomson-Rücken.
Isola Guilia II, 150.
Isorhachien II, 190.
Isothermobathen I, 245 f.
Istapa, Brandung bei II, 90.
Italien, Zerstörung einiger adriatischer Küstenorte Mittelitaliens durch Stoßwellen II, 116.
— Ostküste fällt sanft ab I, 96.
— Ostküste hat geringere Fluthöhe als die dalmatin. Küste II, 255.
— Strömung an Ost- und Südküste II, 467.
— I, 90. 92.
Itea II, 117.

J.

Jacksonbai II, 504.
Jacobsen, A., Prof., Methode der Bestimmung des Luftgehaltes im Meerwasser I, 135 ff.
Jacobson s. „Fylla".
Jaille, de la, s. „Hamelin".
Jalmal, Halbinsel I, 349.
Jamaika I, 100.
Jambuck II, 475.
Jana I, 350.
Jando I, 316.
Jan Mayen I, 84. 317. 330 f. 334. 336 ff. II, 455.
— — Tiefen und Meeresboden bei J. I, 122 f.
Japan, Küstenvermessungen I,42.
— japan. Inseln der Küste parallel I, 49.
— steiler Abfall des Meeresbodens I, 58 f. 102.
— Küstenablagerungen I, 67.
— Tiefen zwischen J. und den Admiralitäts-Inseln I, 110. 126.
— Temperaturen zwischen J. und den Aleuten I, 286 f.
— Temperaturen zwischen J. und Neuguinea I, 298 f. 302. 308.
— Stoßwellen an der Küste II, 119. 121 f.
— I, 27. 103 f. 106. 109. 113. 115. 195. 277. 281. 283. 285. II, 132.
Japanischer Strom (Kuro-Shio) II, 484. 493 ff.
Japanisches (Rand-)Meer, Areal I, 23.
— — Orkane I, 217.
— — Strömungen II, 499 f.
— — II, 43.
Jarz cit. II, 334.
Java, kontinentale Insel I, 49.
— I, 193. II, 80.
Javasee, geringes Vordringen der Stoßwelle von Krakatau in der II, 124.

Javasee, Strömungen II, 482.
„Jeanette", Trift derselben II, 458 ff.
Jedda I, 316.
Jeffreys II, 502.
Jenissei I, 29. 124. 199. 349. 350.
Jericocoara II, 209.
Jesso (Yesso) I, 277. 284. 286. 288. 308. II, 500.
Johnston-Islands II, 497.
Joneleith, Kapt. II, 441.
Jonisches Meer, Benennung I, 18.
— — I, 94.
Jordan I, 173.
Juan-Fernandez-Gruppe I, 106.
Jütland, Hafenzeiten an d. Küste II, 240 f. 249. 254.
— Strömungen an der West- und Nordküste II, 463 f.
Jugorstraße I, 350.
Jukes, über Bimssteinablagerung durch Erdbebenwellen II, 137.
Julianehaab II, 435.
Jumba, Bai von II, 308.
Jupiter-Einfahrt (J.-Inlet) I, 98. 276.

K.

Kabellegungen, erste Idee der K. von Morse I, 6.
— durch die K. die ersten wichtigsten Aufschlüsse über Verhältnisse der Tiefsee gewonnen I, 6 f.
— die ersten transatlantischen Kabelverbindungen I, 80.
Kabes, Golf von I, 93.
Kadettenrinne I, 167.
Kadsusa, Stoßwelle von Iquique bis K. II, 122.
Kämtz I, 196.
„Kaiser", Kapt. Ruhase, Temperaturmessungen im Agulhasstrom II, 473.
Kaiser Wilhelmsland II, 487.
Kalema II, 95. 514.

Kalifornien, Vermessung der Küsten I, 42.
— Bänke an der Küste I, 48.
— steiler Abfall der Küste I, 64.
— rasche Tiefenzunahme auch an der Ostseite I, 107 f.
— Stoßwellen an d. Küste II, 120.
— I, 101. 103 f. 109. II, 132. 220 f. 309. 314. 496.
Kalifornischer Strom II, 496 f.
Kalifornisches Randmeer, Areal I, 23. 26.
— — auch Purpurmeer genannt I, 177. II, 309.
Kalkutta I, 315. II, 276.
Kall, Kapt. s. „Hertha".
Kalmenzone, in der K. durch die große Niederschlagsmenge Verminderung des spezif. Gewichts des Meerwassers I, 146.
Kalte Mauer s. kalter Wall.
— Rinne I, 75. 256. 259.
Kalter Wall (kalte Mauer) I, 254. 322.
— — Temperaturen I, 269 ff. II, 420.
Kaltwasserflecken II, 412. 414.
Kamaishi, Stoßwelle von Iquique bis K. II, 122.
Kambodscha I, 26.
Kampesche-Bank I, 47.
Kamtschatka I, 103. 198. 288. 308. 352 f. II, 496. 498 f.
Kamtschatkastrom II, 498.
Kanaltheorie der Gezeiten von Airy II, 191 ff.
Kanarien- (oder nordafrikanischer) Strom II, 398 ff. 408. 411. 428. 496.
Kanarische Inseln I, 26. 42. 71. 76. 149. II, 308. 313. 383.
— — Beschaffenheit d. Schlammbodens bei denselben I, 68. 87 ff.
Kandaru I, 302.
Kandia s. Kreta.
Kane, Nordpolfahrer I, 29.
— Temperaturen im Rensselaer Hafen I, 354.

Kane, Bersten der Eisberge I, 376.
— treibendes Eis I, 377.
Kant, Wellengruppen an der Küste von Guinea II, 52.
— cit. II, 334. 436.
Kap Agulhas I, 15. 25.
Kap- (oder Agulhas-)Bank I, 48. II, 90.
Kap Barrow II, 462.
— Blanco II, 308. 310. 399.
— Bojador I, 25. 42. II, 481. 493.
— Bon I, 91. II, 148.
— Cañaveral I, 270. 276. II, 419.
— Catherine II, 308.
— Catoche II, 390.
— Coast Castle I, 227. II, 413.
— Cod II, 200. 211.
— Comorin I, 210.
— Concepcion II, 496.
— Corrientes II, 470 f.
— d'Ambre II, 469.
— Delgado (Ostafrika) II, 470.
— der drei Spitzen (Oberguinea) II, 413.
— — Geduld (Sachalin) II, 499 f.
— — guten Hoffnung, Wellenmessungen bei demselben von Kapt. Stanley II, 45.
— — — — Wellenmessungen von James C. Ross II, 46 f.
— — — Untersuchungen über Wellenlänge östlich von dem Kap durch Lieut. Pâris II, 62.
— — — I, 48. 75. 80. 117. 157 f. 175. 188. 193. 205. 211. 224. 248. 259. 312. II, 202. 438. 475.
— Engaño (Luzon) II, 484. 493.
— Farewell (Farvel) I, 25. 82 ff. 318. 320. 355. 382. II, 433 ff. 455.
— Finisterre II, 213. 319.
— Flattery I, 103. 106. 108. 284. II, 497.
— Florida I, 97. 269.
— — Höhe der eintägigen und halbtägigen Gezeiten II, 203.

Kap Frio (Brasilien) II, 91. 444.
— Granitola, Marrobbio am II, 150.
— Guardafui II, 316. 327.
— Hatteras I, 44. 75. 227. 268. 272. 276. II, 211. 437.
— Henry II, 197.
— Horn I, 14 ff. 25. 27. 45. 187 f. 385. II, 67. 392. 438 f. 442 f. 475. 506 ff.
— -Horn-Straße II, 507 f.
— -Horn-Strom II, 438 f. 443 ff. 475. 507 f.
— Howe II, 479. 502. 505.
Kapillare Wellen, Bezeichnung von Scott Russell II, 58 ff. 134.
Kap Kinghasan II, 494.
— la Hague II, 232 f. 235.
Kapland II, 48. II, 446 f. 476 f.
— hochlaufende See südlich vom K. II, 84.
— Hafenzeit II, 209.
Kap Leeuwin I, 118. II, 479.
— Linguetta I, 266.
— Lizard I, 194. II, 79. 94.
— Lookout II, 421.
— Lopez I, 42. II, 454.
— Malia II, 467.
— — hochlaufende See beim II, 84.
— Manning II, 462.
— Matapan II, 467.
— Matuti II, 404.
— Nord (auf Island) I, 324. 326. II, 433.
— Nosima I, 102.
— Oranje I, 74.
— Padaran II, 481 f.
— Palmas II, 399. 404. 413 f.
— Prince of Wales I, 352.
— Providence II, 504.
— Race (Neufundland) II, 197. 199. 212. II, 426. 437.
— Rosa I, 92.
— Sable II, 436.
— San Antonio II, 390.
— San Lucas I, 107. II, 309. 492.
— Spartel I, 42. 91. II, 307.

Kap Spartivento I, 93.
Kapstadt I, 48. 67. 154. 312. II, 90. 308 f. 400.
Kap St. André II, 470.
— St. George II, 487.
— St. Roque I, 25. 42. 68. 88. II, 388 f. 395.
— St. Vincent I, 77.
— Statland II, 452.
— Trafalgar I, 91.
— Tres Forcas I, 91.
— Tscheljuskin I, 124.
— Vandiemen II, 505.
— Varela II, 481.
— Verde (Grünes Vorgebirge) I, 42. II, 307 f. 398 f. 411.
Kapverdenrinne II, 210.
Kap Verdesche Inseln I, 26. 76 f. 88. 149. 191. 194. II, 313. 385. 398 f. 408 f. 428.
— Verdesches Becken I, 75. 77.
— Wankarem I, 350.
— Warscheik II, 316.
— Wilczek, Messungen der Eisdicke bei I, 371 f.
— Wrath I, 321. II, 209.
Karabugashaff, Grund seines hohen Salzgehaltes II, 297.
Karaibisches Meer s. Antillenmeer.
Karduan, Salzsee, sein Salzgehalt I, 173.
Karibische Strömung II, 389 f. 394. 415.
Karische Pforte I, 383.
Karisches Meer, beste Verbindung zwischen Europa und den Flußmündungen des Ob und Jenissei I, 29.
— — Tiefe I, 124.
— — Temperaturverteilung I, 349 f.
Karolinen I, 27. 59. 103. 110. 249. II, 484 f. 490.
Karpathen II, 119.
Karratschi II, 214.
Karsten, Prof. I, 69. 143 f. 235 ff.
Kas Deber I, 316.

Kaspische Niederung, Salzseen in derselben I, 173.

Kaspisches Meer, unregelmäßiger Seegang II, 86.

— — Salzgehalt in den Randlagunen und -Seen desselben II, 297.

Katwyk II, 240.

Kattegat I, 90. II, 465.

— Dichte und Salzgehalt I, 165 ff.

— Wassertemperaturen I, 262.

— das Ostseewasser fließt nach dem K. zu II, 300.

— Niveauunterschiede bei der Sturmflut 1872 II, 303.

Kayser, Ursache der blauen Farbe des Meeres I, 180.

Keeling-Atoll II, 35.

Keller II, 512.

Kellett, Kapt. I, 377. II, 461.

— s. auch „Herald" und „Resolute".

Kemp-Insel I, 30.

Kennedykanal I, 25. 29. 125.

Kepler, führt die Meeresströmungen auf die Erdrotation zurück II, 331. 384.

Kerguelen I, 70. 117. 121. 154. 312 f. 357. II, 48. 66. 132. 475 f. 478. 480. 504.

Kerhallet cit. II, 483. 485. 489. 502 f.

Kermadec-Inseln II, 485. 505 f.

Kewi I, 162.

Key West, Höhe der eintägigen und halbtägigen Gezeiten II, 203.

Kiel, Flutautograph bei II, 165 Anm. 1.

Kieler Bucht I, 167.

— Hafen, Beobachtung von Entstehung der Wellen im II, 59 f.

— — Umgestaltung der Wellen bei Abnahme der Wassertiefe II, 88.

— — Temperaturwechsel infolge vertikaler Zirkulation II, 306.

Kieler Hafen, Entstehung von Wellenfurchen II, 323.

Ki-Inseln I, 300.

Kiistraße II, 494.

Kilbaha II, 202.

King II, 508.

King-George-Sund (Königs-Georgs-Sund), Eintagsfluten im II, 220 f.

— II, 479.

Kipp-Thermometer I, 241.

Kircher, Athanasius, zeichnet die erste Karte der Meeresströmungen II, 329. 386. 398. 405.

Kirchhoff, A. cit. I, 50.

Kirchhoff, G., Formel für stehende Wellen II, 140 f.

— II, 352.

Kirkeböe II, 432.

Kiushiu II, 501.

Kleinasien I, 90.

— steiler Abfall des Seebodens an den Mittelmeerküsten I, 94.

— Strömung an der Süd- und Ostküste II, 467.

Klippen I, 45. 47.

— blinde I, 45.

Klippenbrandung II, 85. 98 f. 108.

Klippenküsten I, 45.

„Knight Errant", engl., Kapt. Tizard, Temperaturmessungen im nördl. Nordatlantic I, 322.

Knipping, warme und kalte Wasserstreifen am Nordrande des Kurosiwo I, 285.

Knoop, Kapt., Messungen von Länge und Geschwindigkeit der Ostseewellen II, 28 f. 88.

Knudsen, Kapt. II, 441.

Koblenz II, 419 Anm. 1.

Koeppen, Bahnen der barometrischen Minima I, 213.

— Darstellung der Regenverhältnisse im Atlantic I, 220.

— Uebertragung von Skalenwerten der Windstärke in

absolute Geschwindigkeit II,
68 f. 72 f. 75. 77. 303. 364.
370. 389. 397 f. 433.
Kogun I, 173.
Kohl cit. II, 378. 383. 390. 418.
Kohlensäure im Meerwasser I,
135 ff.
Kokos-Insel I, 111. II, 491.
Kola, Halbinsel I, 162. 331. 348.
Kolberg, Stoßwelle bei K. 4. März
1779 II, 118.
Koldewey, Kapt., Farbe des
Meeres I, 175.
— Oberflächentemperaturen der
äquatorialen Teile des At-
lantic I, 2.
— Temperaturbeobachtungen
auf der ersten deutschen
Nordfahrt I, 340.
— Eisverhältnisse bei d. Sabine-
Insel I, 370.
— über Meeresströmungen II,
387 f. 401. 431. 454. 460.
Kolombia I, 27.
Kolumbus, erkennt die „große
Westströmung" inmitten der
tropischen Ozeane II, 328.
— II, 337. 377. 383. 390. 514.
Kolyma I, 162. 350.
Kompensationsströme II, 320.
352 ff.
Kongamfjord I, 351 f.
Kongo s. Congo.
Konstantinopel, Zerstörung v. K.
durch Seebebenwellen II, 116.
— II, 299 Anm. 1.
Kontinentale Inseln I, 49.
Kontinentalklima I, 50.
Kontinente, unterseeische Grenze
derselben I, 64.
Kopernikus II, 331.
Kopp, Untersuchung über die
Ausdehnung des Meerwassers
durch die Wärme I, 143 f.
Korallen, rote K. sollen dem
Roten Meere seinen Namen
gegeben haben I, 177.
— zur geographischen Verbrei-
tung riffbauender K. II, 312.

Korallenbänke (Korallenriffe) I,
47. 132. 176.
Korallenbildungen, verschiedene
Erklärungen der I, 113 f.
Korallen-Inseln I, 45. 132.
Korallenmeer (Melanesiasee),
unterseeisch abgeschlossenes
Meeresbecken I, 111.
— größte Tiefe I, 126.
— Temperaturen I, 301 f. 307.
— II, 487.
Korallenschlamm I, 68.
Korea II, 254. 500 f.
Koreanischer Strom II, 501.
Korinth, Golf von, Stoßwellen
von dem großen Erdbeben
26. Dez. 1860 II, 116 f.
— — — sehr häufige Erder-
schütterungen in demselben
II, 147.
Koromandelküste II, 94. 468.
Korsfjord I, 165.
Korsika I, 92.
Korsör I, 167.
Koster-Inseln II, 464.
Kotzebue, v., I, 238. 285. II,
485. 496. 510.
Krakatau, Stoßwellen beim Aus-
bruche des II, 123 f. 127. 132.
135.
Kreistheorie der Wirbelstürme
I, 218.
Kreta I, 94. 170 f. II, 467.
Krim I, 95.
Kropp, Kapt., cit. II, 298 Anm. 1.
Krümmel, über die Bezeich-
nung „Südozean" I, 16.
— Ausmessung der einzelnen
Ozeane und Meere I, 19 f.
— Klassifikation der Meeres-
räume. Unterscheidung zwi-
schen selbständigen und un-
selbständigen I, 20 f.
— Arealberechnung der Meeres-
räume I, 22.
— Verhältnis der Inselflächen
zu den Meeresflächen I, 48.
— Bezeichnung der einzelnen
tiefsten Lotungsstellen I, 60.

Krümmel, Berechnung d. mittleren Tiefe der Ozeane I, 61 f. 86.
— Gleichgewicht zwischen Wasser- und Landmassen I, 62 f.
— mittlere Tiefe der einzelnen Meeresteile des Atlantischen Ozeans I, 86.
— — — des Nord- und Südpazific I, 109.
— cit. I, 117. 120.
Krusenstern I, 238. II, 484. 495. 498. 502. 508.
— s. auch „Newa“.
Kuba s. Cuba.
Küsten, Verschiedenheit ihrer vertikalen Gestaltung I, 44 ff.
— größte Meerestiefen in der Nähe der K. I, 58 f.
— mechanische Wirkung der Brandungswellen auf ihre Morphologie II, 101 ff.
Küstenablagerungen I, 66 ff. 86.
Küstenentwickelung I, 43.
Küstengestalt, Einwirkung der Meeresströmungen auf die II, 511 ff.
Küstenlinien, zum großen Teil noch gar nicht oder nur ungenügend vermessen I, 41.
— die am besten vermessenen I, 41 f.
— Gegensatz im Verlaufe der K. zwischen der nördlichen und südlichen Erdhälfte I, 43.
Küstenmeteorologie I, 7.
Küstenstationen der Nord- und Ostsee I, 164 ff.
Küstenstrom II, 511 ff.
Kuillu II, 404.
Kukunoor, Salzsee, sein Salzgehalt I, 173.
Kullen I, 167.
Kuntze, O., Untersuchungen über das Sargassomeer II, 428 f.
Kuria-Muria-Inseln, Meerestemperaturen bei den I, 315. II, 317.

Kurilen I, 27. 49. 103. 284. II, 132. 499.
— Temperaturen bei den K. I, 286 ff. 308.
Kurilische Strömung I, 281. II, 500.
Kuro-Shio (Kurosiwo, Japan. Strom) intensiver blau als das angrenzende Wasser I, 175.
— Temperaturen I, 281 ff. 289.
— kalte und warme Wasserstreifen I, 320.
— II, 318. 481. 494 f. 498. 501.
Kuro-Shio-Trift, Temperaturen I, 288. II, 495 ff.
Kuxhaven s. Cuxhaven.

L.

Labrador I, 45 f. 82 f. 198. 228. 382. II, 434. 436.
Labradorbecken I, 75.
— Tiefen- und Bodenverhältnisse I, 83.
Labradorströmung I, 269 f. II, 82. 84. 318. 328. 331. 423 f. 434 ff. 445. 453. 461.
„La Clorinde“, Schiff II, 510.
Lacondamine II, 276.
Ladronen II, 220.
Lagos II, 413.
Lagrange, Wellenformel II, 18. 21. 28. 130 f. 133. 210. 224. 231. 243.
La Maréchale II, 265 f. 268 ff.
Lamb cit. II, 6.
Lancastersund I, 25. 379.
Land, festes I, 2.
— Areal der Festlandflächen I, 19.
— mittlere Höhe und Volumen der Festländer I, 62.
— Unterschiede der Lufttemperaturen über dem Festlande und den Meeren II, 221 ff.
Landana, Bucht von II, 308.
Landes II, 94. 516.
Langanes I, 334.

Langon II, 265 f. 268.
Langsdorf s. „Newa".
Langstaff, Beobachtung merkwürdiger Färbung des Meerwassers I, 179.
Lannes II, 270.
Lapérouse II, 510.
Lapérousestraße, Strömung in der II, 500.
Laplace, Gezeitentheorie von II, 185 ff.
— meteorolog. Gezeiten II, 218.
— konstruiert Flutkurven II, 230.
La Plata-Strom I, 25. 60. 80. II, 396. 441 ff. 472 f.
— mittlere Abflußmenge I, 131.
— spezif. Gewicht des Meerwassers vor seiner Mündung I, 156.
Lapparent II, 107.
Lartigue II, 510.
Laughton II, 340.
Lava, sehr häufig in den Tiefseethonen enthalten I, 71 f.
Leba II, 306.
Lechat, Bewegung der Wasserteilchen in stehenden Wellen II, 141.
Leigh Smith, Temperaturmessungen bei Spitzbergen I, 341 f.
Leipoldt, mittlere Höhe der Festländer I, 62.
— cit. II, 190.
Leith II, 220.
Le-Maire-Straße II, 441. 508.
Lemanbank II, 246.
Lemnos II, 467.
Lemuria, mythischer Kontinent I, 120.
Lena I, 350. II, 459.
Lentz, gibt Beispiele von Flutkurven II, 165 f. 244 f. 274.
— von ihm die Bezeichnung „Flutgröße" II, 175.
— Beispiele für die anstauende Thätigkeit auflandiger Winde II, 303.

Lentz, cit. II, 152. 184. 226. 271. 414.
Lenz, Untersuchung über die Ausdehnung des Meerwassers durch die Wärme I, 143.
— Messungen von Lufttemperaturen im Atlantic und Pazific an Bord der „Achta" I, 222 f.
— wässrige Salzlösungen besitzen kein Dichtigkeitsmaximum I, 235 f.
— Tiefseetemperaturen I, 238.
— Vertikalzirkulation II, 285.
Leon II, 117.
Leopold, Kapt., s. „Vega".
Lerwick I, 263.
Lesseps, Beobachtung d. Stoßwellen von Krakatau in Aspinwall II, 123.
Leuchttierchen I, 182.
Leuchttürme, Klippenbrandung an denselben II, 85.
Lewy I, 135.
Libysche Küste, Salzgehalt an derselben I, 170.
„Lightning", Kapt. May, engl. Tiefsee-Expedition unter wissenschaftl. Leitung von Wyv. Thomson und B. Carpenter zwischen Hebriden und Faröern. Temperaturmessungen I, 317 f. 320 f. 329. II, 288.
Lightningkanal (Farö-Shetland-Rinne) I, 82. 122. 261. II, 450.
— Tiefenverhältnisse I, 85.
— Temperaturverteilung I, 318 ff. 329. 335. 337 ff.
Limanstrom (der Japanischen See) II, 500.
Lincolnsee, spezif. Gewicht ihres Wassers I, 163.
Lindesnes II, 464.
Lion, Golf von, Maximum d. Wellenhöhe nach Marsilli II, 51.
— — Mittelwasser liegt unter dem der Nordsee II, 295.
— — Wellen II, 67.

Lion, Golf v., Strömungen II, 516.
Lionardo da Vinci, ältester Vertreter der thermischen Theorie der Meeresströmungen II, 337.
Liparen II, 150.
lipper II, 60.
Lissa I, 172.
— Insel I, 266.
Lissabon, Stoßwellen von dem großen Erdbeben von II, 117 f. 123.
— Springfluthöhe in L. II, 201.
List auf Sylt, Salzgehalt bei I, 166.
— — — II, 245.
Listertief-Barre II, 240.
Listing, schlägt die Bezeichnung „Geoid" vor I, 33.
Liston, spezifisches Gewicht im Marmarameere I, 172.
Lithada-Inseln II, 144.
Lithologie des Bodens der Meere I, 66.
Liverpool II, 48. 188. 218 f. 220.
— tägliche Ungleichheit der Flut in II, 202.
Livonius s. „Elisabeth".
Liukiu-Inseln II, 484. 493.
Loangoküste, Kalema an der II, 95.
Lobos II, 442.
Löwenörn II, 435. 455.
Lofoten I, 122. 213. 337 ff. II, 450 ff.
Loftus Jones s. „Valorous".
Logbücher s. Schiffsjournale.
Loggerechnung II, 372 f.
Loire I, 30. II, 276.
— Flußgeschwelle der L. II, 267.
Lomblon-Insel I, 111. 315.
Lombokstraße, Brandung in der II, 97.
Lome II, 413.
London II, 188. 220.
— Stromwechsel in der Themse II, 226.
Lot, gewöhnliches Handlot I, 51 f.
— Lotapparat von Brooke I, 53.

Lot, Tiefseelote I, 53 ff.
— Belknap-Sigsbeesches L. I, 56.
— Navigationslotmaschine von Thomson I, 57.
— Tiefen-Indikator von Massey I, 57.
— Bathometer von Siemens I, 57.
Louisiade-Inseln II, 487.
Louisiana I, 97.
Louther II, 84.
Lowestoft I, 165.
Lubbock, Gezeitentheorie von II, 187 f.
Lucipara, Korallen-Insel I, 45.
Lübecker Bucht I, 167.
Lüderitzland II, 308.
Lühe II, 265. 271.
Lütke II, 498. 510.
Luft, im Meerwasser I, 135 ff.
— Unterschiede ihrer Temperaturen über dem Festlande und den Meeren I, 221 ff.
— Vergleichung ihrer Temperaturen mit denen des Oberflächenwassers der Meere I, 223 f.
Luftdruck I, 196 ff.
— Pleiobaren und Meiobaren I, 196.
— Maxima und Minima desselben I, 198 ff.
„Luise", Kapt. Dallmann, Durchsegelung des Karischen Meeres I, 350.
„Luise", S. M. S., Kapt. Schering, Beobachtung merkwürdiger Meeresfärbung I, 179.
— Temperaturmessungen im Arabischen und Bengalischen Meerbusen von Kapt.-Lieut. Herz I, 315 f.
— II, 389.
Luksch, spezif. Gewicht im Sizilisch-ionischen und im Adriatischen Meere I, 170 f.
— Untersuchungen über Dichtigkeit des Meerwassers I, 184 f.
— Temperaturmessungen im

Sizilisch-ionischen und im Adriatischen Meere I, 266.

Luksch, Maximalhöhe der Wellen im Mittelmeere II, 51.

— cit. I, 367. 375. s. Wolf.

Lull, Commander, Vermessungen in Nikaragua I, 37.

Lyell, Ch., chemische Aenderung des Seewassers beim Gefrieren I, 359.

— II, 107.

Lyttelton, Stoßwellen von Arica und Iquique im Hafen von II, 121 f.

Luzon II, 482.-484. 493.

M.

Mac Clintock, Sir Leopold, s. „Bulldog" und „Fox". —·

Mac Donald, Kraftleistung der Wellen II, 100.

Mac Donald-Inseln I, 117. 121. 154. 312. 357. II, 475. 478. 506.

Mackenzie I, 29. II, 461 f.

Maclaurin, Gleichgewichtstheorie der Gezeiten II, 167.

Macquarie-Inseln II, 503.

Madagaskar I, 28. 49. II, 328.

— kontinentale Insel I, 49.

— Tiefen bei I, 118. 120.

— Strömungen um M. II, 469 f. 477.

Madeira I, 26. 42. 76 f. 87 f. 252 f. 255 f. II, 79. 307. 398. 428.

— Brandung von Porto Santo II, 90.

— Stoßwellen vom Erdbeben von Lissabon II, 118.

Madras I, 119.

— Brandungsküste bei M. II, 94.

— II, 122.

Magelhaensstraße s. Magellanstraße.

Magellanischer Archipel II, 443.

Magellanstraße I, 42. 78. 294 f. II, 255 f. 331. 443.

Maiaco Shima II, 493.

Malabarküste I, 44. 179.

— Strömungen an der M. II, 468 f.

Malaiische Inseln, Verbindungsbrücke zwischen Asien und Australien I, 49.

— — in einem Teile des malaiischen Archipels der Radiolarienschlamm für d. Meeresboden charakteristisch I, 70.

— — I, 220.

Malaka I, 119. 129. II, 481.

Malakastraße I, 178. II, 481.

— Tiefe derselben I, 120.

Malediven-Inseln I, 120. 178. II, 470.

Malhabänke I, 120.

Malischer Golf, Erdbebenwelle in demselben II, 116.

— — Stätte häufiger Erderschütterungen II, 147.

— — II, 144, 158 Anm. 1. ·

Malta I, 90. 93 f. 170. II, 67. 166.

— stehende Schwingungen des Wasserspiegels bei M. II,147 ff.

Maltabank II, 149.

Mandal I, 165.

Mangyschlak, Halbinsel II, 297.

Manila II, 220.

Mannheim II, 419 Anm. 1.

Mansell, Kapt., Lotungen im Mittelmeer I, 91.

Maraca II, 276.

Marais salants I, 133.

Maranham I, 33.

Marcet, Analyse. der Bestandteile des Meerwassers I, 127.

— Untersuchungen über das Dichtigkeitsmaximum des Meerwassers I, 235.

Marchand II, 497.

Marc Lescarbot II, 383.

Marco Polo II, 328.

Mare externum I, 14.

Margate, Hafenzeit in II, 236 Anm. 1.

Marguarete-Insel II, 309.

Marianen I, 27. 59. 103. 110.

Marienleuchte s. Fehmarn.
Marinhas I, 133.
Maritime Konferenzen I, 188 f.
— Meteorologie I, 186 ff.
— — von Maury begründet I,
7. 186 ff.
Maritim-meteorologische Arbeiten, neuere I, 193 ff.
— Institute I, 189 f. 193.
— Zentralstelle zu Hamburg s.
Seewarte.
— — — Utrecht I, 190. 193.
226. 233.
Markham, Kapt. I, 124 f. 311.
356.
Marmarameer, Tiefenverhältnisse
I, 94.
— spezifisches Gewicht I, 172.
Marmarica II, 466.
Marokko I, 92. 265. II, 307.
— Stoßwellen an der Küste vom
Erdbeben von Lissabon II,
118.
Marquesas-Inseln, Stoßwelle von
Iquique bis zu den M. II, 122.
— II, 485.
Marrobbio II, 149 ff.
Marsala, Marrobbio bei II, 150.
Marsden, Einteilung der Erdoberfläche in Zehngradfelder
I, 190. 192.
Marseille I, 37. 170. 264. II, 295 f.
516.
Marshall-Inseln II, 485. 490.
Marsilli, Graf, Maximum der
Wellenhöhe im Golf von Lion
II, 51.
Marstrand I, 167. II, 464.
Martin, Th. H., cit. II, 158
Anm. 1.
Martinique I, 40. 267.
— Stoßwelle vom Erdbeben von
Lissabon in M. II, 118.
Martins, Messungen v. Meerestemperaturen I, 238. 341.
Martius, schildert die Sprungwelle im Guamá II, 276 f.
Massaua, Vermessung der Küste
bei I, 43.

Massey, Tiefen-Indikator von
I, 57.
Matamoras I, 25.
Matotschkinstraße I, 348.
Mauri Thalassa I, 94.
Mauritius I, 28. 154. 313 ff.
Mauritiusorkane I, 217.
Maury, Mathieu Fountain, Begründer der neuen Aera der
wissenschaftlichen Meereskunde I, 5 f.
— Begründer der „Maritimen
Meteorologie" I, 7. 186 ff.
— Meerestiefen I, 57 f.
— M.s Vorstellung von der Bodengestaltung des Atlantic I,
73.
— Maurysches Telegraphenplateau I, 80 f.
— Farbe des Meeres I, 175.
— seine Bestrebungen auf dem
Gebiete der Ozeanographie
II, 286. 330.
— cit. I, 143. II, 325. 338. 342.
392. 418. 421. 506 f.
Maxima des Luftdrucks I, 198 ff.
215.
— Fortschreiten der barometrischen M. I, 212.
Maximum-Minimum-Thermometer von Six I, 238 f.
May s. „Lightning".
Mazzara, Marrobbio bei II, 150 f.
Medinabank I, 93.
Medusen I, 177.
Meer, Chemie desselben I,
127 ff.
— Farbe, Leuchten und Durchsichtigkeit I, 173 ff.
— Begründung der physischen
Geographie der M. I, 188.
— Verdunstung und Niederschlag I, 218 ff.
— Temperaturverteilung I, 221 ff.
— Eisverhältnisse I, 358 ff.
— s. auch „Meerwasser".
Meeresbecken, unterseeisch abgeschlossene I, 110 ff. 296 f.
II, 290 f.

Meeresbedeckung, Gesamtareal derselben I, 19.
Meeresboden, Beschaffenheit desselben I, 63 ff.
— fünf Gruppen der Bodenablagerungen I, 66.
Meeresgrund, Höhenunterschiede zwischen Berggipfeln und dem I, 108.
Meeres-Isothermen I, 245 f.
Meeresküsten s. Küsten.
Meeresleuchten I, 181 ff.
Meeresniveau, Unregelmäßigkeiten desselben I, 31 ff.
— Senkungen und Hebungen der Niveauflächen I, 33.
— Unregelmäßigkeit durch Massenverschiebungen I, 33 f.
— Höhenbestimmungen auf das M. bezogen I, 34 ff.
— Unterschiede zwischen den einzelnen Meeren I, 36 ff.
— periodische und vorübergehende Aenderungen desselben I, 38 ff.
Meeresräume, Einteilung im Altertum und Mittelalter I, 14.
— selbständige und unselbständige M. I, 20 f.
— Arealberechnung derselben von Krümmel I, 22 f.
Meeresströmungen II, 324 ff.
— Uebersicht über die M. II, 324 ff.
— Entwickelung der Kenntnis von ihrem Wesen II, 327 ff.
— Geschichte der Strömungstheorien II, 331 ff.
— die Windtheorie nach Zöppritz II, 342 ff.
— Stromteilung. Kompensationsströme II, 352 ff.
— Ablenkung von Strömungen durch die Erdrotation II, 362 ff.
— Konstruktion von Stromsystemen II, 367 ff.
— Methoden der Strombeobachtung II, 372 ff.

Meeresströmungen, die atlantischen M. zwischen 30° N. und 30° S. Br. II, 384 ff.
— die atlantischen nördlich von 30° N. Br. II, 417 ff.
— die atlantischen südlich von 30° S. Br. II, 438 ff.
— Strömungen der atlantischen Nebenmeere II, 447 ff.
— Einwirkung der M. auf die Küstengestalt II, 511 ff.
Meeresteile, in das Festland einschneidende. Ihre Bezeichnung und Abtrennung von den Ozeanen schwierig I, 17 ff.
Meerestiefen, Verfahren beim Loten der I, 53 ff.
— ältere Angaben über M. I, 57 f.
— größte M. in der Nähe von Küsten I, 59.
— tabellarische Zusammenstellung der in jedem Ozean und einigen Einzelmeeren derselben bis 1882 geloteten M. I, 126.
— frühere Ansichten über hre Temperatur I, 285.
Meereswellen s. Wellen.
Meerwasser, allgemeiner Unterschied zwischen Flußwasser und M. I, 127. 130.
— chemische Grundstoffe im M. I, 127 ff.
— Salzgehalt I, 129. 133 f. 218.
— Luft und Kohlensäure in demselben I, 135 ff.
— spezif. Gewicht oder Dichtigkeit I, 62. 140 ff. 218.
— Farbe desselben I, 174 ff.
— Durchsichtigkeit I, 183 ff.
— Verdunstung I, 218 f.
— Vergleichung der Temperatur der Luft und des Wassers an der Oberfläche des Meeres I, 223 f.
— Temperatur des Gefrierpunktes und des Maximums der Dichte I, 235 ff.

Meerwasser, chemische Aenderung beim Gefrieren I, 359 ff.

Megna, Sprungwelle in der II, 276.

Meinicke cit. II, 97.

Meiobaren I, 196 ff.

Me-Khong-Fluß I, 156.

Melanesian-Sea s. Korallenmeer.

Melanesien I, 27.

Melbourne I, 42. 154. 313.

Meldrum, Vertreter der Spiraltheorie der Wirbelstürme I, 218.

Mellard, Abflußmengen einiger Flüsse I, 131.

Melvillebucht I, 369.

Melville-Insel II, 461.

Memel II, 303. 305.

Memeler Tief II, 305.

Me-nam-Fluß I, 156.

Mensbrugghe, van der, wellenstillende Wirkung des Oels II, 82.

Mentawie-Archipel II, 470.

Mentone I, 181. II, 110.

„Mentor", preuß. Schiff II, 510.

Mer de lait I, 178.

Merian, Rud., Formel für stehende Wellen II, 139 ff. 148. 197. 199. 220 f. 251.

Mesobaren I, 197.

Meteorologisches Amt in London I, 224. 234. II, 68 f.

Meteorologische Elemente, ihre geographische Verbreitung über die Meeresfläche I, 196 ff.

— Gezeiten II, 218 ff.

Meteorologenkongresse I, 189. II, 51 f.

Mexiko, Vermessung der Küsten I, 42.

— rasche Tiefenzunahme an der Westküste I, 107.

— Meerestemperaturen an der Westküste II, 309.

— II, 383. 417.

— Golf von I, 18.

— — — Teil des Amerikan. Mittelmeeres I, 23 Anm. 3. 86.

Mexiko, Golf von, Niveaumessungen I, 37.

— — — Flachküsten in demselben I, 46.

— — — mittlere Tiefe nach Krümmel I, 86.

— — — Tiefenverteilung und Bodengestaltung I, 96 ff. 126.

— — — Temperaturverteilung I, 266 ff.

— — — Höhe der eintägigen und halbtägigen Gezeiten II, 202 ff. 220.

— — — Strömungen II, 415 ff.

— — — I, 151. 228. II, 221. 329. 379. 390. 480 f.

Meyer, H. A., Apparat zur Bestimmung des Luftgehaltes im Meerwasser I, 135.

— Wasserschöpfapparat I, 142.

— Untersuchungen über den Salzgehalt der Ostsee I, 166.

Meyer, O. E. II, 345.

Miaulis, Kapt. A., Beobachtungen der Euripusströme II, 144.

Michigansee, Gezeitenbewegung im II, 190.

Mikronesien I, 27.

Milan, Admiral, Durchsichtigkeit des Meerwassers I, 183.

Milchmeer I, 178 f.

Milfordsund II, 504.

Miller-Casella, Tiefseethermometer I, 239 f. 242. 328. 340.

Milne-Edwards, Tiefe des Vorkommens der Korallen bei Bona II, 34.

— s. auch „Travailleur".

Mindanao I, 110 f. 299. II, 489. 491.

Mindorosee, Gebrauch des Namens I, 18.

— unterseeisch abgeschlossenes Meeresbecken I, 110 f.

— größte Tiefe I, 126.

„Minerve", franz. Schiff, Wellenmessungen II, 43.

Minhomündung, Springfluthöhe in der II, 201.

Minima des Luftdrucks I, 198 ff. 215.

— — — Fortschreiten des barometrischen M. I, 212.

— — — Geschwindigkeit ihres Fortschreitens I, 213.

— — — Bahnen derselben I, 214.

Minorca I, 92.

Missiessy, de, Lieut., Wellenmessungen II, 48.

Mississippi I, 26. 47. 267. II, 416. 419 Anm. 1.

— mittlere Abflußmenge I, 131.

— Höhe der eintägigen und halbtägigen Gezeiten im Südwestpaß II, 203.

Misteriosabank I, 267.

Mitchell, Prof., Stromboje von II, 379.

Mittelländisches Meer s. Romanisches Mittelmeer.

Mittelmeer s. Romanisches Mittelmeer.

Mittelmeere I, 21.

— Areal der M. nach Krümmel I, 23.

— mittlere Tiefe nach Krümmel I, 62.

— Verteilung des spezifischen Gewichts und des Salzgehaltes I, 158 ff.

Mittelwasser II, 225.

Mittlere Tiefe der Ozeane, Versuche, dieselbe zu bestimmen I, 60 ff. 109.

Modhoni II, 116.

Möen II, 109.

Möltenort bei Kiel II, 52.

„Möwe", Kapt. Hoffmann, Temperaturmessungen an der Küste von Somaliland und von Südarabien II, 316 f.

— Strombeobachtungen im Pazific II, 486. 488.

Mogador, Stoßwellen vom Erdbeben von Lissabon II, 118.

— II, 307.

Mogduschu II, 316.

Mohn, von M. die Bezeichnung „Europäisches oder Norwegisches Nordmeer" I, 317. 327.

— unterseeischer Bergrücken zwischen Schottland und Island I, 322.

— Temperaturverteilung im Norwegischen Nordmeere I, 327 ff.

— Strömungen im Norwegischen Nordmeere II, 368. 447 ff.

— Tiefentemperaturen d. Fjorde Norwegens I, 263 f.

— cit. I, 196. 226. II, 366 ff. 386. 389. 458 f. 463 f. 466.

— s. auch „Vöringen".

„Moltke", Messungen der Oberflächentemperaturen an der Westküste von Südamerika II, 310 f.

Moltkehafen II, 132. 152.

Molucca-Passage s. Molukkenstraße.

Molukken I, 112. 315.

Molukkensee, schwankende Bezeichnung I, 18.

— I, 112. 299. 301.

Molukkenstraße, Gebrauch des Namens I, 18.

— I, 111. 299. II, 483.

Monastraße I, 266. II, 391.

— Tiefenverhältnisse I, 100.

Mondego-Barre, Springfluthöhe II, 201.

Mondfluten und Sonnenfluten II, 167 ff.

Mondstörungen, Einwirkung auf das Gezeitenphänomen II, 182 f.

Monomoy, Fluthöhe in II, 201.

Monrovia I, 25. II, 404. 408. 411. 414.

Monsunwechsel im westlichen Nordpazific I, 208.

Montague, Beobachtung merkwürdiger Färbung des Meerwassers I, 178.

Monte Gargano, Halbinsel I, 95.

Montevideo I, 78. II, 444.

Monts, v., s. „Vineta".

Moray Firth II, 240.

Moret, Durchsichtigkeit des Meerwassers I, 184.

Morren, Bestimmung des Luftgehaltes im Meerwasser I, 135.

Morse, von ihm erste Idee der Kabellegungen I, 6.

Mosambikstraße I, 20. 48. II, 255.

— Strömung in derselben II, 328. 470.

Mosely, Ausdehnung u. Festigkeit des Eises I, 362 f.

Moskitoküste I, 100.

Moß, Bestimmungen des spezifischen Gewichtes des Meerwassers I, 164.

— cit. I, 355.

Mothone II, 116.

Mottez, Wellenmessungen im Atlantic II, 46 f.

Mourier, Kapt., s. „Ingolf".

Mouse-Leuchtschiff II, 226.

Mühry, Dichtigkeitsmaximum des Meerwassers über dem Nullpunkt I, 236.

— über Meeresströmungen II, 330. 335. 337. 341 f. 438. 508.

Mulgrave-Archipel I, 184.

Muncke, Untersuchung über Ausdehnung des Meerwassers durch die Wärme I, 143.

— Temperatur des Dichtigkeitsmaximums des Meerwassers I, 235.

— Wellenhöhe in der Nordsee II, 51.

— Theorie der Entstehung der Wellen II, 55 f.

— seine Theorie der Meeresströmungen II, 332. 335.

Murchison, Kraftleistung der Wellen II, 100.

Murmanische Küste II, 454.

Murmansches Meer, Dichte und Salzgehalt I, 162.

— — Temperaturverteilung I, 348.

Murray, John I, 71 f. 86.

Murray, John, Erklärung der Korallenbildungen I, 114.

— Untersuchungen von Meeresgrundproben aus dem Pazific I, 114 f.

— s. auch „Triton".

„Mursee", Ausdruck der Seeleute II, 83.

Mustagh I, 108.

N.

Nadelkap II, 476.

Nadirflut s. Gezeiten.

Nagasaki I, 178.

Namonuito (Karolinen) II, 484.

Namsos I, 384.

Nantucket I, 268.

— Fluthöhe in N. II, 201.

Narbada II, 276.

Nares, Sir George, Leiter der engl. Nordpol-Expedition der „Alert" und „Discovery" I, 29. 355. 357. 368. II, 307.

— Lotungen I, 125 f.

— Messungen des spezifischen Gewichtes des Meerwassers I, 163.

— Wechsel der Stromgeschwindigkeit bei Gibraltar II, 296.

— s. auch „Challenger".

Narestiefe I, 103.

„Nassau", engl., Kapt. Chimmo, Temperaturmessungen in der Sulu- und Chinasee I, 297 f.

Natuna-Inseln II, 481 f.

„Nautilus", Kapt. Chüden, Wellenmessungen südwestl. von Australien II, 47.

— Strombeobachtungen im Pazific II, 488.

Navigations-Lotmaschine von Sir William Thomson I, 57.

Nazarethbänke I, 120.

Neapel, Golf von I, 18.

Nebel, angeblicher Einfluß des N.s auf die Wellenbewegung II, 82.

Nebengezeiten s. Gezeiten.

Nebenmeere, Wellenhöhen in denselben II, 51.

Neckar II, 419 Anm. 1.

Needles, Fluthöhe bei Springzeit II, 255.

Neerstrand I, 89. 126.

Neerströme II, 359.

Negapatam II, 122.

Negretti-Zambra, Tiefseethermometer I, 239 ff. 328.

Negroponte, Strömungen bei II, 143 f. 147.

Nehrungen I, 46.

„Neptun“, Durchsegelung des Karischen Meeres I, 350.

Nervö I, 169.

Neubilderlingshof I, 169.

Neubraunschweig II, 161.

Neubritannien I, 46.

Neue Hebriden I, 104. 111. 301 f. II, 486.

Neuengland II, 200.

Neufahrwasser, Pegelbeobachtungen I, 35.

Neufundland I, 42. 73. 80. 214. 227 f. II, 37. 48. 79. 197. 199. 201. 212. 320. 422. 426. 434. 436 f.
— Ursache des heftigen Wellenschlages bei N. II, 90.

Neufundlandbänke, dichte Nebel bei denselben I, 268.
— Entstehung der N. I, 269. 375.
— im SO derselben viel treibende Eisberge I, 383.
— dem Nebel hier eine wellenerhöhende Wirkung zugeschrieben II, 82. 84.
— Grundseen auf denselben II, 91.
— I, 75. 379. II, 383. 436 f. 445. 472.

Neugranada II, 492.

Neuguinea I, 27. 42. 49. 68. 108. 110 f. 195. 249. II, 220. 487.
— kontinentale Insel I, 49.
— unterseeische Verbindung mit Australien I, 64.
— Küstenablagerungen I, 67.

Neuguinea, Temperaturverteilung zwischen N. und Japan I, 298 f. 308.

Neukaledonien I, 111. II, 486 ff. 506.

Neulauenburg II, 486.

Neumann, C. v., Temperatur des Gefrierpunktes und des Dichtigkeitsmaximums des Meerwassers I, 235. 237.

Neumayer, Leiter der Deutschen Seewarte I, 190. 194.
— Treibeisgrenze im Südatlantic I, 385.
— — im Indischen Ozean II, 478.
— Messung der Wellenhöhe II, 40.
— Stoßwellen nach dem Ausbruche des Krakatau II, 123. 135.
— Berechnung von Seetiefen aus Stoßwellen II, 130. 133.
— über Meeresströmungen II, 438. 475 f. 478. 503 f.

Neumecklenburg II, 486. 490.

Neupommern II, 486.

Neuschottland I, 268. II, 161. 201. 515.

Neuseeland I, 20. 27. 30. 42. 105. 109. 116. 176. 294 f. 308. II, 132 f. 255 f. 488. 503 ff.
— Fjorde an der Südwestküste I, 45.
— Küstenablagerungen I, 67.
— Stoßwellen vom Erdbeben von Arica und Iquique II, 120 ff.

Neusibirische Inseln I, 28.
— Kessel-Insel II, 458.

Neustadt I, 167.

Neustädter Bucht, Salzgehalt I, 167.

Neusüdwales II, 479.

„Newa“, Weltumsegelung Krusensterns auf derselben. Beobachtung der Lufttemperaturen im Stillen Ozean von Horner und Langsdorf I, 222.

Newcastle, Stoßwellen von Arica und Iquique bis II, 121 f.

Newcastle II, 133.

Newnham, Gezeiten bei II, 160.

Newton, erklärt zuerst die Gezeiten (Gleichgewichtstheorie) II, 158 f. 166 f. 174 ff. 196.

— Fehler seiner Theorie II, 184 ff.

— II, 343.

New York I, 67. 255. II, 79. 197. 200. 420 f.

Nias Point II, 462.

Niederkalix I, 169.

Niederländische Küste II, 463.

Niederländisches Meteorologisches Institut zu Utrecht I, 224.

Niederschläge I, 218 ff.

— bewirken eine Verminderung des spezifischen Gewichtes des Meerwassers I, 146. 156.

Niedrige Inseln I, 50. 106. II, 489.

Niedrigwasser II, 225.

Nienstedten II, 264. 270.

Nieuport II, 233.

„Nièvre", franz., Beobachtung merkwürdiger Färbung des Meerwassers I, 179.

Niger I, 26. II, 404.

Nikaragua I, 37.

Nikobaren I, 120.

Nikolajefsk II, 220.

Nil I, 26. 94. 130.

— führt bedeutende Schlammmassen ins östliche Mittelmeer I, 95.

— mittlere Abflußmenge I, 131.

Nippflut, über den Ausdruck N. II, 156.

Nippon, kontinentale Insel I, 50.

— Lotungen an der Küste I, 59.

— kalter Wasserstreifen an der Nordwestküste I, 287 ff. II, 494.

Niveauänderungen, periodische und vorübergehende I, 38 ff.

— vorübergehend durch Luftdruck erzeugt I, 40.

Niveauunterschiede zwisch. einzelnen Meeren I, 36 ff.

Niveauunterschiede infolge ungleicher Verteilung des Luftdrucks II, 337 f.

Nizza, Meeresniveau bei I, 38.

— I, 180, 264.

Noctiluca I, 182.

Nördliche Aequatorialströmungen II, 384 ff. 484 f.

Nördlicher Stiller Ozean s. Nordpazifischer Ozean.

Nördliches Eismeer s. Arktischer Ozean.

Nördliches Polarmeer, vierfache Verbindung mit dem Atlantic I, 24. 82.

— — Verhältnis der Inselflächen zur Meeresfläche I, 48 f.

— — größte Tiefe I, 60. 126.

— — Verteilung des spezif. Gewichtes und des Salzgehaltes I, 158 ff.

— — Vergleichung des spezif. Gewichtes mit dem anderer Meeresgebiete I, 161.

Nordafrikanischer (Kanarien-) Strom II, 398 ff. 408. 411. 428. 496.

Nordamerika, Küstenentwickelung I, 43.

— Flachküsten an der Ostseite I, 46.

— Bänke an der atlantischen Seite I, 47.

— Küstenablagerungen von Halifax bis New York I, 67.

— Küsten haben unter gleichen Breiten eine niedrigere Temperatur als die Europas I, 222.

— unregelmäßiger Seegang in den großen Binnenseen II, 36.

Nordatlantische Ostströmung (Westwindtrift, Golfstromtrift) I, 216. II, 425 ff.

— — nordöstlicher Zweig derselben II, 429 ff.

Nordatlantischer Kessel I, 75 f. II, 211 f.

— — Mitteltiefe desselben II, 201.

Nordatlantischer Ozean I, 17.
— — äußere Umrisse I, 24.
— — Bänke in demselben I, 47.
— — Bodengestaltung des nördlichen Teiles I, 80 ff.
— — mittlere Tiefe nach Krümmel I, 86.
— — größte Tiefe I, 126.
— — spezifisches Gewicht und Salzgehalt I, 147. 149. 161. II, 282.
— — geographische Verteilung des Luftdrucks I, 197 ff.
— — Stürme in demselben I, 216.
— — Temperaturen I, 227 ff. 231 ff. 251 ff. 310. 317 ff.
— — treibende Eisberge I, 382 f.
— — synoptische Wellenkarten II, 79.
— — Stoßwellen von Krakatau im Nordatlantic II, 123.
— — Erklärung der Hafenzeiten im N. von Börgen II, 210 ff.
— — Verzögerung der Springzeiten ein ungelöstes Problem II, 219 f.
— — kaltes Auftriebwasser der tropischen Luvküsten II, 307 f.
— — warmes Stauwasser der Leeküsten II, 312 f.
— — Strömungen des Nordatlantic s. Meeresströmungen.
Nordbrasilianische Rinne II, 210.
Nordchinesisches Meer, spezif. Gewicht durch den Wechsel der Jahreszeiten beeinflußt I, 153.
Nordenskjöld, die sibirischen Ströme machen das Eismeer während einer kurzen Zeit des Jahres eisfrei I, 162.
— benennt den „Irmingerstrom" II, 433.
— II, 458. 462.
— s. auch „Vega".
Norderney II, 245.
Nordkap I, 340. II, 430. 447. 451 f. 454.

Nordkarolina I, 276.
Nordostmonsun I, 210. 297. II, 468 ff. 480 f.
Nordostpassage I, 341.
Nordostpassat I, 205 f. II, 79. 397 f. 484. 495.
Nordostpassattrift (oder nördl. Aequatorialstrom) II, 384 ff.
Nordpazifische Ostströmung (Kuro-Shio-Trift) II, 495 ff.
Nordpazifischer Ozean I, 17.
— — mittlere Tiefe nach Krümmel und Supan I, 109.
— — Tiefen- und Bodenverhältnisse I, 101 ff. 126.
— — spezifisches Gewicht und Salzgehalt I, 147. 153. II, 282.
— — geographische Verteilung des Luftdrucks I, 198.
— — Monsunwechsel im westl. N. I, 208.
— — Stürme I, 216.
— — Temperaturverteilung I, 277 ff. 298. 306. 309.
— — weniger Treibeis als im Nordatlantic I, 382.
— — tägliche Ungleichheit im N. II, 220.
— — Auftrieb an den kalifornischen Küsten II, 307.
— — warmes Stauwasser der Leeküsten II, 314.
— — Strömungen des Nordpazific s. Meeresströmungen.
Nordpol I, 19. II, 454.
Nordpolarbecken, Anhäufung von Sedimenten in demselben I, 34.
— Luftdruck- und Windverteilung I, 211.
Nordpolar-Expeditionen, österr.-ungarische, s. „Isbjörn" und „Tegetthoff".
— — niederländische s. „Willem Barents".
Nordpolfahrt, erste deutsche, Temperaturbeobachtungen I, 340.

Nordpolfahrt, zweite deutsche, Temperaturmessungen I, 341.
— s. auch „Germania".
Nordpolstationen s. Polarstationen.
Nord-Rona-Insel I, 322.
Nordsee, Benennung I, 18.
— Randmeer von geringer Tiefe I, 22.
— Areal I, 23.
— Sturmfluten in der N. I, 39.
— Flachküsten. Bänke I, 46 f.
— Inselreihen der Küste parallel laufend I, 49.
— Bank der britischen Inseln und der N. I, 81 f. 85. 89. 339.
— mittlere Tiefe I, 86.
— Tiefen- und Bodenverhältnisse I, 89. 126.
— geringe Abnahme des Sauerstoffgehaltes von der Oberfläche bis zum Boden I, 137.
— spezif. Gewicht und Salzgehalt I, 147. 161. 164 ff.
— Farbe des Wassers I, 176.
— Meeresleuchten I, 182.
— Temperaturen I, 260 ff.
— Wellenhöhe II, 51.
— durch die formende Kraft der Wellen ein geradliniger Verlauf der holländisch-friesisch-jütischen Dünenküste angestrebt II, 108.
— Stoßwelle vom Erdbeben von Lissabon in der N. II, 118.
— Gezeitenströmungen II, 239 ff.
— Flutwellen der deutschen Bucht der N. II, 244 ff.
— Niveauhöhe verglichen mit der des Golfes von Lion und der Ostsee I, 38. II, 295. 300.
— Strömungen II, 462 ff.
Nordseebank s. Nordsee.
Nordsibirisches Meer s. Sibirisches Eismeer.
„Norfolk", Schiff II, 475.

Normalhöhenpunkt der Berliner Sternwarte I, 36.
Normalnullpunkt für die Ostsee I, 36.
North Foreland II, 233. 237.
Northumberland-Sund I, 353 ff. II, 461.
Norwegen I, 82. 85. 89. 122 ff. 158 f. 199. 238. 255. 260. 317. 322. 328. 330. 334 ff. 343. 347. II, 241. 450. 452. 454. 463 f.
Norwegische Fjorde, Dichte und Salzgehalt ihres Wassers I, 165.
— — Temperaturverteilung I, 328. 330 f.
— Küstenbänke I, 85.
— — Temperaturen I, 328. 330 f. 334 ff.
— Rinne, Tiefenverhältnisse I, 85. 89.
— — Salzgehalt I, 165.
— — Temperaturmessungen I, 263.
— — I, 122. II, 242.
Norwegischer Strom II, 464 f.
Norwegisches Küstenplateau II, 457.
— Nordmeer s. Europäisches Nordmeer.
„Novara"-Expedition, Methode der Messung der Wellenhöhe II, 39 f.
— Wellenmessung im Indischen Ozean II, 48.
— Ablagerung von Bimsstein durch Erdbebenwellen II, 136 f.
— II, 486.
Nowaja Semlja, Gletscher von I, 374.
— — Verhalten des Eises an Ost- und Westküsten I, 381 f.
— — Eisverhältnisse bei N. in verschiedenen Jahren I, 383.
— — I, 29. 123 f. 159. 162. 183. 317. 330. 335 f. 342 ff. II, 429. 451 ff. 458 f. 460.
Noyer, cit. II, 276.

Nuggets Point II, 505.
Nyminde II, 240.
Nymphe", Kapt. v. Blanc, Strombeobachtung im Pazific II, 492.

O.

Oahu, Stoßwelle von dem Erdbeben von Arica II, 121.
— II, 497.
Ob I, 29. 124. 162. 349 f.
Oberflächenwasser des Meeres s. Meerwasser.
Oberguinea, geradliniger Verlauf der Küste durch die formende Kraft der Wellen angestrebt II, 108.
Oberschlesien II, 119.
Obischer Meerbusen I, 28.
Ochotskisches Meer, Areal I, 23.
— — Temperaturverteilung I, 245. II, 291.
— — Strömungen II, 499 f.
— — I, 285. 317. 352.
Ochtum II, 267.
Oder I, 46.
Oderhaff, Messungen von Wellenlänge und -geschwindigkeit in demselben II, 28.
Oel, wellenstillende Wirkung desselben II, 81 f.
Offenes Polarmeer I, 30.
Ofoten-Fjord I, 331.
Ohio II, 419 Anm. 1.
Ὠκεανός, Okeanos, Ableitung des Namens I, 13. II, 327.
Oken I, 69.
Olenek I, 350.
Ombay-Insel I, 111. 315.
Ombay-Passage I, 300.
Opisbo, Stoßwelle von Iquique bis O. II, 122.
Opone II, 327.
Oporto II, 200.
— Springfluten in II, 201.
Orbitalbewegung der Wasserteilchen in den Wellen II, 2 f. 6 ff. 62 ff.

Orbitalbewegung, Verhalten der Orbitalbahnen in verschiedenen Tiefenschichten nach Aimé II, 30 ff.
Orbitalgeschwindigkeit der Wasserteilchen II, 6. 13 ff. 62 ff. 87f.
Orbulina universa I, 66. 86.
Ord, Dr. C. K., s. „Hermes".
Orel, Temperaturmessungen im Barentsmeer auf „Tegetthoff" I, 345.
Oregon II, 497.
Oreoskanal II, 143.
Orinoko I, 26.
— Schlickteile des O. durch den Aequatorialstrom fortgeführt I, 67.
Orkane I, 216 f.
Orkney-Inseln I, 263. II, 84. 90. 241. 243. 288.
Orne, Sprungwelle in der II, 276. 278.
Orobia II, 115.
Osaka II, 119. 496.
Ossabaw-Sund II, 197.
Ostaustralischer Strom II, 501 ff. 505.
Ostchinesisches Meer, Teil des Ostchines. Randmeeres I, 23 Anm. 1.
— — Wellenmessungen v. Pâris II, 43. 49 f.
— — Fluthöhen am koreanischen Ufer höher als am gegenüberliegenden II, 254.
— — II, 481.
— Randmeer, Areal I, 23.
— — Strömungen desselben II, 500 f.
Ostende II, 295. 432.
Ostgrönlandstrom II, 434 ff. 455 ff. 460.
Ostindischer Archipel, verschiedene Benennungen einiger Meeresteile desselben I, 18.
— — seine Meeresteile ein Teil des austral-asiatischen Mittelmeeres I, 23 Anm. 4.
— — Küstenaufnahmen I, 42.

Ostindischer Archipel, Bänke desselben I, 48.

— — die unterseeisch abgeschlossenen Meeresbecken für den Archipel charakteristisch I, 110.

— — Temperaturverteilung in diesen Becken I, 245. 296 ff. 311.

Ostkap I, 27.

Ostmeer, Benennung des Nordrandes des Indischen Ozeans im Altertum I, 14.

Ostsee, Benennung I, 18.

— ein Mittelmeer, aber ohne große Tiefe I, 21.

— Areal I, 23.

— Bestimmung von Meereshöhen über der O. I, 35 f.

— Höhe ihres Spiegels gegenüber dem der Nordsee und des Adriatischen Meeres I, 38. II, 295. 300.

— Stauung von Westen nach Osten I, 36. 39.

— Niveauerhöhung durch Winde. Sturmfluten I, 39. II, 301.

— mittlere Tiefe nach Krümmel I, 86.

— Tiefen- und Bodenverhältnisse I, 89 f. 126.

— spezif. Gewicht und Salzgehalt I, 147. 164 ff. 168.

— Meerleuchten I, 182.

— Temperaturen I, 238. 262.

— unregelmäßiger Seegang II, 36.

— Wellenhöhe II, 51. 66 f.

— östlich von Rügen geradlinige Kontur des Strandes II, 108.

— Form der Gestadebildung an den Lehm- und Kreideküsten II, 109. 513.

— Stoßwellen II, 118 f.

— jährliche meteorologische Gezeit II, 219.

— vertikale Zirkulation an den Küsten im Sommer II, 305 f.

Ostsee, Strömungen II, 465 f.

Otter, v., s. „Sofia".

Otterndorf II, 271.

Otto, J. F. W., polare Herkunft des Tiefenwassers schon 1800 von O. für wahrscheinlich gehalten II, 284.

Ouessant-Insel, Hafenzeit von II, 209.

— Fluthöhe bei Springzeit II, 255.

Overtides II, 217.

Owerbank II, 246.

Oxö II, 241.

Oya-Shio II, 318. 445. 495. 500.

Ozeane, große Verwirrung in ihrer Benennung bis zu Anfang unseres Jahrhunderts I, 14.

— gegenwärtige, allgemein angenommene Benennung und Begrenzung I, 14.

— Ausmessung der einzelnen von Krümmel I, 19.

— offene O. und Areal derselben I, 21 f.

— Verschiedenheiten in ihren äußeren Umrissen I, 24.

— Tiefenverteilung, Bodengestaltung und -beschaffenheit I, 51 ff. 72 ff.

— Depressionsgebiete I, 60.

— Versuche, die mittlere Tiefe zu bestimmen I, 60 ff.

— mittlere Tiefe der offenen O. nach Krümmel I, 62.

— Volumen I, 62.

— Bodenablagerungen I, 66.

— Tabelle der größten Tiefen der O. und einzelnen Meeresteile I, 126.

— verschiedene Verteilung der Winde über den Ozeanen I, 205 ff.

— Verdunstung und Niederschlag I, 218 ff.

— Temperaturverteilung I, 221 ff. 226 ff. 234 ff.

— allgemeine Sätze über die

vertikale und horizontale Temperaturverteilung und Ausnahmen von denselben I, 243 ff.

Ozeane, Vertikalzirkulation der O. s. Vertikalzirkulation.

Ozeanien I, 50.

Ozeanische Inseln I, 49 f.

— Meteorologie s. maritime M.

— Wasserbedeckung s. Wasser-hülle der Erde.

P.

„Pacific", Vordringen der von den Golfstromorkanen aufgeworfenen Dünung in südlichen Breiten beobachtet II, 80.

— II, 476.

Packeis I, 363. 474.

— schweres I, 369.

Packhoi II, 220.

Paläokristisches Meer, Name von G. Nares I, 368.

Palästina, schneller Abfall des Seebodens an der Küste I, 94.

Palander s. „Vega".

Palaos-Inseln II, 491.

Palawan I, 298. II, 481 f.

Palmer, Riffe am Strande bei Folkestone II, 107.

— stellt den ersten Flutautographen auf II, 164 f.

Panama I, 37. 42.

— niedrige Küstentemperaturen bei P. II, 492.

— Golf von I, 26. II, 489.

Pantellaria, gewissermaßen Bindeglied zwischen Europa und Afrika I, 93.

— II, 150.

Papiti, ganz abnorme Gezeiten in II, 204.

Pará I, 227.

Paracel-Inseln II, 220. 481 f.

Parana I, 26.

Páris, Wellenmeßapparat von den beiden P. II, 40 ff. 44.

Páris, Lieut., Wellenmessungen an Bord der Schiffe „Dupleix" und „Minerve" II, 42 ff. 47 f. 52.

— mittlere Wellenhöhe in einzelnen Meeresteilen II, 49 f.

— Untersuchungen über die Umformung der Wellen durch den Wind II, 62 f.

— Uebertragung der Skalenwerte von Beaufort in absolute Geschwindigkeit II, 68.

— Untersuchungen über den Einfluß der Windstärke auf Höhe und Geschwindigkeit der Wellen II, 73 ff.

Parker s. „Congreß".

Parrot, Verbesserer des Wasserschöpfapparates von Hales I, 238.

Parry, Sir Edward, Ergebnisse seiner Nordpolfahrten I, 125. 341. 354. II, 460.

Parry-Archipel, Strömungen im II, 461 f.

Partiot, Untersuchung der Sprungwelle in französischen Flüssen II, 275.

Partsch, Erdbebenwellen im Malischen Golfe II, 116.

— cit. II, 84. 158 Anm. 1. 466.

Passages, Resaca im Hafen von II, 153.

Passate I, 203 ff.

Passatgebiete, Wellenhöhe in denselben II, 49 f.

— Geschwindigkeit, Länge und Periode der Wellen II, 43. 74.

Passatzonen, Vermehrung des Salzgehaltes des Meerwassers in den P. durch starke Verdunstung I, 145 f.

Patagonien II, 443. 446. 507.

Patagonische Küstenbank II, 438. 442. 508.

Patentlot von Sir William Thomson I, 52.

Pauillac II, 264. 266. 268 f. 271.

Paumotu-Archipel I, 106.

Paumotu-Archipel, Brandung an
der Südwestseite II, 97.
Payer s. „Tegetthoff".
Pechuël-Lösche, Beschrei-
bung der Kalema II, 95 f.
— Untersuchung von Küsten-
strömen II, 514.
— II, 308. 404.
Peel-Insel I, 112.
Pegel, Einrichtung der II, 162 ff.
— selbstregistrierende P. oder
Flutautographen II, 164 f.
Pelew-Inseln I, 103. f. 208.
Peñas, Golf von I, 42.
Pennystraße II, 461.
Pensacola, Höhe der eintägigen
und halbtägigen Gezeiten II,
203.
Penshinskbai II, 499.
Pentland-Föhrde, Stätte heftiger
Gezeitenströme II, 84.
— Stromwechsel in der II, 227.
— II, 452.
Pentland Skerries II, 84.
Peparethos-Insel II, 115.
Perim-Insel II, 298.
Perim, Straße von, Strömung in
der II, 469.
Periode der Welle II, 6. 11 f.
16 ff. 42 ff. 62. 65. 86.
— — — Messung derselben II,
37 f.
Pernambuco I, 68.
Péron I, 238.
Persien, Vermessung der Küsten
I, 43.
Persisches Meer, Areal nach
Krümmel I, 23.
— — zahlreiche Bänke I, 48.
— — von den Küstenbewohnern
„Grünes Meer" genannt I, 177.
Perth II, 315.
— Bucht von II, 474.
Peru I, 20. 108. II, 50.
— jäher Abfall der Küste I, 64.
— Lotungen an der Küste I, 107.
— Brandung an der Küste II, 97.
— Stoßwellen von Arica und
Iquique II, 120 ff.

Peru, niedrige Temperaturen an
der Küste II, 309 ff.
Peruanischer Strom II, 310. 328.
339. 509 f.
Peschel, seine Methode zur
Bestimmung der mittleren
Tiefe der Ozeane I, 61.
— Berechnung von Seetiefen
aus Stoßwellen II, 130.
— I, 50.
Peterhead I, 165.
Petermann, Tiefenkarte des
Pazific I, 60. 101. 109.
— von P. Name „Challenger-
Tiefe" I, 103.
— Dichtigkeitsmaximum des
Meerwassers über dem Null-
punkt I, 236.
— Temperaturverhältnisse im
Karischen Meere I, 349.
— I, 226. 356.
— über Meeresströmungen cit.
II, 330. 382. 438 f. 479. 503.
Peterpaulshafen II, 498.
Peterson, chemische Aende-
rung des Seewassers beim
Gefrieren I, 361.
Petscheli, Golf von I, 23 Anm. 6.
Pettenkofer I, 139.
Petterson II, 458.
Philadelphia II, 202.
Philippinen I, 27. 42. 103. 298.
II, 481. 484 f. 493.
— Küstenablagerungen bei den
Ph. I, 67.
— Orkane bei denselben I, 217.
Philippinensee I, 298 f. 301.
— tägliche Ungleichheit in der
Ph. II, 220 f.
Phönizien I, 13.
Phosphoreszenz I, 182.
Physische Geographie des Mee-
res, Begründung derselben
I, 188.
Pico, Berg I, 74.
— Insel II, 426.
Piddington, Kreistheorie der
Wirbelstürme I, 218.
Pierre, Untersuchung über die

Ausdehnung des Meerwassers durch die Wärme I, 143 f.

Pillau II, 107. 306.

Pisani, Bestimmung des Luftgehaltes im Meerwasser I, 135.

Pisco II, 132.

— Bucht von II, 311.

Pitcairn II, 486.

Pitlekai I, 351.

Pleiobaren I, 196 ff.

Plinius II, 158.

Plymouth I, 252. II, 202. 220.

Point Carmel I, 107.

Pointe de Galle I, 119 f. 178.

— — Grave II, 264 ff. 268 f.

— du Siège, Flutkurve von 'II, 273 f.

Point Hope II, 462.

— Komoto I, 284.

Polack, Kapt., cit. II. 480 ff.

Polarexpedition, zweite deutsche, Messungen der Dichte des Meerwassers I, 161.

„Polaris" s. Hall.

— Reihentemperaturmessung im Robesonkanal durch E. Bessels I, 356.

— Trift eines Teils der Bemannung I, 379.

Polarmeere, Temperaturverteilung I, 245.

Polarstationen, feste internationale I, 159. 212. 344 f. 384.

Polarstrom I, 326.

Polarzonen, Eisbildung in den P. ein Konzentrationsmittel für das Meerwasser I, 145 f.

Polynesien I, 50. II, 50.

Polythalamien I, 68.

„Pommerania", Kapt. Hoffmann, Erforschung der Nordsee und Ostsee I, 126. 135 f. 164 ff. 260. 263.

Pommersche Küste, Oststzömung an derselben II, 465.

Ponce de Leon II, 328. 417.

Poole, Flutkurve von II, 272. 274.

„Porcupine", engl., Lotungen unter Lieut. Hoskyn I, 81.

„Porcupine", Kapt. Calvert, Tiefsee-Expeditionen im nördl. Nordatlantic unter wissenschaftlicher Leitung von Wyr. Thomson, Carpenter und Gwynn Jeffreys. Temperaturmessungen I, 82. 256 f. 260. 317. 319 ff. 328 f. II, 319.

— Temperaturmessungen von Carpenter im westl. Mittelmeer I, 264.

Porcupine-Bank I, 82, 319.

Pororoca, Bezeichnung d. Sprungwelle im Tocantins II, 276 ff.

Porsanger-Fjord, Temperaturmessungen I, 340.

Port Blair, Stoßwellen in P. II, 122.

— Böwen, Messungen der Eisdicke bei I, 371.

— Clarence, Temperaturmessungen bei I, 351 f.

Port-en-Bessin, Stromwechsel in II, 227.

Portets II, 266. 268 f.

Port Jackson I, 179.

— Illuluk I, 103.

Portland-Bill II, 232.

— Fluthöhe bei Springzeit II, 255.

Porto Empedocle II, 150.

— Grande II, 385 f.

— -Rico I, 100. II, 313. 390 ff. 417. 430.

— Santo, Brandung vor P. II, 90.

Port Said II, 466.

Portugal, Küstenablagerungen bei I, 67.

— wahrscheinlich unterseeischer Zusammenhang mit Madeira I, 77.

— Stoßwellen an der Küste von dem Erdbeben von Lissabon II, 117 f.

— I, 76. 88. II, 197.

Posidonius II, 158.

Possjetbai II, 500.

Potidäa II, 158 Anm. 1.

Pouchet, Prof. II, 382. 426.
Pouillet, Verbreitung d. Lehre von der Entstehung der Meeresströmungen durch Temperaturdifferenzen durch P. II, 285.
Pourtalès, Durchsichtigkeit des Meerwassers I, 184.
Poutrincourt II, 383.
Pratasriffe II, 481 f.
Preller, cit. II, 115.
Prestwich, Prof. Jos. I, 237. II, 320.
Principe-Insel II, 414.
„Prinz Adalbert", S. M. S., Kapt. Mac Lean, Strombeobachtung im Japanischen Strom II, 494.
Prinz Edwards-Inseln I, 117. II, 475.
Prinz Patrik-Insel II, 462.
Prinz von Wales-Bänke II, 481.
Protococcus atlanticus I, 178.
Pt. Barrow I, 27. II, 462.
Pteropoden I, 177.
Ptolemäus II, 183.
Puerto Montt, Stoßwelle vom Erdbeben von Iquique bis P. II, 122.
Puerto-Rico s. Porto-Rico.
Pullen, Kapt., Temperaturmessungen I, 238 f. 316.
— s. auch „Cyclops".
Pullenia I, 86.
Pulo Obi II, 481.
— Penang I, 119. 178.
— Sapata II, 481 f.
Pulvinulina I, 86.
Punta Robanal, Brandung von P. II, 90.
— Santa Elena II, 310.
Purpurmeer s. Kalifornischer Meerbusen.
Pyrenäen II, 516.

Q.

Quarken I, 169.
Quelpart II, 501.
Quetelet I, 188.

R.

Radiolarienschlamm I, 66.
— Beschaffenheit und Vorkommen I, 69 f. 114 ff.
„Rainbow", engl. II, 383.
Raine-Insel I, 301 f.
Ramsgate II, 218.
— Hafenzeit in II, 236 Anm. 1.
— Fluthöhe bei Springzeit in II, 255.
Randmeere I, 21 f.
— Areal der R. nach Krümmel I, 23.
— mittlere Tiefe nach Krümmel I, 62.
— Verteilung des spezifischen Gewichtes und des Salzgehaltes in ihnen I, 158 ff.
„Ranger", amer., Erforschung des Stillen Ozeans I, 101. 103. 107.
Rankine, cit. II, 6 f.
Rapa-Insel, Stoßwellen von dem Erdbeben von Arica II, 120.
Ras el Chail II, 316.
Ratzel, Einfluß der Küstenentwickelung auf die Kulturentwickelung I, 44.
— Versuch einer systematischen Inseleinteilung I, 50.
Ravenstein, cit. II, 223 Anm. 1.
Rayleigh, Lord, cit. II, 6. 70 Anm. 1.
— Umgestaltung der Wellen bei Abnahme der Wassertiefe II, 87.
Reaktionsströme II, 359.
Reclus, Abflußmengen einiger Flüsse I, 131.
— starke Verdunstung des Roten Meeres II, 297.
— cit. II, 149. 153. 276.
Red clay s. Tiefseethon.
Redfield, Kreistheorie der Wirbelstürme I, 218.
— II, 437.
Redfieldfelsen II, 494.
Reedklippen I, 103.

Regenkarten, Ungenauigkeit aller I, 220.
Regenmengen, auf See unsichere Bestimmung der I, 219 f.
Reibnitz, Frh. v., Kapt. I, 284. II, 494.
Reihentemperaturen, Messungen von I, 240. 242.
Rein, J., Erklärung d. Korallenbildungen I, 114.
Rennell, versucht zuerst aus den beobachteten Stromversetzungen eine mittlere Stromrichtung zu berechnen II, 329.
— cit. über Meeresströmungen II, 340. 384. 386. 389 f. 398 f. 401. 426. 429. 431. 438 f. 445. 471. 483.
Rennellstrom II, 431.
Rensselaer Hafen, Temperaturen im I, 254.
— — I, 369.
Resaca II, 152 f.
„Rescue", Lieut. de Haven, Trift derselben I, 379.
„Resolute", engl., Trift der I, 379. II, 461 f.
Réunion-Insel I, 118.
— Wellenfurchen am Meeresboden bei R. II, 32.
Revilla-Gigedo-Inseln II, 132.484. 497.
Reye, Vertreter der Spiraltheorie der Wirbelstürme I, 218.
Reykjawik I, 84. 228.
Rhein I, 26. 130. II, 240. 419. 463.
— mittlere Abflußmenge I, 131.
Rhizopoden I, 68 f.
Rhodus I, 94.
Rhone I, 26. 37 f. 130. II, 467. 516.
— mittlere Abflußmenge I, 131.
Riccioli II, 331.
Richthofen, v., Wirkungen der Abrasion II, 101. 110 ff.
— cit. II, 512. 514 f.
Riffe I, 47.

Riffe, Farbe des Wassers in ihrer Nähe I, 176.
— Irrtümliche Berichte über Vorkommen im offenen Ozean I, 177.
— Entstehung derselben nach Hagen II, 106 f. 323.
„Rifleman", Schiff II, 481.
Rigaischer Meerbusen I, 18.
— — sein Salzgehalt I, 169.
— — Stoßwelle bei der Insel Dagö II, 118 f.
Rigaud, Entdecker der Noctiluca I, 182.
Rio de Janeiro I, 42. 205. 227. II, 444.
Ritter, Karl, Abstammung des Namens „Ὠκεανός" I, 13.
— Unterscheidung einer kontinentalen und pelagischen Seite des Erdplaneten I, 20.
— cit. II, 317.
Ritter, W., cit. II, 170 Anm.
Riviera, Untersuchung der Abrasion an der Küste der R. von Stevenson II, 110 f.
— II, 516.
Rixhöft II, 306.
Robben-Insel, Brandung bei der II, 90.
Roberts, Fluthöhe der meteorologischen Gezeit in Liverpool II, 219.
— Maschine zur Vorausberechnung der Gezeiten II, 224.
Robesonkanal I, 25. 29. 125. 355 f. II, 460.
Rochefort II, 274.
— Wahrnehmung der Stoßwellen von Krakatau in II, 123.
Rockall II, 319.
Rockallbank I, 83. 319. 321.
Rockallklippen I, 81 f. 85.
Rockallrinne I, 82.
Rodgers, Admiral II, 204.
„Rodgers", schließt unter Lieut. Berry die Inselnatur des Wrangellandes auf I, 28.
Rodriguez-Insel I, 211.

Rogers, Prof. II, 374.
Rohlfs, G. II, 307.
„Rollen" der Schiffe II, 46.
Roller II, 84. 91. 136.
— von St. Helena, der Lombok-
straße und von der Küste
von Peru II, 96 f.
Romanisches Mittelmeer I, 21.
— — Areal I, 23.
— — Benennung im Altertum
I, 14.
— — Niveauunterschied zwisch.
demselben und dem Atlantic
I, 37 f. II, 295 ff.
— — Verhältnis der Inselflächen
zur Meeresfläche I, 49.
— — mittlere Tiefe nach Krüm-
mel I, 86.
— — Tiefen- und Bodenverhält-
nisse I, 90 ff. 126.
— — spezifisches Gewicht und
Salzgehalt I, 147. 169 ff. II,
299.
— — starke Verdunstung. Un-
terstrom in den Nordatlantic
I, 152.
— Temperaturen I, 237 f. 245.
264 ff. II, 291.
— — Wellenhöhe II, 51. 67.
— — Erdbebenwellen in dem-
selben II, 115 ff.
— — stehende Wellen in ein-
zelnen Teilen II, 143 ff.
— — Gezeiten II, 159. 219.
— — Strömungen II, 466 f.
Romme II, 329.
Romsdal I, 337.
Romsdalbank I, 339.
Romsö, Salzgehalt bei I, 167.
Roß, Sir James, Lotungen auf
seinen Südpolarreisen I, 105.
117 f. 121.
— Luftdruck- und Windvertei-
lung im antarktischen Ozean
I, 211.
— Temperaturmessungen I, 235 f.
357.
— Eiswand im antarktischen Ge-
biete I, 374.

Roß, Sir James, Wellenmes-
sungen beim Kap der guten
Hoffnung II, 46 f.
— II, 371. 503.
— Sir John, Lotungen auf seinen
Expeditionen I, 101. 125.
— erste Anwendung des Six-
schen Maximum-Minimum-
Thermometers von R. I, 238.
— I, 354.
Roßbreiten II, 37. 79.
Rossel, de, Admiral II, 487.
Rossetti, Untersuchung über
die Ausdehnung des Meer-
wassers durch die Wärme I,
143.
— Temperatur des Gefrierpunk-
tes und des Dichtigkeitsmaxi-
mums des Meerwassers I, 235.
237.
Roß-Insel I, 178.
Rotatorische Strömungen II, 233.
237 ff.
Rotes Meer, Areal I, 23.
— — periodische Niveauverän-
derungen I, 38 f.
— — Tiefen und Bodenverhält-
nisse I, 119.
— — spezifisches Gewicht und
Salzgehalt I, 147. 172.
— — Benennung I, 177.
— — Temperaturverteilung I,
245. 316.
— — starke Verdunstung II,
297 f.
— — Strömungen II, 469.
Roter Schlammboden I, 68.
— See, sein Salzgehalt I, 173.
Roth, J., Untersuchungen über
die Chemie des Meerwassers
I, 127. 130 f.
— cit. I, 169. 171. 173.
Rotti-Insel I, 111. 301. 315.
Rottnest-Island II, 315.
Roussillon II, 516.
Royal Society zu London I, 320.
Royer, spezifisches Gewicht des
Eises I, 361.
Rücker, Untersuchungen über

die Ausdehnung des Meerwassers durch die Wärme I, 143 ff.

Rügen, Form der Gestadebildung an der Kreideküste II, 109.
— Flutautograph bei Arkona II, 165 Anm. 1.
— Aeußerungen des Küstenstromes auf R. II, 513.

Rühlmann II, 70 Anm. 1.

Rütimeyer II, 515.

Ruhase, Kapt., s. „Kaiser".

Ruk-Insel II, 491.

Russell s. Scott R.

Russland I, 317.

S.

Saba-Insel, Stoßwellen vom Erdbeben von Lissabon II, 118.

Sabine, Temperaturmessung bei Grönland I, 320.
— II, 388. 414. 454.

Sabine-Insel, Eisverhältnisse bei der I, 370.

Sabioncello, Halbinsel I, 95.

Sable-Insel II, 197.
— Hafenzeit der II, 212.

Sachalin II, 499 ff.

Sadong, Sprungwelle im II, 276.

Säulen des Herkules I, 13.

Sagastyr II, 459.

Sahara I, 265. II, 307.

Saigon I, 156. II, 220.

Saintes II, 270.

Saint-Gilles II, 32.

Salomo-Inseln I, 111. II, 137. 486. 488. 490.

Salona, Stoßwelle in der Bucht von S. II, 117.

Salzgehalt des Meerwassers und seine geograph. Verbreitung I, 129. 134.
— Maxima desselben im Atlantic, Pazific und Indischen Ozean I, 130.
— Abhängigkeit von meteorologischen Faktoren I, 145 f. 218.

Salzgehalt, Verteilung in den Rand- und Mittelmeeren I, 158 ff.
— mit größerem S. wird die blaue Farbe des Wassers intensiver I, 175.
— im Seewassereis I, 359 ff.
— Versetzung von Wassermassen durch Unterschiede des S.es II, 294 ff.

Salzgärten I, 133.

Salzmengen, Variationen derselben im Meerwasser I, 133.

Salzseen I, 173.

Salzwassereis s. Eis.

Samländische Küste, Form der Gestadebildung II, 109.

Samoa-Inseln I, 46. 105. 109 f. 294 f. 315. II, 486 ff.
— Stoßwellen von der Westküste Südamerikas II, 119.

Samos I, 94.

Sandalwood-Insel I, 301.

San Diego I, 101. 112. 280. II, 220 f.
— — Stoßwellen von Simoda II, 120.
— Domingo I, 99 f.

Sandwich-Inseln, Beschaffenheit des Schlammbodens bei den I, 68.
— Stoßwellen von der Westküste Südamerikas II, 119 ff.
— I, 27. 70 f. 101 f. 104. 109. 112 f. 115. 198. 277. II, 314. 484.

Sandybai I, 59. 102.

Sandy Cape II, 502.
— Hook I, 80. 269. 272 f. 275. II, 197.

San Francisco I, 27. 101. 106 f. 188. II, 132. 309.
— — Stoßwelle von Simoda und Iquique II, 120. 122.

Sangarstraße I, 287. II, 500.

San Jago I, 88.
— Sebastian II, 153.

Sansego I, 172.

Sansibar II, 316. 328.

Sansibar, Bucht von II, 470.
Santander II, 153. 295.
Santiago de Cuba I, 100.
Santoña II, 153.
Sapata-Inseln II, 481.
Sarasin, *Seiches* im Genfer See II, 143.
Sardinien I, 92.
Sargassosee I, 383. II, 428 f. 447. 497.
Sars I, 327.
Sary, cit. II, 286.
Saseno, unterseeische Boden-schwelle von S. nach Brindisi hin I, 96.
Saß, v., periodische Schwan-kungen des Salzgehaltes im Rigaischen Meerbusen I, 169.
Sauerstoffgehalt des Meerwassers I, 136 f.
Saussure, Bestimmung von Tiefseetemperaturen I, 238.
— Temperaturmessungen im Mittelländischen Meere I, 238. 264.
Savannah II, 197.
Sawu-Insel I, 111. 301. 315.
Sawusee, Temperaturverteilung I, 301.
Sayabänke I, 120.
Scarborough-Riffe II, 482.
Scarnish-Hafen II, 94.
Schären (Scheeren) I, 45.
— finnische II, 66.
— von Stockholm II, 338.
Schelde II, 234.
Schering, Kapt. z. S., s. „Luise“.
Schiffsjournale I, 195.
Schiffs- oder Loggerechnung II, 372 f.
Schilling, Theorie der Meeres-strömungen II, 331 f.
Schlagintweit, Gebrüder, Versuche über die Durchsich-tigkeit des Meerwassers I, 184.
Schlammboden im Meere I, 67 f.
Schleinitz, v., Messungen der Dichte des Meerwassers I, 148. 155 f.

Schleinitz, v., Beobachtungen über die Farbe des Meer-wassers I, 175 f.
— Durchsichtigkeit des Meer-wassers I, 184.
— Berichte über den südindi-schen Oststrom II, 477 ff.
— Strömungen der Nordküste von Kaiser Wilhelms-Land II, 487.
Schleswig - holsteinische West-küste II, 463.
Schleswigsche Küste II, 67.
Schley, Kommandant des „Es-sex“, Lotungen im Südatlan-tic I, 126.
Schmarda, cit. I, 183.
Schmelck, chemische Analysen des Meerwassers I, 130. 184. 327.
Schmick, cit. II, 134.
Schmidt, C., Maximum des Salzgehaltes im Indischen Ozean I, 130.
— Messungen des spezifischen Gewichtes im südchinesischen Meere I, 156.
— Salzgehalt des Weißen Meeres I, 162.
— Untersuchungen über den Salzgehalt des Bottnischen Meerbusens I, 169.
— spezif. Gewicht des Roten Meeres I, 172.
Schmidt, Ed., seine Theorie der Meeresströmungen II, 332.
Schmidt, Jul., Stoßwellen nach dem großen griechischen Erd-beben Dez. 1860. II, 116 f.
— Häufigkeit der Erdbeben in den verschiedenen Mondent-fernungen verschieden II, 214.
— cit. II, 147.
Schnars, cit. II, 142.
Schottland, Meerestemperaturen an der Ostküste I, 260 f. 263.
— unterseeischer Bergrücken zwischen Sch. und Island I, 322.

Schottland I, 81 f. 194. 213. 317.
321 ff. 329. II, 84 f. 91. 94.
99 f. 188. 240 f. 292. 429.
447. 452. 462 f.
Schrader, deutsche Expedition
unter Dr. Schr. in Südgeorgien. Beobachtung der Stoßwellen von Krakatau II, 123.
Schrenck, v., Untersuchungen
der Strömungen im Ochotskischen, Japanischen und Ostchinesischen Randmeere I,
281. II, 499 ff.
— s. auch „Aurora".
Schumacher, Ausdehnung des
Eises I, 362.
Schübeler, cit. II, 454.
Schwäbisch Hall I, 133.
Schwanenfluß II, 315.
Schwarzes Meer I, 23 Anm. 2.
169.
— — Tiefenverhältnisse noch
wenig bekannt I, 94 f.
— — spezifisches Gewicht und
Salzgehalt I, 147. 172.
— — Benennung I, 177.
— — jährliche meteorologische
Gezeit II, 219.
— — ergießt einen Strom
schwachsalzigen Wassers ins
Aegäische Meer II, 298 f.
Schwedische Küste II, 463 f. 465.
Schweiz, Seiches in Schweizer
Seen II, 142 f. 144. 146.
„Schwell", Bezeichnung für Dü-
nung II, 36.
Schweres Packeis I, 369.
Sciacca II, 150.
Scilly-Inseln II, 85.
— Fluthöhe bei Springzeit II,
255.
Scirocco, Zusammenhang des-
selben mit dem Marrobbio
II, 151.
Scoresby, Beobachtungen über
die Farbe des Meerwassers
I, 174. 177.
— Messungen von Tiefseetem-
peraturen I, 238.

Scoresby, Temperaturen im
Norwegischen Nordmeere I,
341.
— Wellenmessungen II, 45. 48.
— Abschwächung der Wellen
durch Fremdkörper II, 80.
— cit. II, 60. 82. 436.
Scott, Rob. H. I, 233.
Scott Russell, Experimente
über Wellenbewegung II, 14.
18. 24. 26.
— — Uebertragungswellen II,
24 ff. 258 ff. 279 f.
— — Theorie der Wellenbil-
dung II, 57 f.
— — „kapillare" Wellen II, 134.
— — Umgestaltung der Wellen
bei Abnahme der Wassertiefe
II, 87.
Sebastopol I, 95.
Secchi, Durchsichtigkeit des
Meerwassers I, 184.
See (-Welle), tote oder ausge-
wachsene II, 61. 74.
— hohle II, 64.
— Sturzseen II, 82 f.
Seebach, K. v., Wellengruppen
an der Westküste Zentral-
amerikas II, 52.
„Seebären", Name d. Stoßwellen
der Ostsee II, 118 f.
Seebebenwellen s. Stoßwellen.
„Seen", Bezeichnung der deut-
schen Seeleute für die Wind-
wellen II, 36 f. 60 f. 89.
Seetiefen, Berechnung derselben
aus Stoßwellen II, 130 ff.
Seewarte, Deutsche I, 7. 190.
193 f. 196. 224 ff. 232. II, 79.
190. 226. 375. 425. 437. 473.
— — Atlas des Atlantischen
Ozeans I, 60. 73. 148 f. 196.
206. 227. II, 386.
Segelanweisungen I, 186.188.193.
Segelhandbuch für die Nordsee
cit. I, 261. II, 222 ff. 227. 465.
Seibt, cit. II, 165.
— jährliche meteorologische Gezeit in der Ostsee II, 219.

Seiches in Schweizer Seen II, 142 f. 144. 146.
Seichtwassergezeiten II, 218.
Seine II, 232. 432.
— Flußgeschwelle der S. II, 267.
— Sprungwelle in der S. II, 276 ff.
Seinebucht, Flutkurven der II, 273 f.
Selbständige Meeresräume I, 20 f.
Semao-Insel I, 111.
Semper, C., Erklärung der Korallenbildungen durch vulkanische Hebungen I, 113 f.
— II, 34.
Senegal I, 26. II, 305.
Senegambien II, 307.
Serdzekamen I, 124. 351.
— Eisverhältnisse bei S. I, 370.
„Serpent", engl., Kapt. Bullock, Lotungen im Indischen Ozean I, 119.
Seskär I, 169.
Seue, C. de, Temperaturmessungen im Porsanger Fjord I, 340.
Severn, Sprungwelle im II, 276 f.
Seychellen I, 28. 120. 220. II, 469. 471.
Shannonfluß II, 202.
Shelbourne, Fluthöhe in Sh. II, 201.
Sherman, Kapt., s. „Gulnare".
Shetlandrinne II, 457.
Shetlands-Inseln I, 25. 82. 122. 320 f. 328. II, 84 f. 100. 241. 243. 432. 452.
— Temperaturmessungen bei denselben I, 260 f. 263.
Shortland s. „Hydra".
Siam, Golf von I, 23 Anm. 4.
Siau, Wellenfurchen am Meeresboden bei Réunion II, 32 ff. 324.
Sibirien, Flachküste an der ganzen Nordseite I, 46.
— Lotungen an der Küste I, 124.
— Dichte des Meerwassers an der Küste I, 162.

Sibirien I, 317. 349 f.
Sibirisches Eismeer, Tiefenverhältnisse noch wenig erforscht I, 124.
— — Dichte und Salzgehalt I, 162.
— — Temperaturverteilung I, 350 f.
— — Strömungen II, 458 ff.
Siemens, C. Will., Bathometer von I, 57.
Sierra Leone II, 79. 399. 405. 413. 415.
Sigsbee I, 56. II, 378 f. 418.
— s. auch „Blake".
Sigsbeetiefe, tiefstes Gebiet des Golfes von Mexiko I, 97.
Sikayana, Atoll II, 186.
Sikoku II, 494.
Silas Bent, Lieut. II, 495.
Silberrinne, südöstl. der Doggerbank II, 241 ff.
Sillein II, 119.
Simoda, Stoßwellen im Hafen von II, 119 f. 123. 131 f.
Simonsbai I, 156.
— Temperaturschwankungen in der S. infolge vertikaler Zirkulation II, 306.
Singapore I, 156. 178. 315. II, 220 f.
Siwas s. Faules Meer.
Sixsches Maximum - Minimum-Weingeist - Thermometer I, 238 f.
Sizilien, unterseeische Verbindung mit Afrika I, 90.
— Tiefenverhältnisse an den Küsten I, 93.
— Marrobbio an West- und Südküste II, 149 ff.
— I, 91. 170. 172. II, 148. 466.
Sizilisch-Jonisches Meer, Bodengestaltung I, 96.
— — spezif. Gewicht I, 170.
— — Temperaturverteilung I, 266.
Skären s. Schären.
Skagen I, 89. II, 240. 465.

Skagerrak I, 85. 89 f. II, 240 f.
249 f. 464 f.
— Dichte und Salzgehalt I, 165 ff.
— Temperaturen I, 262 ff.
Skandinavische Halbinsel, Spitzbergen gewissermaßen eine
Fortsetzung derselben I, 123.
Skarpheia II, 116.
Skerkibänke I, 90. 93.
Skerryvore, Versuche mit Steven-
sons Wellendynamometer bei
dem Leuchtturm von Sk. II,
99.
Sklavenküste II, 404. 411. 492.
— kaltes Küstenwasser entlang
der Skl. II, 412 f.
Skopelos-Insel II, 115.
Skudesnaes II, 241. 243. 245.
249.
Smithsund I, 25. 29. 355 f. 368.
377. 379.
— Tiefe I, 124 f.
— spezif. Gewicht des Meer-
wassers im S. I, 162 f.
Smyth, höchste Sturmwellen
im Golf von Genua II, 51.
— falsche Deutung des Namens
Marrobbio II, 150.
— mittlere Geschwindigkeit des
Gibraltarstromes II, 296.
— Strömungen im Mittelmeere
II, 466.
— cit. II, 304.
Snefjelds-Jökul I, 327.
Socotora s. Sokotora.
„Sofia", Kapt. v. Otter, Lotungen
im nördlichen Polarmeere I,
126.
Sog, der II, 93. 98. 105. 301. 323.
Sognefjord I, 331.
Sokotora I, 28. II, 316. 469.
Solent II, 255.
— doppeltes Hochwasser im S.
II, 272 ff.
Solowetz I, 162.
Somaliland, Kaltwassergebiet an
der Küste II, 316 f. 327.
— Strömungen an der Nordküste
II, 469.

Sombrero I, 76. 87. 256.
Sonderburg, spezif. Gewicht und
Salzgehalt des Meerwassers
bei S. I, 168.
Sonne, cit. II, 264. 419 Anm. 1.
512.
Sonnenfluten und Mondfluten II,
167 ff.
Sorelle-Rocks I, 92.
Soret, Ursache der blauen Farbe
des Wassers I, 180.
Soröen I, 389.
Southampton II, 245. 272. 274.
Southern Ocean s. Süd-Ozean.
Spanien, Tiefenverhältnisse an
der Ostküste I, 92.
— Brandung an der Nordküste
II, 90.
— Meereswallungen an der Küste
bei Alicante und Valencia II,
151.
— Auftreten der Resaca in den
nordspanischen Häfen II.
152 f.
— Strömung an der Mittelmeer-
küste II, 467 f.
Spercheios II, 158 Anm. 1.
Spezifisches Gewicht des Eises
I, 361 f.
— — — Meerwassers s. Meer-
wasser.
Sphaeroidina I, 86.
Spiraltheorie der Wirbelstürme
I, 218.
Spithead, Gezeitenstrom von II,
274.
Spitzbergen, Verbindung mit
Europa durch einen unter-
seeischen Rücken I, 122 f.
— Temperaturen in den Fjor-
den an der Westküste I, 330 f.
— Gletscher I, 374.
— Entstehung der Bänke süd-
lich von Sp. I, 375.
— Eisströme bei Sp. I, 378.
— Verhalten des Eises an Ost-
und Westküsten I, 381 f.
— Eisverhältnisse in verschie-
denen Jahren I, 383.

Spitzbergen I, 29. 158 f. 198. 216. 238. 317. 330. 334 ff. 347. II, 429. 447. 452 ff. 460.

Spitzbergentiefe II, 457.

Spitzbergen-Bären-Insel-Bank I, 337.

Spratt, Lotungen im Mittelmeer I, 91.

— Temperaturmessungen im östlichen Mittelmeer I, 265.

Springfluten s. Gezeiten.

Springzeit s. Gezeiten.

Sprogö I, 167.

Sprung, Darstellung der Regenverhältnisse im Atlantic I, 220.

— cit. II, 363. 369.

Sprungwelle (Bore, Flutbrandung) II, 160 f. 261. 275 ff.

Spurn Point II, 234. 251 f.

Staaten-Insel II, 507.

St. Ambrose-Inseln I, 106.

— Augustine II, 197.

— — Hafenzeit von II, 209.

— Croix I, 100. 266.

— Georges Inlet, Höhe der eintägigen und halbtägigen Gezeiten II, 203.

— Georgskanal, zur Nordsee gezählt I, 23 Anm. 5.

— Helena I, 26. 74. 149.

— — heftige Brandung II, 80. 96. 136.

— — Hafenzeit II, 209.

— James-Bucht I, 28.

— John, Kapt., kalte und warme Wasserstreifen am Nordrande des Kuro Shio I, 285.

— Kilda, Hafenzeit von II, 209.

— Lorenz, Golf von, Areal nach Krümmel I, 23.

— — — — I, 44. 46.

— Lorenzstrom I, 26. 130.

— Lucia I, 267.

— Malo, Stärke des Gezeitenstromes in der Bucht von II, 230.

— — II, 276.

— Martin, Insel, Stoßwelle vom

Erdbeben von Lissabon II, 118.

St. Michel, Bucht von St. M. durch starke Flutgröße berühmt II, 161.

— Paul, Lotung bei der Reede von II, 33.

— — I, 117 f. II, 48. 397.

— Pauls Rocks I, 74. 249.

— Thomas I, 58 f. 71. 76. 87. 89. 100. II, 391.

— — blauer Schlamm bei I, 67.

— Thomé II, 386. 400. 414.

— Valérie II, 233.

— Vincent I, 40. II, 319.

— Wast, Flutkurve von II, 273 f.

Sta. Catharina, Hafenzeit von II, 209.

— Cruz-Inseln II, 486.

— Isabel II, 311.

„Stampfen" der Schiffe II, 46.

Stanley, Kapt., Wellenmessungen II, 45.

Start Point II, 233 f.

Stat, Vorgebirge I, 85.

Stauwasser II, 226.

Stehende Wellen s. Wellen.

Steigendwasser II, 225.

Steilküsten I, 44.

Steinsalz, Ursprung desselben I, 132.

Stephenson, Nordpolfahrt I, 29.

Stevenson, Brandung bei bedeutender Wassertiefe II, 90.

— Maximalhöhe der Wellen an der englischen Ostküste II, 51.

— Einfluß des Seeraums auf die Wellenhöhe II, 65 ff.

— Beobachtungen über Klippenbrandung II, 85.

— Wellendynamometer II, 85. 98. Versuche mit demselben II, 99 f.

— Umgestaltung der Wellen bei Abnahme der Wassertiefe II, 87.

— Abrasion an den Thonufern

von Cardiff am Bristolkanal II, 108 f.

Stevenson, Untersuchung der Abrasion an der Küste der Riviera II, 110.

Stewart-Insel II, 504.

Stiller Ozean, Begrenzung I, 15.
— — Teilung in eine nördliche und eine südliche Hälfte I, 17.
— — angenäherte Größe mit den seitlichen Gliederungen I, 19.
— — Areal nach Krümmel I, 22.
— — äußere Umrisse I, 26 f.
— — Inseln I, 27. 50.
— — geringste und größte Breite I, 27.
— — Niveauvermessungen I, 37.
— — Küstenvermessungen I, 42.
— — Bänke I, 48.
— — Verhältnis der Inselflächen zur Meeresfläche I, 48 f.
— — Tiefen- und Bodenverhältnisse I, 59. 62. 70 ff. 101 ff. 109. 112 ff.
— — Teilung in einen westlichen und einen östlichen Teil I, 101.
— — Versuche, seine Tiefe aus Erdbebenflutwellen zu bestimmen I, 109.
— — Salzgehalt und spezifisches Gewicht I, 130. 152 f.
— — Verteilung des Luftdrucks I, 198 f.
— — Winde I, 207 ff.
— — Stürme I, 215 ff.
— — Temperaturen I, 234. 243 ff. 276 ff.
— — Eis im Stillen Ozean I, 385.
— — Wellenmessungen von Pâris im westlichen Teile II, 43 f.
— — Wellenhöhe nach Pâris und Coupvent des Bois II, 49 f.
— — Beispiele heftiger Brandung in demselben II, 97.

Stiller Ozean, Stoßwellen II, 119 ff.
— — warmes Stauwasser der Leeküsten II, 312 f.
— — Strömungen II, 483 ff.

Stillwasser II, 226.
Stirling II, 272.
Stokes II, 6. 18.
Stockholm, Schären von II, 338.
Stoßwellen II, 114 ff.
— Theorie der St. nach Weber II, 124 ff.
— Berechnung der Seetiefe aus St. II, 130 ff.
Strabo II, 158.
Strachan, cit. II, 376. 388. 403 ff. 416.
Strand, geradliniger, den Flachküsten eigentümlich I, 108.
Strandbrandung s. Brandung.
Stream currents II, 340.
Stroma II, 227.
Strombojen für Strombeobachtungen II, 378 f.
Stromboli II, 148.
Stromkabbelungen II, 351.
Stromrichtung II, 373 ff.
Stromteilung s. Meeresströmungen.
Stromversetzung II, 373 f.
Stromwechsel II, 226.
Struve, Untersuchungen über den Salzgehalt der Ostsee I, 168 f.
Studer, Dr. Theoph., steiler Abfall der Koralleninseln I, 46.
— Erklärung der Korallenbildungen I, 114.
— Untersuchung des Meeresbodens des Indischen Ozeans an Bord der „Gazelle" I, 121.
Sturmfluten, in Ost- und Nordsee I, 39.
Sturmgradient I, 215.
Stürme I, 214 ff.
— in verschiedenen Zonen I, 215 ff.
— tropische Wirbelstürme oder Orkane I, 216 ff.

Stürmer s. Sprungwelle.
Sturzseen II, 82 f.
Suchomlin, Lieut., cit. II, 304.
Südäquatorialer Sommermonsun I, 210.
Südafrikanischer (od. Benguela-) Strom II, 400. 411. 446. 474.
Südamerika, Küstenentwickelung I, 43.
— Flachküsten an d. Ostseite I, 46.
— Küstenablagerungen an der Ostküste I, 67 f.
— steilster Abfall des Meeresbodens an der Westküste I, 107.
— der Bruchrand der Westküste Ausgangsstätte von Stoßwellen II, 119 ff.
— niedrige Meerestemperaturen entlang der Westküste II, 309 ff. 315.
— I, 259. II, 202. 307.
Südatlantic I, 17.
— äußere Umrisse I, 25.
— mittlere Tiefe nach Krümmel I, 86.
— größte Tiefe I, 126.
— spezif. Gewicht I, 147. 149. II, 282.
— Verteilung des Luftdrucks I, 198.
— keine eigentlichen Stürme vom Aequator bis 25° Süd I, 215.
— Temperaturverteilung I, 227 ff. 233 f. 251 f. 258 f. 310.
— Treibeisgrenze I, 385 f.
— Auftrieb an den tropischen Luvküsten II, 308 f.
Südatlantischer Rücken I, 74 f. 77 f.
Südchinesisches Meer (Chinasee), Teil des Austral-Asiatischen Mittelmeeres I, 23 Anm. 4.
— — Benennung I, 18.
— — Bänke in demselben I, 48.
— — grüne und blaue Thone auf dem Boden desselben I, 67.

Südchinesisches Meer, unterseeisch abgeschlossenes Meeresbecken I, 110 f.
— — größte Tiefe I, 126.
— — spezifisches Gewicht I, 156.
— — merkwürdige Färbung des Meerwassers I, 179.
— — Orkane I, 217.
— — Temperaturverteilung I, 297 f. 301.
— — Wellenmessungen von Páris II, 43.
— — Eintagsfluten II, 220 f.
— — Auftreten kalter Küstentemperaturen II, 317 f.
— — Strömungen II, 468. 480 f.
— — I, 190. 194. II, 493.
Südgeorgien, Stoßwellen von der Krakatau-Explosion in II, 123. 135.
— II, 132. 152.
Südliche Aequatorialströmung im Atlantic II, 386 ff.; im Pazific II, 485 ff.
Südlicher Stiller Ozean s. Südpazifischer Ozean.
Südliches Eismeer s. Antarktischer Ozean.
— Polarmeer, nur wenige genaue Tieflotungen I, 60.
— — Luftdruck- und Windverteilung I, 211.
— — I, 244.
Südostpassat, Umbiegung desselben im Atlantic I, 206.
Südostpassattrift s. Südl. Aequatorialströmung.
Süd-Ozean, zuerst von Sir John Herschel gebrauchter Name I, 16.
— I, 60.
Südpazifische Ostströmung II, 503 ff.
Südpazifischer Ozean I, 17.
— — Tiefen- und Bodenverhältnisse I, 104 ff. 109. 126.
— — spezif. Gewicht I, 147. 152 f. II, 282.

Südpazifischer Ozean, Verteilung des Luftdrucks I, 198.
— — Stürme im östlichen Teile selten I, 215.
— — Temperaturverteilung I, 294 ff. 306. 309.
— — mittlere Wellenhöhe nach Coupvent des Bois II, 50.
— — Stoßwellen II, 119 ff.
— — warmes Stauwasser der Leeküsten II, 314.
— — Strömungen II, 485. 501 ff.
Südpol I, 19. 121.
Südsee, Ausdruck der deutschen Seeleute für den gesamten Stillen Ozean I, 17.
Süd-Shetlands-Inseln I, 386.
Südwestmonsun I, 208. II, 469 ff. 482 f.
Süßwassereis s. Eis.
Suez I, 38. 117. 119.
— Golf von I, 316.
— — — Küstenvermessungen in demselben I, 43.
— — — Gezeiten desselben, von Herodot erwähnt II, 157 f.
Suezkanal I, 173. II, 469.
Sulu-Archipel I, 110.
Sulu-or I, 18.
Sulu- (oder Mindoro-)See, Teil des Austral-Asiatischen Mittelmeeres I, 23 Anm. 4.
Sulusee, Name verschieden gebraucht I, 18.
— unterseeisch abgeschlossenes Meeresbecken I, 110 f.
— größte Tiefe I, 126.
— Temperaturverteilung I, 297 ff. 301. 303.
Sumatra, kontinentale Insel I, 49.
— Brandung an der Küste S.s II, 97.
— Strömungen bei S. II. 470 f. 481.
— I, 120.
Sumba (Kokosnuß-Insel) I, 111 f. 315.
Sund, der I, 90. II, 465.

Sund, Salzgehalt desselben I, 167.
Sunda-Inseln I, 112. 220. II, 315.
Sundastraße, Stoßwellen beim Ausbruche des Krakatau II, 123 f.
— II, 132. 171. 481.
Sunderland, Maximalhöhe der Wellen bei S. nach Stevenson II, 51.
Supan, Berechnung der mittleren Tiefe des Pazifischen Ozeans I, 109.
— Gebiet des rückläufigen Passates ebenda I, 209.
— cit. I, 196. 204. 208 ff. II, 495.
Sutherland, chemische Aenderung des Meerwassers beim Gefrieren I, 359.
Svendsen, Messungen des spezifischen Gewichtes im Europäischen Nordmeer I, 158. 327.
Swansea II, 94. 152.
Swinemünde, Pegelbeobachtungen in I, 35.
— Flutautograph in S. II, 165.
— II, 28. 219. 295. 300. 306.
Swona II, 84. 227.
Sydney I, 27. 105. 108. II, 132 f. 503.
— Stoßwellen von Arica und Iquique bis S. II, 121 f.
— Beobachtungen von Stoßwellen am Pegel von S. II, 134 f.
Sylt, Brandungsküste II, 94.
— typische Ausbildung der Riffe II, 106.
— Flutautograph auf S. II, 165.
— Stromwechsel fällt mit Hoch- oder Niedrigwasser zusammen II, 227.
— Gezeitenströme bei S. II, 247 ff.
— II, 240. 245.
Synoptische Eiskarten von der deutschen Seewarte II, 437.
Synoptische Karten I, 212. 214.
— Wellenkarten II, 79.
Syrakus I, 170. II, 149 f.

Syrien I, 90.
— schneller Abfall des Seebodens an den Küsten I, 94.
— Brandung an der Küste II,
90.
— Strömung an der Küste II,
467.
Syrten I, 93. II, 466.
Syrtenmeer I, 94.

T.

Tabae II, 327.
Tacna II, 120.
Tägliche Ungleichheit der Flu-
ten s. Gezeiten.
Tafelbai I, 48. II, 308 f.
Taganrogsche Bucht, Niveau-
schwankungen durch Wind-
stau in derselben II, 304.
Tahiti I, 68. 71. 105. 115 f. 294.
296. II, 282. 485. 506.
— ganz abnorme Gezeiten von
T. II, 204.
Taifune, Ableitung des Namens
I, 217.
Taillebourg II, 270.
Tajo I, 178.
Tait, cit. II, 215. 224. 334.
Talanti, Straße von II, 115.
— Schwingungen im Golf von
II, 143 f. 146 f.
Talcahuano II, 120.
Tanaga, Insel, Temperaturen
zwischen Japan und T. I,
286 f.
Tarent, Golf von I, 18.
Tasmanien I, 15 f. 27. II, 479.
— unterseeische Verbindung mit
Australien I, 64.
— Meeresströmungen um T. II,
502 ff.
„Tegetthoff", österreich., Nord-
pol-Expedition unter Wey-
precht und Payer. Tempe-
raturmessung im Barents-
meer I, 342. 344 ff.
— Umformung des Feldeises I,
364.

„Tegetthoff", Abnahme der Eis-
dicke im arktischen Sommer
I, 372.
— Eistrift desselben I, 380. II,
458 f.
Telegraphenplateau Maurys I,
73. 80 f.
Telok Betong, Stoßwelle von
Krakatau bei T. II, 124.
Temperatur des Meerwassers s.
Meerwasser.
Temperaturkurven, Beispiele von
I, 246 ff.
Temperaturverteilung in den
Ozeanen und Meeren I, 221 ff.
Teneriffa I, 76. 87. 256.
Terceira, Brandung bei T. II, 90.
Terror, Vulkan I, 30. 122.
Terschelling, Hafenzeit von II,
243 f. 252.
Tessan, de, Untertauchen des
Kurosiwo unter das arktische
Wasser I, 285.
— Berechnung der Stromge-
schwindigkeit aus der Nei-
gung der Lotlinie bei Tief-
lotungen II, 381.
— II, 495.
— s. auch „Vénus".
Tewahi Punamu II, 504.
Texas I, 97.
Texel I, 165. II, 232 f. 240. 242.
244. 250.
Themse I, 130. II, 236. 240.
— mittlere Abflußmenge I, 131.
— Flutwelle in der Th. II, 160.
— Stromwechsel in London und
an der Mündung II, 226 ff.
Thermopylen II, 116.
Thessalien II, 143.
„Thetis", engl. Schiff II, 91.
Thom, Kreistheorie der Wirbel-
stürme I, 218.
Thomson, Sir William, Patent-
lot von I, 52 f.
— Navigationslotmaschine I, 57.
— Untersuchungen der Gezeiten.
Harmonische Analyse der Ge-
zeitenbeobachtungen II, 213 ff.

Thomson, Maschine zur Vorausberechnung der Gezeiten und zur Analyse der Flutkurven II, 224.
— Erklärung d. Gezeitenströme im englischen Kanal II, 234.
— Gezeitenphänomene in der Nordsee II, 251.
— untersucht zuerst die ablenkende Kraft der Erdrotation in ihrem Effekt auf die Gezeiten II, 253.
— cit. II, 319. 334. 378. 424.
Thomson, Sir Wyville I, 69.
— Isothermobathen I, 245.
— cit. I, 78. 86. 244. 251. 254. 256. 274.
— s. auch „Porcupine" und „Lightning".
Thomson-Rücken s. Wyville-Thomson-Rücken.
Thone am Meeresboden I, 66 f. 71 f. 86 ff. 114 ff. 121.
Thorpe, Untersuchungen über die Ausdehnung des Meerwassers durch die Wärme I, 143 ff.
Thorsminde II, 240.
Thrakische Bucht, Strömung in derselben II, 467.
Thren-Insel I, 334.
Throndhjem II, 454.
Thronion II, 116.
Thucydides, Bericht über Seebebenwellen II, 115 f.
Tiefe Rinne I, 165.
— — Temperaturverteilung in derselben I, 261.
Tiefen-Indikator von Massey I, 57.
Tiefenverteilung der Ozeane und Einzelmeere I, 51 ff. 72 ff.
Tieflotungen, Ergebnisse der neueren I, 57 ff.
Tiefseelotapparate I, 53 ff.
Tiefseethermometer von Miller-Casella I, 239 f. 242. 328. 340.
— — Negretti-Zambra I, 239 ff. 328.

Tiefseethone, Beschaffenheit und Vorkommen I, 71 f.
— Vorkommen im Atlantic I, 86 ff.
— — — Pazific I, 114 ff.
„Tigreß", Dampfer II, 436.
Timor I, 111 f. 118. 300 f. 314 f. II, 483.
Timorsee II, 474.
Tinetzkysee, Salzsee, sein Salzgehalt I, 173.
Tino II, 467.
Tiree, Insel II, 94.
Tizard, T. H., beste Routen zwischen den Häfen von Australien, China und Japan I, 195.
— Temperaturverteilung im Atlantic I, 250 f. 259.
— Temperaturen im Pazific I, 276. 291. 306.
— Temperaturmessungen in und bei dem Kurosiwo auf dem „Challenger" I, 283.
— Untersuchung des Wyville-Thomson-Rückens II, 90 f. 292 f.
— s. auch „Knight Errant".
Tocantins, Sprungwelle im II, 276.
Tokio I, 27.
Tonga-Archipel I, 46. II, 488 f.
Tongatabu I, 68.
Tongkin, Eintagsfluten im Golf von II, 220 f.
Torell, Otto II, 454.
Tornöe, Untersuchungen über die im Meerwasser enthaltene Luftmenge I, 136 ff. 327.
— Messungen des spezifischen Gewichtes im Europäischen Nordmeer I, 158. 327.
— Abhängigkeit des spezifischen Gewichtes von der Tiefe I, 160. 327.
Torresstraße I, 23 Anm. 4. 42. 188. 195. 300. 302. II, 137. 483. 487. 509.
— Bänke in der T. I, 48.